古今智谋

羊 皮 卷

启文 编著

花山文艺出版社

河北·石家庄

图书在版编目（CIP）数据

羊皮卷 / 启文编著 . -- 石家庄 : 花山文艺出版社，
2020.5

（古今智谋 / 张采鑫 , 陈启文主编）
ISBN 978-7-5511-5141-2

Ⅰ . ①羊… Ⅱ . ①启… Ⅲ . ①成功心理—通俗读物
Ⅳ . ① B848.4-49

中国版本图书馆 CIP 数据核字（2020）第 065626 号

书　　名：古今智谋
　　　　　GUJIN ZHIMOU
主　　编：张采鑫　陈启文
分 册 名：羊皮卷
　　　　　YANGPIJUAN
编　　著：启　文

责任编辑：郝卫国
责任校对：董　舸
封面设计：青蓝工作室
美术编辑：胡彤亮
出版发行：花山文艺出版社（邮政编码：050061）
　　　　　（河北省石家庄市友谊北大街 330 号）
销售热线：0311-88643221/29/31/32/26
传　　真：0311-88643225
印　　刷：北京朝阳新艺印刷有限公司
经　　销：新华书店
开　　本：850 毫米 ×1168 毫米　1/32
印　　张：30
字　　数：660 千字
版　　次：2020 年 5 月第 1 版
　　　　　2020 年 5 月第 1 次印刷
书　　号：ISBN 978-7-5511-5141-2
定　　价：178.80 元（全 6 册）

前　言

相传两千多年前，一个贫苦青年海菲得到了秘密流传下来的经商致富秘籍，最终成为富甲一方的人。这些秘籍书写在羊皮卷上，因此被称为"羊皮卷"。但令人惋惜的是，自海菲之后，再也没有人看到过这些神秘的羊皮卷。

虽然那些神秘的羊皮卷已经随着时间的流逝而消失在历史的车轮下，但一些蕴含智慧、灵感，兼具无穷力量的书籍就像传说中的羊皮卷一样，时刻给予现实生活中面临困境的人们以启迪和指引，也因此改变了无数人的生活和命运，帮助他们赢得了成功。

要知道，任何人的成功都不是偶然的，都不是建立在幸运基础之上的。成功的背后隐藏着一些更为根本的东西，那就是如何利用自身的条件去创造机遇、如何以积极的态度去面对困难与不幸、如何在跌倒之后重新获得站起来的勇气。这些经验是比金子还要珍贵的无形资产，正是靠着它们，成功者走到了让人们无限钦羡的人生顶峰。

当然，成功没有一个标准的定义。但我们总该力争去创造一个具有更高价值的人生。这样的人生应该具备两个基本特征：一是人格完美程度应该很高，二是体验的深刻性让人叹服。如果能做到这两点，我们就可以认为这个人过得十分充实。

　　本书以"羊皮卷"为题，蕴含充满激情的人生经验和富有价值的励志哲理，旨在全方位挖掘我们内心潜力的同时，也引领我们走向成功的人生。阅读本书，它将带领我们去获取财富、快乐和力量，它将激发我们的灵感、触动我们的生活、牵引着我们的心灵，犹如黑暗里的一座灯塔，照亮我们的人生前进之路。

目 录

第一卷　积极思考

"我们自己就是待燃的火把，勇敢地去发掘这股可以创造人生奇迹的力量吧，借助积极思考的力量，你将发现一种全新的思考与生活方式。相信奇迹，你就能创造人生奇迹。"

——［美］诺曼·文森特·皮尔

第一章　创造自己的快乐

谁能主宰你的快乐？答案当然是你自己！

一次，一位知名电视主持人在其节目里特别邀请来了一位古稀老人。这位特约嘉宾年岁甚高，但说话风格是坦荡直白，不加任何雕饰的。在观众眼中他就像一位老顽童，精神抖擞而又快乐无比。在整场谈话过程中，老人不时流露出他特有的天真与机敏。许多次，大家都被他的回答逗得捧腹大笑。观众们都非常喜欢这个鹤发童颜的老人，主持人自然也不例外。现场的每个人都沐浴在一种欢乐的气氛中。

节目最后，主持人讨教老人快乐的秘诀："跟我们讲讲你的秘密吧。"

"没有什么秘密呀，"老人回答道，"我什么秘密武器都没有。我身上有的大家都有，一个鼻子一双眼，你们也是一样。唯一不同的可能就是在每天清晨醒来，我都会给自己两个选择——快乐或者是悲伤，你们猜我怎么做？我选择了快乐，然后快乐自己就跑来了。"

一定会有人觉得老人的解释太过于简单，也可能有人会认为那是因为他不谙世事所以才会让选择变得容易，才能拥有比普通人更多的快乐。但是亚伯拉罕·林肯可以为我们证明事实并非如此。这位伟大的领袖说过，只要脑中想着快乐，人就能变得快乐。同样，悲伤也会借助相同的方法轻而易举掌控你的生活。只要你选择了忧伤，并且一直在潜意识里告诉自己会有不好的事情发生，那么结果一定会是一团糟，你会因此而饱尝苦果。但是，若我们能反其道而行之，事情就会发生逆转。对自己说："一切都会顺利起来，生活是美好的，我选择快乐相伴。"你将会看到愿望成真。

快乐是孩子们的专利。如果一个人在进入中年甚至是老年时还依然能带着一颗童真的心，那么他一定会是一个快乐的人。原始的快乐是自然的恩赐。在任何时候都要保持一颗孩童般纯真的心，因为这样我们才能快乐。所以，永远都不要让自己的心老去，不要再为一些无谓的琐事而浪费活力，不要让自己变得老谋深算。

人其实都是自寻烦恼的生物，当然社会问题之类除外，因为它们不能为个体意志所改变。尽管如此，在很大程度上，我们还是被自我建立的生活态度所控制着，感觉快乐或是悲伤成了影响我们生活质量的一大因素。

"4/5 的人本应享受生活带给他们的快乐，可结果事与愿违。"杰出的政治家说过这样的话："大部分人都觉得自己过得并不幸福。"生活中最简单的愿望莫过于"幸福"二字，既然它是人们最希望拥有的状态，那我们就应该努力去做点什么来收获这样的幸福。快乐其实不难寻找，甚至是触手可及的。只要有希望，有信念，有行动，每个人都可以做个快活人。

生活中少不了困难和挫折，但如果仅仅因为这些而将幸福的感觉冲淡，将不快乐的情绪纠结在自己心中，这样的人真是非常可怜。我们无法阻挡困难的出现，却能阻挡不快乐的情绪，将不快乐归结于人生的艰难困苦的人愚蠢至极。

与其重复不断地制造不快，不如花一点时间来学习怎样获得快乐。可以肯定地说，人们从酿造忧愁的情绪开始到最后陷入苦恼之中，这一切完全都是自作自受。我们总会习惯性地去培养一种忧患情绪，比如想着所有的事情都会向最坏的方向发展，我们同样也会去问为什么别人可以不劳而获，而自己不能得到应得的那份。

悲伤很多时候来源于我们自身的情绪。人经常会觉得满是痛苦，希望渺茫，甚至是憎恨整个世界。这个不快的过程通常是由内心深处的恐惧与忧虑所激发，大部分人的不快都是自己造成的。因此，既然人可以自己制造烦恼，也就可以自己制造快乐。

培养快乐的习惯很简单，只需要练习快乐地思考。列出所有让你觉得高兴的事情，然后每天都在脑中将它们放映一遍。一旦发现有忧虑情绪偷偷溜进了你的思绪中，请立刻将它拦截，尽全力把它赶跑，用快乐的心情去取代它。每天清晨起床前，给自己一个在床上放松的机会，让所有快乐的情绪飘进脑子里，让所有希望发生的幸福画面都浮现在你的脑海里。闭上双眼，尽情体味其中的快乐，积极的情绪会带领你将梦想转变为现实。不要假想不幸的发生，若是如此，便真会把不幸带进现实生活。人总有捕风捉影的习惯，事无大小，都会引发情绪上的波动。待到那时，你将会陷入疑问的深渊："为什么所有的不幸都针对我？为什么所有的事情都会变得一团糟？"

其实问题的答案很简单，只因为每天你都在用坏心情做生活的起点。

所以从明天开始，试着用下面这个方法来驱赶自己的消极情绪。下床前，大声将这句话朗读三遍："这是最有意义、最美好的日子。我们在其中高兴欢喜。"想象着这句话已为你所用，并对自己说"我在其中高兴欢喜"，用充满激情的语调和高亢清楚的声音重复多遍。这是消除消极情绪的最佳方法。如果能每天在早饭前将这句话重复三遍，并且细细体会字里行间的意义，那么你将会改变自己的心情，从而改变一整天的走向。

你可以在穿衣、刮胡子或是用早餐的时候，响亮地说出下面的这些话："我坚信接下来的一天会充满奇迹，我相信自己有能力解决所有问题。我感觉自己身体健康，精神奕奕，情绪饱满。能够生活在这个世界上真是件美妙的事情。我感谢所有曾经拥有，现在拥有，以及将来拥有的东西。一切都会变得顺利，因为幸福就在我身边。我感谢自然赐予的一切。"

第二章　消灭消极情绪

很多时候人们感觉生活不易，其实那都是作茧自缚的思想在作祟。人类愤怒与焦躁的情绪经常会在不经意间把自身的力量给带走，这本身就是一种极大的资源浪费。

你是否有过"狂怒"或是"焦躁"的经历？如果有，或许你会对下面这幅发怒的场景感到熟悉。发怒的过程包含了一系列的动作，首先你的怒气会在心中聚集，然后升腾到胸口。它就像一股蒸汽不断地向外冒，激烈地运动，搅得你心烦意乱，最后让你变得狂躁不安。"焦躁"也是同样的道理。这样的情况就好像是一个在半夜里生病的小孩，一边哭一边闹。偶然间你听到这哭闹声停止了，不要高兴，它只是在为下一场做准备，而最后你会被折腾得坐立不安，烦躁异常，就如同整个人被穿透了一样。焦躁是幼稚者的行为，但是我们可以在许多成年的人身上看到它的影子。

如果想要生活得充满动力，那么就不要再为一些无谓的事而暴躁或是焦虑，我们应该学会让自己保持平和的心境。想要达到那样的境界，就请依照下面所说的方法来做。

首先，我们要尽量减慢生活的步伐，让自己的节奏缓和下来。现代人的生活节奏在不断加快，快到连自己都无法想象，不仅如此，我们还不得不承认这样快的节奏有很大一部分原因是来源于自我施压。太多的人因为过快的生活节奏而将自己的身体推向毁灭的边缘。然而更可悲的是，人们的意志也在这样的过程中被逐渐摧毁，灵魂也随之飘荡。人有可能在意识高度紧张的情况下依旧维持身体的平静，这点甚至是对生理有缺陷的人来说也不足为奇。事实上，身体的平静与否完全取决于我们的思想状态。当思想混乱时，各种念头就会在脑袋里横冲直撞，我们的身体状态也会随之进入混乱，这时的人自然就会变得急躁。所以如果我们想要避免各种过度刺激与兴奋的情绪，就请从减慢自己的脚步开始。很多时候，长时间强烈的外界刺激会像毒药一样侵害人的机体，扭曲人的精神。它会耗尽你的精力，让你感觉浑身无力。它会引发你对周围一切事物的不满，会让你为身边的小事而抱怨和愤恨，甚至在面对整个国家和世界的时候也产生相同的感觉。情绪上的不安会对人的生理造成极大的副作用，那么它对我们的内心，对我们称之为灵魂的那部分内在又有怎样的作用呢？

行色匆匆的人总是无法放松他们的精神，但自然从不匆忙。它从不为屈就人们的速度而加快自己的脚步。自然讲求效率："一味愚蠢地想要向前冲的人们，在你们筋疲力尽前的那一刻我会伸出双手来拯救你们，但如果你们愿意放慢脚步跟着我的节奏前进，那么生活将会因此变得丰裕。"是的，自然的脚步平稳而又扎实，慢慢地，一步一步，它将所有的事情都安排得井井有条。聪明的人永远都会与自然保持统一，因为伟大的自然总是能不紧不慢地处理完一切大小事务。它从不曾慌乱，不曾焦躁。它是平静与效率的化身，它会将一样的效率带给你。

缓行勿急。只要不带压力和负担，人们总能得到心中想要的，走到理想的彼岸。如果你跟从自然的引导，和着它平缓而坚定的步伐却仍未能实现心中的理想，那么或许你的目标根本就不存在。如果你错过了某些东西，或许那是因为它们本不属于你。所以慢慢培养正确的生活节奏吧，让自己与自然同步。练习并努力维持内心的平静，学习与紧张说再见。在闲暇时间放下手里的一切对自己说："我要丢弃所有的紧张与兴奋——它就此离我远去，我现在重获宁静。"不要再心怀不平，不要再满腹牢骚，让平和的心情与你同在。

要想拥有高效率的生活，就要多想些让自己觉得安心的事情。每天我们都需要对自己的身体做些保护措施，比如我们每天都要洗澡、刷牙、做运动。同样的道理，我们也需要给自己的精神世界一点时间，保持自己健康的心态。静坐，在脑子里放映一连串可以抚平心绪的画面，就是一个好办法。举个例子，你可以想象眼前是片高耸入云的群山，是雾霭蒙蒙的山谷；你可以看见光影斑驳的小溪里鲑鱼在自由地游弋，还有银色的月亮倒映在水中。

每天 24 小时中至少给自己一次机会，最好是在最忙碌的那一刻，特意停下手中一切事务，就用 10~15 分钟的时间来做上面所说的事情。

有时我们会感觉自己忙得无法刹车。但是请记住想要让自己停下来，唯一办法就是暂时放下手中的一切。

我们还可以使用下面罗列的几大操作技巧来对付愤怒与焦躁：

（1）采用自认为最舒适、最放松的姿势坐下，最好可以让自己躺在椅子里面。从脚趾直到头顶，保证自己身体的每一个部分都能得到充分的放松，在口中默念："我的脚趾、我的手指、我的脸……"

（2）将你的思想想象成是暴风雨来临前的湖水。风正吹着水面翻起千层浪，但是慢慢地它恢复了平静，最后不翻起一朵浪花。

（3）每天花 2~3 分钟的时间回想你曾经见到过的最美丽、最宁静的画面，比如落日西下时的山峦、清晨宁静幽深的溪谷，还有正午的森林、夜晚泛着涟漪的湖水，将自己再次置身于这些情景中。

（4）舒缓、平静且带有乐感地重复一些能够抚平人心绪的词语，例如宁静（用最平和的心境来吐字）、平静、安静。想着这一类的词语，多次地重复。

（5）回想生命中的这些时刻，想着你是怎样排除万难，抚平受伤的心灵的。大自然在我们忧虑、烦躁时总会伸出它的关爱援助之手。朗诵这句话：大自然赐给我力量吧。"

如果你能完全依照上面所讲的内容去做，那么愤怒与焦躁的情绪定会慢慢离你远去。悲伤会被幸福的感觉所取代，力量会再次回到体内，自信的光芒也会重新闪耀。

第三章　希望是成功的种子

美国心理学家威廉·詹姆斯曾经说过："信念是理想的守护者，只有坚定的信念才可以帮助人们完成不可能完成的任务。"所以学会相信是开启成功的第一步。无论你想要做什么，信念都会陪伴你走完全部的旅程。充满希望的人总能够拥有神奇的力量，精神力量的作用会带你走入理想的画面。但是相反，怀疑、没有信心的人就无法集中原本拥有的力量，消极的思想会将胜利的果实推向他方。所以不要怀疑信念的力量，它的力量之大会驱动你将一切梦想都化为现实。

信仰、信念以及积极的思考方式还有对其他人的信任，相信自己，相信生活，这一切都是我们需要努力做到的。相信信念，它会带你翻山越岭，它会将一切美好带回家。

那些没有勇气尝试这种神奇方法的人是不能体会其中的奥妙的，他们只会怀疑。

期待美好结局的人总能得到更好的结果，这是因为他们不再将自己耗费在没有意义的自我怀疑上。当一个人把全部身心都投入所想的事业中去时他就会所向披靡，因为他将全部的精力都用在了解决问题上。问题可以被人各个击破，因为问题不是完整的统一体，而人则整合了智慧和力量。当问题摆在人的面前时自然会变得不堪一击。

一个人如果聚集了所有的力量，其中包括物理、精神以及思想的力量时，便会变得异常强大。力量的凝聚可以让人无坚不摧。

我们要做到充满希望，这是说需要将心（也可以是指人的全部思想）完全沉浸到你需要为之奋斗的事业中去。被生活击败的人并不是因为没有能力，而是因为他们缺少全心全意的精神。他们不曾用整颗心去期待成功。没有用心的人是不会全副武装奋力一搏的。成功不喜欢这样的人，它们不会眷顾那些不曾将心奉献出来的人。

想要拥有幸福的生活，那么就要学会培养强烈的愿望。愿望就像是兴奋剂，它释放你的全部能量，并把你整个扔到所要追求的事业和工作中去。换句话说，无论做什么，请倾尽你所有，不留一丝余地。生活不会拒绝一个将一切都付给了它的人。可惜的是，很多朋友都不明白其中的道理，而能真正做到这一点的人则更少。所以在这纷繁的世界里总是弥漫着一股失败的味道，即使没有失败，我们通常也只能享受一半的成功。

著名的加拿大教练员爱丝·珀西瓦尔曾经形容过许多人，无论是运动员还是平常人，都是"保留者"，会为自己留下余地。他们并不将自己 100% 地投入比赛中去，所以结果也从未能发挥出自己的最高水平。

著名棒球赛评述员巴伯曾经说过，他很少见到那种能够将自己的力量发挥到极致的运动员。

我们不应该成为"保留者"，而应全力以赴达成自己的目标，生活不会辜负这样的人。

知名的高空秋千表演者曾经给他的学生上过一堂关于如何表

演高空秋千的课。在介绍和解释完所有的技巧之后，他告诉学生最重要的一点就是相信自己的能力。

于是他领着学生们来到了表演的高台下。高台表演充满了危险性，这点大家都明白。当人真正站在表演台下往上看时更会免不了产生畏惧心理。有位学生被吓倒了，他整个人都僵住了，想象着自己从上面摔下来的样子，他竟然一步都不能动，整个人都深深地陷入了恐惧之中。"我不可能做得到，我怎么可能做得到！"他大口喘着气说道。

这时老师来到了他的身边，将手放到他的肩膀上说道："孩子，你可以做到的，我告诉你怎么做。"这位伟大的表演家说了一句最具有哲理的话，他说："将你的心先抛过去，身体自然就会跟上来。"

记住这句话，将它写在卡片上放进口袋里，将它压在你的玻璃台板下，或是钉到墙上，又或是粘到你的刮脸镜上。更重要的是，如果你希望自己能够成为一个有所建树的人，那么就将它牢牢记进脑子里。"将你的心先抛过去，身体自然会跟上来。"记住它，它是你力量的源泉。

心态如何会直接影响我们的创造力？点燃内心的希望，那么它将载着你驶向理想的彼岸。长期以来我们都无法对自己的内心说"不"，所以一旦潜意识里有了某个愿望，人就会不遗余力去完成它，这就是所谓的身随心动。"将你的心先抛过去"意思是说用你的信念跨过困难，用你的决心跃过障碍，只要你能带着自己的梦想航行，就一定能穿越一切艰险。它告诉我们只要在精神上克服了困难，那么我们的身体也就会跟着前进，我们会在信念的带领下穿过重重障碍，最后走向胜利的巅峰。只要我们想象着胜利而不是失败，就会取得心中所想。心会带着我们走向最后的结果，无论是好是坏，是强是弱，它都是唯一的引领者。爱默生说过："心所想则得其想。"

第四章　永不言败

如果你脑子里还有"失败"这个词语，那你最好赶快把它从你的思想中剔除——将失败考虑得越多就越可能失败。所以，请告诉你自己：我一定会成功！

温斯顿·丘吉尔所著的《格言与沉思》讲述了英国将军都铎的故事。第一次世界大战中，都铎将军指挥英国第五军的一个师抵挡住了德国军队在 1918 年 3 月的进攻。当时形势非常严峻，都铎将军却十分冷静，面对这种大得几乎不可克服的困难，他的方法非常简单：他将自己化身为一块面对汹涌波涛的岩石，让所有的困难都在自己身上撞得粉身碎骨。

丘吉尔曾经这样评价都铎将军：在我的心目中，他就像一枚深深扎入冻土的铁钉，坚忍不拔。你瞧，这言语中都透露着坚毅与刚强的力量。

都铎将军是位勇者。在遭遇困难时，他的应对之道首先就是决不屈服。人们只有在勇敢地直面困难，积极思考解决问题的办法的情况下才能克服困难。所谓狭路相逢勇者胜，不是你战胜困难，就是困难挫败你。

想要做到这一点，你就得拥有信念，相信你自己。信念是人类最宝贵的品质之一，拥有信念足以让你成为一个直面困难的勇士。

拥有强大的信念力量，届时你会发现一个崭新的自我。你将拥有更多的力量来完成许多从前不可能完成的任务。在告别了消极悲观之后，生活会充满阳光与欢笑。你将获得种种克服困难的神奇能力。到时，无论身处何种境地，你都会坚信：我一定会成功！

人生短暂，匆匆数十年，所谓的烦恼也不过是每个人都要经历和体会的过程。若是能俯瞰人生，你会发现每个人的烦恼其实大同小异，不同的是，有人在坚持，有人退却。克服困难的决心并不是人人都有，当你自认为面对绝境准备退缩时，勇敢者却毅然直上。困难就像是一堵墙，虽然高却不代表不能翻越，勇敢者会找寻出路：或飞越或绕行或是攀爬，最终总能跨过去。

人的潜意识是个调皮捣蛋的小家伙，它会抓住一切机会对你说："不要相信那玩意儿。"但是请你切记，人的潜意识有时是个彻头彻尾的说谎家。它经常会接收一些错误的信息并且将其反馈给你，比如它会低估你的能力。如果你在自己的潜意识里种下了悲观的种子，那么它会将这种悲观情绪传达给大脑。所以现在请对自己的潜意识说："现在听我说，我相信这一切，并且会永远坚持这样的信仰。"如果你能够将这种积极的思想灌输进潜意识里，那么它就会接受这样一个信念。一方面你通过借助自身的力量来控制思想，另一方面你正在向自己的潜意识讲述一个事实真相。在一段时间以后，你的潜意识会将这种意念传递到你身上。它会让你感受到，无坚不摧。

潜意识会接受各种信息，所以想要让它保持积极乐观的状态，就需要经常排除那些残留在思想中的消极因素，我们把这些信息统称为"消极因子"。这些因子无处不在，就连日常交谈也难免有它的踪影。尽管就单个而言它们的破坏能力不大，但若是累加起来便是不小的一笔账，它会让人情绪低落甚至失去活力。虽然它的影响并不强烈，但请不要忘记"集腋成裘，聚沙成塔"的道理。一旦这些小因子出现在了你的话语中，那就意味着它们已经渗透进入了你的思想里。这些小东西会以最快的速度滋生繁衍，在你发现之前，它们已经"发育"成为真正的消极思想。想要消灭它们，最好的办法就是有意识地对自己说一些带积极色彩的词语。这些词语会让你觉得自己精力充沛，最终顺利地完成任务。在积极的情绪带动下你会发现自己原来可以完成许多原本看来不可能完成的任务，这都是精神的力量。

如果你总是为困难所击倒，或许是与长久以来的自我定位有关。可能你将自己认定为一个注定一事无成的倒霉蛋，而这样的思想或许已经在你的脑子里扎根了几个星期、几个月甚至是几年。当人不断强调自己是个无能的弱者时，思想便会自动接受这样一个概念，并在逐渐地意识加固过程中让当事人自己也开始慢慢接受这样一个事实，最后就彻底沦为一个没有用的废人。

但是如果情况逆转，我们一直用积极新鲜的念头来刺激思想，我们的思想态度就会发生倾斜。不断强调并且重复强调积极的态度，最后你会说服自己的意识，相信自己可以完成不可能完成的任务。一旦你的意识发生转变，那么奇迹就将会出现，那一刻你将发现自己拥有许多不曾挖掘的能力。

第二卷　思考致富

　　"著名英国诗人威廉·亨利在他的预言诗中写道：'我自己的命运由我主宰，我的精神支柱是我自己。'他想必是要告知我们：我们是自己命运的主宰、自己精神的支柱，是因为我们拥有掌控我们思想的能力。"

——［美］拿破仑·希尔

第一章 靠欲望致富

法国著名作家巴尔扎克说："欲望是支配生命的力量和动机，是幻想的刺激剂，是行动的真正意义。"

你的欲望就是你要追求的目标，欲望本身则是你努力刻苦的基本动力。欲望还可以促使梦想变为现实。

欲望是挣取财富的原动力，动力越强，其行动就越有力，行动越有力，实现财富梦想的概率就越大。这些都是成正比的。如果你要获得财富，你就必须让你的欲望变得非常强烈，只有强烈的欲望才能使你奋进。

西方有句谚语说得好，只有想不到的事，没有干不成的事。

被誉为日本经营之神的松下幸之助，从 9 岁起就开始了学徒生涯，尝尽了各种艰辛。他经过 15 年的漫长磨砺，于 24 岁创立自己的公司并开始独立经营。经过数十年的艰苦经营，终于使一个小作坊式的工厂发展成国际性的庞大企业集团，松下公司的规模 2005 年在世界 500 家大企业中名列第 31 位，而且还曾比这更靠前过。他有一句名言被商人奉为经典："让我们钟情于金钱吧，这样才会有所作为。"

20 世纪 70 年代的华尔街，人们一提到唐纳德·索马斯·里甘这个人就会胆战心惊。里甘是华尔街股市中的一个经纪大亨，是华尔街一家著名投资公司——梅里尔·林奇公司的总裁。他可以使华尔街的股民笑的变哭，哭的变笑，简直是"翻手为云，覆手为雨"。里甘与肯尼迪是同学，他对家财万亿的肯尼迪家族羡慕不已。他暗暗发誓：一定要拥有足够令世人惊叹的金钱。里甘坦言："我喜欢金钱，对我来说，这是我的禀性，也是我的正业。"在许多人手里会变成废纸的股票，在他手里，则会变成自己腰包里的金钱。

只有具有"财富意识"，才能积累财富。赚钱要从"心"开始，要赚大钱成为上级别的富豪，你就不能满足于小富，"小富即安"的心态成就不了大事业，要追求更高的目标，你必须有"野心"。"野心"会使你财路畅通，对于要追求成为巨富的人来说，野心甚为重要。盛田昭夫名字寻常，却是日本电子技术方面的传奇人物。1946年他创办东京通讯工业公司（索尼公司的前身）时，就非常霸气，他对合伙人说："我们的市场不仅是日本、亚洲，而是全世界。"为了占领美国市场，他制订了一个10年不赢利的计划。当他的艰辛努力获得丰厚的报酬时，他便是第一个实现企业国际化的日本人。

美国钢铁大王安德鲁·卡耐基少年时就立下誓言：我将来一定要成为大富豪。卡耐基没受过什么教育，曾干过锅炉工、记账员、电报业务办事员等最底层的工作，除了机敏和勤奋，卡耐基一无所有。卡耐基的心中有一个梦想，那是他在少年时就立下的誓言：赚钱成富翁。在当时美国动荡及战乱年代，他的梦想曾被人耻笑，说他是可笑的野心家。但他成功了，他登上美国"钢铁大王"的宝座。

卡耐基或许没有生意人的精明和钻营，但他总是把可以赚钱的机会抓住。这正是成功的人物所必需的一切。很难想象没有欲望，台湾的王永庆能拥有令人羡慕的财富……欲望可以是罗曼蒂克的，但不能是空想。它需要破釜沉舟的决心和勇气，也需要坚忍不拔的意志和信念。

王永庆 16 岁时就开起了米店，面对众多的竞争对手，他突发奇想：要是能将风头最劲的日本米店比下去，就算成功了。经过多方努力，终于实现了他的愿望。20 世纪 50 年代，王永庆想进军塑胶业，有人劝他，连精通塑胶业的何义都不敢接这个烫手山芋，你凭什么去接？王永庆却想：别人不敢做的事我做成了，岂不美哉！他偏不信这个邪，偏要异想天开。他果真做到了，而且，他的名字成了"财富"的代名词，他的"一个喷嚏"足以令全台湾的工业界都感冒……王永庆成功的秘诀就在于最大限度地拥有欲望和野心。

以上事例说明，欲望可以转化为实质的对等物，欲望可以衍生财富。

你也许会抱怨说，在未实际达到这一目标之前，你看不到自己的成就和财富，但这正是"炽烈欲望"的魅力所在，如果你真的十分强烈地希望拥有财富，进而使你的这种欲望变成了你坚定的信念，你最终便会真正地得到它。

如果你真正地热爱金钱，并下定决心要致富，那么你也可以成为赚钱高手，当今的时代和我们所面临的国内形势为你提供了充分的可能。

第二章　靠暗示致富

　　暗示是一种奇妙的心理现象，暗示又可分为他暗示与自我暗示两种形式。他暗示从某种意义上说可以称之为预言，虽然它对致富也有一定的作用，但不及自我暗示的力量大，所以在这里就不详细讲解"他暗示"，而主要阐述"自我暗示"。

　　自我暗示就是自己对自己的暗示。所有为自我提供的刺激，一旦进入了人的内心世界，都可称之为自我暗示。自我暗示是思想意识与外部行动两者之间沟通的媒介。它还是一种启示，提醒和指令，它会告诉你注意什么、追求什么、致力于什么和怎样行动，因而它能支配影响你的行为。这是每个人都拥有的一个看不见的法宝。

　　自有人类以来，不知有多少思想家和教育家都一再强调信心与意志的重要性。信心与意志是一种心理状态，是一种可以用自我暗示诱导和修炼出来的积极的心理状态。成功始于觉醒，心态决定命运。

　　成功心理、积极心态的核心就是自信主动意识，或者称作积极的自我意识，而自信意识的来源和成果就是经常在心理上进行积极的自我暗示。反之也一样，消极心态、自卑意识，就是经常在心理上进行消极的自我暗示，所以，心理暗示的不同正是形成不同的意识与心态的根源。常常说心态决定命运，正是以心理暗示决定行为这个事实为依据的。

不同的心理暗示，会给你带来不同的情绪和行为。

我们多数人的生活境遇，既不是一无所有、一切糟糕，也不是什么都好、事事如意。这种一般的境遇相当于"半杯咖啡"。你面对这半杯咖啡，心里会产生什么念头呢？消极的自我暗示是为少了半杯而不高兴，情绪消沉；而积极的自我暗示是庆幸自己已经获得了半杯咖啡，那就好好享用，因而情绪振作、行动积极。

由此可见，心理暗示这个法宝有积极的一面和消极的一面，不同的心理暗示必然会有不同的选择与行为，而不同的选择与行为必然会有不同的结果。有人曾说："一切的成就，一切的财富，都始于一个意念。"我们还可以再说得浅显全面一些：你习惯于在心理上进行什么样的自我暗示，就是你贫与富、成和败的根本原因。因而，我们一直强调，发展积极心态、取得财富的主要途径是：坚持在心理上进行积极的自我暗示，去做那些你想做而又怕做的事情，尤其要把羞于自我表现、害怕与人交际改变为敢于自我表现、乐于与人交际。

如前所述，每个人都带着一个看不见的法宝。这个法宝具有两种不同的作用，这两种不同的力量都很神奇。它会让你鼓起信心和勇气，抓住机遇，采取行动，去获得财富、成就、健康和幸福，也会让你排斥和失去这些极为宝贵的东西。

这个法宝的两面就是两种截然不同的心理上的自我暗示，关键就在于你选择哪一面，经常使用哪一面。

一个人的心理暗示经常是怎样，他就会真的变成那样。所以，我们要调整好自己的心理情绪，充分利用积极的心理暗示。

想要成功的你，要每天不停地在心中念诵自励的暗示宣言，并牢记成功心法：你要有强烈的成功欲望、无坚不摧的自信心。如果你能将这个成功心法与你的内心融为一体并使你的精神与行动一致的话，那么一种神奇的力量，将会替你打开财富之门。

第三章　靠知识致富

知识有两种：一种是一般常识，另一种则是专业知识。一般常识对积累财富并无多大用处。大学教授拥有各种知识，但是他们大多不是富翁，因为他们不具备组织和利用知识的能力。知识本身并不能产生财富，除非你对它加以发挥和利用。很多人都会对"知识就是力量"这句话产生误解，因而他们常常感到困惑。这是因为他们对事实不了解。其实，知识只是一种潜在的力量，只有将知识转化成明确的计划和行动，知识才能成为真正的力量。

现代教育制度的缺陷在于，学生们得到知识之后，并没有学会如何去组织和利用这些知识。那么，要如何运用知识才能获得财富呢？首先你要决定你所需要的专业知识。通常情况下，人生的主要目的和你现在所要达到的目标，将决定你所需要的知识。这个问题解决以后，第二步就要求你对你所依靠的知识有一个正确的认识。其中需要注意的是：

（1）本人的教育背景和经验。

（2）与人合作的重要性。

（3）如果有机会的话，尽量进学校学习。

（4）多去图书馆，那里有你需要的几乎所有的东西。

（5）进行专业训练课程的学习。

在获得知识之后，还要将其组织起来，并通过切实可行的计划用以实现既定的目标。要知道，知识如果不被运用，就没有任何实际的价值。

各行各业的成功人士都在不断地获取他们所需要的专业知识，而且从不停止。有些人认为，一旦停止了学校教育，就意味着获取知识过程的完成，因而他们不再去主动获取知识。持有这种想法的人是不会成功的。其实，除了学校教育外，你还可以通过自学或网络学习的方法来获取知识。

知识只要运用得当，就能够转化为财富。

现在让我们来看一个特别的例子。

某杂货店的一名推销员突然发现自己失业了。幸好他有一点记账的经验，所以他就开始选修会计课程，并经营起生意来。从雇用过他的杂货店开始，他相继与百余家小商店签订合同，为他们记账，按月向他们收取极低的费用。他的主意很实用，不久他发现可以在一辆轻型的送货卡车上设立一个流动的办公室，装备最新的记账器。他的主意成功了，他现在已有许多在汽车上的会计办公室，雇用了众多的助手，使许多小商店花费少量的钱而获得最佳的服务。

这个独特的成功生意，其主要的组成成分是专业的知识加上想象力。现在，那名推销员每年所付的个人所得税，几乎是他在失业时那位杂货商付给他的工资的 10 倍。

这个成功的生意，是以一个主意为开端的。一个好主意是无价的，而在所有主意背后的支撑就是专业知识。不幸的是，那些未曾发现大量财富的人，都是因为只有丰富的专业知识，却欠缺创业的好构思。好的构思由想象得之，想象力能把专业知识与现实需求合并为一种有组织的计划，这是产生财富所需要的必备条件。

第四章　靠想象致富

拿破仑·希尔说："想象力是灵魂的工厂，人类所有的成就都是在这里铸造的。"

长期以来，人们认为只有文学家、艺术家们才需要丰富的想象，却不知道其实我们每一个人都需要想象。想象是思想或行动的依据之一。没有谁会忘记若得·巴尼斯特四分钟跑完一英里的故事。巴尼斯特不相信人体体能不能做到这件事，他用想象的方式在脑中一而再、再而三地放映出自己用四分钟跑完一英里的画面，假想听见并感受到了自己打破这个纪录的感觉，直到自己有了能成功的把握。我们可以说，巴尼斯特就是靠想象的神奇力量打破了人们认为不可能的纪录。想象具有神奇的力量，它可以帮助你实现致富的愿望。想象力根据功能可分为两种：一种是"综合型想象力"，另一种是"创造型想象力"。通过综合型想象力，人们可以把旧有的观念、构想或计划重新组合，推陈出新。

这项能力没有任何创造，它只是将经验、知识和观察作为材料进行加工。它是发明家最常使用的能力，但其中也有一些例外的"天才"。当综合型想象力无法解决问题时，他们会进而利用创造型想象力。

通过创造型想象力，人类的智慧可以无限拓展。"预感"和"灵感"就是通过这种能力获得的。所有的基本构想也正是通过这种能力产生的。这种能力只有在意识高速运转的情况下，才会发生作用，比如用"强烈欲望"刺激意识的时候。创造型想象力在使用过程中越得到开发，就会越强大。商界、工业界和金融界的伟大领导人物以及艺术家、诗人和作家之所以成功，正是因为他们发挥了创造型想象力的作用。

综合型想象力和创造型想象力的灵敏度，都会在不断使用中得以开发，就像人体的肌肉与器官一样，都是越常用越发达。如果你很少使用你的想象力，它就会变得迟钝。如果你经常使用它，它就会很活跃、敏锐。这种能力可能因为长久不用而沉睡起来，但不会真正消失。综合型的想象力是把欲望转化为金钱的比较常用的能力，所以应该首先发展它。想要把无形的欲望和冲动转化为实际的、具体的物质和金钱，必须借助一个或多个计划。这些计划的形成必须依靠想象力，而主要是综合型想象力。

立即开始运用你的想象力，形成一个或多个计划，以实现化欲望为财富的目标。将计划写成文字，写完后，模糊的欲望就具体化了一些。再大声而缓慢地读它。记住，当欲望和计划形成文字时，你就朝着你的目标迈出了重要的第一步。

我们知道，创意是所有财富的出发点，它是想象力的产物。我们来看看几个曾产生出巨大财富的著名创意，从而证明想象力在积累财富中的作用。

我们首先来看金莎巧克力的创意广告：广告创意表现在一巨幅海报上，画面显示一盒金莎巧克力中的一颗被取去，海报上被取去巧克力的位置则做出撤去图中一颗巧克力的效果。旁边标题写着"奉告：此乃金莎海报，并非真正巧克力"。效果逼真，令人会心微笑。观众微笑之余，金莎巧克力也就留在了脑海中。

金莎巧克力就是借着这样一些想象奇特的广告创意，成功地在竞争激烈的香港糖果市场异军突起，迅速占领第一品牌地位，从此财源滚滚而来。

"美年达"汽水广告的创意也同样令人拍案叫绝。这是一则卡通广告片，片中一只聪明伶俐的兔子，正拿着一瓶"美年达"在树荫下读书喝汽水。忽然，它看到一只黑鸭子要来偷它的汽水，于是悄悄地在一只瓶子里放上点燃的鞭炮。黑鸭子偷走后，没走多远，只听"轰"的一声巨响，在树荫下的兔子直乐，拿起"美年达"说："喝美年达，当然聪明过人。"电视机前，孩子们也乐倒了一大片，为了聪明过人，闹着要喝"美年达"。

其实，在商战上不仅广告需要创意，产品的设计、推销、经营等无不需要创意。可以说，创意的好坏关系到商家的存亡，好的创意是商家兴旺发达的灵魂。拿破仑·希尔曾经说过："想象力就是人类灵魂的工程师，也是塑造命运的主要工具……通过想象力，幻想与现实可以结合而成为工业王国，以至于改变整个人类的文明。"

在商场上，良好的创意被商家奉为至宝。为了推销产品，商家的想象可谓大胆、新奇、绝妙。在日本的大阪曾经有一家餐馆为牛举行过婚礼。"吃光"餐馆是日本大阪最大的餐馆。它的董事长山田六郎疯了，竟然要给牛举行婚礼！"荒唐，太荒唐了，吃光餐馆老板居然给牛举行婚礼，不过牛背上的菜倒不错。"

诸如此类的评论一时间成了大阪大街小巷谈笑的中心话题，"吃光"餐馆从此也成了成千上万好奇的大阪人光顾的场所。从此，"吃光"餐馆名扬大阪，还有许多外地的食客慕名而来。

可见，只要你有丰富的想象力，就有希望打开财富的大门。

第三卷 投资自我

"愉快让内心及面容保持年轻。成为一个有趣的人，使我们更喜欢自己，也和周遭的人成为更好的朋友。"

——［美］奥里森·马登

第一章　投资说话

好自说说　卷三策

> 每个健谈的人都有自己的主见，都会读书、思考和倾
> 听，因此他们在与人交谈时总是有无穷无尽的话题。
>
> ——沃尔特·司各特爵士

说话是一门无与伦比的艺术

查尔斯·威廉·埃利奥特在就任哈佛大学校长一职期间，曾经说过："在对一个淑女或绅士的毕生教育中，我认为只有一种智力开发是必要的，那便是精确而优雅地运用母语进行交流。"

与善于交流相比，再没有哪种个人能力能让我们给别人——特别是那些并不完全了解我们的陌生人——留下一个好的印象。

从不善言语到能说会道，依靠出众的交际能力取悦别人，自如地吸引听众的注意，使他们听得津津有味、意兴盎然——这整个过程将是一段通过努力获取巨大成功的经历，一次凭借自我奋斗脱颖而出的磨炼。健谈不仅能使陌生人对你产生好的印象，还能为你赢得友谊。它将为你敲开一扇扇心灵之门，使你在这样那样的小团体里面引起大家的注意；在你不名一文时，健谈将助你在社会上迅速攀升，不断为你揽来客源；等你小有成就后，健谈

还能为你跻身上流社会铺路筑桥。能说会道的人都深谙以有趣的方式叙述各类事件的艺术，他能够娴熟地驾驭语言，迅速激发听众的好奇心。与那些其他能力相差无几、唯独口才略逊一筹的人相比，这类人显然拥有巨大的优势。

不论你在其他任何艺术领域的成就有多大，都不可能在每一处都娴熟自如地运用自身的专业知识和经验与他人进行很好的交谈。如果你是一位音乐家，不论你多么有天赋，或是耗费多少时间来完善自己的技艺，不论你付出多少心血，终其一生，恐怕仍只有极其少数的人能欣赏到你的音乐。

或许你是一位杰出的歌手，曾周游世界却苦于没有展示才华的机会，甚至自身所学无人问津。但是，不论你身在何地，处于何种社会，也不论到达人生的哪一站，有一点总是不变的：你得开口说话。

或许你是一名画家，多年来一直追随许多艺术大师。然而，除非你技艺超群，有能力让自己的作品悬挂在著名的艺术沙龙或画廊的墙壁之上，否则你的所有心血恐怕都将付诸东流。但是，倘若你懂得交流的艺术，那么，每一个和你打过交道的人都会看到一幅关于你的人生画卷。这幅作品才是你自幼年学语时起，至今仍在倾力绘制的巨作。任何一位欣赏过这幅作品的人都能判别出，作者究竟是一位艺术大师，还是一个只知信笔涂鸦的笨拙学徒。

事实上，你也许做出过很多伟大成就，甚至拥有一所富丽堂皇的豪宅或是巨额资产，而这些并不为人所知。但是，如能善于言辞，那么，任何与你交往过的人都将被你的才华和魅力深深打动。

一位在社交界获得成功的著名女政治家常常这样建议自己的门生：“多交谈，经常地交流。至于交谈些什么，并不重要，但你一定要保持心情的愉快和放松。只要做到这一点，你谈及的任何话题都不至于使别人觉得尴尬和无聊，即便与你交谈的是一位渴望别人献殷勤的少女，也不会产生那样的感觉。”

事实上，她的提议非常实用。学习说话技巧的诀窍恰恰在于多与人交谈。对于那些不习惯社交场合、缺乏自信以及在社交场合苦于无法融入别人的交谈之中的人来说，这无疑是一种打开自我心门的最好办法。

健谈者永远都是社会的宠儿。每个人都希望邀请某某夫人参加自己举行的宴会，仅仅因为她擅长交际。她总是那么善于取悦大家。也许她有很多缺点，但人们仍然欣赏她的交际能力，这是因为：她是那么能说会道。

倘若哪位教育家能努力将交际变为一门课程，那么它将成为一把威力无穷的开拓利器。但是，任何缺乏思想的谈话，任何不愿尽力去尝试以一种清晰、简练、有效的方式表达自我的谈话，都将成为某种喋喋不休的胡扯瞎聊，充其量不过是寻常的街谈巷议。自然，这些闲话都无助于人们发现那些埋藏于心灵深处的美好事物。它们被掩藏得如此之深，一般的表面功夫岂可发掘得到？

演讲是推销自己的最好方式

曾几何时，语言的艺术已达到一个远远高出当代的水平。今日语言艺术的衰落应归咎于在现代文明环境下的彻底变革。以前的人们除了演讲，几乎没有别的方式来交流彼此的思想。各种知识完全依赖口头的交谈才得以传播，当时的社会没有发行量巨大的日报或杂志。

随后，人类陆续勘测到珍贵矿床中蕴藏的巨大财富，并利用无数的发明和发现敲开了一扇通往新世界的大门，还有种种伟大抱负所产生的巨大推动力——所有这些都在一同改变我们的语言。在这个"闪电般表达"的时代里，在这些热火朝天的年代中，当所有人都热衷于攫取财富和争夺权位时，我们已经无法停下手中忙碌的工作，我们不再做出深刻的反思，更没有闲心提高我们的语言能力；在如今这个报纸和期刊大行其道的年代，当所有人只需花上几个美分便可收集过去需要数千美元才能得到的新闻和信息时，人们要做的只是坐下来，埋头于一张晨报、一本书或是一份杂志中。人们不再需要和从前一样，通过口头交谈进行信息的交流。

出于同样的原因，讲演术正成为一门日渐衰微的艺术。印刷成本之低廉，使得最贫穷的家庭也只需花上数美元便可获得中世纪时王公贵族们才能负担得起的读物。

如今，想发现一个优雅而有教养的健谈之人已经非常困难。甚至，能听到有人用当年华美的措辞说几句高雅精致的英语，都已是一种奢侈。

然而，阅读好书，不仅能开阔眼界和传播全新的理念，更能增加一个人的词汇量——这对于提高交际能力能起到极大的辅助作用。许多人都拥有不错的想法和主见，但囿于贫乏的词汇量，他们不能将其明确地表述出来。他们缺乏足够的辞藻来修饰自己的想法，也无法使其变得更具吸引力。他们不断地重复表达，不断在原地绕圈圈。每当他们想用一个特别的词汇来确切地表达某一意思时，总是绞尽脑汁、搜索枯肠，到头来仍然一无所获。

如果你渴望成为一个善于交谈的人，首先必须尽力跻身于那些接受过良好教育的、有修养的上流人士的社交圈。如果你总是故步自封，和这些群体相隔离，那么，即便你顺利从大学毕业，恐怕也永远不能成为一个健谈者。

当你在表达时，如果发现自己的想法转瞬即逝，如果发现自己因为词不达意而结结巴巴，你要相信，即便接连遭遇失败，只要能坚持下来，那么，你付出的每一分努力都会改善自己的谈吐，使其变得越发流畅。值得注意的是，不论是谁，只要能坚持不断地练习，便会以出人意料的速度征服天赋的笨拙，改变羞涩的个性，最终达到谈吐从容、娓娓道来的境界。

我们经常看到形形色色的身处困境的人，他们失败，仅仅是因为他们并未掌握语言的艺术，不会将内心的想法以一种生动有趣的方式加以表达。我们经常能在公众聚会上遇见很多饱学之士。每当大家一起讨论一些重大问题时，他们总是静静地坐在那里，始终保持沉默。而实际上，他们远比那些借如簧巧舌获得大家追捧的人要见多识广。

一般而言，很多能力超群、学识渊博的人在公众场合中总是沉默寡言，另外一些人虽然不如他们聪明，却能很好地吸引在场人士的注意。其原因很简单：他们尽管才学不高，却能够生动地表述自己知晓的事情。倘若这些有识之士碰巧在上述场合遇到熟人，会感到非常耻辱和尴尬。因为在那样的场合，他们竟然一言不发，不对其中某个话题发表任何睿智的意见。

很多人——特别是那些学者——似乎都认为生命的真谛在于尽可能多地获得有价值的信息以武装自己的头脑。但是，学会用一种沁人心脾的方式与人交流，展示自己的学识，或许和汲取知识同样重要。也许你是一位学者，有着极高的学术造诣，通晓历史和政治；也许你在科学、文学、艺术等领域闻名遐迩，但是，如果只是独享自己的才识而不与人交流，那么你终究无法登堂入室，更进一步。

这种"上锁"的能力也许会给个人以满足感，但是，一个人的能力有展现的需要，而且尤其应该以一种引人注目的方式予以表达，进而得到整个社会的认可、欣赏和信赖。这就像一颗外表粗糙的钻石，不管它多么有价值，都不重要。我们无须过多解释和描绘它内在的稀有和珍贵，它的巨大价值总会有所体现；然而，在被打磨、抛光以前，在光线射入其内部，发出多年来一直隐藏的夺目光辉以前，没有人会赞赏它的美轮美奂。谈吐之于个人，就好比切割、抛光的加工过程之于这颗钻石一般。打磨和雕琢本身不能给钻石增添任何价值，却可以彰显出钻石的内涵。

没有什么方式能比坚持优雅、睿智和生动地聊天更能锤炼孩子心智和性格。坚持用清晰的语言和明快的风格表达自己的想法是非常好的训练。在我们眼中，那些能言善辩的人都是如此优秀，以至于没人会相信，事实上他们受教育程度并不一定很高。而现实是：许多大学毕业生面对这些甚至高中都没有念过，但一直努力修炼语言的人时总是抬不起头来，只能沉默不语，面有羞色。

现行的教育系统不过是在数年的时间里，每天花费区区几个小时来教育和培养学生；然而，说话是一门终身的学问，很多人在这门学科的修习中获得了自己整个教育过程中最有价值的那部分。

我们在说话的过程中，发现自己的各种潜力，意识到人生中尚未开启的各种机遇和资源。语言具有启迪思维的惊人功效。如果我们善于交谈，擅长取悦别人，牢牢地吸引住他人的注意力，我们便会更多地想到我们自己。这种反思的力量将大大提高我们的自尊和自信。

在全身心投入向别人表达自我、展示自我以前，没人会知道自己到底拥有多大的潜能。直到这样做之后，整个人的灵感才豁然开朗，变得才华横溢起来。每个健谈之人都能从听众身上感受到自己之前不曾领略的力量，而这股力量往往能激起新的灵感，让人抖擞精神，全力以赴。思维的碰撞和心灵的沟通都能催生新的力量，仿佛化学反应之中两种物质化合产生新物质一般。

若想成为受欢迎的演讲者，首先应学会做一个好听众。这意味着一个人必须首先学会自我控制，善于接受他人的观点。

我们不仅自己说话笨拙，由于缺乏耐心，我们甚至连合格的听众都算不上。我们无法静下心来，兴致勃勃地陶醉在演讲者带来的故事或新闻之中。恰恰相反，我们总是因为对讲话的人缺乏尊敬而无法保持安静。我们四处张望，用手指在椅子或桌子上不停地叩击，我们坐立不安，仿佛无聊之至，急于离场，我们甚至在别人结束发言之前便打断其讲话。事实上，我们总是那么功利，以至于除了抓紧时间相互推搡着涌向内心所企盼的权势和金钱之外，我们几乎无事可做。生活永远处于一种狂热和不安分的状态之中，哪里还有时间去培养言谈的风度和文雅的措辞呢？

第二章　获得美的力量

　　最好的教育，是将一切美好的事物及其所能呈现的完美形式都展现在读者眼前，使其在肉体和灵魂上都得到美的享受。

——柏拉图

美是最好的教育

　　当野蛮人侵入希腊时，他们亵渎希腊的神庙，摧毁众多完美的艺术作品。尽管如此，他们仍然在某种程度上为风行全希腊的美感所折服。诚然，他们破坏了希腊那些精美的雕像，但其间蕴含的美的精神没有衰亡，反而改造了这些野蛮入侵者的内心，唤醒了他们灵魂深处那股沉睡的力量。表面上看，逝去的是希腊时代的艺术，但罗马时代的艺术从前者的驱壳中诞生。"能为伍尔坎（Vulcan，罗马神话中的火与锻冶之神）锻造铁器的库克罗普斯（Cyclops，希腊神话中的独眼巨人）即使获得再生，也无力阻挠伯里克利（Pericles，古雅典政治家）——这位为整个希腊铸造理想的伟人——的前进步伐。"野蛮人手中用来摧毁希腊雕像的棍棒，终究比不上菲迪亚斯（Phidias，雅典雕刻家）和普拉克西特

（Praxiteles，雅典大理石雕刻家）手中的凿子。

在罗马人征服希腊，将其艺术珍宝运回罗马城之前，整个意大利半岛几乎不存在任何艺术作品。事实上，正是那些名作——《马头》《法尔内塞公牛》《大理石雕农牧神》《垂死的角斗士》《拔去脚上荆棘的男孩》等，成为光辉璀璨的罗马文明之艺术成就的奠基石。这些作品借助精美绝伦的意大利产大理石的修饰和表现，第一次唤醒了罗马人心中沉睡的艺术天赋和审美观。

"最好的教育是什么样的？"曾有人问过柏拉图（Plato，古希腊哲学家）这样的问题。哲学家的回答是："最好的教育，是将一切美好的事物及其所能呈现的完美形式都展现在受教者眼前，使其在肉体和灵魂上都能获得美的享受。"

人的一生理应是圆满、甜蜜、健康而繁荣的。若想拥有舒适和精彩的人生，我们首先要做的，便是拥有一颗热爱一切美好事物的心灵。

人是杂食性动物。不论在心智上还是在体格上，其健康成长都有赖于从各式各样的食物广泛摄取营养。不论哪种营养素在食谱中被省略，人的生命中都会表现出相应的损失、遗漏和缺陷。忽略精神食粮和物质食粮中的任一种，都不可能成长为一个完整意义上的人。我们不能只知补养身体，却忽视灵魂忍受饥饿的折磨；同样，我们也不能只注重灵魂的滋养，却让我们的体肤挨饿。如果对其中任何一方面有所偏废，我们都不必再指望成为一个既身强体壮又心智健全的完整的人。

当孩子们得不到足够且适宜的食物时，当他们被夺去一切头脑、神经和肌肉的滋养品时，由于缺乏均衡的营养，他们的成长发育必将出现相应的缺陷并由此而失去平衡。

比如说，如果孩子不能从食物中获取足够的钙，那么他将无法发育出强壮而坚固的骨骼。孩子的骨架将十分脆弱，骨质松软，很容易患上佝偻病；如果他的饮食中缺乏氮元素或生肌物质，其肌肉组织便会松垮无力；如果缺乏磷酸盐——这种构造脑部组织和神经系统的营养物，他的整个机体都会患病，而大脑和神经也会出现发育不完全的症状。

正如孩子发育中的身体需要广泛摄取各种营养才能使自己更加强壮和健美一样，人类也需要各种精神上的食粮来滋养自己的心灵，使其变得坚强、积极而健康。

我们的祖国地大物博、资源丰富，这极大地刺激了整个民族对于财富的强烈欲望。这种欲望之强大，使得我们在获取高度发达的物质财富的过程中，很可能要付出更为高昂的代价。

仅仅只把精力花在体力和智力的训练上是不够的。如果一个人的感悟——对一切自然界和艺术领域之中蕴藏的美的欣赏和感悟——不能得到发展，生命就好似一个死气沉沉的国家，没有鸟语花香，也没有色彩和音乐。这样的国家或许很强大，但无法使其更有吸引力。

如果想成为一个眼界更为广阔的人，就不能满足于自己那片小林地里的辛勤耕种，而应该走出去，开拓林外更辽阔的大地。对于任何形式的商业利润或物质利益的追逐，只能给人性的发展提供非常狭小的空间，而且通常会是人性中自私和粗俗的一面。

当一个人不懂得发现和欣赏身边的美好事物，当他面对一幅伟大的艺术作品无动于衷，当他表情木然地目睹夕阳西下的美景时，可以想见他的人格必定是不健全的。

野蛮人不懂得欣赏美。即使他们对饰物爱不释手，也无法证明他们的审美才华有所提升。他们只不过是顺应自己的动物性本能和激情罢了。

但是随着文明的进步，人们的欲望在膨胀，各种需求在积聚，人类自身的才能不断增强，直到文明发展出最高的表现形式，我们才发现自身对于那些美好而高度发展的事物是有着多么强烈的渴望和热爱。

已故哈佛大学教授查尔斯·埃利奥特·诺顿，这位同时代最杰出的思想家，曾经认为美在人类最高尚本性的形成过程中起到了极大的作用。而一个社会是否称得上文明，完全可以根据其建筑、雕塑和绘画领域的造诣做出评价。

从小就开始投资美

对于培养孩子对美的热爱和敏感这一重要责任，家长们总是缺乏足够的耐心。他们没有意识到：家中的一切事物，从相片到墙纸，都会对他们的成长产生影响，在他们幼小而敏感的心灵上打下烙印。家长们不应该错过任何让孩子欣赏艺术作品的机会，他们应该经常为孩子诵读名家的诗歌或散文。这些都将给孩子的心中灌输美好的思想，使他们的灵魂接受世界上一切伟大而神圣的思想和感情的熏陶。而这些也将感动天真的孩子，塑造他们的性格，为他们毕生的幸福和成功打下基础。

每颗心灵对美的敏感都是与生俱来的，但这种追求美好的本能需要借助眼睛和耳朵来获得培养，否则便会退化甚至消逝。不论是那些在贫民窟长大的小孩，还是那些有钱人家的子弟，他们心中对于美的强烈渴望都一样。"穷人对于食物的饥饿感，"雅各布·A.里斯（Jacob·A.Riss,美国新闻记者、社会改革家）这样说道，"远不如他们对美的饥渴感和需求强烈，也不如后者那么难以获得满足。"

　　里斯先生时常从自己位于长岛的家中带上一些鲜花，前往纽约摩尔布里大街去看望那里的"穷人"。"可它们从没到过那里，"他说，"每次走到距离渡口不到半个街区的地方时，我会被一伙孩子拦截，他们不时发出怪叫声，吵着要我手中的花，扬言除非我给他们一束，否则不准我再往前走一步。而每次当他们得手之后，便小心翼翼地握着花溜之大吉，跑到一个安全的地方，幸灾乐祸地欣赏自己的战利品。后来，他们甚至把一些大大小小的婴孩也拉入伙。当这些婴孩看到我手中这些金灿灿的花朵时，他们的眼睛发出光彩，瞪得又大又圆。我隐隐约约地感觉到，他们在以前或许从未见过这么美的花。看起来，越是那些年纪小的、贫困的小孩，便越渴望得到这些花，所以每次我的花都给了他们。在这样的情形下，谁还会忍心拒绝呢？

　　"直到那一刻，我才更深刻地体会到，那些贫苦的人心中有另一种渴求，这种渴求要比报纸上报道的有关他们身体遭受的饥饿更严重，也更强烈，这渴求正是他们心中闪耀的善良天性。理想——天性中这团熠熠生辉的神圣火花，能将他们从任何罪恶中解脱出来。正是因为心中的这份理想，他们的灵魂才能得到净化。当这些孩子哭喊着向我索要花束时，他们正以自己所能实现的唯一方式告诉我们：如果我们漠视这些贫民窟的孩子精神上的贫困，任由他们在那片本该鲜花盛开，而现实中充斥着肮脏、丑恶、泥泞的地方生活和成长，那只能表明，我们自己的精神世界同样一贫如洗。不论男女老少，若没有了灵魂和理想，也许还照样生活，照样成长，但作为一个社会的成员，一个母亲，他（她）对于整个国家、整个民族就没有任何价值。岁月蹉跎，等到年华老去，他们留给这个世界的，将只剩下如贫民窟那般黑暗的污渍。

"所以，时至今日当我们拥入贫民窟去为穷人们建造房屋，当我们教会贫穷的母亲们装饰那些屋子，当我们将苦难的孩子送进幼儿园，当我们在学校里挂上艺术大师们的画作，当我们为他们建造明亮的教室和崭新的公共建筑，在那些曾经阴暗污秽的地方种满花草，当我们教那里的孩子们跳舞、游戏，让他们乐在其中时……那是多么美好的景象啊！我们努力地清除污迹，以解除自己身上背负的债务。比起任何社会甚至整个国家长期以来所背负的债务来，这笔因为对公民责任感的缺失而负下的心灵之债，恐怕会令我们的双肩更沉重。我们除了不停为自己可悲的冷漠和忽视偿还巨额的债务，再也没有任何退路。"

尊敬的富人们啊，你们可知道，在纽约的贫民窟里还生活着无数贫困的孩子。假如有一天，当这些孩子们走进你们的起居室，当他们面对其中华丽的油画和昂贵的家具瞠目结舌、不知所措时，你们能否意识到，自己心中对美好和高雅的敏感早已为物欲和贪念所扼杀，你们已经永远无法像他们一样，感知身边的美景了。

世界充满了美好，但我们多数人并不曾拥有对这些美好的洞察力。我们看不见身边的这些美，因为我们的眼睛没有接受过专门的美的训练，我们对美的感知力没有得到开发。我们就像那位站立在特纳（Turner, 英国画家）身边的女士，面对他那幅著名的风景作品，惊愕地呼喊："哎呀，特纳先生，我在生活中怎么就看不到您作品里所描绘的那种美啊？"

"可您不是希望自己能看到它们吗，夫人？"画家这样回答她。

想一想，由于对金钱疯狂而自私的追逐，我们已将多少珍贵的乐趣挡在了生活的大门之外。难道你不希望领略特纳在风景画中所看到的大自然的奇迹，不希望感受罗斯金（Ruskin）在夕阳西下时的感受？你不希望往自己的人生里注入更多的美好吗？相反，难道你希望因为对世俗的名利无休止的追求和对他人的自私而无情的索取，而让你的天性变得粗鄙不堪、萎靡不振，让你的美感丧失判断力？

那些接受过美感教育的人是幸运的。他们从此拥有了一笔无法剥夺的宝贵遗产。而这遗产的继承者，便是那些从小便煞费苦心，培养高尚的灵魂和爱美之心的人。

第三章　学会社交

善于与他人关注的能力是一笔能助你取得成功的巨额财富。它能帮你完成很多金钱所不能完成的事情，而且常常能为你带来金钱所不能换取的资产。

学会社交礼仪，提升个人价值

切斯特菲尔德伯爵认为，令人愉快的技巧既是最优秀的天赋，又是一种极强的社交能力。倘若你想受人欢迎，就必须表现出能受人欢迎的姿态，更重要的是，你必须是个有趣的人。如果别人对你不感兴趣，那么他们就会避开你。相反，如果你乐观积极、和善可亲而且乐于助人，如果你能一直保持这种积极的处世态度，人们自然都乐于和你交往，而不是试图回避你。毋庸置疑，你会变得越来越受人欢迎。

吸引人的最好方式，是让别人觉察到你对他们很感兴趣。切不可抱着有所图的想法去做这件事情，而是要真正感兴趣，否则你的诡计很快就会被发现。

如果你试图避开某些人，一定会希望他们也能避开你；只知道一味谈论自己和自己的成就的人，人们会渐渐对其敬而远之。

换言之，这种人并没能做到取悦他人。人心往往是这样：总希望他人以自己为中心，对自己的事感兴趣。

如果你总是趾高气扬，对别人的所作所为吹毛求疵的话，那么毫无疑问，你的形象在自己雇员或者其他人心目中一定不怎么受欢迎。人们都喜欢面对笑脸，这和我们总是向往阳光明媚的地方，而尽量远离阴霾一样。

许多人都认为，大部分的繁文缛节仅仅只是做作。就好像只认可天然的钻石是真正的钻石一样，他们也认为，如果一个人内心真诚，又有男子气概，并且能够实事求是，那么不管他的外表是多么笨拙和粗鄙，他都会受人尊敬并获得成功。

某种程度上而言，这种观点非常正确。同样的道理，天然钻石才是真正的钻石。可是即使天然钻石本身的价值再高，也没人愿意佩戴它——也许它价值连城，然而，在经过精雕细琢之前，又能得到谁的赏识呢？对大多数人而言，由于缺乏专业的眼光，他们甚至不能将这颗钻石与普通的鹅卵石分辨开来。钻石价值和美丽取决于耀眼华美的切面，而只有经过切割和加工，它们的光泽才有可能展现在世人面前。

由此可见：也许一个人身上有很多闪光点，但是当这些优点为其粗鲁笨拙的形象所掩盖时，那么，纵使他有再高的内在价值，也无法得到体现。除了那些少之又少的、独具慧眼的伯乐之外，又有谁能够发现他的潜质呢？对于具有"天然钻石"般素质的人而言，教育和社交上的学习与训练就像是一系列精雕细琢的钻石加工过程。倘若他能吸取文化中的精粹，学会举止文雅，努力培养自己的人格魅力的话，他的价值将得到千倍的提升。

发现他人优点

如果有机会和那些能发现我们身上闪光点的伯乐进行交流，对我们来说，恐怕远远不只是获得了一个赚钱的机会——它将大大增强我们的能力，陶冶出更高尚的情操。

请注意，那些只知轻视他人、找人缺陷或是含沙射影、好为人师之人，永远都是危险的动物。他们根本就不值得信任。贬损他人思想的行为是何其狭隘，何其刻板，何其不健康！他们根本看不到他人身上的闪光点；即便侥幸看到，也无法正确认识，因为他们心中只有妒忌的念头，不能容忍别人得到赞扬。如果别人拥有无可否认的优点，他们会因为嫉妒而想方设法将其优点最小化，他们会通过恶意假设、强烈抨击或是其他途径对他人的优秀品质大加质疑。

如果一个人宽宏大量、思想健康，便能迅速发现他人身上的优点，相比之下，心胸狭隘、喜好在背后贬损他人的人，只会一味挑剔别人的错误，吹毛求疵。任何美丽而真实的东西都不能进入他们的视野。这种人以诋毁和打击他人为乐，从没想过要去赞扬或激励他人。

只要听到有人在贬低他人，你就应该马上警惕起来，告诫自己不要和这种人交往，除非你能帮他改过。如果有人当着你的面取笑别人的失败，千万不要在这类人面前得意忘形、自吹自擂，否则只要机会降临，他便会用同样的方式来对待你。这种人切不可深交。真正的朋友应是相互支持的，而不是拖人后腿，更不会在背后揭人短处或诋毁中伤。

人类文明最伟大的成果之一，在于大多数个体，尽管存在这样那样的缺陷，但始终能坦然接受自身的缺陷，从不会因此而悲观厌世。只有慷慨大方、富于爱心的人才会真正喜好这样的文明；也只有那些宽宏大量，宅心仁厚的人才会对他人的缺陷视而不见，时刻只想着去放大他人的优点。

我们总是固执地、无意识地凭偏见看待他人。当你看到你的朋友或熟人各种优秀品质时，你往往倾向于夸大这些品质。而如果你看到其他人的刻薄吝啬、粗俗卑劣的一面，你不会想要帮他们改正缺点。因为在你心中，他们的品性已经确定，已经无可救药了。但是，如果能在他人身上看到高尚的品格和远大的志向，你就应该帮助他们不断挖掘这些品质，直到他们将那些卑劣的、不值得尊重的地方从性格中排除。

事实上，人与人之间这种无意识的相互作用几乎无时无刻不在发生。它们在很大程度上对个人的成长起到阻碍或促进的作用。

训练说话的嗓音

说话的语音语调和一个人是否受欢迎以及社交成功与否有很大关系。悦耳的嗓音标志着一个人的教养和文化程度——对此，没有什么事物比嗓音更具有代表性了。

托马斯·温特沃思·希金森说："如果把我和很多人一起关进一间黑暗的屋子，那么，光凭他们的嗓音我就能判断出其中有哪些人比较温顺。"

据说在古埃及历史中，法庭只接受书面的诉求，以免法官可能因为受舆论的干扰而影响或动摇立场。在宣读裁决时，庭长只能静静地触摸一下被告。

既然一个人的嗓音是如此关键，那么，如果我们的孩子在家里和学校没有得到相关的培训，难道不是一种羞耻，甚至是一种罪过吗？倘若你看到一个前程似锦的孩子虽然接受了良好教育，却粗俗无礼，话语咄咄逼人，嗓音极不友善且带着鼻音——这难道不令人遗憾吗？这些缺点将成为他整个人生旅途上的一大障碍。再想想吧，如果是一个女孩子，那后果将会有多严重？

但是，美国的一些学校发现：尽管学校已教会学生如何去追求美好的生活并传授他们数学、科学、艺术以及文学各个学科的知识，但是他们仍然以一种生硬的语言与人交谈，他们的嗓音依旧粗声粗气，令人反感。

许多接受过高等教育、才华横溢的年轻女人，嗓音却仍然尖锐刺耳、粗鄙不堪，以致稍微敏感一些的人根本不愿和她们交谈。

事实上，经过适当地控制和调节，嗓音是可以变得非常动听的。听着那些吐词清楚、清脆动人的声音，就像聆听一件绝妙的乐器在演奏，简直是一种享受！

一副纯净柔和、训练有素的嗓音可以反映一个人的文化素养，而抑扬顿挫的嗓音则更加迷人——如果你有一副这样的好嗓子，如果你的发音和吐字都无可挑剔，如果你言为心声，那么，对于大多数人，尤其对于女性朋友来说，那将是多么宝贵和神圣的一笔财富！

第四章　五个惜珍惜

啊，友谊！在一切最稀罕的事物之中，它最优秀，因而也是最值得珍贵的事物。当我们遭遇不幸时，朋友的抚慰总是那么温馨；而当我们飞黄腾达之时，他们的忠告也总是会带来吉兆。

朋友是一笔巨大的人生财富

"我有一个朋友！"这世上还有什么能比拥有温馨、忠诚的益友更美妙的事情吗？财富的多寡丝毫不会影响他们的忠诚。相形之下，每当我们身处逆境时，反而更能体会到珍贵的友情。

在美国内战爆发的年月，当人们讨论各位总统竞选人的资格时，曾有人这样评价林肯："除了身边的一大堆朋友，林肯一无所有。"确实，林肯当时十分潦倒。在被选入州立法机关后，为了让自己在公众场合显得体面些，他只好借钱添置了一套西装，甚至步行百里去出席会议。甚至在当选总统后，为了把家搬到首府华盛顿，他仍须四处举债。这些都是史实，但这位伟人在友谊上的富有和慷慨是多么了不起！

朋友是一笔优良的资产，他们志趣相投，彼此间有默契，他们相互扶助，同甘共苦。还有什么能比这种为忠于友谊而奉献更高尚、更美好的呢？如果没有那些富于才干、始终如一地热心协助和支持他的朋友，那么，纵有过人的才智，西奥多·罗斯福亦不可能取得如此伟大的成绩。如果没有那些忠诚的朋友，特别是他在哈佛大学求学期间结识的那一帮好友，那么，他能否成功当选美国总统都难说。不论是在参选纽约州州长，还是在后来的竞争美国总统，成百的同学和校友始终在为他尽力奔忙。他在"莽骑兵团"时所结识的朋友，后来帮助他在西部区和南部区拉到了成千上万的投票。

想一想，如果拥有一批总是记挂着我们的、意气相投的朋友，如果他们始终甘心为我们奉献，时时刻刻替我们着想，这意味着什么呢？当我们不在场时，他们总是为我们说话；当我们需要支持时，他们便挺身而出。他们尽力阻止任何对我们的诽谤和中伤，消除人们的偏见；当我们因为失误而犯错误，或者在某些场合因为愚蠢的举动造成很坏影响时，他们会设法让我们重新走上正轨，敦促我们积极向上，并且始终在身边支持我们！

如果没有朋友，我们之中将有多少人遭遇生活的不幸！当我们面对这世间的种种苦难与悲惨时，若不是他们替我们挡风遮雨，不是他们温馨的安慰和援助，我们中的大多数人的名誉又将受到怎样的诋毁和伤害！若不是那些为我们带来顾客、客户和生意，尽心替我们张罗一切的朋友，我们之中有多少人将会在经济上陷入困境！

啊，对于我们的弱点和短处、我们的坏脾气，对于我们所遭受的挫折与失败，朋友是一笔多么及时的恩惠！

当你看到一个朋友试图在默默地替自己掩饰各种弱点和伤疤，

保护自己免遭各种苛刻无情的批评，同时却热情地宣传自己的各项美德时，还有什么事情能比这更美好的呢？我们总是忍不住对这样的朋友心生敬意，因为我们知道：只有他们，才算得上真正的朋友。

在这个世界上，还有什么能比朋友所带来的帮助更高尚的呢？但是，我们当中又有多少人能够领悟这一点，懂得珍惜友情，爱护朋友们的名誉呢？我们对别人的每一次评价，都可能会在相当程度上影响到他一生的成败。对于他人以往的丑闻，如果我们鲁莽地流传开来，很可能会给他人造成终生的伤害。

曾经有个人对于一个故友——一个已经失去自尊和自制，已经丧失理智的人——伸出了援助之手。啊！这才是真正的朋友！即使在我们自暴自弃之时，他们也从不言放弃，而是始终如一地支持着我们！一个因为酗酒和恶习而被亲人逐出家门的男人，但是他的一个朋友仍然支持他。甚至在这个男人被父母和妻儿放弃之时，这个朋友依旧忠诚地守护在他的身旁。当他在夜晚出去买醉时，这个朋友总是跟随着他，多次在他醉得不省人事、摇摇晃晃时搀扶他回家，防止他冻死在路上。除此之外，还数次去贫民窟寻找他，使他免遭警察的拘捕，为他挡风遮雨。这种伟大的友爱和奉献最终挽回了这个堕落的男人，使他重新回到家中，过上有尊严的生活。这种奉献的价值，又岂是金钱所能衡量的？

啊，朋友对于我们的人生是多么重要！有多少坚强而忠诚的友谊让我们远离绝望，使我们鼓起勇气去追逐成功！多少打算自杀的男女被那些爱着他们的朋友挽回了生命！又有多少人宁可自己忍受折磨也不愿玷污自己的朋友，或是让他们失望！朋友们的援助之手，或者一句富于同情心的友好的话语所带来的鼓舞，改变了多少人的人生啊！

许多人怀着为那些关爱、信任、尊重自己的朋友两肋插刀的愿望，甘愿忍受各种艰难困苦，因为他们知道，如果没有朋友，他们将丧失生活的勇气，轻言放弃。

朋友之间的信赖和忠诚是驱策你奋进的永动机。在我们遭受别人的误会与谴责时，只有朋友能坚信我们的清白，并始终激励我们要尽力而为！

西德尼·史密斯（Sydney Smith，1771—1845，英国国教牧师，《爱丁堡评论》的创办人）曾经说过："友情将为生命之旅灌注勃勃生机。爱人和被人爱是人生最大的幸福。"

对于个人而言，还有什么能像大量朋友一样，可以作为自我投资的本钱呢？若不是朋友的鼓励帮助渡过难关，今日的那些成功人士，恐怕有很多已经在昨天人生的关键时刻放弃努力了。设想一下，如果抛开朋友们对自己的一次次付出，我们的人生会是多么空虚和贫乏！

如果你已经开始自己的职业生涯，那么，你的朋友将会给你坚定的支持，为你带来客户。因此有人曾说："命运是由友谊决定的。"

如果仔细分析那些功成名就者的人生，我们会发现，他们的成功秘诀如此有趣而有益。

不少人的成功，至少有 20% 是因为他们在结识朋友方面的非凡能力。早在孩提时代，他们在这方面的才能便不断得到培养，他们的魅力使得朋友们忠实而热诚地围绕在身边，乐意为他们做任何事情。

踏入社会，开始职业生涯时，曾经在学校建立的友谊给他们带来了巨大的帮助：这些友情不仅为他们的事业打开了无数扇非凡的机遇之窗，还帮助他们声名远播。

换言之，在无数次帮助朋友的过程中，他们的才干得到了锻炼和积累。他们似乎拥有一种特别的天赋，不论自己做什么，都能唤起朋友们的极大兴趣，并赢得他们衷心而热诚的支持。

人们大多不愿意给予朋友应有的信任。很多成功人士都把取得的各种成绩完全归因于自己的超强能力。他们总是对过去的成就自吹自擂。

他们认为，自己之所以能够成功，不过是依靠自己与生俱来的聪敏、睿智和进取心而已。他们没有意识到，事实上是自己的朋友们时时刻刻在不辞辛劳、不问回报地帮助着他们。

C.C.克尔顿说过："真正的友谊就像健康一样，只有当你失去它时，才会明白它的价值。"

利益之交不可靠

有一种新的友谊正变得越来越流行，这就是"生意伙伴"。这种类型的友谊意味着金钱上的利益，而正因为这样一种自私和利己的动机，使得这种时髦的友谊类型充满着危机。它之所以危险，就在于它是如此逼真，以至于我们很难在生意伙伴中辨别出真正的朋友。

有这样一个人，在建立真正的友谊方面，他没有任何天分，然而为了自己的生意，他仍然很努力地和自己的生意伙伴培养友情，而这种所谓"友情"的目的，不过是为了给自己的前途提供方便。他看起来对每个人都很友善。与他初次接触的任何一个人都会认为自己交到了一个真正的朋友。但事实上，他只不过是在这些初次见面的场合对那些可能日后能帮助自己的人大献殷勤而已。

想要和这种始终戴着一副利己的眼镜看世界的人交朋友，实在有些困难。在纽约城这座大都市里，生活着很多这样的人，他们的职业便是将友谊变为一种交易，从中牟取私利。他们身上有一股有如磁石般的独特魅力，能够快速而有力地将周围的人吸引到自己周围。但事实上，他们自始至终都在编织着一张网。等到牺牲者发现这张网的那一刻，他才明白自己已经深陷其中，无法自拔了。

一个人所能做的最可鄙的事情之一，便是将别人当作自己向上攀爬的阶梯，而在自己爬到目的地之后，便无情地将梯子踢倒。这种人不断地和他人建立友谊，只不过是因为这样的友谊能够给他们带来回报，为他们带来名利和权位，带来更多的客户。然而，这样的一种交友方式，是非常危险的，因为它将扼杀真正的友谊。

能够拥有几个关爱我们，为我们着想的真正的朋友，将是多么令人高兴和有趣的一件事情！作为朋友，他们不会和自己有利益上的冲突，他们总是在我们有难的时候为我们付出时间、金钱和感情。

只有那些甘愿为别人付出的人，才能得到真正的朋友。他们或许并不富有，毕竟他没有将自己的所有时间都用来挣钱。但是，难道你宁可获得更多的金钱，而不愿拥有几个像他们一样，始终信任你，在你有难时坚定支持你的可靠的挚友？还有什么能比拥有许多忠诚的好友更能让生活变得丰富而有意义的呢？

也许很多人会将友谊视为一个单方面的事情。他们喜爱自己的朋友，希望这些朋友能经常来看望自己，但是，他们很少有过"投桃报李"的想法，也不愿意为了保持友谊而费心尽力。然而事实是，友谊的真谛恰恰在于互惠互助。

第五章　自我教育

书本是通向心灵的窗户。

——H.W. 比彻

挑选适合自己的图书

"沉溺于图书馆中。"这是奥利弗·温德尔·霍姆斯用来形容自己童年时代经常做的事情。聪明的学生从学校生涯里学到的最重要的知识就是熟悉各种知识类别的书本。从图书馆中挑选出那些对生活最有帮助的书本，这种能力具有最大的价值。这就如同一个人挑选工具去获取知识和提供社会服务一样。

耶鲁大学校长哈德利曾经说过："在现实生活中的各个阶层的人，经商的人、运输业的人，或者制造业的人，告诉过我说他们真正想从学校得到的是：能够拥有挑选书本的能力，从而有效地使用书本。而这种知识的获取首先最好是在任何房间里都提供一些优秀的书本。"

图书馆不再是一种奢侈品，而是一种必需品，一个没有图书、期刊、报纸的家庭就如同没有窗户的房子。孩子们徜徉于书本之中学习阅读，他们在触摸书本时就会不知不觉地吸取知识。现在每个家庭都能够给孩子们提供一个良好的阅读环境。

如果能给孩子提供诸如字典、百科全书、历史类和工作实务类书籍，以及其他各种有价值的书籍，那么他们会不知不觉地接受教育——这并不需要付出很高的代价，并且还可以让他们学到与自身年龄相符的很多知识，否则这段时间就会被浪费掉；如果让孩子在学校、研究所或者学院学习的话，可能需要花费相当于这些书本价格 10 倍的金钱。

除此之外，如果家中收藏有好的书籍，那么整个房间都会因而蓬荜生辉，对孩子们产生吸引力，他们愿意待在这个令人非常愉快的地方；而那些被忽视了教育的孩子急着逃出家门，随波逐流，落入各式各样的陷阱和危险之中。

把孩子引入书籍的氛围中去是很好的，应该允许他们经常地使用书本、触摸书本，让他们熟悉书籍的封面和标题。一个聪明的孩子能够从好的书本里面吸取非常多的养分，这是非常神奇的事情。

很多人从来不在书本上做标记，从来不在页码上折出痕迹或者在选好的一个段落下画线。他们的藏书室永远和刚建成那天一样干净，而他们的头脑，也永远只能接收单纯的信息。请大胆地在书上做标记。亲手做出笔记是最有价值的。一个从小就喜爱读书的人，其读书时的效果会在成长过程中不断增加。勤俭节约是一种美德，日常生活中穿旧的衣服和有补丁的鞋子一点也不耻辱，但是，有些书必须购买，最好不要节省。如果无法让自己的孩子接受学校教育，你不妨让他们接触到一些好的书本，这会让他们从所处的环境中脱颖而出——因为读书增加了他们的责任心和荣誉感。

培养阅读品位，拒绝有害图书

有些书应该精读，这是一种明智的选择，因为这些书都是我们通过阅读进行自学的基础。

当阅读的范围受到限制时，最好选择那些已经被前人翻旧的书籍——它们将对你大有裨益，因为它们已历经一代接一代的读者的挑选。如果你只能选几本书，请选择那些享誉世界的经典著作。我们能够很容易找到这些书——甚至在一个很小的公共图书馆里就能找到。

我们必须遵循一条极其重要的规则：如果你不喜欢某本书，那就不要去阅读。因为他人所喜爱的书，不一定就适合你。书目只是为你提供一些建议，当你很重视书目时，你将会被它所约束。应该多选择自己真正感兴趣的书。

你是否想过，自己想找寻的东西同样也在寻找着你，这就是相互吸引的特殊法则。

如果一个人品位比较低俗，总是追随错误的潮流，那么他大可不必费尽心思去寻找这些粗俗堕落的书。

一个人的读书品位与他对食物的好恶非常相似。我们应该避免阅读那些无聊而空洞的书籍，远离它们，就像拒绝吃令人厌恶的食物一样。而有些人喜欢阅读这种书，也很喜欢这类食物。每个读者最终都能做出自己的选择，找到自己喜爱的书，而这些书也会主动找到他。任何一个认真的读者都宁可选择少数几本自己喜爱的书，而不是追随潮流，看那些不适合自己的书。某个人所认为的最好的书，别人不一定就觉得好。

印度有一位博学之人，某一天他在家中读书，当翻开书本的某一页时，突然感到指尖一阵刺痛；一条很小的蛇从书页上掉落下来，在他看不见的地方慢慢爬行。这位博学者的手指开始肿胀，接着胳膊也开始胀大；一个小时之后，他便毒发身亡了。

又有谁能意识到，家庭的藏书中也隐藏着无形的毒蛇呢？它们会毒害孩子的思想，改变他们的个性，使他们的纯真一去不返。

卡莱尔曾把书分成绵羊和山羊，这种划分方法恰到好处。

今日那些身陷囹圄的罪犯，倘能在年少时读一些好书，那么，恐怕他们中的绝大多数会走上一条截然不同的人生之路——这是极有可能的；我们应该多读那些能够振奋精神、有益心智的好书，远离那些"毒书"。

有这样一个故事：克拉克在一座大城市里见到四处张贴着醒目的告示："所有男孩都应该读一读关于西部平原上的暴徒兄弟的传奇经历——他们成功地进行了抢劫和谋杀，这些奇特的、毛骨悚然的冒险经历是前人所不能相比的。定价5美分。"次日早晨，克拉克博士在报纸上读到："7名男孩因入室行窃而被捕，该盗窃团伙洗劫了4间商铺。其中的一个头目只有10岁大。"追踪报道发现，每个孩子都在前一天花了5美分去买那些唆使他们犯罪的书。《落基山脉的恐怖杀手——红眼迪克》以及类似的一些书曾经毁掉了多少青年的一生啊。一本诱人堕落的书要么会毁掉你的理想，要么就让你生活在堕落之中。在你还没有看过这本毒书之前，书里的一切内容似乎都是甜蜜、美好而有益的。但是，在读过之后，你的人生会被颠覆。它会引诱你对那些被禁止的愉悦产生更多的欲望，直到对一切美好、纯洁和健康的事物失去兴趣。这些疯狂的作品只会腐化你的精神，让你在人生的各个禁区铤而走险，将所有的公正和道义弃之不顾。

一个小伙子曾经得到一本充斥着粗鄙不堪的文字和插图的书，到手不久他便递给自己同伴传阅。后来，此人在教堂里担任一个很高的职务。数年之后他告诉朋友：如果能回到过去，他宁愿用自己的一半所得来消除那本书的毒害。

这些轻浮庸俗的故事书不但不能给人带来道德上的教育，还深深地毒害年轻人的思想。这就像那些大脑麻木的吸毒者，他们的大脑由于受到连续不断的精神消遣而变得彻底腐化。这时他们已经对污垢熟视无睹，对生活中那些健康的一面视而不见。他们对生活的理想和抱负已经被彻底改变。他们唯一的乐趣就是阅读那些堕落的、不健康的文学作品，从而沉迷于兴奋的幻想之中。

如果我们沉迷在轻佻和肤浅之中，那么我们原本健康的思想将迅速受到毒害。如果书本不能真正地反映生活，对家庭没有任何帮助，没有任何纯粹或健康的哲学的话，那么即便它们还算不上真正的邪恶，也只能去激发你的欲望，让你累积病态的好奇心，这样它们就会在很短的时间内毁掉你最美好的思想。它们会想尽办法毁灭你的理想，毁掉你对阅读的所有好的体验。

在阅读时，我们常常会在不知不觉间吸入致命的"毒药"，或者也能获得指引我们积极向上的鼓励和灵感。隐藏在书本里面的"毒药"是极其危险的，因为它是如此善于伪装：从表面上，邪恶的事物都有美好的外表。虽然书中看似没有任何粗俗的单词，但是它们隐藏着邪恶的思想。

作者写作时，他的头脑里隐含着敏感的动机，他的思想也遍及全书，影响着与此相关的一切。你应该阅读那些能让自己积极向上的书，它们能够激励你成为更优秀的人，为世界贡献出属于你们的力量。

要多多阅读那些能催促我们自我反思的书，以及能让你变得更自信，也更信赖他人的书。要当心那些能够动摇信心的书。当你阅读这些具有积极意义的书本时，它们就是建设者；不过你要避免把它们的思想拆散。要小心这些作家：他们会逐渐侵蚀你对男人的信念和对女性的尊重，动摇你对家庭的神圣信念，嘲笑你的信仰，并逐渐破坏你对道德义务和责任的意识。

我们经常翻看并且评价最高的书本，能够更好地显示出我们的品位和雄心。倘能仔细观察和分析某人的阅读习惯，即使陌生人也能为此人写出一本非常好的传记。

读书，读书，读所有能看到的书。但是不要去读一本坏书或者一本乏味的书。生命短暂，时间宝贵，所以要把它们用到阅读最好的著作上面。

那些让你读后不思进取的书，是有百害而无一利的。

勤于思考，把知识转化为自身的力量

书本里的知识绝不仅局限于文字表面。通过阅读，你可以从字里行间得到某种启发——这才是其真正的价值所在。假如你并不是真的想要读书，假如你的阅读动机并不是对知识的渴求和对广阔深奥的文明的渴望，那么你永远不可能从书中得到很多收获。但是，如果你干枯的心灵能从作者的思想里汲取养分，就如同炎热的土壤吸收水分一样，此时你身上的潜力会像土壤中微生物和种子一样，能够萌芽并产生新的生命。如果你像麦考利、卡莱尔、林肯一样博览群书——像每个伟人一样把整个身心都投入所读的书本之中——你会高度集中注意力，你会沉迷于书本之中而把身边所有的事情都通通忘掉，通过阅读你将受益匪浅。

约翰·洛克说过："阅读只能给我们提供知识，而思考则能把知识化为己有、为己所用。"

任何一个读者若想从书中汲取更多的知识，首先就必须学会思考。光掌握书本知识是不够的，因为这还不能让我们的心灵获得力量。

如果我们的头脑中装满的只是那些毫无实用价值的知识，就会像一个房间里堆满家具和古董一样——我们将没有空间再装进其他东西了。

我们吃下的食物，如果在没有被完全消化和吸收并化为血液中的营养物质前，没有转化为大脑或其他组织的一部分之前，是不会产生能量或形成细胞组织的。同样道理，只有在大脑消化和吸收了所学的知识，并将其转化为思想的一部分之后，知识才会转变为力量。

如果你想成为一个智者，那么在全神贯注地阅读书本之后，应该养成良好的习惯：经常合上书本坐下来思考，或者站起来边走边思索——不论哪种方式都好，但一定要开动脑筋。沉思，斟酌，反复地琢磨，不断地回想书中的内容。

知识只有被吸收到头脑里，然后运用到日常生活当中之后，才能真正成为你自己的知识。当你第一次阅读时，它只是属于作者的。只有当它和你融为一体时，它才会是你的。

很多人都对读书有这样一种看法：如果他们永远都保持阅读的习惯，只要一有空闲就去看书，那么他们就一定能接受到全面而良好的教育——这其实是个误解。这就如同指望靠多吃饭就能成为运动员一样。思考比阅读更有必要。每次阅读后进行思考，就好像食物的消化和吸收过程一样，能够源源不断地为大脑输送力量。

最愚笨的傻瓜，正是那些只知一天到晚死读书，却思想僵化，从来不去思考的人。即便有片刻的悠闲时间，他们也会马上拿出一本书来读。换句话说，他们在不停地"进食"知识，却食而不化，没有能力将其消化或吸收。

他们每天书本、杂志或者报纸几乎从不离手。他们总是在阅读，在家里，在汽车里，在火车站，他们对知识有着极度的热情，虽然他们这样也获得了很多知识，但是由于受这种持久的填鸭式方法的影响，他们的思维能力好像有所减弱。

每个读者都应该把密尔顿的话谨记于脑海中：

"对于那些坚持阅读的人而言，阅读并不会给他们带来更高层次的精神和判断，不确定性和未决定性仍然存在；书籍具有深刻的内涵，而读者往往是浅薄的；书本中各类或纯朴或迷人的琐事，就如同孩子们在海滩上拾到的漂亮的鹅卵石一样，值得我们去提取精华。"

挤出时间，坚持阅读

对于自己喜爱的事物，我们大部分人都会想方设法地挤出时间。如果一个人渴求获得知识，如果一个人想要完善自我，如果一个人享受着阅读所带来的快乐，那么他就能找到各种机会。

只要有赚钱的意愿，你就会拥有财富；只要拥有雄心壮志，你就能挤出时间。

我们不仅需要做出决定，而且也要下定决心，将那些无关紧要的、那些仅仅只是享乐和安逸的事情先搁置起来，转身去追求最重要的、于我们自身发展有益的事情。生活中常常会出现各种诱惑，你很可能因为贪图一时的安逸而牺牲明天的美好；我们只知享受安逸和快乐，把时间浪费在闲谈或琐碎的会谈中，却将花在阅读上的时间一减再减，一推再推。

只有那些有能力将自己的本职工作安排好，合理地计划自己时间的人，才能成就世界上最伟大的事情。那些曾在人类历史长河中留下深刻烙印的伟人，他们都懂得时间的珍贵，认为它是不断汲取知识的前提。

当你想感受一种令人愉快的消遣方式，去培养一种新的乐趣时，你将体验一种从来不曾经历过的感觉，它可以通过阅读优秀的书籍来获得，但是每天都要有规律地阅读。不要一开始就试图阅读过多，那样会使自己很快地疲惫。每次只阅读数页即可，但是一定要每天坚持。如果你确定自己很快就能享受阅读的乐趣——养成阅读习惯，它就会迅速给你带来极大的满足感和真正的乐趣。

第四卷　钻石宝地

“信心是生命和力量，信心是奇迹。”

——［美］拉塞尔·康维尔

第一章 财富就在脚下

穷人和富人的差别就是，穷人不善于寻找财富，而富人之所以能够致富，就在于他们终生都在孜孜不倦地在寻找财富。

穷人贫穷，不是因为所有的财富已被瓜分完毕、这个世界上没有了任何创造财富的机会。

不错，现在要想进入某些行业确实已经很困难，你可能被拒之门外。但是，东方不亮西方亮，总会有另外的行业带给你机会。

的确，如果你在一个大集团公司工作了许多年，仍然是一名普通雇员，也许就很难再圆上自己做老板的梦。但是，同样肯定的是，如果你开始按照正确方式做事，就会不再局限于这份工作，相反，你会更加积极地进取，走上适合自己的致富的道路。比如，你可以去开一家小店，经营零售。身处不断发展的社会中给从事零售行业的个体经营者提供了非常好的机会，致富并不是一件困难的事情。但你可能会说，我没有资金。请不要用这种消极的想法束缚自己。今天也许是这样，但明天呢？我们已经说过，只要你能够使用好选择的力量，就必定能够得到自己希望的。

人类社会一直在发展，我们的需求也在不断变化。不同阶段、不同时期，机会的浪潮会向不同方向涌动。

如果你能够顺势而为，而不是逆机遇的潮流而动，你就会发现，机会总是无处不在。

如今，我们能够看见的商品和服务的供应已经相当富足，我们尚未看见的供应更是取之不竭。所以丝毫不必担忧，没有人会因为大自然资源的匮乏而受穷，也没有人会因为供应的短缺而受穷。

人类作为整体也符合致富的规律。人类，作为生物界的一个物种，其整体总是越来越富裕；而个体的贫穷，完全是因为他没有努力地去寻找。

生命固有的内在动力总是驱使自身不断追求更加丰富多彩的生活。智慧的天性就是寻求自我的扩张，内在的意识总会寻求充分展示的机会。宇宙并非静止，它是巨大的活体，它不断追求永恒的进化与发展。

大自然正是为生命的进化而形成，也为生命的丰富多彩而存在。因此，大自然中蕴藏着生命所需的充足资源。我们相信，自然界的真谛不可能自相矛盾，自然界也不可能使自己业已显现的规律失效。因此，我们更有理由相信，宇宙中资源的供应永远不会短缺。记住这个事实：谁也不会因大自然的短缺而受穷。创造财富的权力就掌握在你的手中，只要你肯努力地去寻找，终将得到属于你的财富。

第二章　财富就是力量

善用金钱可以给人带来幸福

金钱可以做坏事，也可以做好事，关键在于用之有道，金钱除了满足基本生活花费外，还可用于慈善事业。

在19世纪、20世纪之交，许多曾使美国工业蓬勃发展的大人物开始陆续离开人世，他们的庞大家产将落在谁的手中，不少人都极为关心。人们预料那些继承人大多数将难守父业，会白白地把遗产挥霍掉。

人们以极大的热情关注着"石油大王"洛克菲勒的儿子小洛克菲勒。1905年《世界主义者》杂志发表了一篇《他将怎么安排它？》的文章，开场白这样写道：

人们对于世界上最大的一笔财产，即约翰.D.洛克菲勒先生的财产今后的安排感到很大兴趣。这笔财产在几年之中将由他的儿子小约翰·戴·洛克菲勒来继承。不言而喻，这笔钱影响所及的范围是如此广泛，以致继承这样一笔财产的人完全能够施展自己的财力去彻底改革这个世界……要不，就用它去干坏事，使文明推迟1/4个世纪。

此时，在老洛克菲勒晚年最信任的朋友、牧师盖茨先生的勤奋工作和真心的建议下，他已先后把上亿巨款，分别捐给学校、医院、研究所等，并建立起庞大的慈善机构。对所建立的慈善机构，老洛克菲勒虽然进行了大量的投资，但在感情上对这种事业，他还是冷漠的。他更看重赚钱这门艺术，怎样从别人口袋里把钱赚到自己手中，是他毕生工作，也是他生活的唯一动力。

这就给小洛克菲勒提供了一个机会，他也牢牢地把握住了这种机会。小洛克菲勒曾回忆说："盖茨是位杰出的理想家和创造家，我是个推销员——不失时机地向我父亲推销的中间人。"在老洛克菲勒心情愉快的时刻，譬如饭后或坐汽车出去散心时，小洛克菲勒往往就抓住这些有利时机进言，果然有效，他的一些慈善计划常常会得到父亲同意。

在12年的时间里，老洛克菲勒投资了4亿多美元给他的4个大慈善机构：医学研究所、普通教育委员会、洛克菲勒基金会和劳拉·斯佩尔曼·洛克菲勒纪念基金会。在投资过程中，他把这些机构交给了小洛克菲勒。在这些机构的董事会里，小洛克菲勒起了积极的作用，远只是充当说客而已。他除了帮助进行摸底工作，还物色了不少杰出人才来对这些机构进行管理指导。

1973年，美国政府通过一项法律，把资产在500万美元以上的遗产税率增加到10%，次年又把资产在1 000万及1 000万美元以上的遗产的税率增加到20%。即使这样，老洛克菲勒20年中陆续转移、交到小洛克菲勒手里的资产总值仍有近5亿美元，小洛克菲勒捐款的数字差不多同他父亲的相等。老洛克菲勒给自己只留下2 000万美元左右的股票，以便到股票市场里去消遣消遣。

这笔庞大的家产落到小洛克菲勒一人身上，大得令他或其他任何人都吃喝不完，大得令意志薄弱者足以成为挥霍之徒，但他从来都把自己看作是这份财产的管家，而不是主人，他只对自己和自己的良心负责。

在走出大学以后的 50 年中，小洛克菲勒是父亲的助手，全凭自己对慈善事业的热心和眼力捐赠出 8.22 亿美元以上，按照他的看法用以改善人类生活。他说："给予是健康生活的奥秘……金钱可以用来做坏事，也可以是建设社会生活的一项工具。"

他所赞助的事业，无论是慈善性质还是经济性质，都范围广大而影响深远，而且在投资前都经过了从头至尾的仔细调查。

"我确信，有大量金钱必然带来幸福这一观念并未使人们因有钱而得到愉快，愉快来自能做一些使自己以外的某些人满意的事。"说这话的人是老洛克菲勒，但彻底使之变为现实的是他的儿子小洛克菲勒。对小洛克菲勒来说，赠予似乎就是本职。在他把金钱捐赠给需要它的人并给他人带来幸福的时候，金钱又何尝没有给他带来幸福呢？

感受金钱的存在

钱，究竟是什么？为什么对人们这么重要？大多数人想到钱的时候，只想如何赚钱、花钱、存钱，却很少仔细思考金钱的真正意义。

大多数人认为金钱只不过是纸钞和硬币，这并不完全正确。纸钞和硬币本身没有任何意义，它们的力量是人类所赋予的。它们只是代表物，表现人们公认的价值。

你可别把钱与日元、英镑、美元或政府公债混为一谈。不同的货币，只表示你在使用这种货币的国家，可以换取同等价值的食物、衣服或房子。如果你认为钱是货币，就误解它了。

钱不是物体，而是一个观念、一种想法、一种沟通方式、一种生活物资的交换形式，纸钞和硬币本身不是钱，它们只是钱的表现。了解这层关系后，钱的意义才能彰显出来。

钱，像个千面女郎，不同的人对钱有不同的感受。下列几种观点，是一般人对钱的基本看法：

（1）钱是保障。钱可以使你远离阴冷、贫穷、残酷的世界。没有钱，你将会处于失败者的阵营；没有钱，你将无法掌握自己的命运。如果你在银行有一大笔存款，又有稳定的职业，那你当然觉得有保障。

（2）钱是困扰。有些人一想到钱，就觉得头痛。如果你一味钻营如何赚更多的钱，担心到手的钱又会失去，终日忧心忡忡，那么，钱对你而言，的确是个困扰。

（3）钱是力量。在现实社会里，有钱显然可以获得尊敬和忠诚。富裕的人较之一般的人，可以轻易满足生活中物质上的欲望。

（4）钱是一种承诺。金钱交易包含两个意义：第一，我们认同交易对象的价值；第二，我们交付的金钱，其价值不会改变，可以由一个人转移到另一个人手中。从第二个观点看来，钱可以说是一种承诺。

（5）钱是动力。就某种程度而言，钱可以造成社会上的互动关系。钱并非独立于社会之外，也不是独立于你、我之外。一个人是否富有，与他的身份、职业有密切关联。一个人和钱打交道，正是发挥他生命动力的时刻，就这个观点而言，一个人所拥有的财富，可以代表他的生命力。

以上这些观点并非绝对，不是每个观点对所有人都正确无误。每个人都可以依据自己的想法，选择适合自己的金钱概念。但是有一条极为重要，财富要靠努力去创造，而不能有其他获取之道。这是一条不可违背的法则，谁违背了，谁就得付出比金钱还昂贵的代价。

第三章　财富依附机遇

　　机遇与我们的生活、与我们的事业密切相关。在商业活动中，对时机的把握甚至完全可以决定你的成就。哈默与威士忌酒的故事，就是依靠机遇创造巨额财富的故事。

　　哈默一生中最活跃的 25 年是 1931 年从俄国回来后开始的。在这 25 年里，他得心应手，在他发生兴趣的任何行业里都取得了成功。除了从事艺术品的买卖外，他还做过威士忌和牛的生意，从事过无线电广播业、黄金买卖以及慈善事业。有些时候，他像杂技演员玩球那样，同时玩儿几个或者所有的球。

　　当富兰克林·罗斯福正在逐渐走近白宫总统宝座的时候，哈默的眼睛虽然盯在销售自己的艺术品上面，可是他的耳朵在倾听着来自四面八方的消息，他听到一个清晰的信号，一旦"新政"得势，禁酒法令就会被废除，为了满足全国对啤酒和威士忌酒的需要，那时将需要数量空前的酒桶，而当时市场上没有酒桶。

　　自从 1920 年实行禁酒法以来，市面上很少需要酒桶。可是现在情况不同了，到处都嚷嚷着要酒桶，特别是要用经过处理的白橡木制成的酒桶供装啤酒和威士忌酒使用。哈默博士非常清楚什么地方可以找到制作酒桶用的桶板。

　　除了俄国还能到哪里去找呢？他在俄国住了多年，清清楚楚知道苏联人有什么东西可供出口。他订购几船桶板，当货轮抵达时，他发现对方没有执行订货合同，他们运来的不是成型的桶板，而是一块块风干的白橡木木料，需要加工才能制成桶板。但哈默只是在短时间里感到有些沮丧，他在纽约码头俄国货轮靠岸的泊位上设立了一个临时性的桶板加工厂。酒桶从生产线上滚滚而出之时，恰好赶上废除禁酒法令的好时机。这些酒桶被那些最大的威士忌和啤酒制造厂以高价抢购一空。

然而他的财富之路也并不是一帆风顺的。时逢战争期间，全国对酒的需求量很大，使得他所有的酿酒厂在谷物开放期间都加班加点生产，而此时政府宣布禁止用谷物生产酒。哈默只好改为生产用土豆酒掺和的各种牌子的混合酒。

但后来政府对用谷物酿酒又开禁了，市场上再也没有人买他的新牌混合酒了。顾客要的是名牌纯威士忌酒，至少窖存 4 年以上的陈酒。在这表面看来是灾难性的时刻，多亏他哥哥哈利的一个电话，也多亏他弟弟维克托采取的与众不同的办法，才使他在灾难中得救。

哈利电话中讲的是酒的价格问题。他刚刚光临过一家纽约的酒店，这次光临使他开了眼界。他在酒店里以典型的维护他兄弟利益的态度要买一瓶丹特牌酒。掌柜的说他们不经营这个牌子的酒，实际上，在开始时，哈默的这种产品也只限于在肯塔基州和伊利诺伊州出售。于是，哈利就要买一瓶老祖父牌威士忌酒，价格是一样的，当时卖 7 美元，这种酒也是肯塔基州生产的酸麦芽浆做的。但是掌柜的并未从货架上取下一瓶老祖父牌威士忌，而是做了一件威士忌酒店老板不常做的事情：他把手伸到柜台底下，从下面拿出一瓶 1/5 加仑装的贴有天山牌商标的酒来，他把这种未经许可非法生产的私酒满满斟上一杯。"你尝尝这个，"他对哈利说，"我们不能把这酒放在货架上，我们把它存放在柜台底下，只卖给我们的老顾客。我们一般要顾客买几瓶别的酒，才给他搭一瓶天山牌酒。"

哈利品尝了一下，觉得味道和丹特及其他最高级的陈年威士忌不相上下。

"你这酒卖多少钱？"哈利问掌柜的。

"4.49美元。"掌柜压低声音推心置腹地说。

哈利随即把这个情况打电话告诉了哈默，这消息无异于在卖酒业里爆炸了一颗炸弹。也真是巧合，哈默老早就准备在陈年威士忌酒业里搞个大的突破。他已经决心把1/5加仑装的4年威士忌陈酒的价格每瓶降低到4.95美元，这个价格至少会使爱喝烈性威士忌酒的人感到高兴。

当时零售价1/5加仑装每瓶7美元，他每年卖2万箱，每箱赚不到20美元。他决定把酒的价格大幅度降低，降到每箱只赚很少的钱，但他的目的是几年之内把销售量增加到每年100万箱。他的这一决定把那些一心想把哈默排挤出酿酒行业的老资格竞争对手弄得目瞪口呆，非常沮丧。

正在此时哈利的电话来了，告诉他当时市场上已经有一种质量相当好的烈性威士忌酒，偷偷摸摸地只卖4.49美元，这个价格是掺有35%谷物酒精的威士忌酒的价格。哈默打电话给他的副总经理库克，这时库克正准备要发动一场广告宣传，那是哈默和他事先商量好的。

"把所有的广告都改一下，"哈默指示说，"新价应改变4.45美元。"

"那可不行。"库克争辩说。

"谁说不行？"哈默反问。

"我说不行，"库克说，"没有人按照混合酒的价格卖过纯威士忌酒，这没有先例。"

"生意经恰恰就在这里，"哈默解释说，"这正是我们要这么做的原因，酒客们会自己对自己说：'嘿，我既然可以用买一瓶混合酒的价格买一瓶纯威士忌，我还买混合酒干什么？'花同样的钱可以喝到真正的陈年老酒，为什么还要去喝含有 65% 酒精的货色呢？"

就这样，酒瓶上有凸起字迹"肯塔基威士忌酒的皇冠宝石"的特制丹特牌酒就在全国推销了。而这时，哈默的弟弟维克托又要了一套富有艺术性的把戏：他购买了很多哈布斯堡王朝的皇冠和珠宝（后来在哈默艺廊出售），举行了一次巡回展览。这实际上是一次为推销丹特牌酒而做的广告。他邀请当地的妇女名流在各种义卖集会上戴上这些珠宝做表演。报刊的专栏里常常出现触目惊心的画像：奥地利哈布斯堡王室的一只冕状头饰歪戴在只值 4.45 元的威士忌酒瓶上。

只用了两年工夫，丹特牌酒就从地区性的名牌货一跃而成为美国全国第一流的名酒。每年销售 100 万箱的目标也同时达到了。哈默无疑也成了首屈一指的富翁。

总结起来，哈默的富有得益于他善于捕捉机遇的独到的眼光。

第四章　财富依靠自信

自信是财富之本

一个人的成就，决不会超出他自信所能达到的高度。如果拿破仑在率领军队越过阿尔卑斯山的时候，只是坐着说："这件事太困难了。"那么，无疑他的军队永远不会越过那座高山。所以，无论做什么事，坚定不移的自信心都是达到成功所必需的和最重要的因素。

如果有坚强的自信，往往能使平凡的男男女女干出惊人的事业来。胆怯和意志不坚定的人即使有出众的才干、优良的天赋、高尚的品格，也终难成就伟大的事业。

坚强的自信，便是伟大成功的源泉。不论才干大小，天资高低，成功都取决于坚定的自信。相信能做成的事，一定能够成功。

有许多人这样想，世界上最好的东西，不是他这一辈子所应享有的。他认为，生活上的一切快乐，都是留给一些命运的宠儿来享受的。有了这种自卑的心理后，当然就不会有出人头地的想法。许多青年男女，本来可以做大事、立大业，但实际上竟做着小事，过着平庸的生活，原因就在于他们自暴自弃，他们胸无大志，缺乏自信。

曾有人对一家著名保险公司的雇员进行过调查和统计，结果发现：老雇员中自信乐观的人出售的保险额比起那些缺乏自信的人要多出 37%；新雇员中自信乐观的人出售的保险额，也要比那些缺乏自信的新雇员多 20%。后来，美国大都会人寿保险公司根据这一情况，在招聘保险员时，有意雇用那些业务能力测试未必非常出色，但在乐观自信测试中成绩较好的人。他们的这种做法后来真的收到了极好的效果，公司的业绩因此而提高了 10% 以上。

拉塞尔·康维尔曾经在演讲中这样说道：信心是生命和力量，信心是奇迹。

信心是创立事业之本。只要有信心，你就能移动一座山。只要你相信会成功，你就一定能赢得成功。这是因为：信心是心灵的第一号化学家。当信心融合在思想里，潜意识会立即感受到这种震撼，把它变为等量的精神力量，再转送到无限的智慧的领域之中促成成功思想的物质化。

与金钱、势力、出身、亲友相比，自信是更有力量的东西，是人们从事任何事业最可靠的资本。自信能排除各种障碍、克服种种困难，能使事业获得完满的成功。唯有自信，才是财富之本。

自信才能得财

红顶商人胡雪岩有句名言："立志在我，成事在人。"这跟带有宿命论色彩的"谋事在人，成事在天"有本质的差别，一个成功的商人必然有"立志在我，成事在人"的大自信。胡雪岩正是具备了这种非凡的自信。

胡雪岩创办阜康钱庄，从外部环境来说，当时由于太平天国起义，国家正处于战乱之中，而且太平天国活动的主要区域，也正是长江中下游地区的东南一带。而当时国内的金融业主要还是山西"票号"的天下，在东南地区后起的宁绍帮、镇江帮经营的钱庄业，无论业务经营范围，还是在商界的影响，都远逊于山西票号。从自身条件看，胡雪岩此时除了在钱庄学徒的经验外，实际上一无所有。但他踏入商界之初第一件为自己考虑的事情就是创办自己的钱庄——即使此时还是两手空空，也要热热闹闹先把招牌打出去。此时的胡雪岩所凭借的就是他的那份大自信。他相信凭自己钱庄学徒的经验，凭自己对于世事人情的了解，凭自己精到的眼光和过人的手腕，当然也凭借已入官场可做靠山的王有龄的帮助，他足以支撑起一个第一流的，可以与山西票号分庭抗礼的钱庄。就凭着这股子自信，他开钱庄的愿望实现了。

在他的生意面临全面倒闭的最危急的时刻，他却不肯做坑害客户隐匿私产的事情。因为他相信自己虽败不倒，胡雪岩曾经豪迈地说过："我是一双空手起来的，到头来仍旧一双空手，不输啥。不仅不输，吃过、用过、阔过，都是赚头。只要我不死，我照样一双空手再翻过来。"这更是一种能成大事者的大自信。

一个有大成就者必须具有这样的大自信。当然，我们并不能以为只要有了自信就一定能够成功，有大自信就必定有大成功。能不能真正获得成功，确实还需要许多方面的条件，比如主体是否真正具备能成就大事业的能力，比如是否具备某种必不可少的成就一番事业的客观情势，也就是人们通常所说的地利、天时或时势、机遇。但是，不可否认，自信无论如何也是一个人成就一番事业的必不可少的前提条件。

自信方能自强。能自信，才能有知难而进的斗士勇气，才能有处变不惊、临危不惧的英雄本色。说到底，一个人的自信心，实际上是他能为某个高远的人生目标发愤忘食、奋力拼搏的内在支撑。

第五卷　向你挑战

"为了获得生活之永恒，为了发挥你自己
的作用——你必须向你自己挑战。"

——［美］康·丹佛

第一章　挑战你的冒险精神

有这样一则寓言：

一个小男孩将一只鹰蛋带回他父亲的养鸡场，他把鹰蛋和鸡蛋混在一起让母鸡孵化。于是一群小鸡里出现了一只小鹰。小鹰与小鸡一样过着平静安适的生活，它根本不知道自己与小鸡有什么不同。小鹰慢慢地长大了。一天，它看见一只老鹰在养鸡场上空自由展翅翱翔，十分羡慕，感觉自己的两翼涌动着一股奇妙的力量，心想：要是我也能像它一样飞上天空，离开这个狭小的地方该多好呀！可是我从来没有张开过翅膀，没有飞行的经验，如果从半空中坠下岂不粉身碎骨吗？

经过一阵紧张激烈的内心斗争，小鹰终于决定甘冒粉身碎骨的风险，也要展翅高飞一下。小鹰成功了，它飞上了高高的蓝天，这时它才发现：世界原来这么广阔，这么美妙。

小鹰的飞翔几乎展示了每一位冒险家成功的历程。在现代社会里，有些人本来很有能力，完全能像鹰一样翱翔蓝天，但他们缩手缩脚、患得患失，缺乏冒险的勇气和精神。这样的人最后只会像小鸡一样，一辈子待在平庸的岗位上，默默无闻，总是与成功失之交臂。

人生本身就是一场冒险。那些希望一生宁静、平安的人不敢冒险，也不会冒险，当然也就难以成功。

不冒点风险，哪来出人头地的机会呢？很多时候，成功的机会是同风险叠合在一起的。要想抓住成功的机会，就得冒一点风险，否则，就会丧失许多可能是人生重大转折的机会，从而使自己的一生平淡无奇，毫无建树。当然，敢于冒险的人并不一定个个成功，但成功者当中，很多是因为他们敢于冒险。

有一次，摩根旅行来到新奥尔良，在人声嘈杂的码头，突然有一个陌生人从后面拍了一下他的肩膀，问："先生，想买咖啡吗？"

陌生人自我介绍说，他是一艘咖啡货船的船长，前不久从巴西运回了一船咖啡，准备交给美国的买主。谁知美国的买主却破了产，不得已，只好自己推销。他看出摩根穿戴考究，一副有钱人的派头，于是决定和他谈这笔生意。为了早日脱手，这位船长说，他愿意以半价出售这批咖啡。

摩根看了货，经过仔细考虑，他决定买下这批咖啡。当他带着咖啡样品到新奥尔良的客户那里进行推销的时候，大家都劝他要谨慎行事，因为价格虽说低得令人心动，但船里的咖啡是否与样品一致还很难说。但摩根觉得，这位船长是个可信的人，他相信自己的判断力，愿意为此而冒一回险，便毅然将咖啡全部买下。

事实证明，他的判断是正确的，船里装的全都是好咖啡。摩根赢了。

在他买下这批货不久，巴西遭受寒流袭击，咖啡因减产而价格猛涨了 2~3 倍，摩根因此而大赚了一笔。

对大多数人而言，自行创业是很冒险的，而且不只是财务上的风险。约翰. D. 洛克菲勒在 19 岁时，与人合开了一家公司，经营谷物和牧草，他们所有的资金加起来只有 4 000 美元。但公司开业不久，农田便遭到了霜害，作物几乎颗粒未收，农民们不能把谷物、牧草等农产品拿来，许多同业的公司已纷纷倒闭，洛克菲勒的公司也面临着无生意可做即将关门的困境。此时，有不少农民找上门来，要求用来年的谷物收入作抵押，付给他们定金。洛克菲勒认为，这对公司来说是一个难得的发财机会，于是马上做出决定，答应农民们提出的要求。然而他全部的家当只有 4000 美元，要支付大笔的定金，钱从哪儿出呢？当地有一位银行总裁，名叫汉迪，与洛克菲勒都是虔诚的教徒，平日双方有一定的接触和了解，洛克菲勒于是决定向汉迪求助。

他向汉迪开诚布公地说明了情况，得到了这位银行家的同情和支持。汉迪生平头一遭在对方没有任何抵押品的情况下，凭着对朋友的信任，向洛克菲勒贷出了 2 000 美元。

有了这笔贷款，洛克菲勒顺利地实施了自己的计划，他们第一年的营业额就达到了 45 万美元，获纯利 4 000 美元，而洛克菲勒本人也由公司的二把手，一跃成为坐第一把交椅的人物。

美国只有少数人是百万富豪，因为只有 18% 的家庭的一家之主是自己开公司的老板或专业人士。美国是自由企业经济的中心，为什么只有这么少的人敢于自行创业？许多努力工作的中层经理，他们都很聪明，也接受过很好的教育，但他们为什么不自行创业，为什么不去找一个根据工作业绩发给薪水的工作呢？这是因为他们害怕风险。但是，从某种意义上说，风险愈大，机会愈大。

由贫穷走向富裕需要的是把握机会，而机会是平等地铺在人们面前的一条通道。具有过度安稳心理的人常常会失掉一次次发财的机会，机会稍纵即逝，过度地谨慎就会失去它。

也许你听过这个笑话，有天晚上，机会来敲某人的门，当这个人赶忙关上报警器，打开保险锁，拉开防盗门时，它已经走了。这个故事的寓意是，如果你活得过于谨慎，你就可能错失良机。

在我们身边，许多富有人士，并不一定是比你会做，更重要的是他比你敢做。哈默就是这样一个敢做的人。

1956年，58岁的哈默购买了西方石油公司，开始大做石油生意。石油是最能赚钱的行业，也正因为最能赚钱，所以竞争尤为激烈。初涉石油领域的哈默要建立起自己的石油王国，无疑面临着极大的竞争风险。

首先碰到的是油源问题。1960年，石油产量占美国总产量38%的得克萨斯州，已被几家大石油公司垄断，哈默无法插手；沙特阿拉伯是美国埃克森石油公司的天下，哈默难以染指……如何解决油源问题呢？

1960年，当花费了1 000万勘探基金而毫无结果时，哈默再一次冒险地接受一位青年地质学家的建议：旧金山以东一片被行士古石油公司放弃的地区，可能蕴藏着丰富的天然气，并建议哈默的西方石油公司把它租下来。

哈默千方百计筹集了一大笔钱，投入了这一冒险的投资。

当钻到860英尺（262米）深时，终于钻出了加利福尼亚州的第二大天然气田，估计价值在2亿美元以上。

哈默成功的事实告诉我们：风险和利润的大小是成正比的，巨大的风险能带来巨大的效益。要想成功就必须具备坚强的毅力，以及拼着失败也要试试看的勇气和胆略。

当然，冒风险也并非铤而走险，敢冒风险的勇气和胆略是建立在对客观现实科学分析的基础之上的。

顺应客观规律，加上主观努力，力争从风险中获得效益，是成功者必备的心理素质。这就是人们常说的胆识结合。

第二章 挑战你的做事能力

技能一般是指由于训练而巩固的行为方式，训练有素则成技。通常，一个人某方面的能力与该方面的技能密切相关。技能是能力的载体，是能力的一种基本外现形式。掌握了一定的技能，便可以提高你自己的做事能力。

技能主要通过实践训练而来，因此，这就涉及操作能力或称动手能力。动手能力可视为实行能力、操作能力。会动脑，善于提出想法，形成构想与方案，要靠思维与想象，但要兑现，就得看动手能力如何。技能主要指一定的操作能力。一个人某方面的技能良好，实际上是指他在这方面的动手能力强。

技能是人们认识、利用和改造世界必不可少的手段之一。这是因为：

（1）技能可以大大提高活动效率，因为与有意识的动作比较起来，拥有技能的动作更容易完成，消耗的精力更少，任务也完成得更好。

（2）技能使人的精力从对细节的关注中解放出来，从而可以把意识集中到活动中最重要的任务与内容上，使人们在活动过程中有更多的创造性。例如，初学驾驶汽车的人，必须按照预定的顺序注意每一个驾驶动作，但即使如此，还时常发生错误。当他的驾驶动作熟练以后，某些动作就从意识中解放出来，变成自动化的动作。因此，他无须再考虑怎样开机器、向哪个方向转动方向盘、如何刹车等，就能轻松敏捷地、一个接一个地完成全部驾驶动作。在这种情况下，他才有条件考虑如何选择更有效的途径和方法，创造性地完成动作，以进一步提高动作的质量，出色地完成既定任务。"熟能生巧"就是这个意思。技能动作中"自动化"的成分愈大，动作就愈完善，动作效率就愈高。

技能是人们进行正常的工作和生活所必备的条件之一，它对人们学习和工作的影响是积极的，显而易见的，同时也是巨大的。

技能是能力的隐形资本，是能力的主要依托。掌握一定技能在学习与工作中均能达到事半功倍的效果。从目前情况看，电脑与外语的应用技能可说是最重要的技能。随着信息时代的到来，网络社会日益形成，网络成为获得知识的主渠道，虚拟图书馆将成为每个人的"私人书库"。同时，电脑还是我们工作与研究的辅助工具，可以很大幅度地提高研究与工作的能力与效率。随着世界一体化进程的加快，地球村的到来，世界各国的经济、文化、科技将融为一体，掌握一定的外语应用技能，才能更好地吸收全人类优秀的文明成果，丰富知识储备并完善知识结构，才能在未来社会里左右逢源，如鱼得水，应付自如。

许多学科与专业对操作技能的依赖性很强，从业者能力的形成与提高很大程度上取决于其相应操作技能的状况。在这些领域中有所建树者必须具备较高的操作技能。动手术是外科医生医术水平的重要标志，也是他们提高医术水平的重要途径。一个外科医生如果只看不做，不进行有一定强度的操作技能训练，就永远不能成为一个好医生。科技论文的写作技能也是科研工作者的重要技能，一方面，通过论文进行对外的学术交流，可提高自己的专业科研能力；另一方面，通过论文的输出，使自己的学术水平与科研能力得到同行与社会的认可，能力价值得以实现。缺乏技能有时会使能力的输出与发挥大打折扣。教学效果是衡量教师水平的重要标志，而教学效果往往与教师的教学技能密切相关，良好的教学技能往往能收到良好的教学效果。有许多教师，知识渊博，科研水平也不错，但缺乏授课技能，因此，不能成为受欢迎的老师。

掌握一种技能，实际上就是拿到了一张通行证，据此便可以将自己的知识能力通过一种有效的途径应用到自己的事业中去，从而迎来事业的成功。

第三章　挑战你的身体素质

失去了健康就失去了一切

拥有健康并不能拥有一切，但失去健康会失去一切。健康不是别人的施舍，健康是你对自己身体的珍爱。

很少有人能够彻底明白健康与事业的关系是怎样重要、怎样密切。人们的每一种能力、每一种精神机能的充分发挥，与人们的整个生命效率的增加，都有赖于身体的健康程度。

健康的体魄可以使一个人具有勇气与自信心，而勇气与自信是成就大事的必备条件。体力衰弱的人，多是胆小怕事、优柔寡断者。

要想在人生的战斗中得到胜利，一个最重要的条件就是每天都能以精力饱满的身体去应付一切。对于那整个生命所系的大事业，你必须付出你的全部力量才能成功。只发挥出你的一小部分能力从事工作，那一定是干不好的。你应该用你旺盛的斗志以及健康的身体去从事工作，工作对于你是趣味而非痛苦；你对工作，是主动而非被动的。假如你对生活不知节制而造成精疲力竭，那么从事工作时你的工作效率自然要大减。在这种情形之下，成功是难以得到的。

许多人就失败在这点上，想从事工作，发展事业，无奈体力却不支。一个活力低微、精神衰弱、心理动摇、情绪波动的人，自然永远不能成就什么了不起的事业。

聪明的将军一定不会在军士疲乏、士气不振时，统率他们应付大敌。他一定要秣马厉兵，补足给养，然后才肯去参加大战。

在人生的战斗中，能否取得胜利，就在于你能否保重身体，能否保持你的身体于"良好"的状态。一匹有"千里之能"的骏马，假如食不饱、力不足，在竞赛时恐怕要败给平常的马。一个具有一分本领的体力旺盛的人，可以胜过一个具有十分本领却体力衰弱的人。

一个人如果有大志，有彻底的自信，而同时又具有足以应付任何境遇、抵挡任何事变的健康体魄，那么他一定能够从那些阻碍体弱者前进的烦闷、忧虑、疑惧等种种精神束缚中解脱出来。

健康的体魄可以增强人们各部分机能的力量，而使其效率、成就较之体力衰弱的时候大大增加。强健的体魄可以使人们在事业上处处取得成效、得到帮助。

凡是有志成功、有志上进的人，都应该爱惜、保护体力与精力，而不使其有稍许浪费于不必要的地方，因为体力、精力的浪费，都将可能减少我们成功的可能性。

世间有不少有志于成大事的人，却因没有强健的体魄作为后盾，而导致壮志未酬身先死。然而世间也有大批的人，有着强壮的身体不知珍惜，任意浪费在无意义、无益处的地方，而摧毁了珍贵的"成功资本"。

假如美国的罗斯福总统，当初对于身体不曾加以注意与补救，他的一生恐怕是要成为一个可怜的失败者的。他曾经说："我从小就是一个体弱多病的孩子。但我后来要决意恢复我的健康，我立志要变得强健无病，并竭尽全力来做到这点。"

对健康的维护，有赖于身体中各部分的均衡运转，而"成功"的取得，又有赖于身体与精神两方面的均衡发展。所以我们必须尽一切努力，以求得到身体上的平衡，而身体上的平衡达到以后，则精神上的平衡也就容易达到了。人们得疾病的部分原因，是身体各部分的发展不均衡。例如，对于某一部分的细胞过度地刺激与活动，而有一部分的细胞则嫌刺激、活动太少。

身心不断地活动，是祛病健身的最好方法。要维持健康，必要的活动绝对是前提。人体中的各部分机体如不经常活动，绝不可能保持健康。有一位著名的英国医师曾说，人要想长寿，就必须在除了睡眠时间以外的所有时间内使脑部不断活动。

每个人必须于职业、工作之外找一种正当嗜好。职业给他以生活资本，嗜好则给他以生活乐趣，可以使他在愉快、高兴的心情下，活动其精神。"行动"的意义等于"生命"，而"静止"则等于"死亡"。

身心健康的纲领

洛克菲勒很注意保持身心健康，他尽量争取长寿。以下是洛克菲勒为达到这个目标的行动纲领：

（1）每周的星期天去教堂参加礼拜，并将自己所学到的记下来，以供每天应用。

（2）每天争取睡足 8 小时，午后小睡片刻。这样适当的休息可以保证体力的充沛，并且可以避免对身体有害的疲劳。

（3）保持干净和整洁，使整个身心清爽，坚持每天进行一次盆浴或淋浴。

（4）如果条件允许的话，可以移居到环境宜人、气候湿润的城市或农村生活，那里有益于健康和长寿。

（5）有规律的生活节奏对于健康和长寿有益无害。最好将室外与室内运动结合起来，每天到户外从事自己喜爱的运动，如打高尔夫球，呼吸新鲜空气，并定期享受室内的运动，比如读书或其他有益的活动。

（6）节制饮食，不暴饮暴食，要细嚼慢咽。不要吃太热或太冷的食物，以避免不小心烫伤或冻坏胃壁。总之，诸事要和缓、含蓄。

（7）要自觉、有意识地汲取心理和精神的维生素。在每次进餐时，都说些文雅的语言，并且可以适当同家人、秘书、客人一起读些有关励志方面的书。

（8）要雇用一位称职的、合格的家庭医生。

（9）把自己的一部分财产分给需要的人。

洛克菲勒在通过向慈善机构捐献，把幸福和健康带给了许多人的同时，也赢得了声誉，更重要的是自己也得到了幸福和健康。洛克菲勒将其生命和金钱都视为做好事的工具，他最终也达到了自己目标，获得了健康与幸福。

第四章　挑战你的思维方式

成功的契机，往往在于思维的悖逆。

北宋政治家司马光小时候机智过人。有一天他和几个小朋友在花园里玩儿，一个小朋友不小心掉进了大水缸，小朋友们一时便都慌乱了起来，有的大喊："来人啊，救命啊！"有的拼命想把落水的小伙伴拉出来，但无奈水缸太深，只是白费力气；这时，只有司马光急中生智，他拿起一块石头，将水缸砸破，水流走了，那位小朋友也得救了。我们不难看出，孩子掉进水缸后，大多数孩子是按常规思维救人的，即使人离开水；而司马光采取的则是逆向思维，即使水离开人，结果顺利救出落水的小伙伴。

正是凭着"逆向思维"，司马光才使险境化为安全，其事迹也成为千古流传的佳话。显然，逆向思维的明显特点就是不按常规办事，不循规蹈矩，显示与众不同的独特性，善于从不同角度去思考问题。拥有逆向思维的人，当他们的思维在一个方向受阻时，马上会改换新的方向，借助于他们思维的结果分析统摄，巧妙组合，从而找出新的突破。而那个"新的方向"往往正是常规思维的"死角"。因为常规思维往往表现出一种定势，墨守成规，按常规办事。

这显然是两种旗帜鲜明的对立，然而，逆向思维往往只有当它被诉诸语言文字时，才会受到人们的关注，而且通常是，离开语言文字回到真实的生活中时，便又很快把它给忘了。现实生活就像一台庞大的消化机器，逆向思维一放进去，就容易被消融得一干二净。对于逆向思维，常规思维似乎有着极强的同化作用，常规思维有着那么强大的力量，作为一种"定势"、一种"常规"，其本身就证实了它的历史悠久，根深蒂固。它绝非只是个体的问题，而往往与整个民族、与整个社会的文化传统息息相关。那些常规定势，往往正是世代传统的沉淀，而这也正是其具有强大力量的根源。正因为这强大的社会历史后盾，使得它的地位坚固得难以轻易动摇。

当我们仔细探寻那些世代相传的思维模式时，便发觉教育是其中最重要的传送工具。所以，我们这些经过教育与社会磨炼的大人才会不时惊奇于孩子的睿智，并由此便以为自己又发现了一个天才。而事实上，又有多少孩子成人后能继续以其神奇的智慧而著称于世？正如司马光这一被公认为思维奇特的孩子，长大后却成为历史上有名的保守派，极力反对王安石变法，其反差之大，着实让人惊奇。所谓的逆向思维，在孩子步向成熟时，却反而神不知鬼不觉地萎缩了。这不能不说是一个"悲剧"。

这也是我们这个社会的悲剧，作为一个社会，它必须具有一系列的规范，而这便是"常规"的社会基础，便是所谓的"框框"。而我们的"逆向思维"便是要在这严密的框框中寻找立足之地。无疑，这是一件难度极大的工作，若不是有意识地追求，我们难脱"常规"之手掌心。因此，具有"逆向思维"的人往往就会在社会中有惊人之举。

逆向思维就像天空绚烂的彩虹，无论它在什么时候、什么地方出现在天空，升起的都是人们发自内心的赞叹与向往。

而在当今社会，逆向思维早已成为各界人士推崇的对象，尤其是在当今最热门的工商业界，它更是备受关注。经济学家和管理学者口中的所谓利润来源、创新，实际上便是对逆向思维的一种诉求。创新要求人们把握住别人所忽略的机会，它不同于发明。通俗一点，它只是对一些现存的东西加以利用，而这些现存东西的价值通常是无法为常规思维所察觉的。所以，人们对企业家的首要要求便是创新。因为，创新就是利润，而对企业家本身而言创新就是成功。

所以，逆向思维无论在日常生活中，还是在竞争激烈的工商界，都有着其独特而巨大的价值。启发并运用自己的逆向思维，无疑是一个迈向成功的极好法宝。

第六卷　自己决定

"我们不能指望从别人那里寻求
到解决自身问题的方法，其实，一
切答案都在自己的头脑当中。当我
陷于迷惑、痛苦的时候，我绝不听
别人的话，而且烦恼越大就越不能
听别人的话。"

——［日］堀场雅夫

第一章 道听途说不可信

印度有句谚语说:"不能听信不相信我们的人的话,相信我们的人的话也不能完全听信,这样一来就可以连根拔除盲目听信中产生的危险。"

这句谚语是教我们不要盲目听信别人的话。

在我们生存的社会中,经常会飘荡着各种各样的"杂音",散播着种种"小道消息"。有的人甚至专门以经营此道为生,整日对此津津乐道。人多嘴杂,以讹传讹,事情的真相就会被掩盖。如果不加辨别,必将上当受骗。

在我们周围,相信传言的大有人在。大至国家大事,小到个人私事,总有一些毫无根据的谣传,也总有一些人轻信上当。结果,凭空给自己增加烦恼,或者造成更大的灾祸。

1983年底,中国政府为改善国民生活条件,提高生活水平,决定大幅度降低化纤品的出售价格,同时提高一些棉织品的价格。这对人民群众来说,无疑是一个福音。可是,不久流言就传出来了,说棉织品一涨价,别的农产品也要提价。稍有常识的人都会看出,这是毫无根据的谣言。但不少人仍然信以为真,居然大肆抢购各类农产品。如此一来,不少人便因大量积压农产品而吃尽苦头。

盲目轻信别人的话，就会使自己上当，后悔不及。《列子·贪爱》中有这样一则故事：从前秦惠王准备伐蜀，但蜀道艰难，进攻不易。有个蜀侯，生性贪婪而且轻信，秦惠王听说他有这个特点，就凿了一条石牛，在石牛身上放满了金银珠宝，并宣称这是石牛屙出来的，准备要把它送给蜀国。蜀侯竟然信以为真，便派人修通大道，迎接石牛。于是，秦国大军得以长驱直入，一举灭蜀。

　　世间事，真相和假象，现象和本质，说的和做的，明的和暗的，有时可能正好相反。世上话，有人把笑话说成真话，有人把真话说成笑话，也有人为了说笑话而说笑话，更有真话假说或假话真说，对此不可不察。

　　有的人听张三说一句："李四说了你的坏话。"马上信以为真，上门讨理，或者听李四说："我在领导面前为你美言了几句。"于是立即对李四感恩戴德。

　　这些人的致命弱点就在于，从来不动脑子想一想别人所说的话是否合乎道理，是否符合实际，更不去做一番调查，看看到底是真是假。他们完全失去了对事物的分辨能力，好像脑袋长在别人的肩膀上，一切都按别人的指挥办事。如此一来，哪能不吃亏呢？看来，别人的话还是不要盲目地听信为好，否则，你就可能吃亏上当。

第二章　做你喜欢做的事

做你想做的事

一个人要获得成功，无论他身处哪一个特定的行业，在一定程度上都取决于他是否具备该行业所要求的特长。

没有出色的音乐天赋，你很难成为一名优秀的音乐教师；没有很强的动手能力，你很难在机械领域游刃有余；没有机智老练的经商头脑，你也很难成为一名成功的商人。但是，即使你具备某种特长，也并不会保证你就一定能够成功。

在追求成功的过程中，你所拥有的各种才能就如同工具。好的工具固然必不可少，但是能否正确地使用工具同样非常重要。有人可以只用一把锋利的锯子、一把直角尺和一个很好的刨子，就能做出一件漂亮的家具，也有人使用同样的工具却只能仿制出一件拙劣的产品。原因在于后者不懂得如何善用这些精良的工具。你所具备的才能仅仅是工具，你必须在工作中善用它们，充分发挥其作用，方能事业有成。

当然，如果你拥有某一个行业所需要的卓越才能，那么，从事这个行业的工作，你会比别人更容易成功。一般说来，处在能够发挥自己特长的行业里，你会干得更出色，因为你天生就适合干这一行。但是，这种说法具有一定的局限性。任何人都不应该认为，适合自己的职业只能受限于某些与生俱来的资质，无法做更多的选择。

从事任何行业你都有机会成功。即使你没有某一行业所需要的天赋，你仍可以培养和发展相应的才干。这仅仅意味着随着你的成长，你需要去制造自己的"工具"，而不是仅仅使用某些与生俱来的、现成的"工具"。的确，如果你具备某些优秀的特长，那么，在需要这些特长的行业中，你会更容易取得成功。但是，在任何行业里，你都有取得成功的潜能，因为你可以培养和发展任何工作所需要的基本才干。一个正常人与生俱来的素质和潜能，可以帮助他通过学习获得任何工作所需的基本能力。

做你最擅长的事，并且勤奋地工作，当然这是最容易取得成功的。但是，只有做你想做的事，成功后才能获得最大的满足感。

生命的真正意义在于能做自己想做的事情。如果我们总是被迫去做自己不喜欢的事情，却不能做自己想做的事情，我们就不可能拥有真正幸福的生活。可以肯定，每个人都可以并且有能力做自己想做的事，想做某件事情的愿望本身就说明你具备相应的才能或潜质。心中的渴望就是力量的体现。

如果你内心有演奏音乐的渴望，这说明你所具有的演奏音乐的技能在寻求表述和发展；如果你内心有发明机械设备的渴望，这说明，你所具有的机械方面的技能在寻求表述和发展。

如果你没有能力做某件事，你就绝不会产生去做这件事的渴望；如果你具有想做某件事情的强烈愿望，这本身就可以证明，你在这方面具有很强的能力或潜能。你所要做的，就是去发展它，并正确地运用它。

在其他所有条件相同的情况下，最好选择进入一个能够充分发挥自己特长的行业；但是，如果你对某个职业怀有强烈的愿望，那么，你应该遵循愿望的指引，选择这个职业作为你最终的职业目标。

做自己想做的事情，做最符合自己个性、令自己满意愉悦的工作，这是你天生的权利，也是你获得成功的基础。

做你喜欢做的事

每个人都必须当机立断，去做自己喜欢做的事情，我们每个人每天都有许多事可做，但有一条原则不能变，那就是一定要做你最喜欢做的事。

很多人在寻找工作的时候，都不知道自己要做什么，或是逼迫自己硬着头皮去做一些自己不喜欢做的事，这是一件很可悲的事。

很多年前，一位名人讲过一句话："你一定要做自己喜欢做的事情，才会有所成就。"

做你自己喜欢做的事情，其实是很困难的。大多数的人，多半都在做他们讨厌的工作，却又必须逼迫自己把讨厌的事情做到最好。他们经常失去了动力，时常遇到事业的瓶颈，而没有办法突破，他们不断地征求别人的意见，却还是照着一般的生活方式在进行。这些当然不是他们想要的，但是由于种种原因，他们当中很少有人试着去改变自己的状况。其实，要找到自己真正喜欢的工作，只需要把自己认为理想和完美的工作条件列出来，就一目了然了。罗克便是这样找到自己喜欢的工作的。

运动和数学一直是罗克很喜欢做的两件事。从小到大，罗克一直是运动健将，不仅担任过体育股长和篮球、乒乓球队长，也是校田径队的杰出运动员，罗克曾经想过要如何把兴趣发展成职业，也曾经梦想成为世界冠军。

罗克不断地问自己："这些真的是自己想要的吗？我愿意把运动当成自己一辈子的事业吗？"后来罗克告诉自己："靠体力过生活，并不是我真正喜欢过的生活，虽然我非常喜欢运动。"

在高中和大学的时候，罗克的数学成绩一直都是名列前茅，他也曾经想过，要当一位数学教授。

决定要做这件事之前，罗克列出了一张自己心目中认为的理想和完美工作的条件表，这些条件包括：

第一，时间一定是由他自己掌握。

第二，要能不断地接触人，因为他喜欢人群。

第三，必定对社会有所贡献。

第四，可以环游世界。

第五，必须能够不断地学习与成长。

第六，必须能够不断地建立新的人际关系，可以跟一些成功的朋友交往。

第七，收入的状况可以由他的努力来控制。

罗克发现，当一位数学教授并不能达到他理想的工作条件，于是，他又开始寻找另一个可以当成他终生事业的工作。

17岁的时候，罗克接触了汽车销售业，因为他很喜欢车子，他想自己应该可以做得不错；真正进入了这个行业之后，他发现这个行业有非常大的特色，但是他的个性似乎并不适合，于是，他又转行了。

从16岁到21岁，罗克陆陆续续换了18种不同的工作，可是每次换工作之前，他从来都没有仔细想过："自己到底要的是什么？"直到他把那些理想和完美的工作条件列出来以后，他才发现，自己有一个特点，就是从小到大一直很热心，很喜欢帮助别人，同学数学不会，他很喜欢教他；别人篮球打得不好，他会自告奋勇过去教他。因为罗克相信，只要自己可以，别人一定也做得到。

一个很偶然的机会，罗克参加了一个激发心灵潜力的课程，它给了他非常大的震撼。

罗克发现，自己上了那么多的课程，学习了那么多的知识，却没有任何一个课程比得上他的老师安东尼·罗宾在短短的 8 小时当中，所分享给他的那么多。

罗克想，假如他以后也能做别人所做的事情，把一些真正对人们有帮助的资讯，不管用何种渠道，书籍、录音带或是录像带，分享给想要获得这些资讯的人，那该有多好。罗克发现，这个工作完全符合他所列出来的理想和完美工作的条件，当他了解到这件事以后，他知道这就是他毕业所寻找的方向。经过了七八年的坚持，他终于可以在心理学界崭露头角，让非常多的人得到非常具体的帮助。

如何让自己变成一位成功者呢？我们必须研究成功的人是如何思考的，他们采取什么样的行动，有什么样的想法；他们如何让自己更上一层楼，他们结交什么样的朋友，在他们还没有成功之前，他们到底付出了多大的代价和努力；当他们面临失败和巨大挑战的时候，又是如何坚持到底的。但有一点可以明确，这些成功者取得成功的原因归根结底只有一个，那就是：把要做的事做得最好。

第三章　开发自己的能力

一位美国学者指出，一名成功者至少必须具备 8 种能力。他的观点得到了世界学者的广泛认同。这位学者强调的 8 种能力包括：

1. 洞察能力

洞察力也即一个人多方面观察事物，从多种现象中把握其核心的能力。缺乏洞察力的人会只见树木或只见森林，而不能两者俱见。缺乏洞察力的决策者，会浪费宝贵的资金和人力，因为他无法抓住问题的根本，因此无法制订有效的方案。而一个具有创造性洞察力的人，在生意场上往往能取得成功。

2. 远见能力

具有远见的人能在内心里从已知推断未知，综合运用事实、数字、梦想、机会甚至危险等因素，进行创业活动，他不会为眼前的蝇头小利所吸引，不会为目前的困难所吓倒，而是在心中始终怀有远大的目标。

3. 概括能力

概括能力即抽象能力，也即一般分析能力、逻辑思考能力。具有这种能力的人，善于形成概念，即将复杂的关系进行概括。在构思和解决问题时有创意，能分析事物和捕捉其趋势，预测其变化，具有确认机会及潜在问题的能力。

概括能力是有效地计划、组织、协调、制定政策、解决问题和确定发展方向的基础。

4. 技术能力

技术能力是指一个人在进行某种特定活动的过程中所运用的方法、程序、过程和技术等知识，以及运用有关的工具、设备的能力。

干大事业者必须具备技术能力。一个人只有具备了技术能力，才能在立业的过程中训练和指导部属，才能处变不惊，从容应对困难。这种能力最实在，也最容易获得。在正规教育中，一些专业如会计、营销、法律、财务、计算机、外语等均有这方面的训练，此外还可通过社会上众多的培训班及经验获得。

5. 集中的能力

社会生活中发生的一切事情或情况，都会有助于或影响到一个人所进行的工作。集中能力可以使你把可用的资源集中用于最有效的部分，避免不分主次、盲目从事。

6. 忍耐能力

我们要想取得成功，就一定要有超越别人的想法和行动，并有决心献身于自己事业的未来。只有对自己的长期目标深信不疑并极有耐心地长期努力，目标才能实现。

7. 交际能力

交际能力可以说是人际关系能力的简称，人际关系能力是一个人立于世所不可缺少的。一个人要想在现代社会立足，就必须与上司、同事、部属及外界人士等形形色色的人打交道，因此，不能少了这种能力。

8. 应变能力

应变能力是一种很难得的技能，它能使你事先预测应该注意的目标，而不是企业正面临的问题。它能使你从容应对创业过程中所出现的种种不曾预见或意想不到的情况，顺利适应各种变化。

现代人置身于各种不同的社会环境和各种不同的组织内，且许多影响社会环境的因素是不断变化的，因此，你应该根据自身的实际情况，采用不同的方式，有目的、有侧重地全面提高自己的综合能力，以适应新时代的要求。

那么，应该如何培养上述能力呢？至少应该从以下 3 个方面努力：

（1）自省。要修炼自我，必须乐于自省，严于解剖自己。这是自身修养的手段，也是通过修养而达到的一种习惯美德。乐于自省的人是在工作、生活中深思熟虑的人，乐于自省是一个人自觉性的表现，能这样做，其进步必然快。古人云："反己者，触事皆成药石。"一个人只要多反省自己，任何事都可以变成自己的借鉴，作为自己行为的标准，不断总结经验教训，提高自己。

（2）自控。自控是控制自己的感情和情绪，控制自己的行为，使自己的行为以最适当的方式进行。长于自控有气质、性格上的因素，但主要是后天实践、修养的结果。见多识广，看通看透，理性明智，再加上心底无私天地宽，自然能处变不惊，能容常人难容之事，善待常人难待之人。

对于自控和自省素质的培养，应多从实践中学习，严格要求自己，不断锤炼，逐步建立起优良的个人风范。

（3）多读书、多实践、多思考。读书是生活中最值得也最合算的投资，支出少，收获大。读书可以明理，可以开阔视野，可以启迪思维，也可以指导工作。有些书籍似乎与你的工作没有多大联系，但其中闪烁的智慧和思想会潜移默化地推动你的智慧的发展。从长期看，多读书有助于提高一个人的综合素质。当然，"纸上得来终觉浅，绝知此事要躬行"。要熟悉、掌握经营事业的特点和规律，必须在长期的管理实践中反复锤炼。实践出人才，只有在实践的过程中经过检验有能力的人才能被信任和赏识。多思考可以帮助我们从书本上总结知识和经验，并把这些知识和经验变成自己的智慧，为我所用。读书和实践的意义也就在于此。多思考与多实践、多读书相辅相成，缺一不可。

第四章　勇敢的心灵

开放的心灵才会勇敢

开放的心灵才能自由自在，才会变得更加勇敢。

如果你的心灵过于封闭，不能接纳别人新的观念，就等于锁上了一扇门，从而禁锢了你自己的心灵。

一百多年前，莱特兄弟尝试飞行时，受到旁人的嘲笑；不久之后，林白成功地飞越大西洋。到现在，如果有人预言人类将移民到月球上，很少有人会怀疑它的可行性。故步自封的人将会受到后人的轻视。

封闭的心像一池死水，永远没有机会进步。拥有开放的心，你才能充分利用成功的第一法则：一个人只要对自己的信念坚定不移，就没有做不到的事情。思想开明的人，在各行各业都能有杰出的表现，而故步自封的愚者仍然高声喊着："不可能！"你应该善用自己的能力。你是否常说"我会"及"我做得到"，或者只会说"没办法"，而在此时别人已经做到了。你必须对自己、对你的伙伴、对整个宇宙都有信心，只有如此你才能拥有开放的心。

迷信的时代已经过去了，但偏见的阴影依然笼罩着。好好检讨你的个性，就能够拨云见日。你的决定是否理性并合乎逻辑，且不会受到情绪及偏见的影响？对于别人的言论，你是否专注地倾听及思考？你是否求证事实，而不相信道听途说及谣言？

人类的心灵必须不断地接受新思想的洗礼和冲击，否则就会枯萎。作战时常利用洗脑的方式，改造敌人的思想。彻底孤立一个人，切断书籍、报纸、收音机、电视等所有外界的资讯来源。在此种情况下，智慧因为缺乏营养而死亡，能使一个人的意志力迅速崩溃。

你是否把自己的心灵关在社会及文化的营地之外？你是否有意地阻碍自己所有的成功思想？若是如此，现在就是扫除偏见的时候。让智慧增长，打开你的心，让它自由。唯有如此，你才会获得追求成功的勇气。

自信会使你变得勇敢

西方流传着一个故事，一个穷人为农场主搬东西的时候，失手打碎了一个花瓶。农场主要穷人赔，穷人哪里能赔得起？

穷人被逼无奈，只好去教堂向神父讨主意。神父说："听说有一种能将破碎的花瓶粘起来的技术，你不如去学这种技术，只要将农场主的花瓶粘得完好如初，不就可以了吗？"穷人听了直摇头，说："哪里会有这样神奇的技术？将一个破花瓶粘得完好如初，这是不可能的。"神父说："这样吧，教堂后面有个石壁，上帝就待在那里，只要你对着石壁大声说话，上帝就会答应你的。"

于是，穷人来到石壁前说："上帝请您帮助我，只要您帮助我，我相信我能将花瓶粘好。"话音刚落，上帝回答了他："能将花瓶粘好。"于是穷人信心百倍，辞别神父，去学粘花瓶的技术去了。

一年以后，这个穷人通过不懈的努力，终于掌握了将碎花瓶粘得天衣无缝的本领。他真的将碎花瓶粘得像没破时一样，还给了农场主。他想感谢上帝，于是又去了教堂。神父将他领到了那座石壁前，笑着说："你不用感谢上帝，你要感谢就感谢你自己吧。因为是你的自信使你变得有勇气去完成以前你认为不可能完成的事情。你就是你自己的上帝。"信心是所有人成就自己强项的基础。在你自信能完成一件事情的时候，会有一种巨大的力量。对自己有极大信心的人不会怀疑自己是否处在合适的位置上，不会怀疑自己的能力，更不会担心自己的未来。

处于信心庇护下的人，能从束缚、担忧和焦虑中解放出来。你有行动的自由，你的能力就可以自由发挥，而这两种自由对取得巨大成就是必不可少的。你的思想受到担忧、焦虑、恐惧或无把握感的束缚和妨碍时，你的大脑就不能有效地指挥你去完成工作。同样，当你的身体受到束缚时，你的身体机能也不可能最有效率地开展工作。对绝佳的脑力工作而言，思想的自由是绝对不可少的。不确定感和怀疑心态是集中心志的两大敌人，而集中心志是一切成就的秘密所在。

信心是一块伟大的基石。在人们做出努力的所有方面，信心都能造就奇迹。正是信心使你的力量倍增，更使你的才能增加数倍；而如果没有信心，你将一事无成。即使你是一个强有力的人，一旦你对自己或对自己的才能失去信心，那你就会被剥夺一切力量，变得不堪一击。

信心是主观和客观之间，或者说是你的灵魂与肉体之间的一个巨大的联系环节。信心能开启守卫生命真正源泉的大门，正是借助你的自信，你才能发现你是多么勇敢。

你的人生是辉煌还是平庸，是伟大还是渺小，与你自信的远见和力量成正比。有时候你会不"相信"你的信心，因为你不知道信心为何物。信心其实是一种精神或心理能力，这种东西不能被猜测、想象或怀疑，但能被感知；它能洞悉全部人生之路，而其他的心理能力则只能看到眼前，不能深谋远虑。

信心能提升你的素质，对你的理想也有十分重大的影响。信心能使你站得更高，看得更远，能使你站在高山之巅，眺望远方，看到充满希望的大地。信心是"真理和智慧之光"。

导致那些伟大发现的往往是高贵的信心而非任何怀疑畏难情绪。是信心，是高贵的信心一直在造就伟大的发明家和工程师，以及各行各业辛勤努力而又成绩斐然的人。

那些对将来丝毫不存恐惧之心的年轻人往往都是深信自己能力的人。自信不仅是困难的克星，而且还是贫穷的敌人，是摆脱贫穷最好的资本。无资财但有巨大自信心的人往往能鬼斧神工般地创造奇迹，而光有资财无信心的人则常常招致失败。

如果你相信自己，那么与你贬损自己、缺乏信心相比，你更可能取得巨大的成就。

如果你能衡量自己的信心大小，那么，你便能据此很好地估计自己的前途。信心不足的人不可能发掘强项，不可能成就大事。如果你的信心极弱，那你的努力程度也就微乎其微。

哈伯德曾经说过："如果仅抱着微小的希望，那么也就只能产生微小的结果。"人是有着无限力量的，当你发挥出你的个性时，最能使人生有所发展。你的能力都深深地埋在地下，若能把它挖掘出来，发展下去，人生就会有惊人的发展，不可能的事也会陆陆续续地变成可能。但是，这要看你是否有勇气选择自己应该走的路。而这种勇气就来自你的信心。你有了某种决心，并且相信有实现的可能性时，各方面的东西都会动起来，把你推向实现的方向。

不管你现在处在何种恶劣的环境中，都不要被环境打垮，而是要更加努力奋发，向着更大的目标挑战。竞争时代，适者生存，同时也为每个人提供了广阔的舞台，只有知难而进，用自己的心去走路，踏踏实实地一步一个脚印地走，才能挖出自身的价值，创造出属于自己的一片天地。

第七卷　爱的能力

"爱是一种能力，是一种能去爱并能
唤起爱的能力。"

——［美］艾伦·弗罗姆

第一章 爱的本质

爱是一种能力

艾伦·弗罗姆说："爱是一种能力，是一种能去爱并能唤起爱的能力。"

马克思也曾说过："如果你的爱没有引起对方的爱，也就是说，如果你的爱没有造就出爱，如果你作为爱者，通过自己的生命表现未能使自己成为被爱者，那么你的爱就是无力的，你的爱就是不幸的。"是的，如果不是心中充满阳光，如何能予人温暖？如果不是心中充满仁慈，如何能予人感动？如果不是心中充满真爱，又如何能予人幸福？只有拥有一颗既能被他人感动，同时又能感动他人的心灵，才是真正可贵和可爱的。必须先在内心深处感受到爱，然后才能爱其他的人。爱是无条件地接受，也是无条件地付出。爱是对善的追求，爱使人摆脱恐惧。有爱就能心生和谐，爱是自然无价的，它不是理论，也没有奢求。既无分别，也无须衡量。爱是单纯的感情、无价的温馨。有位科学家曾说过："人类在探索太空、征服自然之后，终将会发现自己还有一种更大的能力，那就是爱的力量，当这天来临时，人类的文明将迈向一个新纪元。"爱，是人们的情感表现，也是人们普遍存在的心理需要。

日本一家事务所想购买一块地皮，但被地皮的主人———一位性格倔强的孀居老太太一口拒绝。一个天寒地冻的下午，老太太恰好经过这家事务所的门前，她想顺便劝那个总经理"死了这条心"。她推开门，发现里面收拾得十分整齐干净。她觉得自己穿着脏木屐走进去很不合适，正当她犹豫不决时，一位年轻的姑娘笑容满面地迎上来。姑娘毫不犹豫地脱下自己的拖鞋给老太太穿，然后像亲孙女一样搀扶着老太太慢慢上楼。穿着带有姑娘体温的拖鞋，老太太瞬间改变了坚决不卖地皮的初衷。

这位姑娘并不认识老太太，而且她也看出来老太太既不是来洽谈业务的客户，也不是来视察的政府官员。给予每一位来访者体贴和关怀，也许仅仅是出于一种职业的需要，但里面包含了她善待任何一个人的爱心。

爱，在原本的汉字中是有"心"的，这有着很深的含义，爱从自己的心发出，然后流到别人的心里，在人与人之间搭建起一条长长的爱心之桥。爱，往往会起到意想不到的力量。

如果我们每个人都能爱护自己，爱护自己善良、朴实的天性，爱护自己懂得爱并珍视爱的心灵，让自己的内心始终保持一块纯净生动、仁爱无私的净土，永不放弃对真诚的情感、对善良的人性、对美好的人生毫不犹豫地、执着坚定地追求，即使我们不能使所有人的世界变得更美好，至少也可以使自己的世界更美好。

相信这个世界上还有爱，加入那个传播爱的队伍，你慢慢就会发现，爱拥有传染的魔力，它可以波及任何人的心灵，即使是那些所谓的坏人，在他们灵魂的深处也还保留着一块温软的园地，可以感受爱，可以感动。就像一首歌里唱的那样："如果人人都献出一点爱，世界将变成美好的人间。"谁不愿意生活在美好的世界里呢？所以在我们的生活中，你经常能够看到各种的"献爱心送温暖"活动，因为在大家的心中还有爱，爱心让这个世界充满了温暖。

爱是不朽的

爱是人类心灵中最恒久的一种激情，这种激情从古至今一直是文学创作的动力和催化剂。从古至今，人类不知产生过多少歌颂伟大的爱的诗篇呢，数也数不清；从古至今，人类产生过多少伟大的爱情呢？无法统计。我们能得到的唯一答案就是：

爱是不朽的。

1911年春天，一个阴郁的黄昏，在智利中部的小城斯冷纳街头，突然响起了一声枪声。枪声中，倒下了一个年轻的小伙子。他手中握着一支手枪，发热的枪管还在冒烟。年轻人失神的眼睛怅然望着天空，脸上笼罩着悲伤和绝望。

人们在他的衣袋里发现了一张明信片，明信片上有他的名字：罗米里奥·尤瑞塔。写这张明信片的是一位姑娘，名字是加勃里埃拉·米斯特拉尔。明信片的内容很简单，文字也极冷静，是一封拒绝爱情的信。谁也不会想到，这一出爱情的悲剧，会成为一个伟大诗人走向文学的起因和开端。这位写明信片的姑娘，三十多年后登上诺贝尔文学奖的领奖台，成为"拉丁美洲的精神皇后"，成为闻名世界的诗人。

米斯特拉尔并不是不爱尤瑞塔，只是他们两人志趣不相投，而尤瑞塔的死，在米斯特拉尔的心里也留下了难以愈合的创伤。在哀伤和痛苦中，米斯特拉尔找到了倾吐感情、诠释灵魂创痛的渠道：写诗。她创作了怀念尤瑞塔的《死亡的十四行诗》，诗中那种刻骨铭心的爱，那种发自灵魂深处的真情，使所有读到它们的人都为之心颤。她在诗中写道："我要撒下泥土和玫瑰花瓣，我们将在地下同枕共眠。""没有哪个女人能插手这隐秘的角落，和我争夺你的骸骨！"她以这组诗参加圣地亚哥的花节诗赛，荣获第一名。人们由此记住了她的诗，记住了她的名字。

作为一个杰出的诗人，米斯特拉尔并没有无止境地沉浸在个人的哀痛中，由痛苦而产生的爱，如同在风雨中萌芽的种子，在她的心中长成了一棵枝叶茂盛的大树。

这棵大树向世人散发出智慧的馨香和博爱的光芒。米斯特拉尔在她的诗歌中讴歌男女间的爱情，也歌颂母亲和母爱，歌颂孩子和童心，歌颂气象万千的大自然，她把爱的光芒辐射到辽阔的地域。她的诗歌流露出女性的温柔和细腻，表现出悲天悯人的博大情怀。爱人，爱生活，爱自然，这些就是她的诗歌的永恒主题。在她的散文诗《母亲之歌》中，她把一个女人从十月怀胎到生下孩子的过程和柔情描写得婉转曲折，动人心魄。读这样的文字，能使人感受到一颗善良的母亲之心是多么美丽动人。在她之前，大概还没有一个作家把女人的这种体验表现得如此深刻，如此淋漓尽致。发人深思的是，写出这作品的诗人，自己并没有生过孩子，没有当过母亲。其实，其中没有什么秘密，因为米斯特拉尔胸中拥有作为一个女性的所有爱心。

1945年，米斯特拉尔获得了诺贝尔文学奖，奖状上以这样的话评价她："她那由强烈感情孕育而成的抒情诗，已经使得她的名字成为整个拉丁美洲世界渴求理想的象征。"对于这样的评价，她当之无愧。

与米斯特拉尔交相辉映的是中国的一位了不起的女作家冰心。从 1919 年在《晨报》上发表第一篇文章开始，冰心就始终以博大而细腻的爱心面对世界，面对读者，使无数人沉浸在她用纯真高尚的爱构筑的艺术天地中。虽然她本人已经离我们远去了，但是她的那些灵魂的结晶——诗歌散文，将永远照耀着我们，永远温暖着每一个渴望爱的心灵。

　　爱着，就有激情，就有生命的力量。一个人的生命之火，不管曾如何熊熊燃烧，最终都将熄灭。但生命中的爱与激情，因为光芒闪烁惠及他人而得以延续和光大。爱是不朽的！

第二章　自我的爱

爱自己的理由

"爱自己"虽然是老生常谈的一个话题，但真正、完全、理性地爱自己的人其实并不多，虽然我们知道这严重影响了我们原本应当更加灿烂的人生。要懂得人间有爱、世界有爱，首先得从爱自己开始，爱自己是一切爱的基础。是不是足够爱自己，你可以试着自问以下几个小问题：

1. 你喜欢自己的父母以及他们给你取的名字吗？

2. 你喜欢自己的才干或学历吗？

3. 你喜欢自己的气质、谈吐、微笑和习惯性的小动作及打喷嚏的声音吗？

在现实生活中，有许多人给出这样的答案是："不""还好吧""已经这样了，能怎么办呢"等，这些答案不免使人产生悲哀：为什么我们总是只会"发现"并且难以原谅自己的错误？

或许各人有各人"爱自己"的理由，但我们必须清楚爱自己不等于自恋。它既是一种孩童般的天真无邪，又带有一种哲人般的知性豁达；既有小女人"喷香水的女人才有前途"的智慧，又有着"自己并没有那么重要"的襟怀和谦逊。总之，就是热爱自己一切与生俱来或亲手打造的东西，并努力发扬光大其中的长处。

"爱自己"也并不是一件容易的事，简单点，在一件细小的事情中可以体现，复杂点，要用一生的过程去打造。因为在这个世界上没有人是完美的。身为凡人，我们的缺陷更是成箩成筐，如果较起真儿来我们干脆别活了。所以如今，只要我们尚拥有一颗热爱美好的心，并为此孜孜努力着，我们就应该以为自己是个可爱的人。

爱自己才能爱别人，爱自己才能爱这个世界。

爱，首先从自己开始，只有学会爱自己，才能学会爱他人、爱世界。

爱自己不是一种自私行为，我们这里所说的爱并不是虚荣、贪婪、傲慢、自命不凡，而是一种善待自己，对自己无条件接受的做法。如果你能够认识到自己是一个有自尊心的综合体，如果你能够注意养生，保持自己的身心健康，那你就已经学会爱自己了。如果你拥有了这种爱，那你也就可以把它奉献给别人了。

爱，非常像花散出的香气，无论有没有人去闻它，香气都是存在的。那些有爱的天性的人，无论走到哪里，都会辐射出爱。而且，他们把爱撒播给别人并不是通过压制自己的欲望、牺牲自己的需要来实现的。而是由于他们十分充实地享受生活，所以非常希望别人也能分享这种快乐。他们在友善地对待他人的过程中，发现自己能够获得一个愉悦的心情，这种愉悦正是他们的爱产生的源泉。因此，为了更好地爱自己，不妨做如下尝试：

在你比较轻松、事情比较少的日子里，专门空出一天时间。在这一天中，做你自己最要好的朋友，满怀感情地对待自己，为自己祝福，将自己泡在充满泡沫的浴缸中，放声歌唱。为自己做一顿最爱吃的饭菜，慢慢地享用。用一整天的时间来爱自己。

通过友善地对待自己，你会逐渐地觉得自己的状态开始好转，觉得生活是美好的，而且你还会对自己的身体和思想产生感激之情。如果你能够时不时地用爱来滋养自己，你很自然地就会更加爱别人。

因为不敢爱自己，不会爱自己，没有爱过自己，因此没有养成爱自己的习惯，结果在"爱他人"的过程中自卑产生了，自信消失了，随之消失的还有志气、理想、信念、追求、憧憬、主见和创造的精神。

你即使是一个非常平凡的人，没有横溢的才华，没有非凡的本领，没有惊人的力量，没有超众的智慧，没有显赫的地位，没有巨额的财富，没有传奇的经历，没有丰富的经验……哪怕你一无所有，你仍然有理由珍爱自己。我们始终都在走一条路，一条属于自己的路；我们始终都在营造一处风景，一道涂抹着个性色彩的风景。路在延伸，风景依然亮丽，我们把朝霞走成了夕阳，把暖春走成了寒冬……我们为什么不能爱自己呢？

我们应该懂得，我们有足够的理由爱自己：一是只有自己才是属于自己的；二是只有热爱自己，才能热爱他人；三是只有热爱自己，才能出现和巩固这个不断延长爱的世界。

我们没有蓝天的深邃，但可以有白云的飘逸；我们没有大海的辽阔，但可以有小溪的清澈；我们没有太阳的光耀，但可以有星星的闪烁；我们没有苍鹰的高翔，但可以有小鸟的低飞。每个人都有自己的位置，每个人都能找到自己的位置，发出自己的声音，踏出自己的通途，做出自己的贡献，我们应该相信：正因为有了千千万万个"我"，世界才变得丰富多彩，生活才变得美好无比。

认认真真爱自己一回吧——这一回是一百年。

爱自己才能爱别人

心理学家伯纳德博士说："不爱自己的人崇拜别人，但因为崇拜，会使别人看起来更加伟大而自己则益加渺小。他们羡慕别人，这种羡慕出自内心的不安全感———种需要被填满的感觉。可是，这种人不会爱别人，因为爱别人就要肯定别人的存在与成长，他们自己都没有的东西，当然也不可能给予别人。"

不爱自己、自我评价差的人，就会选择让自己过着很不快乐的自虐生活。比如说，一个人对自己过于挑剔，就容易仇视、嫉妒比自己好的人。

凯伦有一位十分能干、上进的丈夫，但她自己每天都要在家里带孩子。她觉得丈夫正在为自己的前途而奋斗，而她则过着呆板、无趣的生活，因此就迁怒于丈夫，每天从早到晚都在批评这个她当初发誓要去爱、去珍惜的男人，左右都不如意。

凯伦对丈夫变得愈加吹毛求疵，其实这根本不关丈夫的事，而在于她的自我观念。正是由于不喜欢自己，就总觉得自己不如人，所以才一直挑丈夫的毛病。这种做法几乎将她的婚姻送入了坟墓。

几年后，孩子终于不再需要凯伦每天都贴身照料了，于是她找了一份工作。但是，她毕竟不是一个十分能干的女强人，而且在家歇了较长一段时间，所以在工作中她的业绩平平。

凯伦感到自己是个失败者，对于自己无法跟别人一样成功而耿耿于怀；她嫌自己身体太胖、鼻子太大，还担心丈夫会看不起她。因为不喜欢自己，凯伦经常神经过敏，自惭形秽。她担心丈夫会移情别恋，因而变得易怒，每天仍然对丈夫喋喋不休地挑剔、抱怨，也无法丢开自己的问题而去真正关心丈夫。

久而久之，凯伦的态度令丈夫感到再也无法忍受下去了。他认为凯伦并不爱他，终于提出分手。一个原本不错的家庭，就这样分崩离析了。

埋葬凯伦幸福婚姻的真正"杀手"，其实不是别人，正是她自己。如果一个人不喜欢自己，就不会相信自己还能讨人喜欢；如果一个人不能欣赏自己，就会走进总是跟别人攀比的陷阱；如果一个人总是盯着自己的短处，就等于期望别人也只看他的短处，因此，在下意识里总是等着被别人拒绝或是与人为敌。凯伦正是被这些情绪所包围、左右了。

其实，每个人都有缺点和短处，要想与人建立良好的人际关系，就必须首先接受并不完美的自己。谁都不可能十全十美，所以我们必须正视自己、接受自己、肯定自己、欣赏自己，对自己要有恰到好处的自尊自重。

哲人说："学会爱自己是人世间最伟大的一种爱。"只有当你停止对自己不利的批评，才能解放自我而去欣赏或赞美别人，也才能戒掉心地刻薄的批评，去除"你多我少，你好我坏"这类伤人伤己的念头。

不爱自己的人，就等于自讨苦吃，也无异于拒绝社会和他人。一个人如果不爱自己，当别人对他表示友善时，他会认为对方必定是有求于自己，或是对方一定也不怎么样才会想要和自己为伍。这种人会不断地批评自己，从而使别人感到他有问题而尽量避开他；这种人害怕别人越了解自己就会越不喜欢自己，所以在别人还没有拒绝之前，其潜意识里就会先破坏别人的好感。总之，不爱自己会导致各种问题的发生。当一个人觉得自己很差劲时，周围的人也会跟着遭殃。

因此，在开始爱别人之前，必须先爱自己；想要拥有和谐、美好的人际关系，就必须先做自己最好的朋友。世界就像一面镜子，人与人之间的问题大多是我们与自己之间问题的折射。因此，我们不需要去努力改变别人，只要适度改变自己的思想和想法，人际关系就会自动转好。

从某种意义上说，个人的快乐与否完全系于对自己的感觉，人际关系的和谐与否也决定于个人能否接受自我。自我评价高的人，绝不会甘愿受苦，也不会主动与人为敌。但可惜的是，还是有人选择自我贬低。要想改变这种心态，以下几条建议是非常可取的：

1. 避免与他人做比较，为自己做主，警惕"人比人气死人"的陷阱。

2. 从实际出发，给自己设定有意义、可行的人生目标。

3. 对自己更友善，可以经常自我反省，但不要总是批评自己。

4. 记下每一件自己所做的好事，不要低估自己的贡献，给自己打打气。

当然，真正的爱自己就是自我接受，包括同时接纳自己的优点与缺点、长处与短处，并对自己给予适度的自尊自重。也就是说，爱自己并不等于向全世界夸耀自己，也不表示要目中无人。其实，爱自己只是一种收敛的自信、自我欣赏，加上适度的幽默感，而内心则保持沉稳和平静。

第三章　朋友的爱

友爱的定义

友爱是你这一生最值得珍藏的一笔财富。因为友爱是那种在你快乐的时候可以与你共享快乐，在你痛苦的时候可以分担你的痛苦的人的帮助和给予。当你取得了巨大的成绩，他像你一样沉浸在幸福之中；当你遭遇困境厄运，他同你一样悲痛忧伤。不论你遇到什么事情，你时刻都会感觉到在这个社会上你不是一个人在孤立无助地生活，你时刻都在另一双眼睛的视野里，你时刻都在另一颗心灵的关怀中。

有人总是有很多朋友，我们常常看到这样的人，不论遇到什么事情，他的周围总会站着很多朋友。但也有这样的人，我们在任何时候都会发现，他就像一个套中人，在他的身上总是有一层厚厚的隔膜，人们总是在避而远之，这种人不要说肝胆相照的知己朋友，就是一般的朋友也没有。人们都羡慕前者，都为后者的孤独而感到可怜。为什么有人能够生活在朋友的关怀和温暖之中，而有的人不同？

原因很简单，你自己以真诚待人，必定换来真诚，你自己对人毫无私心，别人对你也不会斤斤计较。你自己宽以待人，虚怀若谷，能够容人容物，同样你也会因此赢得朋友的宽容和谅解。

相反，一个人没有友爱的最重要原因就是，他自己对朋友缺乏真诚。当朋友取得了成就的时候，他不是发自内心地祝贺，而是心生嫉妒；当朋友遇到困难的时候，他不是热心相助，而是袖手旁观；当朋友向他倾吐心声的时候，他不是敞开心扉，而是遮遮掩掩。假如是这样，他永远都不会有真正的朋友。

在交朋友时，还有一点也很重要，就是要能够接纳朋友的弱点。中国有句古话：水至清则无鱼，人至察则无徒。这对于交友来说尤为重要。任何一个人都有优点，也有缺点，如果你只看优点，把朋友想象成完美无缺的人，那你就大错特错了。

当朋友做了错事的时候，你必定无法容忍，认为自己看错了人，或者是上当受骗，那你也就不会拥有朋友了。

在生活当中，重要的是要常做"赠人玫瑰，手有余香"的事情，这包括朋友有难时的慷慨解囊，朋友困惑时的心灵帮助，朋友快乐时的共同分享。你把你的心灵交给了朋友，朋友回赠你的，同样是玫瑰的芬芳。

友爱超越生命

真正的友情是我们最宝贵的财富，为了友情，我们甚至可以放弃生命。

在越南有这样一个故事：

几发炮弹突然落在一个小村庄的一所由传教士创办的孤儿院里。传教士和两名儿童当场被炸死，还有几名儿童受伤，其中有一个小姑娘，大约 8 岁。

村里人立刻向附近的小镇要求紧急医护救援，这个小镇和美军有通信联系。终于，美国海军的一名医生和护士带着救护用品赶到了。经过查看，这个小姑娘的伤最严重，如果不立刻抢救，她就会因为休克和流血过多而死去。

输血迫在眉睫，但得有一个与她血型相同的献血者。经过迅速验血表明，两名美国人都不具有她的血型，但几名未受伤的孤儿可以给她输血。

医生用掺和着英语的越南语，护士讲着仅相当于高中水平的法语，加上临时编出来的大量手势，竭力想让他们幼小而惊恐的听众知道，如果他们不能补足这个小姑娘失去的血，她一定会死去。

他们询问是否有人愿意献血，一阵沉默做了回答，每个人都睁大了眼睛迷惑地望着他们。过了一会儿，一只小手缓慢而颤抖地举了起来，但忽然又放下了，然后又一次举起来。

"噢，谢谢你。"护士用法语说，"你叫什么名字？"

"恒。"小男孩很快躺在草垫上。他的胳膊被酒精擦拭以后，一根针扎进他的血管。

输血过程中，恒一动不动，一句话也不说。

过了一会儿，他忽然抽泣了一下，全身颤抖，并迅速用一只手捂住了脸。

"疼吗，恒？"医生问道。恒摇摇头，但一会儿，他又开始呜咽，并再一次试图用手掩盖他的痛苦。医生问他是否是针刺痛了他，他又摇了摇头。

医疗队觉得有点不对头。就在此刻，一名越南护士赶来援助。她看见小男孩痛苦的样子，用极快的越语向他询问，听完他的回答，护士用轻柔的声音安慰他。顷刻之后，他停止了哭泣，用疑

惑的目光看着那位越南护士。护士向他点点头，一种消除了顾虑
与痛苦的释然表情立刻浮现在他的脸上。

越南护士轻声对两位美国人说："他误会了你们的意思，以为
自己就要死了。他认为你们让他把所有的鲜血都给那个小姑娘，
以便让她活下来。"

"但是他为什么愿意这样做呢？"护士问。

这个越南护士转身问这个小男孩："你为什么愿意这样
做呢？"

小男孩只回答："因为她是我的朋友。"

这个越南小男孩为了救他的朋友，甘愿献出他自己的生命，
由此我们可以看出：有些时候，友爱是可以超越生命的。

第四章　父母的爱

大爱父母心

父母之爱，这是世界上最伟大的爱，我们应如何理解这种伟大的爱呢？

作为父亲母亲，爱孩子不同于爱妻子，不同于爱丈夫，也不同于爱双亲，爱兄弟姐妹。这种爱的滋味是从那些爱中尝不到的。它是一种混合体，其中有同情和怜爱，有幸福和美好，有快乐和悲伤，有放心和挂虑，有自私和袒护，有恐惧和期盼。所有这些混合起来而形成了一种特殊的味道，但主味仍是同情和怜爱。

有一位阿拉伯诗人说过："我们的孩子只是行走在天地间的我们的心肝。"也许你熟悉这句话，但即使你读过一千次，也未必能读出父母所读出的感受。是的，孩子是父母的心肝，一旦他们不在，父母就会立即感到空寂失落，胸中仿佛失去最宝贵的东西。

你如果听说世界上最伟大的人物出现在他们孩子的游艺场上，而且毫无应有的庄重和威严，甚至比那些少年还要顽皮和淘气，这时你应明白，他们绝非仅为孩子高兴而强作欢颜，他们大多是从孩子身上发现了自我，感到自己年轻了，像年轻人一样嬉戏打闹，于是他们得到了最大的享受，感到了无比快活。你如果听说世界上最伟大的人物给自己孩子当坐骑，让他们骑在背上而不觉得有伤大雅、有失身份，这时他们已无力将自己的心肝装回胸腔，至于是放在胸脯上还是后背上则是完全一样的。

你可能见过父母宁肯将糖果之类喂孩子而自己不吃，你千万不要以为这仅是喂孩子甜食，不，他们认为这样比自己亲口吃更甘甜，所谓吃在孩子嘴里甜在父母心上。

你见过烈日下一个口干舌燥、嗓子冒烟的人扑向清泉的情景吧，他恨不能将泉水汲干以消解喉咙的焦灼。然而他无法与父母亲吻孩子时的感觉相提并论，父母吻孩子比他更急切更心甜，而且他有饮足之时，父母无吻够之日。如果说饮水可以滋润身体，那么吻儿女则可慰藉心灵，而二者在情感的天平上又是无法相比的。

父母见幼子在牙牙学语，在说，在笑，顿时一股暖流传遍全身，再甜美的歌喉再高明的琴师都不能令父母如此陶醉，仿佛花树久旱逢甘霖。

世界上最提心吊胆惊慌失措的人莫过于见其子遇险或走近险境者，他将猛扑过去，为救孩子而不顾一切，不惜牺牲自己。

一旦孩子处于病患或危难之中时，做父母的就会在怜悯与痛苦、慈爱与恐惧、同情与忧虑间挣扎。他们祈求上苍，把灾难降临在他们头上，如命中注定，他们愿义无反顾地代孩子去死。

是否每个孩子都得到父母同等的爱，是否在父母心目中他们处于同一地位，他们会不会因为大小或男女而有所区别？

应当明了，爱下面的情犹如逻辑学家所谓的属下面的种一样，你从苹果、梨子、葡萄、无花果等各色水果中都能得到甘甜，但每种水果的甜又有其不同的细微差别。

事实上，如果人有更灵敏的感觉，更细腻的情感，能深入心底去了解这种差别的真谛，他会看到爱的质相同，核统一，只是每个孩子的年龄、条件、性别赋予爱以不同的形式和色彩。

我们说过，爱是多种情愫的混合体，其中最突出的是同情与怜爱。躺在摇篮里的婴儿，对他几乎只能是同情与怜爱。稍长，当他嘴里能蹦出几个字时，除这两种感情外，父母还会去亲近他、逗他。再长，他能跑能跳，学说话时，父母会更愿意亲近他、逗他，父母还将感到他成了自己消愁解闷的重要对象，甚至离不开他，缺不了他。等他长到上学受教育的年龄，除了上述感情外，父母将偏重于培养他成为一个听话、自重、有礼貌的人，并将有步骤地向他灌输如何成为一个事业有成的人。他的年龄越大，这种期盼的感情越深，以致淹没了其他感情。如果他出门在外或生病卧床或遭遇不测，同情与怜爱又突显出来，因为这时他最需要的就是这两种感情。

当有人问某某：你最爱你哪个孩子？某某答道：我最爱他们中年龄最小的，直到他长大；最爱他们中出门在外的，直到他回家；最爱他们中生病卧床的，直到他痊愈。

父母对孩子的爱是否会因其美与丑、伶俐与愚笨、礼貌与粗鲁、勤快与懒惰、成功与失意而有所不同呢？有这样一段故事：

有人问厄阿拉比，你爱某姑娘到何种程度？厄阿拉比答：对天起誓，她家墙头的月亮比邻家的圆。

你会说，这个厄阿拉比真会撒谎，他情人家墙头上的月亮明明和她邻家的月亮一模一样嘛。你也许认为他说得再诚实不过了，他看见她家墙头上的月亮就是比邻家的又大又圆嘛。对孩子也一样。父母看到的全是他们身上的优点，或者说，至少父母几乎看不到他们的缺点，不论是性格上的还是心理上的。父母看他们时只是一望而过，不会经意去研究。因此，在父母眼里，他们自己的孩子就是最好的孩子。

同样，你会发现，做父母的对待自己孩子不会像对待别人孩子那样去评头论足，他们评价别人孩子用的是审慎理智的目光，而对自己的孩子则感情用事，不带丝毫思考与冷静。

诚然，某孩子可能有明显的品德缺陷，某孩子可能害残疾而严重影响生计，某孩子可能道德败坏，可能误入歧途甚至做了天理不容之事，等等。但这在父母心理上的影响和评价上的分量要比事实和他人轻得多，弱得多。当然，这些肯定使父母忧心忡忡，寝食不安，怒火中烧，大发脾气。但这些非但不会损伤父母对孩子的爱怜与偏护，恰恰相反，倒证明父母的爱怜与偏护。父母忧心如焚恰恰是出自对孩子的怜悯与同情，可怜他们没有而且不会成为最幸福的人。

当然，有些父母也许有过这样的想法：他们很爱孩子但又希望他们不曾生下来。父母希望孩子不曾来到这个人世，是因为怕他们经不起尘世七灾八难的折磨，这种希望恰恰是他们对孩子至深的爱。这就是父母之爱，世界上最伟大的爱，对于这种爱的理解，谁可以清楚准确地描述出来？只有孩子长大为人父或为人母，才能真正品味做父母的滋味。

第八卷　思考的人

"当一个人在思考时，他就因此而存在。"

——［英］詹姆斯·艾伦

第一章　思考决定性格

性格影响成败

成功是每个人从事任何一项活动乃至是整个人生所希望达到的境地，成功地完成一件事、成功地度过人生是每个人的愿望。

成功地做事、成功地度过人生固然跟我们付出的努力有重大关系，但很多时候，我们付出了巨大的努力，估计也应该成功，但事实上我们并没有成功。其中的原因可能有很多：会有客观的原因，诸如遇到了困难；也会有主观的原因，比如我们的性格。

对任何人而言，做任何事情都与性格有关，是性格在决定着我们对事对人的态度，是性格在决定着我们为人处世的方向，是性格在决定着我们是否能争取到新的机会等，以至于有人认为"性格就是命运"。性格何以对成功如此重要呢？这是因为它和德、识、才、学等因素一样，同是构成一个人内在因素的重要组成部分。一般来说，德反映着一个人的思想品质和道德风貌，决定着个人的发展方向。识反映着个人判断事物、分析事物的准确性和深刻程度。才反映着个人在能力素质上的强弱程度。学反映着一个人知识的广度和深度。而性格则反映着个人的胸襟、度量、意志、脾气和性情，影响着个人的精神状态，决定着个人的行为特征。这 5 方面的因素，共同组成一个人的内在素质。而任何人对自己行为的指导和支配，都是由其整个内在素质共同起作用的，其中任何一方面的缺陷都会使整个内在素质遭到削弱。

现代许多科学家认为，只要充分发挥每个人自身的才能潜力，大部分人都有可能成为科学家和发明家。然而事实上，能够有所发现、有所发明、有所创造的人太少了。造成人们才能埋没，有多方面的原因，而不良性格就是其中的一项。

一个人要把自己的才能充分发挥出来，必须具备一定的优良性格。人们对有创造能力的科学家的研究发现，这些人都具有不同常人的性格特征，这些性格特征表现为：

1.具有恒心、韧劲和能力的持续性。他们都能长期从事极为艰苦的工作，甚至在看来希望渺茫的情况下，仍然坚持到底。

2.儿童时代就具有顽强追求知识的欲望。他们幼小时常常对难以想象的新奇东西看得着了迷。不管要挨多么严厉的训斥但受好奇心的驱使，总想去试试。

3.具有鲜明的自立、自主的独立倾向和独创性格。留心周围的事物和见解，但不轻易相信，凡事有主见，不以别人指示的方法，作为自己工作的准则。

4.有雄心，肯努力，不甘虚度一生，想为世间留下卓著的业绩。

5.充满自信。敢于坚持自己的意见，同时和他人开展热烈的争论，而且在争论中常常居于支配地位。

6.精力充沛，干劲大。工作中始终充满着力量。

凡是在科学上有所造就，智力、才能得到充分发挥的人，都有其一定的性格方面的条件。优良的性格是保证我们的智力、才能得到充分发挥的必不可少的条件。如果忽视性格修养，让许多不良性格支配着自己，即使有较高的智力和才能，也会被不良性格所压抑而发挥不出来。在日常生活中，在我们的周围，因性格的缺陷而导致才能被压抑的人和事，相当普遍地存在着。

没有雄心抱负，甘愿随波逐流，追求现实的安乐和享受，是压抑智力、才能的性格特征之一。许多人未能获得成功，往往并不是不能干，而是不想干。他们思想懒惰，追求舒适，宁愿在安闲中过日子，而不愿做长期的艰苦的努力。这样，他们的智力、才能就被懒惰这把锈锁锁住了，天赋再高，智力再好，也因得不到充分发掘而被白白浪费掉。

严重的自卑感，是压抑智力、才能的性格特征之二。有的人本来在某些方面很有发展潜力，但由于不相信自己，瞧不起自己，因而认识不了自己的才能潜力，即使露出了具有真知灼见的思想萌芽，也因为自我怀疑而遭到自我否定。一个对自己的能力缺乏自信的人，永远不会提出大胆的设想和独到的见解。

依赖和顺从、易受暗示、容易接受现成结论，是压抑智力、才能的性格特征之三。有的人智力不错，如果把自己的思想机器充分开动起来，独立思考，就可以提出许多自己的独到发现和见解，但由于性格易受暗示，容易顺从，有了现成的观点和结论，就全盘接受，不愿再去动脑筋想，使自己的思想机器很少有充分开动的时候，当然也就提不出多少自己的独到见解。

缺乏毅力、意志薄弱，也是压抑智力、才能的一种不良性格。有的人在从事某项研究之初，曾表现出很大的热情和才华，但若遇到十几次、几十次的挫折和失败，便心灰意冷，"收兵回朝"，不想再干了，结果也造成了自己智慧和才能的埋没。

其他如兴趣容易转移，注意力不能长久地集中于一个目标或虚荣心强,目光短浅,总想在细小事情上胜过别人而忽视对事业的追求等,也都是压抑智力、才能的不良性格特征。显然,不认真进行性格修养,克服上述妨碍聪明才智充分发挥的不良性格,就会增加成功的阻力和困难,使自己难以成为出色的人才。

思考塑造了我们的性格

詹姆斯·艾伦曾说过:"当一个人在思考时,他就因此而存在。"这句话不仅指出人所存在的意义,也指出人在生活中所面临的环境和条件。毫不夸张地说,人应该是在思考中挺立起来的。人的性格其实就是他思维的集合体。

如同植物从种子里萌芽一般,人的行为也都是发自内心的。行为的出现和思维是难以分开的。不仅是那些精心策划实施的行为,就连那些无意识或自发性的行为,也是和思维分不开的。

如果说思考像一棵树的话,那么行为就是它的花,而欢乐和痛苦就是它的果实。人们所收获的果实都是他们自己培植的,有的甘甜,有的苦涩。

思考塑造了我们。我们的存在是建立在思考基础上。假如一个人心存不善,那么痛苦就会伴随着他,就如同车子下面的轮子。假如一个人的思想纯洁高尚,那么他必将与欢乐共存。

在思维的世界中,因与果是并存的,有因就有果,如同我们所看见的一样:高贵的品质应该是长期坚持思考的产物,同样的道理,卑鄙下流的品性也是类似行为的产物,是长期进行卑鄙思考的最终结果。人类所有的发明和毁灭都是自己完成的。人们能在自己思维的兵工厂里创造毁灭自己的武器,也能创造为自己带来快乐和幸福的武器。通过诚实的思考,人们能做出正确的选择，从而走向完美和神圣，而不正确的思考往往会给人带来没有理性的行动。还有更多的不同性格在这两个极端之间，而人正是这些性格的主人和缔造者。

对一个拥有爱和理性的生命来说，他是自己思想的主人，他完全有权利决定自己该进入哪种境遇。人类本身就具备创造和改变的力量，因此，他有能力使自己成为自己想要的形象。

人类永远都是自己的主人，无论是在孤立无援或虚弱不堪的时候，他们都能主宰自己。事实上，当一个人处于堕落和颓废的时候，他就相当于一个对家庭不负责任的愚蠢的主人。当他开始醒悟并浪子回头的时候，他就会着手去寻找生命的意义，成为机智聪明的人，并且会理智地思考，引导自己为充满希望的事业而奋斗，这时他就成了清醒的主人。要想做到这一切，你必须找到自己思想的规律，而发现思想规律的基础是必须去不断地实践探索，对经历的事情进行分析。

人们只有通过不懈的努力，才有希望发现钻石和金子。同样的道理，人们也只有肯对自己的内心深处进行挖掘，才有希望找到与自己的生命有关的真理。他会意识到他就是自己性格的主宰，是自己生活的主宰，是自己命运的主宰。要证明这一点很简单，只要有意识地对自己的思想进行观察、控制和改造，同时仔细分析自己的思想对自己和他人生活环境的影响，然后再耐心地把实践与分析结果联系起来，去印证生活中的每一件小事，哪怕是一些经常发生的琐事，就可以不断地获得知识。通过这种途径学到的知识是理解、智慧和权利。人们经常说："大门只会对那些勇敢叩门的人敞开，只有努力探索的人才能找到真理。"实践告诉我们，只有通过坚持不懈的努力，才能踏入幸福的大门。

第二章　思考影响健康

健康是生命之源

健康是生命的基座。失去了健康，生命会变得黑暗与悲惨；失去健康会使你对一切都失去兴趣与热忱。能够有一个健康的身体，一种健全的精神，并且能在两者之间保持美满的状态，这就是人生最大的幸福。

不良的健康状况对于个人、对于世界所产生的祸害到底有多大，没有人能够计算出来。在现实生活中，一些有作为、有知识、有天赋的人往往被不良的健康状况所羁绊，以至于终身壮志难酬。许多人都过着一种不快乐的生活，因为他们自己意识到，在事业上，他们只能拿出一小部分的真实力量，而大部分的力量因为身体不佳而力不从心。由此，他们对于自己、对于世界就产生了消极思想。天下最大的遗憾，莫过于理想不能实现。他们感觉到自己有很大的精神能力，但是没有充分的体力作为后盾。胸中虽有凌云壮志，却没有充分的力量去实现，这是人世间最悲惨的一件事情。

许多人饱尝"壮志未酬"的痛苦，就因为他们不懂得常常去维持身心的健康。经常保持身心健康，是事业成功的保障，是保障工作效率的重要前提。一个整天埋头于工作，而生活中毫无娱乐的人，往往会在事业上趋于衰落，因为他缺乏各种不同的精神刺激和养料。他的动作一定不会像一个有休息、娱乐头脑的人那样自然，那样有力。不时地变换工作环境，无论是对于劳心者或劳力者，都是十分有益的。我们经常看到很多人未老先衰，他们对于生活老早就觉得枯燥乏味，就因为他们娱乐太少。

凡是成就大事业的人，往往不是那些整日整年埋头苦干的人。有这样一位大公司经理：他每天在办公室中至多只逗留两三个小时，他经常出外旅行、休息，以更新他的身心。他充分意识到，只有经常保持身心的清新、健康，才能在事业上达到最高的效率。他不愿像许多人一样，在过度的工作中摧残自己的身心，拖垮自己的力量。因为这样，他在事业上取得了成功。他不在办公室则已，只要一进办公室，就立刻能生龙活虎般地处理事务。由于他身心健康，所以办事十分敏捷而有力。他的工作进行得如同数学一般精确。他在三小时内工作的成绩，要超过别人八九小时，甚至夜以继日工作的结果。

"只工作而不娱乐，使得杰克成为一个笨孩子。"这句话最为确切地表达了工作与娱乐的关系。人们有着强烈的娱乐本能，这是事实。这句话也表明娱乐一事，应该在我们的生活中占有相当重要的位置。现在许多雇主都习惯于强迫雇员花过多的时间在工作上，这表明他们还不懂得娱乐可以使人的身心趋于健全、可以提高工作效率的道理。

许多人似乎以为"自然"是很好说话，是可以行贿的。我们可以破坏健康法则，可以在一天内做两三天的工作，在一次宴会上吃两三天的食品，我们可以用各种方式糟蹋我们的身心健康，然后请教医师，光顾药房，以作补救。由此，多数人的生活都循环往返于糟蹋身体、医治身体上了。其结果是胃口不良、精力衰微、神经衰弱、失眠、精神抑郁。

不良的身体，衰弱的精神，真不知造成了天下多少悲剧，破坏了天下多少家庭。身体和精神是息息相关的。一个有一分天才的身强体壮者所取得的成就，可以超过一个有十分天才的体弱者所取得的成就。我们需要有一个健康而强壮的身体。这是可以做到的，只要我们能够过一种有节制、有秩序的生活，只要我们能控制自己的思想，使其向积极的方向发展。

健康服从于思想的指引

身体是思想的奴仆，它服从于思想的指引，无论想法是特意选择或是自动表现的。如果一个人有罪恶思想的压力，他的身体就会迅速地堕落至疾病与腐朽。如果一个人有愉快、美好思想的指挥，也会受到青春与美丽的祝福。

疾病与健康像环境一样，深深地根植于我们的思想之中。有缺陷的思想会通过有疾病的躯体表现出来。众所周知，恐怖的想法杀死一个人的速度不亚于一颗子弹。事实上，这些想法也一直不停地消磨着成千上万人的生命。那些生活在对疾病的恐惧中的人，是心理上有疾病的人。焦虑会迅速地侵蚀身体的锐气，从而使身体无法抵御疾病的入侵。不纯洁的思想会很快破坏人的神经系统，即使这些想法并未变成实际行动。

坚强、纯洁和快乐的思想会使身体充满活力与魅力。身体是一种精致可塑的器具，它会非常迅速地对思想做出反应。已成习惯的思想会对身体产生一定影响，可能是好的，也可能是坏的。

坚强、纯洁与快乐的思想，还会把活力与优雅注入身体。我们的身体是一架结构精巧、反应灵敏的仪器，对心里产生的欲望能够迅速做出反应，而这欲望将会影响到身体。好的思想产生好的影响，坏的思想自然会伤害身体。

只要心里存在杂念，人们血管里就会流淌污秽的、有毒的血液。健康的生活和强健的身体来自纯净的心灵，龌龊的生活与身体则源于不洁的思想。所以，思想是人们言行、外表乃至整个人生的源头。源头纯净，那么它所产生的一切也会是纯净的。

思想的纯洁可以使人养成洁净的习惯，而能够经常净化自己思想的人也不会受疾病的侵害。如果想让身体健康起来，就应该美化和纯净自己的思想。心中的怨恨、嫉妒、失望、沮丧，会使你的健康遭到损害，你的快乐将会消失。愁苦的面容并不是偶然出现的，而是思想焦躁忧虑导致的。满脸的皱纹都是因怨恨、暴怒与自大而生出的。

就如同只有当自由的空气和灿烂的阳光充满在你的房间里时，你才拥有一个甜蜜、舒爽的家一样，只有心灵中充满欢愉、美好和宁静的思想，才会让你拥有强健的体魄和明朗、快乐的笑容。有的人脸上刻画出坚定的信念，有的人脸上则写满怒气……谁都能看出这些皱纹的差别。那些光明磊落的人，光阴宁静而平和地在他们身上流逝，岁月在自然而然中成熟老去，如同一轮西斜的落日。

在驱除身体病痛方面，愉悦的思想能达到一个好医生所能够提供的效果；在赶走悲哀与伤心的阴影方面，良好的祝愿和真实的幸福能起到最好的安抚效果。长期处于邪恶、愤世嫉俗、怀疑与妒忌的思想环境里，就好比把自己禁锢在自己建立的牢笼里。

如果能够快乐地面对人生，凡事往好的方面想，用积极愉快的态度对待一切，耐心地去发现别人的优点，这些无私的想法会帮你打开通向幸福的大门。心中怀着平和的思想看待一切事物，将会为你带来永恒的安宁。

要谨记：我们的健康是服从我们思想指引的。明白了这一道理，相信你就能够明白使自己时刻保持积极思想的重要性。

第三章　成功源于思考

成功思想的锤炼

成功者不允许别人任意否定或侮辱自己，也从不无故自己贬低自己。成功者在任何场合都期望着有一个良好的气氛。他同在场的每一个人握手问好，向他们说积极向上的话语。问候别人之后，他可能谈起他取得的某项成绩，或把自己想到的一个鼓舞人心的想法及正在进行的某个新项目提出来征求大家的意见。成功者不掩盖事实，乐意把自己的成就介绍给他人，并引以为自豪。那么，如何才能具有像成功者一般的思想呢？

1. 以成功者的姿态自居。对自身能力抱有信心的人比缺乏这种信心的人更有可能获得成功，尽管后者很可能比前者更有能力、更加勤奋。重要的是要坚信自己必定会获得成功。

即使在尚未达到目标之前，也应以成功者的姿态出现。如果你认为自己有朝一日获得成功后，要让太太戴镶有钻石的耳环或金手镯，那么从今天起你就设法让她戴上这些象征成功的东西。它们会使你此时此地就感觉成功，也会使你在别人面前显得是个成功者。事实上，这是一种增强自信心的方式。

2. 做白日梦想象成功。花点时间想象一下，如果你登上事业高峰，生活将是什么样子。不妨做点白日梦，想象你坐在总经理办公室里的情景，想象随之而来的巨额报酬和发号施令的权力。然后，回头再想想，在通向总经理办公室的道路上，你经历过的每一个阶段，所有你已经达到并超越的前期目标。在白日梦里，当想象自己达到某种近期目标，就会有助于你保持心情舒畅，有助于你在每个阶段都充满信心——强有力的自信心。

还有一种同样有效的做白日梦的方法，被称为"形象化设想"。这种方法很简单，每天只花 20 分钟时间做一做，就能有所收益。

第一步，想象自己是一个成功者。比如，想象自己坐在豪华的办公室或会议室里，正在对手下的一批管理人员训话。他们专心致志，聆听着你的每一句话。

第二步，闭上眼睛，全身放松，尽可能地在脑子里构想上述情景，使你的成功者形象进一步具体化或者说视觉化。这样持续 10 分钟，眼睛要始终闭着。如果我们走神，图像就会消失。但即使这样也没关系，只要图像能再次出现就行了。图像中的某些细节，可能会发生变化，这意味着你的主司直觉的右半脑正在修正想象中的成功形象，使其更为现实。

经过一星期左右的这种"形象化设想"练习，你会发现自己的某些态度或行为已开始发生变化，可能是变得比较果断、比较轻松或比较热情了。不管怎么说，这种变化表明你的直觉正在引导你慢慢地接近你想象中渴望的成功。

（3）贮存积极心态于大脑。每个人都会遇到许多不愉快、令人尴尬、使人泄气的事情。但成功者与失败者会以两种截然不同的态度来处理同一事件。失败的人常把这些不愉快的事深深地埋在心底，他们不停地想着这些事，怎么也摆脱不了这些事的纠缠，到了夜晚，他们更是为这些事烦恼。自信的成功者则完全采取另一种方法，他们会强迫自己："我再也不要想它了。"成功者善于只把积极的想法存入大脑。

存在大脑中的消极的、不愉快的思想，会使你感到忧虑、沮丧和情绪低落。它使你停滞不前，而眼睁睁看着别人奋勇前进。因此，应该拒绝回忆不愉快的情形和事件。你应该这样做：当你一个人的时候，回忆愉快、积极的经历。把好消息全部存入你的大脑，这样做将提高你的自信心，给你以良好的自我感觉，也将帮助你的身体良性运转。

这里有一个使你的大脑产生积极作用的极好办法。每天睡觉前，你把自己的积极思想储存在大脑里，数数你幸运的事，想想许多你觉得愉快的事——你的妻子、你的孩子、你的朋友、你良好的健康状况，回忆你取得的哪怕是小小的成功与胜利，把所有使你愉快的事都回忆一遍。

如果你能够持之以恒，相信总有一天，这些积极的、愉快的、成功的思想终会在你的大脑里生根、发芽。

反思使你步入成功之旅

在这个世界上，每一个人都会犯错误，可怕的并不是犯错误，而是犯同样的错误。善于反思的人不会使自己两次犯相同的错误。

如果你犯了错误的话，就必须找出犯这样的错误的原因，这便需要你反思。如果你能找到问题的根源，就能够真正改善你目前生活的质量，从而大大提高成功的概率。

你应该常常分析，自己做错的最大的一件事是什么，当你明晰地研究出这个原因的时候，就应该马上采取改进措施。不管你有多么成功，你一定要不断地问你自己，这一次为什么会成功，成功最大的原因是什么，记取此次经验并加以重复运用。

本杰明·富兰克林是美国历史上最能干、最杰出的外交官之一。当富兰克林还是毛躁的年轻人时，一位教友会的老朋友把他叫到一旁，对他严厉地说："你真是无可救药，你已经打击了每一位和你意见不同的人。你的意见变得太尖刻了，使得没人承受得起。你的朋友发觉，如果你不在场，他们会自在得多。你知道得太多了，没有人能再教你什么。"这位教友指出了富兰克林的刻薄、难以容人的个性。而后，富兰克林渐渐地改正了他的这一缺点，变得成熟、明智。他领会到即将面临社交失败的命运，所以一改以前傲慢、粗野的习性。后来，富兰克林说："我立下条规矩，决不正面反对别人的意见，也不准自己太武断。我甚至不准自己在语言上措辞太自主。我不说'当然''无疑'等，而改用'我想''我觉得'或'我想象'一件事该这样或那样。"这种方式使他渐渐成为事业的强者。

很多人只能集中精神一天、两天，或者是一个星期、一个月、一年、两年，成功者却能一辈子集中精神，全力以赴。这即是成功者与一般人的差别，他的注意力集中、专注于某事的态度同别人不一样，对目标的信心、决心、毅力和坚持到底的精神，和别人不一样。通过对成功者的研究，你会发现，他们都有这样一个特质——他们都能不断地分析自己做对的事情，并分析做错事情的原因，并且不断地改进。

如果你是对的，就要试着温和、巧妙地让对方接受你，如果你是错的，就要迅速而真诚地承认，这种态度远比争执有益得多。

一个有勇气承认自己错误的人，可以获得比别人更多的尊重。

艾柏·赫巴是著名的作家，他的文学风格是很独特的。他经常用尖酸的笔触来抨击那些他不满的人，这种做法经常闹得满城风雨。艾柏·赫巴也有犯错误的时候，但最为可贵的是他善于处理这种事件，即勇于承认自己的错误，这经常使他的敌人变成他的朋友。例如，当一些愤怒的读者写信给他，表示对他某些文章不以为然，结尾又痛骂他一顿时，赫巴便如此回复："回想起来，我也不完全同意自己。我昨天所写的东西，今天就不见得满意，我很高兴地知道你对这件事的看法。如果我真的有些地方出错的话，请你下次在附近时，光临我处，我们可以互相交换意见，互致诚意。赫巴呈上。"赫巴用这样一种方式，避免了不少争斗，而且往往使那些激愤者成为要好的朋友，使一时的争斗变成了永久的友谊。

如果你能够及时发现你的错误，并及时总结经验，避免下次再犯同样错误的话，当你这样做的时候，下一个成功的人士一定是你。

古今智谋

强者生存法则

启文 编著

花山文艺出版社

河北·石家庄

图书在版编目（CIP）数据

强者生存法则 / 启文编著 . -- 石家庄 : 花山文艺
出版社 , 2020.5
（古今智谋 / 张采鑫 , 陈启文主编）
ISBN 978-7-5511-5141-2

Ⅰ . ①强… Ⅱ . ①启… Ⅲ . ①成功心理—通俗读物
Ⅳ . ① B848.4-49

中国版本图书馆 CIP 数据核字（2020）第 066358 号

书　　名：**古今智谋**
　　　　　GUJIN ZHIMOU
主　　编：张采鑫　陈启文
分 册 名：**强者生存法则**
　　　　　QIANGZHE SHENGCUN FAZE
编　　著：启　文

责任编辑：郝卫国
责任校对：董　舸
封面设计：青蓝工作室
美术编辑：胡彤亮
出版发行：花山文艺出版社（邮政编码：050061）
　　　　　（河北省石家庄市友谊北大街 330 号）
销售热线：0311-88643221/29/31/32/26
传　　真：0311-88643225
印　　刷：北京朝阳新艺印刷有限公司
经　　销：新华书店
开　　本：850 毫米 ×1168 毫米　1/32
印　　张：30
字　　数：660 千字
版　　次：2020 年 5 月第 1 版
　　　　　2020 年 5 月第 1 次印刷
书　　号：ISBN 978-7-5511-5141-2
定　　价：178.80 元（全 6 册）

前　言

　　在黑夜的苍茫大地上，有一支队伍正在潜行。没有任何声音，只有萤火虫般的绿光闪烁，星星点点。

　　狼来了。它深沉而豪放，忧郁而孤独，幽怨而仁义。它，是勇猛的象征，是勇敢的代表，是忠诚的化身。

　　它在草原上纵横了百万年，以自己桀骜不驯的性格，不屈不挠地生存着、繁衍着。

　　无疑，狼是动物界很聪明的种族。狼懂气象，识地形，知道选择时机，会权衡敌我实力，擅长战略战术，能够遵守纪律……它们的聪慧是许多动物所不能及的。

　　在辽阔的草原上，只有那些最强壮、最聪明、能吃能打、吃饱时也能记得住饥饿滋味的狼，才能顽强地活下来。在它们眼中，生命不在于运动而在于战斗。哪怕同世界上最高等的动物人类战斗时，它们也毫不惧怕。明知敌人比自己强，也从不畏惧。

　　在狼身上，我们能看到一种积极向上的精神。远古的人类对狼充满了崇敬，他们把狼的形象刻在岩洞的石壁上或木头上，作为图腾。他们尊重狼的勇敢、坚韧和智慧的品格，他们认为狼具有最高智慧，可以与一切力量抗衡。

古人认为"道法自然"，天地万物，皆可为师。对于人类来说，狼这个物种有着极大的学习和借鉴意义。当然，狼也不是完美的，因此，我们需要"择其善者而从之"。具体来说，我们学习的是狼的各种优秀习性、本领和品质，例如，狼的忍耐、狼的纪律、狼的聪明、狼的强悍和勇敢。

开卷有益，想做一个强者就需要学习狼的智慧，愿你成为人生赛道上的一匹狼。

目　录

第一章
适应环境，改造环境

无论是高山还是沙漠，无论是北极还是赤道，再严酷的生存环境也活跃着狼的身影。狼对环境有着惊人的适应能力，它们不仅能适应环境，还能改造环境。在这一点上，非常值得人类学习。

敢于挑战逆境

第一章
意不缓战 ，自极应战

　　狼的一生之中，每天都要为了果腹的食物和一丁点的饮水走很远的路。在生与死的挣扎之中，狼痛苦地成长着。

　　对狼来说，痛苦已成为生活中不可或缺的一部分，它在巨大的痛苦之中也获得了巨大的收获。在无休止的拼杀与奔跑中，狼慢慢强壮了起来——赤黄的沙土地要比嫩绿色的草地更加能够锻炼狼的脚板，它脚下的老茧越来越厚，可以长时间毫不犹豫地站在滚热的沙地上；它的骨骼在阳光的直射下变得粗壮，肌肉在不停地奔跑中变得饱满有力，奔跑的速度也越来越快；猎物的骨头磨利了牙齿，长途的奔跑练就了有力的四肢。

狼的这种生活状态对认识人生的挫折和坎坷很有启发意义。

100多年前，当有人用极其尊敬的口吻问卢梭毕业于哪所名校时，卢梭的回答出人意料且引人深思："我在学校里接受过教育，但令我受益匪浅的学校叫'逆境'。"

原来，是逆境成就了伟大的卢梭。这也印证了一句老话："自古英雄多磨难，从来纨绔少伟男。"

故事一：1975年夏天，一个18岁的农村小伙子在炸鱼时，不慎被雷管炸去了右手掌。残疾之后他被迫终止了中学的学业。5年后，23岁的小伙子出门游历并拜师学画，立志要做一个画家。他怀揣几十元钱离开家乡，在外历经了两年的磨难：身无分文、无处可去的时候，曾跟街边的流浪汉睡在一起；因为衣衫褴褛，他曾经被人当成小偷抓进了收容所……他甚至一度试图以自杀来告别苦难。

——这个小伙子叫谭传华，他于1995年注册了"谭木匠"商标，多年后的今天，"谭木匠"已经名声响亮，光加盟店就有500多家。

故事二：功成名就的他，至今甚至连他来自哪里、究竟姓什么、亲生父母是谁，都不知道。他是在不足一个月大时，就被贫穷多子的亲生父母以50元钱卖给一对夫妇做儿子的。那是60多年前的事情了。他的养父是一个养牛的，没有孩子，家境也不怎么宽裕。在20世纪50年代和60年代那段苦难的日子里，养父养母努力地呵护着他。然而，命运如残暴的狼，对待他没有丝毫温情。在他8岁那年，养母去世；养母去世后，养父又续弦；16岁那年，养父去世。从此，他彻彻底底变成了孤儿。作为孤儿的他得到政府照顾，于20岁那年被安排进了工厂。兢兢业业的他珍惜着自己来之不易的工作。在1992年，他因能力卓越而当上了集团副总裁。当一个穷孩子、苦孩子通过自己努力，有了一番成就的故事正在按部就班地演绎时，命运的恶作剧再一次降临到他头上。在1998年底，他因为功高震主的原因，被集团公司免去生产经营副总裁一职。

——这个人叫牛根生，蒙牛集团的创始人。

故事三：她出生在贵州省湄潭县一个偏僻的山村。由于家里贫穷，她从小到大没读过一天书。20岁那年，她嫁给了一名地质普查员，但没过几年，丈夫就病逝了。在丈夫病重期间，她曾到南方打工，她吃不惯也吃不起外面的饭菜，就从家里带了很多辣椒做成辣椒酱拌饭吃，经过不断调配，她做出一种很好吃的辣椒酱。她为了维持生计，开始做一种廉价凉粉，白天背到龙洞堡的几所学校里卖。

1989年，她在贵阳市南明区龙洞堡贵阳公干院的大门外侧，开了个专卖凉粉和冷面的"实惠饭店"。说是个饭店，其实就是她用捡来的半截砖和油毛毡、石棉瓦搭起的路边摊而已。在"实惠饭店"，她用自己做的豆豉麻辣酱拌凉粉，很多客人吃完凉粉后，还要买一点麻辣酱带回去，甚至有人不吃凉粉却专门来买她的麻辣酱。后来，她的凉粉生意越来越差，可麻辣酱却做多少都不够卖。

有一天中午，她的麻辣酱卖完后，吃凉粉的客人就一个也没有了。她关上店门去看看别人的生意怎样，走了十多家卖凉粉的餐馆和食摊，发现每家的生意都非常红火。她找到了这些餐厅生意红火的共同原因——都在使用她的麻辣酱。

1994年，贵阳修建环城公路，昔日偏僻的龙洞堡成为贵阳南环线的主干道，途经此处的货车司机日渐增多，他们成了"实惠饭店"的主要客源。她近乎本能的商业智慧第一次发挥出来，开始向司机免费赠送自家制作的豆豉辣酱、香辣菜等小吃和调味品，这些赠品大受欢迎。货车司机们的口头传播显然是最佳广告形式，她的名号在贵阳不胫而走，很多人甚至就是为了尝一尝她的辣椒酱，专程从市区开车来公干院大门外的"实惠饭店"购买。

1996 年 8 月，她办起了辣椒酱加工厂，牌子就叫"老干妈"，建厂以后，她用提篮装起辣椒酱，走街串巷向各单位食堂和路边的商店推销。一周后，商店和食堂纷纷打来电话，让她加倍送货。她派员工加倍送去，竟然很快又脱销了。她的辣椒酱便开始扩大生产，在 1997 年 8 月，贵阳南明老干妈风味食品有限责任公司成立了。

从此，她经营的"老干妈"成了家喻户晓的调味品，甚至走出国门，走向世界，无一家产品能与其抗衡。

——这个人叫陶华碧，"老干妈"的创始人。

艰难困苦，玉汝于成。出身贫寒也好，命运多舛也罢，如果你换一个角度看，这些未尝不是一种财富。当然，如果你在贫寒中潦倒、在多舛中随波，就谈不上什么财富了。《孟子》云："天降大任于斯人也，必先苦其心志，劳其筋骨，饿其体肤，空乏其身，行拂乱其所为，所以动心忍性，曾益其所不能。"这篇文章我们在中学时代都读过，只是中学时代的我们没有多少人生的历练，并不能对这篇文章产生太深的共鸣。如今，回头来看，对于出身平凡或出身贫寒，以及遭受或正遭受磨难的人来说，孟子至少告诉了我们两点。第一，将相本无种，英雄不怕出身低。古时如此，而今亦然。第二，所有的磨难与困苦，都可以成为锻炼能力和增强心志的手段。磨难与困苦源于外界，能力与坚韧激发于自身。

我们大家都有美丽的梦想，都在努力地行走、奔跑，只为了更好的生活。然而，世界是丰富的，有许多东西令人满意，也有许多东西令人讨厌。不管我们愿不愿意接受，两者都会如期而至。

当痛苦如冰雹从天而降，我们可能会自言自语："为什么受伤的总是我呢？我已经足够努力了，也足够倒霉了，为什么命运总是要和我作对，这个世界真的太不公平了。"谁没有沮丧过呢？然而，如果你一味地让自己在沮丧中怨恨与绝望，就永远也无法让自己在人格上成熟起来。面对残酷的现实，弱者会诅咒，而强者选择的是战斗。诅咒有什么用呢？当西班牙人在圣胡安山燃起的战火让人忍无可忍时，很多美国人开始诅咒。但一位叫伍德的上校大声呼喊："不要诅咒——去战斗！"他的呐喊伴随着手里毛瑟枪的怒吼，让西班牙人尝到了失败的滋味。

成功学之父奥里森·马登说："最高贵的绅士，他能以最不可动摇的决心来选择正义的事业，他能完全抵制住最不可抗拒的诱惑，他能面带微笑地承受着最沉重的压力，他能以平静的心态来面对最猛烈的暴风雨，他能以最无畏的勇气来对付任何威胁与阻力，他能以最坚韧的个性来捍卫对真理与美德的信仰。"30岁的男人，应该如同奥里森·马登笔下的高贵绅士，具有钢铁般的意志力，方能在人生的坎坷之旅一路过关斩将，成就自我。

人生的风雨是立世的训谕，生活的苦难是人生的老师。谭传华们并没有因"命苦"而一味沉沦。有一句意大利谚语是这样说的："水果成熟前，味道是苦的。不经过霜打的柿子，不会变得绵软可口。"

成为强者与沦为弱者的区别在于——能否有效应对逆境。人生逆境有千种，应变之道有万法。每一种逆境都需要高超的智慧去应对。有些逆境只不过是水烧开前的噪声，你只需要有再添一把柴的耐心与行动就行了；有些逆境却是十字路口的红灯，警告你不要一意孤行，这时你需要另找一条适合自己的路；还有一些逆境其实只存在于你的心中，你需要大胆地打破自设的心理牢笼。

坦然接受失败

狼在捕猎时，失败的概率是很大的。科学家对许多狼群进行观察后，计算出狼失败概率约为 90%。这意味狼的十次的捕猎行动只有一次是成功的，其余的九次都是失败的。

可以想象，那些没有经验的幼狼，那些衰老的狼，失败的概率会更高。多次的行动之后仍然可能是一无所获。但这些都是每匹狼必须面对的情形。在它们忍受着饥饿，在草丛中埋伏了几天之后，它们却可能连一只羊都抓不到。因此，狼群实际上经常处于饥饿状态。

对于狼，它们必须积极地面对失败，从失败中吸取教训。狼群面对失败，从来不会退缩和屈服，它们甚至没有一点沮丧。它们永远保持激情与信心，去投入下一次的战斗——即便下一次还是失败。

失败不是结局，而是过程。

人生在世，总会有几起几落。在我们前进的道路上，挫折和失败在所难免。

少年朋友学骑车、练游泳，往往摔跤、呛水；青年学生高考落榜，失去上大学的机会；辛勤创业者，盖起房屋却被洪水冲垮；商海弄潮儿，想赚钱反倒蚀了本；爱情出现风波，心上人移情别恋；朋友之间发生误会，友谊蒙上阴影……凡此种种，都是一种挫折和失败。只要有人类存在，就一定有挫折和失败存在。生活中出现逆境，也就意味着出现棘手问题需要我们处理。

如何应对问题？如果不能坦然面对它、接受它，就没办法放下它、处理它。而事实上，一旦问题出现，我们不应该发牢骚，而是要设法改善它。我们需要的是行动，而不是抱怨。若不能改善，我们也要面对它、接受它，绝不能逃避。逃避责任，损失依然在那里，改善、处理已出现的糟糕局面才是最明智的。

经过周密计划的行动也不一定完全可靠，也会发生意料之外的情况，这时候就更应该接受意外的发生，然后想办法处理它。

所以，如果计划之中的事在进行过程中发生问题，不必伤心也不必失望，应该继续努力，争取将损失减到最小，不要轻易放弃希望；如果事先经过详细考虑，判断预先的结果不可能成功，那也只好放下它，这和未经努力就放弃是截然不同的。

这一切，都需要我们冷静处理。我们要告诉自己：任何事物、现象的发生，都有它的原因。在紧急的情况下我们无法追究原因，也无暇追究原因，唯有面对它、改善它，才是最直接、最要紧的。也就是说，遇到任何困难、艰辛、不平的情况，都不要逃避，因为逃避不能解决问题，只有用我们的智慧和勇气把责任担负起来，才能真正解决问题。

日本的船井先生大学毕业后，曾在几家经营公司工作过。由于他秉性倔强，经常和上司产生矛盾，最后总是愤然离去。

船井先生充满自信而且有着卓越的才能，因而开始独立创业。

但是，他主办的经营研究班开课了也没有人来听。后来他才深切体会到，别人依据的是招牌而不是个人实力。接着，他结了婚有了孩子，妻子却突然撒手而去。抱着还在吃奶的孩子，他绝望了，感到自己已无路可走。

过了一段时间他又有缘再婚，在开明大度的现任妻子的支持下，研究班在流通行业中重新开始活动。针对当时刚刚崭露头角的超市等流通行业，船井先生开始着手使其正规化的顾问工作，终于取得了不错的成果。

不可否认，正是这一切造就了今天的船井先生的崛起。

船井先生劝告大家："即使是经历了自己最爱的人因某些事故死亡的痛苦，也请把它想成是命中注定的、必然的或能使你转运的事情。"

仔细想想就能明白，一味地悲伤是改变不了现状的，一切都不可能再复原，与其一味悲伤导致第二次不幸，不如振奋精神，转换思路，积极向前开拓自己的人生。除此之外没有其他可以改变现状的办法。

工薪阶层的人通过人事调动、升职、降职的变化，都会有"祸中有福，福中有祸"抑或是"塞翁失马，焉知非福"的感受吧。例如日本丸红社的社长春名和雄先生，原作为董事准备升任大阪分公司经理，由于发生了著名的洛克希德飞机公司（行贿）事件，社长、下任社长候选人以及与此相关的董事都被牵连其中，和此事件毫无关联的春名先生意外地坐上了社长的交椅。

春名先生的人生警句中有这样一段话：

"幸运女神总是从你的身后慢慢地向你走来，因此，自己也和着幸运女神的脚步慢慢地向前奔去。其间，幸运女神追上了自己并和自己并肩前行。然后，她会抓起你的身体负在背上一口气向前飞奔。"

1945 年 8 月，日本终于宣告投降。玛丽·布朗太太坐在位于加拿大渥太华的家中，静听一室的寂静与空虚。

几年前，她的丈夫死于车祸。接着，与她同住的母亲也因病去世。根据布朗太太的描述，其悲剧的发生经过是这样的：

"当许多钟声和汽笛声都在宣告和平再度降临的时候，我唯一的儿子达诺，却在此时牺牲了。我已失去了丈夫和母亲，如今儿子一死，我是完全孤孤单单的了。

"孩子的葬礼结束之后，我独自走进空荡荡的屋子里。我永远也不会忘记那种空虚、无助的感觉。世界上再也没有一处地方比这儿更寂寞的了。我整个人几乎被哀伤和恐惧所充满——害怕今后将独自一人生活，害怕整个生活方式将完全改变。而最可怕的，莫过于我将与哀伤共度余生——这才是最让我感到恐惧的。"

接下来的几个星期，布朗太太完全生活在一种茫然的哀伤、恐惧和无助里。她迷惑又痛苦，全然不能接受眼前发生的一切。她继续描述道："我渐渐地明白了时间会帮助我治疗伤痛。只是感到时间过得实在太慢了，因此，我必须做些事来忘记这些遭遇。我要再度回去工作。

"随着时间一天天过去，我逐渐对生活再度产生了兴趣——如我的朋友、同事等。一天清晨，我从睡梦中醒来，忽然发现所有不幸均已成为过去，我知道今后的日子一定会变得更好。而'用头撞墙'的举止是愚蠢可笑的，是无能的表现。对于那些我无法改变的事实，时间已教会我如何承担下来。

"虽然整个改变过程进行得十分缓慢，不是几天或几个星期，而是逐渐来临，但是，它确实已经发生了。

"现在，当我回忆那段生活，就会感到好像一条小船在经历一场巨大的风浪后，如今又重新驶回风平浪静的海面上。"

许多人遇上类似布朗太太这样的悲剧，往往很难接受现实，因此最好先面对它们、接受它们。当布朗太太强迫自己接受失去家人的事实，便下决心要让时间来治疗心灵的痛楚。她清楚如果抗拒命运，就像把毒药倾倒在伤口上，无法让自己开始新的生活。

有几个步骤可以让我们面对逆境——接受它，面对它，放下它，改变它。当我们的生活被不幸遭遇分割得支离破碎的时候，只有时间的手可以重新把这些碎片捡拾起来，并抚平它。但是我们要给时间一个机会。在刚遭受打击的时候，整个世界似乎停止了运行，我们的苦难也似乎永无止境。但无论如何，我们总得往前走，去完成自己生命计划中的种种目标。而一旦我们完成了这些工作，痛楚便会逐渐减轻。终有一天，我们又能唤起以往快乐的回忆，并且感受到来自新生活的快乐，而不是被伤害。要想克服不幸的阴影，时间是我们最好的盟友，但唯有我们把心灵敞开，完全接受现状并逐渐改变，我们才不会沉溺在痛苦的深渊里。

抚养三个小孩的克文女士，在医生那儿听到了一个噩耗：她的丈夫得了一种严重的心脏病，随时会病发身亡。

"我听了医生的话感到恐惧不已，并且开始担忧。"克文女士说，"我几乎每天晚上都不能入睡，没多久便瘦了 15 斤，医生认为我是过于神经质。一天晚上，我又失眠了，便反问自己总是这么担惊受怕是否于事有补。到了第二天早上，我便开始计划自己应该做些有用的事。由于我丈夫精于木工，并曾亲自做出过许多种家具，所以我要求他替我做了个床头小桌。他答应下来，并且花了好几个下午认真去做。我注意到这个工作带给他极大的乐趣，过后，他又为朋友做了好多家具。

"除此之外，我们还开辟了一片园地，开始种花种菜。我们把收获最好的瓜果蔬菜送给朋友，并尽量想出一些可以帮助别人的事来做。假如一时没有什么事情，我们便坐下来讨论有关种植果树等种种计划。

"有一天凌晨一点多的时候，我的丈夫突然病发过世。后来，我发现最近这几年中，我们一直把这可怕的压力放在一边，度过了有生以来最快乐、最有意义的时光。我就是这样面对悲剧，并尽力用最好的方式去接受它。"

克文女士用无比的勇气和智慧来面对不幸，使她丈夫在人生最后的岁月里过得快乐又有意义，而她自己本人也因此留下一段美好的回忆。

生命并不是一帆风顺的幸福之旅，而是时时摇摆在幸与不幸、沉与浮、光明与黑暗之间的模式里。我们不能像鸵鸟一样把头埋在沙堆里面，拒绝面对各种麻烦，而麻烦也不会因你的消极悲观获得解决。逆境不过是人类生活的一部分，只有客观冷静地去面对，才是真正成熟的表现。

美国21岁的士兵麦克奉命参加以色列和阿拉伯之间的战争。他在一次战役中受了严重的眼伤，眼睛因此看不见东西。虽然他遭受了这么大的伤害和痛楚，但他的个性仍然十分开朗。他常常与其他病人开玩笑，并把分配给自己的香烟和糖果分赠给好朋友。

医生们都尽心尽力想恢复麦克的视力。一日，主治大夫亲自走进麦克的房间向他说道：

"麦克，你知道我一向喜欢向病人实话实说，从不欺骗他们。

麦克，我现在要告诉你，你的视力不能恢复了。"

时间似乎停止下来，这一刻病房里呈现可怕的静默。

"大夫，我知道。"麦克终于打破沉寂，平静地回答，"其实，这些天来我也知道会有这个结果。非常感谢你们为我费了这么多心力。"

几分钟之后，麦克对他的朋友说道：

"我觉得我没有任何理由可以绝望。不错，我的眼睛瞎了，但我还可以听得很好，讲得很好啊！我的身体强壮，不但可以行走，双手也十分灵敏。何况，就我所知，政府可以协助我学得一技之长，让我维持今后的生计。我现在所需要的，就是适应一种新生活罢了。"

这就是麦克，一名拥有明亮视野的盲眼士兵。由于他忙着筹划和憧憬自己所拥有的幸福，所以他没有时间去诅咒自己的不幸。这便是百分之百的成熟——也就是我们要面对逆境的方法。每个人在有生之年都要面对这样的考验——你、我或者还有住在我们隔壁的那个邻居。

对那些叫喊"为什么这会发生在我身上"的人来说，这里只有一个答案："你为什么不能这样面对逆境呢？"

命运并不偏爱任何人。我们每一个人都得经历一些苦难，正像我们也历经许多欢乐一样。生活本身迟早会教育我们：接受苦难的生活经历和磨炼，对我们每个人都是平等的。无论是国王或乞丐、诗人或农夫、男人或女人，当他们面对伤痛、失落、麻烦或苦难的时候，他们所承受的折磨都是一样的。无论是任何年纪，不成熟的人会表现得特别痛苦或怨天尤人，因为他们不了解，生活中的种种苦难，像生、老、病、死，或其他不幸，其实都是人生必经的磨炼。

像狼一样坦然接受失败，只有经历过失败和不幸并昂首走过来的人，才是成功者。

宝剑锋从磨砺出

狼的一生充满艰辛和坎坷。在野外，一匹狼最多可以存活13年，但大部分狼只有9年左右的寿命。然而，动物园里的狼寿命通常都会超过15年。显而易见，狼群在野外的生活是多么艰辛，并且处处充满凶险。

生活在野外的狼必须互相争夺食物和领地，因为狼群只能在自己的领地内进行生活和捕猎，领地的大小是根据它们捕食对象的多少变化而变化的。而这种捕食多少的情况又取决于这个地区的猎物数量。在猎物分布较密集的地方，狼不必奔跑很远便可获得一顿美餐。但在较荒凉的栖息地，由于只有少量的猎物存在，狼则需要跑相当长的一段路才能猎得食物。如果捕猎成功，还必须警惕其他想不劳而获的动物们的袭击，并且还得特别注意自己的幼崽们，因为一不留神，狼崽们也可能成为那些想不劳而获的动物们的口中食。

伟大的文学家高尔基在《我的大学》里说："生活条件越是艰苦，我觉得自己越坚强，甚至聪明。我很早就明白：逆境磨炼人。"我国古代著名哲学家孟子说："故天将降大任于斯人也，必先苦其心志，劳其筋骨，饿其体肤，空乏其身，行拂乱其所为，所以动心忍性，曾益其所不能。"

"宝剑锋从磨砺出，梅花香自苦寒来。"历史上那些有作为的人，几乎都吃过苦。成功者常把苦难当成大学的必修课钻研，心存理想，为了奋斗目标调整好自己的心态，树立起雄心壮志，勇于面对现实。在他们看来，所拥有的这些磨难正是别人所没有的拼搏动力与人生财富，而在人生的逆境中，唯有"咬定青山不放松"，坚持自己的目标，方能苦尽甘来。

江灿腾，一位坚持苦学的工人博士，1946年出生在台湾桃园大溪，是当地富裕望族的后代。他的父亲在听信算命先生的一句话"活不过35岁"之后，短短几年内，荒唐地败光家产，以享受人生。不过，老天可没让他如愿，过了35岁，江灿腾的父亲仍旧活得好好的！江家却自此陷入了困境，江灿腾也因此而辍学，开始了打零工补贴家用的日子。他做过小工、店员、工人等，他尝尽了人生冷暖，可他并不满足于当一名工人。当兵后考入飞利浦公司，他自学通过初中、高中的同等学力考试，并于32岁考上了师大历史系，自此踏上了学术研究之路，终于在54岁时拿到了史学博士学位。

从工人到博士，江灿腾在家变、失学、童工剥削、失恋、癌症折磨等一系列变故中，找到了生命的价值，在生与死之间坚定了人生的信念。

美国第18任副总统亨利·威尔逊出生在一个贫困的家庭里。当他还在摇篮里时，贫穷就已经露出了狰狞的面孔。他深深地体会到，当他向母亲要一片面包而她手中什么也没有时是什么样的滋味。

他在 10 岁时就离开了家，当了 11 年的学徒工，每年可以接受一个月的学校教育，最后，在 11 年的艰辛工作之后，他得到了一头牛和六只绵羊的报酬。他把它们换成了 84 美元。从出生一直到 21 岁那年为止，他从来没有在娱乐上花过一个美元，每一个美元的消费都是经过精心算计的。他完全知道拖着疲惫的脚步在漫无尽头的盘山路上行走是一种怎样的痛苦感觉……

在这样的穷途困境中，威尔逊先生下定决心，不让任何一个发展自我、提升自我的机会溜走。很少有人能像他一样深刻地理解闲暇时光的价值。他像抓住黄金一样紧紧地抓住了零星的时间，不让一分一秒的时间无所作为地从指缝间流走。

在他 21 岁之前，已经设法读了 1000 本好书——想想看，这对一个农场里的孩子来说，这是多么艰巨的任务啊！在离开农场之后，他徒步到 100 英里之外的马萨诸塞州的内蒂克去学习皮匠。他风尘仆仆地经过了波士顿，在那里他可以看见邦克·希尔纪念碑和其他历史名胜。整个旅行只花费了一美元六美分。一年之后，他已经在内蒂克的一个辩论俱乐部脱颖而出，成为其中的佼佼者了。后来，他在议会发表了著名的反对奴隶制度的演说，此时，他来到马萨诸塞州还不到 8 年。

12 年之后，这位曾经的农场穷小子终于凭借着多年来自己不懈的努力，熬出了头，进入了国会。

一个人的成就，常常都是从血汗、辛苦、委屈、忍耐、受苦中，点滴累积而成。人生的大成就，往往是以大苦难作为前奏的。这是因为任何称得上成就的事情都非易事，成就越大，苦难就越大。因此，著名成功学大师卡耐基说："苦难是人生最好的教育。"

古今中外大量事实说明，伟大的人格无法在平庸中养成，只有经历熔炼和磨难，愿望才会激发，视野才会开阔，灵魂才会升华，人生才会走向成功。一个人如果能吃常人不能吃的苦，必然能做常人不能做的事。从这个意义上来说，能吃多大苦，就能享多大福。

松柏必须经受霜寒，才能长青；寒梅必须经得起冰雪，才能吐露芬芳。生命在苦难中苦壮，思想在苦难中成熟，意志在苦难中坚强。古今中外许多有成就的人都曾得益于清贫和苦难的磨炼。佛陀六年苦行；达摩九年的苦苦面壁；王宝钏经过十八年苦守寒窑，才能为人记忆；苏秦悬梁刺股苦学有成，才能纵横六国；勾践体验了去尝苦夫差粪便之苦，方有后来的奋发图强……凡此种种，不胜枚举。

可见，吃苦是人生路上的一个坎儿：迈得过去，你就成为命运的主人、人生的强者；不敢迈或迈不过去，你就成了命运的奴隶、人生的懦夫。安徒生总结自己一生的经验是："一个人必须经历一番艰苦奋斗的生活才会有些成就。"

有时候，我们吃苦是环境所迫，不得不吃。除此之外，我们还应该主动找点苦吃。没人干的苦活、挑的重担，你来上。吃苦不但可以增进自己的能力，还能磨炼自己的意志。从这个角度来看，吃苦其实就是吃"补"，可以补意志、补知识、补才能、补道德、补灵魂。

张爱玲说，成名要趁早。谁不想趁早呢？只是，天下有几人如张爱玲一样占据天时地利人和——既有天分，又出身名门？因此，对于我们这些小人物来说，与其天天叫嚣着"成名要趁早"，不如身体力行"吃苦要趁早"：趁自己年轻，有强健的身心来承受苦与难，趁早让自己投身进"苦难的大学"，以免将来无力承受苦难时，却在苦难中终老一生。

隐忍与克制

有一匹狼，经过一户人家窗下，听见女主人在对孩子吼着："再哭，再哭就把你丢出去喂狼。"

狼听见后，就待在窗下等。孩子哭了一夜，狼等了一夜。

天亮了，狼很生气，大声喊着："骗子，女人都是骗子。"

以上虽然是一则虚构的笑话，但真实地反映了狼为食物而执着的坚守，在自然界，狼为了等待一个猎杀的机会，会不知疲倦地尾随或埋伏很久。

在北美广袤的旷野上，野狼和驯鹿常常是出生在同一个地方，随后又一起奔跑。它们之间似乎并非总是处于敌对状态，却还表现着一种和谐的关系。

危机到来的时刻，驯鹿成了狼群的食物。狼队面对如此众多而强大的敌人，并不贸然出击。因为草原上有数千只驯鹿，而且它们身材高大，雄鹿站立的肩高通常达到 2 米，能以 1.2 米的跨幅奔跑。它们的实力远远超过数量极少的狼群。

狼并不畏惧，几匹狼在鹿群旁迂回窥视，它们想出了一个很好的策略，那就是先攻其一。当发现有因为饥饿或疾病而孱弱的驯鹿出现时，它们便一哄而上。

于是就会出现这样的场景：一群分散的狼突然向一群驯鹿冲去，引起驯鹿群的恐慌，导致驯鹿纷纷逃窜，这时，狼群中的一匹"剑手"会冲到鹿群中，抓破一头驯鹿的腿。狼群之所以选中这头驯鹿，就是因为它们发现它的某些特点易于攻击，随后这头驯鹿又被放回归队了。奇怪的是，当狼群攻击鹿群中的一只驯鹿时，周围强健的驯鹿并不援救，而是听任狼群攻击它们的同胞。

这样的情况一天天地重演着，受伤的驯鹿渐渐失掉血液、力气和反抗的意志。而狼群在耐心地等待时机，它们定期更换角色，由不同的狼来扮演"剑手"，使这头可怜的驯鹿旧伤未愈又添新创。最后，当这头驯鹿已极为虚弱再也不会对狼群构成严重威胁时，狼群就开始出击并最终捕获受伤的驯鹿。

实际上，此时的狼也已经饥肠辘辘，在这种数天之后才能见分晓的煎熬中几乎饿死。

有人会问，为什么狼群不干脆直接进攻结果那头驯鹿呢？

因为狼知道，像驯鹿这样体型较大的动物，如果踢得准，一蹄子就能把比它小得多的狼踢翻在地，非死即伤。为了保证自己不受伤害，狼保持了足够的耐心。耐心保证了胜利必将属于狼群，狼群谋求的不是眼前小利，而是长远的胜利。

在时间就是金钱的现代社会里，一切讲求快速。放眼望去，吃的是速食面，读的是速成班，走的是捷径，渴望的是瞬间发财，以至于造成社会追逐功利、普遍短视的现象。

老祖宗告诉我们，鸡肉要用小火慢慢地炖，才会好吃；拜师学艺，至少要 3 年以上才会有成；任何工匠，讲究的是慢工出细活。可是，我们已经把这套宝贵的生活哲学遗忘了。

在今天，人们不再脚踏实地按部就班，处处显得浮躁马虎，急功近利。

有个小孩在草地上发现了一个蛹，他捡回家，要看蛹如何羽化成蝴蝶。

过了几天，蛹上出现了一道小裂缝，里面的蝴蝶挣扎了好几个小时，身体似乎被什么东西卡住了，一直出不来。

小孩于心不忍，心想："我必须助它一臂之力。"于是，他拿起剪刀把蛹剪开，帮助蝴蝶脱蛹而出；可是它的身躯臃肿，翅膀干瘪，根本飞不起来。

小孩以为几小时以后，蝴蝶的翅膀会自动舒展开来，可是他的希望落空了，一切依旧，那只蝴蝶注定只能拖着臃肿的身子与干瘪的翅膀，爬行一生，永远无法展翅飞翔。

大自然的道理是非常奥妙的，每一个生命的成长过程都非常神奇，瓜熟蒂落，水到渠成；蝴蝶一定得在蛹中痛苦地挣扎，一直到它的双翅强壮了，才会破蛹而出。

"拔苗不能助长""欲速则不达"，这是生活的真谛。磨炼、挫折、挣扎，这些都是成长必经的过程。

"卧薪尝胆"，越王勾践的忍辱复国之路也是艰难曲折的。

在吴越战争中，越国首先兵败，越王勾践作为人质被扣留在吴国，为了取得吴王夫差的信任，忍受常人无法忍受的痛苦。

有一次，吴王夫差病了，曾作为一国之君的勾践竟然去尝夫差的大便，并大声宣布："人的粪便，如果是香的，性命便有危险，如果是臭的，表示他生理正常。吴王粪便很臭，他一定会痊愈的。"他的夫人和部下只能背后垂泪，无声叹息。

忍耐是争取时间的方法，是创造时机等待机会的方法，正如拿破仑所说："战争的成败仅在最后15分钟，因为坚持到最后的才是胜利者。"这也是我们中国人所信奉的"笑到最后的才是笑得最好的"。

每一件新事物的产生都会程度不一地给予人们久已习惯的事物和观念以极大的冲击，令人们无法接受。发明者大多遭到人们的排斥，发明之父——爱迪生所受的讥笑、指责，我们可以想象，他曾被人视为洪水猛兽，但他无视这一切，依然沉醉于自己的发明之中。发明电灯，他用了1000种方法，每一次失败，都受到别人的冷嘲热讽，他却笑笑说："与此同时，我又找到了999种不能用电发光的方法。"

发明麦当劳快餐的瑞克雷先生面对失败和讥笑表明了他的态度："继续吧！继续吧！没有任何东西可以取代忍耐和毅力。只凭自己小聪明的人不能成功，因为聪明而不能成功的人实在太多；有天才的人也不一定能成功，因为怀才不遇的人在这个世界上也着实不少；受教育也不能取代毅力和忍耐力，在今日的社会中，不是有很多自暴自弃的人吗？只有忍耐、毅力和决心方是成功的唯一要素。"

"昨夜西风凋碧树，独上西楼，望断天涯路。"成功的道路是孤独的，脚下的路必须自己走，无数日与夜的煎熬，多少怀疑和不解，都必须承受。"高处不胜寒"，高手从来都是孤独的。

"衣带渐宽终不悔，为伊消得人憔悴。"成功的道路不会是鲜花遍地，彩霞满天，内困外难从各个方面向你袭来，令你不胜负荷，不堪忍受。

但你必须忍，只为那"蓦然回首"之时，"在灯火阑珊处"的"伊人"。

渴望成功的人们，正在逆境顽强跋涉的人们，千万别气馁，请将"忍"字深锲在心头。

在逆境之中，学会耐心地等待时机是非常重要的，而见到电光火石的机会也要像狼一样迅速出击。

韩信年轻时并没有什么名气，什么谋生的手段都不会。有一天他来到护城河边钓鱼，但好久都不见有鱼上钩。有一位大婶见韩信面黄肌瘦地坐在那里钓鱼，却总也不见有收获，怪可怜的，于是就把自己带的饭递给他吃，这样一连接济了他好几十天。韩信非常高兴，就对大婶说："我将来一定好好回报您。"大婶却很生气地说："你身为大丈夫却不能自己谋生吃饭，我是看你并非等闲之辈才帮助你的，难道贪图你的回报吗？"韩信听了大婶的话，有所醒悟。

淮阴有集市，是贩夫走卒屠户等聚居的地方，常有一些无所事事的街头少年在市上游走打闹。一次，一个小混混寻衅滋事，对韩信说："别看你长得人高马大，还经常带刀带剑，其实你是个懦夫胆小鬼，有种你就把我杀了，没种你就从我裤裆底下钻过去！"一旁的人也跟着一块儿起哄。韩信瞪着他看了很久，最终还是忍住了心中升腾的怒火，趴在地上匍匐着从那人胯下钻了过去。这时在旁看热闹的人都放声哄笑起来。

后来项梁在吴地起义，来到淮阴附近要渡淮水，韩信便仗剑从军，跟随项梁，项梁死后又跟随项羽。他曾多次给项羽出主意，但都得不到采用。在刘邦当了"汉王"以后，他投奔了刘邦。在刘邦营中，韩信几经曲折，终于得到了重用，在萧何的全力举荐之下被封为"大将军"。他屡出奇谋、攻城略地，在刘邦与项羽对决的楚汉战争中起到了巨大作用，被封为"齐王"。在双方最后决定胜败阶段，可以说韩信倾向于谁，谁便可以得到最终胜利。当时有谋士劝说韩信背叛汉王投靠楚王，也有人劝他干脆三分天下自占其一，但韩信感念刘邦的知遇之恩，没有背叛他，而是辅助他在垓下打败了项羽。后来韩信被封为"楚王"，其故乡淮阴正在他的管辖之下。

韩信荣归故里之后，首先找到当年接济过他的大婶，赏赐了千金；他不计前嫌，又把曾经侮辱过他的少年招来，让他做了"中尉"（掌管都城治安的军官）。可以说，正是因为韩信当年能忍受胯下之辱，没有为逞一时之勇把人杀掉，才有了后来实现自己抱负的一天。这样，监狱中少了一个冲动的犯人，而历史上则出现了一位"国士无双"的千古名帅。韩信的故事，给后人留下无尽的启迪。

舍 小 保 大

一匹狼捕获到一只猎物，饱饱地吃了一顿。可它刚吃完，就被猎人发现，遭到了追杀。因为肚子实在吃得太饱了，狼没有办法把速度优势完全发挥出来，猎人越追越近。

面对生死危机，狼当机立断，一边跑，一边弯腰收腹，强迫自己把刚刚吃完的肉都给吐出来。吐完以后，狼的肚子空了，负担一下子变轻了，奔跑速度突然提高了许多，很快就把猎人甩在了身后。

能够果断把已经吃进肚子里的肉吐出来，以此换取逃跑的高速度，狼可以算得上是敢于"舍小保大"的典范了。此外，还有个例子：当狼在野外不慎踩中了猎人布下的捕兽夹，挣脱不掉时会自己咬断被夹的爪子以逃脱。

狼敢于且善于放弃，它明白将局部的小利益牺牲了，能够换来整体和全局上的大利益。有所得必有所失，有时为了全局利益，不得不舍弃一些局部利益，正如下围棋或下象棋时常用的一招那样：弃子而保全局。

在美国缅因州，有一个伐木工人叫巴尼·罗伯格。一天，他独自一人开车到很远的地方去伐木。一棵被他用电锯锯断的大树倒下时，被对面的大树弹了回来。罗伯格因为站在他不该站的地方，躲闪不及，右腿被沉重的树干死死地压住了，顿时血流不止。

面对自己伐木生涯中从未遇到过的失败和灾难，罗伯格的第一个反应就是："我现在该怎么办？"他看到了这样一个严酷的现实：周围几十里没有村庄和居民，10小时以内不会有人来救他，他会因为流血过多而死亡。他不能等待，必须自己救自己——他用尽全身力气抽腿，可怎么也抽不出来。他摸到身边的斧子，开始砍树。因为用力过猛，才砍了三四下，斧柄就断了。

罗伯格此时真是觉得没有希望了，不禁叹了一口气。但他克制住了痛苦和失望。他向四周望了望，发现在身边不远的地方，放着他的电锯。他用断了的斧柄把电锯钩到身边，想用电锯将压着腿的树干锯掉。可是，他很快发现树干是斜着的，如果锯树，树干就会把锯条死死夹住。看来，死亡是不可避免了。

在罗伯格几乎绝望的时候，他想到了另一条路，那就是，把自己被压住的大腿锯掉！

这似乎是唯一可以保住性命的办法！罗伯格当机立断，毅然决然地拿起电锯锯断了被压着的大腿，用皮带扎住断腿，并迅速爬回卡车，将自己送到小镇的医院。他用难以想象的决心和勇气，成功地拯救了自己！

汉高祖刘邦死后，惠帝刘盈于公元前194年继承皇位。刘盈的同父异母兄弟刘肥此前已受封为齐王，惠帝二年，刘肥进京来朝见刘盈，刘盈则以兄长礼节在吕太后面前设宴招待刘肥，并以一家的长幼之序让刘肥坐在上座的位置上。吕太后见后非常不高兴，暗中派人在酒中投了毒药，并令刘肥为自己祝寿，企图杀了刘肥。

不料，不明真相的惠帝刘盈也一同拿着斟满了酒的杯子，起身为吕太后祝福。吕太后非常着急，赶忙拉着惠帝的酒杯把酒泼在地上。刘肥在一旁感到很奇怪，因而也不敢喝那杯酒，假装自己已经喝醉了，离席而去。后来他得知那果然是毒酒，心里极为恐慌，担心自己很难活着离开长安。

这时，随行的一个内史为他出了一个脱险的计谋。内史对齐王刘肥说："吕太后就仅仅只有惠帝这么一个儿子和鲁元公主这么一个亲女儿。如今您作为齐国的诸侯王，拥有大小七十多座城池，而鲁元公主仅享有几座城的食俸，吕太后心中自然不平。您如果献上一座郡城给吕太后，作为赠给公主的汤沐邑，太后就一定会转怒为喜，那您就不必担心了。"

刘肥采用了这个计谋，马上派人告诉吕太后，他想把自己的郡城送给公主，并尊公主为王太后。吕太后果然非常高兴地应允了，并在齐国驻京城的官邸里置酒款待了齐王一行，齐王也因此安全地回到了齐国。

关键时刻弃城保命，当然是值得的，丢卒保车，才是取胜之道。

公元712年，唐睿宗让位给李隆基，自为太上皇，李隆基即位，是为玄宗。当时太平公主密谋夺取政权，宰相崔湜等又依附于太平公主，于是尚书右仆射同中书门下三品、监修国史刘幽求与右羽林军将军张密请求诛杀太平公主及其党羽。

刘幽求令张密上奏玄宗说："宰相中有崔湜、岑羲，都是太平公主引荐的，他们整天图谋不轨，假如不及早预防，一旦发生变故，太上皇怎么能放心呢？古人说：'当断不断，反受其乱。'请陛下迅速诛杀他们。刘幽求已与我制定了计谋，只要陛下一声令下，我就率领禁兵，一举将他们诛杀。"唐玄宗认为刘、张二人说得对，可是张密不小心泄露了他们的密谋，引起了太平公主的疑心与防备。

唐玄宗在得知计划泄密后，马上采取行动，将忠于自己的刘幽求、张密二人捉拿，并把刘幽求流放到封州（今广东封川县），张密流放到丰州（今内蒙古杭锦后旗西北）。

唐玄宗果然棋高一着。太平公主见自己的死对头悉数被唐玄宗治罪，顿时对唐玄宗放松了警惕。一年多后，唐玄宗突然调动禁兵，把太平公主及其党羽一举诛杀。唐玄宗为奖赏刘幽求首谋之功，马上任命他为尚书左仆射、知军国事、监修国史，封上柱国、徐国公。唐玄宗将张、刘二人治罪，也是一种丢卒保车的策略，反正事后还可将他们提升。

当断不断，反受其乱。事情紧急的时候，舍车保帅，舍弃局部利益，以保全整个大局不失为明智之举；如果优柔寡断，损失将会更大。

人生充满变数，要想处处都顺风顺水那是不可能的，总会有一些或大或小的灾难在不经意之间与我们不期而遇。面对危机，我们或以紧急救火的方式补救，或以被动补漏的办法延缓，或以收拾残局的方法逃离……虽然这些都是面对逆境时必不可少的应急措施，但在形势危急而又无路可退的险境之下，我们还要学会"舍卒保车"甚至"舍车保帅"。卒没了，有车尚不畏惧；车没了，有帅或可斡旋。

一位哲学家的女儿靠自己的努力成为闻名遐迩的服装设计师，

她的成功得益于父亲那段富有哲理的告诫。父亲对她说："人生免不了失败。失败降临时，最好的办法是阻止它、克服它、扭转它，但多数情况下常常无济于事。那么，你就换一种思维和智慧，设法让失败改道，变大失败为小失败，在失败中找成功。"是的，失败恰似一条飞流直下的瀑布，看上去湍湍急泻、不可阻挡，实际上人们却可以凭借自己的智慧和勇气，让其改变方向，朝着我们期待的目标潺湲而流。就像前述的巴尼·罗伯格，当他清楚地意识到用自己的力气已经不能抽出腿，也无法用电锯锯开树干时，便毅然将腿锯掉。虽然这只能说是一种损失，却避免了接下来会导致的更大的损失。丢卒保车，才有可能赢得宝贵的生命，相对于死亡而言，这又何尝不是一种成功和胜利呢？

将大败变成小败，也是一种成功。

第二章
运用谋略，出奇制胜

狼就像一个天才的军事家，每次在攻击对手之前，它们绝不会掉以轻心、麻痹大意，即使对手只是弱小的羊，狼的行动也会小心谨慎，这是其他动物很难学会的。它们为了保证自身的安全和狩猎的成功，每次捕食都要经过细心观察和思考，从不莽撞出击，它们一定要等到完全掌握了对手的实力，在对手最意想不到的时刻才开始攻击。

狼不是上帝的宠儿，狼是依靠自己思考的智慧成就强者地位的。

周密谋划，精心布局

　　《狼图腾》中有一段记载让人记忆深刻：一大群黄羊到河边喝水，狼王发现这是一个三面环水的河湾，决定适时对黄羊实施打围。狼王在战前做了周密的部署，前一天夜里就让狼群埋伏在河边的草丛里，守候一夜，耐心等待黄羊的到来。当黄羊喝水正酣的时候，狼群突然冲出，把河湾的出口牢牢封死，所有的黄羊欲逃无路，成了狼口中的美食。

　　狼从不蛮干，而是精心布局，从踩点、埋伏到攻击、打围，都安排得相当严密，从而保证了作战的胜利，也把狼的高度智慧尽情显现了出来。

　　不论做什么事，事先有周密的谋划才能稳操胜券。

　　春秋时期，齐国有田开疆、古冶子、公孙捷三勇士，很得国王齐景公宠爱。三人结义为兄弟，自诩"齐国三杰"。他们挟功恃宠，横行霸道，目中无人，甚至在齐王面前也"你我"相称。乱臣陈无宇、梁邱据等乘机收买他们，企图密谋夺取政权。

　　相国晏婴眼见这种恶势力逐渐扩大，危害国政，不由得暗暗担忧。他明白奸党的主力在于武力，三勇士就是王牌，因此屡次想把三人除掉，但他们正得势，如果直接行动，齐王肯定不依从，反而弄巧成拙。

有一天，邻国的鲁昭公带了司礼的臣子叔孙来访问，谒见齐景公。景公立即设宴款待，也叫相国晏婴司礼；文武官员全体列席，以壮威仪；三勇士也奉陪左右，威武十足，摆出不可一世的骄态。

酒过三巡，晏婴上前奏请，说："眼下御园里的金桃熟了，难得有此盛会，可否摘来宴客？"

景公即派掌园官去摘取，晏婴却说："金桃是难得的仙果，必须我亲自去摘，这才显得庄重。"

金桃摘回，装在盘子里，每个有碗口般大，香浓红艳，清香可人。景公问："只有这么几个吗？"

晏婴答："树上还有三四个未成熟，只可摘六个！"

两位大王各拿一个吃，佳美可口，互相赞赏。景公乘兴对叔孙说："这仙桃是难得之物，叔孙大夫贤名远播，有功于邦交，赏你一个吧！"

叔孙跪下答："我哪里及得上贵国晏相国呢，仙桃应该赐给他才对！"

景公便说："既然你们相让，就各赏一个！"

盘里只剩下两个金桃，晏婴复请示景公，传谕两旁文武官员，让各人自报功绩，功高者得食此桃。

勇士公孙捷挺身而出，说："从前我跟主公在桐山打猎，亲手打死一只吊睛白额虎，解了主公的围，这功劳大不大呢？"

晏婴说："擎天保驾之功，应该受赐！"

公孙捷很快把金桃咽下肚里去，傲眼左右横扫。古冶子不服，站起来说："打虎有什么了不起？我在黄河的惊涛骇浪中，浮沉九里，怒斩骄龟之头，救了主上性命，你看这功劳怎样？"

景公说："真是难能，若非将军，一船人都要溺死！"说着便把金桃和酒赐给他。可是，另一位勇士田开疆却说："本人曾奉命去攻打徐国，俘虏五百多人，逼徐国纳款投降，威震邻邦，使他们上表朝贡，为国家奠定盟主地位。这算不算功劳？该不该受赐？"

晏婴立刻回奏景公说："田将军的功劳，确比公孙捷和古冶子两位将军大十倍，但可惜金桃已赐完了，可否先赐一杯酒，待金桃熟时再补？"

景公安慰田开疆说："田将军！你的功劳最大，可惜你说得太迟。"

田开疆再也听不下去，按剑大嚷："斩龟打虎，有什么了不起？我为国家跋涉千里，血战功成，反受冷落，在两国君臣前受辱，为人耻笑，还有什么颜面立于朝廷之上？"说完便拔剑自刎而死。

公孙捷大吃一惊，亦拔剑而出，说："我们功小而得到赏赐，田将军功大反而吃不着金桃，于情于理绝对说不过去！"手起剑落，也自刎了。古冶子跳出来，激动得几乎发狂："我们三人是结拜兄弟，誓同生死，今两人已亡，我又岂可独生？"

话刚说完，人头已经落地，景公想制止也来不及了。齐国三位武夫，无论打虎斩龟，还是攻城略地，确实称得上勇敢，但是只有匹夫之勇，用两个桃子便断送了他们的性命。因为他们不能忍耐自己的骄悍之勇，才会被晏婴利用。

这就是历史上有名的"二桃杀三士"的故事。

晏婴可以说是一个设局的高手。他的高明在于利用两个桃子三人无法分的客观事实，不动声色地将三个武士巧妙地置于互相竞争的局势之中，无论这三个武士如何解决这起"金桃事件"，晏婴始终都处于一个很安全、很隐蔽的位置。晏婴通过周密谋划，做了这个局之后就可以作壁上观了。这个局对于晏婴来说，最坏的结果无非是三个武士中有一人甘愿放弃而换来三人的和平，可以接受的结果是三个武士因分桃而彼此怨恨、心生芥蒂。而"二桃杀三士"的结果，对于晏婴来说肯定是最佳的。

从这个人尽皆知的历史故事中，我们可以看出周密谋划的强大力量。本来是义结金兰的兄弟，只是因为处于一个特殊的局势之下，居然会做出如此匪夷所思的事情来。所以，在非常时期，策划一些巧妙之局，也不失为一种克敌制胜的高招。

但对于设局，最忌讳的就是把局设得生硬、突兀。因为人人皆有防备之心，一旦感觉出异常就会凡事三思。这好比狼在围攻猎物前，总是伏身潜行，稀松平常却暗藏杀机。

足智多谋，稳操胜券

　　　　像羊一样吃草并不需要太多智谋，低下头咀嚼就好了。

　　　　像狼一样吃肉，就需要足智多谋了。因为在血腥杀戮面前，没有哪一只动物不拼命逃跑或殊死反抗。

　　所以，狼历来是足智多谋的。当然，人类基于自身立场，也会贬之为"奸诈狡猾"。

　　足智多谋也好，奸诈狡猾也罢，说穿了是立场不同的产物。站在蜀国立场，诸葛亮足智多谋；站在曹魏立场，诸葛亮奸诈狡猾。

　　石油大王洛克菲勒在构筑他的"石油王国"的艰难征途中，不知吞并了多少家石油公司，消灭了多少个竞争对手。他的足智多谋，让人叹为观止。

　　当年湖宾铁路董事长华特森与宾夕法尼亚铁路公司董事长斯科特企图独霸铁路运输，为争取有力的外援，华特森代表斯科特专程去拜会洛克菲勒，提出了"铁路大联盟"的计划。

　　洛克菲勒一听，顿时心花怒放，机会来了！但他一向老奸巨猾，居然喜怒不形于色地与华特森密议了很久。

华特森回去后，对斯科特做了详细汇报。斯科特觉得事关重大，于是亲自出马，与洛克菲勒谈判，终于敲定了商战史上一个最恶毒的阴谋。

按照双方签订的秘密协定，双方联合成立一家控股公司——"南方改良公司"。洛克菲勒答应全力支持斯科特"铁路大联盟"的构想，把所有的运输石油的铁路公司联合成一体，与特定的石油业者合作，从而挤垮那些竞争对手。斯科特则任由洛克菲勒来选择加入控股公司的石油企业，以极其便利的条件把那些被他拒之门外的石油企业——挤垮。

于是，石油铁路运费空前暴涨，一夜之间居然提高了32倍，而洛克菲勒及其同盟者的石油企业由于加入了这个大联盟，享受到运费价格一半的高额折扣，而那些被拒在联盟之外的石油企业则由于不堪承受高昂的铁路运费，被纷纷挤垮，由洛克菲勒一一吞并。

而对于野心勃勃的斯科特，洛克菲勒同样没有放过，只不过先抛出了诱饵，以支持斯科特建立铁路大联盟的方式，使斯科特误把自己当作盟友。当洛克菲勒把竞争对手——吞并，昔日的仇敌变成麾下猛将时，围歼斯科特的时机到了。

洛克菲勒重新建立了石油生产者联盟，向不给予折扣的铁路界联合宣战，一下子击中了斯科特的要害。与此同时，他拜会了铁路界中斯科特的老对手范德比尔特和古尔德，三方结成联盟，共同对付斯科特。他大力降低生产成本，向斯科特的根据地匹茨堡地区进行空前规模的大倾销，终于迫使斯科特无路可走，乖乖投降。

洛克菲勒计谋迭出，封死了斯科特谋求一线生机的所有

"门"，使斯科特不得不低头认输，将旗下所有企业以 340 万美元卖给了洛克菲勒。洛克菲勒志得意满，整个大西洋沿岸的原油开采、运输和价格都被他一手掌握。这一大计谋的成功，使他构筑"石油王国"的路程又向前跨了一大步。

一件事成功与否，往往受到人、财、物、环境等诸多条件的制约。在现实与成功之间，往往存在着一段距离。在这段距离中，除了较明确的现有条件和欠缺条件外，还有不少难以把握的不确定因素。

足智多谋的人，能做到以下三点：一是能对现有情况与条件的正确分析与判断；二是能对未来和不确定因素的分析观测；三是能找出一个好的方法把现在与未来、与目标连接起来。

成功者以智谋取胜，能面对现实与未来，做出较正确的分析与判断，为成功路上可能遇到的种种问题想出各种各样的解决办法、方案，甚至是绝招，从而能顺利地解决问题，达到目标。

那么，要以智谋取胜，应具备哪些基本素质呢？

自古有谋胜无谋，良谋胜劣谋。为什么有的人足智多谋，有的人却少智乏谋呢？做同样一件事，各有各的智谋方法，但为什么有的人成功，有的人却会失败呢？

识广智方高，有了广博的相关知识和充足的相关信息，我们才能对现实与问题分析判断得更准确，对未来和不确定因素预测得更正确。这是一个人足智多谋的基础。

试想，一个军事指挥者，假若不懂地形知识，不懂带兵用兵的方法，不懂基本武器的效力及使用，不知敌情，怎么可能有好的军事计策呢？

诸葛亮足智多谋，神机妙算，被看作智慧的化身。那么他的智谋来自哪里呢？

来自他丰富广博的知识和对当时形势的充分了解。

刘备三顾茅庐之前，诸葛亮隐居南阳隆中，躬耕读书，广交天下名士，钻研各种兵书，探究天下大事，时间长达十年之久。他的《隆中对》对三国鼎立的判断预测，便来自他广博的知识与大量信息的综合。之后他辅佐刘备，南北转战，建功立业，在战争的实践中将兵法知识、天文地理知识与现实情况相结合，谋划出许多诸如"联吴抗曹""草船借箭""空城计"等流传千古的智谋计策。

任何一个成功的计策，都是相关知识与相关信息综合分析和判断的结晶。所以，我们要想以智取胜，就必须在相关知识和相关信息的收集上下功夫。比如，一个企业的厂长或经理，如果想拥有成功的计策，就必须充分掌握知识和信息，这包括产品和市场的知识与信息、理财的知识与信息、人性的知识与信息。

讲究策略，注重细节

羚羊是草原上跑得最快的动物之一，即使是猎豹也很少能抓到羚羊，更不用说狮子、老虎等其他动物了，但是狼群却做到了。狼群总是能依靠各种策略成功地捕食羚羊。比如，它们会耐心地等待时机，等羚羊吃饱了之后再去追杀它们，这时羚羊根本就跑不快。而其他的动物都是只要看到羚羊就直愣愣地冲上去，因此很少成功。

组织严密的狼群，会采取连环追击的策略，并且通过细致的配合实施策略。由于狼群没有羚羊的速度快，它们会预先隔一段距离就埋伏一群狼，最开始由一群狼追逐，把羚羊群赶向预定的方向，追逐一段距离之后，就由第二群狼继续追逐羚羊群。就这样一直追下去，直到羚羊筋疲力尽，再也跑不快，狼群才开始咬杀羚羊。当一匹狼咬死一只羚羊后，并不是马上开始进食，而是继续去猎捕其他的羚羊，因为它们要为后面的狼群留下足够的食物。狼群的这种作战策略是其他动物根本不可能学会的。

在围猎动物时，狼群非常讲究策略，从来不会漫无目的地围着猎物胡乱奔跑、尖声狂叫。它们总会制定适宜的战略，通过相互间不断地进行沟通认真地将其付诸实施。

其实，人做事要想取得成功，同样需要讲究策略，注重细节。在制定策略之后，积极地将其付诸行动，才能把事情做好。

老子有句名言："天下大事必作于细，天下难事必作于易。"意思是做大事必须从小事开始，天下的难事必定从容易的小事做起。在现实生活中，想做大事的人很多，但愿意把小事做好做细的人却很少。其实，一心渴望伟大，伟大却了无踪影；甘于平淡，认真做好每个细节，伟大却不期而至。这就是细节的魅力。如果你想要做大事，一定要记得："成也细节，败也细节。"

现代人的智商差距越来越小，对自我的认识也越来越清晰。这无疑是社会的进步。但另外一个极端又出现了，或正日益显现出来，那就是，人们过于相信自己，藐视一切细节。

不论什么事，实际上都是由细节组成的。我们纵观成功人士的成功之道，其之所以能有杰出的成就，主要是因为他们始终把抓住细节贯彻始终。细节的竞争既是成本的竞争，工艺、创新的竞争，也是各个环节协调能力的竞争；从另一个层面上说，也就是才能、才华、才干的竞争。

海尔总裁张瑞敏先生曾说："什么是不简单？把每一件简单的事情做好就是不简单。"

凡是出类拔萃的青年，对于寻常、细微的每件事，都能认真思考，不肯安于"还可以"或"差不多"，必求其尽善尽美。他们能在简单、平凡的工作岗位中，创造机会。他们比一般人更敏捷、更可靠，自然能吸引上级的注意，博得领导的赏识。他们每办完一件事，都能勇敢地对自己说："对于这份工作，我已尽心尽力，可以问心无愧。我不但做得'还好'，而且在我能力范围内做到了'最好'。对于这份工作，我能够经得起任何人的检查批评。"

巴尔扎克有时一星期只写成一页稿纸，但他的成就是绝大多数同时代作家所不能企及。狄更斯不到预备充分时，不肯在公众前读他的作品。这些都是人们务求尽善尽美的美德。然而不少人对于工作苟且、潦草，借口时间不够，这是不对的。因为，其实时间足够使我们把每件事情办得更好。

有些人能够爬上高达百丈的大树，却在不到一丈的小树上失足跌了下来。攀登高处的时候，因为知道高，心里有了万全的准备，所以不容易疏忽；小树容易使人对它失去戒心，心情松懈，就不免大意了。所以，所谓危险，不在树的高低，而在精神的状态。工厂工人受伤的比例，做了一两年的熟手，远比初来的生手要高得多。

所有的意外，都是由疏忽细节引起的，而习惯性的自信，却是造成这些小小疏忽的最大原因。谁又能估计出世间因为"不小心"而造成生命的丧失、人体的伤害和财产的损失呢？往往由于某些工作人员小小疏忽，车辆倾覆，房屋焚毁，丧失许多宝贵的生命。铁轨上的小小裂痕，或是车轮上的一些毛病，会造成覆车之祸，伤害许多生命。因为不小心随便扔一根燃着的火柴，扔一个香烟头，结果竟然引起火灾，使得一城一镇的房屋遭到焚毁。人们往往注意大事却疏忽细节，但谁知道闯大祸的就是那些琐碎的细节！

因疏忽而造成的大灾祸，其后果令人触目惊心！比如由于商店员工工作时的不小心——包扎货物时的粗疏，应付顾客时的不细致，而使商店失去的潜在顾客和利润不知有多少。由于铁路员工的疏忽，扳道工和机车司机、机械工的不谨慎，使无数乘客丧失了生命。

有人开车手艺不错，已有多年驾龄，但他开车时总是小动作不断，比如点根烟、换盘 CD、和骑车的熟人打个招呼等。旁人说他他不听，反而说："我艺高人胆大，没事。"结果有一次，他在一座立交桥上连人带车从桥上冲了出去，原因再平常不过：在高速急转弯的同时，他伸手去扶了一下快要倒的矿泉水瓶。

不要以为那些潜伏着危险的不良习惯只是件小事，不要觉得你的本事大，别人眼中的危险事对你而言没有什么大不了的，总有一天，它会找上你的门，开始袭击你。

在工作中，精确与对工作的忠诚是一对孪生兄弟。一个员工做事精确的良好习惯，要远远胜过他的聪明和专长。

为什么有些人做事总是免不了犯各种错误呢？究其原因，或是由于观察得不仔细，或是由于思想的不缜密，或是因为缺少足够的理智，或是因为行动的粗劣。

工作中绝对的正确和精细，是从事任何职业的重要资本，有了这种资本，自然会受到器重，会得到信任。

现在我们所处的时代，物质高度文明，社会生活安定，人们不需要为最基本的生存问题而日日战战兢兢了。然而，谁也保证不了在风和日丽的春天，不会响起晴空霹雳。因而，我们时时要有忧患意识，做到"居安思危，有备无患"。

如果每一个人能把自己的全副心思放在工作上，人人都能谨慎小心地工作，那么不但生命的丧失、身体的损伤、物质和金钱的损失，可以大大地减少，而且人们的人格与品质，也会有一个极大的提升。

生活是由无数细节堆积而成。绝大多数细节会像我们每天数以亿万计脱落的皮屑一样，不等落地便无影无踪了。细节虽小，却构成了人生的全部，关注细节就是关注人生，讲究细节就是讲究人生的质量与品位。

细节决定了一个人的一生。著名哲学家罗素这样说："一个人的命运就取决于某个不为人知的细节。"细节是平凡的、具体的、零散的，如一句话、一个动作、一个微笑……细节很小，容易被人们所忽视，但它的作用不可估量。老子曰："天下大事，必作于细。"如果把一个人比作一座大厦，那无数个细节就是构成这栋大厦的基础。

"外航招空姐，200个美女遭细节秒杀"——2008年年初，一则触目惊心的新闻让山城重庆的美女们很受伤。山城重庆多美女，有"五步一个章子怡，十步一个张曼玉"之盛誉。山城的空姐也颇受行内欢迎。但是，在2007年年末，拟招聘60名空姐的国际航空互联会到重庆招聘时，面对200余名应聘的美女居然"痛下杀手"：三关过后留下的美女只有个位数！

那些做着空姐梦的美女，是缘何被"秒杀"的呢？在现场，有人由父母代为拎包，有人在一旁化妆，有人由白发苍苍的奶奶代替排队。招聘主管毫不犹豫在她们的名字上画"×"：空姐是服务员，需要别人为之服务的人，何来为他人服务的意识？一位英语过了专业八级的美丽女硕士走进考场，在第一关中不到一分钟即遭到淘汰，令众多应聘者惊讶不已。考官解释她穿着长筒靴，笨重的步伐踏得地板咔咔作响。又一位美女进场，但同样很快离去。考官说，她的确很漂亮，但不懂得微笑。还有人因目光游离出局——考官认为：应聘者的眼神应柔和而自信。诸如此类的细节还有——考官茶杯里的水喝完了，自己起身倒水，应聘者无人主动帮忙；地上有个纸团，应聘者熟视无睹……以上诸多看似微不足道的细节，决定了一个女孩的空姐梦是否能够实现。

细节虽小，却在很多时候影响了一个人的成败。因此，关注细节，才能更好地走向成功。有些人不乏聪明才智，缺的就是对"精细"的执着追求。成功不但要注重战略，而且要重视细节。一个细节的疏忽可能导致你在竞争中失败。要想做成大事，必须注意细枝末节。细节能见证品质，细节也决定成败。

看准时机，一跃而上

在西班牙山地，生活着一种特殊的狼，主要以捕捉岩羊为生。所谓岩羊，是指长期生活在岩壁上的羊。在这个十分荒芜的地带，狼恐怕只能把岩羊当作唯一的猎物。但岩羊身体灵活，长于攀登，不易被捕食，狼经常饿得饥肠辘辘。

为了捕到猎物，狼下了苦功练习攀登。同时，狼还练就了看准时机、一跃而上的决绝与勇气。要知道，在岩壁上稍不注意失足，轻则摔断骨头，重则当场丧命。

人生最大的风险是不敢冒险。没游过泳的人站在水边，没跳过伞的人站在机舱门口，都是越想越害怕，人处于不利境地时也是这样。治疗恐惧的办法就是行动，毫不犹豫地去做。再聪明的人，也要有积极的行动。

有一个6岁的小男孩，一天在外面玩耍时，发现了一个鸟巢被风从树上吹掉在地，从里面滚出了一只嗷嗷待哺的小麻雀。小男孩决定把它带回家喂养。当他托着鸟巢走到家门口的时候，他突然想起妈妈不允许他在家里养小动物。于是，他轻轻地把小麻雀放在门口，急忙走进屋去请求妈妈。在他的哀求下妈妈终于破例答应了。小男孩兴奋地跑到门口，不料小麻雀已经不见了，他看见一只黑猫正在意犹未尽地舔着嘴巴。小男孩为此伤心了很久。但从此他也记住了一个教训：只要是自己认定的事情，决不可优柔寡断。这个小男孩长大后成就了一番事业，他就是华裔电脑名人——王安博士。

有一副对联，上联为"诸葛一生唯谨慎"。诸葛亮以北伐为己任，曾亲自率兵六出祁山，与曹操、司马懿大军决战，可均无功而返。有一次进军，诸葛亮手下大将魏延建议："我们为什么不从子午谷进军？那里敌军少，出了谷口就离长安不远了。"可一生谨慎的诸葛亮怕万一被堵在谷中，很可能就全军覆没，便否决了魏延的提议。可是敌军掌握了他的这一特点，子午谷几乎无兵把守。看来，在这件事上，诸葛亮的谨慎有点过了。其实，谨慎于每个人来说，同样是一把双刃剑，剑的一面是考虑周全，另一面却是犹豫不决，这一把剑使用的好坏，往往会决定一个人的成败。

一位智商一流、持有大学文凭的才子决心"下海"做生意。有朋友建议他炒股票，他豪情冲天，但去办股东卡时，他犹豫道："炒股有风险啊，等等看。"又有朋友建议他到夜校兼职讲课，他很有兴趣，但快到上课了，他又犹豫了："讲一堂课才20块钱，没有什么意思。"他很有天分，却一直在犹豫中度过。两三年了，一直没有"下过海"，碌碌无为。一天，这位"犹豫先生"到乡间探亲，路过一片苹果园，望见的都是长势喜人的苹果树。他禁不住感叹道："上帝赐予了这个主人一块多么肥沃的土地啊！"种树人一听，对他说："那你就来看看上帝怎样在这里耕耘吧。"

谨慎向左，犹豫向右。人生就如一幅画，上面的一草一木都需要我们自己去思考、去设计、去描绘，并且要百般小心，才不至于留下瑕疵。我们的人生历程也是如此，只有小心谨慎去对待我们身边所有的人、事、物，才不会给自己留下遗憾。然而，"谨慎"的孪生兄弟"犹豫"，却是我们人生路上的绊脚石。犹豫不决者，遇事总是左顾右盼，迟迟难以决断。等到做出决定，机遇已经错过，成功化为泡影。

在人生的道路上要面临许多的抉择，当我们面对时，千万不可犹豫，不要迟疑。只有当机立断，一跃而上，才有希望成功。

第三章
群策群力，所向无敌

好虎架不住群狼。老虎是森林里的王者，和同为食肉动物的狼是生存竞争对手。为了争抢猎物，群狼斗一虎的情况并不鲜见。狼是群居动物，懂得团队合作，性格凶猛，生性狡诈，经常在与狮子、老虎的角力中取胜。至于豹子，更是狼群的手下败将。

融入团队，做强团队

章三第

话天问问，以精莱猎

　　狼群最伟大的品质就是它们的合作精神，我们几乎可以将狼群的行动看成是"合作"的典范。狼之所以伟大，就是因为它们的合作精神。

　　狼不同于虎和豹，它们是一种群居动物。它们狩猎的时候是靠集体的力量，既有明确的分工，又有密切的协作，齐心协力战胜比自己强大的对手。许多动物不怕单独的狼，但是一群狼、一群有着团队精神和严密组织与配合默契的狼，足以让狮、虎、豹、熊等猛兽退却，足以使其他任何比其更为凶猛的猛兽胆怯。

　　猎豹拥有世界第一的奔跑速度，但其种群却并没有发展起来，倒是狼群的数量更多。

　　建立和加入团队，是成就自己的更高级的办法。人类是其中的典型代表，人在体力不利的情况下，依靠合作在竞争中战胜了其他动物。

　　每个人都不是生活在真空里，而是生活在现实社会中。每个人都是一个社会中的人。社会是一个整体，它是由若干个团体组成的社会整体。任何人离开了团队，离开了社会，都将会一事无成。任何人的成功都离不开别人的支持和帮助，离不开团队和社会的认可。"一个好汉三个帮，一个篱笆三个桩"，说的就是这个道理。从古至今，没有哪个人是靠单打独斗闯出天下的。任何一个经常忌妒别人、极端自私、搬弄是非、卑鄙的小人，都不可能被团队和社会整体所接受。最终都会被团队和社会无情地抛弃。正因为这个道理，我们说宽容大度是成功必备的品质。那些小肚鸡肠、心胸狭窄的人，根本成不了大事。

现代社会里，谁脱离群体，谁就会失败；失败了还要坚持孤立，那这个人就是个彻底的失败者了。在这个现代社会的大舞台中，个人的力量是渺小的，是微不足道的，而善于合作，则是使你走向成功不可或缺的重要品质。

1+1>2 的道理并不难懂，可一旦具体实施，就不一定做得到了，要么不努力去找人合作，要么不善于与人合作。总之，真正理解并很好地运用这个公式并能深刻理解这道理的人不常见。你没必要独自一个人去实现你的梦想，也不应当这样。

一个叫瑞凡的小孩子跟小伙伴在废弃的铁轨上单独行走，看谁走得最远。结果瑞凡和朋友只走了几步就都跌了下来。

后来，瑞凡跟他的朋友分别在两条铁轨上手牵着手一起走，他们便可以不停地走下去而不会跌倒。这就是互帮互助的"合作精神"。如果你帮助其他人获得他们需要的东西，你也能因而得到想要的东西，而且帮助得越多，得到的越多。

每个人都不是三头六臂，你自己不可能有太多的精力；你在此方面是天才，可能在另一个方向却近于智障者；你在此领域呼风唤雨，却可能在另一个领域寸步难行。

众人拾柴火焰高。一般而言，大凡古今中外的事业有成者，往往都是团结合作的好手，都是能将他人的聪明才智"集合"起来的高手，都是能将合作者的潜能充分调动、发挥的能手。汉高祖刘邦在平定天下、设宴款待群臣时颇有感慨地说了一番话，大意是："运筹帷幄，决胜千里之外，朕不如张良。治国、爱民，萧何能有万全计策，朕不如萧何。统率百万大军，百战百胜，是韩信的专长，朕也甘拜下风。但是，朕懂得与这三位天下人杰合作，所以朕能得到天下。反观项羽，连唯一的贤臣范增都团结不了，这才是他步入垓下困境的根本原因。"

可能会有人问：我也想与人合作，但就是合作不了，什么原因呢？

第一，与自己的私心太强有关。合作需要人的无私，需要利益共享。有些人的私心太强，什么利益都想自己独吞（或占大头），凡涉及名利之事都想自己优先，都想将他人排斥在外，自己一点小亏都不肯吃；有些人的功利主义色彩太强，对合作者采取实用主义的态度，用到他人时，什么都好商量，不用他人时，则采取将人一脚踢开、理都不理的态度。一个人若是对合作者采取这样的态度，那么是永远合作不好的，而且合作不久也会马上解散的。

第二，与自己不能平等待人有关。合作需要人与人之间的平等，需要人与人之间的尊重。但是，有的人却不是这样，他们总是将自己看作主人，将自己的合作者看作"被恩赐者"，因而有意无意地露出一副优越感的样子来，不懂得尊重人，缺少民主精神，在合作者面前他永远是个指挥者、命令者，让合作者感到很不称心，时间一长，这种合作也将面临不欢而散的结局。

第三，与自己对他人的苛求有关。有的人虽然很有能力，私心也不多，对自己的要求也很严格，但是就是别人不愿意在他手下工作。什么原因呢？就是因为这类人不太懂得"人非圣贤，孰能无过"的道理，往往将对自己的要求也强加到合作者的身上，自己在节假日加班加点，也不让其他人休息，谁要休息，就是想偷懒，就是不好好工作，就批评指责他人。这类人还有一个毛病，即总是要将自己的意志强加于人，什么事情都得听他的，都必须按他的意见办事，时间一长，谁能受得了？最后，一定是以合作的失败而结束。

第四，与自己情感上的毛病有关。有的人什么都好，就是自己太偏执、太怪僻、太凭印象办事。对自己认为是"中意的人"，就一好百好，什么事情都好说，而对那些自己感到"别扭的人"，整天板着脸，总是持一种怀疑、偏见和对抗心理去审视对方的一切，只要是这些人提出的意见，他从内心就反感，更谈不上去共同完成，有时甚至故意找碴儿发难，在这种状态下怎能合作得好呢？

那么，我们应该怎样加强合作精神呢？

要与他人合作得好，就必须克服自己的私心，不能只顾自己，不顾别人，而是要做到"宁可人负我，我决不负人"，最起码要做到"利益共享"，对方该得到的就要让人得到，甚至得到的还要多一些。

要与他人合作得长久，就要像唐代大诗人李白所说的那样："不以富贵而骄之，寒贱而忽之。"让他人感到自己也是合作项目的主人，感到很顺心。

要与他人合作得好，就必须做到不苛求合作者（当然，这并不是说无原则地一味迁就合作者），不吹毛求疵，多一点宽容忍让，做到"勿以小恶弃人大美，勿以小恶忘人大恩"，让合作者感到他工作的环境和谐、融洽，这样的合作才能牢固、长久。

要与他人合作得好，必须要多为他人想一想，多多帮助对方，尤其是当合作者有困难时，更需及时地伸出帮助之手，让对方真切地感到你在同情他、帮助他，在替他分忧解愁。

要与他人合作得好，必须经常认真反思，想一想最近的合作状况，想一想自己有哪些过错，还有哪些地方可以改进……多一点反思肯定会使自己与他人的合作更愉快。

记住：沦为独狼是十分可怕的事。成群的狼甚至能让狮虎退避，而独狼的性命却如风中枯叶。每一群狼都有自己的领地，它们凭借嗥叫声和气味来划定疆界。几乎所有可以活动的地域都被狼群分割了。独狼是绝不敢贸然闯入这些领地的。独狼所能活动的地方处于狼和人的交界处，在这个夹缝里求生，得时刻提防同类的仇杀和人类的袭击。

把团队利益放在第一

> 狼是一种团结合作的动物，具有非常高的集体主义
> 精神。狼始终将集体的利益、团队的利益放在第一。

这点可以从猎狼人卢嘉·布尔迪索的故事中体会到。

有一次，布尔迪索和好友艾迪发现一群狼，有二三十只。当时，他们带了足够的弹药，足够杀死全部的狼。艾迪先开枪杀掉了一只，狼群发现他们之后并没有乱，而是有序地向山谷的方向跑去。他们骑上马开始追击。跑了很长一段距离后，他们渐渐追上了狼群。

正当他们举枪射击时，有三匹狼突然转回头，迎面冲了过来。当时，他们一下子紧张起来，不得不小心翼翼地对付这三匹狼。这三匹狼并没有走直线，也没有冲到他们面前，而是蛇形迂回，这浪费了两人的不少时间与弹药，才将三匹狼击毙。

等他们搞定这三匹狼，其他的狼翻过了山脊就不见了。他们明白它们是为了狼群能够逃脱，而牺牲了自己。

狼群在集体利益中看到了自己的利益，懂得集体的长存便意味着自我的生存。

这种素质也正是我们人类所应该具备的，它会指引我们时刻

以确保集体利益为首要目标，从而达到集体与个人利益的合二为一。

个人再完美，也就是一滴水，一个高效的团队才是大海。的确，个人与团体的关系就如小溪与大海的关系，只有把无数个人的力量凝聚在一起时，才能迸发出难以抵挡的力量。

2004 年雅典奥运会中国女排夺冠就能很好地说明这个问题。比赛开始之前，人们都把夺冠的希望寄托在身高 1.97 米的赵蕊蕊身上。之前，意大利排协技术专家卡尔罗·里西先生在观看中国女排训练后很肯定地认为，赵蕊蕊发挥的好坏将决定中国女排奥运会上的最终成绩。不幸的是，在第一场奥运会比赛中，赵蕊蕊就因腿伤复发无法上场了。此刻，人们都有这种担忧："没有了赵蕊蕊的中国女排是否还有夺冠的实力？"

当时的中国女排实力确实也很一般，在小组赛中就输给了古巴队。很多国家都不看好中国女排能夺冠军。难道真的没有希望了吗？但是，在历经了艰难的打拼之后，奇迹发生了，中国女排不仅杀进了决赛，而且在与俄罗斯女排争夺冠军的决赛中，身高仅 1.82 米的张越红一记重扣，宣告这场历时 2 小时 19 分钟、出现过 50 次平局的巅峰对决的结束。中国女排摘得了久违 20 年的奥运会金牌。

那么，中国女排是怎样在外界不看好、主力退出的情况下反败为胜的呢？陈忠和在赛后接受采访时说："当时，我们没有绝对的实力去战胜对手，只能靠团队精神，靠拼搏精神去赢得胜利。"

由此可见，团队精神是多么强大。许许多多困难的克服和挫折的战胜，必须依靠整个团队去实现。一个人解决不了的问题，团队可以解决；一个人无法战胜的困难，团队可以战胜。团队就是有力的支撑，团队就是取之不尽、用之不竭的力量源泉。很多时候，一个团队给予一个人的帮助不仅是物质方面的，更多在于精神方面。因此，每个员工都应该具备团队精神，融入团队，以整个团队为荣，在尽自己本职的同时与团队成员协同合作。

团队合作的过程中肯定也会遇到很多意想不到的困难和问题，因此，只有树立与团队风雨同舟的信念，像蚂蚁军团那样有维护集体利益为集体争光的荣誉感和使命感，才能和团队一起得到真正的发展。

曾经有一位英国科学家做过这样一个试验：

他把一盘点燃的蚊香放进了蚁巢里。开始时，巢中的蚂蚁惊恐万状，四散奔逃。过了十几分钟后，便有蚂蚁主动向火冲去，喷射自己的蚁酸。由于一只蚂蚁能射出的蚁酸量十分有限，马上就有很多"勇士"加入。虽然它们都不幸葬身火海，但是，又有更多的蚂蚁投入"战斗"之中。几分钟便将火扑灭了。

过了一段时间，这位科学家又将一支点燃的蜡烛放到了那个蚁巢里。虽然这一次的"火灾"更大，但是蚂蚁吸取了上一次的经验，它们不再孤军奋战，而是抱成一团，有条不紊地作战。结果，不到一分钟，烛火便被扑灭了，而蚂蚁无一殉难。

蚂蚁在大火面前奋不顾身、团结一致的协作精神就是与团队风雨同舟的表现。

对于动物来说，种族的繁衍和生存往往是最重要的，它们通常都会通过各种方法途径来保障群体的利益。一名优秀的、有着长远眼光的人深知集体的价值所在，他懂得：一滴水很快就会干枯，只有当它投入到大海的怀抱后，才能永久地存在。个体也只有和集体结为一体，才能获得无穷的力量，才会事半功倍地取得成功！

　　在企业发展的过程中，也会有很多"火焰山"等待我们去跨越。要跨越这些火焰山，单打独斗肯定行不通。特别是在知识经济时代，竞争已不再是单独的个体之间的，而是团队与团队之间的竞争、组织与组织之间的竞争。只有团队的每一位成员紧密合作，团队才会有更大的发展空间，个人才会在团队中占有不可估量的地位。因此，任何精英人物，都要告别孤军奋战，融入团队这个奔腾不息的大海，汇聚起巨大的能量，才能产生排山倒海的力量，去克服前进道路上的困难，创造惊人的奇迹。

互相支持，彼此成就

严冬，大地一片银装素裹。

厚厚的积雪掩盖了动物的足迹，一群狼不得不踩着积雪寻找猎物。

狼群最常用的一种行进方法是单列行进，一匹挨一匹。领头狼的体力消耗最大。作为开路先锋，它在松软的雪地上率先冲开一条小路，后面的狼再沿着小路行进，会省力很多。

等领头狼累了，便会让到一边，让紧跟身后的二狼接替它打前阵。这时头狼会殿后，养精蓄锐。等到二狼也累了，就会将接力棒交给三狼……

他们井然有序地跋涉，将"一"字队伍延伸到远方！

古人云："施人慎勿念，受施慎勿记。"对于那些成功的企业或单位来讲，正是由于客户的鼎力相助，才能使企业从竞争中脱颖而出。面对客户的选择与支持，我们能不心存感激地满足他们的要求吗？作为销售人员，要常怀感恩之心。

李红是一家保险公司的营销员，入行已经十多个年头了。然而，她并没有因此而厌倦这种生活，相反，却是越来越热爱工作，因为这份工作教会了她许多东西。现如今，依靠着客户，她已经在行业内小有名气。其实，刚入行时的她也是走了很多弯路的。

最初的一年多里，她也遇到许多困难。谁都知道做保险难，每天都要遭遇许多拒绝的声音，甚至有些人还会露出不屑的眼神，这些都让她难以接受。有时，她也会抱怨，会向客户发牢骚，情绪不是很好。因而，在最初的半年多里，她根本没有做成一单生意。后来，还是一位同行的前辈告诉了她个中的秘密。那就是，用感恩的心去对待每一位客户。起初她并没理解其中的含义，后来，一次偶然的事件让她改变了看法。

经过一段时间的努力，她终于做成了一单生意，小小的成绩让她很感激眼前的"恩人"，于是热情地为对方服务。离开前，客户竟然一个劲儿地夸奖她服务态度好，这也让她的心中得到了极大满足。没过多久，这位客户竟然给她介绍了一位客户来。这让她明白了用感恩的心对待客户，客户会回报给你更多的东西。

从那以后，李红便开始严格要求自己，用真诚与感激面对每一位潜在的客户。经过努力，她的客户资源越来越多，当然，她的收入也越来越多。尽管现如今她已从保险行业中收获了很多，可她还是依然会感谢那些曾经给予过她支持的人，用实际行动去回馈那些与她合作的每一个客户。

这告诉大家，与客户的沟通中常怀感恩之心，更有利于实现双方的合作，达到最终的目的。

绝对服从上司的决策

狼是一种非常团结的动物，狼群中，等级明确，组织严密，为了共同的目标而奋斗，这是狼群中每个成员的一致信念。因此，狼的原则性、纪律性都非常强。突出团队精神，绝对不内讧。

除了良好的团队合作，狼群中一般还会有一匹头狼，作为领导来指挥狼群行动，一旦确定了谁是头狼，那么其他狼就会对头狼的指令绝对服从。

在任何时候，每一匹狼都要听从头狼的指挥。不愿服从的，要么打败头狼自己当头狼，要么离开狼群另谋生路，这是它们的铁律，也是它们成为陆地生物食物链中最高终结者之一的重要原因。

狼是一种执行力很强的动物。对于头狼的命令，狼群中的成员会毫不犹豫地执行。它们接到头狼的命令后，总是想尽一切办法，克服一切困难，将命令执行到底。

你没看错："头狼的决策总是对的！"

也许你会说："不对啊，我的上级某个决策，后来就证明错了，而且是大错特错。"

可是你想过没有："即使他有错，概率也不大。"部队执行命令的时候，从来没有说首长的命令 100% 的正确。如果换下面的人来指挥、来下命令，他不见得有 30% 对。

还会有人不服："小概率也是错啊，上级的决策明明是错误的也要执行吗？"且慢，你是如何判断上级的决策 100% 错误的？上级决策可能会有错。但是他 90% 是对的，只有 10% 是错的，而下面的人则至少 70% 是错的。下级无条件执行只有 10% 的错误概率，按照自己的理解去执行的错误概率是 70%。两害相权取其轻，任何时候默认上级是对的都不会出错。

之所以有些下级不理解上级的决策，是因为上下级所处地位不同，所承担责任不同，所追求的目标不同而造成的。这些差异体现在几个不对称上，正是这几个不对称，决定了要完成公司目标，下级必须坚决执行。

第一个是信息不对称。有人说公司高层高高在上，我在基层，实际情况我最了解，所以我不执行。但问题是，你管着一小片，犹如井底之蛙，再怎么把井里的东西都看得明明白白，与公司大局相比也是不值一谈。再说，上级了解下面很容易，自己走一趟，或派个人调查一下，什么都解决了。你要想了解公司全局就不可能了，不在那个位置上，根本接触不到全面的信息。

第二个是目标不对称。上级是从战略层面考虑问题的，你是从战术层面考虑的。比如在战场上，司令官的目标是赢得整场战役，而作为团长的你的目标可能是夺取某个山头。当司令官下令你不惜一切代价夺取山头时，这个山头在你看来没有多大价值，而且要花的代价太大了，不如进攻另一个堡垒。但你也得没有任何借口地坚决执行。最后，你的部队全部打光，也没有完成攻占山头的任务，但司令官另派的一支队伍攻下了堡垒，为赢得战争打下了坚实基础。也就是说，上级的本意是用你去牵制敌人的火力，从而顺利拿下堡垒。只是他没必要告诉你，也不能告诉你。企业在市场竞争中虽然不会如战场那么血肉横飞，但亦是硝烟弥漫。很多时候，即使明知是亏大本的买卖，你也不能自作聪明不去执行。因为，你并不知道上级在下一盘多大的棋。你如棋盘上的马、炮，叫你冲你就冲，哪怕被吃掉，只要最终战胜对方就行。

我们都知道军队的战斗力是非常令人佩服的。这种战斗力首先就来自士兵们强大的执行力和服从力。在军营中，上至军官，下至普通士兵，被灌输的第一个概念就是"服从"。一旦上级下命令，就不可动摇，下属就要坚决服从，即使士兵感到这种决策不可思议。

巴顿将军要提拔人时，常常把所有的候选军官排到一起，给他们提一个他想要他们解决的问题。例如，他会说："伙计们，我要在仓库后面挖一条战壕，8 英尺长，3 英尺宽，6 英寸深。"

他就告诉他们那么多，然后转身走了。他会躲在一个建筑内，通过小窗户观察他们。他看到士兵们把锹和镐都放在地上，他们休息几分钟后开始议论为什么要他们挖这么浅的战壕，有的说 6 英寸深还不够当火炮掩体，其他人则争论说，这样的战壕太冷或太热。

如果有级别高点的军官在里面，他也许会抱怨不该让自己干挖战壕这种低级的体力活。最后，如果有个军人对其他人说："让我们把战壕挖好吧，至于那个老家伙想用战壕干什么是他的事！"

巴顿说："那个军人将得到提拔。我必须挑选不找任何借口地完成任务的人。"而那些不执行命令的军官，巴顿的做法是："自以为是的人一文不值。遇到这种军官，我会马上调换他的职务。"

在你的上级面前，你的任务就是执行。宏大的目标你没必要全明白，让你干你就干。有些执行者有自己的想法："这样损失太大了，这样不赚钱啊，这样不合算啊！"

没错，在你眼里是亏钱，但在领导眼里是战略性投资。

你一定不喜欢你的下属找借口，那么你的上级也不喜欢你找借口。决策之前你可以提意见，一旦决策既定，命令下达到你手里，你就需要无条件执行。无论在什么样的管理岗位上，都不要用任何借口来为自己开脱或搪塞，完美的执行是不需要任何借口的。

第四章
勇于负责，敢于担当

狼是群居的动物，每一个
成员分别承担着不同的责任，
每一匹狼都对狼群的繁衍和发
展承担着一份责任。它们任劳
任怨，尽职尽责。

责任意味着担当

狼群中的每匹狼的工作是由狼群首领分配的，狼群首领对每个狼都是平等对待的，每匹狼接到自己被安排的工作时都没有任何的抱怨，不会推卸责任。它们会敢于挑战自己的工作，勇于负起责任，并尽力做好工作。

这就是责任，这就是狼的担当。

狼的这种责任品格如果为人所用，就会使人在工作中产生强大的动力。

"责任就是对自己要去做的事情有一种爱。"因为这种爱，所以责任本身就成了生命意义的一种体现，就能从中获得心灵的满足。相反，一个不爱家庭的人，怎么会爱他人和事业？这正应验了那句话："爱的力量大到可以使人忘记一切，却又小到连一粒嫉妒的沙石也不能容纳。"

一个在人生中随波逐流的人，怎么会坚定地负起生活中的责任？这样的人往往把责任看作强加给他的负担，看作个人纯粹的付出而索求回报。

一个不知应对自己人生负什么责任的人，甚至会无法弄清他在世界上的责任是什么。有一位女子向大文豪托尔斯泰请教，为了尽到对人类的责任，她应该做些什么。托尔斯泰听了非常反感，因此想："人们为之受苦的原因就在于没有自己的信念，却偏要做出按照某种信念生活的样子。当然，这样的信念只能是空洞的。"

更常见的情况是，许多人与责任的关系确实是完全被动的，他们之所以把一些做法视为自己的责任，不是出于自觉的选择，而是由于习惯、时尚、舆论等原因。譬如说，有的人把偶然却又长期从事的某一职业当作了自己的责任，从不尝试去拥有真正适合自己本性的事业；有的人看见别人发财和挥霍，便觉得自己也有责任拼命挣钱花钱；有的人十分看重别人尤其是上司对自己的评价，于是谨小慎微地为这种评价而活着。由于他们不曾认真地想过自己的人生究竟是什么，因而在责任问题上也就是盲目的了。

事实上，不仅年轻人（包括许多中老年人）仍有一种幼稚的心态，总是不停地发牢骚，却很少反问自己。公民抱怨国家，职员报怨公司，却不去从自己身上找问题。先别问社会给你了多少，先问问你自己为社会做了多少贡献。"不要问你的国家为你做了什么，而要问一问你为国家做了什么。"这是约翰·肯尼迪当年竞选总统的演说词。那些不从自身找问题，却终日抱怨的人，只不过是一些高龄儿童在撒娇而已。

白求恩同志是一位伟大又无私的医生，他的无私精神一个重要的体现就是对工作极端负责。有一次，白求恩在病房里看到一个小护士给伤员换药，他发现药瓶里装的药与药瓶上标签名称不一致，也就是说，药瓶里的药不是伤员应该用的药，这怎么行呢？如果药用错了，会出问题的。白求恩严肃地批评了那个小护士，告诉她，做事这样马虎，会出人命的。接着，白求恩用小刀把瓶子上的标签刮掉，并说："我们要对同志负责，以后不允许再出现这种情况。"小护士挨了批评，脸涨得通红，眼泪都要流出来了。白求恩心里很生气，但他控制着自己的情绪说："请你原谅我脾气不好，可是，做卫生工作不认真，不严格要求不行啊！"事后，白求恩向政委提出，要加强对医护人员的教育，提高工作人员的责任心，才能把工作做好。白求恩不仅用高超的医术救治伤员，他还主动提出，要办一所模范医院，亲自编写教材，亲自制作医疗器械，亲自为八路军医生上课，这一举动为八路军培训了大批的医务人员。

1939年10月28日，日本兵进行疯狂的"冬季扫荡"计划，就在如此紧张的时刻，白求恩在抢救伤员的时候不小心刺破了自己的手指，作为医生，他很清楚自己不完全处理好伤口，很可能面临被感染的危险，但他还是坚持把伤员的伤口先处理完毕。

此时的白求恩已经被感染，后来他的手指受伤发炎，且炎症越来越严重，他的手指伤口总也无法愈合，并且越来越疼痛。转眼到了11月1日，白求恩又一次在手术台上抢救一名伤员，而这位伤员患的是一种剧烈传染性炎症，虽然此时白求恩的手指已经感染，再接触病人自己就面临致命的风险，但是白求恩依然坚持先救人。不幸的是，此次治疗确实又让他自己已经发炎的手指二次感染，且情况更加不妙了。后来，他发炎的手指已经疼痛万分，但他还是坚持做了十三台手术，在做手术的间隙还为八路军医生们写治疗疟疾这种顽疾的讲课提纲。七天后，一生解救他人于伤痛的白求恩自己却倒在了病床上，他的手指炎症扩散到全身，后来又连续高烧，被确诊为败血症。没过多久，白求恩就在病痛中平静地逝去。

在加拿大和美国，他以高超的胸外科手术享有盛誉，是个生活优裕的富家子弟。他不远万里来到中国后，在硝烟炮火中忘我地救治八路军伤员，曾连续为 115 名战士做手术，持续 69 个小时。他为中国献出了生命中最后的 1 年零 8 个月。临终弥留时，白求恩这样写道："人生很好，很值得为它活上一回，但也的确值得为它去死……"

有些事情是你影响不了的，却可以决定对这些事情的看法和反应，如此一来，你还是拥有了力量。"责任"意味着没有任何事物可以改变你的想法和完整性，因为你是以你的身份回应所有事物的。你可以决定你的生活方式，这种想法让你生活满足，并成为最好的你。如果你能负起责任，未来几年你一定能够成为一个举足轻重的人物。

古人云："修身，齐家，治国，平天下。"如果一个人能对自己的家庭负责，那么，在包括婚姻和家庭在内的一切社会关系上，他对自己的行为都会有一种负责的态度。如果一个社会是由这些对自己的人生负责的成员组成的，这个社会就必定是高质量的、有效率的，当然，也会是和谐的。

一切责任在我

　　狼在攻击羊群时，通常采用"调虎离山"的计谋：狼群先派一两匹狼假装袭击羊群，引诱牧羊人和牧羊犬追赶它们，等到牧羊人和牧羊犬离开羊群之后，埋伏在另一处的狼群就会突然发动袭击，扑向羊群大开杀戒。等到牧羊人和牧羊犬返回羊群之时，已经晚了，狼群已经叼走了几只肥羊并逃之夭夭。

　　负责引诱牧羊人和牧羊犬的狼是非常危险的，那是一个九死一生的差事，但是狼还是勇敢地去做了，它们为狼群的利益尽到了自己的责任，这是保证整个狼群利益的必要工作。

　　这就是狼，决不推卸责任的狼。

人类中具有狼这种不推卸责任的人就会赢得大家的尊重和认可。

1980 年 4 月，美国营救驻伊朗的美国大使馆人质的作战计划失败后，当时的美国总统吉米·卡特立即在电视里作了同样的声明："一切责任在我。"

"一切责任在我。"这短短的几个字，表现出一种敢于担当责任的大勇！在此之前，美国人对卡特总统的评价并不高，甚至有人评价他是"误入白宫的历史上最差劲的总统"。但仅仅由于上面的那句话，支持卡特总统的人居然骤增了10%以上。

韦恩博士说："把责任往别人身上推，等于将力量拱手让人。"

我们必须学会像卡特总统那样承担起自己行为的责任，应该积极地寻找任何一点你能够或应该承担的责任，要胜任并愉快地承担起那些责任，而绝不要通过躲避棘手的事情而逃避责任。

当你寻找额外的责任时，你就会提高自信心和提高完成这项工作的信心。你的上司也会增加对你的信心，增加对你所承担的工作的信心。

没有责任的生活就轻松吗？有时候逃避责任的代价可能还会更高。不必背负责任的生活看起来似乎很轻松、很舒服，但是可能会付出更大的代价。因为会成为别人手上的球，必须依照别人写出的剧本生活。

生活中，遇到问题时大多数的人都会推卸责任。

有个年轻人杀死了两个人，记者问起他的生活以及他犯案的动机。他告诉记者，他生长在一个"破碎"的家庭中，在他的记忆里，父亲总是喝得醉醺醺的，还打他的母亲。他们一家都是靠父亲的偷窃所得过活，这也就是为什么他从六岁开始也跟着偷窃的原因了。他在犯下这起杀人案之前，便已因蓄意谋杀被判过刑。采访的最后，他说了这么一句话："在这种条件下，你能期望出现不同的我吗？"

这位年轻人还有个双胞胎弟弟。记者知道之后，也前去采访他，惊讶地发现他与他哥哥是完全不同的人。他是一位律师，享有很高的声誉，同时还被选入社区委员会和教会委员会。已婚的他育有两个小孩，生活得很美满。

觉得很不可思议的记者问他这一路是怎么走过来的。他陈述了与哥哥一样的家庭背景，但是访问的最后，他说道："经历了多年那样的生活，我体会到这样的生活会把我带往什么样的地方去。因此我开始思索，在这种条件下，要如何创造不同的我呢？"

同样的基因、同样的父母、同样的教育与同样的环境，却有不同的看法和截然不同的反应，以致产生不同的结果。为什么在同样条件之下的两个人会走出完全不同的道路呢？或许他们都曾经认识某个人，带给他们正面的影响力，只是其中的一个把他的话听进去了，另一个则把他的话当作耳旁风。也或许他们都曾经拥有过一本好书，也开始阅读这本书，但其中一个继续读了下去，另一个则把书束之高阁。最后，他们发展出完全不同的人生方向。

一位大学心理学教授说："一个人发展成熟的最明显的标志之一，是他乐于承担起由于自己的错误而造成的责任。有勇气和智慧承认自己的错误是不简单的，尤其是在他们很固执和愚蠢的时候。我每天都会做错事，我想我一生几乎都会是这样。然而，我力图在一天里不把同一件事情做错两次，但要想在大部分时间里都避免这种错误，那就不是件容易的事了。可是，当我看见一支铅笔的时候，我就会得到一些宽慰。我想，当人们不犯错误的时候，人们也就用不着制造带有橡皮头的铅笔了。"

把责任往别人身上推，不正是赤裸裸的劣根性吗？问题是你把责任往别人身上推的同时，等于将自己的人格推掉了。有的人就是那么轻易地把责任推给别人，然后又若无其事地站在一旁抱怨："都是公司的错，害我不能发挥所长，都是同事的错，或我的健康情形害我不能怎样……"请问，我们希望让公司、同事和我们的健康来操控我们吗？要记住，勇于承认错误的人才能进步。基于这个原因，为什么不能很乐意地扛起这个错？如果你喜欢掌握自己的生活的话。

如果我们过去曾犯过错，现在该怎么办呢？责任的归属又如何？过去发生的事，其影响力有时会延续到今后。比如，一个男人离了婚必须付赡养费；也有人毁了自己的健康，日后在饮食上的禁忌一大堆，或有人犯了罪，最终难逃牢狱之灾。

很明显，我们自己决定我们的行为，也必然要应对这些行为所带来的后果。跷跷板原理正说明这种连锁反应。这个认知告诉我们，我们应该以更负责的态度去生活。

那么究竟该如何看待已经发生的事情？我们必须承认，实在无法控制错误所带来的后果。但这绝对不表示我们可以把责任推给过去。我们必须对自己、对后果的看法与反应负责，认清我们对于错误招致的后果之反应其实影响深远。但问题是，我们想要赢回掌控下一次事件的力量吗？还是让我们的错误和后果拥有操控下一次的力量？当我们负起责任的那一刻，我们的人生就有了希望。

有责任感才能成就非凡

在美国黄石公园的林地里，一群狼正在追逐一群凶悍庞大的野牛。几经周旋后，狼找到了它们攻击的目标——一头身体羸弱的老牛。狼群采取死缠烂打的战术，不停地骚扰野牛群。经过数小时的纠缠，野牛开始精力匮乏、不堪其扰。这时，狼群突然发起猛攻，它们分工合作，有负责制造干扰的，有负责隔离猎物的，有负责堵截对方援兵的。很快，那头身体羸弱的野牛被隔离出牛群，一匹狼死死咬住牛的尾巴，一匹狼咬住牛颈，其他狼有的咬住牛腿，有的咬住牛的气管……很快，牛就倒下了，成为狼群的腹中餐。

体重只有四五十公斤的狼怎么可能捕获1000多公斤的野牛呢？靠的正是狼群成员的密切配合，靠的是每个成员的责任感。有了责任感，它们才能自动自发地默契配合，才能在猎捕行动中取得胜利。

当狼群被大型凶猛动物入侵时，狼也会采用集体防御的措施，将体弱的成员围起来共同御敌，这样也能够击败入侵者。

狼的责任感让其成为猎捕的高手，责任感让狼族能够生存延续至今。

责任感对人来说，也是十分重要的。有责任感的人才有可能将工作做得出色，有了责任感才能使自己成为优秀人才。

究竟什么是责任感呢？

责任就是做好分内应做的事情，责任就是对自己所负使命的忠诚和信守，责任就是完成应当完成的使命，做好应当做好的工作。

责任从本质上说，是一种与生俱来的使命，责任是人性的升华。当一个人全面履行责任后，才能使自己的潜能得到充分的挖掘和发挥，才能感受到责任所带来的力量，也只有那些勇于承担责任的人，才能出色地完成工作，才有可能被赋予更多的使命。责任是实现人的全面发展的必由之路。

责任本来就是生活的一部分，对于任何人，要生活，就必须承担起责任，这不仅是我们生活的前提，也是我们更好地生活的前提。要将责任根植于内心，让它成为我们脑海中一种强烈的意识，在日常行为和工作中，这种责任意识会让我们表现得更加卓越。如果你把责任看成是生活的一部分，在真正承担起责任时，你就不会感觉到累，也不会认为自己承担不起。因为一个能够独立生活的人，就一定能够承担起责任。事实上，责任是由许多小事构成的。最基本的是做事成熟，无论多小的事，能够比以往任何人做得都好。

一个有责任心的人，给他人的感觉是值得信赖与尊敬的人。而对于一个没有责任心的人，没有人愿意相信他、支持他、帮助他。

威尔逊是美国历史上一位伟大的总统，在这个高高在上的位置上，他深知自己的责任与义务，并且他也认为，做一些超出自己范围的事情，总会得到更多的回报。他曾经说道："我发现，偶然的责任是与机会成正比的。"

有人说法国的戴高乐是个狂热的民族主义者，这是没错的。幼年的戴高乐在与兄弟们玩战争游戏时，总是自告奋勇扮演法兰西一方。他坚持称"我的法兰西"，决不准任何人对其染指，甚至不惜为此与他的哥哥打得头破血流，直到他的哥哥无奈地承认："好了，我不和你争了，是你的法兰西，是你的。"或许这就是天意，日后戴高乐果然承担了拯救法兰西民族危亡的大任。可能也说不上是天意，因为戴高乐自小就始终以拯救法兰西为己任。

二战开始，法国投降，剩下英军孤立无援地同纳粹德国作战。骄傲的德国人以为接下来他们的任务就是准备迎接"胜利"的到来。1940 年 7 月 19 日，希特勒在帝国国会作了长篇演说，先是对丘吉尔进行了一番痛快淋漓的臭骂，而后要求英国人民停止抵抗，并要求丘吉尔做出答复。而就在他的这番劝诫发出不到一个小时，英国广播公司就用一个简单的词做出了答复：NO！

后来丘吉尔回忆说，这个"NO"不是英国政府通知广播电台的，而是广播电台的一个播音员在收到希特勒的演讲后，自行决定播出的。丘吉尔从内心为他的人民感到骄傲。何止是丘吉尔，读到这个故事的每一个人，又有哪个不为这个敢当大任的播音员叫好？

凡有所建树者，必有一种担当大任的责任感。古今中外，莫不如此。礼崩乐坏之时，孔子四处奔走，推行他的"大道"；民族多事之秋，班超毅然投笔从戎，立下不朽功业；永嘉之乱之际，祖逖闻鸡起舞，自强不息；国家危亡在即，孙中山先生义无反顾，投身革命；周恩来在少年时就立下"为中华之崛起而读书"的大志，并于赴日留学前夕写下了"大江歌罢掉头东，邃密群科济世穷。面壁十年图破壁，难酬蹈海亦英雄"这一首振聋发聩的不朽诗作；毛泽东在青年时写下了"怅寥廓，问苍茫大地，谁主沉浮"的豪迈词句，用以抒发自己的以天下为己任的鸿鹄之志。

逝者如斯，这种担当大任的使命感应代代相传。勇于担当大任，就是应该清楚地知道什么是自己必须做的，不需人强迫，不要人指使。

责任使人意气风发

　　和其他动物相比，狼并没有特别突出的身体条件：论力量，它们远远比不上大象、野牛、野马等大型动物；论速度，比不上黄羊和猎豹；论尖牙利爪、威武雄壮，狼无法和狮子、老虎相提并论……然而狼为什么能够成为动物王国的佼佼者呢？

　　除了智慧外，狼靠的就是那份不折不扣的责任心，有了责任心，即使狼没有特别优越的条件，也同样可以咆哮山林，笑傲动物王国。

　　1903年诺贝尔文学奖得主——马丁纽斯·比昂逊在从事文学创作的同时，也从事社会活动，他说："一个人越敢于承担责任，他就越会意气风发；如果一个人有足够的胆识与能力，他就没有什么该讲而不敢讲的话，没有什么该做而不敢做的事，更没有什么心虚畏怯之处。"

　　托尔斯泰也曾经说过："一个人若是没有热情，他将一事无成，而热情的基点正是责任感。"

　　许多年以前，伦敦住着一个小男孩，自幼贫病交加，无依无靠，饱尝了人生的艰辛。为了糊口他不得不在一家印刷厂做童工。

环境虽然艰苦，小男孩的志气却不短。他早就与书报结下了不解之缘，常常贪婪地伫立在书橱前，不住地摸着衣兜里仅有的几个买面包用的先令。为了买书，他不得不挨饿。一天早晨的上班途中，他在书店的书橱里发现了一本打开的新书，便如饥似渴地读了起来，直到把打开的两页读完才走。翌日清晨，他又身不由己地来到了这个书橱前，奇怪，那本书又往后翻开了两页！他又一口气读完了。他是多么想把它买下来呀，可是书价太高了。第三天，奇迹又出现了：书页又顺序翻开了两页，他又站在那儿读了起来。就这样，那本书每天都往后翻开两页，他每天来读，直到把全书读完。这天，书店里一位慈祥的老人抚摸着他的头发说："好孩子，从今天起，你可以随时来这个书店，任意翻阅所有的书籍，而不必付钱。"

日月如梭，这个少年后来成了著名的作家和记者，他就是英国一家晚报的主编本杰明。

本杰明之所以自学成功，是因为他苦读善学，也是因为他遇到了一位极富责任感的人。善良的老人倾注给他的是人间最美好的东西，温存怜悯，爱护关怀，鼓舞鞭策。他向身处困境的少年打开了向往美好生活的通道，引导他步入知识的世界，老人为他后来成为对人类有所贡献、为世人所尊敬的作家，起到了引导作用。

对生活的热爱，对人类、对大自然、对一切美好事物的热爱，会使一个人认识自己身负的使命以及应该去承担的责任，从而努力对社会做出贡献。

没有责任感的军官不是合格的军官，没有责任感的员工不是优秀的员工。责任感是简单而无价的。工作就意味着责任，责任意识会让我们表现得更加卓越。

美国西点军校的学员章程中规定：每个学员无论何时何地，无论穿军装与否，也无论是在担任警卫、值勤等公务时，还是在进行自己的私人活动时，都有义务、有责任履行自己的责任，而不是为了获得奖赏或别的什么。

这样的要求是非常高的。但西点军校的理念是，没有责任感的军官不是合格的军官。西点认为，一个人要成为一个好军人，就必须遵守纪律，有自尊心，并为他的部队和国家感到自豪，对于他的同志们和上级有高度的责任、义务感，对于自己表现出的能力有充分的自信。而这样的要求，对每一个企业的员工同样适用。

没有责任感的员工不是优秀的员工，没有责任感的公民不是好公民。在任何时候，责任感对自己、对国家、对社会都不可或缺。正是这样严格的要求，让每一个从西点军校毕业的学员都获益匪浅。

要将责任根植于每一个人的内心，让它成为我们脑海中一种强烈的意识，在日常行为和工作中，这种责任意识会让我们表现得更加卓越。我们经常可以见到这样的员工，他们在谈到自己的公司时，使用的代名词通常都是"他们"，而不是"我们"，"他们业务部怎么怎么样"，"他们财务部怎么怎么样"，这是一种缺乏责任感的典型表现，这样的员工至少没有一种"我们就是整个机构"的认同感。

责任感是不容易获得的，原因就在于它是由许多小事构成的。但是最基本的是做事成熟，无论多小的事，都能够比以往其他任何人做得都好。比如说，该到上班时间了，可外面下着雨，而被窝里又那么舒服，你还未清醒的懒散让你在床上多躺了两分钟，此时你应该问自己，你尽到职责了吗？还没有……除非你的责任感真的没有萌芽，你才会欺骗自己。对自己的放松就是对责任感的侵害，因此必须去战胜它。

责任感是简单而无价的。据说美国前总统杜鲁门的桌子上摆着一个牌子，上面写着：Bucket stop here(问题到此为止)。他桌子上是否真的摆着这样一个牌子，我不能去求证，但我想告诉大家的是，这就是责任。如果在工作中，对待每一件事都是"Bucket stop here"，我敢说，这样的公司将让所有人为之震惊，这样的员工将赢得足够的尊敬和荣誉。

有一个给布朗太太割草打工的男孩有意给她打电话说："您需不需要割草？"布朗太太回答说："不需要了，我已有了割草工。"男孩又说："我会帮您拔掉草丛中的杂草。"布朗太太回答："我的割草工已经做了。"男孩进一步说："我会帮您把草与走道的四周割得很齐。"布朗太太说："我请的那人也已做了，谢谢你，我不需要新的割草工人。"男孩便挂了电话。此时男孩的室友问他说："你不是就在布朗太太那儿割草打工吗？为什么还要打这个电话？"男孩说："我只是想知道我究竟做得好不好！"

多问自己"我做得如何"，这就是一种责任感。

勇于负责才有尊严

　　狼生活在地球上已经有五百多万年的历史了，也是食物链终结者之一。由于有狼的存在，其他野生动物才得以淘汰老、弱、病、残的不良族群；也因为有狼的威胁存在，其他野生动物才被迫进化得更优秀，以免被狼淘汰，所以狼使生态处于一种平衡状态。没有狼的存在，生态环境将出现良莠不齐、传染病丛生的局面，不利于生态系统稳定、健康地平衡发展。

　　和其他动物相比，狼活得算是潇潇洒洒、很有尊严了。狼的这种尊严来自哪里呢？

　　从根本上说，狼的尊严来自它比其他动物有着更强的责任心。

　　责任心使狼族成员互相配合、互相帮助，责任心使它们同舟共济、齐心协力，渡过了一个又一个的难关，生存延续至今。

　　无论做什么工作，我们都应该勇于负责，脚踏实地地去做好自己的工作。只要你是勇于负责、认认真真地做，你的成绩就会被大家看在眼里，你的行为就会受到上司的赞赏和鼓励，你的业绩就会让你在同事面前赢得尊严。

当年松下幸之助之所以和山本武信合作开发车灯市场，是因为看中了山本勇于负责的品格。

那是在第一次世界大战中，山本还年轻，几笔生意做下来非常成功，但战争结束时，受到战后经济不景气的影响，生意赔了。他由于缺少经验没有及时"停船"或是"避一避风"，开了一阵子顶风船，终于赔得一塌糊涂。摊子铺得越大，雇员越多，亏损就越大。当时他还在银行借了许多款，于是做了破产清理。

按一般商人的心理，总要想尽方法保留和转移一些财产，秘而不宣以求东山再起。山本武信何尝不想东山再起？但他所采取的方法和诚实不欺的态度却与常人不同。他把所有的财产造册提供给债权人和银行，就连属于自己的物品——包括金壳怀表都拿了出来。这样做他还觉得不够，又把太太的私人物品，甚至陪嫁——包括钻戒、金戒指等首饰全部交出。银行经理非常感动，对他说：

"山本先生，这一次的损失固然是你的责任，但战后的不景气，不是以你个人的能力所能解决的。你要负责的诚意，我十分了解，可也不好做到这种程度。店里的财产，当然要请你全部拿出，至于你身上常用的物品就不必拿出来了——尤其是太太的……请带回吧！"

山本武信并非哗众取宠之辈，而是出于负责任的考虑，而这种光明磊落的态度竟成为他日后成功的一个重要原因。在经历了不景气之后，日本的经济开始爬升。山本武信又向银行申请贷款，银行认为此人信誉极佳，如同以往一样给予了支持。他凭着这笔贷款和过去吸取的经验，终于重整旗鼓，发展了他的化妆品制造业和批发业务。

山本把自己的故事一五一十地讲给了松下幸之助，博得了松下幸之助的极大信任，也使松下幸之助终于下定决心将车灯的总代理权交给山本。

有一个日本小孩，他父亲生前是个生意人，在创业不久就因意外不幸去世了，留下一大笔债务。父亲去世的时候，小孩只有12岁。按法律规定，小孩完全可以不承担这笔债务，正当父亲的债权人后悔不迭的时候，小孩却一一上门拜访，许下诺言说给他20年时间，他会全部还清父亲的债务。20年！一生中有几个20年，小孩却要用它去还一笔不应由自己承担的债务，这需要多大的勇气呀！债权人没有几个人对此抱有希望，但事已至此并无他法，只有听之任之了。小孩于是开始了他的还债生涯。在他27岁那年，他还清了所有债款，提前了5年！

小孩缩短了还债时间，原因很简单：一是自己许下的诺言成了一股强大的动力，促使他不断朝着目标奋斗；二是随着自己不断兑现自己的诺言，债权人对他产生了极大的信任（如果小孩不兑现诺言的话，他也许一辈子都得不到这笔财富），比以前更加愿意与他合作了。与他合作的人越来越多，生意也越做越大，因而钱也越赚越多。

小孩自己也许没意识到，他勇于负责的行动让他获益终生。由于他花了15年时间去还一笔本来不属于他的债务，他的信誉在生意圈子中产生了一股巨大的力量，几乎没有人不愿意与他发生生意往来，这使他成了一个富翁。

敢于承认错误也是勇于负责的一种重要表现。而且只有先承认错误，才会使我们改正错误，取得进步。接下来，我们就从这一角度展开论述。

我的朋友方先生告诉过我，他们学校对他的教学工作颇有微词。一位和他相识的教授曾说了一些轻蔑的话，这些话被传到他耳朵里，他只能忍气吞声。后来有一天他接到这位教授的来信。那时教授已离开了学校，调到某新闻部门从事编辑工作。教授来信说，以前错估了他，希望得到原谅。此时，我朋友的各种敌意便立刻烟消云散了，并极其感动，马上回信并表示敬意。从此，他们便成了好朋友。

这件事使我们了解到，承认自己的错误不但可以弥补破裂的关系，而且可以增进感情。但有勇气承认自己的错误也不是一件容易的事情。记不清是哪一位名人曾经说过："人们敢于在大众面前坚持真理，但往往缺乏勇气在大众面前承认错误。"有些人一旦犯了错误，总是列出一万个理由来掩盖自己的错误，这无非是"面子"在作怪，他们以为一旦承认自己的错误，就伤了自尊，丢了个人面子。这种想法无异于在制造更多的错误，来保护第一个错误，真可谓错上加错。

古人说过："人非圣贤，孰能无过，过而能改，善莫大焉。"意思是说，人都会有过失，只要能认识自己的过失，认真改正，就是有道德的表现。孔子曾把"过失"比喻为日食与月食，无论怎样对待，大家都会看得清清楚楚。因此，最好的办法是坦诚地承认自己的错误，借助承认错误而表现出更人性化，使别人对我们的看法也更具人性，这样别人的批评也许会少些。知道自己犯错误，立刻用对方准备责备自己的话自责，这是聪明的改正方法，会使双方都感到愉快。

每个人都有自己的自尊心和荣誉感，如果你肯主动承认自己的错误，这不仅可以满足对方强烈的自尊心，而且也会为自己品格的高尚而感到快乐。

事实上，自觉地承认自己的错误，不但可以增加相互之间的了解和信任，而且能增进自我了解进而产生自信心。有时候，人们非要等到自己看见并接受自己所犯的错误时，才能真正了解自己的能力。让我们来看一看当年的亨利·福特二世是如何从错误中学习，并真正了解自己的能力的。当年26岁的亨利·福特二世接任了每天会损失900万元的福特汽车公司的总裁。上任后，他的创新、实验和努力避免错误产生的做法，扭转了公司的命运。有人问他，如果让他从头再来的话，会有什么不同的表现。他回答道："我只能从错误中学习，因此我不认为自己可能有什么与众不同的作为，我只是尽量避免重犯不同的错误而已。"

承认自己的错误不是耻辱，而是真挚和诚恳的表现。其实，你又不等于你的错误，承认你的错误，更能显示你人格的伟大。凡是伟大的人都有认错的时候。认错时一定要真诚，不要虚情假意。真诚不等于奴颜婢膝，不必低三下四，要堂堂正正，承认错误是希望纠正错误，这本身是值得尊敬的事情。假如你没有错，就不要为了息事宁人而认错，否则，这是没有骨气的做法，对任何人都无好处。譬如你是一位主管，辞退了某位不称职的部属，你会觉得很遗憾，但用不着认错。

人非圣贤，孰能无过。扪心自问，你是否说过伤人的话，做过损害别人的事，答案是肯定的，但关键是坦诚地承认自己的错误会使你心胸坦荡，这将是使你踏向更坚强的自我形象，增进你更好的工作表现的第一步。早在两千年前，古希腊的哲学家留基伯与德谟克利特，就从自己错与别人错的比较中，明确地指出：

"谴责自己的过错比谴责别人的过错好。"最笨的人才会找借口掩饰自己的错误。年轻的朋友们，假如你发现了自己的错误，你就应尽快地承认自己的过错，这不仅丝毫不会有损于你的尊严，反而会提升你的品格魅力。

第五章
紧盯猎物，决不放弃

在狼的世界里，从来就没有"懒散"这个词。即使在睡梦中，狼的精神也处于一种随时兴奋的状态。狼生存的全部价值就在于一个目标：追逐食物。紧盯着那成群的羊并追而逐之，将其聚而歼之。

勤奋是成功的不二法门

狼是一种非常勤奋的动物，总是精神抖擞地不停工作。

生活在野外，狼就必须经常与其他的狼争夺食物和领地，因为狼群只能在自己的领地进行生活、捕猎。领地的大小根据它们捕食对象的多少而有很大变化。大或小的情况取决于这个地区的猎物数量。在猎物分布较密集的地方，狼不必奔袭很远便可获得一顿美餐。在较荒凉的栖息地，由于只有少量的猎物存在，狼则需要跑很远才能猎得食物。

作为高等动物的人类，相当一部分却很懒惰，不如狼勤奋。

贪图安逸将会使人堕落，无所事事会令人退化，只有勤奋工作才是最高尚的，才能给人带来真正的幸福和乐趣。可以肯定的是，升迁和奖励是不会落在玩世不恭的人身上。

世界上到处是一些看来就要成功的人——在很多人的眼里，他们能够并且应该成为这样或那样非凡的人物——但是，最终他们并没有成为真正的英雄，原因何在呢？

其原因在于他们没有付出与成功相对应的代价。他们希望到达辉煌的巅峰，但不希望越过那些艰难的梯级；他们渴望赢得胜利，但不希望参加战斗；他们希望一切都一帆风顺，而不愿意遭遇任何阻力。

有人问寺院里的一位大师："为什么念佛要敲木鱼？"

大师说："名为敲鱼，实则敲人。"

"为什么不敲鸡呀、羊呀，偏偏敲鱼呢？"

大师笑着说："鱼儿是世间最勤快的动物，整日睁着眼，四处游动。这么至勤的鱼儿尚且要时时敲打，何况懒惰的人呢？"

故事虽然浅显，道理却至为深刻。

应该说，勤奋不是人类与生俱来的天性，相反，追求安逸倒是人类潜意识中共有的欲望。但无论何人，只要长期不懈地努力，就能养成勤奋的习惯。

在西方，勤奋被称为"使成功降临到每个人身上的信使"。

牛顿童年时的英国是一个等级制度森严的国家，学校里学习好的学生，可以歧视学习差的同学。有一次课间游戏，大家正玩得兴高采烈的时候，一个学习好的学生借故踢了牛顿一脚，并骂他笨蛋。牛顿的心灵受到了刺激，愤怒极了。从此，牛顿下定决心，发愤读书。他早起晚睡，抓紧分秒，勤学勤思。

经过刻苦钻研，牛顿的学习成绩不断提高，不久就超过了曾欺侮过他的那个同学，名列班级前茅。

后来，由于家庭的影响，牛顿一度辍学去学习经商。每天一早，他跟一个老仆人到十几里外的大镇子去做买卖。但牛顿非常不喜欢经商，他把一切事务都托付给老仆人经办，自己却偷偷跑到一个篱笆下读书。

一天，他正在篱笆下兴致勃勃地读书，赶巧被过路的舅舅看见。舅舅看到这个情景，很是生气，大声责骂他不务正业，把牛顿的书抢了过去。一看他所读的是数学书，上面画着种种记号，心里受到感动。舅舅一把抱住牛顿，激动地说："孩子，就按你的志向发展吧，你的道路应该是读书。"

在舅舅的帮助下，牛顿如愿以偿地复学了。从此，牛顿再度叩开学校的大门，成为一个品学兼优的学生，为他以后的科研工作打下了坚实的基础。

勤奋具有点石成金的魔力。那些出类拔萃的人物、那些将勤奋奉为金科玉律的人们，将使人类因他们的工作而受益。再也没有什么比做事拖拖拉拉更能阻碍一个人成功的了——它会分散一个人的精力、磨灭一个人的雄心，使人只能被动地接受命运的安排，而不是主动地去主宰自己的生活。

如果你觉得自己是个天才，如果你觉得"一切都会顺理成章地得到"，那可真是天大的不幸。你应该尽快放弃这种错觉，一定要意识到只有勤勉地工作才能使你获得自己希望得到的东西，在有助于成长的所有因素中，勤奋是最有效的。

这个世界上留存下来的辉煌业绩和杰出成就无一例外都来自勤奋的工作，不管是文学作品还是艺术作品，不管是政治家、诗人还是商业家。

没有人打败自己，人都是自己打败自己的。有人说，能战胜别人的人是英雄，能战胜自己的人是圣人。看来是英雄好当圣人难做。应该说，事业不成功的人，往往不是被别人打败的，而是败在自己的手里。有好多人对自己的懒惰无可奈何，最终战胜不了自己的懒惰，最后只得放弃自己心爱的事业。

亚历山大征服波斯人之后，他注意到波斯人生活腐朽，厌恶劳动,只讲享受,惰性十足。他说:"不是我打败了波斯人,而是他们自己打败了自己,没有比懒惰和贪图享受更容易使一个民族奴颜婢膝的了,也没有比辛勤劳动的民族更高尚的了。"一个民族惰性十足,整个民族也就无可救药了;一个人如果惰性十足,那么这个人也就完蛋了。因为,劳动创造了人类,劳动创造了世界,劳动净化了灵魂。如果一个人厌恶劳动,惧怕艰苦,大脑得不到进化,又不能创造物质来供自己享用,就更谈不上事业成功了。

懒惰可以毁灭一个民族,当然要毁灭一个人更是轻而易举的事了。人们一旦背上懒惰的包袱,就会成为一个精神沮丧、无所事事、浑浑噩噩的人。那些生性懒惰的人不可能成为事业成功者,他们纯粹是社会财富的消费者而不是社会财富的创造者。

在现实生活中,那些事业成功者,你不要只看到他们成功之后的光荣和辉煌,看到他们受到人们的无比尊重,看到他们生活得是那么惬意潇洒,幸福快乐。没有一个人的成功不是用辛勤劳动换来的,没有一个人的幸福不是用辛勤的汗水换来的。他们的字典里没有"懒惰"这个词,只有"勤劳"两个字。

清华大学的食堂里出了个"英语神厨",英语过了六级,还写出了一本畅销书,从一个厨师一跃走上了新的重要工作岗位。你问他是怎么成功的,那是付出了辛苦换来的啊!晚上为了多看半个小时的书,主动承担起打扫宿舍卫生的工作,以此来获得半个小时的读书时间。只要有时间就往"英语角"跑,偷偷地混在大学生们中间,与他们用英语交流,借此来提高自己的英语水平。他的成功完全是用辛苦和汗水换来的。

而那些懒惰成性、游手好闲、不肯吃苦的人,他们不是不想成功,不是不想发财致富,只是他们害怕或者不愿意付出劳动,更不要说付出辛苦的劳动了，他们是真正的懦夫。无论多么美好的东西，人们只有付出相应的劳动和汗水，才能懂得这美好的东西是多么来之不易，才能从这种拥有中享受到快乐和幸福。

有谁听说过有懒惰的人成就了辉煌伟业的吗？我是没有听说过，就算天上掉下了"伟业"的馅饼，懒惰者可能也因为起得太迟，而使它被起得早的人先捡走了。

惰性是一种隐藏在你内心深处的东西，当你一帆风顺的时候，你也许看不到它，而当你碰到困难、身体疲惫、精神萎靡不振时，它就会像恶魔一样吞噬你的耐力，阻碍你走向成功，所以，我们必须克服它，要时刻想着从困难的旋涡中挣脱出来。

古语云："天道酬勤。"这里所谓的"天道"，是指自然界有序运行的客观规律。

香港"珠宝大王"郑裕彤，出生在一个农民家庭，自幼家境贫寒，15岁时即中断学业，到香港"周大福珠宝行"当学徒。临行前，母亲叮嘱他："干活勤快，遵守规矩，多动手，少动口。"郑裕彤牢记母亲的教诲，干活勤快又机灵。他处处留意，看老板和同事如何做好经营管理，还在业余时间观察别的商家如何营业。

一次，他去别家珠宝店观察人家的经营之道，不料回来时遇上堵车，迟到了。老板发现后，问他何故迟到。他便据实相告。老板不相信一个小学徒还有这份心业，就问："你说说，你看出了什么名堂？"

郑裕彤不慌不忙地说："我看人家做生意，比我们要精明。客人只要一进店，伙计们总是笑脸相迎，有问必答。无论生意大小，一概客客气气；就是只看不买，也笑迎笑送。我觉得，这种待客的礼貌周到是最值得我们学习的。还有，店铺的门面也一定要装饰得像模像样，与贵重的珠宝相配。我看人家把钻石放在紫色的丝绒布上，光亮动人，让人看起来格外动心……"

郑裕彤侃侃而谈，周老板暗暗动心。他预感此子必成大器，便有意培养他。郑裕彤成年后，颇受周老板器重，周老板便将女儿嫁给他，后来干脆将生意全交给他打理。

郑裕彤接手生意后，经过一番苦心经营，"周大福珠宝行"发展成为香港最大的珠宝公司，每年进口的钻石数占全香港的30%。之后，郑裕彤又投资房地产业，成为香港几大房地产大亨之一。

"勤能补拙"是一句老话，可惜从学校毕业进入了社会，这句话就不一定能常听到了。能承认自己有些"拙"的人不会太多，能在进入社会之初即体会到自己"拙"的人更少。大部分人都认为自己即使不是天才，至少也是个干将，也都相信自己接受社会几年的磨炼后，便可一飞冲天。但能在短短几年即一飞冲天的人能有几个呢？有的飞不起来，有的刚展翅就摔了下来，能真正飞起来的实在是少数中的少数。为什么呢？大多是因为磨炼不够，能力不足。

所谓的"能力"包括了专业的知识、长远的规划以及处理问题的能力，这并不是三两天就可培养起来的，但只要"勤"，就能很有效地提升你的能力。

业精于勤荒于嬉。在通往成功的路上，曲折和坎坷是难免的，而不管多么聪明的人，要想从众多道路中取一捷径，都少不了一个"勤"字。所谓"书山有路勤为径，学海无涯苦作舟"，就是指读书与勤奋的关系。人生中任何一种成功和幸福的获取，大多都始于勤奋。

咬定青山不放松

在捕猎的过程中，狼对选定的猎物始终坚持"咬定青山不放松"的精神。面对猎物时，它们总是一心一意关注着猎物的动向。

曾有人借助现代仪器跟踪观察狼几天的捕猎行动。令人们惊奇的是，狼丝毫不对自己的任务感到厌倦心烦，它们从不毫无目的地追逐或骚扰猎物。狼看上去好像只满足于做观察者，实际上却在对正追捕的兽群中每个成员的身体状况和精神状态加以综合分析。

特别是在寒冷的冬天，狼是难以寻找到食物的。一次，狼群偶尔在山岭上发现了一群犀牛。我们都知道，犀牛是一个多么强大的野兽，它比狼的身体要大上几倍，可以想象，狼是难以吃掉犀牛的，但是，狼并没有放弃，因为它们知道，现在这只庞大的猎物是它们能够活下来的希望。它一直专注于犀牛的动向，连续几天下来，它发现犀牛的一个致命弱点，于是，狼群利用犀牛的这一弱点将犀牛变成口中之物，也解决了几天忍受的饥饿。

狼的专注促使了捕猎的成功。如果狼没有长远的目标和专注的精神，就不可能发现犀牛的弱点，就很难战胜这个比自己大数倍的动物；如果没有专注的精神，可能早就放弃了这只犀牛，在这样寒冷的冬天，等待狼群的可能就是死亡。

我们大多数人有过这样的情况：无论自己怎样努力，似乎就是做不到那么优秀；因为没有发挥自己的潜力，让大量的时间白白流失；总是被各种琐事缠身，无法专一地做自己真正想做的事情；自己有一个美好的生活目标，但却看不清实现梦想的道路。

这些问题的原因，就是自己不够专注。只要醒着，我们就会被各种各样的信息包围。因为可以做到专心致志的时间太少了，所以我们现在所处的生活状况与应该达到的高度相距甚远。

干事业要成功，仅仅拼命与努力是不够的，你还必须把有限的时间和精力用在一把刀的打磨上，而不是把这把磨磨那把磨磨，结果手里正磨着的不快，磨过的又生锈了。

想做成一件事情，在工作和学习上要取得成就，三心二意、心猿意马是最大的绊脚石。人与人相比，聪明的程度相差不是很大，但如果专心的程度不同，取得的成绩就大不一样。凡是做事专心的人，往往成绩卓著；而时时分心的人，终究得不到满意的结果。居里夫人在科学上取得那么大的成就，就因为她是一个做事专心致志的人。

专注于某一件事情，哪怕它很小，努力做得更好，总会有不寻常的收获。请看这样一件事。有一位陕西农村妇女没读完小学，连普通话都不太熟练。因为女儿在美国，她申请去美国工作。她到移民局提出申请时，申报的理由是有"技术特长"。移民局官员看了她的申请表，问她的"技术特长"是什么，她回答是"剪纸画"。她从包里拿出剪刀，轻巧地在一张彩纸上飞舞，不到三分钟，就剪出一组栩栩如生的动物图案。移民局官员连声称赞，她申请赴美的事很快就办妥了，引得旁边和她一起申请而被拒签的人一阵羡慕。

这个农村妇女没有其他的能耐，但她有一把别人都没有的剪刀。一个人没有学历，没有工作经验，但只要有一项特长，一处与众不同的地方，就可能得到社会的承认，拥有其他人不能获得的东西。人要专心就能做成好多事。人的能力是了不起的，只要专注于某一件事情，就一定会做出使自己感到吃惊的成绩来。因为如果一个人专心致志地工作或学习，就说明他已经有了明确的奋斗目标，明白自己现在究竟要做什么事，不达目的，绝不罢休，而且表明了排除干扰的决心。当一个人专心致志时，就仿佛完全进入了另一个世界，对周围的喧闹声、说话声就会听而不闻。

互联网在近年来是一个盛产神话的地方。就像所罗门王的巨大宝藏，吸引了许多探宝者，有的满载而归，更多的是铩羽而归。在这些满怀淘金梦的人中，有一个叫李彦宏的人吸引了人们的眼球。在1999年底，IT行业正处于一个由盛而衰的时期，30岁的李彦宏从美国硅谷回国创业。他一心想在IT行业做番事业，将创业的方向锁定在中文搜索引擎上。之所以有这个选择，与他在北京大学图书馆系情报学专业求学的背景以及与他后来在美国读的计算机检索和为一家报纸做信息搜索的经历有关。专业知识的素养和相关工作的经验，都让李彦宏坚信互联网搜索将是非常有前景的商业模式。

2005年8月5日，李彦宏的百度在美国的纳斯达克成功上市，狂升的股价于一夜之间为百度造就了7个亿万富翁、51个千万富翁、240多个百万富翁。

直到今天，回忆起百度一路艰难的历程时，李彦宏仍用"专注"一词来解释为何没有放弃中文搜索。"诱惑太多，转型做短信、网络游戏、广告的，都马上盈利了，我们选择了一条长征的路线，而且五年来一直没有变。"

IT行业里还有一个鼎鼎有名的人，叫王文京，是用友软件集团公司的董事长。十几年的时间，王文京从一介书生发展到身价高达数十亿元的大亨，他一手缔造的用友软件也牢牢占据着中国财务软件的领导地位。谈及自己的创业方法，王文京用最简单的语言概述说："一生只做一件事。专注，坚持。要想在任何一个行业出头，必须有沉浸其中十年以上的决心，人一生其实只能做好一件事。"正是凭着这朴实而坚定的人生信条，王文京实现着用友软件商业化的梦想。

李彦宏和王文京都不约而同地强调"专注"，值得我们好好比照与反思自己的行为。专注，意味着集中精力发展与突破。很多人涉足很多领域，学习很多知识，其实学得不精，每一项都没有很强的竞争力。

工作的时候要做到心无旁骛，心思不专一工作不可能做好。其实，专一不光是工作的态度，也是生活的态度和思想的态度。工作中需要高度的专注，生活中也需要有专心致志的态度，思想上更是应该聚精会神。

如果工作中缺乏专心和专注的态度，就会导致纰漏百出，给上司或上级留下马虎、不谨慎、不负责的负面印象，进而影响你的薪水和升迁，得不偿失。不专心、老喜欢半途而废，就会导致精神涣散，做事情错漏百出，导致一生碌碌无为。

有位叫贾金斯的美国人，无论学什么都是半途而废。他曾经废寝忘食地攻读法语，但要真正掌握法语，必须首先对古法语有透彻的了解，而没有对拉丁语的全面掌握和理解，要想学好古法语是绝不可能的。

贾金斯进而发现，掌握拉丁语的唯一途径是学习梵文，因此便一头扑进梵文的学习之中，可这就更加旷日持久了。

贾金斯从未获得过什么学位，他所受过的教育也始终没有用武之地。但他的父母为他留下了一些本钱。他拿出10万美元投资办了一家煤气厂，经营煤气厂时他发现煤炭价钱高，于是，他以9万美元的售价把煤气厂转让出去，和别人合伙开办起煤矿来。可这又不走运，因为采矿机械的耗资非常巨大。因此，贾金斯把在矿里拥有的股份变卖成8万美元，转入了煤矿机器制造业。从那以后，他便像一个内行的滑冰者，在有关的各种工业部门中滑进滑出，没完没了。

他恋爱过好几次，但每一次都毫无结果。他对一位姑娘一见钟情，十分坦率地向她表露了心迹。为使自己匹配得上她，他开始在精神品德方面陶冶自己。他去一所星期日学校上了一个半月的课，但不久便逃掉了。两年后，当他到了求婚之日，那位姑娘早已嫁给他人。

不久他又如痴如醉地爱上了一位迷人的、有五个妹妹的姑娘。可是，当他去姑娘家时，却喜欢上了二妹。不久又迷上了更小的妹妹。到最后一个也没谈成。

来回摇摆的人永远都不可能成功。贾金斯的情形每况愈下，越来越穷。他卖掉了最后一份股份后，便用这笔钱买了一份逐年支取的终生年金，可是这样一来，支取的金额将会逐年减少，因此他早晚得挨饿。

工作、学习和生活中要是像贾金斯一样，别指望有成就。可是在我们身边，许多人往往走入误区，譬如一些大学生在校读书期间，忙着考这证考那证，证书攒了一大摞，忙着做主持、当模特，业余职业换了一个又一个，但毕业之后却很难找到一份合适的工作。其原因就是他们分散了时间和精力，没有专注于某一件事情，结果事与愿违。

不达目的不罢休

　　每年，美国的黄石公园都会有一些野牛被狼捕杀，其中不乏成年公牛。

　　重达一吨多、硕大健壮的成年野牛，连老虎、狮子也不敢轻易与之搏斗。为什么狼就敢于猎杀并最终赢得成功呢？

　　其实也没有太多技巧，无非紧紧跟随，不达目的不罢休。一直追到野牛疲倦，追到野牛体力不支为止。

　　有时候为了捕获猎物，狼往往一连几个星期追踪一只猎物，搜寻着猎物留下的蛛丝马迹。狼在捕猎的时候，通常不会一帆风顺，时刻都存在生命危险，但狼只要锁定目标，不管跑多远的路程，耗费多长时间，冒多大风险，它是永不放弃、永不言败的，直至追捕到猎物为止。

　　我们要做人生的强者，首先要做精神上的强者，做一个坚韧不拔、威武不屈的人。在你面临绝境无法摆脱时，在你气喘吁吁甚至精疲力竭时，你应该想象一下狼的忍耐力和意志力。在所有哺乳动物中，最具有韧性和意志力的非狼莫属，狼生存的最重要技巧就是能够把所有的注意力集中于要捕猎的目标上，它只盯准要猎捕的目标，不达到目的是决不罢休的。

　　有一部著名的美国电影叫《肖申克的救赎》，电影讲述的是年轻的银行家安迪因被判决谋杀自己的妻子，被送往美国的肖申克监狱终身监禁。遭受冤枉的安迪外表看似懦弱，但内心坚定，从进监狱的那天开始就下决心一定要离开这里。他在监狱里遇见了因失手杀人被判终身监禁的摩根·费曼，两人很快成为好友。肖申克监狱是当时最黑暗的监狱，典狱长利用罪犯做苦役，为自己捞了不少好处。狱警对囚犯乱施刑罚，甚至将囚犯活活打死。

　　面对如此险恶的环境，安迪没有自甘堕落，他办监狱图书室，为囚犯播放美妙的音乐，还利用自己的知识帮助大家打点财务。典狱长很快发现了安迪的特长，让他帮助自己洗钱做假账。在暗无天日的牢笼中，安迪从未放弃过对自由、对美好生活的追求，他每天用一把小鹤嘴锄挖洞，然后用海报将洞口遮住。用了20年的时间，安迪才完成了地洞的开凿，成功地逃出监狱并最终把典狱长绳之以法。

　　安迪在莫大的误解、冤枉、恶劣的生存环境之下，竟然能够一直朝自己的目标在努力，令人非常震撼，如果一个人能用这样的毅力和忍耐力做一件事，想不成功也难。坚韧不拔的斗志是所有伟大成功者的共同特征。他们也许在其他方面有缺陷和弱点，但是坚韧不拔的斗志是每一个成功者身上不可或缺的。无论他处境怎样，无论他怎样失望，任何苦难都不会使他厌烦，任何困难都不会打倒他，任何不幸和悲伤都不会摧毁他。过人的才华和丰厚的禀赋都不如坚持不懈的努力更有助于造就一个伟人。在生活中最终取得胜利的是那些坚持到底的人，而不是那些自认为自己是天才的人。但是，很少有人完全理解这一点：杰出的成就都源于坚韧不拔的斗志和不懈的努力。

杰出的鸟类学家奥杜邦在森林中刻苦工作了许多年。一次，在他度假回来时，发现自己精心创作的200多幅极具科学价值的鸟类绘画都被老鼠破坏了。回忆起这段经历，他说："强烈的悲伤几乎穿透我的整个大脑，我接连几个星期都在发烧。"但过了一段时间后，他的身体和精神都得到了一定的恢复。他又重新拿起枪，拿起背包和笔，走向了森林深处。

无论一个人有多聪明，如果他没有坚韧不拔的品质，就不会在一个群体中脱颖而出，更不会取得成功。许多人本可以成为杰出的音乐家、艺术家、教师、律师或医生，但就是因为缺乏这种杰出的品质，最终一事无成。

坚韧不拔的斗志是一种力量，一种魅力，它使别人更加信赖你，每个人都信任那些有魄力的人。实际上，当他决心做这件事情时，已经成功一半了，因为人们都相信他会实现自己的目标。对于一个不畏艰难、一往无前、勇于承担责任的人，人们知道反对他、打击他都是徒劳的。

坚韧的人从不会停下来想想他到底能不能成功。他唯一要考虑的问题就是如何前进，如何走得更远，如何接近目标。无论途中有高山、有河流还是有沼泽，他都会去攀登、去穿越。而所有其他方面的考虑，都是为了实现这个终极目标。

歌德曾这样描述坚持的意义："不苟且地坚持下去，严厉地驱策自己继续下去，就是我们之中最微小的人这样去做，也很少不会达到目标。因为坚持的无声力量会随着时间而增长到没有人能抗拒的程度。"

一个人为实现某个目标，焦虑到一定程度时，就会成为偏执狂。对此，英特尔公司总裁安迪·葛洛夫曾说："唯有偏执狂才能成功！"因为，在成功之前，在还看不到希望的时刻，绝大多数人都陆陆续续地放弃了，这就像是阿里巴巴创始人马云说的那样："今天很残酷，明天更残酷，后天很美好，但是绝大多数人死在明天晚上，见不着后天的太阳。"偏执狂却不一样，作为成功的少数派，他们能够始终坚持他们的目标，不管经历多少风雨险阻，不离不弃，直到"后天的太阳"升起，收获一个灿烂的黎明。

　　肯德基的创始人桑德斯上校在 65 岁时还身无分文，孑然一身，当他拿到生平第一张救济金支票时，金额只有 105 美元，但他没有抱怨，而是问自己："到底我对人们能做出什么贡献呢？我有什么可以回馈的呢？"

　　随之，他便思量起自己的所有，试图找出可为之处。头一个浮上他心头的答案是："很好，我拥有一份人人都会喜欢的炸鸡秘方，不知道餐馆要不要？我这么做是否划算？"

　　随即他又想到："要是我不仅卖这份炸鸡秘方，同时还教他们怎样才能炸得好，这会怎么样？如果餐馆的生意因此而提升的话，那又会怎样呢？如果上门的顾客增加，且要点我的炸鸡，或许餐馆会让我从其中抽成也说不定。"

　　好点子人人都会有，但桑德斯上校就跟大多数人不一样，他不但会想，而且还知道怎样付诸行动。随后他便开始挨家挨户地敲门，把想法告诉每家餐馆："我有一份上好的炸鸡秘方，如果你能采用，相信生意一定能够变得更好，而我希望能从增加的营业额里抽成。"

　　很多人当面嘲笑他："得了吧，老家伙，若是有这么好的秘方，你干吗还穿着这么可笑的白色服装？"这些话是否让桑德斯上校打退堂鼓呢？丝毫没有，因为他还拥有天字第一号的成功秘诀，那就是执着，决不轻言放弃。

于是，他驾着自己那辆又旧又破的老爷车，足迹遍及美国每一个角落。困了就和衣睡在后座，醒来逢人便诉说他的炸鸡配方。他为人示范时炸制的鸡肉，经常就是他果腹的餐点。

两年过去了，桑德斯上校近乎偏执的坚持终于为他换来了成功。在整整被拒绝了1009次之后，桑德斯上校听到了第一声"同意"，他的炸鸡配方终于被接受了。

或许偏执坚持的人，不一定都会有桑德斯上校最后那样好的结果，能够获得成功。但无论成功与否，有一点毋庸置疑，那就是：他们始终在不断争取、不断前进，向着目标切实努力着，也始终保持着继续坚持的勇气和永不妥协的执着。

一言以蔽之，坚持不懈者总是生活的强者。

以坚韧不拔的毅力，在绝望中开辟生存之路

在人类统治地球以前，狼曾是世界上分布最为广泛的野生动物之一。当人类的足迹遍布地球之后，狼的生存受到致命的打击。由于人们长期对狼的偏见和憎恨，大规模的捕杀几乎使它们面临灭顶之灾。在这样艰苦的生存条件下，狼仍然没有屈服于人类，它们不需要人的施舍，只希望能不被打扰，按自己的秩序和生活方式生存。

正因为这种坚持，使它们几乎从地球上灭绝，它们仍锲而不舍，自由地游荡于更为遥远偏僻的地方，哪怕需要大幅度的迁移，去适应更为严酷的气候和更为恶劣的环境。在辽阔的草原，在潮湿的热带雨林，在干燥的沙漠，在寒冷的北极，在世界上的许多地方都有狼群。这是何等顽强的生命，多么令人感慨的物种！

这就是狼族，即使它们处于绝望的境地，也要顽强地生存下去。

当一个人像狼一样陷入绝境的时候，又将会如何呢？

一个人陷入绝境的时候，通常会有两种不同的情绪：很大一

部分人会产生绝望的情绪，以至于思想崩溃，做出完全放弃甚至疯狂的行为；另有一小部分人则能做到冷静思考，想办法如何摆脱困境。

显然，第二类人的做法是正确的。第一类人的行为不但无助于摆脱困境，只能使自己处于更加被动的局面，对解决问题毫无帮助。从 1917 年 7 月到 10 月，松下幸之助投入了所有的创业资金，却只回收了不到 10 日元的资金。松下幸之助并没有因首战失利而陷入颓唐，相反，他还是如最初那样斗志昂扬。他的下一步准备是从产品改良着手，试图用高性能的产品突破销售的窘境。

然而，产品的改良是需要资金的。此时的松下幸之助已经到了连吃饭都成问题的地步，到哪儿去筹这笔钱呢？

时间一天一天过去了，原先雄心勃勃的森田君和林伊三郎不得不为了生计，离开了松下幸之助的电器制作所。

松下幸之助会退缩吗？他会回到那个仍希望他回去工作的电灯公司吗？不，他不会。他仍然独自地、默默地、苦苦地支撑着他的事业。

眼看年关快到了，那一年，大阪的冬天格外冷。松下幸之助的改良新插座制作因资金匮乏陷于停顿，照这样硬撑，家庭工厂在来年只有关门这条路了。但是天无绝人之路——12 月份的一天，松下非常意外地接到某电器商会的通知：急需 1000 个电风扇的底盘。对方说："时间很紧，如果你们的产品质量良好的话，每年需要两三万台的批量都是有可能的。"

松下并不知道他们是如何找到他这家濒临倒闭的家庭小作坊并下订单的。在第二次改良插座之际，他曾去过一些电器行做市场调查，也为第二次产品的销售事先联络感情。松下只是介绍他准备推出的新型插座，压根没谈及过电风扇底盘。

电风扇底盘是由川北电器行订购的。他们原来用的底盘是用陶器制作的，既笨重，又容易破损，于是，才想到改用合成树脂。他们挑选了好几家制造商，最后才确定选在松下的这家家庭工厂。这是因为他们认为松下生产的插座不好用，但作为原料的合成树脂本身却没有问题；松下的家庭工厂没有正规产品，因此会全力以赴地制作电风扇底盘。为此，他们还暗地里来探视考察过。那时候，大阪的电器制造厂家大都规模不大，不过松下的小作坊还不算特别寒碜。

松下马上把改良插座的计划搁下，全身心地投入到底盘制作中。妻子井植梅之又一次作出重大牺牲，把陪嫁首饰押到典当铺去。松下凭着这点珍贵而又可怜的资金，找模具厂定做模具。一连七天，松下都蹲在模具厂一个劲地亲自监督模具的制作。

这可是千载难逢的生意，如果耽误了，以后就不会有第二次。模具做好后，压制了六个样品送往川北电器行鉴定，他们说："可以，请立即投入批量生产，12月底先交1000只。如果好，紧接着再订购四五千只不成问题。"

松下带着内弟井植岁男投入制造，当时的设备只有压型机和煮锅。岁男刚刚15岁，个子特别矮小，力气也小，因此，压型全由松下一人担当。当时的压型机还没有配动力，全靠手工，这可是件笨重的体力活，对体弱的松下来说，实在是勉为其难。松下一心为赶时间出产品，并不觉得十分苦。岁男负责将成品擦亮，松下调料时他蹲在地上烧火。整个车间和卧房烟雾弥漫，刺鼻且有毒的柏油气味熏得人眼泪鼻涕淋漓俱下。

每天的进度是100只，不到月底，他们终于把1000只订货交清。电器行的职员满意地说："不错不错，川北老板一定会很高兴，我们会再给业务让你们做。"

松下收到 160 元现金，除去模具材料等费用，大约足足赚了 80 元钱。这是松下家庭工厂第一次盈利，他们的喜悦之情，难以言表。

松下幸之助在一次演讲中谈到"永远不要绝望"这一话题时，有一位年轻的听众问道："如果做不到怎么办？"松下幸之助斩钉截铁地回答："如果做不到的话，那就抱着绝望的心情去努力工作。"

松下幸之助所谓的"抱着绝望的心情"，并不是一种负面的、悲观的心情，而是一种不达目的不罢休、坚忍不拔的精神。"有志者，事竟成，破釜沉舟，百二秦关终属楚；苦心人，天不负，卧薪尝胆，三千越甲可吞吴"——靠的正是"抱着绝望的心情"去努力、去打拼的结果。

坚忍可以克服一切难关。试问诸事百业，有哪一种可以不经坚忍的努力而获得成功呢？

在贫困的农村，有无数因坚忍而成功的事实。坚忍可以使柔弱的女人们养活她们的全家；可以使穷苦的孩子努力奋斗，最终找到生活的出路；可以使残疾人靠着自己的辛劳，养活他们年老体弱的父母。除此之外，如山洞的开凿、桥梁的建筑、铁道的铺设，没有一件事不是靠着坚忍而成功的。人类历史上伟大的功绩之一——万里长城的修建，也要归功于建设者的坚忍。

在世界上，没有别的东西可以替代坚忍，教育不能替代，父辈的遗产和有力者垂青也不能替代，而命运则更不能替代。

秉性坚忍，是成大事立大业者的特征。这些人之所以能获得巨大的事业成就，或许没有其他卓越品质的辅助，但肯定少不了坚忍的意志。使从事体力者不厌恶劳动，使终日劳碌者不觉疲倦，使生活困难者不感到沮丧，原因都是这些人具有坚忍的品质。

依靠坚忍为资本而终获成功的年轻人，比以金钱为资本获得成功的人要多得多。人类历史上成功者的故事足以说明：坚忍是摆脱困境的最好药方。

已过世的克雷古夫人说过："美国人成功的秘诀，就是不怕失败，他们在事业上竭尽全力，毫不顾及失败，即使失败也会卷土重来，并立下比以前更坚忍的决心，努力奋斗直至成功。"

有些人遭到了一次失败，便把它看成拿破仑的滑铁卢，从此失去勇气，一蹶不振。可是，在刚强坚毅者的眼里，却没有所谓的滑铁卢。那些一心要得胜、立意要成功的人即使失败了，也不以一时失败为最后结局，还会继续奋斗。在每次遭到失败后再重新站起来，比以前更坚强地向前努力，不达目的决不罢休。

有这样一种人，他们不论做什么都会全力以赴，总是有着明确而必须达到的目标。在每次失败时，他们便笑容可掬地站起来，然后下更大的决心向前迈进。比如，美国南北战争时期的格兰特将军就从不知道屈服，从不知道什么是"最后的失败"，在他的词汇里面，也找不到"不能"和"不可能"几个字，任何困难、阻碍都不足以使他跌倒，任何灾祸、不幸都不足以使他灰心。

坚忍勇敢，是伟大人物的特征。没有坚忍勇敢品质的人，不敢抓住机会，不敢冒险，一遇困难，便会自动退缩，一获得小小的成就，便感到满足。

历史上许多伟大的成功者，都具有坚忍的品质。发明家在埋头研究的时候，是何等的艰苦，一旦成功，又是何等的愉快。世界上一切伟大事业，都是在坚忍勇敢者的手中诞生，当别人开始放弃时，他们却仍然坚定地去做。真正有着坚强毅力的人，做事时总是埋头苦干直到成功。有许多人做事有始无终，在开始做事时充满热忱，但因缺乏坚忍与毅力，不待做完便半途而废。任何事情往往都是开头容易而完成难，所以要估计一个人才能的高下，不能看他下手所做的事情有多少，而要看他最终的成就有多少。例如在赛跑中，裁判并不计算选手在起跑出发时怎样快，而是只计算跑到终点时间的先后。

所以，要考察一个人做事成功与否，要看他有无坚忍的品质，能否善始善终。坚忍不拔、锲而不舍是人人应有的美德，也是完成工作的要素。有些人在和别人合作完成一件事时，起先还是共同努力的，可是到了中途便感到困难，于是就停止合作了。只有那么一部分少数人还在勉强维持。可是这少数人如果没有坚强的毅力，工作中再遇到阻力与障碍，势必也会随着那放弃的大多数人，同归失败。所以，要想取得成功，就要培养和练就自己坚忍不拔的品性，无论遇到什么艰难困苦，都要保持奋发向上的热情，保持成功的信念，不断向着成功迈出坚实步伐。

（1）能吃多大苦，会享多大福

有人说：每一次挫折都带着具有等值好处的种子。这种观点很有道理。中国有句俗语，"能吃多大苦，就会享多大福"，说的也是这个道理。挫折与成功是一对对立的矛盾统一体。在你承受挫折的同时，往往也是你增长见识、增长能力、增长成功概率的良好时机。有时候，挫折甚至会带来超过自身价值的回报。所谓"不经历风雨，怎么能见彩虹。没有人能随随便便成功"，正是这种境界。正因为这种挫折是走向成功的必经程序，没有这样的挫折你就永远不能成功。从一定意义上说，还应该感谢挫折，是挫折为你带来了成功的种子。

每个人对待挫折的正确态度是：以积极的心态面对挫折，以高昂的热情挑战挫折，最终坚定自己战胜挫折的信心和勇气，并向着前方的目标挺进。维持这种态度的最好方式在于充分发展自己的意志力，将挫折看成挑战和考验。这个挑战，应该被接受为一项刻意传达的信息，必须适度修正自己的计划。看待挫折就好像看待病痛一般，显然，肉体上的病痛是大自然通知个人的一种方式，说明有些事情需要加以注意及矫正。病痛可能是福气，而非祸因。同理，当人遭遇挫折时所经历的心理痛苦，或许会带来不舒服的感受，然而，它却是有益的。

斯巴昆说："有许多人一生之所以伟大，那是来自他们所经历的大困难。"精良的斧头、锋利的斧刃是从炉火的锻炼与磨削中得来的。很多人，具备"大有作为"的才智，但是，由于一生中没有同"逆境"搏斗的机会，没有充分的"困难"磨炼，不足以刺激起其内在的潜能，而终生默默无闻。逆境不全是我们的仇敌，有时也算是恩人。逆境可以锻炼我们"克服困难"的种种能力。森林中的大树，不同暴风骤雨搏斗过千百回，树干不会长得结实。人不遭遇种种逆境，他的人格、本领，也不会完美。一切磨难、忧苦与悲哀，都是足以助长我们、锻炼我们的"增塑剂"。

在某次战役的一次战斗中，一颗炮弹把战区中的一座美丽的街心花园炸毁了。但在那被炮火所炸开的泥缝中，却忽然喷射出一股泉水。从此以后，这儿就成了一处永久不息的喷泉。

逆境与忧苦，能将我们的心灵炸碎。但在那被炸开的裂缝中，会有丰富的经验、新鲜的欢愉不停地喷射出来！有许多人不到穷困潦倒，不会发现自己的力量。灾祸的折磨，足以助我们了解自己。困苦、逆境，仿佛是将生命炼成"美好"的铁锤与斧头。唯有逆境、困难，才能使一个人变得坚强、变得无敌。

一位著名的科学家说："当他遭遇到一个似乎不可超越的难题时，就知道自己快要有新的发现了。"

初出茅庐的作家，把书稿送入出版社，往往要遭受"退稿"的冷遇，但"退稿"却造就了许多著名的作家。

逆境足以燃起一个人的热情，唤醒一个人的潜力而使他达到成功。有本领、有骨气的人，能将"失望"变为"扶助"，像蚌能将烦恼它的沙砾化成珍珠一样。鹭鸟一旦羽毛生成，母鸟会将它们逐出巢外，强行让它们做空中飞翔的练习。那种经验，使它们能于日后成为自由飞翔和觅食的能手。

凡是环境不顺利，到处被摒弃、被排斥的年轻人，往往日后会有大出息；而那些从小就生活在顺境中的人，却常常会"苗而不秀，秀而不宝"。自然往往在给予人一分困难时，同时也添给人一分智力。

贫穷、痛苦不是永久不可超越的障碍，而是心灵的刺激品，可以锻炼我们的身心，使得身心更坚毅、更强固。钻石越硬，则它的光彩越耀眼，要将其光彩显示出来时所需的摩擦也越多。只有摩擦，才能使钻石显示出它全部的美丽。火石不经摩擦，不会发出火花；人不经历坎坷，生命火焰不会燃烧。

年轻人在工作、生活中，如何对待挫折，既是成熟与幼稚的标志，也是能否历练成才的关键所在。如果一遇到丁点挫折就牢骚满腹，怨天尤人，则只能在挫折的泥淖中越陷越深。反之，就会使自己不断成熟，并最终把挫折附带的种子培育成灿烂的花朵和丰硕的果实，到那时你品尝到的将是成功之美酒。

（2）一次跌倒，并不是弱者

"在哪里跌倒，在哪里爬起来"是不逃避失败的一种态度，同时也可让同行的人看到"我某某站起来了"，但你必须先确定你走的路是对的。如果跌倒之后，发现原来是走错了路，也就是说，你走的是一条不能发挥你的专长、不符合你性格的路，为什么不能在别的地方爬起来呢？事实上，就有不少人做过很多种工作，最后才找到适合他的行业。而且，只要能够成功，谁在乎你从哪里爬起来呢？因为一次跌倒，并不能证明你是弱者。

为什么强调一定要爬起来，主要有以下几个理由：

人性是看上不看下、扶正不扶歪的。你跌倒了，如果你本来就不怎么样，那别人会因为你的跌倒而更加看轻你；如果你已有所成就，那么你的跌倒将是许多心怀妒意的人眼中的"好戏"。所以，为了不让人看轻，保住你的尊严，你一定要爬起来！不让他人小看，不让他人笑看。

"跌倒"并不代表你将永远起不来，但前提是你先得爬起来，才能继续和他人竞逐，躺在地上是不会有任何机会的，所以你一定要爬起来。

如果你因为跌重了而不想爬起来，那么不但没有人会来扶你，而且你还会成为人们唾弃的对象；如果你忍着痛苦要爬起来，迟早会得到别人的协助；如果你丧失"爬起来"的意志与勇气，当然不会有人来帮助你，因此，你一定要自己爬起来！

一个人要成就事业，其意志相当重要。意志可以改变一切，跌倒之后忍痛爬起，这是对自己意志的磨炼。有了如钢的意志，便不怕下次可能遭遇的挫折。因此，为了你今后漫长的人生道路，你一定要爬起来！

有时候人跌倒了，心理上的感受与实际受到伤害的程度不一样，因此你一定要爬起来。这样，你才会知道，你完全可以应付这次的跌倒，也就是说，知道自己的能力何在。如果自认为起不来，那岂不浪费了自己的大好才能？

总而言之，不管跌的是轻还是重，只要你不愿爬起来，那你就会丧失机会，被人看不起。这就是人性的现实，没什么道理好说。所以你一定要自己爬起来，并且能重新站立起来。就算爬起来又倒了下去，至少也是个勇者，而绝不会被人当成弱者。

至于跌倒了应在哪里爬起来，有人说"在哪里跌倒，就在哪里爬起来"，其实也不尽然，你也可在别的地方爬起来！

人的一生不可能一帆风顺，总有摔跤跌倒之时，这就是打击。但有一点要记住：不管你是什么形式的"跌倒"，不管你跌得怎样，要记住跌倒了，一定要爬起来！

意识到危机才有生机

在狼的世界里，"适者生存"的大自然法则依然持续运作着，最虚弱的狼也会消失。狼的生存主要是寄托在战胜对手、吃掉对手的方式上，否则会被饿死。而捕猎是危险的，狼在捕获猎物的时候，常常会遇到拼死抵抗的猎物，一些大型猎物有时还会伤及狼的生命。

一旦捕猎成功，狼还必须警惕其他不劳而获的动物的袭击。这些动物还经常袭击、捕杀狼的幼崽。狼必须时刻警惕来自不同方面的侵袭。

狼是一种时刻都保持危机感的动物。能生存多年的老狼，都经历了无数次的生存与死亡的战斗，很多次它们都是用自己的勇敢挽救了自己的生命。敌人在它们身上留下了太多的伤痕，而这些伤痕也见证了它们顽强的生命力。自然衰老而死亡的狼在狼群中所占的比例极其微小，只有1%～15%。从这个数字，我们就可以想象到狼群的生存环境是多么恶劣。

经验丰富的老牧民都知道，在狼吃食物时，任何人都不能靠近。一旦靠近，狼就会近乎疯狂地对人进行攻击。狼在吃食物时这种本能的表现就是因为在狼的头脑中存在着危机意识。没有食物，它们就不能生存。无论是在草原、森林，还是在雪原，狼要获得食物都要经过艰苦的努力，甚至要付出生命的代价。狼知道食物的宝贵，夺走它们的食物，就像夺走它们的生命。它们保卫自己的食物就相当于在保卫自己的生命。

狼必须时刻都保持高度的警惕性，因为危险时刻都围绕在它们身边。只要稍微放松，就有可能被猎人打死或者被其他肉食动物吃掉。

一般在离牧民居住区较近的地方，它们都会格外小心，会用嘴叼一些物体扔到牲畜尸体周围，来看看有没有陷阱。等探明了没有危险之后它们才放心地走过去，但也并不是立刻就去撕咬食物，而是用它们嗅觉灵敏的鼻子去闻闻尸体。如果有异常的味道，它们也不会去吃，因为那有可能是牧民们在牲畜的尸体上撒了毒药。

狼的这种危机意识，保障它们生存到现在。

"危机"是什么？"危机"源于医学用语，一般指人濒临死亡、生死难料的状态，有生的可能，又有死的威胁，后来被演绎成人们形容不可预期、难以控制的局面的词。

美国康奈尔大学做过一个有名的实验。经过精心策划安排，他们把一只青蛙突然丢进煮沸的开水里，这只反应灵敏的青蛙在千钧一发的生死关头，用尽全力跃出了那势必使它葬身的开水，跳到地面安然逃生。隔半小时，他们使用一个同样大小的铁锅，这一回在锅里放满冷水，然后把那只死里逃生的青蛙放在锅里。这只青蛙在水里不时地来回游动。接着，实验人员偷偷在锅底下用炭火慢慢加热。

青蛙不知究竟，仍然在微温的水中享受"温暖"，等它开始意识到锅中的水温已经使它熬受不住，必须奋力跳出才能活命时，一切已为时太晚。它全身乏力，呆呆地躺在水里，终致葬身在铁锅里面。

这个实验揭示了一个残酷无情的事实——一个人太过安逸，就会不思上进，从而失去对抗挫折的本能，当面临危险威胁的时候，毫无办法，只有乖乖屈服。

美国心理学家研究发现，居安思危、适度快乐的人往往比满足现状、高度快乐的人学历更高、更富有，甚至更健康。我国的古人就曾说过："居安思危，思则有备，有备无患。"意思是，即使现在处境安全也应考虑到可能出现的危险，只要有了这种意识就相当于有了准备，而有了准备就可以保证在危险发生时不造成损害。

人无远虑，必有近忧。在生活中，一定要有"居安思危"的危机意识，因为，它不仅能够帮我们化险为夷，更能够为我们的成功保驾护航。比如，日本著名企业家松下幸之助在总结其企业成功的经验时就特别强调，长久不懈的危机意识是使企业立于不败之地的基础。因为，危机意识是成功的保险。有了危机意识，就会激励人们奋发图强，防微杜渐，避免危机发生，即使危机发生了，也会挽狂澜于既倒，转危为安。

保持好的心态做事

狼始终保持积极的心态。原野中，狼在奔跑着，狂傲的长啸时时回荡在旷野上，透露着它的野性与傲慢。野狼似乎永远都处于高度亢奋的状态，它们往往一连几个星期地追踪一只猎物，踩着猎物留下的蛛丝马迹，轮流协作，接力追捕，在运动中寻找战机。它们只瞄准猎物，不达目的绝不放松。对于不能达到的目标，它们绝对不会做无意义的行为，不管是恐吓性的咆哮，还是无谓的奔跑。

其实，人也一样，做任何事情，都需要保持好的心情。好的情绪是做事成功的开始。

生活与事业上，永远不可能一帆风顺，总会有许多不如意的事。保持乐观的心态去面对生活与事业上的难题，怀着好心情去做事，才有利于解决问题。

心情就如一辆汽车的发动机，一旦你的心情出了问题，就会丧失前进的动力。虽然人人都知道好心情会使人生活得快乐、更容易走向成功，可是随着如今这个社会节奏的加快，似乎心情不好已经成为一种口头禅、流行病，影响人们的工作，影响人们的生活，也影响人们的事业成就。

马克思有句名言这样说道："一种美好的心情要比十服良药更能解除生理上的疲惫和病理上的痛苦。"一个人心情的好坏会直接影响到生活、学习和工作。

一个病重的女儿对她的父亲抱怨，说她的生命是如何如何痛苦、无助，她是多么想要健康地走下去，但是她已失去方向，整个人惶惶然，只想放弃。她已厌烦了抗拒、挣扎，但是问题似乎一个接着一个，让她毫无招架之力。

父亲二话不说，拉起心爱的女儿，走向厨房。他烧了三锅水，当水滚了之后，他在第一个锅子里放进萝卜，第二个锅子里放了一颗蛋，第三个锅子里则放进了咖啡。

女儿望着父亲，不明所以，而父亲则只是温柔地握着她的手，示意她不要说话，静静地看着滚烫的水，煮着锅里的萝卜、蛋和咖啡。一段时间过后，父亲把锅里的萝卜、蛋捞起来各放进碗中，把咖啡滤过倒进杯子，问："你看到了什么？"

女儿说："萝卜、蛋和咖啡。"

父亲把女儿拉近，要女儿摸摸经过沸水烧煮的萝卜，萝卜已被煮得软烂；他要女儿拿起一颗蛋，敲碎薄而硬的蛋壳，让她细心观察着这颗水煮蛋；然后，他要女儿尝尝咖啡，女儿笑起来，喝着咖啡，闻到浓浓的香味。

女儿谦虚恭敬地问："爸，这是什么意思？"

父亲解释说："这三样东西面对相同的环境也就是滚烫的水，反应却各不相同：原本粗硬、坚实的萝卜，在滚水中却变软了，变烂了；这个蛋原本非常脆弱，那薄而硬的外壳起初保护了它液体似的蛋黄和蛋清，但是经过滚水的沸腾之后，蛋壳内却变硬了；

而粉末似的咖啡却非常特别，在滚烫的热水中，它竟然改变了水。"

"你呢？我的女儿，你是什么？"父亲慈爱地问虽已长大成人却一时失去勇气的女儿，"当逆境来到你的门前，你做何反应呢？你是看似坚强的萝卜，但痛苦与逆境到来时却变得软弱，失去力量吗？或者你原本是一颗蛋，有着柔顺易变的心？你是否原是一个有弹性、有潜力的灵魂，但是却在经历死亡、分离、困境之后，变得僵硬顽强？或者，你就像是咖啡？咖啡将那带来痛苦的沸水改变了，当它的温度升高到100℃时，水变成了美味的咖啡，也就是说当水沸腾到最高点时，它就变成了美味。

"如果你像咖啡，当逆境到来、一切不如意时，你就会变得更好，而且将外在的一切转变得更加令人欢喜，懂吗？我的宝贝女儿？是让逆境摧折你还是你来转变，让身边的一切事物感觉更美好、更善良？"

面对人生这杯滚烫的水，你的反应不同决定了你的人生最终变成什么样。人要好好地生活，不能被生活所俘虏，生活中会遇到许多意想不到的事情，有激动和震荡，有高潮和低潮。对那些被积极的心态所激励，想成为成功者的人来说，不管人生给了他多么痛苦不堪的际遇，他都能在黑暗中看到光明。

从心理学角度来看，一个人心情好的时候头脑属于最灵活的时期，思维特别地灵敏，做事情的效率要远远高于心情不好的时候。因此，无论到任何时候，我们都要保持良好的心态，用快乐的心情迎接每件事情，也只有这样，我们才能把事情做得更好。

当一个人心情开朗的时候，对什么都会充满热情，对生活也会充满希望，做起事来也会积极上进。那么，自然也就会顺顺利利，最终走向成功的顶峰。其实，人的开始并没有太大的区别，命运都掌握在自己的手中，之所以有人成功，有人失败，往往都是他们的心理问题，不能用良好的态度面对生活以及自己所做的事情，这才是他们真正走向失败的原因。因此，我们一定要用明亮心情去面对一切，这样，我们的未来一定会一片光明。

心情将会直接影响到我们的生活、工作和学习，拥有平静的心情不仅会使我们生活得更加快乐，也会使我们在成功的道路上走得更加顺畅。

人非圣贤，孰能无过？人类都是感性的动物，无论是谁都会遇到一些或大或小的烦恼的事情。有些烦恼是可以避免的，是可以解决掉的，而有些事情可能就是没有办法的。当我们遇到这种事情的时候该怎么办？大多数人会变得闷闷不乐、唉声叹气，很明显，如果抱有这样的心态，那事情永远都不会得到解决。我们要做的是不要一直沉浸在烦恼之中，要学会忘记。在有些时候，我们还可以将这种心情发泄出去。

一位心理学家曾这样说道："当你无法改变事实给你带来的烦恼时，就要学会忘记烦恼，这是你唯一重新获得快乐的方法。"

烦恼是伤害我们心灵的毒药，烦恼是好心情的克星，有它在，人就不可能会生活得快乐。心理学研究表明，当一个人心情不好，生活不快乐时，他的身体健康程度就会下降，个人的反应能力也会随之而降低，前进的动力和做事的效率都会降低。所以说，为了生活的幸福，获得更好的发展，我们一定要学会清洗自己的心灵，千万别让烦恼损害我们。

很久以前有位禅师，他在得道之前曾跟着龙潭大师学习，龙潭大师日复一日地要求他诵经苦读，时间久了他便有些耐不住性子了。

一天，他跑来问师父："我就是师父翼下正在孵化的一只小鸡，真希望师父从外面尽快地啄碎蛋壳，让我早些破壳而出！"

大师笑着说："被别人破开蛋壳而出来的小鸡，永远不能生存下来。你突破不了自我，最后只能死于腹中。不要指望师父给你带来什么帮助。"

他推开门走出去时，看到外面非常黑，就说："师父，天太黑了。"大师便给了他一支点燃的蜡烛，他刚接过来，大师就把蜡烛吹灭，并严肃地对他说："如果你心头一片黑暗，那么，什么样的蜡烛都无法将其照亮！而只要你点亮了心灯一盏，天地自然就会一片光明。"

听完师父的话，他醍醐灌顶，后来果然青出于蓝，成了一代大师。

想要有平静的心态和快乐的情绪，就要学会清除内心的黑暗，烦恼只存在于人的心中，只要你能点燃心中的那盏灯，黑暗就会被照亮，烦恼也就会随之消失。

亨利曾写过这样的诗句："我是命运的主人，我主宰自己的心灵。"既然人生不售回程票，我们更应当珍视我们的人生，享受我们的生活，不管上天给我们安排了什么样的旅伴，我们都要把握住自己的内心，积极地塑造自己的未来。

第六章
狼行千里，强者心态

　　狼行千里吃肉，马行千里吃草，活鱼逆流而上，死鱼随波逐流。再艰苦的生存环境，也没有影响狼积极的心态。狼有不知疲惫的激情，有战斗到底的信念，有放手一搏的勇气，有不甘摆布的血性，有舍我其谁的自信，有临危不乱的沉静……这一切都来自它们积极的心态。

不知疲倦的激情

> 在极其艰难复杂的生活环境中，狼从没有消沉、懈怠、萎靡和颓废；即使有的时候，不得不面对狮子、老虎等强大的敌人，狼也从不绝望，这个自然界的精灵始终保持着昂首向上的激情。

这点值得我们学习。

一个人没有了热情和激情，同样是可怕的，行尸走肉似的过了一天又一天，等到暮年才恍然悔悟，会有一种很痛苦的后悔袭上心头的。

有人说人生如戏，要永远珍惜。就像《喜剧之王》中的尹天仇，他什么都没有，只有演戏的激情以及他十分珍惜的演员称号。在他看来，跑龙套也是演员。确实如此，一个人无论多么卑微，在舞台上扮演多么可怜的角色，那都是自己，都是演员。我们很羡慕别人拥有财富，我们经常把自己比作穷人。其实我们每一个人都不穷，我们拥有知识、有理想、有文化。其实真正有理想的人是永远都不会被困住的，困境只不过是茧，总有一天，自己会破茧而出，成为一只美丽的蝴蝶。而在与困境的斗争中，我们锻炼了自己的能力，锻炼了自己的才干，这就是蝴蝶的强有力的翅膀。无论我们处在如何卑微的位置，永远要相信自己是人生的主角，只有保持这样一种姿态和心态，才能够最后取得大成功。

作为戏中的唯一主角，任何时候都不能自暴自弃。自暴自弃意味着人生这场戏已经提前结束。自暴自弃或许能够得到一时的心理安慰，但是从长远来看，绝对是有百害而无一利的。无论在生活中受到怎样的打击，我们都要坚信打击能够促使自己更快地成长，它并不是负担，也不是让我们消沉的理由。有些人一受到打击，就沉沦，就消沉，这实际上是给自己找个借口，以图一时的安逸。受到的打击不应该成为我们的借口，而应该成为成长的食粮。有些人过了25岁就没有了理想，可能是因为习惯了生活。生活是平淡的，但并不允许我们平庸。能取得大成功的人一定不会在平淡生活中沉沦，他们有信心、有毅力，即使没有观众，他们也专心地扮演着自己的角色。历史上有成就的人往往都是孤独的，他们从来就不沉沦，即使看不到前途，他们凭借自己的使命在专心做自己的事情，正是这种坚持不懈，才取得了最后的成功。

作为人生的主角，我们要做的事情很多。我们要确定自己所想扮演的角色，我们要规划自己的人生目标，我们要确定自己的人生方向。我们不能浑浑噩噩地站在舞台上茫然不知所措。我们要用有限的时间尽可能地展现自己的风采，赢得人们的喝彩。我们要学会按照自己的意愿来做人做事，不要过分看别人脸色。我们要知道珍惜，不要再错过，已经错过的，就让它过去，不要再恋恋不舍。我们要学会把自己一生的时间用于最想做的事情。我们不要再为没有财富而苦恼，当然我们也不能放弃追求财富的种种努力。我们要学会做一个有主见、有思想、有方向的人，而不要做一个随波逐流、人云亦云的人。我们要成为大成功者，这种成功重要的是过程，而不是结果。同时，这种成功和别人的不一样，是别人无法取得的。不要花时间去嫉妒和谈论别人，要用更多的时间努力演出、努力付出，只有这样，才能演好人生这部戏。

需要特别强调的是，无论在任何时候我们都要充满激情和热情，努力投入地去生活。要学会在生活中找到更正确、更适合自己的目标，并且朝着这些目标不断地前进。与那些有着光鲜背景的互联网神话制造者不一样，创业之初的马云太普通了。他没有多少钱，创办公司的时候甚至只能把家当办公室，但他最大的特点是喜欢梦想、富有激情，经常沉浸在构筑童话的梦想中，并为自己的梦想激动不已、激情四射。他也善于把自己的梦想传递给他的团队，并以此激励他们，通过不断奋斗把梦想一步一步变成现实。

1995 年 9 月，步入而立之年的马云，因精通英语被邀请赴美做商业谈判的翻译。一次偶然的机会，他接触了 Internet，当时在美国互联网已方兴未艾，而在中国触网的人还寥寥无几，他看到了网络改变世界的巨大能量，从美国带回了创业梦想。回国后，马云便决定辞职创办中国第一家互联网商业网站——中国黄页。在辞职前的一个晚上，马云邀请 24 个朋友一起来"共议大事"，朋友们的反应出奇一致，23 个人说不行，只有一个人说可以试试。但马云没有听进朋友们的"逆耳忠言"，反而坚定了自己的行动决心。为了梦想，马云义无反顾，一头扎进了 Internet 这个"汪洋大海"，于是一个新版的阿里巴巴故事从此开始。他后来说："刚开始做 Internet，能不能成功我也没信心。只是，我觉得做一件事，无论失败与成功，总要试一试，闯一闯，不行你还可以掉头；但是你如果不做，总走老路子，就永远不可能有新的发展。"那时，大家还不懂互联网，打开一个网页也需要漫长的时间，马云到处推销他的"中国黄页"，曾被人当作"骗子"。

1999 年 2 月 21 日，阿里巴巴第一次员工大会在位于湖畔花园的马云家中召开。马云为自己的梦想所激励，手舞足蹈地发表激情演讲："就是往前冲，一直往前冲。十几个人手里拿着大刀，啊！啊！啊！向前冲，有什么好慌的。"他用美好的梦想激励大家，在未来的三五年内，阿里巴巴一旦成为上市公司，他们每一个人所付出的所有代价都会得到回报。当时有人问马云阿里巴巴的前景，马云说，以 50 万元起步的阿里巴巴将来市值将达到 50 亿美元。许多人都笑了，认为是幻想，几乎无人相信。

英国人威廉·菲利浦年轻时是一个牧羊人，生活比较清苦。但是，威廉身上特有的敢闯荡的血性，那颗永不安定的心时时提醒他：眼前的生活不是他的理想。

威廉决定放弃目前的工作和生活，立志成为一名航海家，去周游世界。他打算先从一名搏击风浪的海员做起。决定一经做出，立刻招致家人强烈的反对。可是，威廉却下定决心，要挑战命运，他要让上帝震惊。

为了实现自己的理想，威廉开始利用一切闲暇时间刻苦攻读，钻研技术，经过别人的悉心指点和自己的勤奋努力，他的技术日渐娴熟。后来，在波士顿，他邂逅了一个有些家产的年轻寡妇并坠入了爱河。成家后，威廉用自己的双手围起了一个小院子，开始造船，经过几个月的艰苦劳动，船终于下水了。

一天，威廉正在街上闲逛时，无意中听说一只载有大量金银珠宝的西班牙船只在巴哈马失事了。这一消息极大地刺激了他的冒险欲望，他立刻与一个可靠的伙计驾船前往巴哈马。他们发现了这只船，打捞了许多货物，但是值钱物很少，尽管如此，这次经历大大增强了他干事业的胆量和信心，这才是他获得的真正财富。后来，有人告诉他，半个多世纪以前，有一只满载金银财宝的船在普拉塔这个地方遇难沉没，威廉当即决定打捞这些稀世珍宝。

在英国政府的帮助下，威廉率船安全抵达黑斯盘尼亚那海岸，开始了艰苦的搜寻工作。可是，几周过去了，除了打捞上来不少海藻、卵石和碎片外，他们一无所获。失望的情绪开始在海员中蔓延，他们低声抱怨威廉无聊又盲目。

终于一些海员的怨恨白热化了，他们酝酿了可怕的阴谋，准备将这只船扣留，把威廉扔进海里喂鱼，然后在南海一带作海盗式巡游，随时袭击西班牙人。可是，这个计划不幸被木工泄露了，威廉立即集合了自己的亲信，用武器和勇气控制了局面，平定了叛乱。由于船只在这次叛乱中受损，威廉不得不暂时放弃打捞计划，将船送回英国修理。

回到英国后，威廉立即着手筹集资金，准备再次远航。可是因为政府正面临各种危机，已无暇顾及威廉的淘金计划。威廉别无他策，只好靠募捐来收集必需的钱财，这招致了很多人的嘲笑，他们称他是高级的要饭花子，但是威廉不予理睬，他软磨硬泡，终于有了启动资金。在长达四年之中，他不厌其烦地向有影响的大人物宣讲自己的伟大计划，劝说他们资助，他终于成功了，由20个股东组成的公司成立了。

有了充足的资金和丰富的经验，又一次冒险而充满激情的远航开始了。

也许是威廉的精神感动了上帝，这次远航终于有了圆满的结果。在安详、静谧的大海下，威廉打捞上来的珠宝价值 30 万英镑，这可不是一笔小数目。威廉带着这批珍宝启程回国，国王赏赐给威廉 20000 英镑，同时，为了嘉奖威廉勇敢的行为和诚信的品格，国王授予他爵士的光荣称号，并任命他为新英格兰郡长。

纵观威廉伟大而传奇的一生，正是激情改变了他的命运。如果没有这种激情和血性，威廉也许还是个牧羊人，生命对他来说，只不过是平淡无奇的虚耗。

人生的路上有一个个加油站，它们并不是固定的，地图上也找不到，需要靠你自己的力量去发现，而每找到一座加油站，你就可以给自己加油了，加的当然是激情。可以说，任何事情要想做成功，都需要激情作动力。

为什么郁闷无聊成了我们的口头禅，因为我们缺少激情。生活、学习、工作，这些都累得我们喘不上气，整天忙忙碌碌疲于奔命。这样有意思吗？

有一次，美国一位部长问比尔·盖茨："我在微软参观时，看到每一个员工都非常努力、非常快乐。你们是如何创造这样的企业文化的？"比尔·盖茨回答："我们雇用员工的前提是，这个员工对软件开发是有激情的。"这是微软成功的必要前提。

激情总与梦想相伴，高昂的激情来自发自内心的兴趣。在工作中培养激情，在激情中愉快工作，提高的不仅仅是工作质量，而且还有人生的境界，做人的价值。激情的工作成就着我们的事业，而激情的人生将使我们幸福快乐。如果说激情是"火焰"的话，那么，兴趣就是点燃激情的"火种"。因为追求自己的兴趣而充满激情，因为激情而享受快乐！有了兴趣，就能激发潜力，一个人就可能不断获得成功，就可能达到卓越的境界。反之，如果做自己没有兴趣的事，只会事倍功半，还很有可能一事无成。

如何培养激情呢？其要有三：一是选你所爱——不必太在意别人或社会是否看重，用但丁的名言说，就是"走自己的路，让别人去说吧"！二是爱你所选——当你没有选择或不容易改变现状时，"爱你所选"的尝试加上积极乐观的态度，会帮你找到光明之路；三是忠于兴趣——一旦培养了自己的兴趣，就一定要珍惜并全力以赴，勇敢执着地坚持下去，一定会有所收获。

对于"激情"，马云曾这样说，年轻人都有激情，但年轻人的激情来得快去得更快，持续不断的激情才是真正值钱的激情。你可以失去一个项目，丢掉一个客户，但你不能失去做人的追求，这就是激情。失败了再来，这就是激情。与其说马云是一个企业家，不如说他是一个"造梦人"。他是一个激情四射的创业者，是一个伟大理想的布道者，是一个辉煌梦想的鼓吹者。马云用鲜活的事实证明了一个道理：只要我们拥有梦想、激情和不断努力，就有可能到达成功的彼岸。

战斗到底的信念

《狼图腾》里描写了这样一个场景：在一个风雪交加的夜晚，群狼和马群在一个沼泽处展开了殊死的搏斗，最后，狼群取得了胜利。马群之所以失败，其实并非归咎于它们没有战斗力，而是因为对手对取胜的信念太顽强了。狼的这种必胜信念来源于它们战胜对方的信念，它们知道，一旦生命丧失了信念，就如同一把火炬快要结束燃烧。信念，让狼变得更加勇猛。

信念是一种心理动能。信念就其内在产生过程来讲，是指人们对基本需要与愿望强烈的坚定不移的思想情感意识。

一片茫茫无垠的沙漠，一支探险队在负重跋涉。阳光很强烈。干燥的风沙漫天飞舞，而口渴如焚的队员们没有了水。

这时候，探险队队长从腰间拿出一只水壶。说这里还有一壶水，但穿越沙漠前，谁也不能喝。

那壶水从队员们手里依次传开来，沉沉的一种充满生机的幸福和喜悦在每个队员濒临绝望的脸上弥漫开来。终于，探险队员们一步步挣脱了死亡线，顽强地穿越了茫茫沙漠。他们相拥着为成功喜极而泣的时候，突然想起了那壶给了他们精神和信念以支撑的水。

拧开壶盖，汩汩流出的却是满满一壶沙。在沙漠里，干燥的沙子有时候可以是清冽的水——只要你的心里驻扎着拥有清泉的信念。

是什么使他们挣脱了死亡线？是信念——一壶水的信念，使他们走出了沙漠。没有这份坚定的信念，他们很可能陆续在沙漠中倒下，与这些干燥的风沙永远结伴！

信念是呼吸的空气，是沙漠中旅人的清泉，是我们心中的太阳。信念坚定的人，为它无怨无悔地工作，尽心尽力地奋斗，克服前进道路上的坎坷与荆棘，取得辉煌的成就。

愚公的信念是平掉屋前的两座高山，于是他带领子孙，挖山不止，最终感动了天帝。爱迪生怀着发明电灯的信念，先后找了1600种耐热材料，反复试验近2000次，终于制作出世界上第一盏电灯。中国女排运动员们怀着摘取世界冠军桂冠的信念刻苦训练、顽强拼搏，勇夺"五连冠"殊荣。

如果把人生比作杠杆，信念刚好像是它的"支点"。具备了这恰当的支点，就能成为一个强有力的人。

罗杰·罗尔斯是纽约历史上第一位黑人州长。他出生在声名狼藉的大沙头贫民窟。在这儿出生的孩子，长大后很少有人能获得体面的职业。然而罗杰·罗尔斯是个例外，他不仅考入了大学，而且成了州长。在他就职的记者招待会上，罗尔斯对自己的奋斗史只字不提，他仅说了一个非常陌生的名字——皮尔·保罗。后来，人们才知道，皮尔·保罗是他小学的一位校长。

1961年，皮尔·保罗被聘为诺必塔小学的董事兼校长。当时正值美国嬉皮士流行的时代。他走进大沙头诺必塔小学的时候，发现这儿的穷孩子比"迷惘的一代"还要无所事事，他们旷课斗殴，甚至砸烂教室的黑板，当罗尔斯从窗台上跳下，伸着小手走向讲台时，校长对他说："我一看你修长的小拇指就知道，将来你是纽约州的州长。"

当时罗尔斯大吃一惊，因为长这么大，只有他奶奶让他振奋过一次，说他可以成为五吨重的小船的船长。这一次皮尔·保罗竟然说他可以成为纽约州的州长，着实出乎他的意料。他记下了这句话，并且相信了它。

从那天起，成为"纽约州州长"就像一面旗帜。他的衣服不再沾满泥土，他说话时也不再夹杂着污言秽语，他开始挺直腰杆走路，他成了班主席。在以后的40多年间，他没有一天不按州长的身份要求自己。51岁那年，他真的成了州长。

在他的就职演说中，有这么一段话，他说："在这个世界上，信念这种东西，每个人都可以免费获得，所有成功者最初都是从一个小小的信念开始的。"

当然，信念不是盲目的痴人说梦，信念必须自己有把握，胸有成竹。凡是使用过电脑的人相信对"微软"这家公司不会陌生，然而大多数的人只知道它的创始人之一比尔·盖茨是个天才，却不知道他为了实现自己的信念而孤独地走在前无古人的路上。

当时盖茨发现，在墨西哥州阿布凯基市有家公司正在研究发展一种称为"个人电脑"的东西，可是它得用 BASIC 程序语言来驱动，于是他便着手开始写这套程式并决心完成这件事，即使他并无前例可循。盖茨有个很大的长处，就是一旦他想做什么事，就必有把握给自己找出一条路来。在短短的几个星期里盖茨和另外一个搭档竭尽全力，终于写出了一套程式语言，因而也使得个人电脑问世。

盖茨的这番成就造成一连串的改变，扩大了电脑的世界，30岁的时候他就成为一名家财亿万的富翁。的确，有把握的信念能够发挥无比的威力。

信念的力量无疑是巨大的，他能给予人的希望和动力，让人始终朝他所追求的方向前进，并且永不停止或回头，直至到达目的地。当苏武被流放到北海时，那里的生活条件、气候条件都非常艰苦。天下雪，苏武就躺在地窖嚼着雪和毡毛一同吞下去。很多时候他只得挖野鼠储藏在穴中的野果来吃。别人看到他没死，都还以为他是神。当匈奴的单于想要封他公爵给他锦衣玉食时，他断然拒绝。他不追求荣华富贵、功名利禄，因为他知道，他所要报效的朝廷不是在这里。他被扣留在匈奴共 19 年，当初是在身强力壮的情况下出使的。等到回来时，胡须和头发都白了，俨然一个瘦弱的老人，但他绝不后悔当初自己的选择。他靠的是什么？靠的就是坚定的信念！一个人一旦失去了信念，那么"哀莫大于心死"，生存的目的便空无了。

坚定自己的信念，你就会收获丰富，你就会得到成功。所以继续追求你所追求的，不要放弃，因为，信念会给你力量。

放手一搏的勇气

狼永远不会学狗，夹着尾巴逃走。

在狼的世界里，没有捕捉不到的猎物，只要下定追赶的决心。

在狼的世界里，没有争夺不到的食物，只要充满挑战的勇气。

人们常说"初生牛犊不怕虎"，这其实并不是太正确，刚刚诞生的牛犊，没有什么意识，就像新出生的婴儿一样，当然无所畏惧，稍有意识后，它看到老虎其实是会打哆嗦的，而狼则不同，越长大越有勇气，即便是老虎侵犯自己也会勇敢地扑上去，这就是狼的勇气。

要想成大事，具备狼一样的勇气是必备要素，因为只有有了勇气，你才能充满信心地面对一切、挑战一切，在遭受苦难和挫折时，不会畏惧，也不会逃避，有坚定地击败它的信心和决心。

威廉·波音曾经是一个经销木材和家具的普通商人。在他观看了一场飞机特技表演后，迷上了飞机。于是，他决定前往洛杉矶学习飞行技术。

但是，他买不起飞机，他的年龄也限制了他成为飞行员的可能，学会驾机技术有什么用呢？看来，要满足驾机遨游长空的愿望，只能自己制造飞机。波音冒出了如此大胆的想法。

通过各方面的学习，波音逐步地了解了飞机的结构和性能。有了一定的准备之后，他开始找人合作，共同制造飞机。

那时候，他们不但没有工厂，甚至连一个受过专门训练的制造工人也找不到。波音只好动员他那家木材公司的木匠、家具师和仅有的三名钳工进行组装——这简直形同儿戏，飞机能在这样的情况下制造出来？

但不可思议的是，他们真的将飞机制造出来了。这是一架水上飞机，波音亲自驾着它进行试飞，并且取得了成功。

波音的信心高涨，他索性将木材公司改成飞机制造公司，专心研制飞机。时至今日，全世界每天有数千架波音公司生产的飞机在天空飞行，谁能想到它起步之初的状况是多么不可思议呢！

威廉·波音的故事告诉我们：很多我们"不可能"做到的事，只要我们把焦点放在"如何去做"，而不是想着"这是办不到的"，就有可能做到。

威廉·波音在晚年时，曾对采访他的一个年轻记者说："面无惧色地面对每一次考验，你会得到力量、经验与信心……你必须做你做不了的事。"当我们面对一些似乎不可逾越的障碍时，只要我们有勇气向它们挑战，我们的信心也就从中诞生，得到锤炼，变得无比坚定。

"不可能"先生死了，信心才能诞生。唐娜是一位即将退休的美国小学老师，一天她要求班上的学生和她一起在纸上认真填写自己认为"不可能"的事情。每个人都在纸上写下他们所不可能做的事，诸如"我不可能做 10 次仰卧起坐""我不可能吃一块饼干就停止"。唐娜则写下"我不可能让约翰的母亲来参加母子会""我不可能让黛比喜欢我""我不可能不用体罚好好管教亚伦"。然后大家将纸张投入了一个空盒内,将盒子埋在了运动场的一个角落里。唐娜为这个埋葬仪式致辞:"各位朋友,今天很荣幸能邀请各位来参加'不可能'先生的葬礼。他在世的时候,参与我们的生命,甚至比任何人影响我们还深。……现在,希望'不可能'先生平静安息……希望您的兄弟姐妹'应该能''一定能'继承您的事业——虽然他们不如您来得有名,有影响力。愿'不可能'先生安息,也希望他的死能鼓励更多人站起来,向前迈进。阿门!"

之后,唐娜将"不可能"纸墓碑挂在教室中,每当有学生无意说出"不可能……"这句话时,她便指向这个象征死亡的标志,孩子们就立刻想起"不可能"已经死了,进而想出积极的解决方法。唐娜对孩子们的训练,实际上是我们每个人必修的功课。如果我们经常有意无意地暗示自己"不可能",那么,这种坏的信念就会摧毁我们的一切,而"应该能""一定能"等积极的暗示,则可以调动起我们积极的潜意识,使我们踏上成功之路。

时代潮流涌动,强者往往独立潮头,让我们欣羡不已。他们总是如此成功,难道有三头六臂吗?谁也没有三头六臂,但强者之所以成为强者,也总是有原因的。他们往往敢为别人所不敢为,具有一种"舍我其谁"的大气魄。凭借着这种气魄,他们敢于像钱塘江的弄潮儿一般,在浊浪排空的潮水中弄潮搏击,做第一个吃螃蟹的人。

刘磊就是靠"为人不敢为"的生意而发财的。

2003年5月,伊拉克战争爆发了。刘磊通过电视新闻看到两条消息：一条消息说，伊拉克被美军占领后，抵抗组织频频向美军发起人肉炸弹袭击，导致大量美军士兵龟缩在军营不敢外出；另一条消息则说，频繁的袭击导致美军伤亡率上升，美国军方为了稳定战区军心，决定大幅度提高驻伊拉克人员的战地补助。看到这里，刘磊突然想："当地美军拿了高额补助却不能出门消费，若是我能到美军军营附近做生意，岂不是获得了独到的大好商机？"

一开始，由于没有通行证，守卫绿区的美军士兵不允许他进去。但破釜沉舟的刘磊还是拿着印制精美的中餐菜谱，告诉门口荷枪实弹的美国兵，他要在绿区开餐厅做中餐！美国兵一听顿时显得非常高兴，竟然例外地给予了一点小小的方便："放行！"在请了颁发"绿区"通行证的格里菲斯上尉两次客后，刘磊拿到了"绿区"通行证。

在绿区开餐厅的成本低——巴格达市场上，美国产5公升罐装的大豆油折合人民币12元；越南产50公斤装的大米折合人民币80元，黑市价更是低得惊人，每罐煤气只要人民币1元5角；而绿区之内是美军的天下，伊拉克临时政府的"城管""工商"都不敢进去收费，甚至连水电费都免了！

在如此低廉的成本之下，刘磊做出的饭菜可一点儿也不便宜，一盘普通扬州炒饭的价钱是5美元——折合人民币40元，是国内的10倍！刘磊在"绿区"没有竞争对手，中餐厅独此一家，他的生意想不好都难！就这样，火爆的生意让刘磊月平均盈利达1万美元左右。

2004年4月，刘磊又发现了另一条生财途径，那就是卖酒。当时美军规定士兵不得饮酒，但美国士兵又特别喜欢喝酒。开始时他也不敢卖，后来经常有美国士兵向他买酒，还提醒说，如果卖酒，可以"get much money"（赚更多钱）。这是刘磊第二次听到这句话。于是，他去绿区外面的地下市场带酒进来，偷偷地卖给美国大兵。一瓶 2 美元的威士忌，在绿区他可以卖到 10 美元。光靠这一项每天就可以进账 4000 美元，利润高达 5 倍。

刘磊的餐厅外面有一个美军的直升机停机坪，每天都有美军的巡逻直升机停在那里，美国大兵一下飞机就提着两米长的炮弹箱跑进来大喊："我只有 10 分钟休息时间，快点装酒，全部装满。"他们装满酒以后又赶紧盖上盖子，然后假装运炮弹，将酒运上直升机拉走了。一箱可以装几十瓶酒，刘磊可以卖到 2000 多美元，有时每天都可以接待几趟直升机顾客，生意好得不得了。

到了 2005 年 3 月，伊拉克局势稳定，临时政府开始全面接管政权，刘磊在巴格达绿区的餐厅这才结束。他顺利回国，全部经营时间不过 1 年零 3 个月，赚得的美元折合人民币 308 万元。

刘磊的机遇可遇不可求，但值得借鉴和学习的却是他的这种弄潮的大气魄。一句俗语说得好，"人不胆大事不成"。很多时候，我们要想有所作为，成就一番大事，没有敢于跳进潮流中击水搏浪的气魄是不行的。

不甘摆布的血性

在人类繁荣昌盛以前，狼曾是世界上分布最为广泛的野生动物。当人类在地球上繁衍之后，人们开始大量地对狼进行猎捕。狼的生存面临着前所未有的危机。

在人类的强大打压下，狼虽然明白它们无法与人类抗衡，但它们也并没有屈服，它们不需要人的施舍，只希望能不被打扰，按自己的社会秩序和生活方式生存。正因为这种坚持，使它们几乎从地球上灭绝，然而它们仍锲而不舍，自由地游荡于更为遥远偏僻的地方，哪怕需要去适应更为严酷的气候和更为恶劣的环境。这就是狼族的生命尊严。

在阿根廷的潘帕斯大草原上，人们曾经梦想能够驯服草原野狼。但所有牧民的努力都没有成功，有的牧民还因为饲养狼而受伤，甚至丢掉生命。在自然界，动物的所有行为都是为了生存，动物之间的所有斗争都是为了生存。狼在与其他动物进行的搏斗中，充分表现了誓死战斗、决不屈服的精神。当狼遇到比自己强大的动物，一般都采取群攻战略。狼的自身条件并不突出，与老虎、狮子、犀牛等动物相比，它们显得非常弱小，即使是群攻，也会造成狼群的大量损失。但狼绝对不会退缩，不管牺牲多少，它们都不会退缩，直到将强大的对手杀死或者赶跑。

到现在为止，人类驯服了所有的动物，但只有狼是不可被驯服的。想想看，我们在马戏团看到了老虎、狮子、猎豹等在驯兽员的指挥下做着各种动作，它们在人的眼里都算得上兽中之王。但没有任何一个人在马戏团中看见过狼的身影。不要以为是狼与这些动物相比显得弱小、没有吸引力。其实很多驯兽员都做过努力，希望狼能登台表演，但都没能成功。即使是从狼出生的那一刻起，就用饲养家畜的方式去喂养，也同样不能使狼的野性消失。相反，这种野性会因为失去自由而变得更加强烈。

狼决不会屈服于人，决不会时时刻刻听人的摆布。这就是桀骜不驯、决不屈服的狼，狼的身上有着那种让我们的心灵为之震颤的力量！

人需要向狼学习这种血性，永远不要甘于命运的摆布。

关于命运，法国作家罗曼·罗兰说过这样一句话："宿命论是那些缺乏意志力的弱者的借口。"

我们的命运究竟由什么来决定？我们的命运究竟掌握在谁的手里？对一个敢于面对生活的强者来说，命运永远都掌握在自己手里；对一个不敢面对生活的弱者来说，命运就是上天偶尔的施舍和同情。

古往今来，人们一直都在思考命运，关注命运，希望自己能够有一个好命运。但是，什么是命运？过去，人们一直认为每个人的命运都是上天早就注定好的，我们只能顺从，不可违背。其实，命运是个欺软怕硬的东西，如果你不想也不敢改变自己的命运，那么只能忍受命运的摆布与戏弄。但如果你发愤一搏，用智慧来改变命运，经营人生，往往会出现"柳暗花明"的景象。世界潜能大师安东尼·罗宾说：任何成功者都不是天生的，成功的根本原因是开发了人的无穷无尽的潜能。只要你抱着积极的心态去开发潜能，你就会有用不完的能量，你的能力就会越用越强。反之，就只有怨天尤人，叹息命运的不公，变得越来越消极无为。

人的一生并非所有事情都是听天由命的，只要你有打破生活的勇气，立志做生活的主人，你就可以把命运牢牢地握在自己手里。

每个人都是自己命运的舵手，每个人的命运都掌握在自己手中，只要你能正确地看待自己的人生，就可以更好地把握自己的命运。无论别人对你的评价如何，无论你的年龄有多大，无论你面前有多大的阻力，只要稳定心态，自信满满，就一定会有所成就。事实上，只要抹去身上的尘埃，给自己的人生一个更好的定位，有目标、有理想、有干劲，对未来抱有希望，你就能创造属于自己的辉煌。

美国百万富翁艾琳·福特在谈到自己的经营历程时说道："自己的命运要自己来开创，当你真正梦想要一件东西时，就一定能弄到手。有了思想就必须马上开始付诸行动，只要你想到要做什么事，就一定要有无论怎样都必须去完成的精神。"真正的思想是会指导行动的，没有行动的"想"，不是本书中所指的"思想"。

现实生活中也一样，很多人在为生计而终日奔波劳苦，在烦琐生活的压力下，消磨了斗志。获取财富的梦想，渐渐像是天边的云彩，看上去很美，可是怎么也抓不住。然而，在这个充满机会的时代，机会只属于不断努力和进取的人们，属于具有远大志向的人们。

一个人如果总抱着消沉的心态，就会桎梏自己的心灵，让自己始终被生活羁绊，心灵蒙上了灰尘，行动胆怯，不愿意付出，也不敢付出。最后，一次次地错过各种机会，在时代的大潮中成为弃儿。

生活中一个现象很有趣，有的人被人毫不在意地叫"老王""小张"，而有的人却被人恭恭敬敬地称呼他的尊姓大名，甚至在许多场合被称作"某先生"或"某女士"。多观察一下你就会发现，有些人能自然地表现出自信、忠诚与令人赞美的风度，有些人则做不到这一点，而具有这种风度、真正受人敬重的人，大都是最成功的人物。

造成这种差别的原因在很大程度上与一个人的思想有关。那些自以为比别人差的人，不管他实际能力到底怎样，一定会比别人差。如果一个人觉得自己比不上别人，他就会有真的比不上别人的各种表现，而且这种感觉是无法掩饰或隐瞒的。那些认为自己只能做个小人物、小角色而不能登大雅之堂的人往往一辈子也就真的如此，成不了大人物，因为自己都不重视自己，当然更不会付诸行动让自己变得重要，而那些相信自己有能力承担重任的人，往往就真的会成为一个很重要的人物。尼采曾经说过，受苦的人，没有悲观的权利。贫穷就像一根弹簧，你越压它，它越收缩，你越放松它，它越弹你。贫穷只会在那些懦弱者身上逞威，**在强者面前，它毫无功力。**

真正的贫穷不在于你物质上的贫穷，而在于你思想上的贫穷，那些思想上的贫穷者才是真正的贫穷者。如果你不甘贫穷，用你那颗充满激情的心与之作殊死的搏斗，贫穷定会离你而去。如果你被贫穷占领了思想，那你只能怨天尤人，以泪洗面，毫无他法了。

古人曾说"自古寒屋出公卿"，人们崇拜成功者，更崇拜那些从困境中崛起的佼佼者。永不枯竭的心灵、熠熠生辉的成就是对贫穷最好的回报。只有依靠个人的自我奋斗，从贫困中挣扎出来的人们，才会真正了解生命的价值与生活的真正意义。

有一个青年背着一个大包裹千里迢迢跑去找无际大师，他说："大师，我是那样孤独、痛苦和寂寞，长期的跋涉使我疲倦到极点。我的鞋子破了，荆棘割破双脚；手也受伤了，流血不止；嗓子因为长久的呼喊而喑哑……为什么我还不能找到心中的阳光？"

大师问："你的大包裹里装的是什么？"

青年说："它对我可重要了。里面是我每一次跌倒时的痛苦，每一次受伤后的哭泣，每一次孤寂时的烦恼……有了它，我才能走到您这儿来。"

无际大师听完后，一句话都没有说，他只是带着青年来到河边，他们坐船过了河。上岸后，大师说："你扛了船赶路吧！"

"什么，扛了船赶路？"青年很惊讶，"它那么沉，我扛得动吗？"

"是的，孩子，你扛不动它。"大师微微一笑，说，"过河时，船是有用的，但过了河，我们就要放下船赶路，否则，它会变成我们的包袱。痛苦、孤独、寂寞、灾难、眼泪，这些对人生都是有用的，它能使生命得到升华，但须臾不忘，就成了人生的包袱。

放下它吧，孩子，生命不能负重太多。"

青年放下包袱，继续赶路，他发觉自己的步子轻松而愉悦，比以前快得多，原来，生命是不必如此沉重的。

贫穷并不可怕，可怕的是穷的心态。一个人如果始终认为自己这辈子只能是一个穷人，他也就只能在时代的挑战中故步自封。改变穷人的面貌和状态，就要把自己想象成一个富有的人士，就要想想一个富有人士应该如何去做。一个人不会总穷困的，只要不断努力就一定能够改善自己的生活，成为一个富裕的人。

处在贫困中的人们，赶快擦干眼泪，驱散你阴云密布的愁容，扔掉你那毫无用处却时时放不下的痛苦与悲观吧，在追求成功与富裕的道路上，你不应该带着这些沉重而无用的包袱前行。

舍我其谁的自信

狼不仅头脑灵活、眼观六路、耳听八方，而且思维敏捷、聪慧机灵、明察秋毫，是一种能够适应变化、适应竞争的物种。

在自然界残酷的生存环境中，各种野兽之间常常互相袭击。狼有时为了保护自己的安全和自己赖以生存的领地，狼会顽强地同各种野兽拼个你死我活，即使粉身碎骨也在所不惜。它在战斗中所表现出的那种坚定的自信，即使贵为"万物之灵"的人类看了也会自愧不如。

狼是一种具有良好心态的动物，狼自信但不自负。它不仅冷静沉稳、自信坚定、耐性十足、行动果断，而且勤奋努力、满腔热忱、居安思危、未雨绸缪。

我们要想追求成功，就要像狼一样培养良好的心态，锻造一种舍我其谁的自信。

在20世纪初的美国，有一帮横行西部的土匪占据了一个小镇。他们枪击酒吧，威胁居民，并将警长撵走。镇长在无可奈何的情形下，只有发电报给州长，要求派游骑兵来恢复公共秩序。州长同意了，并告诉他这队游骑兵会在第二天乘火车来。

第二天，镇长亲自去迎接，令他不敢相信的是，只到了一位游骑兵。

"还有其他的队伍吗？"这位镇长问。

"没有其他人了。"这位游骑兵回答。

"有没有搞错！一个游骑兵怎么能治得了这一大帮土匪呢？"这位镇长气愤地问。

"好了，这里不就是只有'一'帮土匪吗？"游骑兵满不在乎地说。

这个传说并不见得百分之百的真实，但它依据的是一个事实：不到100名游骑兵，保卫着整个得克萨斯州。尽管是一个游骑兵执行任务，也从不畏惧对方的人多，他会看情况决定自己该怎么做。他会平静地激发和组织那里的民众，并引领执法人员采取行动。他们所遭遇的状况几乎是极度危险的，但游骑兵习惯于领导别人出生入死。

有句老话说："没有比成功更能导致成功。"这句话的意思是说，成功会制造成功，成功的人会变得更成功。换句话说，假若你在过去成功，就会有更大的机会在未来得到成功。

但在你没有成功以前，你如何达到成功呢？这种说法像是鸡生蛋、蛋生鸡的问题。没有蛋就不会生鸡，但没有鸡又哪来蛋？

其实，信心才是成功的基石。做事没有信心，成功就无从谈起。就像上文中的游骑兵，如果在面对凶悍的土匪时没有那种舍我其谁的自信和一往无前的勇气，怎么敢去迎战对手为民除害？怎么能够在危险的境遇里利用智慧与敌人周旋，最终克敌制胜？可见，面对危险，没有自信是不行的，那么面对机遇，没有自信能够抓得住吗？

现在的许多年轻人，总是有一种感怀过去的情绪，机会没来时，长吁短叹；机会来临了，又畏畏缩缩，不敢向前。他们徘徊在等待机遇又浪费机遇之间，归根结底在于他们的不自信。不自信，机会在眼前也抓不住；不自信，小困难也会成为拦路虎；不自信，更不能奢望在艰苦的境遇里开辟出崭新的道路。

　　树立信心，我们需要以狼为师。狼是不甘于平庸的，它们总是充满自信，按照自己的目标去寻求生存的真谛。即使面对虎豹雄狮，它们也毫不畏惧，为了生存勇敢地对抗所有强敌。因此，每一个有志青年，都应该像狼一样自信，勇敢地在社会中搏击，以自己的努力和智慧改变命运。

临危不乱的沉静

> 无论多么混乱的局面，狼永远是最冷静的一方。因
> 为能够临危不乱，所以狼总是能在乱中取胜。

有人面对危难时狂躁发怒，乱了方寸。而成功者却总是临危不乱，沉着冷静，理智地应对危局，之所以能这样，是因为他们能够冷静地观察问题，在冷静中寻找出解决问题的突破口。可见，让过度发热的大脑冷静下来对解决问题是何等重要。

在失败和危急关头保持冷静是很重要的。在平常状况下，大部分人都能控制自己，也能作正确的决定。但是，一旦事态紧急，他们就会自乱脚步，无法把持自己。

一位美国空军飞行员说："二次大战期间，我独自担任 F6 战斗机的驾驶员。头一次任务是轰炸、扫射东京湾。从航空母舰起飞后一直保持在高空飞行，到达目的地的上空后再以俯冲的姿态执行任务。

"然而，正当我以雷霆万钧的姿态俯冲时，飞机左翼被敌军击中，顿时翻转过来，并急速下坠。

"我发现海洋竟然在我的头顶。你知道是什么东西救我一命的吗？

"我接受训练期间，教官一再叮咛说，在紧急状况中要沉着应付，切勿轻举妄动。飞机下坠时我就只记得这么一句话，因此，我什么机器都没有乱动，我只是静静地想，静静地等候把飞机拉起来的最佳时机和位置。最后，我果然幸运地脱险了。假如我当时顺着本能的求生反应，未待最佳时机就胡乱操作了，必定会使飞机更快下坠而葬身大海。"他强调说，"一直到现在，我还记得教官那句话：'不要轻举妄动而自乱脚步；要冷静地判断，抓着最佳的反应时机。'"

面对一件危急的事，出于本能，许多人会做出惊慌失措的反应。然而，仔细想来，惊慌失措非但于事无补，反而会添出许多乱子。试想，如果是两方相争的时候，自己一方突然出现意想不到的局面，而对方此时乘危而攻，那岂不是雪上加霜吗？

所以，在紧急时刻，临危不乱，处变不惊，以高度的镇定，冷静地分析形势，那才是明智之举。

唐宪宗时期，有个中书令叫裴度。有一天，手下人慌慌张张地跑来向他报告说，他的大印不见了。在过去，为官的丢了大印，那可真是一件非同小可的事。可是裴度听了报告之后却一点也不惊慌，只是点头表示知道了。然后，他告诫左右的人千万不要张扬这件事。

左右之人看裴中书并不是他们想象那般惊慌失措，都感到疑惑不解，猜不透裴度心中是怎样想的。而更使周围的人吃惊的是，裴度就像完全忘掉了丢印的事，当晚竟然在府中大宴宾客，和众人饮酒取乐，十分逍遥自在。

就在酒至半酣时，有人发现大印又被放回原处了。左右手下又迫不及待地向裴度报告这一喜讯，裴度却依然满不在乎，好像根本没有发生过丢印之事一般。那天晚上，宴饮十分畅快，直到尽兴方才罢宴，然后各自安然歇息。

而后，下人始终不能揣测裴中书为什么能如此成竹在胸，事过好久，裴度才向大家提到丢印当时的处置情况。他教左右说："丢印的缘由想必是管印的官吏私自拿去用了，恰巧又被你们发现了。这时如果嚷嚷开来，偷印的人担心出事，惊慌之中必定会想到毁灭证据。如果他真的把印偷偷毁了，印又从何而找呢？而如今我们处之以缓，不表露出惊慌，这样也不会让偷印者感到惊慌，他就会在用过之后悄悄放回原处，而大印也不愁失而复得。所以我就如此那般地做了。"

从人的心理上讲，遇到突发事件，每个人都难免产生一种惊慌的情绪，问题是该怎样想办法控制。

楚汉相争的时候，有一次刘邦和项羽在两军阵前对话，刘邦历数项羽的罪过。项羽大怒，命令暗中潜伏的弓弩手几千人一齐向刘邦放箭，一支箭正好射中刘邦的胸口，刘邦伤势沉重，痛得他不得不伏下身来。主将受伤，群龙无首，若楚军乘人心浮动发起进攻，汉军必然全军溃败。猛然间，刘邦突然镇静起来，他巧施妙计：在马上用手按住自己的脚，大声喊道："碰巧被你们射中了！幸好伤在脚趾，并没有重伤。"军士们听此话顿时稳定下来，终于抵住了楚军的进攻。

西晋时，河间王司马顺、成都王司马颖起兵讨伐洛阳的齐王司马冏。司马冏看到二王的兵马从东西两面夹攻京城惊慌异常，赶紧召集文武群臣商议对策。

尚书令王戎说："现在二王大军有百万之众，来势凶猛，恐怕难以抵挡，不如暂时让出大权，以王的身份回到封地去，这是保全之计。"王戎的话音刚落，齐王的一个心腹就怒气冲冲地吼道："身为尚书理当共同诛伐，怎能让大王回到封地去呢？从汉魏以来王侯返国有几个能保全性命的？持这种主张的人就应该杀头！"

王戎一看大祸临头，突然说："老臣刚才服了点寒食散，现在药性发作要上厕所。"说罢便急匆匆走到厕所，故意一脚跌了下去，弄得满身屎尿臭不可闻。齐王和众臣看后都捂住鼻子大笑不止。王戎便借机溜掉，免去了一场大祸。

正因为王戎有冷静的头脑，才在危急之下身免一死。此事无疑给后人以启示：遇事要沉着冷静，静中生计以求万全。

水静才能照清人影，心静方可看透事物。

古今智谋

九 型 人 格

启 文 编著

花山文艺出版社

河北·石家庄

图书在版编目（CIP）数据

九型人格 / 启文编著 . -- 石家庄：花山文艺出版
社 , 2020.5
（古今智谋 / 张采鑫 , 陈启文主编）
ISBN 978-7-5511-5141-2

Ⅰ . ①九… Ⅱ . ①启… Ⅲ . ①人格心理学—通俗读物
Ⅳ . ① B848-49

中国版本图书馆 CIP 数据核字（2020）第 066400 号

书　　名：**古今智谋**
　　　　　GUJIN ZHIMOU
主　　编：张采鑫　陈启文
分 册 名：**九型人格**
　　　　　JIU XING RENGE
编　　著：启　文

责任编辑：郝卫国
责任校对：董　舸
封面设计：青蓝工作室
美术编辑：胡彤亮
出版发行：花山文艺出版社（邮政编码：050061）
　　　　　（河北省石家庄市友谊北大街 330 号）
销售热线：0311-88643221/29/31/32/26
传　　真：0311-88643225
印　　刷：北京朝阳新艺印刷有限公司
经　　销：新华书店
开　　本：850 毫米 ×1168 毫米　1/32
印　　张：30
字　　数：660 千字
版　　次：2020 年 5 月第 1 版
　　　　　2020 年 5 月第 1 次印刷
书　　号：ISBN 978-7-5511-5141-2
定　　价：178.80 元（全 6 册）

前　言

九型人格的说法起码可以追溯到公元 9 世纪，当时在中亚和波斯地区兴起的苏菲教认为人类一共具有九种个性，他们命名并解释了九种个性间的相互关系。

到了 20 世纪初期，一位叫葛吉夫的精神导师根据苏菲教提出了"九型人格"的概念。葛吉夫认识到人类有许多不必要的痛苦，这些痛苦都是由我们的个性缺陷造成的。他指出，我们每一个人都有一种主导的个性特征，这是我们个性的轴心，许多虚幻的个性内容都是由此产生。如果我们能够知道这种主导特征是什么，那我们就能更好地理解和超越那些虚幻的个性。葛吉夫把那些虚幻的个性称为"错误个性"，因为这些个性内容很多都是我们在童年时代形成的，并非我们的主动选择。

原来，并没有什么注定的命运。如果一定要说有，也是"个性决定命运"。世界著名潜能学大师安东尼·罗宾认为："影响我们人生的绝不是环境，也不是遭遇，而是我们自身的个性。"的确，无论放到哪个年代，无论考察多少人生的轨迹，都可以清晰地看到，个性对人生命运有着决定意义。

个性是什么？个性是表现在每个人的态度与行为方面的较为稳定的心理特征，是人格的重要组成部分。它不仅影响着一个人的婚姻家庭、生活状况，同时也影响着一个人的人际交往、职业升迁、事业发展等。个性随着阅历、教育、成功或失败的经历逐渐自我丰富、改变。而作为载体的人，只能在个性的支配下，亦步亦趋蹒跚而行。人，往往是因为个性上的特点，收获命运之神的恩宠或者惩戒。

"大多数人想改造这个世界，却极少有人想改造自己。"伟大睿智的列夫·托尔斯泰如是说。个性虽然有一定的先天成分，但也具有后天可塑性。只要你对自己的个性有了全面认识并加以改善，个性就会逐步趋于完善。

翻阅那些成功人士的奋斗经历不难发现：成功的过程，恰恰是一个克服改善个性不足的过程。亚历山大、拿破仑因身材矮小而一度自卑，可最终他们战胜自己，在政治上获得辉煌成就；苏格拉底、伏尔泰曾经为失败自暴自弃，可后来他们走出低谷，在学术领域大放光芒；希区柯克和卡夫卡经常要和怯懦焦虑的个性特点做斗争，最后他们都找到了最适合自己的方向，摘取了电影和文学艺术殿堂上的桂冠。

值得提醒读者的是，在本书中所提及的九种个性，没有哪一种比较好，也没有哪一种比较差。事实上，每一种个性都有其优缺点。只要懂得扬长避短、趋吉避凶，任何个性都能创造自己的成功。反之，任何个性类型都可以导致失败。

另外，了解自己及别人的个性之后，不要将每一个人都贴上标签，拿自己的个性归属为借口而划地自限，或是断言别人会有什么行为表现。因为每一个人都或多或少有一点差异，而且每一个类型的人也都有朝着健康或病态发展的可能。

让我们为优化自己的个性而努力！

目 录

第一章
完美型个性的特点与优化

完美型的人总是对现状不满意，希望能够达到更好的境界，他们是那种为人处世追求"尽善尽美"并且喜欢"未雨绸缪"的人。他们勤于动手做，也勤于动口骂，因为他们不仅严于律己，也"严"以待人。

完美型的人忠实可信，尽职负责，而且做事总是"高标准、严要求"。因为他们有不断修正提高的理想，所以总是无法对现状满足。他们相当认同自己的理想，因此在理想与现实之间，常感觉到自己的渺小。为了证明自己有提升自我的能力，且不希望听到任何对自己不好的批评，他们会要求自己表现得更好，让别人都以自己为榜样。

完美型个性的特点

动机与目的

希望把每件事都做得尽善尽美，希望自己或是这个世界都更完美。时时刻刻反省自己是否犯错，也会纠正别人的错。

能力与力量的来源

完美型的人有完美的理想和目标，所以他们便产生一股推动世界朝向理想目标发展的强大力量。由于完美型的人本身就很有智慧，所以他们的判断能力很强，并且身体力行、脚踏实地。为了追求自己的理想目标，他们总是让自己精力充沛、奋斗不懈，鞠躬尽瘁、死而后已。

理想目标

为追求世界的美好秩序，他们愿意付出全部的智慧。完美型的人是非常有道德感的，诚实而公正，不呈现人性的弱点，以高标准来要求自己，也希望所有人在他们身体力行的感召下，都能达到此标准。

逃避的情绪

其实要达到人性完美的标准本来就非常困难，但完美型的人却不愿意接受不能克服的事，于是每天生活在奋斗的挣扎中。自己达不到标准时，便不满意；别人达不到标准时，则更加生气。仿佛每件事都看不顺眼，别人跟他们在一起感觉压力很大，而他们自己则是每天都在生气，但是又极力压制愤怒情绪，不愿轻易表现出来。

日常生活所呈现出来的特质

1. 面部表情看起来是端庄、高贵而严肃的。

2. 衣着很整齐、干净，并且一丝不苟。

3. 家里保持很干净、有秩序，所有的东西都放在固定的地方，也要求家人遵守规定。

4. 一面收拾环境，一面骂人，而且是唠唠叨叨念个不停。

5. 常批评别人的不好，好像没有一个人、没有一件事是令人满意的。

6. 守时、守秩序，让人觉得吹毛求疵。

7. 每天忙个不停，很难坐下来休息，总想着有事要做。

8. 从来不会说甜言蜜语，倒是喜欢从鸡蛋里挑骨头。

9. 很爱面子，常常很生气，但是不太愿意表现出来，所以面部的表情僵硬。

10. 对别人做的事总是不放心，批评一番之后，自己又重新做。

11. 心很细，注重小节，所以整天忙碌，但往往效率不高。

12. 思想古板，不太懂得幽默，没有弹性，用二分法来判断事情。

13. 对别人的热情、亲热很难接受，并会批评别人没有礼貌。

14. 努力进取，如果发觉自己没有进步会非常不满意自己。

常常出现的情绪感受

完美型的人知道出现愤怒情绪是很难看的、不太完美的，但由于他们事事都严格要求自己，给了自己很大的压力，如果又看到别人不兢兢业业，愤怒的情绪就会如决堤的河水，排山倒海而来。

常常掉入的执着陷阱

完美型的人这一辈子执着的正是完美，因此他们为自己订下了严格的规律和秩序，每件事情都要衡量一下、评估一下，希望自己做事条理分明、井然有序。偏偏人生无常，想要维持恒常，可能性简直微乎其微。但完美型的人不相信无常，要求自己非常严格，对别人也是如此，弄得身边的人跟着精疲力竭、压力十足，这般执着于完美其实是很不完美的。

防卫面具

完美型的人只要发现自己没有走向正义或是真理之路，就会非常不满意自己，想要立即改过。但他们改过的方式是极端的，可能突然从这一端立刻转向另一端，其扭曲的程度可想而知。譬如，他们可能想休息一下并好好地吃一顿，却又立刻警告自己："这么做太奢侈了！"从而马上打消念头，不做休息，并随便吃一点后继续工作。

两性关系：妒忌与挑剔

完美型的人在面对两性关系时，由于希望自己与伴侣是完美相爱的一对，所以通常充满嫉妒之心。如果太太在聚会中与别的男人说话，他便会憎恨那个和她说话的人，就算她没有和任何人说话或是在一起，完美型的人也会假想一个比他更有吸引力的人出现。所以完美型的人通常有嫉妒心，希望自己和伴侣能地久天长永远在一起。

而另一方面，完美型的人也是挑剔的，对于交往的对象，他们通常比较慎重，不会随随便便就谈恋爱。即使交往以后，他们还是一样挑剔。在婚后，他们通常是一边唠叨，一边做的那种太太（先生）。

完美型的人爱吃醋又挑剔，与他们在一起的确有点压力，不过若是了解他们这样做都是因为爱，不妨欣然接受他们的妒意与挑剔，甚至偶尔用一点甜言蜜语哄哄他们，你会发现，他们是死心眼、认真又顾家的好女人（男人）。

精力浪费处

不管大大小小的事他们都不敢委托他人，事必躬亲是完美型的人浪费精力的地方。另外，他们做事细心、太注意小节，也容易消耗精力，而无法有大建树和发展。

个性形成

完美型的人也许从小有个较严厉或自我要求很高的长辈，经常对他们予以指导和批评。由于他们从小得不到别人的鼓励和赞美，在极度渴望获得这些的情况下，转而要求自己做得尽善尽美。由于他们有追求完美的心，因此时时刻刻都在自我反省，而反省的结果往往是自己不够努力，这时他们便会苛责自己，内心里不断地谴责自己，因此这些人活得很累、很辛苦。如果在这个时候他们看到别人舒舒服服、懒懒散散、自由自在的样子，其恨意便不由得升上心头，显得懊恼、沮丧又怨恨。

渴望完美又达不到完美

一般完美型的人对事物通常有着极高的标准，凡事都希望做到最好，所以他们往往看起来很严肃，做起事来一丝不苟、有条不紊。他们通常会把自己打扮得干干净净，每天都梳相同的发型、穿类似款式的服装，东西一定要放在固定的位置，做事自有一套独特的处理方式，家中也总是打扫得一尘不染。而且他们不仅对自己要求很高，也会以同样的标准来看待别人，对人十分严苛。

完美型的人"自我要求很高"，说明他们自制力很强，所以在一般情况下（特别是面对陌生的人），他们不太表露自己的情绪，当然也包括对别人的"恶行"所产生的愤怒。这时他们可能面部表情僵硬，有时会表现出一副高傲的态度，或者说出几句冷漠的讽刺，只有面对比较亲近的人，他们才会一直说出真心话。不过由于太在乎细节，即使他们不断批评、抱怨，还是不敢将事情交给他人去做，事必躬亲，所以他们是那种不停地唠叨，又不放心让别人做的那种人，结果往往招来自己和别人的愤怒，虽然自己累得要死，但对事情的改善一点帮助都没有。一般完美型的人是吹毛求疵、爱批评的，只是因为一种强烈的自我压抑、自我要求，才勉强把时常升起的怒气给压下去。但满腔的不满意，总是会爆发，一旦爆发，往往是极端刻薄，如严词斥责他人、纠正他人，或是给予严厉的惩罚。

完美型的人在强大的不满和压力下，有可能转向感觉型人格。他们渴望完美又达不到完美，于是变得沮丧、自怜自艾，内心充满了消极情绪，使自己落入失望、无助的深渊，并深深怀疑自己的价值。这时他们或许会放弃严厉的自我鞭策，变得自暴自弃，甚至有可能完全崩溃。

力所能及地接近完美

真正健康的完美型人并不会事事要求完美无瑕，也不会要求别人都必须和自己有相同的标准，因为他们知道这是不可能实现的理想，他们只是尽可能在自己力所能及的范围做到接近完美的境界。他们理想高尚、身体力行，很自然地会成为别人追随的道德教师。

完美型的人总是不停地在做判断是非的工作。他们拥有绝佳的健康的判断力，因为他们是根据现实情况来做判断，而不是根据自己的主观理想。身为集体的一员，他们有务实的能力，而这种精确的判断力也往往使他们成为人群中最聪明的人才。

由于他们能够明辨是非，并具有强烈的正义感，所以一旦见到不公平或非正义的事时，会为追求真理而反抗，是人人敬佩的见义勇为者。

健康完美型个性的人是天生的改革者，他们渴望带领世人走向更美好的未来。

追求绝对的完美

　　病态的完美型的人对于事物的判断比较绝对，丝毫没有弹性，他们看问题不是对就是错，不是黑就是白，没有中间地带。

　　一般的完美型的人会自我批评，当察觉到自己的不完美时，会为此感到罪恶。而病态的完美型则不会批评自己，不承认自己有错，只要别人的想法和做法与自己不同，则别人都是不对的、邪恶的。而看到别人的"恶行"，他们便大发雷霆，并设法给予严厉的责罚。这种行为是标准的"以道德之名，行邪恶之实"，一方面满口仁义道德，要求别人必须遵守，当别人"不遵守"时，自己却以讨伐为名，来惩罚别人。

　　此时，他们的人情味丧失殆尽，其所要求的标准也不近情理，有绝对的精神洁癖症，外表看起来也十分神经质。他们眼里容不下丝毫的不完美，会不惜任何手段来"铲平"一切不完美。

完美型个性的改善策略

非健康完美型个性的人，容易感到压抑、自卑，他们对别人的要求往往不切实际，办起事来也喜欢瞻前顾后、拖拖拉拉。因此，非完美型个性的人可以从这四个方面着手，对自己进行个性改善。

远离压抑

很难看出完美型的人是喜是悲，因为他从不想让自己太激动，而事实上他们绝大部分生活都是严肃的。完美型的人老了以后，经常会变得忧郁。尽管他们感觉到，没人再会喜欢他们，却还要证明自己是正确的。

一个小寡妇孤独地坐着，一个好心妇人问她："你今天好吗？"

这个严肃的完美型的人，告诉她这个月她碰到的两个麻烦，并对这些伤心的琐事喋喋不休，最后说："从来没有人来看过我。"

好心的来访者不愿意听她的絮叨，并决定以后再也不来看望她。小寡妇把来访者的名字列入了再也不会来的人的名单中，然后对自己悲观的理论更确信不疑。其实完美型的人只需认识到没人喜欢忧虑沮丧的人，他们对生活的看法就不会那么悲观。

完美型的人总将事情私人化，常自寻烦恼。一个青年妇女说，她丈夫常消极地看待每件事，"如果我们看了一场较差的电影，他就没完没了地评论，使我觉得好像这电影是我拍的。"

完美型的人每说一句话都预先想好，并斟字酌句，认为别人也会这样，所以他相信每一句随意的话都暗藏深意。完美型的人应该了解个性的差异，也许这是你第一次认识到，别人不是冲着你来的。他们没有必要花太多时间去猜度你，去谋算你。当你学着以他们的个性（而不是你自己的）来评价别人，你对别人就会有新的印象。你会向每个路过的人微笑，并再不会自寻烦恼。

完美型的人常常觉得被人遗忘，且不明白为什么人们不邀请他们参加社交活动；一旦被邀请，他们常给人消极的回答，令人败兴而回。如果你邀请了一位完美型妇女参加一个聚会，她不但没有表现出一点欣喜，还会说："反正我那天也得外出，一件事也做不成，我想不如也浪费了那个晚上吧。"

当一个人的精神总是集中在消极面时，就会渐渐变得沮丧及忧郁。完美型的人应将注意力放在积极面上，一旦发觉自己在注意消极面时，就必须尽快将这种想法赶出脑海去。

别动不动受伤

完美型的人实际上容易被伤害，而这又使他们的视线总是集中在自己身上，更加顾影自怜。男孩费特是个典型完美型的人。某次他发现星期天的烧烤中他并没有分得一份带筋的牛肉，由于他家里人都爱吃这种带筋的烤肉，所以这令他感到被冷落了。于是他暗自绘制一份"吃带筋烧牛肉名单表"，一连16个星期，每逢星期天，他都在表格上填上这周谁吃带筋牛肉："1月12日阿进和狄克阿姨，1月19日斯蒂芬和祖父……"一天他妈妈在打扫房间时在书桌上发现了这份只有人名和日期的古怪表格。他一回家，妈妈便问他那是什么，他便含糊地说："这是谁吃了带筋烤牛肉的名单表。你会发现，在这16星期内，我的名字并不在上面。现在我可以证明，我的确是被你们忽略了！"

他妈妈不敢相信他会用那样的精力及时间来记这个吃牛肉筋的记录。事实上，他从消极面说出了这个被冷落了的事实。

许多完美型的人经常用自己的方式使自己感到委屈。完美型个性的孩子就容易感到被抛弃和冷落。下面就是一个例子：

儿童节时，6岁的军军如预料的一样，又过了不满意的一个节日。他给自己和表姐罗兰收到的玩具礼物列了一份清单，他发现表姐收到的玩具礼物多一些。虽然军军还有新衣服和"星球大战"花式的被褥，他还是泪流满面哭着道："大人们更喜欢罗兰！"

从正面去看事物

完美型的人总爱刻意收集一些别人的批评，如果他们听见房间里有人提及自己的名字，就猜测一定有人在说他们的坏话。

完美型人的思想就像是一个总是报告负面消息的收音机。当完美型者决定凡事从美好的方面去想，而不是预感到阴云盖顶时，许多重要的事情都可以改变。比如当事情变糟时，试着去看人们好的一面。你会惊喜地发现，自己也具有新的经验，并可以从其中取到积极的养分。

战胜自卑

金无足赤，人无完人。人是不可能完美无缺的。完美型个性的人却总是不停地审视自己，苛刻地要求自己，并为自己的不完美而焦虑、自卑。完美型个性的人有最大的潜力取得成功，但前提是他们必须战胜自卑。别让自己成为最坏事的人，这是完美型个性的人应牢记的忠告。

不要花太多时间做计划

完美型个性的人追求完美，却常常因为找不到完美的途径而拖延时间，他们从来不肯在实践中摸索。一位女士说，她丈夫在开始建一个小院子时确实准备好了一切，但一袋袋水泥放在草坪上，压坏了草，一辆破旧的手推车靠着前门放了好几个月。每次她抱怨这些时，他都说在准备好整个院子完美的计划前，他无法动工。时间过去一年了，他仍在考虑如何布置，她只好先在手推车里种天竺葵了。

徐丽要丈夫做几个简单的书架，他用了几个月来画草图。还想为儿子做鱼缸架。三个月来他画了四张图纸，而鱼缸架至今还没开始动工。若让完美型个性的人挂一幅画，他肯定先要研究墙壁。通常墙都会有一点不平，而这是叫人沮丧的，他一定会测量墙壁的长度和宽度以及画的尺寸。他需要大小合适的钉子和一把小锤子，但这些通常都难以找到。就这样，今天拖到明天，明天拖到后天，他认为挂画的条件仍不具备，真不知何时才能挂上这幅画。

如何与完美型个性的人沟通

与完美型个性的人进行沟通时，必须注意下列四点：

1. 必须以理性、合乎逻辑，并且严肃的态度和他们沟通，才能取得他们的认同。

2. 可以适时地表现一些幽默感，缓和他们的严肃僵硬表情，借以鼓励他们放松心情，发挥自己的幽默感，并且凡事试着多朝正面想。

3. 当他们为一件不值一提的小事而生气时，你不必太在意，不必对他们的态度追根究底，甚至引起冲突，因为他们的怒气未必是冲着你来的。他有可能是针对其他与你不相干的事，或者是发无名火。

4. 说话要真诚、直截了当，因为他们十分敏感，且判断力极佳，对于你玩弄的伎俩、话背后的目的，他们看得一清二楚。过于拐弯抹角只会让他们觉得不屑与厌恶。

第二章
助人型个性的特点与优化

助人型的代表形象便是"母亲"。他们富有爱心，总是舍不得别人受苦，凡事都先为别人着想。他们以付出为乐，常常是不管别人是否真的需要，他们还是一味地付出。结果，他们不是满足了别人的需要，而是满足自己"想付出"的需要，而他们渴望得到别人的感恩的动机，却往往得不到实现。

助人型个性的特点

动机与目的

助人型的人渴望获得别人的感情，他们十分热心，愿意付出爱给别人，看到别人满足地接受他们的爱，才会觉得自己活得有价值。

能力与力量的来源

助人型的人认为没有一件事情可以超越爱，所以活在这个世界上最重要的就是表演爱、散布爱。有爱就有力量，有爱就有信心，有爱万事万物才会欣欣向荣，故而他们把自己当成爱的天使，不停地去关爱别人、体贴别人、照顾别人。

理想目标

他们最渴望得到每个人衷心的喜爱。助人型的人总是无时无刻不觉得自己好、自己有付出爱的能力。他们认为，当自己能够和别人的情感及生活紧密结合在一起时，才有生存的价值；如果别人不需要自己，不依赖自己，就活得孤独、乏味。

逃避的情绪

助人型的人总是不太愿意去面对自己的需要。事实上，爱的另一面往往是控制或操纵。爱别人是希望别人爱自己、需要自己，转而听自己的话。然而助人型的人往往并不知道真正的我在潜意识里有这样的动机，只有在付出很多，又不被重视、不被接受、不被感激时，才会发觉那股强烈的空虚及怨恨。

日常生活所呈现出来的特质

1. 很热情地对待他人，对人很好很有耐心。
2. 心地慈悲，很愿意付出自己的所有施予别人。
3. 做人诚恳又温暖，而且慷慨大方。
4. 服务别人时废寝忘食，不觉得累，反而很兴奋。
5. 把他们所爱、所帮助的人的成功、快乐及幸福，都看成是自己的成就。
6. 以为别人有需要就拼命地付出，当别人拒绝时，还以为别人是客气。
7. 喜欢别人依赖自己，把被依赖看成被重视，并具有幸福的感觉。
8. 自己付出时，别人若不欣喜接纳，则会有挫折感。
9. 老把爱挂在嘴上。
10. 帮不了别人时，心中会很痛苦。然后会再想办法，设法帮上忙。
11. 嫉妒心重，别人不看重自己时，会很生气。
12. 喜欢聊天，喜欢人情往来。付出时很容易、很自然，但却不习惯接受。
13. 常往外跑，四处去帮助别人。
14. 留在家里时，不是打电话就是招待别人。

常常出现的情绪感受

助人型的人经常都是兴奋的、精力充沛的。他们很关心别人，但也喜欢"多管闲事"，情绪常随着他人的喜怒哀乐而起伏。他们很感性、很热情，常觉得别人无能、可怜或是太懒，需要受到帮助，所以自己时常在行善。

常常掉入的执着陷阱

助人型的人觉得自己一定要很好地满足别人的需要，别人才会喜欢自己。所以助人型的人为了让自己有用，便发挥最大的包容力和服务精神。比如当支边员工，深入贫穷地区，或者当护士为伤患付出爱心及耐心。助人型的人总是以自我牺牲的方式，给别人提供爱和友情。

防卫面具

助人型的人在帮助别人或服务别人时，有时也会沽名钓誉，或是以爱来控制别人的行为。但他们很快就会告诉自己，其实那些只是附带的，自己并不刻意追求这些，那些并不是自己最渴望的。所以在爱的面具下，他们仍会把自己定义成绝对的善良及绝对的无私，以消除自己偶尔升起的罪恶感。

两性关系：绝对地付出与控制

助人型的人一旦"爱"上一个人，就会想尽办法把对方追到手。他们追求的方法可说是费尽心机。他们会去调查对方所喜欢的一切，如喜欢吃什么？喜欢做什么？喜欢哪些东西？只要是对方喜欢的，哪怕上刀山、下油锅，他都会设法去满足对方，使对方感动无比。

而作为助人型人的朋友或伴侣经常都会有一种亏欠感，值得注意的是他们的亏欠感不一定会产生感激或是爱；相反的还可能带给对方压力，这使得两人的关系变得不平等，而不平等的关系往往是最容易出问题的。

事实上，如果助人型的人不要通过爱给别人太多的压力或控制，而是真正去了解别人的需要，同时也把一些精力放在自己的需求上，那么他们的关系将会既温馨又稳固。

精力浪费处

助人型的人由于太过于投入生活、太关心社会、关心别人，反而把身边日常生活应尽的义务给忘记了，尤其对自己的家庭总是忘了付出。由于助人型的人是比较热情的，所以平平淡淡、不够刺激的家庭生活，会让他们忽视或忘记，不免使家庭成员产生抱怨。

助人型的人在服务的兴奋中，常忘了自己的疲劳，所以他们不在乎为别人付出多少时间，可能有一天，才忽然发现自己身心俱疲被累垮了。

个性形成

助人型的人小时候就经历过——如果很乖巧，很讨人喜欢，就会被长辈或周围的人注意；所以他们就认为——想要得到爱，就必须相对地付出。这就是有条件的爱的产生。

助人为乐却忽略家人

一般的助人型的人古道热肠，付出是他们最大的快乐，而别人的一句"谢谢"，常常就可以让他们感到满足。

但是你若真认为他们助人不求回报，那可就错了。他们要的虽然多半不是物质的回馈，但是却期待别人回报爱与感激。虽然多数人对于他们的帮助与关心都会由衷感谢，但感激的程度，是否可以满足助人型人的期望却又是另一回事。因为感激不见得会升华为爱，感激也不见得代表需要与依赖，于是助人型人渴望"被需要"的情景有时难免会落空，使他们埋怨他人不知感激。

事实上，助人型人强烈的占有欲，常常使他们硬要介入别人的生活，提供别人不需要的协助或建议，甚至硬要控制别人的行为，这往往会造成别人的抗拒与逃避。他们往往认为自己的牺牲奉献，是干涉别人生活权力的资格，把别人的事当成自己的事，把别人看成自己的财产，不知道别人有独立自主的权利。

助人型的人希望得到更多的人的依赖。他们往往因为对别人的生活太过投入，而忽略了自己的生活与应尽的责任。

事实上，"爱"的确是人类伟大的情操，但助人型的人若是以爱来换取被爱与控制别人的权力，却是对爱的一种曲解和滥用。

无私无我，懂得自爱

真正的爱是不求回报的。真正的爱能够让被爱的人充分发挥自我，让付出的人感到快乐而非牺牲；真正的爱是一种自由，而不是约束。

而真正健康的助人型的人是不求回报的，他们爱人、助人完全是出自一种本能的善意，因为他们是公平无私的，自己有多少，就想拿出来和别人分享，他们不是想获取报答，而纯粹是心存善念，是一种非常自然的反应。他们慷慨大方，而且他们的付出不是出于勉强，没有任何自私的目的，所以他们也不会强迫别人接受他们的爱。这种如春风般自在的爱，真正尊重别人的爱，是人人都能接受的爱。

所以这种毫不利己、专门利人的行为，大概只有健康的助人型的人可以做到。而世人也往往将他们当作大善人、活菩萨。因为这种情操甚至超过一些有供奉才会显灵，达到愿望之后必须还愿，否则就会降以灾难的"神明"。

事实上，只有少数人能达到无私无我的境界，懂得自爱的助人型的人（虽然他们心中是"有自我"的）是健康的。因为一般的、不健康的助人型的人牺牲了自己的需要和欲望，也只是把自己的欲望寄托在别人身上。认为只要牺牲了自己，就有占有别人的权利，别人就有义务为他的牺牲完成使命。

　　而一个懂得爱自己的助人型的人，会去倾听自己的声音，探索自己的需要。这时他们会更加了解自己、肯定自己。他们会努力实现自我的梦想，让自己更有力量来帮助别人，而不是希望别人来帮他圆梦。

以爱为由去控制别人

不健康的助人型的人是将自己的需要投射到别人身上，他们打着爱的旗帜，表现的却不是爱，而是控制。他们可能会说："我对你严格完全是因为我爱你。"他们固执地以自己的方式付出，却不管别人是否需要；而且一旦别人拒绝，他们会十分气愤，觉得别人没有良心。

自我欺骗是他们的防卫机制，不管他们的行为对别人是多大的伤害。比如：限制别人的行动，剥夺别人选择自己喜好的权利等，他们都会认为这纯粹是为了别人好，而不是为自己；手段即使是残酷的，但出发点绝对是出于善意。

他们以爱为由，来控制一个人，而且让别人觉得背叛他们是罪恶的，以至于难以逃脱其"魔掌"。这时我们看到的助人者，其实已经完全变成一个"独裁者"，这个"独裁者"努力用强迫的手段控制着别人。

这种"独裁"的父母，或是占有欲极强的情人，似乎常常可以在电视剧或是社会新闻上看到，他们的爱不是可敬的，而是可怕的。他们牺牲自己，给孩子吃最好的、用最好的、上最好的学校，自己却省吃俭用，放弃了任何享受的机会……这看起来似乎很感人，但是直到有一天，孩子放弃了父母为他选择的路，执意做自己的时候，伟大慈爱的故事就开始变了样。

"我辛辛苦苦让你念医学院，就是要你以后当个医生，光宗耀祖。你却要画画，画画能当饭吃吗？你到底有没有替你自己、也替我想过？你若是执意如此就不必再认我这个母亲。"

"你现在听我的话，以后你自然会感谢我。你若是不听我的话，就是不孝！"

"我这么做，还不是为了你？你却让我如此失望，你这么做应该吗？"

"我为你牺牲一切，你却这样回报我？"

许多助人型的人就是高喊着爱的口号，标榜着自己所做的牺牲，却以此控制着别人的生活。在他们心目中，自己是无私的、伟大的，而别人若不顺从自己为他们所规划的路，就是自私的、忘恩负义的。而且他们还会以无情、无义、不孝、自私等罪名控诉别人，强迫别人顺从自己的意思。事实上他们自以为的无私，却可能是最自私的。他们把自己完成不了的愿望寄托在别人身上，自己却犹如寄居蟹一般依附在别人身上，表面上助人型的人不见了、牺牲了。事实上不见的、牺牲的却是那个被依附的人，他只是保有一个躯壳，受人控制而已。

其实，助人型的人一味地牺牲自己，只是把实现自我的欲望寄托在别人身上，而且这种欲望，因为无法由自己完成，往往会变得更强、更大。病态助人型的人应该发展自己，让自己变得更有力量，自己有力量才可以帮人，有自我实现的力量，才不会只把希望寄托在别人身上。"自爱才能爱人"！一个懂得自爱、懂得尊重别人的助人型的人，才是最伟大无私的助人者。

助人型个性的改善策略

非健康助人型个性的人，需提防在"爱"的面具后做出伤害爱的行动。

尊重他人

自尊心是每一个人都拥有的，无论他是高高在上的一国领袖，还是沿街乞讨的流浪者。但助人型的人在待人处世方面，却往往忽视别人的感受，把别人的自尊心踩在了脚底下。

相互尊重，是非常重要的交际法则。没有尊重的交往是不可能持续下去的，只有相互尊重，相互认可，体会对方的心情，才能让对方乐于接受。

一位乐施的富翁走在大街上，看到一个黑瘦的小男孩在卖火柴，他给了小男孩一张大钞就坐马车离开了。那位小男孩则整整追了三条街才追上富翁。小男孩给了富翁一打火柴及一把零钱。那富翁在谈及此事时说："他还给了我一个教训——那就是施予时应该顾及对方的感受。"

助人型个性的人，在施别人以爱时，也应像上述的富翁一样，认识到施予与感受之间的微妙关系。

给别人所需要的东西

有一个丈夫随着观光团到泰国，花 2500 美元买了一个翡翠项链坠送给老婆，以报答老婆多年的辛劳。当他兴高采烈地递给老婆时，老婆发现那不过是一个价值不到 200 美元的劣质品，问明价钱后老婆大惊失色，一时情急，把老公大骂一顿，于是一对恩爱夫妻吵起架来。多年来老公仍十分苦闷，他认为："如果你爱我，即便我送你一颗小石头都很高兴才对！"亲朋好友也都支持这种论调，但老婆一听大家都认为她应该虚心领受，就忍不住要翻脸。她说："没错，你随便捡个石头送我，我也会感动，但你知道，你付出去的那笔钱，是我们两个多月的家庭开销，你为什么不问我需不需要呢？"

另一个事端则不定期地在一对夫妇的日常生活中掀起小小的波澜。太太很爱吃夜宵，嚷着要先生陪她，先生也都陪了，但由于先生属于一吃就会胖的身材，年纪渐渐大了之后就比较忌口，对太太每次推到眼前来的佳肴总感到头痛，不吃，太太又说他浪费；两人结婚 20 年，这件事从没协调好。一般人听了觉得是小题大做，但当事人却感到困扰。

以上例子，相信你只要是那个"我这样做是为你好"的人，你一定会觉得很委屈：我那么体贴你，你怎么反而对我生气，真是好心没好报啊！

请记住这句名言："你送给他人最需要的东西，那才是真正的礼物。"

对别人不必百依百顺

这世界上确实有许多不会说"不"的人，他们或是不敢，或是不好意思。

不敢说"不"的人，往往缺乏实力，他们只怕不顺着对方的意思自己就要吃亏。岂知愈是想讨好每个人，最后可能谁也无法讨好，因为没有人珍视他的"好"，还可能会加倍地责备他的不周到。愈是想对得起每一个人，愈可能对不起人，因为精力、时间、财力有限，不可能处处顾及得到，结果服务的水准下降，还是对不起人。就算是他拼老命地应付每个人，也还会有对不起的人。

应该认识到，只有在你有实力说"不"时，对方才会感激你说的"是"；也只有在你知道说"不"的情况下，才能积蓄足够的实力说"是"。

只有充满自信与原则的人知道说"不"，也只有别人知道你有说"不"的原则之后，才会信任你所说的"不"。

委婉地道出你的苦衷、说出你的原则，必能获得朋友的谅解，赢得对方的尊重！

如何与助人型个性的人沟通

与助人型个性的人进行沟通时，应注意以下五点：

1. 对于他们的付出，你一定要表现出感激之意。

2. 记住他们最讨厌别人拒绝他们的好意，所以如果你要拒绝他们，就必须很清楚地把你的理由、感觉告诉他们，让他们知道真的不需要去帮你做什么，因为这才是你最需要的，也是对你最好的"帮助"。

3. 他们总是把关注点放在别人身上，所以你不妨鼓励他们多谈谈自己，并告诉他们你想多了解一些他们的事。

4. 当你想为他们做某件事时，告诉他们这么做会让你觉得快乐，他们便会乐于接受你的付出。

5. 当他们只顾着为别人奔忙，或是显得情绪化、心神不宁时，不妨问问他们正在想什么，心情如何，此刻有什么需要。

第三章
成就型个性的特点与优化

成就型是只灵巧的变色龙，总是着随时间、地点变换自己的模样，别人看不出他们的伪装，他们自己可能也分不出哪一个才是真正的自己，或者说他们多变的形象才是他们唯一的真实。

成就型个性的特点

第三章
成就型个性的特点

动机与目的

成就型的人希望能够得到大家的肯定。他们是理想家、野心家，不断地追求进步，希望与众不同，受到别人的注目、羡慕，成为众人目光的焦点。

能力与力量的来源

由于他们希望得到赞美，并能得到每个人的钦佩，因此必须努力地使自己与众不同，否则生存下去就没有价值。他们努力的结果，的确常常得到人们的夸赞，在每一次的掌声中，他们都很满足，越满足就越想继续获得掌声，故而更加自我期许、自我增进；在追求成功的过程中，整个人都充满了活力与冲劲。

理想目标

他们最关心的是自己的名誉、地位、声望与财富，并以追求这些事物为人生的首要目标，是一个以目的取向的人。

逃避的情绪

成就型的人十分注重完美的外在形象，因此在任何场合中，他们都可以完全认同别人。也就是说，他们会在每一个场合中，恰如其分地扮演好自己该扮演的角色，不会加入自己私人的情感与内在的意见。他们大多是端庄而识大体的人，却往往因为习惯扮演各种角色，而忘了真实的自己是谁。他们使自己变成为没有情绪、没有感情的机器。在面具之下，他们冷漠、无动于衷，也斤斤计较。

日常生活所呈现出来的特质

1. 嘴里常夸耀自己的优点，自己做的每件事都很棒，自我膨胀得很厉害。

2. 逢人就推销自己、宣传自己，增加自己的知名度。

3. 常常拿一些大人物、名人的名字与自己连在一起，表示自己交际广、有办法。

4. 爱用嘴巴吹嘘，却无心用耳朵倾听，总是夸耀自己，得意忘形，忘了别人也有心声。

5. 很爱出风头，也爱引诱人，卖弄自己的才华、地位、身材、财富。

6. 做事效率高，也会找捷径，聪明、灵活、模仿力强，演什么像什么。

7. 看不见别人的优点，常常把别人的功劳也揽在自己身上，而不觉得有什么不对。

8. 喜欢当主角，希望得到大家的注意，觉得自己值得被爱，当别人没付出时，会很沮丧、很生气。

9. 嫉妒心强，喜欢跟别人比较。

10. 把自己的事情处理得很好，对别人的事就不太在乎，也不太管。

11. 不太肯花心思关注一些琐事或家事。

常常出现的情绪感受

1. 水仙花情结——自恋。
2. 很容易自我膨胀。
3. 爱出风头。
4. 戴着面具做人、做事。
5. 爱比较、嫉妒心强。
6. 对人有敌意，保持距离。
7. 喜欢讽刺、挖苦别人。
8. 将自己塑造成不平凡的人。
9. 喜欢保持兴奋的情绪。
10. 不想去接触负面的情绪。

常常掉入的执着陷阱

追求别人的肯定、虚荣。为了成功、声望、财富，有时牺牲情感、婚姻，家庭或朋友也在所不惜；有时候为了效率，他们也会拿别人当垫脚石，借此抬高自己，因为他们的价值标准就是要在事业上取得成功，所以往上爬是他们唯一的目标。

防卫面具

他们有虚伪的一面。为了讨人喜欢、受人赞美，他们用假象掩饰真实的自我生存于人世间；重视事物的形式更胜于实质。由于他们的角色扮演得太好，其逼真、投入，经常让许多人都看不出其伪装，甚至有时连他们都弄不清楚怎样才是真正的自己。

两性关系：十足女人味或男人味

善于扮演角色以及争取别人喜爱的成就型，大多会表现出十足的女人味或男人味，因为他们觉得是什么就要像什么，而且他们也发现表现得很女人味或男人味，将使他们更容易吸引异性。所以成就型的人在异性的面前或表现得娇滴滴（女性），或是十足男人气概（男性）。他们仿佛全身都在放电，散发出一种特殊的迷人风采来吸引异性。

虽然成就型的人社交经验丰富，可是处理人际关系却往往是他们最大的难题。他们很难维持一种不带功利的友谊（即使他们想建立这样的关系），而这样的困境也的确常让他们感到焦虑。

他们很容易因为忙于"事业"而忽略了伴侣，而他们的伴侣常常会感觉自己受到冷落。成就型的人在两性关系中往往不清楚自己的伴侣是否满足。他们常常会说："我不知道她要什么，也不知道她是否快乐，不过只要她告诉我要什么，如买礼物、出去吃饭、打扫家里……我都愿意去做。"

成就型的人是那种不大相信爱情会持久的人。而某些成就型的人可能会避免进入例如婚姻这种长期的、有承诺的"围城"。他们觉得固定的关系对他们而言压力太大，他们宁愿彼此只是普通朋友或是好聚好散的同居方式。

精力浪费处

他们的精力往往完全浪费在配合别人、花时间作秀及自我宣传上，所以当夜深人静，独自一人听不到白天的掌声时，常有一份莫名的空虚感袭上心头。

个性形成

他们幼年时身边必定有非常疼爱他们、常给他们鼓励和赞美的长辈，因此他们从小就相信自己很优秀；为了得到被赞美的满足，他们便更加努力地去争取。

超越他人满足优越感

　　他们非常重视自己的形象，关心自己的地位与声望。他们喜欢与人竞争，借助超越他人这一手段，来建立自己的优越感。

　　由于他们太在意自己在别人眼中的印象与价值，所以对他们而言形式往往重于实质；包装与实物同样重要。在他们眼中成功、地位与声望就代表一切，因此他们为了达到这些目标，便十分讲求实用、效率，是典型的以目标为取向的人。

　　他们能很敏锐地察觉哪些途径、哪些事物、哪些人对他们有利，能帮助他们达到目标。所以常常给人以"势利眼"的感觉。在美好的形象下，他们近乎没有感情，斤斤计较。他们积极、进取，努力在社会上争取到他们的位子，还往往把自己包装得比实际的情形更好。他们自恋、爱出风头、时常推销自己、爱面子、虚伪，当别人不赞美他们的表现时，他们的心中便生出敌意。

　　他们的一生如职业演员，永远在扮演别人眼中的角色。他们一辈子扮演的角色可能都很称职、出色，却不知道什么才是真实的自己。

追求自我肯定，努力实践

健康的成就型的人不再只是追求他人肯定、在乎别人如何看待自己，他们转而追求自我肯定，倾听自己的声音，发掘真实的自我。他们接受自己真实的面貌，显得知足、谦虚，充满自信与活力，并努力去实践自己的目标。当然这时他们的目标是踏实的，因为他们知道自己是谁、真正要的是什么、自己的能力可以做到什么，不再是随着别人的目光起舞的孔雀。

健康的成就型的人是乐观、外向、努力实践自我的人，这时的他们充满迷人的、令人羡慕的特质，让人想要接近他、学习他。这种成就型的人才是真正的明星，散发出正面且耀眼的光芒；更重要的是，他们的内心拥有真正的快乐与满足。

成就型的人之所以强烈渴望别人的认同与喜欢，潜藏于内心的其实是对他人强烈的依赖，有一种越是想信任与依赖，越不敢信赖他人的情结。于是他们显得无情并不信赖任何关系。

所以，充分信任他人可以说是带领成就型的人走向健康的关键。

得不到的就毁掉

病态的成就型的人由于怕失败、丢脸，在自己的期望无法实现时，会变成病态的说谎者。他们可能有失败的婚姻或是事业，却在别人面前编造自己的配偶多么爱他、自己的事业又是多么的成功，并拥有值得炫耀的财富。这时他们的精神状态其实已经非常混乱、脆弱，而一旦谎言被拆穿，他们也不可能承认（因为他们思想已混乱）。另一方面，他们可能为了避免失败，而不断利用、剥削他人，是个极端自私自利，占了便宜之后便把人一脚踹开的人。

由于事业成功才能带给他们快乐，因此病态的成就型的人会强烈嫉妒那些拥有他们想要的东西的人。"得不到，就把它毁掉！"他们得不到的东西，别人也别想要得到，这种病态的心理使他们渴望自己成功的同时，还希望别人通通失败，他们的心理才会平衡。

由于病态的自恋，他们会把自己神化、偶像化、要求别人崇拜，以满足其优越感。这时若是别人对他有所质疑或是不敬，他们会马上给予恶毒的惩罚。人们会发现他们真正的面貌不是慈悲的神佛，而是狰狞的恶魔。

成就型个性的改善策略

非健康成就型个性的人，若不进行个性改善，极易陷入"走火入魔"、自我毁灭的境地。

告别嫉妒

嫉妒就是对才能、际遇、名誉、地位等比自己好的人怀有怨恨的情感。这是一种负面情绪，是人际交往中的不利因素。有资料表明，很多罪犯的犯罪动机都是源于嫉妒。那么如何使成就型个性的人不再嫉妒、不再产生挫折呢？

第一，竞争、进步、向上。嫉妒别人的人往往是把宝贵的时间用在嫉妒别人身上，而自己却产生焦虑、悲哀、猜疑、消沉、烦恼、敌意等不良情绪，这是一种最愚蠢的做法。为什么要嫉妒他人呢？你把对方的长处学习、借鉴过来，不就成了自己的宝贵财富吗？光阴似箭，人生苦短，与其将有限的精力耗费在嫉妒他人的成功上，不如抓住时机做几件实实在在的事，不更有意义吗？就像鲁迅说的那样："不要只用力于抹杀对手，使他和自己一样空虚，而应该跨过那站在前面的人，比前人更加高大。"鲁迅先生的话语重心长，因为别人有所建树并不妨碍自己。我们可以把鲁迅先生指的前人，理解为走在自己前面的人、比自己先成功的人，包括和自己生活在同一时间和空间的人。生活中的嫉妒主要发生在同一环境、同一领域中的人中间。普列汉诺夫曾说："在人类智慧的发展史上，因为某一个人物的成功而妨碍另一个人物获得成功的情形是很少的。"一个观点的提出，一项研究的成功，留给后人的是新开拓的领域和道路，使后人驰骋的天地更加广阔无比。不仅在科学的领域里如此，在其他领域里也如此，只要你肯奋斗，不断提高自己参与竞争的能力和心理素质，你一定能以真才实学赶上和超过别人。嫉妒这种负面情感是阻止青年前进的拦路虎。当你全心全意地去为自己的事业奋斗时，就不会有时间去嫉妒别人了，因为"嫉妒是一种四处游荡的情绪，能享用它的只能是闲人"。

第二，"酸葡萄"与"甜柠檬"的自慰法。"酸葡萄"心理是指自己得不到的东西，便故意贬低它的价值，以使自己感到心安，抵消心中的不服气。《伊索寓言》中，狐狸吃不到葡萄说葡萄酸的故事众所周知。这说明想吃葡萄而吃不到的人，用贬低葡萄的办法来求得心理平衡。意思是说，不好的东西我得不到也无所谓，这虽然是一种自欺欺人的办法，但只要能安慰自己，不去嫉妒别人也算是可取的。"甜柠檬"心理是指一个人知道自己眼下的境况很不理想，却强迫自己说："这不是也挺好的吗？"鲁迅笔下的阿Q精神，其核心部分就是精神胜利法，即知足常乐。一旦知足常乐了，就不会去嫉妒别人。

第三，帮助对手可以消除嫉妒。当你发现你所嫉妒的人需要有人帮助才会办成一件事情时，你就全心全意地去帮助他。这时，你与他的目标一致了，就会由嫉妒他的心理，转为向共同目标奋斗的心理了。当这件有意义的事情完成后，你会从他身上学到不少长处，你们也由敌意者变成合作者了。

嫉妒别人是庸才的做法。我们应该用欣赏的眼光去看待别人的进步，然后试图超越他。要知道没有赛跑对手，你就不会知道自己的速度和耐力有多少，找一个跑得快的对手，你就会知道自己的不足之处。

真诚坦率

虚伪的人靠欺骗过日子，虽然有时也能取得暂时的效果，但一旦被揭穿就事与愿违。有的人信奉"不说假话办不成大事"，可是他假话说尽了，"大事"也没有办成。汉朝的季布以诚著称，时人谚云："得黄金百斤，不如得季布一诺。"他跟随项羽战败，为刘邦通缉，不少人掩护他，使他安全度难，后来还受到重用。宋朝名臣司马光，忠信笃敬，史书说他"自少至老，语未尝妄"。他自己也说："吾无过人者，但平生所为，未尝有不可对人言者耳。"越是诚实的人，信誉越高，越能获得人们的信任。

想做一个诚实的人，需做到以下几点：

坦率回答问题

人都不想暴露自己的弱点，以免降低自己在对方心目中的形象，这是人之常情。因此有不少人在人前决不肯承认自己对某个问题的无知，总想装出一副很了解的样子。

实际上，对于自己不知道的事情，坦率地说不知道，可以给人以正直、诚实的深刻印象。而且，有勇气说不知道，也就显示出你对其他事情必然是知道的，这种自信在不知不觉中就会传达给对方。

失误后不辩解

有了失误千万不要为自己辩解，而应诚恳地道歉，然后提出弥补过错的方法。即使无法挽救的事情，也要尽量减少损失的程度。这样可以表现你强烈的责任感和诚意，定会令人刮目相看。

小事严责，大错原谅

被称为日本"经营之神"的松下电器公司的董事长松下幸之助，在处理和部下的关系时有一条绝招，就是发现部下的小毛病、小错误一概严厉斥责，而出现了影响生产，甚至失火这样的大事，却能给予原谅。

松下先生是姑息部下、麻木不仁吗？绝不是。他只是巧妙地抓住人类的心理。人在犯小错误时，往往自认为没有什么，很不在意，此时需要有人斥责提醒。相反，犯了大错误的人一定会自我反省，无须再予以斥责了。

这一种诚意，必然换来他人或部下的忠心。

遵守诺言

非健康成就型个性的人，常常为了顾及自己的"形象"与"面子"，对事情喜欢大包大揽，胡乱承诺。他们不知道，承诺意味着要"承担"实现"诺言"的责任。

从通常意义来说，适度地承诺，具有很丰富和很具个性的内涵，它因人而异，因具体情况而异，故难以对它做整齐划一的解说；但是，从大多数青少年的现实境遇中不难看出，承诺如若经常性地失信，便会使人陷入困窘、烦忧，乃至十分尴尬的境地。因此，在通常情况下，即使是年轻人，在决定承诺之前也要防止感情冲动，以保持冷静的头脑，注意承诺的适度。

摒弃虚名

人对名声的追求，如果超出了限度和理智时，常常会迷失自我，不是你想干什么就干什么，而是名声要你干什么你就得干什么。

20世纪初，法国巴黎举行过一次十分有趣的小提琴演奏会，这个滑稽可笑的演奏会，是对追求名声的人的莫大讽刺。

巴黎有一个水平不高的小提琴演奏家准备开独奏音乐会，为了出名，他想了一个主意，请乔治·艾涅斯库为他钢琴伴奏。

乔治·艾涅斯库是罗马尼亚著名作曲家、小提琴家、指挥家、钢琴家——被人们誉为"音乐大师"。大师经不住他的哀求，终于答应了他的要求。并且还请了一位著名钢琴家临时帮忙在台上翻谱。小提琴演奏会如期在音乐厅举行了。

可是，第二天巴黎有家报纸用了地道的法兰西式的俏皮口气写道："昨天晚上进行了一场十分有趣的音乐会，那个应该拉小提琴的人不知道为什么在弹钢琴；那个应该弹钢琴的人却在翻谱子；那个顶多只能翻谱子的人，却在拉小提琴！"

这个真实的故事告诉世人，一味追求名声的人，想让人家看到他的长处，结果人家却偏偏看到了他的短处。

德国生命哲学的先驱者叔本华说："凡是为野心所驱使，不顾自身的兴趣与快乐而拼命苦干的人，多半不会留下不朽的遗作。反而是那些追求真理与美善，避开邪念，公然向恶势力挑战并且蔑视它的错误之人，往往得以千古留名。"

1903年美国发明家莱特兄弟发明了飞机，并首次飞行试验成功后，名扬全球。一次，有一位记者好不容易找到兄弟俩人，要给他们拍照，弟弟奥维尔·莱特谢绝了记者的请求，他说："为什么要让那么多的人知道我俩的相貌呢？"

当记者要求哥哥威尔伯·莱特发表讲话时，威尔伯回答道："先生，你可知道，鹦鹉叫得呱呱响，但是它却不能翱翔于蓝天。"兄弟俩视荣誉如粪土，不写自传，不接待新闻记者，更不喜欢抛头露面显示自己。有一次，奥维尔从口袋里取手帕时，带出来一条红丝带，姐姐见了问他是什么东西，他毫不在意地说："哦，我忘记告诉你了，这是法国政府今天下午发给我的荣誉奖章。"

西谚有云："名声躲避追求的人，却去追求躲避它的人。"这是为什么？著名哲学家叔本华回答得很好："这只因前者过分顺应世俗，而后者能够大胆反抗的缘故。"

就名声本身而言，有好名声，也有坏名声，还有不好不坏的名声。每个人都喜欢好名声，鄙视坏名声，这是人之常情。有人称名声为人生的第二生命，有人认为名声的丧失，有如生命的死亡。蒙古族还有一句谚语：宁可折断骨头，也不损坏名声。这些话都是教育人们要维护自己的好名声，做人就要做个堂堂正正的人，不干那些损坏名声之事。名声是一个人追求理想，完善自我的努力过程，但不是人生的目标。一个人如果把追求名声作为自己的人生目标，处处卖弄自己，显示自己，就会超出限度和理智，并无形中降低了自己的品位。

如何与成就型个性的人沟通

与成就型个性的人在沟通时，应注意以下四个要点：

1. 希望他们改变作风，或是思考其他方案最有效的方法便是：告诉他们这样做可能会有助于他们获得更好的结果。

2. 如果你喜欢他们，不妨尽量配合他们，因为当你与他们站在同一条阵线时，他们也乐于保护你，与你分享他们的成就。

3. 如果你有被他们利用或操控的感觉时，不妨让他们知道你的感受，因为他们有时真的会忽略别人的感觉；当他们了解到这一点后，多半会收敛一点，特别是当他们是无心伤害你时。

4. 过度地批评，只会让他们为了讨好你、顺从你，而矫情地做出改变。所以要真正改变他们，应该是去爱他们，设法让他们去探索自己真正的感觉。

第四章
感觉型个性的特点与优化

　　感觉型的人宛如"落入人间的精灵"，刚来到人世时，他们似乎不食人间烟火，也不懂人情世故，充满着灵气。但是久而久之难免受到世间人情的"熏陶"，有些人可能还是不能或不愿被世间同化而显得多愁善感、独往独来。有些则可能为了与世俗融合（但是他们真的比一般人更难了解人情世故）而产生矛盾沮丧，变得愤世嫉俗。有时他们极端现实，有时却完全不顾道德规范与利害关系。

感觉型个性的特点

动机与目的

他们很珍惜自己的爱和情感，所以想好好地滋养它们，并用最美、最特殊的方式来表达。

能力与力量的来源

他们总是希望以美的形式来表达自己，生活中充满着幻想力、自我察觉力，以及不断自我探索的能力。这些力量也正是让他们创造出不朽作品的力量来源。

理想目标

他们想创造出独一无二、与众不同的形象和作品，所以不停地自我察觉、自我反省，以及自我探索。他们相信创造所有美丽事物的能量都在自己身上，因此他们努力超脱平凡，以达到自己生存的意义。

逃避的情绪

他们想要了解自己，又害怕了解自己。因为他们害怕了解自己以后，会发觉自己竟然是如此的平凡。这时他们可能会自我憎恨、自我折磨，但由于不了解自己，又不知道自己生存的目的，并且无法发展创造力，所以在面对自己时，他们显得胆小，并因此很容易逃避到幻想的世界去。从这些充满自我矛盾的情绪中，我们可以看到他们心灵的跷跷板，一边是自我觉醒，一边是自我超越，而他们就在这生活天平的两边摇摆着。

日常生活所呈现出来的特质

1. 非常情绪化的人，一天喜怒哀乐多变。

2. 用幻想来丰富自己的情绪，并享受它。

3. 缄默、害羞，活在自己的情绪中，不容易让人了解，充满神秘感。

4. 常常表现出不快乐、忧虑的样子，充满痛苦，而且内向。

5. 初见陌生人时，表现出很冷漠、神秘又高傲的样子。

6. 感情很容易受伤，一副常常看人脸色、十分娇弱、无辜的样子。

7. 懂得享受，让享受来补偿自己所欠缺的、受伤的部分。

8. 常被生活中多样化及不寻常的东西所吸引，活得飘忽自由，像一朵云彩。

9. 常常觉得好累，常把自己的心和别人的心隔得很远，这时候好像整颗心被困住，无法正常地运作。

10. 能量较低，常常懒懒散散，生活得不起劲。

11. 是很真诚、很善良的人，由于心地善良，所以总不愿伤害别人，但常觉得别人伤害了自己，所以显得自怨自艾。

12. 常说一些抽象、幻梦的比喻，让别人听不太懂其隐喻。

常常出现的情绪感受

经常不了解也不确定自己的情绪感受。有时觉得自己充满才华、能量十足，灵感源源不绝；有时又会心情沉重，能量完全消失，做任何事都不带劲，甚至觉得自己十分可怜。他们希望自己可以借艺术升华自己的情感，并让人分享自己的创作，但有时却又不满意自己的作品庸庸碌碌，平凡如常人，这样他们就会觉得生活毫无意义，情绪马上陷入无底深渊。

常常掉入的执着陷阱

艺术的表演如果没有通过真、善、美的标准表现出来，其作品是感动不了人的，所以感觉型的人总是力求于自己的情感、忠于自己的品味，也因此常常忍受不了别人太社会化或太注重传统习性而失去自然。此时此刻他们会将此感觉坦诚无讳的告知别人，常常会让别人下不了台，不知如何反应，而引起他人对感觉型人的误会。这种令人窘困的场面，又常使人觉得气愤或无趣而不想与之交往。

防卫面具

感觉型的人有极高的敏感度，能发现每一件事物内在的生命力，因此他们最喜欢用艺术和创造的方式来表现自己的想法。又由于他们很内向、害羞，所以情感表达及沟通也常通过作品来呈现。如此委婉、间接的表演方式，是为了隐藏自己，因为赤裸裸地摘下情绪的面具，对他们而言，是很难堪的事。

两性关系：竞争与幻想

在两性关系中，感觉型的人会变得极具竞争性，不管是对第三者、朋友或是自己的伴侣。他们以嫉妒代替了羡慕。一个感觉型的女人可能会将注意力放在其他女人身上，和她们做比较；而对男人，她则会设法让对方臣服、着迷，来证明自己是独特的。

感觉型的人在两性关系中常常出现两种困境：第一，在爱情中，有些感觉其实是他们自己幻想出来的，然而如果有一天他们觉得事情原来不是他们所想象的，也许就会失望、伤心，从而毅然决然地离开对方。其二，他们试图满足对方的期望，让对方了解自己的爱，但却往往为了一点点的难处，便痛苦不已，止步不前。

身为感觉型个性人的伴侣，神经最好要细致一点，注意他的一举一动所传达的意思，欣赏他的细腻，这样才会觉得和他在一起是充满浪漫的。

精力浪费处

无端的自怜、幻想、多疑、骄傲等，浪费掉他们所有的精力。

个性形成

不管他们早年成长的家庭背景如何，感觉型的人总觉得生活孤单，因此总把自己放在幻想的象牙塔里过日子。久而久之，他们靠幻想所形成的信息，逐渐被自己的情感所认同。而他们长大之后，也一直任由内在的感情和妄想的世界相结合，去找寻自我的信息，从而脱离真实生活的轨道，使人们无法了解他们。

充满不切实际的幻想

　　一般的感觉型的人对美的事物有着强烈的渴望，而他在生活中则充满着幻想，因为幻想可以让他们进入一个更美或是更令其陶醉的世界，有时甚至连自己的人际关系都是幻想出来的，他们可能和别人"神交"已久，但当事者却浑然不知。幻想常常带领感觉型的人脱离现实，让人觉得他们虽浪漫，但太不切实际。有些感觉型的人由于太过于沉浸在幻想中，以至于分不清现实与幻觉。当感觉型的人发现别人和他的想象竟然有如此大的差距，或是别人发觉他们的幻想过于离谱时，人际关系的问题就出现了。

　　感觉型的个性是那种有感受就想要表达出来的人，但是当他们遭到拒绝便会从环境中退缩，变得沉默、害羞，不再愿意轻易地向人表达感受。这时的感觉型如果经受过系统的感觉型的训练，或许还能以创作来抒发一些隐藏的心情，但不管有无创作的能力，这种退缩的、满怀负面情绪的人，大都是忧郁的，情绪起伏不定。他们困在痛苦的情绪中越久，越会对自我价值感到怀疑，甚至出现颓废、自我放纵、不求上进的情形。

　　一般健康型的人所拥有的忧郁，特别是面对陌生人时表现出的冷漠，反而更让人觉得有神秘感而受到吸引。不过多数人还是不喜欢他们这种冷漠、难以相处的形象。

具有察觉一切细腻情感的灵气

感觉型是所有的人格形态中最有灵气、最能够察觉一切细腻情感的人，这样的特质使得他们极具创造力。面对同样的风景，他们可以看出别人看不到的景致；同样的食物，他们可以咀嚼出别人尝不出的味道。这样的特质使他们的灵感源源不断，能为人类创造出不朽的艺术作品。

事实上，创造力是每一个人都应该去唤醒的特质。所谓的创造力，最重要的形式是自我创造，也就是具有超越自我、改造自己的能力。一个健康的感觉型的人，因为他们有绝佳的自我发掘能力，能不断地发现自己的内在，这也是其他类型的人最渴望从感觉型的人身上学习到的东西。

健康感觉型的人不管是对自己还是对别人，都有敏锐的直觉，而且他们也习惯直接表达出内心的感受，所以他们是最坦诚、直接的一种人格形态。只是他们的坦率可能会引起别人的误会及困窘，但是他们也让人们看到了真诚纯洁的人性，同时让人们了解每个人都是独一无二的，每个人都有他独特的美、独特的价值。

逃避现实，远离人群

　　不健康的感觉型的人在受挫后，可能会退回到一个小小的角落，将自己与外界隔离，这种放纵自己的行为，或许一开始能让他们觉得自由，觉得能够无拘无束地生活在自己的世界里。虽然感觉型的人是善于审视自己的，也喜欢和人交往谈心，但离群独处的日子过久了，终究会让他们觉得自己离别人越来越远，离实现自己梦想的距离也越来越远。这会让他们从醒悟转为沮丧、自惭，又再次回到自我放纵的循环中打转，他们已跌入无底的痛苦深渊。因为他们无法接受自己不如别人的事实，又无力自行振作起来。

　　情绪越是痛苦，就越没有力量，这时不健康的感觉型的人就越往负面走，越来越变得自我鄙视、自我放纵，并且会嫉妒那些拥有他们所没有的快乐或成就的人。为了减轻痛苦，他们会出现病态的幻想，或者借酒精、药物来麻醉自己。不管是幻想、酒精或药物，都是为了逃避意识清醒时面对现实的难堪。最严重时，他们甚至以自杀的极端方式来永久逃避现实。

感觉型个性的改善策略

非健康感觉型个性的人，在个性改善时，需从以下几个方面着手：

用理性控制情感

人都是情感动物，因此如何学会用理性控制情感就显得至关重要。为什么这样讲呢？因为一个人总会遇到各种各样的变化，这就要求我们在变化的过程中，把握自己的情感，理智地处理各种事情，感情用事是不明智的。这一点，恰恰是许多感觉型个性的人所忽略的。

在人生的长河中，控制情绪是很重要的一件事，你不必"喜怒不形于色"，让人觉得你深沉不可捉摸。但情绪的表现绝不能过度，尤其是哭和生气。如果你是个不易控制情绪的人，不如在事情发生并将引发你的情绪时，赶快离开现场，让情绪平静再回来，如果没有地方可暂时"躲避"，那就深呼吸，不要说话，沉默片刻，这一招对克制生气特别有效！一般来说，年纪越大，越能控制情绪，也不易被外界刺激引发情绪波动，所以你不必太沮丧。

如果你能恰当地掌握自己的情绪，你将给别人留下一种"沉稳、令人信赖"的印象。虽然你不一定因此获得重用，或对事业有明显的帮助，也总比不能控制情绪的人要好！

消除空虚感

感觉型个性的人都具有一颗敏感透明的心，在成长的过程中，他们不停地探寻着生命的意义。最后，一些人得出了生命本无意义的答案，他们因此而痛苦、无聊，觉得生活没意思，空虚感时常涌上他们的心头。

空虚，即无实在内容，不充实的意思。空虚心理指一个人的精神世界一片空白，没有信仰，没有寄托，百无聊赖。在漫长的人生道路上，心里空虚是令人烦恼的事。为了排除愁绪，摆脱寂寞，有人借酒浇愁，也有人用烟解烦，还有人寻求其他刺激，这些都是愚蠢的方式，并不能填补心中的空虚。精神空虚是一种社会病，它的存在极为普遍。当人们的生活失去精神支柱，或因社会价值多元化导致某些人无所适从时，或者个人价值被抹杀时，极易出现这种病态心理。

个人因素是产生空虚心理的重要原因，若一个人对自己缺乏正确的认识，总是觉得自己不如别人，对自己的能力估计过低，那就会导致整日抑郁、心灵空虚。再者，有的人对社会现实和人生价值存在错误的认识，以偏概全地将社会看得一无是处。他们将个人价值与社会价值对立起来，只讲个人利益，不尽社会义务。当社会责任与个人利益发生冲突时，过分考虑个人得失，一旦个人要求不能得到满足，就"万念俱灰"。当然也有些年轻人很有事业心、上进心和理想，但因自己的能力和实际处境相差太远，陷入"志大才疏""心比天高"的窘境之中，而常感到沮丧、空虚。

人是需要有一点精神的。也就是说，一个人要有理想、有抱负、有志气，才能迎接挑战，有为于世界。从幼稚向成熟过渡的青年时期，正是身心发展的重要阶段，如果这时内心空虚，精神萎靡不振，到头来只能落个"少壮不努力，老大徒伤悲"的下场。

浪漫不可过度

浪漫，在我们心目中好像总是那么美丽，以它炫目的色彩装扮着我们平淡、枯燥的生活；而理性则是以它冷酷而严肃的法则，剥蚀着我们关于浪漫华彩的外表，使其裸露出它的实质。浪漫实在是一种不适应社会现实的心态，是基于一种不适应于现实环境而受到压抑的欲望，在客观上同现实环境抗争与超越的行为过程与心理状态。因此，它是一个悲剧的状态和过程。

浪漫的心态，实际上就是指和周围所处环境不协调的、别具一格的心态。之所以不协调，在于它的过于理想性，常沉溺于一种虚幻中不能自拔。浪漫者经常带有一种不适应感——这是其心态的本质特点；久而久之变得忧郁、敏感、脆弱——这是其心态的心理特征；这些决定了浪漫心态突出的外在特征，即心境的忧郁与行为的乖张。

浪漫心态的形成原因是多方面的，或遗传，或生理，或环境，或教育……但这些并不妨碍我们认识浪漫者的本质特征，总结为一句话，即不适应于社会。过于理想性使这样的人总与社会不协调。而总是与社会不协调，又会加剧浪漫者的理想化。因此，浪漫者在现实生活中总免不了失败与尴尬，他们想得多，做得少，或做不好，其结果便是一事无成。现实生活中的失败，造成了浪漫个性的忧郁、敏感与脆弱。内向和敏感导致浪漫者多思多虑，而所思所虑又大多不合乎现实，或白日做梦，或痴心妄想；脆弱即意志品质不坚定，常表现为外在的极度孤傲与内在的缺乏自信，当他们遇到外在的挫折与打击，便疯狂地发作。

感觉型个性的人中不乏过于浪漫的人，他们心存幻想，不重实际，总是生活在浪漫的情调和不切实际的幻想之中。他们将浪漫看作是私欲的满足，看作是对他人赤裸裸的占有。因而虚情假意、甜言蜜语、矫揉造作，他们在浪漫的幌子下，给他人设置的是圈套，是陷阱……其实，这是"小人"式的浪漫，他们将满足个人的物质生活享受看作是人生的唯一享受，他们信奉"今日有酒今日醉，不知人间有隔夜"。他们的生活终极是"人生一世，行乐而已"。灯红酒绿、醉生梦死，一掷千金的奢侈，没日没夜的豪赌，疯狂而不顾后果。可以说，这类人极其自私，卑劣，经不住任何的考验，这种浪漫实在是为理智的人们所不齿的。

他们将浪漫看作是个人的随心所欲。他们我行我素，从不安分守己，一味地追求所谓的"个性解放"，自己爱怎么样就怎么样，想怎么样就怎么样，不要纪律的约束，不要规章的限制。譬如，他们进入公共场所如入无人之境，大声喧哗，行为放荡不羁，也不管别人的感受，若是别人说他几句，就一百个受不了，轻则说一句："我个人的自由你管得了吗？"重则恶语中伤，甚至寻衅闹事。这样的浪漫难以让人接受。

总之，缺乏文化底蕴的浪漫是低级粗俗的，缺乏道德底线为支撑的"风流"是荒淫无耻的，缺乏规范约束的激情是无知可悲的。这样的浪漫只能给社会带来危害。

远离孤独心理

孤独，并不单纯是独自生活，也不意味着独来独往。一个人独处，可能并不感到孤独；而置身于大庭广众之间，未必就没有孤独感产生。

心理学家菲思认为，真正的孤独，往往产生于那些虽有肉体接触，却没有情感和思想交流的夫妇之间。事实上，不管你是已婚或是未婚，也不管你是置身于人群中，或者是独居一室，只要你对周围的一切缺乏了解，和你周围的世界无法沟通，你就会体会到孤独的滋味。

感觉型的人，大都心性极高，卓然傲世。于是，他们在曲高和寡中，日益把自己与外界隔绝起来。他们需要战胜孤独。战胜孤独的秘诀何在呢？

战胜自卑

因为觉得自己跟别人不一样，所以就不敢跟别人接触，这是自卑心理造成的一种孤独状态。这就跟作茧自缚一样，要冲出这层包围着你的黑暗，你必须首先撕破自卑心理织成的茧。

其实，你大可不必为了自己跟别人不一样而忧思重重，人人都是既相同又不一样的。只要你自信一点，钻出自织的"茧"，你就会发现每一个人都有自己的长处，也同样存在弱点，完全不必自卑。大胆地跟别人交往沟通并不是一件难事，那时你就不再孤独了。

与外界交流

独自生活，并不意味着与世隔绝。一个长年在山上工作的气象员说，他常常感到有必要把自己的想法告诉别人，可是他的身边却没有人可以倾诉，所以他就用打电话发邮件来满足自己的这一要求。

当你感觉到孤独的时候，翻一翻你的通讯录。也许你可以给某位久未见面的朋友写封信；或者是给哪一个朋友挂个电话，约他去看一场周末的电影；或者是请几位朋友来吃一顿饭，你亲自下厨，炒上几个香喷喷的菜，这都别有一番情趣。

跟朋友的联系，不应该只是在你感觉到孤独的时候。要知道，别人也都跟你一样，能够体会到友谊的温暖。

为别人做点什么

同人们相处时所感到的孤独，有时候会超过一个人独处时的十倍。这是因为你与周围的人格格不入，就好像你突然来到一个语言不通的国度一样，无法与周围的人进行必要的交流，也无法进入那种热烈的气氛里面，你不由自主地觉得自己很孤单，而他们之中的那种热烈气氛更衬托出你的被冷落。为别人做点什么，这很有好处。记住：燃起一把温暖别人的火，也会温暖你自己。

爱自然，走入社会

一些习惯了孤独的人，很会充分地享受孤独提供给他的闲暇时光。他们却不知生活中有许许多多活动，都是充满了乐趣的，而孤独使你无法充分领略它们的美妙之处。这种福分，不是那些忙忙碌碌的人可以享受到的。

许多饱尝过孤独痛苦的人都说，当他们遭到厄运的袭击，而又不能够向人倾诉时，他们会不由自主地走到江边去，让清爽的江风吹着，心情就会渐渐地开朗。有一个感情丰富的女孩子说，她常常跑到最热闹的街道上去，她觉得只要置身于川流不息的人流中，就会忘掉自己的寂寞。

确立人生目标

也许，早在原始社会人类就过惯了群居生活，所以现代社会才有了"孤独"这样一种世纪病。一个人害怕自己跟他人不一样，害怕被别人排斥，害怕在不幸的时候孤立无援，害怕自己的思想得不到旁人的理解……总之是一种内心的恐慌，似乎人类的心灵越来越脆弱了。

要想从根本上克服内心的脆弱，最好的方法莫过于给自己确立一些目标和培养某种爱好。一个懂得自己活着是为了什么的人，是不会感到寂寞的；同样，一个活着而有所爱、有所追求的人，也是不怕寂寞的。

当然，"孤独"本身是一个中性词，适度的孤独可以使人有机会深刻地思考，我们在此所说的"远离孤独"，是远离那种自我封闭的孤独。

适应社会环境

感觉型个性的人对生活存在着较多的幻想，他们大多不知道如何适应社会环境。

适应本身是一个心理学名词，即顺应的意思，其实质是人们为了生存而与环境之间发生的调节活动。由此可见，适应水平直接影响了人的生存，是衡量心理健康的标准之一。

要能很好地适应现代社会环境，首先必须了解适应社会环境都有哪些形式。总的来说适应社会环境有两种形式，其一是改造环境，使环境合乎我们的要求；其二是改造我们自己，去适应环境的需要。无论哪种形式，最后都要达到环境与人自身的和谐一致。

适应社会环境的问题非常广泛，比如刚从大学毕业到公司工作的大学生，到了新的环境，接受新的任务，接触新的同事，凡此种种与大学生活都不相同。有的人很快适应了环境，工作顺利开展起来；有的人则相反，处处感到陌生，不是工作出问题，就是人际关系紧张，弄得整天闷闷不乐，置身于苦闷之中不能自拔。很显然，前者适应社会的能力较强，后者则较差。

究竟怎样才能很好地适应社会环境呢？

主动接触现实环境。也就是说必须从实际出发，正确认识客观环境的现实，既不逃避现实，也不做无根据的幻想，切实把自己置于这个环境之中，了解它、掌握它，并进一步改造它。

积极调整，选择对策。从主观上要采取积极态度，不是消极等待，在选择对策时应当审时度势，选择相应的对策。根据个人的具体情况，制定出生活的长远规划和近期目标，以求实现，从而调动自己的潜力，这样就会觉得生活是非常有意义的了。

取得社会支持。一个人只有在获得支持时，才能觉得不是孤立无援的。而广交朋友，得到好朋友的勉励和帮助，是社会支持的重要方面。当然亲属之间的支持也是不可少的。

克服自我封闭心理

过分浮夸的感情当然不可取，但我们不能因此对生活中真正打动我们内心的人和事也装作视而不见。把自己的感情封闭起来，戴上所谓成年人的千篇一律的面具去生活，只会使我们的生活陈旧过时，失去活力。

人类的内心世界是由感情凝结而成的，所以我们才能在邻居或朋友之间建立起诚挚的友谊，才能在夫妻间建立起美满的婚姻和家庭，社会也才能通过感情的纽带协调运转。真挚的感情无影无形，却比任何实际的东西都更有价值。因此，寻找失落的童年时的笑声和真情，才会成为人们历尽磨难后的安慰和梦想。

当感觉型个性的人要压抑自己的感情，想把它封闭起来时，有必要反躬自问：我怕的是什么？我为什么不能更自由、更真实地生活在世界上，而不是生活在伪装的面具后？

别自寻烦恼

伤感悲伤的感觉型个性的人，常常自寻烦恼，将自己装入一个无形的、痛苦的笼子。

任何自寻烦恼的习惯都是在自己折磨自己。一个人完全没有烦恼是不可能的，关键要看你如何跳出烦恼。

许多心理治疗专家在多年的从医经历中，几乎没有对那些表面上看起来是愉快的、精神健全的人进行过咨询服务。在当今社会中，有很多人备感孤独，却不曾有一个电视专题节目探讨他们应付生活的能力，杂志里也很少有对精神健康状况进行研究的文章。当那些情绪易于波动的人沉迷于舞会上的狂欢滥饮之中的时候，这些人却冷静地坐在舞会的角落里，与那些人格格不入。

要知道，这些表面上看起来情绪稳定、精神健全的人也会受到"侵犯"。只要不加提防，他们就会变得问题百出，也会深感愧疚，从而酿成多种多样的神经系统的疾病。只要那些人落入下列自寻烦恼的陷阱，就会变得可悲可叹。

滚雪球式地扩大事态

当问题第一次出现时就正视它，就很容易使其化为乌有。如果让问题成堆而不去解决，它们就会像滚雪球一样，不断地扩大并恶化下去。

最爱滚雪球的人总是照一条简单的规则行事："如果错过了解决问题的时机，索性再往后拖拖。"比如，在婚姻关系中，你把对伴侣的愤怒和苦恼埋在心底几个月甚至几年，就会积聚起足够的压力来拆散你们的婚姻。

代人受过

有一次，小刘和朋友同乘的一辆汽车正要靠在一个十字路口的停车指示牌前，他还没来得及把车停稳，他们后面那辆车里的司机就开始按喇叭了。"那个家伙有点耐不住性子了。"朋友说。

小刘一面让车慢慢向前滑行，一面环顾两边的路，说："那是他的问题，而我要确保安全通过这个十字路口才是最重要的。"

小刘完全不去管别人的问题。但是，如果我们反其道而行之，就只会自寻烦恼。假如你设想某个人不喜欢你，然后一味地反省，把责任归于自己，"这都是我造成的"，那么你要不了多久就会忧郁成病。你这样代人受过，引咎自责，又有谁能理解你呢？

盯着消极面，不遵从实事求是的积极原则

真正有力量的是积极的思想方法。要牢牢记住当你受到不公正的待遇，或者别人对你说话的态度不友善时，你经常对自己说，"我总是被所有的人曲解和欺负"，你拒绝回忆那些愉快的事情。如果你忽然会想到你自己有什么优点，就会赶快记起一件与此相对应的弱点。只要把注意力集中在那些不好的、吃亏的事情上，你就能熟练地运用这种消极的思想方法来制造出自寻烦恼的种种症状。如果你预料到有什么坏事会出现，它们多半是会兑现的。比如说，你准备参加一个舞会，你料想自己一定会十分难堪和狼狈，于是你就孤零零地站在一旁，呆若木鸡。然后，你就可以为没人理睬你而叹息了。

做不可能实现的梦

世界上最可怜的人，是那些惯于抱有不切实际的希望的人。

如果你想真正地灰心丧气，就把自己的目标制定得高不可攀吧！

有位心理专家曾经为一名妇女提供咨询服务。她正在修两门大学课程、学弹钢琴、照看三个孩子并照顾两个体弱多病的亲戚——所有这一切都是在她的固定工作之外的。她还补充说，如果学习成绩达不到甲等，她会很不满意。你们看，这真是一个不切实际的人！

蠢人的黄金定律

简而言之，这条定律就是"把其他人都看得一钱不值"。运用这条定律的关键，是首先嫌弃自己，对你自己说："我是不堪造就的，我是毫无价值的。"一旦你贬低了自己的价值，接下来就会觉得其他人也同样浅薄，于是便对他们采取不屑一顾的态度。这样，保证你会变得众叛亲离。

以受苦受难者自居

那些把自己比作受难者的人总是能找到适当的借口。母亲们过度地承担家务劳动，然后对自己说："没有一个人真正心疼我，在我们家里，我不过是一个仆人而已。"父亲们也能采取同样的方法："我的骨架都累散了，谁也不把我当回事，大家都在利用我。"

如果你总爱把自己放在受苦受难的地位上，不仅自己很容易产生恶劣的情绪，而且还能使周围的人感到讨厌——这样会使你的感觉变得更糟。

被小事绊住

我们通常都能很勇敢地面对生活里面那些大危机，可是，却会被一些小事搞得垂头丧气。白布斯在他的日记里谈到他看见哈里·维尼爵士在伦敦被砍头的情景，在维尼爵士走上断头台的时候，他没有要求别人饶他的性命，却要求刽子手不要一刀砍中他脖子上那块伤痛的地方。

在南极工作站考察的拜德上将，曾在又冷又黑的极地之夜里发现一些怪事，他手下的人常常为一些小事情而难过，却不在乎大事。"他们能够毫不埋怨地面对在浮冰上危险而艰苦地工作，在零下 50 度的严寒中克服一个又一个困难，可是，"拜德上将说，"我却知道好几个同室的人彼此不讲话，因为怀疑对方把东西乱放，占了他们自己的地方。我还知道，队上有一个讲究所谓空腹进食、细嚼健康法的家伙，每口食物一定要嚼过 28 次才吞下去；而另外有一个人，一定要在大厅里找一个看不见这家伙的位子坐着，才能吃得下饭。""在南极的营地里，"拜德上将说，"像这一类的小事情，都可能把最有教养的人逼疯。"而你还可以加上一句话，小事如果发生在夫妻生活里，也会把人逼疯，还会成为世界上众多家庭的伤心事。

如果你在上述故事中发现了自己的影子，我希望你能够猛然悔悟："嘿！我就是这样做的。以后我绝不能这么办了！"

让自己尽情地享受快乐

如何让自己尽情地享受快乐呢？这是个大问题，因为培养愉悦的情绪，可以减轻你工作的压力，更利于创造出好的成果。成大事者相信，少一份烦恼，就多一份快乐。正如拿破仑所说："忘却烦恼，学会让自己快乐。"

那么，怎样才能让自己快乐呢？

生活得快乐与否，完全决定于个人对人、事、物的看法如何。

几年以前，有一个广播节目中号召人们找出"你学到的最重要的一课是什么"。其实，这很简单，最重要的一课就是思想的重要性。只要知道你在想些什么，就知道你是怎样的一个人，因为每个人的个性都是由思想造成的。我们的命运完全决定于我们的心理状态。

很确切地说，你所必须面对的最大问题就是如何选择正确的思想，这是我们需要应付的唯一问题。如果我们能做到这一点，就可以解决所有的问题。曾经统治罗马帝国的伟大哲学家马尔卡斯·阿理流士，把这些概括成决定你命运的一句话："生活是由每个人的思想支配的。"

不错，如果我们想的都是快乐的念头，就能很快乐；如果我们想的都是悲伤的事情，就会被悲伤所击倒；如果我们想到一些可怕的情况，就会十分害怕；如果我们想的是不好的念头，恐怕很难会安下心来了；如果我们想的都是失败，就注定会失败；如果我们整天沉浸在自怜里，大家都会有意躲开我们。诺曼·文生·皮尔说："你并不是你想象中的那样，而你却是你所想的。"

这么说是不是暗示，对于所有的困难，我们都应该用一成不变的乐观态度去看吗？不是的。因为生命不会这么单纯，即便是在最艰难困苦时我们还是鼓励大家要持积极正面的态度，而不要采取反面的态度。换句话说，我们必须关注自己的问题，但是不能忧虑。关切和忧虑之间的区别是什么呢？比如一个人要通过交通拥挤的马路时，他就会很注意自己的安全问题——可是并不会忧虑。关心的意思就是要了解问题在哪里，然后很镇定地采取各种步骤去加以解决，而忧虑却是发疯似的陷在小圈子不能自拔。

如何与感觉型个性的人沟通

与感觉型个性的人进行沟通时，掌握以下六个原则，将有利于沟通的顺利进行。

1. 对他们而言最重要的感觉是：与他们沟通一定要重视他们的感觉如何。

2. 要让他们知道你的感觉和想法。

3. 密切地配合他们，让他们感觉到你关心他们、支持他们。

4. 如果他们沉浸在某种情绪中难以自拔时，问问他们当时的感受，让他们有机会抒发情绪是帮助他们走出情绪的好方法。

5. 不要老是以理性来要求他们、评判他们，最好多问问他们的直觉，因为那可能会扩展你的视野。

6. 热情地称赞他们，特别是当他们能发挥自己的特长并有所贡献时。因为他们极容易有负面情绪，也容易自我否定。

第五章
思考型个性的特点与优化

思考型是思想的巨人，行动的侏儒。在他们身上，完美地诠释了天才与白痴只有一步之隔。他们的思想非常活跃，行动却显得比一般人笨拙。他们总是埋首于书籍资料中，为的是要了解这个充满神奇和幻想的世界。他们认为只有有了知识，才不会焦虑，才知道怎样去面对生活，面对社会。

思考型个性的特点

动机与目的

他们想通过获取更多的知识来了解环境。面对周围的事物，他们想找出事情的脉络与原理作为行动的准则。有了知识，他们才敢行动，也才会有安全感。

能力与力量的来源

当思考型的人对事物不了解时，他们会产生焦虑，不知如何行动、如何应对，所以他们把所有的精力都花在收集资料、分析、求证、解释之上，才能想出应对之道，从而决定如何行动。对任何事情，他们都有打破砂锅问到底的精神。

他们有很好的洞察力、分析力。许多伟大的科学家、思想家，都属于这个类型。他们能将事物进行剖析，看到别人不曾发现的问题，是他们与生俱来与众不同的能力。但他们分析和处理事件时，有时只专注事物的某一部分，而失去对事情整体的了解，这正是他们的缺憾。

理想目标

他们的理想目标是想从了解和认识宇宙一切的脉络，然后分析出一些有价值并能帮助社会进步的观念，以卓越的洞察力和分析力，使每个人都能踏入最完美的人生轨道。

逃避的情绪

由于思考型的人总是将自己埋入书籍、资料堆里，像电脑一般不停地思考着运转着。但是思考型的人并不是机器，他们是人，也有七情六欲。由于他们不太会与人交往，不了解别人的情感，别人也不知如何与他们相处。长此以往，他们会更孤独、更空虚，为了逃避孤独和空虚，他们只得继续用资料、学问来填补它。

日常生活所呈现出来的特质

1. 沉默，寡言，好像不会与别人开玩笑似的。

2. 很喜欢一个人独处，思考很多问题，不喜欢与人讨论。

3. 不太相信神，他们觉得一个看不到、摸不着的神居然是全知者，太不可思议了，所以他们大部分是无神论者。

4. 喜欢独自一个人工作，把自己投入完全属于自己的世界里，独来独往，朋友很少。

5. 非常冷漠、害羞，别人想跟他们交朋友，却走不进他们的世界里。

6. 跟没有思想深度的人交谈会令他们厌烦，更别说是交朋友。

7. 很喜欢研究宇宙的道理、哲理，甚至会觉得生命很荒谬。

8. 常跟别人意见不合，并坚持自己的看法一定是对的。

9. 不太注重衣着，因为这些"身外之物"与生命本身没什么关系。

10. 为了读书及收集资料，他们甚至会忙碌到无暇打理自己，觉得打理自己太浪费时间。

11. 当别人有事请教时，他们会仔细倾听，并将事情详详细细地分析得非常清楚。

12. 彬彬有礼，也很有包容力，只是跟别人的感情互动不深。

常常出现的情绪感受

他们很怕自己有太多的情绪感受，也害怕对人太深情，因为他们往往拙于表达自己的情感，所以他们逃避与人交往、逃避介入感情太深，就算对自己的亲人也常常如此。而最好的逃避方法就是将自己封闭在求知的世界里，在专注思考或自己玩智力游戏的时候，会产生无尽的乐趣，以转移自己内心的空虚。他们认为投入思想世界是非常安全的，所以他们便让自己守着知识，忘掉一切情绪。

常常掉入的执着陷阱

他们执着于知识，认为没有知识的人，是无能的人。他们为了能安全地生活在这个世界上，便不停地追求知识，然后以知识去印证一切，并指导自己的行动。

防卫面具

他们害怕介入情感太深，会打扰自己的情绪及思想世界。真实思考型的人的内心深处是一个感情丰富又热情的人，但他们却尽力地控制自己，使自己情绪冷漠、僵化。表面上他们对人很没感情，对别人的事经常是无动于衷，但真正的原因是因为他们害怕，他们不知该如何表达自己的感情，所以把自己对别人的感觉隔离起来，他们的内心才能安稳。

两性关系：信赖亲密与肉体的关系

他们最缺乏的是安全感与信心。在爱情的关系中，如果彼此能够分享秘密与信任，他们便不再感到被侵犯或是失落的恐惧。对他们而言肉体关系是一种可分享秘密的、最极致的表现，比口头的表达更让人有安全感。

"肉体的接触是最真实、最完整的，当彼此相互接触时，我们公开了彼此的秘密，我们完全地付出自己，没有保留，这种交流比言语更直接、更真实。"某位思考型的科学家如是说。

所以我们会发现平日沉醉于思考行为的人，他们在两性关系中却更着迷于肉体的接触，而非心灵的交流。因此，当你看到他们迷恋的对象是一个靓丽性感的美女，而非一个骨感的女人时，也就不足为奇了。

精力浪费处

他们将自己所有的精力投入思考，竭尽全力地收集资料，最终却将这一切束之高阁，不付诸行动，浪费了自己的精力与才能。有些思考型的人在长期思索、研究之后，能够发现足以影响世人的伟大创见，但不少思考型的人却只是终日埋首于书籍之中，疏离了人群。

个性形成

早年就没有从父母或长辈身上得到稳定的感情，他们渴望得到关爱及安全感，却一直得不到；长期以来，在失望之余，他们的心里开始害怕；为了求生存，他们努力收集各类资料，以了解环境，面对环境。

他们思考重于行动，是伟大的观察者、资料收集者。他们像强有力的吸尘器一般，有多少知识就吸收多少，这便应了那句老话——"知道的愈多，愈觉得自己无知"，所以他们不断地将自己深埋于资料之中，不敢发表自己的想法，不敢采取行动。面对浩瀚的知识世界，他们显得如此地畏缩，外人看他们有如孤独而高深莫测的智者，或是一个只会读书但不会生活的书呆子。

热衷于为事物寻找答案

　　思考型的人通常会成为知识分子、学者或是专业人士。由于对社会及生活环境的无知，会让思考型的人产生不安全感，所以他们总是热衷于观察、思考，为事物寻求答案。而在追求知识的过程中，他们很容易深入某一个领域，成为某一门学问的专家。

　　但是，当他们愈深入某一领域时，却可能愈看不见事物的全貌，只见树木而不见森林，反而脱离了现实。而这时他们又以错误的见解，归纳出不成熟的理论，并硬将这些理论套用在其他事情上，成了以偏概全、牵强附会的人。然而这种思考型的人物总是以他们的思想为自豪，坚信他们的想法是对的，甚至奋力地宣扬它们，并与那些思想相悖者做强烈的争辩。他们可能是那些倡导打破旧理论、打倒权威的学者，然而即使他们的理论偏颇狭隘，但由于思考型的人饱读诗书，说起话来引经据典，听起来还是十分吸引人的。究竟他们的思想是"极端"，还是"先驱"，还得靠我们仔细地判断。值得肯定的是，思考型的人确实提供了许多"真理越辩越明"的机会。不管是谬论还是真理，他们都让我们的思想世界更加丰富。

洞察力过人，善于提出创见

　　由于健康的思考型者拥有敏锐的洞察力，能够穿越事物的表面，发现别人所看不见的深远层次，让真相豁然开朗；所以当别人只看到物体表面的时候，他们却已进入抽象的领域。例如，桌面上放着一只红色的苹果，在一般人眼里只是一只红色的苹果，但是他们却可能去思索苹果为何是红的？为何它静止在桌面上，而不是飘浮在空中？它是什么物质……

　　他们对一切事物都充满好奇，并产生研究的兴趣。同时他们具有过人的洞察力，往往能提出许多伟大的创见。

　　健康的思考型的人乐于与人分享知识和见解。因为他发现与人讨论问题，既可以激荡他的思考，又可以保持独立思考的习惯。他们还勇于提出许多别人尚未发现，甚至会斥为异端的创见。

　　一个聪明健康的思考型的人是人类的宝藏，他们能探索许多人类未曾接触的知识领域，打破传统想法，提出划时代的伟大创见。

　　一只苹果、一个人……这些我们看似平凡的物品，却可以让牛顿发现了"地心引力"；让笛卡儿思索出"我思故我在"的存在理论；让爱因斯坦提出"动者恒动，静者恒静、物质不灭"的"相对论"。思考型的人就是这么有趣，别人看似理所当然的事物，他们却可能百思不解、深究其源，也因此可以发现许多划时代的创见。

另一个有趣的现象是，思考型的人通常不修边幅、邋邋遢遢，主要原因是他们太忙于智力活动，无暇打理自己。也许在他们心中，躯体只是智慧寄居之所在，不必太在意。他们原本就不善于与人交际，再加上成天忙于思索，看起来就邋里邋遢，这也是他们和人群越来越疏远的原因之一。

健康思考型的代表人物在人类史上可能多得举不胜举，因为一旦思考型的人发挥出他们过人的观察、分析能力，往往就能为人类写下新的历史而永垂不朽。

有些思考型的人之所以能成为智者或是发明家，是因为他们对周围事物的"无知"，这一点值得那些自以为无所不知的愚人再三深思。

思想偏激，脱离现实

思想偏激、脱离现实的思考型的人，为了维持自己的信念，往往对他们意见不同的人产生敌意或攻击性。他们极为主观地认定别人的观念都是错的、没有价值的，十分藐视别人的意见，于是他们变得非常孤独，而且愤世嫉俗。他们总是不断驳斥别人的想法，并以揭发别人的丑陋面、腐败面为乐，殊不知他所谓的"别人的丑陋、腐败"，多半只是因信念不同所产生的误解而已。

他们狂妄自大，觉得这个世界是可憎的，想要揭发、破坏这一切的丑陋。而他们同时也有一种妄想，认为别人憎恨他们，想要迫害他们。

有时，迫于压力下的思考型的人会显得鲁莽、毛躁、行动慌乱或失控，像是一个神经质的活跃型人物或是躁郁症病人。他们不想去面对头脑中纷乱的思维，所以经常利用忙乱的行动来逃避，但是这种狂躁的方式，却更显现他们的焦虑不安。

思考型个性的改善策略

非健康思考型者个性的改善，可通过以下几个途径：

别以为自己总比别人聪明

非健康思考型个性的人喜欢用自作聪明来显示一下自己的优势，殊不知此为拙劣之举。总以为自己比别人多一点智慧，这种自以为是的做法经常会伤害别人的自尊心。如果你谦虚一点，听听别人的意见，肯定会让对方感到满意，这样你就有机会影响对方了。

有时候，我们在人际交往中虽然考虑到了很多技巧，但是操作起来仍是不尽如人意，甚至弄巧成拙，与谈话者陷入一种僵持不下的敌对场面，使气氛格外紧张。在这种氛围下谈话，使人感到伤脑筋，谈话的双方都觉得自己与对方似乎有很深的隔阂（其实根本不存在，只是心理上的感觉罢了），不能进行深入地沟通，感到别扭、尴尬、不舒服，甚至恼怒。这是双方交际的失败，但这种场面却屡屡在生活中出现。

究其原因，双方都对对方不满意。但是双方又都不让步，不愿迎合对方。从一开始就进入了敌对状态，剑拔弩张．哪里还有诚意沟通呢？分明像是仇人相见，分外眼红。

因此，如果我们在谈话的一开始就注意到这一点，让谈话有一个好的开端，使其在缓和愉快的气氛中展开，在融洽的气氛中结束，这对双方来说，既达到了目的又增进了友谊。

特别是在我们知道这次谈话是要与对方讨论重要问题的情况下，更应懂得这一迎合对手、使对方满意的技巧，它可以使你和对方以愉快的心情达成一致的协议。

善读"无字之书"

生活是一本内容丰富的大书。非健康思考型个性的人在埋首尺牍之余，要善于读生活这本"无字书"，体悟成败之理。

古人曰："读万卷书，行万里路。"是说人要有较多的知识和丰富的阅历，也是要人们能理论联系实际，善于利用知识认识和处理各种事情。丰富的阅历也是成就大事者不可缺少的资本，特别是年轻人，他们的阅历一般较少，这就要求他们不但要注意书本知识，也要注重从生活、社会中积累知识。

有诗云："纸上得来终觉浅，绝知此事要躬行。"读书学习获取知识诚然重要，但实践获真知是必不可少的。

知识就是力量的口号鼓舞着千千万万的人在知识的海洋中不断地拼搏。

知识已从某种意义上成了财富、地位与能力的象征。中国的古人曾说过："书中自有颜如玉，书中自有黄金屋。"由此可见，读书与获取知识在人们心目中是何等的重要。

但随着时代的发展，人们打破了往日对知识的理解。人们已认识到，知识与能力并不完全是相等的，知识并不等于能力。当今对实践能力界限的新要求，迫使人们重新审视自己所学的知识。

但不管时代怎样发展，你都应使头脑保持清醒，你必须清醒地理解知识与能力的关系。

培根在提出"知识就是力量"的口号以后，又明确地指出："各种学问并不把他们本身的用途教给我们，如何应用这些学问乃是学问以外的、学问以上的一种智慧。"

这也就是说，有了知识，并不等于有了与之相应的能力，运用与知识之间还有一个转化过程，即学以致用的过程。

如果你有很多的知识，但却不知如何应用，那么你拥有的知识就只是死的知识。死的知识不但对人无益，不能解决实际问题，还可能出现害处。

因此，你在学习知识时，不但要让自己成为知识的仓库，还要让自己成为知识的熔炉，把所学知识在自己的头脑中逐渐地消化、吸收。

你应结合所学的知识，参与学以致用活动，提高自己运用知识和活化知识的能力，使你的学习过程转变为提高能力、增长见识、创造价值的过程。

你还应加强对知识的学习和提高能力的培养，并把两者的关系调整到最佳状态，使知识与能力能够相得益彰，相互促进，这将对你的人生发挥出前所未有的潜力和作用。所以，每个人不仅应该苦读那些与爱好、兴趣、职业有关的"有字之书"，同时还应该领悟生活中的"无字之书"。通过阅读"有字之书"，你可以学习前人积累的知识和学以致用的经验，从中取得借鉴，避免误入歧途或走弯路；通过读"无字之书"，你可以了解现实，认识世界，从"创造历史"的人那里学到书本上没有的知识。

如果你想能尽快读通读透"有字之书"，并取其精华，去其糟粕，把"死书"读成活书，就要善于读"无字之书"。

用自己的眼睛去读世间这一部活书，倘若只看书，便变成书橱，即使自己觉得有趣，而那趣味其实是已在逐渐僵化、逐渐死去了。

达尔文说："我认为，我所学到的任何有价值的知识都是在自学中得来的。"

虽然，达尔文同时上了两所大学，但是，"社会大学"给他的知识要比剑桥大学给他的知识多。如果正规大学是一片湖泊，那么"社会大学"就是浩瀚的大海，永远没有毕业之时。

善读书，而不唯书，把"有字之书"与"无字之书"紧密结合，是获取更多精神财富和成就事业的一条准则。

如何与思考型个性的人沟通

在与思考型个性的人沟通时，掌握以下五个方法，沟通则会容易得多。

1. 他们在面对人群表达自己时往往比较困难，所以不要在这方面给他们太大的压力，要表现出亲切的善意，以减轻他们的紧张和焦虑。

2. 要亲切，但不要表现出过于依赖或有压力的亲密，因为他们喜欢与人保持一定的距离，要尊重他们的生活和心理习惯。

3. 要求他们做决定时，尽量留给他们独处的时间和空间。

4. 当你请求他们某件事时，记住你表达态度时应该是一种请求而非要求。

5. 作为思考型的伴侣，要增加他们的信任、减轻其焦虑最好的方法是身体的接触（例如按摩），这对他们而言胜于任何言语的沟通。

第六章
忠诚型个性的特点与优化

　　忠诚型个性充满矛盾。他们一方面相信权威、跟随权威的引导行事，另一方面又容易反权威。他们像青少年一样盲目地自信却又对自己没信心，所以跟随权威、加入团体，成为他们安全感的来源。因为怕犯错，怕被人轻视、利用，做事小心谨慎。而一旦察觉自己遭人利用时又极端冲动。他们单纯却又多疑，有时顺从，有时反叛，忠诚型的人总在矛盾中摇摆。

忠诚型个性的特点

动机与目的

他们的团体意识很强，需要亲密感，需要被喜爱、被接纳并得到安全的保障，所以他们的动机和目的是希望团体成员彼此支持、忠诚，相处和谐并遵守规律。

能力与力量的来源

忠诚型人的心中需要有权威。没有权威的指导，他们会不知何去何从，迷失方向。一旦有了专家或权威指引他们人生的方向，他们会忠心耿耿、全力以赴，这时他们全身充满干劲，不会被焦虑困扰前进的方向。他们做起事来尽善尽美，可以绝对放心地将工作交付于他们。

理想目标

他们想要寻找一个可以安身立命、完全信服和依赖的理念，可是他们不相信内在的自己，而相信外在的权威。不过，一旦外在权威显示出弱点不能使他们佩服时，他们会立刻反权威，这让忠诚型的人活得很辛苦。如果有一天他们能自我肯定，内在权威感能指引他们不必依赖别人，坚定地走自己的路，这将是他们的理想目标。

逃避的情绪

忠诚型的人很希望生活是有规律的，自己的情绪是稳定的，不被任何突发状况扰乱。忠诚型的人却偏偏很少遵守自己所定的规则和秩序。当他们掌握不住突发的状况时，害怕的情绪产生，焦虑使他们愤怒，脑中秩序大乱，这会将他们推向无助及恐惧的痛苦情绪中，为躲避这些杂乱无章的情绪，他们希望有权威指导，出了事无须操心，由权威负责，那么就不用害怕了，因为有权威承担责任，权威将会保护他们。

日常生活所呈现出来的特质

1. 欣赏自己充满权威的样子，又优柔寡断，依赖别人。

2. 有时可爱善良，有时又粗野暴躁，很难捉摸。

3. 有时非常顺从，有时又公开地反抗，个性极端矛盾。

4. 想得太多又无法决定，因此在采取行动时充满困扰，回答问题更是缓慢。

5. 相当情绪化，因为受到焦虑的影响，而经常为无法自行做出重大的决策而感到不安。

6. 看到别人不努力时，会一面做一面骂。

7. 很注重传统，遵守传统规则才能心安理得，情绪比较稳定。

8. 讨厌被利用、被轻视。

9. 常常不知道自己的真正感受，所以会不断地考验别人，从别人的眼中来了解自己。

10. 做决定时喜欢听取别人的意见，一有差错立即怪罪别人。

11. 常常因为冲动而产生攻击行为，虽然事后也很自责，但他们轻易不肯认错，不但不主动道歉，还要别人道歉。

12. 他们的幽默感通常不是幽默而是讽刺。

13. 没有明显的敌人存在时，情绪就无从发泄，实在不舒服就找一个替罪羔羊来发泄自己的攻击性。

14. 对事物时常反应过度，爱瞎猜疑。

15. 他们会经常激怒对方，引来莫名其妙的吵架，其实是在试探对方爱不爱自己。

常常出现的情绪感受

焦虑是他们常常出现的感受。忠诚型的人需要有目标、有对象，以便让他们表达自己的忠诚。他们不喜欢自己的软弱，也讨厌自己不够自立自强，但每当碰到一定要他们自己拿主意的事情时，又害怕并怀疑自己能否做出正确的决定，是否能妥善处理问题，这一切所带来的焦虑与不安完全淹没了他们，其结果自然是错误百出。为了避免产生焦虑，他们总急着找权威，一有权威，他们就放心地跟随其脚步前进。

常常掉入的执着陷阱

他们知道自己容易焦虑，也知道自己焦虑时一切事情都做不好。而他们也晓得如果有人引导自己，心情会安定平稳许多。权威是提供他们安全感的来源。所以为了让事情进行顺利，他们总是执着于寻找权威。

防卫面具

他们害怕犯错，也怕被权威责怪，因此很容易将自己错误的决定和行为推脱到别人身上，以免承担责任。

两性关系：既追求信任，又不断考验对方

不管是友情还是爱情，他们都是在寻求可以信任的人，希望他们齐心协力，一起对抗这个充满威胁的环境。一旦他们寻求到可以信任的对象，也会尽力支持对方，以表达自己的忠诚。然而另一方面，他们也会不断地考验对方，以证明伴侣对自己的爱。即使两人已牵手多年也是如此。正像人们常常说的，"一个人之所以多疑，正因为他渴望信任他人"。所以他们喜欢不断地考验他的爱人，也正是他表达爱意与忠诚的方式。

精力浪费处

忠诚型人物是脚踏实地、努力工作的人，但焦虑、没有安全感却老是困扰着他们。他们总是把精力浪费在怕犯错误、怕得罪人、怕被责罚、猜疑别人上。

个性形成

幼年时他们比较认同父亲或是像父亲一样有权威的人。因为他们崇拜权威人士，能被权威人士称赞及喜爱是他们最大的愿望，所以他们总是忠心耿耿，而这份忠心也使他们得到权威的爱护，因此他们学会了以取悦权威来获得稳定与安全感。

既崇拜权威，又高喊打倒权威

一般忠诚型的人总是追寻一个值得令他们崇拜、跟随的权威。依靠着权威的引导，将带给他们安全、踏实的感觉。他们乐于做一个传统的人，乐于作为一个团体中的一分子。他们并不觉得在团体中受到剥削、压抑，自己只是其中的一个"小兵"；相反，他们认为依附在团体中，使他们不再觉得自己势单力薄、缺乏方向感，隶属团体使他们更自信、更有安全感，更能够取得许多一个人无法达到的成就。

一般情况下，忠诚型的人不太会去质疑权威，因为这样做会使他们失去可信任的目标，失去安全感。然而一旦他们吃亏上当，遭遇一次严重的错误或失败时，他们的信心就会动摇，他们觉得自己受到欺骗，这时就可能起身反抗权威。所以他们往往是既崇拜权威，又常常高喊打倒权威的人。

由于他们是如此尊崇权威，所以他们给人的印象是古板、恪守教条。他们常会说："以前的传统就是如此，所以我们应该遵循。""某某大师说，这样是对的！"

事实上，忠诚型的人是比较单纯的个性形态，他们纯真可爱，但是缺乏做决策的能力，总是征询别人的意见。他们渴望安全感，却常常感到不安全。

信任他人，也信任自己

　　健康的忠诚型与人的关系很融洽平衡，因为他们愿意信任别人，所以容易与人亲近，能够与人相互支持、相亲相爱。能够独立完成工作，也能与人平等相处，有充分的团体协作精神。健康的忠诚型的人能够感受到真正的安全感，因为他们信任值得信任的人，也信任自己。

　　由于愿意信任别人、渴望被人接受，健康的忠诚型的人散发出一种其他类型的人难以相比的友善、亲切及诚恳之特质。这种特质也使得他们显得格外迷人。忠诚型的迷人不同于感觉型人的那种强烈的异性诱惑力，也不同于下章将介绍的活跃型的幽默风流者，而是表现出憨厚、可爱、亲切，他们如此乐于与人接近，仿佛向每一个人都发出"欢迎"的友好信息。忠诚型人的魅力，就像是一个天真的孩子对父母、长辈表现出的那种信任、期望与爱。

　　忠诚型的人会保护他亲近的、认同的人，跟他们在一起会有一种一家人的感觉。他们忠实、可靠，可以让人放心地将工作交付给他。他们也十分尊敬那些真正的权威者、领导者。

　　健康的忠诚型的人是人们最忠实的朋友，不管面临什么挑战都能与你并肩而行。他们也是很好的父母——负责、有耐心、不溺爱孩子，且懂得引导孩子健康成长。

缺乏主见和安全感

不健康的忠诚型的人由于强烈地信奉教条，会极端地保护自己的团体，对意见不同的团体有很强的偏见，并且对自己团体之外的人都深具戒心，怀疑他们是潜藏的敌人，他们不仅会奋力抵抗外侮，也会声讨团体内不忠的分子。

也有些忠诚型的人是缺乏主见的，他们常常反应过度，生怕别人挑战他们外强中干的信念，造成他们的疑惑、焦虑。

他们渴望思想独立、自立自强，却常常发现自己不独立、太软弱，一旦遇到事情，若没有人指引，脑子便一片混乱，不知如何是好。由于不断的自我谴责及严重缺乏安全感，他们会觉得自己矮人一截，没有什么价值。他们的焦虑使得他们战战兢兢，但越是担心就越没办法专心工作，导致错误百出。他们往往反应过度，严重时可能会有被迫害的妄想。

"有一次我提款时，银行卡的金额出现错误，那时我简直要疯了，我怀疑银行的电脑出现问题，那么我的积蓄有可能完全不见了。真可恶！为什么要设计银行卡这种东西，一点都不可靠。要不然就是有人偷用了我的提款卡，那也一样可怕，居然有人偷用我的卡，而我却浑然不知？那晚我翻来覆去，一夜未眠。"这就是忠诚型的人可能出现的情形，即使只有区区几十元的错误，他们也小题大做，充满被迫害的幻想，而且老是怪罪他人，不但想不出解决方法（有时纯粹是庸人自扰），而且整夜都陷入一种歇斯底里的焦虑之中。

不健康的忠诚型的人非常不理性，并一直生活在恐惧和焦虑中。当他们犯错时，永远都会找替罪羔羊，而且幻想自己遭受迫害，这时他们充满了攻击性。

忠诚型个性的改善策略

非健康忠诚型个性的改善，可以通过以下几个途径：

别让信赖成为盲从

有一个寓意深刻的民间笑话：一场多边国际贸易洽谈会正在一艘游船上进行，突然发生了意外事故，游船开始下沉。船长命令大副紧急安排各国谈判代表穿上救生衣离船。可是大副的劝说失败。船长只得亲自出马，他很快就让各国的商人都弃船而去。大副惊诧不已。船长解释说："劝说其实很简单。我告诉英国人说，跳水是有益健康的运动；告诉意大利人说，那样做是被禁止的；告诉德国人说，那是命令；告诉法国人说，那样做很时髦；告诉俄罗斯人说，那是革命；告诉美国人，我已经给他上了保险；告诉中国人，你看大家都跳水了。"

这则笑话令我们捧腹之余引发了有关各国文化差异的思索。从中可以看出，中国人是比较喜欢盲从的。这个笑话可能有些夸张，但中国人喜欢盲从的特点在现代生活中不乏实例，最典型的是前几年流行的山地自行车。该车型适宜爬坡和崎岖不平的路面，在平坦的都市马路上却毫无用处。山地车骨架异常坚实沉重，车把僵硬别扭之至，转向笨拙迟缓，根本无法对都市复杂的交通做出灵巧的机变。一天折腾下来，腰酸背痛；加上尖锐刺耳的刹车，真是一个中看不中用的东西。放着好端端的轻便车或跑车不骑，却要弄上一辆如此的笨拙之物，好像一个人丢下良马，偏要骑那笨牛一样。时髦先生们头戴耳机，腰挎"随身听"，脚踩山地车，一身牛仔服，似乎自我感觉良好，其实却一塌糊涂，而这份潇洒背后的代价和感受，又会向谁去诉说呢？

但是，假如把时髦比喻成一座令人心旌摇荡的山峰，山地车的功能便昭然若揭了。追赶时尚，大约就像骑山地车一样，即便累你半死，也是心甘情愿。究其根源："为什么这样？"必答曰："别人都这样！"

盲目从众已无法在当今的社会中立足。认识自己的独特性已经同每个人的生存质量紧密相连。竞争的年代，不仅是才能的竞争，更是个性的竞争，你不清楚自己的独特之处，不了解自己潜在的优势，就很难凭真本事去参与竞争，也很难在优胜劣汰的环境中显出实力，那么你的愿望就只能是奢望。要想施展自我，要想心里宁静，要想不被别人牵着走，只有认真地剖析自我，确认自我，勇敢地摔打自我，尽力开发出自我的价值，使自己真正成为理想中的自己。

弘扬自信独一无二，除了自我凝聚、甘于寂寞外，还需要极大的勇气。勇气是为智慧与才干开路的先导，是向高压与陈规挑战的利剑，是同权威和强手较量的能源。

正因为敢与习惯势力决裂，敢与多数人相悖，新的科研成果、新的应用技术才能层出不穷，才取得了创造性的成功，也才吸引了多数人的关注，这是那些有特殊心理素质的人的共同特点。而忠诚型个性的人往往缺少这一特点。

重建自我本色

一个人抹掉自我本色意味着什么？意味着去模仿别人，跟着别人的屁股后面跑，这样把别人的特色误以为是自己应该追逐的东西，多半都不能成就大事业，即使成了事也没有什么特色。一个人抹掉自我本色等于"慢性自杀"。

美国北卡罗来纳州的阿尔雷德是个胖乎乎的女孩，她的母亲非常古板，认为她穿太漂亮的衣服是一种愚蠢的行为，而且衣服太合身容易撑破，不如做得宽大一点。阿尔雷德非常信赖她的母亲，因此从不参加任何聚会，也没有什么值得开心的事。上学后，她也不参加同学们的任何活动，甚至运动项目也不参加。

长大后，她嫁了一位比她大几岁的先生，但她还是没有任何改变。她丈夫的家是一个稳重而自信的家庭。她想要像他们那样，但就是做不到。她努力模仿他们，也总是不能如愿。她丈夫也多次尝试帮她突破自己，却总是适得其反，她越来越紧张易怒，害怕见到任何朋友，甚至一听到门铃声都会惊慌！后来她彻底地失败了。她害怕丈夫有一天会发现真相，所以每次在公共场合，她都尽量显得开心，甚至装得过了头，令她非常尴尬，最后她竟然想到自杀。

但她最终并没有自杀，而是很好地活了下来。

是什么事改变了这位几乎自杀的妇人呢？

有一天，她的婆婆和她谈到自己是如何教育子女的时候说："不论遇到什么事，我都坚持让他们保持自我本色……""保持自我本色！"这几个字像一道灵光闪过阿尔雷德的脑际，她发现自己所有的不幸恰恰是因为没有尽力保持自我本色造成的。

一夜之间她变了！她开始尝试保持自我本色。她首先研究自己的个性，认清自己并找出自己的优点。她开始学会怎样选择和搭配衣服的颜色样式，以穿出自己的品位。她也开始主动交结朋友，并加入一个团体——虽然只是一个小团体。当他们请她主持某项活动时，她刚开始很害怕。但是通过多次上台，她得到了更多的勇气。尽管这是一段相当漫长的过程——但现在的她比过去快乐很多。

保持自我本色这一问题，"与人类历史一样久远了。"詹姆士·戈登·基尔凯医生指出，"这是全人类的问题。"很多精神、神经及心理方面问题的病因，往往是他们不能保持自我。安吉罗·派屈写过13本书，还在报上发表了几千篇有关儿童心理训练的文章，他曾说过："一个人最糟的是不能认识自己，并且在身体与心灵中保持自我。"

你在这个世界上是一个崭新的、独一无二的自我，为此而高兴吧！归根结底，所有的艺术都是一种自我体现。你只能唱你自己、画你自己。你的经验、环境和遗传因素造就了你。不管好坏，你只有好好练习自己最擅长的才会在生命的管弦乐中演奏好具有自己风格的乐曲。

消除偏见

忠诚型的人信赖一个人时，会忠心耿耿死心塌地，不信赖一个人时也是极其固执。

"他这个人还能改得好？除非太阳从西边出来。"

"我看，我们这个单位是搞不好了，这样差的条件……哼，多大能耐的人来了也不行。"

"嘿！现在物价贵到这样的程度，价格还能落得下来？还不如过去呢！"

……

上述就是心理学中的偏见，在日常生活中很常见。

所谓偏见，指的是尽管没有根据，然而对个人、集团、人种、国民、主义和制度等持有的某种恶意的感情态度。它是一种不符合事实的、带有否定情绪色彩的主观判断。

偏见表现出来的态度倾向，往往是一种否定、嫌恶或者疏远。偏见主体所持的这种态度是可以感觉得到的。如果某一个人对另一个人有偏见，那么，总会对其表现出不友好的情感，甚至采取否定、贬低、回避、远离、挑剔、压制等行为。

偏见是人们主观意识对客观事物的歪曲的、不正确的反映。偏见在认知方面的特征，是主体对客体片面夸大的、"以点代面"的、绝对化的认识，是知觉和判断上形成的一种一成不变的僵硬的"刻板印象"。可以这样说，人类错误认识的所有情况，如主观片面、孤立静止、绝对地肯定一切和否定一切、机械抽象和形而上学、不一分为二、忽视具体情况等等，都可以在偏见上表现出来。

偏见是比较顽固的、不易改变的态度，往往使人联想到"偏执""刻板""顽固""僵化""固执己见""成见颇深"等等。就持偏见者的"动态特征"来看，它表现为不易改变性的特点。

那么，应该怎样消除或避免偏见呢？

第一，要对产生偏见的传统观念、社会习俗进行认真的反思。当然，传统观念并不是偏见的代名词，而消极的传统观念才是产生偏见的根源。这个问题不解决，偏见就难以去除。因此，要对传统观念进行认真的反思，要真正地"换脑筋"，要以新的知识、新的思维方式和态度去思考问题。这既是使个体摆脱偏见的积极途径，也是防止因旧的参照思维方式的摧毁而导致个体心态失调，陷入非理性之境的需要。

第二，要认真注意信息来源的可靠性。现实中经常会遇到这样的情况，当与他关系好的人、很亲近的人告诉他重要的信息时，他就非常注意；而如果提供信息的是与他关系不好的人或者是有成见的人，尽管这个信息很重要，持偏见者也不会相信，或者半信半疑。因此，改变偏见的重要方法之一，既要考虑发出信息者的可靠性，更要注意信息本身的可靠性。所谓可靠性有两个含义：一是信息内容的专业性、权威性；另一个是信息发出者对偏见对象的"可靠性、重要性"。

此外，还要注意对自己所提供信息的多样性。社会心理学家的研究指出了一个非常有趣的事实，如果给持偏见者提供信息内容的方向与偏见的内容一致，那么，只要提供"单向性"的信息就足够了。相反地，如果提供的信息内容是与持偏见者的内容相反，那么，一定要提供"双向性"的信息才更为有效一些。

第三，要注意自己所持偏见形成的特点。一般来说，持偏见者的偏见体系一般与以下因素有关：某种偏见获得越早，就越难改变；某种偏见的情绪色彩越强烈，就越难改变；某种偏见已经成为持偏见者的行为习惯，就越难改变；某种偏见如果与多种需要、复杂需要相联系，就越难改变，等等。当自己注意到自己所持偏见的这些特点后，更要注意产生偏见的这些特点，有意识地、主动地去克服偏见。

第四，在克服偏见时要注意人际关系的感情特点。要经常有意识地征求他人的意见，如自己在处理人际关系问题时，是不是太富个人的感情色彩？对自己的好朋友是不是不太讲原则？对自己平时"不中意"的人是不是一视同仁？一般来说，经常作这样反思的人，能够大大地减少自己偏见的程度。

第五，偏见的产生一般与自己所属群体的各种关系有关。因而当自己所属的群体与其他群体发生矛盾时，应该理智地分析自己所属群体的特点。不应该"情感代替理智"，不应该过分地袒护自己所属小集团的利益，不应该"派性"太强，一定要秉公办事。

第六，要注意克服自己人格中的弱点。偏见是在一个个活生生的人身上发生的，它必然与主体的特点有很大的关系。

总之，有意识地注意自己人格中的弱点，可使忠诚型个性的人大大地减少自己的偏见。

如何与忠诚型个性的人沟通

与忠诚型的人沟通时，如果能掌握以下五个方法，沟通的效率则可大幅提高。

1. 他们是多疑的，所以很难相信你对他们的赞美。你唯有不断地倾听，并愿意支持他们、和他们站在一起，才能取得他们的信任。

2. 保持你的一致性，不要言行不一、变来变去，这样自然会让他产生信任。

3. 不要讥笑或批评他们的多疑，这会使他们更加缺乏自信。

4. 说话必须真诚、清楚明白，因为他们很会猜测你的"言外之意"，或许做不必要的联想。

5. 身为忠诚型人的伴侣，请务必让他们知道你每天的行动，他们不是要控制你、干涉你，只是他必须知道这些才能放心。

第七章
活跃型个性的特点与优化

　　活跃型人的最佳代表就是小孩子。他们是超级的乐观派，凡事喜欢看美好的一面，天真、热情，而且耳聪目明。但另一方面，他们同时也是任性、以自我为中心、没有耐力、不能吃苦。当他们觉得幸福时，就天真地觉得他身边的人也是幸福的，这就是活跃型个性人的写照。

活跃型个性的特点

动机与目的

他们想过愉快的生活，想创新、自娱、娱人，渴望高质量地享受生活，把人间的一切不美好化为乌有。

能力与力量的来源

他们喜欢投入体验快乐及情绪高昂的世界，所以总是不断地找寻快乐、经历快乐。他们喜欢寻求刺激，喜欢亲身体验，喜欢纵情于欢乐中，喜欢物质的生活，喜欢享受，喜欢财富。他们很会利用自己的耳聪目明去寻找捷径，来满足自己，他们是会用最少的力量去达到自己目的的人。

"因为我总是可以很快找到捷径，既然有捷径，又何必辛苦地走远路。我也不认为'吃得苦中苦，方为人上人'是不变的真理，因为硬是勉强自己，有时反而不会有好成绩。我觉得人应该做自己擅长的事，做自己喜欢的事，这样才会快乐，也才更容易发挥、更容易成功。"——这是他们的心声。

理想目标

他们的理想目标是希望在生命中永远都不会碰上任何焦虑、威胁、生、老、病、死的痛苦，然后每天能活得愉快，并尽情享受生命中的每一次盛宴、每一分热情及多彩多姿。生命除了甜美和幸福，没有一件事是痛苦或失望的。他们每天的活动被排得满满的，绝不会有无聊、寂寞的时候。

逃避的情绪

他们逃避沮丧。其实活跃型的人不是不知道世上的事并不完美，也知道喜怒哀乐如白天夜晚一样自然地循环着，但他们是"此地无银三百两"的人。他们越抓着快乐不放，越告诉别人明天会更好，他们就越怕碰触到不美好，为此还告诉别人没有任何事会不好。他们知道结果是经历沮丧，他们会比任何人都难以过关，他们忍受痛苦的能力几乎等于零，所以他们用丰富的生活及高亢的情绪将沮丧掩盖。

日常生活呈现出来的特质

1. 他们喜欢戏剧性、多变化及多彩多姿的生活。

2. 他们对感官的需求特别强烈，如喜欢美食、服装，喜欢身体的触觉刺激，并纵情于娱乐。如果不停地有感官的刺激与活动，他们就觉得生命有意义。

4. 他们是活得乐观并相信明天会更好的人。

5. 他们相信及时行乐是绝对重要的，至于未来的事不必过于庸人自扰。

6. 他们喜欢自由，不给自己任何限制，当他们有需要时没有耐心等待，想要立刻满足。

7. 他们比较懒，只要躲得过，都让别人去处理，所以容易与人起冲突。

8. 欲望不能达到或别人限制其自由时会非常愤怒。

9. 有天分、多才多艺、敏感度高，学什么都比别人快。

10. 欲求太多，眼高手低，常因吹牛过头，给自己惹麻烦。

11. 只要有钱便颇为大方，也会为自己、家人、朋友制造富贵、奢华的气氛。

12. 生命最大的乐趣是与朋友相聚，把酒言欢，不停地感觉到每件事都太好玩、太有趣了，真是快乐。

13. 他们为了自己高兴，常不顾别人的感受，直接坦诚地表达自己的看法。

14. 他们很少用心去倾听别人的想法，只喜欢说俏皮话、开开玩笑，说笑话自娱、娱人。同时，他们需要别人的喝彩。

15. 他们自认为人缘很好，口齿伶俐、舌灿莲花，令人觉得很甜蜜。

16. 很注意身体的健康，注重自己是否年轻、充满活力，因为那是找乐子的本钱。

17. 他们很怕受到伤害，因为害怕重蹈覆辙，总是不愿再尝试经历过伤痛的事情。

18. 他们只喜欢与有趣的人为友，懒得与无聊的人交往。

常常出现的情绪感受

为了使自己更快乐，让自己的需要立即满足，他们不喜欢接受规范，总是放任自己、我行我素，认为"只要我喜欢，没有什么不可以"。

常常掉入的执着陷阱

理想主义是他们经常掉进去的陷阱。他们讨厌别人提起生、老、病、死等等不愉快的事，讨厌别人将他们从美丽的空中楼阁中拉回人世间的黑暗、痛苦中来。遇到困难的最好方法就是不要直接去面对，换个方式或绕道再继续走下去。他们从不相信生活的难题会击倒他们，认为只要争取到快乐的空间，所有的问题都不用担心，总会自然解决，所以他们是标准的理想主义者。

防卫面具

他们自认为是热情及充满阳光的人，认为自己到哪里，快乐的种子必定散布到哪里。他们会把平淡、无华的生活点缀得五彩缤纷，充满乐趣。他们善于用抽象的方式提升生活情趣，也就是说他们光凭想象就可以创造快乐。他们制作罗曼蒂克的能力是一流的，能将情绪升华，使别人在他们的带动下，可以沉浸在明天会更好的梦幻境界中。

两性关系：时常被新欢所吸引

他们很容易被新欢所吸引，幻想着新关系发展的可能性，甚至马上采取行动。他们受诱惑或是引诱别人的兴致非常强烈，所以经常被认定是标准的花花公子或多情女郎，他们的出发点总是出于新奇、好玩。

"我已经有一个很好的女朋友，但是最近公司来了个美女，而且她显得对我很有兴趣，实在让我春心欲动，昨天我约她吃饭，我还真想再约她去看看电影呢！"这是他们标准的写照。对他们而言，一辈子只爱一个人根本是荒谬、自欺欺人的想法，只是他们这样的个性，往往让伴侣受不了。不过若伴侣以吵闹、威胁的方式来对付他们的"背叛"，有时会让他们更加逃避、厌烦，使他们的关系更加恶化。倒不如学习"有点黏又不会太黏"的技巧，让他们知道你的爱，但是这种爱又不会过度约束他们。只要他们认为你是最好的、跟你在一起最快乐、自在，那么他们就如同孙悟空再怎么翻也跳不出你的手掌心。

精力浪费处

他们只要有人邀约，提供快乐、狂欢及享乐的事，往往是来者不拒。有时甚至已经筋疲力尽时，居然能立刻重新燃起热情，所以他们的时间、体力和精力就这样无聊地浪费，没有时间和精力去做有远大目标、有计划的行动，为社会造福。

个性形成

可能在小时候曾经拥有非常快乐、安逸的生活，享受过甜美愉悦的日子，却因为某种变故，粉碎了他们原本幸福的美梦而感觉到挫折、沮丧，所以他们害怕再失去快乐，一旦抓住快乐就不肯轻易放过，从而变成最会享受幸福生活的人。

多才多艺，但博而不精

　　不断经历不同的事物，能带给活跃型的人无尽的快乐，所以他们喜欢参与各式各样的活动，想要一次做好几件事，由于他们的感官知觉特别敏锐，可能是一个见多识广的鉴赏家，但同时也可能是欲求太多、喜爱奢华物质生活的人。

　　他们的兴趣广泛，但是却可能都不是太深入，所以给人的印象是多才多艺，但博而不精。

　　他们的反应很快，说话幽默，总是能用生动的语言来描述事情，让人觉得他们很有趣。虽然他们爱说话而且热衷于社交，但是他们却不是最受欢迎的交谈对象，因为他们总喜欢谈论自己，以自我为中心，很少倾心听别人谈话。他们缺乏耐性、缺乏深思，对于自己及他人的经历都欠缺深刻的体验，对事物都是蜻蜓点水，只触及表面，给人一种肤浅的感觉。

只要专注就能有所成就

　　健康的活跃型的人永远充满着喜悦，因为他们总是能察觉生命中的美好事物，能真正对万物怀抱赞赏与尊敬之心。他们如此热爱生命，充满喜悦，使他们发出动人的光彩，而且能将这份光彩与喜悦感染到周围每个人身上。

　　他们觉得生命是美好的，不是因为他们只去看美好的一面；而是不管圆满还是残缺、不管山珍海味还是粗茶淡饭，他们都能咀嚼出甜美的滋味。他们觉得一切都是上苍的恩赐，所以能够知足、感恩。

　　有时他们也能够放慢脚步，不再走马观花，而是仔细端详这一路上的景致，甚至是停下来观察一棵树、欣赏一株花。于是他们能够对事物产生深刻的感受，也能从周围无穷的事物中，得到永无止境的欢乐。

　　健康的活跃型的人能够充分展现他们过人的才华，因为他们是那种只要专注就能有所成就的人。而他们越是全神贯注地投入在新事物上，就越能发挥出更多的潜能，成为多才多艺的人，带给人们更多的欢乐。

冲动易怒，苛求别人

不健康的活跃型的人对生理或是心理上的痛苦丝毫没有忍耐力。一旦意识到某件事可能带来痛苦便马上逃避，逃到一个充满欢声笑语、纸醉金迷的花花世界。他们会借着吃、喝、玩、乐、嫖、赌来刺激自己，带来快乐，终日过着毫无目标、沉沦放浪的生活。

他们无法控制冲动，经常一会儿很高兴，一会儿又突然发脾气。这种易怒、冲动的个性表现，只会带给他们更多的挫折与焦虑。

病态的活跃型的人处于一种失控的痛苦境界。为了控制自己，他们可能会朝向完美型的个性特征发展，变得更加严厉地批评别人、苛求别人，甚至以残暴的手法惩罚他人。

活跃型个性的改善策略

非健康活跃型个性的改善，主要可以通过以下一些途径：

摒弃贪图享乐的心态

贪图享乐的心态是这样一种感受，它脱离现实的可能和需要，大肆挥霍金钱，肆意浪费物资与时间，以追求物质和精神上的享受为人生的唯一目的和乐趣，以荒淫无耻的生活为追求目标。其实质是从人的自然本性出发，把人的生理本能的需要看成是人生的最高追求，认为人活着就是要追求个人的物质生活享受。

贪图享乐的心态是各种消极没落人生观中具有代表性的一种，这种人生观源远流长。早在公元前4世纪先秦时代，思想家杨朱就比较系统地论述了他关于享乐纵欲的人生哲学。杨朱认为，满足耳、目、鼻、体、意的欲求，以得到快乐，是人的本性。然而人生苦短，享乐机会不多，所以应当抓住机会尽情享受，"究其所欲，以俟于死"。在杨朱看来，人生的结果都只有一个，"十年亦死，百年亦死，仁圣亦死，凶愚亦死"，人死后只是一堆白骨，并没有什么好坏、贤愚的区别。因此，人生唯一的价值就在于满足享乐的欲望。人为什么活着？他认为就是"为美厚尔、为声色尔""唯患腹溢而不得恣口之饮，力惫而不得肆情于色"(《列子·杨朱篇》)。这里，杨朱把享乐的心态推向极端，提出了赤裸裸的纵欲主义人生哲学。

享乐心态者说到底就是一种剥削阶级的人生观。它源于私有制经济关系，在私有制社会里，由于剥削阶级占有生产资料，获取不劳而获鲸吞他人劳动成果和社会财富的权力。剥削阶级为了尽情享乐，不择手段地剥削和压迫劳动人民，"并且把别人的劳动和血汗变做自己贪欲的资本"。马克思精辟地剖析道："享乐哲学一直只是那些享有享乐特权的社会知名人士的巧妙说法。"

在艰苦中磨炼意志

出身卑贱的人和家境贫寒的人，通过自己的辛勤劳动和执着追求，终于成为功成名就、出人头地的风云人物，这种极富教育意义的例子我们已多有论述。下面的这个事例则更有说服力，一个出生在小木屋里的男孩，既没有上过学，也没有书本或老师，更没有任何幸运的机会，然而，作为美国内战期间的总统，他却解放了四百万奴隶，以其朴素的感情、非凡的智慧和崇高的人格，赢得了整个人类的衷心钦佩。这个人就是亚伯拉罕·林肯。

那时的林肯自己动手把树木砍倒，修造了既没有地板也没有窗户的简陋小木屋。就在这个小木屋里，每一个深夜他都就着壁炉的火光静静地自学算术和语法。为了能弄懂《布莱克斯通评论》的内容，他不辞辛劳地徒步跋涉44英里，买到了珍贵的资料。

的确，有无数的事例可以证明，上苍对于亚伯拉罕·林肯可谓吝啬，没有赋予他任何有利的机会，而他的每一个成功都不是侥幸所得。如果要研究他成功的因素的话，毫无疑问，那是由于持之以恒的努力、坚韧不拔的意志和正直无私的心灵。正是这些因素促使他从逆境中、从生命的低谷里、从心理的低潮中突然崛起，并屹立于人间。

如果我们从小就安安稳稳无风无雨像花朵一样地生活在暖房里，那么，我们在漫长的人生道路上，就无法经受住各种艰难困苦的磨炼，无法闯过生活中的激流险滩，也自然无法在工作岗位上成就一番大事业。

不再随波逐流

外界环境虽然在我们前进的道路上设置了很多障碍，但那绝不是最主要的，最主要的因素始终在我们的心里。有志者事竟成，人生决不可随波逐流、随境而迁。

法国著名的化学家巴斯德说："立志是一件很重要的事，工作随着志向走，成功随着工作来，立志、工作、成功是人类活动的三大要素，立志是事业的大门，工作则是成功的旅程。"

每个人都有自己的梦想，而且或多或少地要按照梦想去行事。人有了梦想才使得这世界充满了生机。如果没有梦想，那就到了油尽灯枯的时候了，正如尼采所说的："假使人类没有目标了，世界也就没有人类了。"但梦想毕竟不是生命的终极。梦想的最终目的是现实，是通过我们不遗余力地努力使之变成为现实。

古今成大事者，必要下定决心，既经决心，必定坚持到底，不随境而迁。决心只能下一次，说干就干，一个人一生中也许只有一次经慎重考虑、斟酌再三而下的决心，而这在所有事情中永远是重要的。凡是下过无数次"决心"的人，很少有成功的希望，就是因为他不能把每一次决心坚持到底。

如何与活跃型个性的人沟通

与活跃型个性的人沟通时，需注意以下五个方面：

1. 以一种轻松愉快的方式和他们交谈是建立彼此好感的第一步，因为他们不喜欢过于严肃、拘谨而且无趣的人。

2. 倾听他们伟大的梦想和计划，不必马上点出其中不切实际的地方，把它当成是一种分享想法、喜悦的方式。

3. 如果你要点出他们计划中的一些问题点，不要用一种高姿态的批评或指示的方式，要用一种建议、提供参考的口吻，他们才会接受。

4. 当你提出不同的见解、方案时，他们当下可能会有点反感；但是记住，他们是善于思考的，要给他们重新思考的时间，他们自然会判断是否应该接纳你的想法，或是找时间和你进一步讨论。

5. 如果你是他们的好朋友，看到他们逃避问题时，不妨提醒他们找时间静下来，重新认真面对问题，把问题想清楚。

第八章
领袖型个性的特点与优化

领袖型的人是绝对的行动派，一碰到问题便马上采取行动去解决，信守"坐而言不如起而行"的生活哲学。他们有坚强的意志力，遇上再大的挫折，也能"卧薪尝胆"，卷土重来。笃信"吃得苦中苦，方为人上人"，并能做到"君子报仇，十年不晚"的，就是这一类型的人！

领袖型个性的特点

动机与目的

他们想要独立自主，一切靠自己，依照自己的能力做事，要建设美好的未来之前不惜先破坏旧世界，想带领大家走向公平、正义。

能力与力量的来源

领袖型的人很讲义气，很负责任，给人一种义薄云天的兄弟味道。他们的能力、力量来自贯彻目标的决心，像愚公移山、勾践复国，都是领袖型的人干的事。他们有强者的毅力，也把自己投入其中，只要是对大众有益的事，他们会发动、带领群众掀起一个规模可观的高潮来。

理想目标

他们的理想目标是希望能对社会有所贡献，也希望被肯定，能得到群众的爱戴及尊敬，所以他们运筹帷幄，知道哪里有资源，可为大众谋福利。他们的肩膀有担当大事的力量。除了能找出具体可行的方法帮助别人以外，他们还尽量减轻别人肩上的负担。

但他们的理想太大、太高，老想筑路造桥、建设伟大工程、发展慈善事业等，常使追随他们的人不堪重负，觉得压力太大。

逃避的情绪

他们痛恨软弱，无论是自己或别人皆如此，所以他们总是态度强硬地对待周围任何与自己有关系的人，不准别人依赖，觉得不独立不坚强的人，实在是太没用了。

日常生活所呈现出来的特质

1. 乐观进取、自信满满，从不怀疑自己贯彻意志的能力。

2. 一副世上无难事的态度，一有事情发生，立刻想方设法解决。

3. 不让自己生活有空白，只要有事情要做，立刻全身充满活力。

4. 由于很在乎家及家庭成员，故而在家中的表现是包容和忠诚。

5. 不喜欢求人，所以常培养自己的能力，让自己一直是求人不如求己的个性。

6. 喜欢高效率，不喜欢拖泥带水、琐琐碎碎，任何事情喜欢明快、干脆利落。

7. 爱帮助别人，但常常使别人感到是强迫性的帮助。

8. 喜欢享受挑战及登上成功高峰的经历。

9. 为追求正义及真理，不惜与人发生冲突，却让别人认为他们很权威、很凶、很欺压人。

10. 当沉浸在自己的工作或擅长的领域时，周围人会感觉他们十分冷酷无情。

11. 信奉"优胜劣汰，适者生存"的道理。

12. 喜欢学习吸引多方面的知识，在吸收时像海绵一样，会变得非常谦虚好学而不知疲倦。

13. 为了达到自己的理想，甚至愿意付出比较多的代价也毫不吝啬。

14. 发起脾气来很吓人，周围的人都不敢招惹他。

15. 很会反省，知错能改，但由于执着好强，周围的人还是感觉到有压力。

16. 遇强则强，遇弱则弱，愈挫愈勇，欲求必胜。

17. 周围的人只要别太过分，他可能包容；但周围的人行为太过分时，他就会让他非常难堪。

18. 用自以为最好的方式来帮助别人决定事情，忘了尊重别人的想法与感觉。

常常出现的情绪感受

由于他们敢作敢当，成功的机会自然较多，所以常会自以为自己强大无敌。如此随心所欲、无所控制地发展下去，会变成超级的自大狂，老是瞧不起别人。

常常掉入的执着陷阱

热衷于追求绝对的公正。他们认为人必须为自己的行为负责，做错事必须承担后果，所以他们有严厉的正义标准，其精力常用于检举不义之事。

防卫面具

否认是他们的防卫面具。他们非常坚信自己认定的好的标准，并自我要求达到自己所认定的标准。如果别人不认同时，就会用否定的语言进行对抗。他们总是一再表现自己强悍、坚持的一面，不愿意承认自己有脆弱无能的一面。

两性关系：承诺便代表永恒

家庭对他们而言，是一种"根"的感觉，他们不会特别强调它的重要性，因为自己早已跟它连成一体，不必成天挂在嘴上。所以他们不太会甜言蜜语，或是表现出强烈的占有欲、猜疑心；因为他们对家人的爱是不变的、根深蒂固的，他们认为家人对他们也应该是如此。他们对自己有信心，对他们所爱的人也充满信任，所以他们若遇到背叛就会变得非常脆弱和敏感。

"当我的老公告诉我，他今天在公司必须忙到很晚时，我就不会再打电话给他，不是我不关心他，而是因为我忙的时候，也不喜欢有人打扰，而且既然我知道他在哪里，我就已经很放心了。"领袖型的人对伴侣是如此信任。但是一个粗线条、反应迟钝的领袖型的人，很可能到婚姻亮红灯了还弄不清哪里出了问题。

此外，既然家庭是"根"，他们也会尽其可能地保护家庭，并给予家人无条件地支持。所以，领袖型的人绝对是一个负责任的好丈夫、好妻子。但因为缺乏温柔，不懂得解读别人心意而不能成为一个好爱人。

精力浪费处

充沛的精力，渴求坚定而果敢地处理问题的能力，奋力地和生活所处的困境交战。他们舍不得浪费精力，却不知老是这么硬碰硬，反而会折损更多的精力，以至于精力耗竭累垮身体。

个性形成

他们希望获得关爱却经常得不到，直到必须强烈坚持自己意见时，才会得到大人的反应，因此开始努力发展自己的能力，并勇于发表自己的看法。由此他们能力上的表现也渐渐得到大人的肯定，这更强化了他们发展能力的需求，进而便只相信自己的能力，而不求助于他人。

坚持己见的冒险家

由于领袖型的人都具有坚强的意志力，在一般的情况下，这种"意志力"常使他们显得坚持己见、不管别人的想法与情绪，所以这种人可能是某方面的领导人物，但他们并不配称为"领袖"，只能算是务实家或是冒险家。

由于他们敢于向困境挑战，愈是困难愈勇往直前，所以他们的确是不折不扣的冒险家。他们喜欢那种战胜命运的快感，所以显得斗志旺盛、攻击力十足。而在外人看来他们的攻击性却是很具破坏力的，他们是那种打倒旧势力另辟新王朝的人，但同时也经常为了贯彻自己的信念而压迫到他人。所以在别人的眼中，他们虽然有令人折服的毅力，但却同时让人感觉他们是好战斗狠的人物。

在他们为了贯彻自己的信念而不择手段时，往往因压迫到他人而树敌无数。这时不健康领袖型的人可能会转向思考型发展，因为经过深思熟虑后，会使他们的攻击更加有力。他们变得不再如此莽撞，转而学习拟定出周详的计划，然后躲藏在敌人的背后，在关键时刻给对方以致命的一击。发展出思考型的能力，给了领袖型的人更完善的自我保护能力，进而更加保障了他们的绝对权力。然而这种更深谋远虑、更懂得如何保障自己权力的领袖型的人是十分可怕的。因为当他们发展出思考型人的特质时，他们在乎的、思索的依旧是生存问题，而且由于想得多，越会为生存问题感到焦虑，所以一旦有人威胁到他们的生存，他们将会表现出极强烈的攻击性。因此转化成思考型并没改善他们的问题，因为领袖型最需要发展的不是知识而是爱！

天生的领导者

健康的领袖型的人拥有超人的意志力，所不同的是——他们懂得如何尊重别人，不再固执己见，也能够倾听别人的心声，关心别人的需要，并且用他过人的行动和毅力，找到具体可行的方法，带领大家冲破难关，追求更美好的生活。他们会用尽一切心思为大多数的人谋福利，是众人心目中伟大的领袖、英雄。

领袖型的人成长的契机在于让心中的爱滋生、茁壮成长。一旦他们懂得爱的真谛，他们将学会开放心胸，收拾起高傲的心态，进而认同别人，知道别人和自己一样拥有同等的权利。这时，他们才能真正察觉别人的需要，不再一意孤行地硬将自己的价值观强加在别人身上，从而支配他人、奴役他人。相反地，他们会温柔宽大地、坚定地尽自己最大的力量来帮助他人。

事实上，关心他人、照顾他人正是领袖型的人内心最大的兴趣，只是他们往往用"控制"来表达他们的关切，而健康的领袖型的人却是以同情心来关怀、帮助、带领周围的人。他们发现：一个内心充满爱的领袖型的人才是真正最有力量的强者。

他们是那么自信、坚毅、果断，且善于鼓舞他人，这些慑人的特质，总是让众人甘愿紧紧跟随。而如此健康的领袖型的人正是天生的领导者，是大家引领期盼的领袖、受人尊敬的英雄。

自以为是的"暴君"

一般人往往只会在生命受到威胁的关键时刻，才会伤害他人，一个滥用权力的独裁者，却无时无刻都会表现出凶残无情的破坏力。他们完全为所欲为，随时都可以为了生存、自己的利益甚至是情绪，而做出伤害他人的事。他们仿佛是一个浑身装满武器弹药的狂徒，随时随地都可能对周围的人带来可怕的灾难。

不健康的领袖型的人正是一个"暴君"，专制、暴虐，无视社会典型。因为他们心中认为："我就是法律！我就是万能的主宰者。"他们这种专制、暴力的个性极可能出现粗暴的攻击行为，例如强暴、殴打等等。这让周围的亲友有如身处牢狱，带给他们身心上极大的压力与痛苦。

不过他们这种为了保护自己生存，而不惜伤害别人的极端作为，除了伤害了别人，也会招来对自己的伤害，而且往往会使他们"粉身碎骨"！

超强的毅力以及沉默后所爆发的威力，是领袖型的人最令人称奇的地方。领袖型的人的确创造了许多伟大的奇迹，不过他们所得到的评价，却往往是两极化的，因为"魄力"与"霸道"，常常是一个问题的两个方面。

历史上确实出现不少领袖型的领袖，像是秦始皇、拿破仑、希特勒等人，他们都是开创新时代的强人。而"卧薪尝胆"的勾践也是属于这一型的人物，因为领袖型的人愈是遇到挫折，愈能够凝聚更大的力量，吸取教训，报仇雪恨。此外，吸取教训的方式不只是"铭记在心"而已，一定要有实质的"动作"，所以勾践必须以"卧薪尝胆"来强化他的决心。

领袖型的人物最大的危险就是成为独裁者，因为强烈的自信心往往使他们坚持己见，加上他们如钢铁般的意志力，就可能变得专制独裁、一意孤行。而这样的例子也屡见不鲜，我们看到秦始皇以万夫莫敌的力量，使中国首次成为一个统一的国度。此外，他还建造了世界上最伟大的建筑——万里长城。当然，所有的知识分子更无法忘记他焚书坑儒的暴行。

他们一旦下定决心就非做到不可，秦始皇如此，希特勒也如此。希特勒将德国塑造成超级强国，并以极端的民族优越感迫害他认为应该消灭的犹太人。当领袖型的人不择手段地贯彻自己的意志，执行他们所相信的"真理"时，他们可能自以为是救世主，但事实上往往是可怕的暴君。

领袖型个性的改善策略

非健康领袖型个性的改善，可以通过以下几个途径：

避免刚愎自用

刚愎自用的含义很清楚：顽固、偏执、一意孤行、拒不接受他人的意见……

刚愎自用这个词，绝对是个贬义词，因而谁都不希望自己有这个毛病，谁都不希望他人指责自己有这个毛病。它也比较"特殊"，普通人还够不太着，一般都是用在"有头有脸有身份的人"身上，用在那些对某一领域，或某一方面比较精通的权威人士身上。而且，官越是大、越是有权势的人，若是犯了这个毛病，麻烦可不是一点点。因为它，本来可以成功的事会搞得一团糟糕；因为它，原本是很有威望的人结果是身败名裂；因为它，甚至会导致祸国殃民的可怕后果。

领袖型个性的人恰恰符合上述"刚愎自用"的特征。

凡刚愎自用的人都非常自负、傲气十足，都认为自己是穷尽了真理的人。应该说没有一点"资格""本领"，是不能拥有刚愎自用这个"称号"的。这类人有一定的能力，在自己的工作、事业上还做出过一定的成绩，因而自信到了极点，自大自傲，自我感觉一直良好，甚至达到了自我陶醉，不可一世的地步。有的刚愎自用的人还是典型的自我崇拜狂，看人是"一览众山小"，自己什么都是对的，别人统统都是错的，这类人个性孤傲，对人冷若冰霜。尽管他没有跑到大街上宣布："上帝已经死了，我就是上帝。"但是，他的所作所为却无声地宣布自己就是上帝。

凡刚愎自用的人都是顽固、守旧、偏执的。对于某种理念，过于专注，认准了的就坚持到底，死不回头，一个劲地认为自己是在坚持原则，坚持真理，实际上他们认的却是死理儿，是过了时的老教条，或是不符合国情、社情的洋框框，一点灵活性都没有。这类人面对世界的发展进步，觉得是不可思议或是在瞎胡搞；自己的这种想法，明明是与时代潮流相违背，却反过来认为是时代在倒退，是一代不如一代。这类人对新事物、新人物、新现象、新趋势一百个看不惯，视作洪水猛兽。有时，他们的言行比保守派还保守，比顽固派还顽固。

凡刚愎自用的人都是极其爱面子的人。这类人自尊心极强，一点都冒犯不得，谁若是当面顶撞了他，尤其是在大庭广众之下顶撞了他，他就会火冒三丈，认为这是故意和他过不去，故意让他下不了台，是在故意寻衅，从此他就会铭记在心上，这个"伤口"就很难愈合，往往是一辈子都难以忘掉，以后一有机会就会对"发难者"进行打击报复，以报这个"宿怨"。若是"发难者"是在他手下工作的，就会因此而失去信任，也会很随便地找个"理由"就给他穿小鞋，这个人便很难再会有"发迹"的机会。

凡刚愎自用的人都是从来不认错的人，这类人对自己的眼光和能力从来都不怀疑，有时明明是自己错了，却就是不承认；明明是将事情搞得很糟，但就是不认账；明明是自己的指导思想出了问题，却偏偏说是他人将他的思想理解错了……总之，黑的说成是白的，错误变成了真理，成绩永远是自己的，错误永远是他人的。即便是有错，也是不甘心老实承认，因而经常是倒打一耙，反诬批评者不怀好心。不仅如此，为了杜绝批评者的反对声音，利用权势大整特整那些批评者。鉴于刚愎自用者的不肯悔改，又不听他人的劝告，往往是在错误的道路上越走越远，其结果就会与自己原来美好的奋斗目标南辕北辙，背道而驰。

凡刚愎自用的人都是好大喜功的人。这类人喜欢自我肯定、自我表彰，做了一点点有益的事，就沾沾自喜，到处表功，唯恐他人不知道。这类人也只喜欢听好话，听吹捧的话，听不进不同的意见，更不喜欢听反对的话，因而在他的周围聚集着一帮献媚于他的小人，这些小人会投其所好，在他的面前搬弄是非，结果是这类有权势的刚愎自用者离"忠良"就会越来越远。

刚愎自用是一种非常可怕的坏毛病。它可以使人越来越不知道天高地厚，离真理越来越远，离自己身败名裂越来越近。那么，怎么纠正或消除刚愎自用这一坏毛病呢？

一是虚荣心不要太强，应虚心地听取别人的意见。心太满，就什么东西都装不进来；心不满，才能有足够装填的空间。古人说得好："满招损，谦受益。"做人应该虚怀若谷，让胸怀像山谷那样空阔深广，这样就能吸收无尽的知识，容纳各种有益的意见，从而使自己丰富起来，不犯文过饰非的毛病。

二是不要轻易否定别人的意见。要理解别人，体贴别人，这样就能少一分盲目。要善于发现别人见解的独到性，只有这样才能多角度、多方位、多层次地观察问题，这是一个现代人必须具备的素质。无论如何，不能一听到不同意见就勃然大怒，更不能利用权势将他人的意见压下去、顶回去。这样做是缺乏理智的表现，是无能的反映，有百害而无一利。

三是要有平等、民主的精神。而这种精神形成的前提条件是有一种宽容的心态。只有互相宽容，才能做到彼此之间的平等和民主。学会宽容，就必须学会尊重别人。人们一般容易做到尊重领导，但要尊重比自己"低得多"的人，尊重普通人，尊重被自己领导的人，却很难很难，尊重（民主）就必须从这儿开始，什么叫尊重？就是认真地听，认真地分析，对的要吸收，要在行动上改正，即便是不对的，也要耐心听，耐心地解释，做到不小气、不狭隘、不尖刻、不势利、不嫉妒，从而将自己推到一个新的更高的思想境界。

四是要树立正确的思想方法。一个人为什么会刚愎自用？重要原因之一就在于他的思想方法出了问题。经常是明明一孔之见却还要沾沾自喜，已被一叶障目，却还在自得其乐。这类人不懂天外有天，不懂世界的广阔，夜郎自大，所以必须在思想方法上来一个转变。

五是要多做调查研究。刚愎自用者的最大毛病就是自以为是、想当然，认为自己在书房里想的一切都千真万确，明明是脱离实践的，却还要坚持下去。为什么？就是因为他们书本知识太多，实践知识太少。所以建议这类人要多到火热的实践生活中去，进行实地调查研究，看一看实践是怎么回事，这样才可以避免刚愎自用的产生。亚里士多德认为，女人的牙齿比男人的少。倘若他数一数自己妻子的牙齿，大概就不会闹出这样的笑话了。

总之，当领袖型的人克服了自己个性上的这些毛病之后，他才有可能成为一个前途广阔的人。

有势不可用尽

常言道：物极必反。领袖型的人往往锐意进取、锋芒毕露，应常以"花未全开月未满圆"来劝诫自己浮躁的好胜心，控制自己的前进节奏，有时是一种聪明的举动。

曾国藩酷爱读书，志在功名。功与名，是曾国藩毕生所执着追求的。他认为，古人称立德、立功、立言为三不朽。为保持自己来之不易的功名富贵，他又事事谨慎，处处谦卑，坚持"花未全开月未圆"的观点。因为月盈则亏，日中则昃，鲜花完全开放了，便是凋落的征候。

因此，曾国藩常对家人说，有福不可享尽，有势不可使尽。他称自己"平日最好昔人常说的'花未全开月未圆'七个字，以为惜福之道、保泰之法"。此外，他"常存冰渊惴惴之心"，为人处世，必须常常如履薄冰，如临深渊，时时处处谨言慎行，才不致铸成大错，招来大祸。他总结自己的经验教训，说道："余自经咸丰八年一番磨炼，始知畏天命、畏人言、畏君父之训诫。"

笑看输赢得失

有一个可以使你快乐起来的方法，那就是改变我们思考的重心，试着去想美好的东西。不是抱怨你的薪水，而是感激你拥有一份工作；不是期望你能去海滨度假，而是想到你家附近亦有乐趣。

一个能够笑看输赢得失的人，他们深信自然规律和自己的潜能足以实现任何梦想，倘若认为一个成功者周围就必须倒下千万个失败者，这是很片面的。真正的成功者只努力在自己的成功中追求卓越，而不把成功建立在别人的失败上。

追求淡泊恬静

人生在世，主观上追求什么，就能从根本上决定一生的命运。追求功名利禄的人，整天考虑的是他人对自己如何如何评价，必然活得累。自觉追求淡然恬静的人，毫不在乎荣辱毁誉，按照自己的原则做人，做个古人所说的"没事汉，清闲人"。

个人在与社会、与群体相处的时候要和谐，尽量把小我融入大我之中，必要时甚至需要达到忘我的境界。但是，在自然之"我"与精神之"我"这对关系中，又应强调后者，即物质生活可以清贫，精神生活却应富有。不管外界有多少有形无形的枷锁，精神意志却是自由的，"泽雉十步一啄，百步一饮，不蕲畜乎樊中。神虽王，不善也"。山鸡宁愿走十步或百步去寻到饮食，也不愿被关在笼子里做一只家鸡；帝王虽然神圣，却也没有什么好的。这一点，与西方的"存在主义"代表人物萨特似乎不谋而合。萨特在他的《苍蝇》一剧中，借众神之王朱庇特之口说："神与国王都有难言的痛苦，那就是——他们羡慕人类是自由的。"

"没事汉，清闲人"不是无所事事，游手好闲者，而是精神自由的人，自由是宝贵财富。诚如卢梭所说："在所有的一切财富中，最为可贵的不是权威而是自由。真正自由的人，只想他能够得到的东西，只做他喜欢做的事情。""放弃自己的自由，就是放弃自己做人的资格，放弃人的权利，甚至于放弃自己的义务。"当然，自由不是随心所欲，任何自由都是有限度、有规则的，所谓"绝对的自由世界"纯属子虚乌有。

打开心灵窗户

一栋房子如果没有窗户，温暖的太阳就无法照进来，新鲜的空气也不能飘进来。

人也是一样，"心灵之窗"没有打开的时候，就会感到气闷；"心窗"打开了，心灵才能够豁达，视觉才能更清晰。

一旦窗户打开了，心灵的空间也就豁然开朗，对于一些事情也能看得更透彻了，如此再来了解"空"的道理，就能消化所有的烦恼。

如果看得到内心空间的好处，就要尽快为自己的心灵腾出空间来……

人，总是为了追求名、利、权势而劳碌终生；对于情爱，贪求不厌，对于情爱私欲缠绵不休，万般痛苦不能解脱！

不要勉强自己

态度积极而无怨无悔，乃是保持身心健康的最好方法。如果要长久保持，还需要禁止一切不当的行为，并设法自我放松，使自己心情开朗。

为取得成功，还必须随时鞭策自己前进，但不可因此让自己的情绪变得紧张，而直接影响精神状态。一个工作虽好但精神很差的人，很难取得优秀的业绩；另外，一个无法到达最终目标而不能享受成功所带来喜悦的人，即使名利双收，亦是毫无意义。

因此，生活中各方面的活动都应保持平衡。"吃得饱不如吃得好。"同样道理，拼命工作固然好，但用长远的观点来看，仍然有必要省下一些时间从事运动或睡眠，应尽量避免过度疲劳。

运动可以使我们的身体充满活力，对缓解过度疲劳的神经具有极佳的效果。我们可以选择一种或数种自己喜爱的运动，每天锻炼，使之转化为生活的一部分。最重要的是，运动时应尽量放松自己的心情，力所不及者，绝不可勉强。有些人喜欢打乒乓球，便可将它视为休闲运动。但这些人往往过于偏重技巧及输赢，而忘记打球的最初目的。另一方面，由于他们过于重视球技与输赢，所以一点小小的失败，都能使他们产生如同工作失败时的挫折感，在此状况下，运动反而成为紧张疲倦的诱因，失去原来休闲的意义，这样岂不是本末倒置。

任何一种游戏、比赛，最终目的皆在于娱乐。当然，我们可以进行富于高度刺激或技巧的运动竞赛，但若过于计较得失即不合乎娱乐的宗旨。比赛是娱乐活动的一种形式，若硬是把生活娱乐的比赛也当作竞争来看，则极可能成为情绪紧张与精神疲劳的来源。

运动也应注意均衡，我们不可能以短跑冲刺的速度跑完 1500 米，也不可能一天之内打完一个月的网球。我们应该有计划地每天定时运动，就像吃饭一样，不但"定时"，而且还应"定量"，当你运动到感觉累的时候，便应立刻停止，不必勉强自己继续做下去。只有这样，才能放松心情，保持身心健康。

如何与领袖型个性的人沟通

与领袖型的人沟通，需注意以下四点：

1. 说话尽量说重点，他们才不会不耐烦，并愿意听你继续陈述。

2. 也许你认为你们彼此发生了争执、冲突，他却可能觉得这是很过瘾、很有效的沟通模式。所以你要记得，冲突对他们而言，可能是进一步沟通的开始，而非结束。万一你觉得"争吵"太过厉害，感觉不舒服时，不妨直接告诉他们。

3. 他们可以接受直接的批评，但不要取笑或是讽刺他们，这会使他们产生敌意而做出攻击行为。

4. 玩弄权谋、操纵他们、说谎，都是他们讨厌的行为，请记住和他们沟通最好的方式是直截了当，别拐弯抹角。

第九章
平和型个性的特点与优化

　　平和型的人性情十分温和，不喜欢与人起冲突，而且不自夸、不爱出风头，个性淡薄，十足大好人的样子。但是却因为个性太淡漠、消极，也显得懒散、缺乏活力，甚至给人自甘堕落、不知进取的感觉。

平和型个性的特点

动机与目的

平和型的人想与人和谐相处，避开所有的冲突与紧张，希望事物都能维持美好的现状。他们经常忽视让自己不愉快的事物，并尽可能让自己保持平稳、平静。

能力与力量的来源

他们不喜欢冲突，所以当别人有冲突时，他们会为摆平冲突而尽心尽力。由于他们表现出心平气和的神态，跟他们在一起，仿佛有股自然的安抚力量，情绪难以激动，所以他们最有解决不愉快争端的能力。

理想目标

他们的理想目标是世界大同，人人都能各展所长，不管是王公贵族或平民百姓，每个人都机会均等，大家也都不会有怨恨与纠纷。人活着能如同草木一样无争无斗自然生长。

逃避的情绪

他们逃避冲突，相信黑夜过了黎明自然会来临，山重水复疑无路，柳暗花明又一村。所以不用焦虑、担心，一切终将水到渠成，没有什么事可值得大惊小怪。他们为避免冲突，宁可牺牲自己独特的感觉或特质，生活得平平淡淡，没有起伏不定的情绪，并且很能粉饰太平，以求平静。

日常生活所呈现出来的特质

1. 温和、平稳、冷静、处世淡然、不自夸、不邀功。
2. 听别人的，不太发表意见，也不主动。
3. 骂他不回应，也不辩解，顶多问对方："你骂完了吗?""气完了没有?"
4. 愿意倾听别人，也很有同情心，能让人很安心地吐露心声，不会乱传话，也不会多嘴多事。
5. 懒懒的，经常都是在看电视、睡觉或吃东西，一副无所事事的样子。
6. 对自己的要求不高，别人要求他时，他也漫不经心，不会很在乎的样子。
7. 动作很慢，经常拖拖拉拉。
8. 喜欢运动、喜欢大自然。
9. 很容易沟通，没什么主见，无法帮别人拿主意。
10. 很容易认同别人，所以很能适应环境，对一切都不太挑剔。
11. 不喜欢冒险。

12. 信赖别人，也依赖别人，不太给自己和别人制定高标准。

13. 很有排解纠纷的能力，能替两边说好话，有了解双方的情绪和委屈的能力。

常常出现的情绪感受

由于宽宏大量、不记仇，所以情绪常保持自然、平稳、淡然，并且能十分体谅地支持他人。

但是他们常逃避不好的感受，对不好的感受根本不去碰触，除非对方真的太过分，才会表现出含蓄的反应，否则不大容易有太多的感受。

常常掉入的执着陷阱

他们喜欢自贬。由于他们的生活期望不是依据要求自己制订的，而是依循文化、传统、风俗、他人的期望而去应对，所以他们不重视自己内心的需求，也不太发展自我，不觉得自己有独特性，只是平凡人而已。

防卫面具

自我陶醉是他们的防卫面具。因为生活在自以为满足与自得其乐之中，所以他们不积极也不想察觉任何自我需要和感受。他们的生命中没有激情，但却非常满意。

两性关系：追求心灵相通的伴侣

渴望找到一个能够与他们心灵相通的伴侣，因为他们会觉得从对方身上可以找到自己的身影。而这种倾向也会使他们有与宗教或神灵合一的欲望，或是在伴侣那儿寻找灵性并与之融合。

他们不喜欢争吵，所以一遇到问题，便静默或是逃避，然而这对他们的伴侣却是极大的痛苦，因为伴侣的渴望与愤怒仿佛碰到一堆大海绵，全都吸收了。但这一切却没有消失，这会让伴侣对他们的麻木不仁更加怨恨。

如果他们能明白，有一点争吵能让两个人的感觉更真实，更能体会到彼此的存在与需要，这样他们才能找到真正的和谐的夫妻感情。

精力浪费处

他们将精力浪费在配合别人、成全别人上，因此没有精力再去发展自己的个性，从而变成一种懒惰的心态，显得没有活力。

个性形成

他们的童年通常活得愉快而满足，而且父母也对他们很好。他们觉得只要乖乖的，日子就是那么恬静、愉悦，所以他们非常喜欢享受这一份和谐和无忧无虑，也不想做任何突破，来打扰这一份平静，因此在每个环境中，他们总是认同别人，以取得和谐、美满。

成全他人而压抑自己

他们害怕冲突，所以总是顺应别人，认同别人。表面上他们对自己和他人保持良好的接触，但事实上他们并非用真实的自我与人接触，而是屈就社会传统价值，在他人的眼光标准下来看待自己、扮演自己在人生舞台上的角色。

他们觉得自己的角色在于成全他人，而非成就自己，于是他们不敢坚持己见，变得没有个性与情绪。

他们越迁就他人，就越容易压抑自己的想法，越是容忍、顺从别人，轻易地认定对方是对的，或是毫不怀疑地相信某种价值观。

于是，一般平和型的人便会显现出忠诚型的某些特质——相信权威。而这对他们却毫无帮助，只会让他们越不了解自己存在的价值、越发自我贬低。

每当面临问题时，他们会习惯性地以鸵鸟心态去支持，以为只要不去管它，就能渡过难关。他们甚至以为这是"沉着""随遇而安"的表现，不了解、不碰触问题，并不代表问题就解决了，而他们只是"逃避""放弃"生活工作中遇到的冲突，使自己渐渐失去了解决问题的能力。

以柔克刚，视万物平等

他们克服了对冲突的恐惧，不再一味地顺从别人。他们已学会了肯定自己，而得到一种真正的、难以言喻的平静、祥和与满足。这种自我肯定是不自夸、不骄傲的，他们无须自吹自擂，就能证明自己存在的价值。他们显得自重、自律，而且真正能视万物为一体、众生皆平等。

这样能视万物平等，自己与他人一样重要的心态，自然很能倾听别人、认同别人，不过这种认同已经是出于真实的自我。他们真正能发挥爱别人、接纳别人、察觉别人的感受的力量。这种爱人的能力，不同助人型的人只是渴望一味地付出，因为健康的平和型的人认为每一个人都属于自己，也属于别人（万物一体），彼此都是可以奉献给对方的礼物。

健康的平和型的人认同别人也肯定自己，平静、满足、谦虚、乐观且随和，人人都可以从他们身上得到慰藉与安抚，他们也不会苛求别人。他们是值得信任、有能力稳定他人情绪的人。

所以平和型的人应当学习成就型者的自信。当平和型的人学会了肯定自我，却不会像成就型的人那样自恋、自利、乐于掠夺。他们将有如天生的智者，天真而且心如清澈的湖水，毫不费力就能反映出自己一切感受。

平和型人心中的乌托邦，大概就是老子"无为而治"的"大同世界"。一切行动的最高指导原则便是"以不变应万变"，日子是那么风轻云淡、平静祥和。

"清静无为""能够做到不需管理就是最好的管理",这是何等高妙的境界？不过多灾多难的旧中国，多数的时间都是在动荡战乱中度过。六朝时代的"清谈"，只是被那些无力而为的文人拿来当作逃避、麻痹自己精神的麻醉剂。

平和型的人特别容易产生修道、宗教的倾向。不过要真正达到老子"无为而治"的境界毕竟不易。多数人恐怕只学到逃避的本事，得到一种自欺欺人的"清静无为"。

另一个明显例子便是印度的国父甘地。世界上所有的革命用的都是武力，只有甘地不用任何有形的武器，而以不合作、不妥协的反抗方式，将当时数一数二的强国——英国，弄得溃不成军。平和型的人最大的本事就是"打不还手，骂不还口"，不受威力恐吓，也不受金钱物质利诱，所以当时的印度人可以不买英国商品，而为了瘫痪运输，一群人可以齐聚卧轨。平和型的人一旦团结起来，真的能"以柔克刚"，而且是"无坚不摧"呢！

甘地的成功其实也要归功于印度人的民族特性。像集体卧轨这种斗争方式，只有像平和型人那种完全不看重自我价值的人才可能这么做。想想看，甘地的不合作运动，如果搬到崇尚个人主义的美国，还能行得通吗？

印度的例子似乎也看到了民族文化对人格形态的影响。因为整体而言，印度的民族性表现的正是典型的平和型的人格特征。印度的文化一直自成一格，不受外来文化的影响。可是印度并非很少接触到外界的文化，相反地，从古至今他们便受到多国的侵略，包括罗马帝国（亚历山大东征）和近代的英国。但在当时，印度文化尚可和这些文化和平共存，而不被这些文化所同化，这不正是平和型的人基本的行为态度吗？

封闭自己，冷漠孤僻

他们过度压抑自己，把内心的冲突全都压制着，好让自己不受伤害。他们也察觉不到自己存在的经验与意义，自贬、自暴自弃。永远把自己与外界的冲突隔开，以鸵鸟的心态来保持内心的平静。他们会变得非常顽固，因为他们很愤恨那些想强迫他们改变的人，而表达愤怒的唯一方式便是抗拒他人，严加提防他人。他们已经将心灵的大门紧闭，任何人都无法接近。为了抗拒冲突，这种不健康的平和型的人，不再像是一般的平和型的人那样能够倾听别人，容易认同别人，而是变得无法倾听，对周围的事无法感受及领悟。

他们对事物漠不关心，不仅对他人如此，连自己的责任也疏忽了。这种人不仅令人沮丧，也让人无法信赖。

他们这种冷漠疏忽难免会伤害周围的人，而爆发人际冲突。当别人的敌意与压力大到他们无力承受时，他们甚至会干脆切断与这一切人和事物的关联，逃离现实生活。他们将自己完全封闭起来以求得平静，其结果是他们将过着麻木不仁的生活。

平和型个性的改善策略

对于每一种个性的人来说，都各有长短。平和型的人比较低调，所以也有其低调的弱点。平和型的人优缺点都是深藏不露，不能想象平和型的人是好胜的，因为他们是那么文静和友善。

平和型人的最大优点是他们没有明显的缺点。平和型者没有脾气，不会让自己情绪低落或招惹麻烦。他们只是缺乏热情，不愿意暴露自己的优点，无主见。他们的缺陷无伤大雅。但非健康平和型个性，还是有许多需要改善的地方。

热情一点

平和型的人令人懊恼的缺点是他对任何事情都没有热情。若问他们是否曾为什么事情感到振奋过，他们会说："我不记得在我生活中有什么事情使我感到兴奋的。"

虽然这种弱点不太明显。对于平和型的人来说，他们对于伴侣们的伟大理想和目标一点也不感到热衷，实在使人气馁。当你满脑子装着周末各种美好计划，兴高采烈地回来时，平和型的人却冷淡地说："那听起来也没有多大乐趣。那么为什么还要去呢？我宁愿留在家里。"这样会将富有创造性的伙伴的热情一扫而光，不管到最后周末发生什么事，他们中总有一个会不快乐。

尽力尝试新鲜事物

平和型的人不需要娱乐，并认为别人也无须娱乐。一部动画片是这样描述平和型人的，他睡在老鼠洞旁的地板上，高举铁锤，准备当老鼠一露头就将它击毙。他妻子看着他叹息道："我们就是这样度过了很多个令人兴奋的晚上。"

一个平和型男子向心理医生请教如何改变单调的婚姻生活。心理医生给他指出了一些新的想法，他回答说："我想我还是假装一切没事吧——改变可能更糟。"

改变真的那么糟糕吗？为什么不尝试一遍呢？也许山那边美丽的风景正在等着你呢？

勤奋一点

平和型人最主要的表现是非常懒惰，希望得过且过，回避一切工作。

天上没有掉下来的馅饼。因此，平和型个性的人需要勤奋一点。那么，要怎样做才能勤奋起来呢？

首先是要有远大的志向，宏伟的人生目标，这需要有持久的动力。如果一个人没有远大的志向，那么做起事来就会犯冷热病，忽冷忽热，什么都是三分钟的热度，三天打鱼两天晒网，顺利时豪情满怀，干劲冲天，一遇挫折就好像掉到冰窖之中。"凡学之不勤，必其志未笃也。"勤奋这种品质只有依靠远大的志向才能持久。

其次是欲望不能过多，要控制不现实的欲望。那种这也想做那也想干的人和那种一会儿忙于金钱、地位，一会儿忙于名利的人，看起来都很勤奋，但因为被各种各样的欲望牵着鼻子走，必然把握不住奋斗方向，最后必然落得个一事无成的下场。勤奋是学习上的、事业上的、工作上的勤奋，是专一意义上的努力，这种人的欲望不多不杂，今天忙这个，明天又忙那个，看起来很勤奋，实际上是猴子掰玉米，结果往往是什么事情都没做成，只落个竹篮子打水——一场空。为什么一个人不能专心于某一事业？其重要的原因是为各种欲望所惑，或是为名，或是为利，或是为地位……所以，要勤奋就得清心寡欲，就得战胜各种诱惑人的欲望。

其三是要做好艰苦奋斗的思想准备。一般而言，在艰苦的环境条件中长大的孩子比较勤奋。因为他们从小就懂得生活的艰辛，就懂得要改变恶劣的环境，必须依靠自己的努力；而那些条件优越的孩子只贪图安逸，只知道过舒适的生活，只知道偷懒，只知道玩耍，勤奋也就无从谈起了。

其四是养成一种今日之事今日完的习惯。勤奋实际上是一种习惯的养成，而关键有两个：一是"及时"，不要将能在今天完成的事推到明天、推到将来去做。毫无时间观念，不珍惜时间的人是不可能做到勤奋的；二是对工作不挑三拣四，大事小事都愿干、都能干、都会干。真正勤奋的人懂得只有从小事做起，从脚下做起，才能干成大事。小事不愿做的人是绝对干不成大事的，也是决不会勤奋的。

其五是要与各种惰性做斗争。有时（尤其是在功成名就的时候），人到了某个阶段，思想意识就会松懈，就想过舒适安逸的日子，想偷懒，想玩耍，想……总之惰性的欲望之火一冒上来，如果不及时扑灭的话，人也就再不会勤奋了。此时，一定要将冒出来的消极之火扑灭下去，决不能让它蔓延。

总之，勤奋可以使人成材，可以创造人世间的奇迹，也可以改变人生……勤奋是一个人人都想拥有的品质，但是要想让自己成为一名勤奋的人，却不是很容易的，稍稍一放松自己，一些不好的东西（如偷懒）就会跑到你的身上。

培养主见

没有主见是平和型人的又一个缺点。当服务员提着壶开水急切地问："你要咖啡还是茶？"他们的回答是："随便。"平和型的人认为他这样的回答是令人满意的。

平和型的人不是没有能力决定，只是他已决定不做任何决定。那么，既然不做决定，就需要对任何结果负责。

平和型的人应训练得有主见，要勇于主动承担责任。当平和型的人直起腰杆有主见时，他的朋友、同事和伴侣都会感到欣喜。

化消极为积极

成天抱着"随便"与"无所谓"的心态，使一些平和型个性的人逐渐产生了消极的心理。一个人如果抱着消极的心态面对生活，必定会比拥有积极心态的人遭遇更多的失败。因为他们情绪沮丧，步履缓慢，两眼无神，他们悲观、失望。他们往往具有这样的特征：愤世嫉俗，认为人性丑恶，与人不和；没有目标，缺乏动力，不思进取；缺乏恒心，经常为自己寻找借口和合理化的理由，逃避工作；心存侥幸，不愿付出；固执己见，不能宽容人；自卑懦弱，无所事事；自高自大，清高虚荣，不守信用，等等。一个被消极心态困扰的人，虽然他们可能时常念叨成功，但就是不能成功，因为他们不愿付诸行动，也不知怎么行动，更因为他们没有具体的目标。消极的心态深藏在他们的潜意识里，这直接影响了他们的成功。虽然他们想去克服，但又下不了决心，于是他们的生命里就永远不由自主地呈现这种消极的状态。

抱有消极心态的人对自己也有一个消极的自我评价。他们往往会这样想："我的感情总是这么脆弱""我太胖了，一点儿魅力都没有""我的身高在全球几乎是最矮的""我的英语成绩在中学时代就不好""在家里我是最小的，在班上我还是最小的"……这些评价可能只是一些小事，然而这些评价加起来往往会影响一个人的做事方式，最终导致选择人生道路的不同。

这些消极的自我评价的一个共同特征，就是总觉得自己在某一方面不如别人。我们知道，每个人总是以他人为镜来认识自己的，即人们总是把自己与他人进行比较，并依据他人对自己的评价，来认识自己并进行自我评价。对于涉世未深的青年学生，来自他人的评价显得尤为重要。如果他人特别是较有权威的人，如父母、老师或自己所敬佩的人对自己作了较低的评价，就会影响他对自己的认识，并低估自己。消极的自我评价会使人产生自卑感，心理学家的研究发现个性较内向的人，往往愿意接受别人的低评价，而对外界的高评价则易持怀疑态度。他们在将自己与他人进行比较后，也多半自觉不自觉地拿自己的短处与他人的长处相比，结果当然是越比越觉得自己不如别人，越比越泄气，越比自我评价越消极，自卑感便油然而生。心理学家尚未研究的问题是，有些个性并不内向的人，由于过多消极的自我评价，也会逐渐变得内向起来。

当然，消极心态的人并不是完全不能转变成一个具有积极心态的人，只要他认真参加成功心理训练，就会摆脱忧愁的阴影，摆脱消极意识轻装上阵，以乐观、自信的心理直面人生。在成长的过程中，特别重要的是要有积极的心态。

如果你已经发现自己的心态有些消极，那么就需要尽快行动起来，对自己来个大扫除，剔除大脑中所有消极的东西。然后，再装上积极的念头和想法。成年人们在教育孩子的时候，也要多给他们一些积极的、乐观向上的熏陶，帮助孩子们体验生活中的美好事物。如果成年人自己遇到了困难，也要用积极的态度去处理，有时候潜移默化的教育比滔滔不绝的说教更起作用。愉快乐观的态度是成功者关键的品质之一。就从现在开始锻炼自己吧，时常对自己说："好""妙极了""我喜欢""我能行""我很孝敬父母"等等。如果你这样做下去，用不了多久，你会发现一个崭新的自己。

如何与平和型个性的人沟通

与平和型个性的人沟通时，需注意以下四个问题：

1. 尽量倾听他们的话，并鼓励他们说出自己的想法。

2. 要适时地赞美他们，认同他们，因为他们常常不知道自己的优点、自己的重要性。

3. 当他们赞成或是执行某件事时，事实上有可能只是为了迎合别人，所以你不妨问问他们的想法，听听他们会怎么说。

4. 如果你想真正了解他们的想法，不应该过于急切和强迫他们，否则他们会给你一个让你尴尬的答案，所以给他们一点时间和空间来回答吧。

古今智谋

墨 菲 定 律

王 雄 编著

花山文艺出版社

河北·石家庄

图书在版编目（CIP）数据

墨菲定律 / 王雄编著 . -- 石家庄 : 花山文艺出版
社 , 2020.5
（古今智谋 / 张采鑫 , 陈启文主编）
ISBN 978-7-5511-5141-2

Ⅰ . ①墨… Ⅱ . ①王… Ⅲ . ①成功心理—通俗读物
Ⅳ . ① B848.4-49

中国版本图书馆 CIP 数据核字（2020）第 065625 号

书　　名：**古今智谋**
　　　　　GUJIN ZHIMOU
主　　编：张采鑫　陈启文
分 册 名：**墨菲定律**
　　　　　MOFEI DINGLÜ
编　　著：王　雄

责任编辑：郝卫国
责任校对：董　舸
封面设计：青蓝工作室
美术编辑：胡彤亮
出版发行：花山文艺出版社（邮政编码：050061）
　　　　　（河北省石家庄市友谊北大街 330 号）
销售热线：0311-88643221/29/31/32/26
传　　真：0311-88643225
印　　刷：北京朝阳新艺印刷有限公司
经　　销：新华书店
开　　本：850 毫米 × 1168 毫米　1/32
印　　张：30
字　　数：660 千字
版　　次：2020 年 5 月第 1 版
　　　　　2020 年 5 月第 1 次印刷
书　　号：ISBN 978-7-5511-5141-2
定　　价：178.80 元（全 6 册）

前　言

2003 年 10 月 2 日，搞笑诺贝尔奖颁发给了墨菲定律的创立者爱德华·墨菲、约翰·保罗·斯坦普和乔治·尼克斯。

通俗地说，墨菲定律说的是：怕什么来什么，而且一定会来。

墨菲定律是一种科学定律，它是让我们关注概率，抛弃恐惧、逃避、侥幸的心理，专注于改变自己能改变的事情，让事情的走向在大概率上能够变好。墨菲定律指出：要直面客观上存在的危险，善于做好危机管理，防患于未然。

除了墨菲定律之外，本书还集合了古今中外几十条定律与效应。这些智慧满满的定律与效应，告诉我们生活当中的每一种现象都不是孤立的，都有一定的规律可循。当人们认识到事物的本质并通过实验总结出它的规律时，就等于"摸到了上帝圣袍的边缘"。

即便是生活中司空见惯的一些琐事，只要透过事物的表面现象看到事物的本质，通过实验得出规律性的结论，从中找出解决问题的办法，就是遵循了科学的态度。这些在科学态度下的定律与效应，请不要仅仅停留在纸面的阅读理解，而要贯彻到生活之中。

　　有一千个读者，就有一千个哈姆雷特。或许，这正是悲剧《哈姆雷特》的魅力所在。编者所解读的这些定律与效应，也许与读者的感受会有所不同。但这并不要紧，只要你被这些定律与效应触动了，思考了，感悟了，就会令编者无比欣慰。

　　而如果读者因为本书而得到一条值得铭记一生的定律或效应，那将是读者的莫大收获，也是编者的无上光荣。

目 录

第一章
洞悉人性，通达事理

任何事情的背后，都是人性的抉择和较量。看透人性的过程，取决于对发生事实背后的关注与思量。

一个睿智的人不仅会关注事物表象的发展，更会关注推动甚至是驾驭事情发展的背后的人们。

首因效应：初次见面犹如童贞

首因效应由美国心理学家洛钦斯首先提出的，也叫首次效应、优先效应或第一印象效应，指交往双方形成的第一次印象对今后交往关系的影响，也即是"先入为主"带来的效果。虽然这些第一印象并非总是正确的，但却是最鲜明、最牢固的，并且决定着以后双方交往的进程。

如果一个人在初次见面时给人留下良好的印象，那么人们就愿意和他接近，彼此也能较快地取得了解，并会影响人们对他以后一系列行为和表现的解释。

反之，对于一个初次见面就引起对方反感的人，即使由于各种原因难以避免与之接触，人们也会对之很冷淡，在极端的情况下，甚至会在心理上和实际行为中与之产生对抗状态。

多个实验表明这种效应是存在的：向四组大学生介绍一个陌生人，对第一组大学生说这个人性格外向；对第二组大学生说这个人性格内向；对第三组大学生先说这个人外向的特征，后说内向的特征；对第四组大学生先说这个人内向的特征，再说外向的特征。然后让四组人分别叙述对这个人的印象。结果，第一、二组的印象是显而易见的；第三组则普遍认为他是外向型人；第四组则普遍认为他是内向型人。这就是首因效应。

美国心理学家曾对麻省理工学院一个班级的学生进行了一个实验。上课之前，实验者向学生宣布，临时请一位研究生来代课。接着分别向学生介绍了有关这位研究生的一些情况。其中向一半学生介绍研究生具有热情、勤奋、务实、果断等项品质，向另一半学生介绍的信息除了将"热情"换成"冷淡"之外，其余各项都相同。

研究生上课结束后，实验者要求学生们填写问卷，讲出他们对代课教师的印象。结果表明，得到包括"热情"信息的学生，对代课教师有更好的印象，纷纷用"是一个能体谅别人、不拘小节、有幽默感、脾气好的人"来形容。这一系列特征都是学生们自己根据"热情"这一核心品质扩散而推论出来的。

而得到包括"冷淡"品质的信息的学生，则从中泛化出有关研究生的许多消极品质。可见，仅就"热情"与"冷淡"之别，竟会影响对人整体的印象。

首因效应犹如童贞般宝贵，失去就不可以再来。那么我们如何利用首因效应，给他人留下良好的第一印象呢？

成功学家卡耐基在《如何赢得朋友》一书里，总结了六条给人留下良好印象的途径：真诚地对别人感兴趣；微笑；多提别人的名字；做一个耐心的倾听者，鼓励别人谈他们自己；谈符合别人感兴趣的话题；以真诚的方式让别人感到他自己很重要。

很显然，首因效应具有先入性、不稳定性、误导性，根据第一印象来评价一个人往往失之偏颇。因此，我们在与人交往

时，也需要时常提醒自己不要轻易对他人下结论。孔子的"始吾
于人也，听其言而信其行；今吾于人也，听其言而观其行"说的
就是这个道理。

边际效用递减：好汤最多吃三碗

杰米扬准备了一大锅鱼汤，请朋友老福卡前来品尝。

"请啊，老朋友，请吃啊！这个鱼汤是特别为你预备的。"杰米扬知道老福卡最爱喝鱼汤。

果然，老福卡喝得津津有味。

"再来一碗！"杰米扬可不是小气鬼，他是热心肠，而且很好客。

"不，亲爱的朋友，吃不下了！我已经吃得堵到喉咙眼了。"老福卡回答。

"没关系，才一小盆，总吃得下去的。味道的确好，喝这样的鱼汤也是口福呀！"

"可我已经吃过三碗了！"

"咳，何必算那么清楚呢？哦，你的胃口太差劲！凭良心说，这汤真香，真稠，在盆子里凝结起来，简直跟琥珀一样。请啊，老朋友，替我吃完它！吃了有好处的！喏喏，这是鲈鱼，这是肚片，这是鲟鱼。只吃半盆，吃吧！"杰米扬大声喊来自己的妻子，"珍妮，你来敬客，客人会领你的情的。"

杰米扬就这样热情地款待老福卡，不让他休息，不让他停止，一个劲儿劝他吃。老福卡的脸上大汗如注，勉强又吃了一碗，并装作津津有味的样子，其实却是实在吃不下了。

"这样的朋友我才喜欢，那些吃东西挑剔的贵人们，我想想就觉得可气。"杰米扬嚷道："真痛快！好，再来一碗吧！"

奇怪的是，老福卡虽然很喜欢喝鱼汤，但是马上站起身来，赶紧拿起帽子、腰带和手杖，用足全力跑回家去了。

从此，老福卡再也不上杰米扬的门。

以上是著名寓言家克雷洛夫写的一则寓言。对这则寓言，一般人的解读不外乎是：再好的东西，如果不加节制地强加于人，也会适得其反，使人难以忍受。这种读后感当然也没有错，只是不够深刻。

从经济学的角度来看，这则寓言说的其实是一种叫"边际效用递减"的现象，又被称为"边际收益递减"。"边际效用"是经济学中一个非常重要的概念，指在一定时间内消费者增加一个单位商品或服务所带来的新增效用，也就是总效用的增量。在经济学中，效用是指商品满足人的欲望的能力，或者说，效用是指消费者在消费商品时所感受到的满足程度。

而边际效用递减，指的是在一定时间内，在其他商品的消费数量保持不变的条件下，随着消费者对某种商品消费量的增加，消费者从该商品连续增加的每一消费单位中所得到的效用增量即边际效用是递减的。

经济学的基本规律之一也是边际效用递减。经济学家在用边际效用解释价值时，引发了经济学上一种革命性的变革。因此，边际效用理论是现代经济理论的基石，它的出现被称为经济学中的"边际革命"。

具体到我们的生活中，边际效用递减的例子比比皆是。例如，无论男女，对初恋情人总是难以忘怀。因为是第一次爱，感情难忘值是很高的。再比如，有一个地方很好玩，是旅游的好去处，如果你第一次去，就觉得很新奇，玩得很痛快，觉得收获也不小；但如果去的次数多了，就觉得没有那么好玩了。

难怪，有经济学家感叹："如果收益不递减，而是永远成比例，甚至还递增，我们就会面临一个疯狂的世界，全世界的人醉心于单一的消费，而且这种消费由一种极端畸形的方式在生产，譬如全世界只种一块地。然而收益递减律无法用任何逻辑的方法加以证明，所以它只能当作经济学中的一条公理被接受。"

想想也是，若是没有边际效用递减，你喜欢的地方去一百次也不厌倦，每天吃自己爱的那样美食、做自己喜欢做的事情……那样，在朋友与家人眼里，是不是很恐怖呢？

在亲子教育方面，边际效用递减的例子也有很多。有些家长看了《告诉孩子你真棒》之后，就以为"夸奖"是教子的不二法门，于是一天到晚地夸奖孩子这也"真棒"那也"真棒"。

殊不知，"棒"太多太滥，在孩子心里根本激不起一丝涟漪。同样，批评也是，天天批评孩子，孩子最后都无所谓了，在批评面前无动于衷。这时家长又有了继续批评的理由——你怎么那么脸皮厚……。可是，是谁造成了这个恶果呢？不是别人，正是家长自己。

在对边际效用递减进行了解之后，在我们的实际生活中，就可以尝试着运用它。一方面，努力让自己别成为"杰米扬"。在允许的范围内，试着采用一些新的方式。哪怕是给家人做道新式的菜，说句很久没说的"我爱你"。

另一方面，如果自己是"老福卡"，要领会到"杰米扬"的好意。妻子十年如一日地给你洗衣做饭，作为"老福卡"的你，是否因为边际效用递减而无视了她？

如此种种，不一而足。若举一反三，无论对于工作还是生活，均大有裨益。

凡勃伦效应：为什么有人专挑最贵的买

看过冯小刚导演的电影《大腕》的人，应该对里面的一段经典台词记忆犹新，其讽刺的就是某些人的炫耀性消费："一定得选最好的黄金地带，雇法国设计师，建就得建最高档次的公寓，电梯直接入户，户型最小也得四百平方米。什么宽带呀，光缆呀，卫星呀，能给他接的全给他接上……什么叫成功人士，你知道吗？成功人士就是买什么东西，都买最贵的，不买最好的！"

艺术来源于生活，但高于生活。当年冯小刚的电影可谓极尽夸张以塑造鲜明形象，孰料今日人们的炫耀性消费比电影情节有过之而无不及。什么煤老板几千万嫁女之类的新闻不绝于耳。

一个多世纪前，凡勃伦写了《有闲阶级论》，书里称这种消费为炫耀性消费。在凡勃伦的书里，商品被分为两大类：非炫耀性商品和炫耀性商品。其中，非炫耀性商品只能给消费者带来物质效用，炫耀性商品则给消费者带来虚荣效用。所谓虚荣效用，是指通过消费某种特殊的商品而受到其他人尊敬所带来的满足感。他认为：富裕的人常常消费一些炫耀性商品来显示其拥有较多的财富或者较高的社会地位。

后来，这种现象在经济学上被称为"凡勃伦效应"，这种炫耀性消费的商品也被称为凡勃伦物品。有的经济学家还画出了一条向上倾斜的需求曲线——价格越高，需求量越大。经济学家们发现，凡勃伦物品包含两种效用，一种是实际使用效用，另外一种是炫耀性消费效用。炫耀性消费效用由价格决定，价格越高，炫耀性消费效用越高，凡勃伦物品在市场上也就越受欢迎。

凡勃伦认为，有闲阶级在炫耀性消费的同时，他们的消费观点也影响了其他一些相对贫困的人，导致后者的消费方式也在一定程度上包含了炫耀性的成分。此言不虚，看看当今的新闻：今天你割左肾买苹果手机，明天我卖右肾换游戏装备。而那些舍不得割肾的，也可以花5元一个月租个软件，在聊QQ或发微博时，让自己的手机显示为"iPhone"。图什么？就是图有面子，可以炫耀。

一个朋友要换车，理由不是现在的车子不好，而是周围的朋友都换好车了，不换台好点的会让自己没面子。很多时候，我们买一样东西，看中的并不完全是它的使用价值，而是希望通过这样东西显示自己的财富、地位或者其他，所以，有些东西往往是越贵越有人追捧，比如一辆高档轿车、一部昂贵的手机、一栋超大的房子、一场高尔夫球、一顿天价年夜饭……

按照凡勃伦物品的定律，如果价格下跌，炫耀性消费的效用就降低了，这种物品的需求量就会减少。对于一位凡勃伦物品的崇拜者，一件时装款式与质量再好，标价1000元，他也许根本不会瞧一眼。因为这个商品里只剩下实际使用效用，不再有炫耀性消费效用。

在日常生活中，很多人都会有意无意中掉入炫耀性消费的陷阱。奢华和高档商品及其形象会成为一个巨大的"符号载体"。在某种程度上，这种符号象征着人们的身份或社会经济地位。生活本来不易，何必再给自己套上"炫耀"的枷锁负重而行？

放下虚荣，得到自在。

冷热水效应：一种高明的操纵术

一杯温水，保持温度不变，另有一杯冷水、一杯热水。先将手放进冷水中，再放到温水中，会感到温水热；若将手放在热水中，再放到温水中，会感到温水凉。同一杯温水，出现了两种不同的感觉，这就是我们要说到的"冷热水效应"，又叫对比认知效应，如果会使用这种效应，就是会使这种效用成为你有效的心理谋略。

这种效应的出现，是因为人人心里都有一个参照物，只不过参照物并不一致，也不固定。随着心理的变化，参照物也在变化。人们对事物的感知，就是受这参照物的影响。

鲁迅先生曾经说过，如果有人提议在房子墙壁上开个窗口，势必会遭到众人的反对，窗口肯定开不成。可是如果提议把房顶扒掉，众人则会相应退让，同意开这个窗口。

这就是一种典型的"冷热水效应"：当提议"把房顶扒掉"时，对方心中的"秤砣"就变小了，对于在"墙壁上开个窗口"这个劝说目标，就会顺利答应了。冷热水效应可以用来劝说他人，如果你想让对方接受"一盆温水"，为了不使他拒绝，不妨先让他试试"冷水"的滋味，再将"温水"端上，如此他就会欣然接受了。

甲、乙二人是一家大公司的谈判高手，这对黄金搭档一出马，几乎没有谈不成的业务，他们深得公司员工的尊重和信赖。原来，他们二人的法宝就是运用"冷热水效应"去说服对方。每次谈判，甲总是提出苛刻的要求，令对方惊惶失措，灰心丧气，一筹莫展，等到在心理上把对方压倒时，也就是对方感到"山重水复疑无路"时，乙就出场了，他提出了一个折中的方案，当然这个方案也就是他们谈判的目标方案。

面对这样的"柳暗花明又一村"，对方往往会很愉快地签订合同。在这种阵势面前，就算该方案中有一些不利于对方的条件，对方也会认为比起原来的方案要好得多，从而接受。

这种技巧，不仅在经商洽谈中可以发挥巨大作用，在平时生活中的大事小事上也能发挥很好的效果。

一次，一架民航客机即将着陆时，机上乘客忽然被通知，由于机场拥挤，无法降落，预计到达时间要推迟1个小时。顿时，机舱里一片抱怨之声，乘客们在等待中度过。几分钟过后，乘务员就宣布，再过30分钟，飞机就可以安全降落，乘客们如释重负地松了口气。又过了5分钟，广播里说，现在飞机马上就要降落了。虽然晚了十几分钟，乘客们却喜出望外，纷纷拍手相庆。在这个事例中，机组人员无意之中运用了冷热水效应，首先使乘客心中的"秤砣"变小，当飞机降落后，对晚点这个事实，乘客们不但没有厌烦，反而感到异常兴奋。

先让对方尝尝"冷水"的滋味，就会使他心中的"秤砣"得以缩小，他会对获得的"温水"感到高兴。在人际交往中，如果能够让对方在关键时刻或者在平常日子里高高兴兴，还有什么事办不成呢？

另外，在给人以帮助时，这种谋略同样适用。其道理也显而易见，当我们没有能力满足对方提出的要求时，不妨先端给对方一盆"冷水"，再端给他一盆"温水"，这样的话，你的这盆"温水"同样会获得他的一个良好评价，要比直接"由热到温"的效果明显得多。

不利条件原理：你们都比不上我

一些位高权重的老领导，会在年老多病之时仍然饮酒、吸烟。

某房地产大佬，退居二线，迷上了熬夜打牌。

这些行为让人觉得很奇怪，难道他们不懂得爱惜自己的身体吗？

对此，鸟类学家扎哈维用"不利条件原理"给出了合理解释。

扎哈维是位鸟类学家，一生大部分时间消耗在以色列和约旦的边界上，他因为发表"不利条件原理"而闻名于世。这个涵盖面广而引起争议的学说的宗旨之一，是要解释羚羊为什么要跳跃，孔雀为什么要拖着相当于它身长两倍的、美丽却碍事的尾巴，以及人类为什么要表现出那些不寻常的炫耀行为。

按扎哈维的不利条件原理：动物和人类不是在做出最冒险、最过分的行为后侥幸能存活，而正是因为有这类行为而存活。这些行为如同我们做广告的方式，借此告诉别人我们有多么能干、多么健康、多么大胆。所以我们的广告行为必须包含重大成本——也就是不利条件，才足以说服人。

由此可见，羚羊在逃命时的跳跃尽管是浪费体力的危险行为，但是它仍然愿意冒这个险，因为它等于是在告诉猎豹："你休想猎杀我这么强健的羚羊。"

我们人类往往也是如此，尽管有些人给自己加上的不利条件可能有丧命之虞，然而，即便是付出这种代价，他们也面不改色，等于是在告诉世人："你们哪一个也比不上我。"

扎哈维在 20 世纪 70 年代刚提出不利条件原理之后，生物学权威们的反应就像冷不防挨了一棍似的。牛津大学进化论专家道金斯在《自私的基因》初版中指出这个原理"叛逆得走过了头"，并且以科学论述中极罕见的明白语气说："我根本不相信这个说法。"

美国拉特格斯大学的进化论学者罗伯特·屈弗斯开玩笑说，如果把扎哈维的概念推到极端，就意味着有一种鸟以上下颠倒的姿势飞，以借这种方式证明自己正着飞能飞得更好。

扎哈维本人倒是不大计较的。他本来是保护野生动物界的重要人物，中年时改行进入生物学界，用数学模型测验概念的标准科学方法与他的性格不合，他的概念基础全凭观察与直觉而来。对于不能接受他结论的人士，他认为他们的智力有问题，这些人士中不乏著名科学家。

一天，有人向他提及屈弗斯的玩笑话，他说："本来就有鸟儿会上下颠倒着飞。"他随即说出许多鸟种的名称，都是会在求偶炫耀中做逆向动作的。其实扎哈维自己说话常常就像不利条件原理的典型例子，他以一句话概括不利条件原理的精髓："一桩事可能因为它有危险却能带来更大的机遇。"

越来越多的证据显示，他的不利条件原理并没有错。有一项研究指出，非洲鬣狗的确不会去追猎那些会跳跃的动物，显然是因为不跳跃者比较容易猎到手，牛津大学生物学家阿兰·葛雷芬竟然用数学模型证明，不利条件之说从进化观点来看是有道理的。

道金斯在再版《自私的基因》时不无抱怨地嘀咕道："我们不能再以常识为由排除几乎疯狂到极点的那些理论了。"他接着写道："假如葛雷芬也是对的——我也认为他是对的……我们对于行为进化的整个看法也许因此必须彻底改变。"

扎哈维的不利条件原理其实讲到了进化论思想的一个核心问题。达尔文最著名的进化论学说当然是自然淘汰论，但是他在1871年发表的《人类起源与性的选择》中也提出过一个同样重要的观念，这个观念一直到20世纪中叶才开始受到重视：按性选择进化论的观点，遗传基因的改变受吸引异性的本领的影响，至少与受自然淘汰的影响一样多。

自然淘汰的观点认为，谁有不利的炫耀性生物特征，谁就会因此而丧命。因此，北极狐的腰上如果长着一片红色的毛，就如同在身上写着"吃我"的字样，一定会很快成为北极熊的点心。同理，浑身白毛是北极狐的有利特征，可使它在雪地中不易被发现。

然而，绝大多数物种的交配成败是由雌性掌握的，接受交配的条件也大多由雌性动物根据雄性动物的"性"特征而决定，因此雌性动物往往都抗拒不了腰上有"吃我"字样之雄性的吸引力。换言之，雌性似乎中意那些具有不利存活特征的雄性，例如，雄孔雀必须耗费许多精力保养漂亮的尾羽，尽管尾羽有碍它的飞行能力，使它更易被掠食者捕获。

雌孔雀自己的单调羽色证明她深信保护色大有优点，但是她几乎每次选对象都挑中尾巴更大、羽色更鲜艳的一个。

动物世界有太多雌性专爱一些看似很愚蠢的雄性炫耀，包括利用鲜艳的羽毛、粗大的尾巴、夸大的求偶仪式等；人类的世界当然也存在类似的情形。例如，身价上亿的露华浓老板帕尔曼追求他的第三任妻子的时候，在洛杉矶国际机场他自己的私人飞机上打电话给她，不是仅仅要求约会，而是告诉她，引擎已经开动，而且要一直开着，直到她来与他会合。如此不在乎花费的炫耀令她内心怦动，终于说出了"我愿意"。

一些时候，破帽遮颜，并非由于贫穷，而是为了安全；锦衣宝马，也不一定就是爱慕虚荣，只是不得不营造场面。

每次苹果手机出新款，网上都会调侃又有人要割肾了。为了买一台手机而卖掉自己的肾脏，这在大多数人眼里简直不可思议，然而这样的新闻并不鲜见。必须承认，很多人，穿什么、用什么，并不是基于审美的需求，而是基于别人评价的需求。

单因接触效应：增加曝光你就赢了

单因接触效应又叫多看效应、曝光效应、接触效应等，它是一种心理现象，指的是人们会偏好自己熟悉的事物，某样事物出现的次数越多，对其产生的好感度也越高（当然前提是这件事物首次出现没有给人带来极大的厌恶感）。社会心理学又把这种效应叫作熟悉定律，对人际交往吸引力的研究发现，我们见到某个人的次数越多，就越觉得此人招人喜爱、令人愉快。

但在人际关系上，为了获得对方的好感，难道只是接触次数增加就足够了吗？

曾经有一个有趣的实验，实验方法是准备 12 张某大学毕业生的大头照，然后随便抽出几个人的照片并让学生们看这些照片。开始实验时，对这些学生说明："这是一个关于视觉记忆的实验，目的是为了测定你们所看的大头照，能够记忆到何种程度。"而实验的真正目的，则在于了解、观看大头照的次数与好感度的关系。

观看各大头照的次数为 0 次、1 次、2 次、5 次、10 次、25 次，按条件各观看两张大头照。随机抽样，总计 86 次。

实验结果证明，接触次数与好感度的关系成正比。也就是说，当观看大头照的次数增加时，不管照片的内容如何，好感度都会明显地增加。

最能有效活用这种单因接触效应的就是电视广告。刚开始觉得无聊的广告，每天多看几次，就会渐渐觉得有种"亲切"感。连续剧也是如此。没有看过的人完全不感兴趣；一旦持续观看之后，只要一天没看到主角，似乎就会觉得情绪有些不稳定。像新闻主播或主持人也是同样的道理，每天看就会逐渐产生好感。

因此，演艺人员的人气虽然与个人的个性或演技有关，但大多和电视上出现的频率多少有密切的关系。如果在电视上露脸的频率较多，观众自然对有较多单纯接触的演艺人员产生好感。从这种意义来看，人气的确是可以制造出来的。

但单因接触效应还必须有一个先决条件，那就是一定要有较好或者不坏的第一印象。第一印象不好，就算日后再见多少次面，单纯接触的效果也无法发挥作用。就像我们每天在公司或学校中会遇到很多人，如果无条件地应用"单因接触效应"的话，按道理可能会喜欢所有的职员或同学了吧！但实际上并不是如此，应该还有几个讨厌的上司或同事、同学。

实际运用这个研究所产生的效果的是推销员。如果第一印象不好，则不管再去拜访几次，对方也无法从内心接纳你，因此，一定要先建立良好的第一印象。

虽然着装和说话的技巧是重要的因素，但是若请教一些高明的推销员，他们都会告诉你，给顾客带一些所需要的信息去比较容易建立良好的第一印象，生意反倒是次要的了。例如对方在玩股票，如能给他提供一些有关股票的信息，定能吸引对方的注意力，最后使他认识自己的存在。反复几次后，单因接触效应就能发挥出作用。对方一旦对自己产生了好感，就能顺利地将产品推销出去。

布雷姆效应：失去的才是最宝贵的

布雷姆效应的意思是说，即使是没有价值的东西，一旦失去的时候，也会觉得非常可惜，而产生想要追回的想法。

心理学认为这是因为在选择的自由被剥夺后而产生的一种带有逆反心理的情绪，也就是想要恢复被剥夺的自由，这种状态称为"负面情绪"。

例如在这里有三种东西可以自由选择，但是由于某种因素的干扰，无法做出对其中一种的抉择。

这时，每个人都会有反对的心态，会想要拥有这个不能选择的东西。也就是说，产生了一种想要恢复自由的强烈愿望，因此使这个东西的魅力提高，得到更高的评价。

心理学家布雷姆等人为了确认这一点，做了以下的实验：

聚集一群大学生，拜托他们协助唱片公司的市场调查工作，内容为调查大学生喜欢的音乐类型。调查的第一天，让这些大学生听四种音乐CD，然后再按喜欢的程度分别给予评价。

这时告诉大学生，为了感谢他们协助调查，等到明天调查结束后，会让他们在先前聆听的四种唱片中挑选一张，当作礼物。

这四种音乐CD都可当作赠品，而且告诉他们，其中三种价值3美元，一种价值1美元，借此来实验选择自由的重要性。

第二天，和大学生约定的唱片已经送来了。主持实验者宣称：因为运送过程中有些错误，现在只有其中的三张唱片能送给各位了。而没有送来的这一张唱片，是前一天大学生们普通给予较低评价的一张价值3美元的唱片。

为了与以上的实验结果进行比较，则在另外一次赠送唱片全都送达的情况下，进行同样的实验。

布雷姆等人预测大学生们经验的负面情绪，应该是失去3美元的CD时比失去1美元的CD产生更严重的负面情绪。但实际上，大学生并未根据唱片售价改变对唱片的评价。

四张赠送用唱片中的一张唱片没有送达（就是前一天评价较低的唱片）。在这个条件下再度进行实验。结果当四张赠送用的唱片全都送来时，大学生们对唱片的评价并没有出现任何的负面情绪。但若有一张无法送达，那张不能成为选择对象的唱片，让大学生们对其重新评价时，则明显比前一天的评价提高了不少。

这样的倾向明显地表现在教育孩子的问题上。原先不屑一顾的东西，一旦失去之后，孩子就会缠着父母说："我要那个东西！"一旦真的买给他，他又变得不是那么想要了，甚至兴趣大减。

结论是：这种反对的心理状态，是因为不知道自己究竟真的喜欢什么东西，什么东西比较好而引起的。也就是说，任何人都没有对于人或物可以加以评价的绝对标准。

例如，放置四个同样的物品在这里，当顾客若无其事地在拿起其中的一个，店员说："我不建议您选择购买这个产品。"这时，顾客就会很奇怪地问："为什么呢？"反而比较容易留下印象。

此外，若将卖不出去的东西定出较高的价格，反而比较容易卖出去，可能也与此有关吧！看起来比较显眼，或者原本埋没的商品一旦赋予较高的价格时，顾客可能就会认为这才是好东西。

我们不是常说"一分钱，一分货"吗？恐怕就是这个道理。"看起来没这个价值，为什么会这么贵呢？"这时就会中圈套，开始对这个东西感兴趣。

人通常是按照自己的意思来判断事物，但是在做最后决定时，可能会因为一些莫名其妙的逻辑而左右思考，做出错误的判断。所谓的思考，只是人们的想法，而不是真正思考后的判断。结婚也是如此。没有人可以保证婚后一定会幸福，可是在结婚之前，大家会认为自己一定能拥有幸福的婚姻。

虽然自己深思熟虑，基于明确的根据来做判断，可是到最后却可能还是按照自己的情绪来做决定。

虽然交往还不够深，但因为对方要调走而结婚的例子，也是时有所闻。先前他只不过是交往对象中的一个，可是一旦调职离开，就会失去这个男朋友。

虽然有些勉强，但在快要失去这个人的时候，就会突然觉得他是一个很重要的人。也就是说，我们判断事物时，并不具有绝对的标准值，因此容易产生错觉或误解。但是也正因为如此，人生才显得有趣！

安慰剂效应：相信的力量

安慰剂效应，指病人虽然获得无效治疗，但却"预料"或"相信"治疗有效，而让病患症状得到舒缓的现象。

安慰剂效应又名伪药效应、假药效应、代设剂效应。安慰剂效应于 1955 年由毕阙博士提出，在医学实验上指的是在不让病人知情的情况下服用完全没有药效的"假药"，但病人却得到了和真药一样甚至更好的效果。这种似是而非的现象在医学心理学研究中并不鲜见。由此，不少医生在对病人进行治疗时，不得不将这种"安慰剂效应"考虑进去。

例如，美国牙医约翰·杜斯在其行医生涯中就常常遇到这种情况。一些牙痛患者在来到杜斯的诊所后便说："一来这里我的感觉就好多了。"其实他们并未说假话——可能他们觉得马上会有人来处理他们的牙病了，从而情绪便放松了下来；也可能像参加了某种仪式一样，当他们接触到医生的手时，病痛便得以缓解了……实际上，这和安慰剂所起的作用大同小异。

作为全美医疗作假委员会的创始人，杜斯医生对安慰剂研究的兴趣始于其对医疗作假案件的调查。他指出，牙医和其他医生一样，有时用误导或夸大医疗需求的办法来引诱病人买药或接受较费钱的手术。

为了具体说明"安慰剂效应"究竟是怎么回事，他援引了美国医疗协会期刊刊登的有关末梢神经痛的研究成果。将接受试验的人员分为4组：A组服用一种温和的镇痛药；B组服用色泽形状相似的安慰剂；C组接受针灸治疗；而D组接受的是假装的针灸治疗。试验结果显示：4组人员的痛感均得以减轻，4种不同方法的镇痛效果并无明显差异。

这说明，镇痛药和针灸的效果并不见得一定比安慰剂或安慰行为更为奏效。

实际上，人类使用安慰剂的历史已相当悠久。早在抗生素发明以前，医生们便常常给病人服用一些明知无用的粉末，而病人还满以为有了希望。不过最后，在其中某些病例中，病人果真奇迹般地康复了，有的甚至还平安地度过了诸如鼠疫、猩红热等"鬼门关"。安慰剂研究专家罗莎认为，能给病人服用价格低廉且并无任何副作用的安慰剂而又能起到疗效，自然是美事一桩。但遗憾的是，在大多数情况下，安慰剂未必能起到真正又持久的疗效，而真正意义上的治疗却被耽搁了。

今天，有关"安慰剂效应"的心理和生理上的原因仍然是一个难解的谜，新的发现还有待进一步深入研究。

患者深信不疑地吃下了药，病情果然减轻不少。殊不知，那个药丸只是淀粉加葡萄糖做成的"假药"。这种称为安慰剂效应的现象在医学实践中十分常见，但人们并不清楚其原理。

意大利科学家则说，他们在一项最新试验中观察到了安慰剂效应对人脑细胞的作用，显示该效应有着生理基础。

安慰剂由没有药效也没有毒副作用的中性物质制造而成，外形与真药十分相像。对于充分信赖医生、渴望获得治疗的患者，将安慰剂冒充成真药使用也可能产生疗效，甚至还会产生某些药物的副作用。因此，每一种新药在投入使用前都要进行对比试验。

研究人员说，安慰剂之所以会产生这样的生理反应，有两种解释。一种是"认识"假设，患者期待药物起作用的心理激发了生理反应。另一种是"条件反射"假设，患者所处的医疗环境引起了生理上的条件反射。

医务人员可以利用安慰剂以激发病人的安慰剂效应。当病人对某种药坚信不疑时，就可增强该药物的治疗效果，提高医疗质量。当某种新药问世，评价其疗效价值时，要把药物的安慰剂效应估计进去。如果某种新药的疗效与安慰剂的疗效经双盲法试用后，相差不大，没有显著的差异时，这种新药的临床使用价值就不大。这也就是为什么一些新药刚刚问世时，人们往往把它们当作灵丹妙药，而经过一段时间的使用后，其热潮消失、身价下降。

使用安慰剂时容易出现相应的心理和生理效应的人，被称为安慰剂反应者。

这种人的人格特点是：好交往、有依赖性、易受暗示、自信心不足、好注意自身的各种生理变化和不适感、有疑病倾向和神经质。安慰剂效应是一种不稳定状态，可以随疾病的性质、病后的心理状态、不适或病感的程度和自我评价，以及医务人员的言行和环境医疗气氛的变化而变化。所以，就出现了安慰剂效应是有时明显，有时不明显，或根本没有的现象。也正由于有些病人有此心理特点，才使江湖医生和巫医术士有了活动的市场，施展其术。

在我们日常生活的其他领域，有时也有类似"安慰剂效应"的事情发生。比如在很多人群情激奋的时候，某些"关键人物"

宣布一些类似"安慰剂"的空头许诺，就会使很多人心情平静下来。也有些时候，当群众情绪被压抑到临界点时，某些"权威人物"的一两句"安慰剂"，也就是一些表面上看起来无关紧要的话，很可能引发一场"群众运动"。而这种类似"副作用"的话之所以产生如此重大影响，是因为它也属于安慰剂效应。

安慰剂效应对我们的启迪还有：你内心相信什么，你的人生就会靠近什么。你相信了什么，才能看见什么。你看见了什么，才能拥抱什么。你拥抱了什么，才能成为什么。所以说，你的命运就从你"相信"那一刻开始改变，朝着你相信的方向前进。

特别是当你别无选择的时候，请一定要选择相信，因为相信能给我们力量。

棘轮效应：由奢入俭难

北宋的第八位皇帝赵佶，书画造诣极高，是一个卓越的艺术家。赵佶刚登上皇位，还能勉强恪守宋太祖留下来的节俭家风。但很快，奢华铺张之风就兴起了。诣臣蔡京等见机更是推波助澜，认为皇帝理当在富足繁荣的太平盛世及时享乐，不应效法前朝惜财省费、倡俭戒奢之陋举。赵佶听了，心中很是高兴。

有一次，赵佶生日，大宴群臣，拿出玉盏、玉卮等贵重酒器，说："朕欲用此吃酒，恐人说太奢华。"蔡京是何等聪明之人，忙道："臣当年出使契丹，他们曾持玉盘、玉盏向臣夸耀说南朝无此物。今用之为陛下祝寿，于礼无嫌。"宋徽宗赵佶说："先帝当年欲筑一小台，不过数尺之高，言不可者甚众，朕深觉人言可畏。此酒器虽早已置办，但若是人言四起，朕难以辩白。"蔡京振振有词："事苟当于理，多言不足畏也。陛下当享天下之奉，区区玉器，何足计哉！"蔡京还搬出《周礼》中的"惟王不会"，宣称君王的开销，自古以来就不受任何预算、审计的制约。君臣之间，可谓一唱一和。

蔡京的长子蔡攸，没有蔡京那样引经据典的逢迎水平。但在鼓吹享乐哲学方面却是青出于蓝。他经常向宋徽宗宣扬："所谓皇帝，当以四海为家，太平为娱。岁月能几何，岂可徒自劳苦！"

赵佶听了，越发骄奢淫逸。

宋徽宗最宠信最重用的将相大臣，也个个都是聚敛私财挥金如土的高手。宰相蔡京生性好客贪吃，经常大摆宴席，有一次请僚属吃饭，光蟹黄馒头一项就花掉一千三百余贯钱。他家童仆、姬妾成群，仅厨子就上百人，内部分工极细，有不少人专做包子，有些婢女不干别的，专门负责整理葱丝。他在首都开封有两处豪宅，谓之东园、西园，西园是强行拆毁数百家民房建成的。有人评论这两处府第是"东园如云，西园如雨"，意思是东园树木葱茏，望之如云，西园迫使百姓流离失所、泪下如雨。蔡京还在杭州凤山脚下建造了更加雄丽的别墅。此外，御史中丞王黼家养的姬妾的数量与质量，几乎可以与宋徽宗的后宫相比。宦官童贯家晚上从不点灯，而是悬挂几十颗夜明珠照明，他有多少家财谁也说不清。

奢华铺张的猛兽一旦出笼，就如洪水一样不可收拾。日益沉重的财政负担，令朝廷不堪承受。其中，赵佶也试图通过适度的节俭来扭转财政危机。但是，等他真正想实施时，却又感觉这也无法削减，那也难以削减。于是，所谓的适度节俭就这样不了了之。

这些奢华的成本，最终落在底层百姓的税赋上。当然，最后也总会反过来再落到奢华者本人身上。不堪朝廷横征暴敛的百姓，在两浙、黄淮等地相继爆发了声势浩大的起义。民众的反抗严重动摇了北宋统治的根基，使北宋政权在金兵来侵时不堪一击，轰然覆亡。

清康元年闰十一月底，金兵再次南下。同年十二月十五日攻破汴京，金帝废赵佶与子赵桓为庶人。靖康二年，金帝将赵佶与赵桓，连同后妃、宗室、百官数千人，以及教坊乐工、技艺工匠、法驾、仪仗、冠服、礼器、天文仪器、珍宝玩物、皇家藏书、天下州府地图等押送北方，汴京中公私积蓄被掳掠一空，北宋灭亡。因此事发生在靖康年间，史称"靖康之变"。

赵佶被囚禁了9年。1135年，赵佶终因不堪精神折磨而死于五国城，金熙宗将他葬于河南广宁（今河南省洛阳市附近）。1142年，宋金根据协议，将赵佶遗骸运回临安（今浙江省杭州市），由宋高宗葬于永佑陵，立庙号为徽宗。

宋徽宗赵佶身处奢华铺张之中，想节俭时感到力不从心。这种现象在经济学中叫棘轮效应，又称制轮作用，是指人的消费习惯形成之后有不可逆性，即易于向上调整，而难于向下调整。尤其是在短期内消费是不可逆的，其习惯效应较大。这种习惯效应，使消费取决于相对收入，即相对于自己过去的高峰收入。消费者易于随收入的提高增加消费，但不易于收入降低而减少消费。

举一个现实生活中常见的例子，当你刚从学校毕业时，一个月收入只有1500元，那时你一个月还能存下两三百元。努力几年之后，你的薪水逐渐涨到了15000元。这时，若要你一个月只花一千二三百元（像当初毕业那样），你还做得到吗？如果加上物价上涨的因素，再在一千二三百元的基础上加几百元，你还是觉得没法生存吧？

问题出在哪里？为什么当年的你用那么少的钱能够生存，现在的你不能了？因为伴随你可支配的钱的增加，你的欲望也在增加，很多本来不属于生活必需品的商品与服务，逐渐成了你的生活必需品。清贫时，有饭吃就可以了，多人合租很正常。有钱了，就不是有饭吃有地方睡那么简单了，各种饭局、车、房、得体的衣服，对于女士来说各种保养的护肤品，这些都会成为必需品，一样也少不得。你可以从自己的商品房搬进新买的别墅，但要你搬进曾经与人合租过的地下室，却很难。

棘轮效应是经济学家杜森贝利提出的。古典经济学家凯恩斯主张消费是可逆的，即绝对收入水平变动必然立即引起消费水平的变化。针对这一观点，杜森贝认为这实际上是不可能的，因为消费决策不可能是一种理想的计划，它还取决于消费习惯。这种消费习惯受许多因素影响，如生理和社会需要、个人的经历、个人经历的后果等。特别是个人在收入最高期所达到的消费标准对消费习惯的形成有很重要的作用。

实际上，棘轮效应还可以一句古训加以说明：由俭入奢易，由奢入俭难。这句话出自北宋政治家司马光的一封家书。在年龄上，司马光是北宋皇帝赵佶的祖父辈。司马光67岁死时，赵佶才4岁。司马光曾用这句话告诫儿子保持俭朴的家风。赵佶的先祖其实也是家风俭朴，但到他那里断了。

从棘轮效应中，我们应该时时告诫自己：生活尽量保持俭朴，以防自己掉入贪图享受的泥潭而无法自拔。一个人如果被欲望牵着走，很容易迷失自己，误入歧途。

雷帕定理：真正的干劲与报酬无关

要使一个人产生干劲有各种各样的方法。但如果对象是天真无邪的孩子，大人们很可能会给予"给零用钱"或"买玩具"等许诺。

但如果事先说好要给予报酬，是否仍会产生干劲呢？研究报告显示，反而会产生不良的影响。这就是著名的"雷帕定理"。雷帕等人是通过实验确定出雷帕定理的，他们选择的实验对象为幼儿园的儿童，让他们利用各种颜色的水彩笔在图画纸上画画，并且分为以下三个条件组，来观察儿童兴趣的变化情形：

（1）先保证给予带金色封印和彩带的奖状，然后再让他画画。

（2）给予彩色奖状，但是在还没有画完之前不会让他知道。

（3）事先并没有保证要不要给予奖状。

画完之后，在奖状上填入条件（1）与条件（2）的学童姓名和幼儿园名称，贴在布告栏上让大家看，而条件（3）的儿童则什么也不给予。

实验结果，条件（1）的儿童与条件（2）、条件（3）的儿童相比，用水彩笔画画的时间明显减少了。

条件（1）与条件（2）之间产生了显著差别。由此可知，画画的时间差距并不是由于得到奖赏的缘故，而是因为事先保证有奖赏，儿童认识到自己是因为这个理由而画画，因此对于孩子的干劲会造成不良的影响。

因此雷帕等人认为，如果一开始就给感兴趣的孩子丰厚的许诺，反而会造成不良影响，使用这种方法只会降低孩子参与的兴趣。

真正的干劲是来自内在的报酬动机是人们产生行为的最大要素。动机分为"外在报酬（建立外在动机）"与"内在报酬（建立内在动机）"。

工作就是一个标准的外在报酬例子。"如果你做这个的话，我就给你报酬。"即使不喜欢这份工作，但只要工作就有薪水，因此大家还是会勉强去做。

但如果"我是为了薪水才工作"的心态一直持续下去的话，就会变成"我是被人雇用的"，或是"别人要我做什么，我才做什么"的完全被动态度。因此薪水若降低，或不给薪水的话，这个人就会不想再工作了，或者继续工作也不过勉强去做，并不会达到最佳状态。

因此，千万不要动不动就褒奖。许诺在先，安排工作在后，反复这么做的话，一旦无法得到褒奖或赞美的时候，人们就会失去干劲。

通过雷帕实验也证明这一点，这就是外在报酬的缺点。另外一方面，内在报酬是不期待他人的评价或报酬，因为是自己的兴趣而去做，内心产生充实感，这就是最好的报酬。

不论是学习或工作，只要是自己喜欢的，不必等到他人要求，自己就会主动去做。虽然并非"喜欢而使自己的技巧成熟"，但是真正做得很好的时候，自己也会更感兴趣。如此自然会形成一个良性循环，不断地产生工作干劲。

一般人在工作时很难发现自己的兴趣，但工作中可以发现成就感或充实感等内在报酬，这一点非常重要。

如果是为了出人头地，或为了赚钱等外在报酬而建立的工作动机，那是无法长期持续的，恐怕也很难成功。即使能得到物质享受，但却无法得到人们心目中那种真正的幸福。

因此，若想要真正向一个主动积极参与事物的方向发展，调动个人积极性，就不能单单是外在报酬而必须是内在报酬。

现在有所谓的自由教育，就是强调培养孩子自主的重要性。以往幼儿园老师会指示学生们"开始画画喽"或"开始折纸喽"，请您千万不要再这么做，应该试着让孩子的自主性发挥作用。

小学也最好采取开放教学的形式，让孩子们想用功的时候就用功。这种方法当然是不可能立竿见影的，短期内就和普通的小学一样，看不出什么成效。与每天好好上学的孩子相比，这群孩子的成绩可能会比较差，但却培养了他们最重要的"自主性"或"干劲"。

在今后的重要时刻，他们自己能发挥出更自觉的学习动力和干劲，也就是说，在这种自动自发的基础建立之后，在需要用功的时候，这样教育出来的孩子不需要任何人的督促，自己就会利用参考书好好复习，一下子就能赶上成绩好的同学，甚至超越他们。

从小开始培养这种自主精神，不要成为听父母或老师吩咐才去做事的孩子，这样也许反而能进入好的大学，到好的公司上班，从而拥有美好的人生。

但今后的时代，如果总是按照既定的路线去走，是不能保证成功的。越是严格的时代，就越是需要主动性和自主性。也许年轻时会很辛苦，但这些人最终会成为人生的胜利者。

羊群效应：即使错了也有人陪着

羊群效应也叫从众效应，是指人们经常受到多数人影响，而跟从大众的思想或行为。用我们通俗的话来说，就是喜欢随大流。

为什么叫"羊群"而不是"狼群"或其他什么群呢？这是因为羊群是一种很散乱的组织，平时在一起也是盲目地左冲右撞，可一旦有一只头羊动起来，其他的羊也会不假思索地一哄而上。有人在一群羊前面横放一根木棍，第一只羊跳了过去，第二只、第三只也会跟着跳过去。之后，那人把那根棍子偷偷撤走，后面的羊走到这里，仍然像前面的羊一样，向上跳一下——尽管拦路的棍子已经不在了。

动物如此，人也不见得更高明。在网上有一个叫"电梯心理实验"的视频，实验人员用偷拍的方式，记录了这么几个片段：

片段一：电梯门打开，一个绅士模样的人（对实验不知情）面朝电梯门站着。实验人员男甲和女甲先后进入电梯，背朝电梯门站着。正当绅士感觉到有点奇怪时，实验人员男乙又进来了，他进来后毫不犹豫地背朝电梯门站着。面对电梯门方向站着的绅士，摸摸鼻子，摸摸额头，眼睛滴溜溜地转了几下之后，终于做出决定：背朝电梯门站着。

片段二：同样的方式，三个实验人员的一致行动，令一个中年白领男也转过了身子，背朝电梯门站着。

片段三：实验人员增加到三男一女，这时，这四人不仅可以通过一致行动让不知情的男青年一会儿背朝电梯门，一会儿面向电梯侧面。更神奇的是，三个男性实验人员一会儿取下礼帽，一会儿戴上，不知情的男青年也跟着将自己头上的礼帽取下，戴上。

我们都知道，坐电梯一般都习惯面对电梯口。这个根深蒂固的习惯，在三个人面前那么不堪一击。而当影响者增加到四个，被影响者戴帽子的行为也变得不由自主了。

一位石油大亨到天堂去参加会议，进会议室发现已经座无虚席，没有地方落座。他灵机一动，喊了一声："地狱里发现石油啦！"这一喊不要紧，天堂里的石油大亨们纷纷向地狱跑去。很快，天堂里就只剩下那位后来的了。这时，这位大亨心想，大家都跑了过去，莫非地狱里真的发现石油了？于是，他也急匆匆地向地狱跑去。

以上是一则笑话，笑话中蕴含了深刻的道理。石油大亨原本就心知肚明的假话，在大势面前居然也失去了自己的清醒。大多数人都觉得随大流是一种稳妥的路子，认为那么多人的判断应该不会错，即使走错了也有很多人陪着，这就是羊群效应的心理基础。

职场上的"羊群行为"比比皆是。2008 年金融危机中，金融业遭遇滑铁卢，成为裁员"重灾区"，就职金融业风光不再。2011年，市场终于彻底摆脱了危机的影响，金融、IT、电子商务等行业又恢复了生机，大学毕业生们转而又一窝蜂奔着这些行当而去；"公务员热"已成中国社会一大现象，每年百万大军蜂拥而至，创造了千分之一录取率的奇迹……这些人从来没有想过自己的兴趣与特长在哪里，只是盲目地随大流。我们应该去寻找真正属于自己的事业，而不是所谓的"热门"工作。"热门"的职业不一定属于我们，如果个性与工作不合，努力反而会导致更快的失败。

世界上没有两片完全相同的树叶，当然也没有两个人的生活、爱好是完全相同的。谁都需要有自己的生活。无论你是干什么的，是看大门、搞收发，还是做中层管理工作，不论职位高与低、轻与重，你成功的关键就是找准自己的位置，所言所行与自己的位置相符相宜，并且让你的领导知道你、认可你。

此外，生活中的羊群效应也是数不胜数。街头巷尾只要有一圈人围观，马上就会有两圈三圈人——管他们在围观什么。如果你做一个类似于电梯心理的实验，找一群人围观一棵平常的树或其他事物，保管围观人数剧增。就是那些地摊骗子，也懂得利用羊群效应，一个农民打扮的人在卖"刚挖出来"的假古董，也晓得找一些同伙假装围观、讨价还价。那些利用扑克牌、象棋或绳索小魔术的骗子，围观参与的多半都是同伙。这些假装的"羊群"，在引诱那些不知情的羊入局。

创业也是如此，看到一个公司做什么生意赚钱了，所有的企业都蜂拥而至，上马这个行当，直到行业供应大大增长，生产能力饱和，供求关系失调。

第二章
点亮智慧，成就人生

一句智慧的话，一条睿智的定律，往往能给听者一种醍醐灌顶、豁然开朗的感觉。

本章所选取的经济学、心理学效应与定律，每一条都发人深省。相信读者在领悟之后，在今后的人生中能有更好的运用。

布里丹效应：谨防在选择中迷失自我

丹麦哲学家布里丹讲过这样一则寓言：有头小驴，在干枯的荒原上好不容易找到了两堆草，由于拿不准先吃哪一堆好，结果在无限的选择和徘徊中饿死了。后来人们就把决策过程中类似这种犹豫不定、迟疑不决的现象称之为"布里丹效应"。

那头布里丹之驴的不幸就在于它无法在两堆干草之间进行理性的抉择。简而言之，这头驴是非常"无头脑的"，因而无法采取行动。人在某些时候并不比驴聪明。

很多年轻人都因为面临多种选择却又难于选择而心烦意乱。一位毕业不久的大专生，分配到一家好单位，他觉得自己的文凭太低，想去考研，又怕读完研究生之后再也找不到这样的好工作。

一位28岁的女孩，恋爱已经5年，她想结婚可男友至今还没有住房，她想分手却又舍不得这份经受了时间考验的感情。

有同事给34岁的明浩介绍了一位女朋友。经过接触，明浩发现了她的聪明和善良，可心里又总觉得她长相不好看，所以进退两难……

一个人拥有较优越的现实条件，就意味着他拥有了更为广阔的选择空间，而可供选择的目标越多，那么在他做出决策之前，其内心的矛盾冲突也就越多。

再比如择业，只有小学文化并且没有什么专业技术的人可选择的机会不多，因而只要找到一份工作，他就会很乐意地去做；而受过高等教育的工程技术人员可以从事的职业很多（包括简单的体力劳动），每一份工作都能满足他的某些需求，究竟去干什么工作，他的心里不可能没有困惑。

无论何种冲突，其实质都是要在几种可供选择的方案中做出唯一的选择。在选择之前，我们的大脑一直会对方案进行反复的比较鉴定，这种高负荷的工作总是伴随着紧张、焦虑、烦躁、不安等负面情绪，特别是当我们面临人生的重大选择时，这样的情绪会更强烈、更深刻、更持久。每个人都无法长期忍受这种状态，因此总是希望尽早做出选择。一旦做出了选择，这种烦躁不安的情绪也就随之结束。

选择意味着放弃那些不合理的方案，同时，选择还意味着必须接受这一选择将要带来的一切结果，这就是我们平常所说的"对自己的选择负责"。那些长时间处于冲突状态以致出现心理障碍的人，往往具有这样的个性特征：过度完美化。

过度追求完美，就不愿放弃那些相对不重要的目标，因而迟迟不能做出选择，并进而错失时机。而那些依赖性较强的人，因为不敢承担责任，害怕面对可能到来的不良后果，所以不能独立地做出选择，最终因长时间承受负面情绪的压力而加重自卑感。

以下是几点关于选择的原则性建议：

1. 放弃幻想，从现实入手。完美化的幻想会让人产生不切实际的愿望："如果……""要是……"为了等待这些虚幻的假设，我们就会长时间地陷入内心冲突之中，并因此失去原有的自信。其实，我们面前的目标，现在都不可能是"最好的"，都需要我们做出努力之后才有可能变成"最好的"。所以，面对现实，付诸行动才是最重要的。

2. 推迟决策，从小处着手。有些心理冲突是因为过早地要做出"最终决定"，可自己掌握的信息不多，一时难于做出选择。比如24岁的他，与对方接触不久，就希望得出明确的结论：要不要跟她谈朋友？由于了解不多，此时做出的选择难免不成熟。倘若进一步了解，就可以对她有新的认识：也许不再觉得她"不好看"，也许不再觉得她"聪明和善良"，这时候再做选择就不会困难。

3. 切断退路，让自己别无选择。带来心理冲突的每一个目标对于我们都各有利弊，因此，任何选择都有其合理的一面，我们往往无法精确衡量得失之间的大与小。与其花太多的精力去做细致的比较，不如随机选取其一，专心致志地为之努力，这往往会使我们获得更丰厚的回报。

有人曾经打过一个比喻："把一对夫妇安置到人迹罕至的大森林里去生活，想必他们不会有离婚的念头，因为别无选择，他们将致力于巩固彼此的关系。"事实上，无论在人生的哪一个领域，别无选择都会是最好的选择——它能使我们集中个人有限的精力，去走好自己的路。

沉没成本：多少人被"不甘心"引入歧途

大卫王是古代以色列国王，这个伟大的国王十分迷恋美女。一天，他从王宫的平台上看见容貌甚美的妇人，顿时心旌摇荡。大卫王急忙打听出她是谁之后，随即差人将她接进宫中。

这个美貌妇人叫拔示巴，是大卫王手下将领乌利亚的妻子。和部下之妻拔示巴风流过后不久，拔示巴告诉大卫王自己怀上了他的孩子。大卫王便将拔示巴的丈夫乌利亚派去前线，并写信给前线的元帅，要求他把乌利亚安排在阵势最险恶的地方，希望借敌人的手将其杀死。这样，大卫王就可以得到拔示巴以及拔示巴腹中的孩子。

大卫王的计谋得逞了，乌利亚如他所愿战死在前线。大卫王光明正大地将拔示巴迎娶进宫，成为他众多女人当中最为宠幸的人。然而大卫王借刀杀人、霸占人妻的阴险行为终于激怒了天神，天神耶和华让他和拔示巴产下的孩子得了重病。

大卫王为这孩子的病恳求神的宽恕。他开始禁食，把自己关在内室里，白天黑夜都躺在地上。他家中的老臣来到他的身旁，要把他从地上扶起来，他却怎么也不肯起来，也不同他们吃饭。

大卫王希望用这种方法，求得天神的原谅，降福于他的孩子。

然而，在大卫王的"苦肉计"进行到第七天时，患病的孩子终于死去了。大卫王的臣仆都不敢告诉他孩子的死讯。他们想：孩子还活着的时候，我们劝他，他都不肯听我们的话，如果现在告诉他孩子死了，他怎么能不更加伤心呢？

大卫王见臣仆们彼此低声说话、神色戚戚的样子，就知道孩子死了。于是他问臣仆们："孩子死了吗？"

臣仆们不敢撒谎，只得如实回答："死了。"

大卫王听了孩子的死讯，就从地上起来，沐浴后抹上香膏，又换了衣服，走进耶和华的宫殿敬拜。然后，他回宫，吩咐人摆上饭菜，大口大口地吃了起来。

臣仆们疑惑地问："大卫王啊！您这样做是什么意思呢？孩子活着的时候，您不吃不喝，哭泣不止，现在孩子死了，您倒反而起来又吃又喝。"

大卫王说："孩子还活着的时候，我不吃不喝，哭泣不已，是因为我想到也许天神耶和华会怜恤我，说不定还有希望不让我的孩子死去；如今孩子都死了，怎么也无法复活了，我又何必继续禁食、哭泣折磨自己呢？我怎么做都不能使死去的孩子返回来了！"

大卫王真不愧是一代伟人，其科学理性的经济学思维让现在的很多人都自叹不如。在经济学中，有个"沉没成本"（或称沉淀成本、既定成本）的概念，代指已经付出且不可收回的成本。沉没成本常用来和可变成本做比较，可变成本可以被改变，而沉没成本则不能被改变。在微观经济学理论中，做决策时仅需要考虑可变成本。如果同时考虑到沉没成本，那结论就不是纯粹基于事物的价值做出的。

举例来说，如果你预订了一张电影票，已经付了票款且不能退票。此时你付的钞票已经属于沉没成本。在看电影的过程中，你发现电影超级难看。这时，你有两个选择：强忍着看完，退场去做别的事情。你会选择哪种呢？

如果你选择退场，恭喜你，你有经济学家的潜力。如果你选择强忍着看完，很不幸，你跌进了所谓的"沉没成本谬误"的陷阱。经济学家们会称这些人的行为"不理智"，因为无论你看还是不看，票钱都沉进太平洋的海底了。不看，还可以用这些时间做点别的事。看，花钱买罪受，双重损失。

生活中，陷入"沉没成本谬误"陷阱的人并不少。有个男孩子，最终选择了和女友甲结婚。他的理由是：和甲谈恋爱时花了很多钱。而为什么没有选择乙，并不是因为乙不够好。他和甲相恋三年，花了几万元钱。两人的性格也不是很合得来，吵吵闹闹，分分合合的。大约一年前，因为和甲大吵一架，他去外地打工，认识了乙。和乙相处的大半年里，两人的关系非常好，两人 AA 制，乙几乎一分钱也没有用他的。但最终，他选择了与甲结婚。似乎只有选择甲，那几万元钱才没有被浪费。

类似的"沉没成本谬误"还有很多——我付出了那么多，我不甘心就这样结束。感情如此，工作亦然。费尽了努力进入一家企业，发现原来并不是自己所想要的单位。辞职？不，这份工作来之不易。

下次，如果你妻子拿着几张票，纠结地问你："老公，我买了两张电影票，想明晚和你去看电影，但没想到单位发了两张杂技表演票，也是明晚的，我该怎么办呢？"

这时，你应当想起"沉没成本"这个经济学术语，问她："你喜欢看电影还是杂技呢？"如果妻子的回答是"杂技"，你就可以将她的电影票撕了（不撕送人也可以）。你妻子可能会埋怨你："一百元一张呢，好心疼啊。"是的，一百元一张，但那是沉没成本，沉没在海底的深处。

"沉没成本"是一个过去式。作为理性的经济人，在做决策时不会被沉没成本所左右。不计沉没成本也反映了一种向前看的心态。就像英国谚语里所说的：随手关上你身后的门。人要懂得放下与舍得。对于整个人生历程来说，我们以前走的弯路、做的错事、受的挫折，何尝不是一种沉没成本。过去的就让它过去，总想着那些已经无法改变的事情只能是自我折磨。

不妨拥有一颗"输得起"的决心，毕竟过去的失误也好、荣誉也好，都已经随着时间"沉没"了，而今就只有现在和未来，机会等待把握，价值等待体现。面对那些无法改变、无法挽回、无法追溯的"失去"，要在心理上真正放手，轻装上阵，才能走得更远。

霍布森选择：怎么选都是错的

有个叫霍布森的英国商人，他专门从事马匹生意。他说，你们买我的马、租我的马，随你的便，价格都比别人便宜。

霍布森说的是实话，他的马的价格总是会比市场行情低。他的马圈很大，马匹也很多，看上去可供选择的余地很大。霍布森只允许人们在马圈的出口处选，但出口的门比较小，高头大马出不去，能出来的都是瘦马、赖马、小马。来买马的人左挑右选，不是瘦小的，就是赖的。大家挑来挑去，自以为完成了满意的选择，最后的结果却总是一个低级的决策结果。

霍布森选择其实只是小选择、假选择、形式主义的选择。人们自以为做了选择，而实际上思维和选择的空间是很小的。商场上，霍布森选择的陷阱比比皆是。

老张夫妇和儿子，多年来共同经营一家米粉店，生意不好不坏，平均一天五六百的流水。他们没有雇服务员，因此除去房租什么的，三个人每个月加起来能赚个万儿八千的。有段时间里，老张的老伴因为不小心摔坏了胳膊，不能来店里帮忙，于是就让儿子小张将未婚妻小敏叫来帮几天忙。小敏在米粉店当服务员才几天，老张就发现一个奇怪的现象：店里吃粉的人加鸡蛋的多了，每天的营业额比以前多了百八十块。开始老张以为只是巧合，但小敏在店里帮忙的一个月都是这样。

一个月后，老张的老伴康复回店，小敏就不再在店里帮忙了。奇怪的是：小敏走后，点鸡蛋的顾客明显减少了。营业额又恢复到以前。老张很疑惑，就专门找了一个借口，叫小敏回来再帮一天忙。然后，他观察小敏到底是如何做的。

原来，小敏在顾客落座点了米粉后，总会问一句："加一个鸡蛋还是两个？"而老张的老伴问的是："加不加鸡蛋？"

同样是问一个关于加鸡蛋的问题，听到小敏问话的顾客，多数选择的是加几个鸡蛋的问题（当然也有少数会说不要鸡蛋），而听到老张的老伴问话的顾客，选择的是加不加鸡蛋的问题。选择的内容不同，答案自然也不同。通过不同的选择提供，小敏不知不觉地多卖了鸡蛋，增加了销售额。

小敏给顾客的选择，其实就是经济学里的霍布森选择——尽管她自己可能不知道有这一说。很多时候，商家给的所谓自由选择，其实并不自由。有时候，是外界为你设下了很多"小门"，但更多时候是自己在思维里设置的"小门"。例如你去办理移动通信套餐，这个方案那个方案，其实都是公司精心设计的把戏。

商海沉浮，除了要尽量识破对方给予的霍布森选择之外，自己在做决策时也要谨防掉进自设的霍布森选择陷阱。

有一家日本的牙膏厂，为了提升销售量不惜重金内部征求点子，其方法从打折促销到广告攻势，一轮实施下来都没有取得多大效果。最后，一个职员的建议一下子就提升了20%的销售量。他的点子很简单，将牙膏的管口增大20%。人们在用牙膏时，根据以往的手感挤牙膏，无意中就多挤了20%。毫无疑问，这就增加了该款牙膏的使用量。当然，这个办法似乎也有隐患，那就是使用者可能会觉得这款牙膏不经用，而选用别的牌子的牙膏。但事实是，对于牙膏这类小商品，有几个消费者会注意到这个细节呢？因此，顾客还是那些顾客，无形之中消费量就增加了。

可见，要想跳出霍布森选择的陷阱，需要努力拓宽视野，让选择进入"多方案选择"的良性状态。这要求我们头脑中应当有"来自自我"和"来自他人"的不同意见。就"来自自我"这个角度而言，就是要充分思索的意思。选择，就是充分思索，让各方面的问题暴露出来，从而把思想过程中那些不必要的部分丢弃，这好比对浮雕进行修凿。在这个过程中，如果理智在开始时就过分仔细地检验刚刚产生的念头，显然会让选择逐步缩小。

那些成功人士都有一个共同特征，他们在确定某项选择、做出某种决策时，总是尽可能地在与他人交往过程中，激发反对意见，从而从每一个角度去弄清楚确定选择、实施决策到底应该是怎样的。激发、思考来自他人的不同意见。

价格歧视：同样的商品不同的价格

同样一件商品（或服务），不同的人，或不同的时间去购买，价格存在一定的差异。这样的差异，小则 1% 甚至更小，多则 100% 甚至更多。例如你有超市会员卡，某些商品可以享受会员优惠价。例如买机票，提前一周买和提前一天买，价格相差不少。

商品或服务的提供者在向不同的接受者提供相同等级、相同质量的商品或服务时，在接受者之间实行不同的销售价格或收费标准，这种行为在经济学中叫价格歧视。价格歧视并非贬义词，只是企业通过差别定价来获取超额利润的一种商业策略。

常去肯德基的人都知道，肯德基有各种形式的优惠券。有的是吃完给一张或几张，针对特定的食品或特定的时限内消费优惠。顾客甚至可以登录肯德基的官方网站，下载打印优惠券。事实上，不仅仅是肯德基，许多中式餐厅也有类似的优惠券。

发放优惠券的目的之一是吸引更多的顾客，扩大销售量。但如果只是这样的目的，为什么不直接降价呢？

其实，肯德基想借此进行价格歧视——把顾客分开。很明显，经常使用优惠券的顾客，相对来说价格敏感度较高。因为无论是哪种方式使用优惠券，都有一定的麻烦。就算从店铺的服务员手里接过，也需要保存好，并且下次来还要记得带。而上网下载，需要花时间与精力。那些价格敏感度低的顾客，即使是送到手的优惠券，十有八九也随手放在哪里，忘了下次使用（相信这样的顾客很多）。另外，优惠券能够购买的通常是某种指定的商品组合，而不是随意购买。也就是说，使用优惠券的顾客，是要付出代价——不能随意挑选商品的代价。这也是一种成本。

通过上述种种方式，肯德基成功地将顾客中的价格敏感度高、低的人分开。然后，对于价格敏感度低——不持有优惠券的顾客，肯德基提供给他们的商品就比较贵（没有优惠），而对于价格敏感度高——持有优惠券的顾客，肯德基给他们打折。时间、地点、商品相同，但价格不同，这就是典型的价格歧视。通过价格歧视，肯德基从顾客那里赚取了更多的消费者剩余，增加了利润。

美国的航空公司将价格歧视做得更明显。正常情况下，航空公司之间剧烈的价格战导致提前一周订往返票的折扣是三折左右。但航空公司并不愿意让那些出差的公务人士也享受到这个优惠（公务人士对机票价格相对不敏感），怎么办呢？他们在购买往返优惠票时会设定一些条件，例如规定如果在两周以前订票，必须在目的地度过一个甚至两个周末，一周前订票要在目的地过一个周末，等等。公务人士出差在外，很少有在外地过周末的，时间不允许，经济上也划不来。航空公司这一招，使得这些"优质顾客"无法取得优惠，从而赚取了更多的利润。

通常来说，价格歧视有三种形式：一级价格歧视、二级价格歧视和三级价格歧视。

一级价格歧视：当卖方处于绝对垄断且信息灵通的情况下，卖方可以对每一单位商品都收取买方愿意支付的最高价格，将消费者剩余全部收归己有。假设某地区只有一个房地产商，并且他清楚每一个"刚需"愿意支付的最高价格，他将对每一个"刚需"收取不同的价格，使他们刚好愿意购房。这样，客户们的全部消费者剩余都转移到了地产商那里。当然，这种价格歧视在当今是不可能达成的。

二级价格歧视：卖方根据买方购买量的不同，收取不同的价格。比如，移动公司对客户推出不同套餐，收取不同的价格：对于使用量小的客户，以分钟计算收取了较高的价格；对于使用量大的客户，以分钟计算收取较低的价格。卖方通过这种方式把买方的一部分消费者剩余据为己有。

三级价格歧视：卖方对不同类型的买方收取不同的价格。例如我们前面所说的肯德基优惠券的例子，以及机票在打折时尽量排除公务人士。

显然，价格歧视使产品的卖方尽可能多地获益。因为通过价格歧视，原本属于产品买方的消费者剩余也被转移到了卖方那里。按照经济学家的分析，价格歧视在经济上是有效率的，是满足帕累托标准的。所谓的帕累托标准，是指在资源配置中，如果至少有一个人认为方案 A 优于方案 B，而没有人认为 A 劣于 B，则认为从社会的观点看亦有 A 优于 B。

卖方通过价格歧视，使穷人少支付了现金，富人多支付了现金，卖方在达到最大收益的同时，也实现了社会福利最大化。如果卖方实行统一价格，虽然也能达到一个最大的收益，但却小于社会福利最大化的值。因而，第二、三级的价格歧视是多赢的。

稀缺效应：铝为什么曾经比银贵

是什么在决定一件商品的价钱？

我们可以说出很多因素，比方说是知名品牌，或者说其质量好，或者说其用材考究、全手工……这些都与价钱有关。不过，相对来说，是否稀缺是一个决定商品价钱更为重要的因素。一个最简单的例子，水与空气对人来说如生命般宝贵，而钻石属于可有可无的东西。但因为水与空气极多，因而非常廉价甚至免费。钻石因为极其稀少，价钱便极高。

法国皇帝拿破仑三世，是法兰西第二共和国总统以及法兰西第二帝国皇帝，是一个喜欢炫耀的人。他常常大摆宴席，宴请天下宾客。每次宴会，他总是摆出一副高人一等的样子。餐桌上的用具几乎全是用银制的，唯有他自己用的那一个碗是铝制品。

为什么他身为法国皇帝，却不用高贵而亮丽的银碗，而要用色泽暗得多的铝碗呢？

原来，在差不多200年前的拿破仑时代，冶炼和使用金银已经有很长的历史，宫廷中的银器比比皆是。可是，当时铝金属的提炼技术落后，铝制品是极其稀罕的东西，不要说平民百姓用不起，就是一般的王公大臣也用不上。因此，拿破仑让客人们用银餐具，自己用铝碗，就是为了显示自己的高贵和尊严。

因为铝制品少，所以其价值高。在铝制品满大街时，谁还会像当年的拿破仑那样拿它来炫耀呢？

常言道：物以稀为贵。当一件商品非常稀少或开始变得稀少起来时，它相对会变得更有价值。例如同样一个系列的生肖纪念邮票，如果生肖兔的邮票比生肖猴的少得多，那么在邮票市场上，前者的售价要高于后者——尽管两者的面值一样。

在经济学中，把因商品稀缺而引起的价值增长或购买行为提高的现象，称之为"稀缺效应"。这一点在书画以及古董收藏市场上尤为明显，某一个画家的作品存世量如果比较少，就算其作品质量稍逊，也可能比存世量多的、作品质量优秀一些的价格高。而当一个优秀的书画家或工艺美术大师逝世，其作品当天就会价值飙升，求购其作品的人会更加热情。因为他的作品只会日渐稀缺而不会增加了。

关注和享受稀缺，希望拥有被争夺物品的愿望，几乎是人的本能。尤其商人、媒体人都可以学会宣传和制造稀缺，以此来影响人们的行为。不知你是否留意过，很多楼盘在开盘前，开发商总是进行大量广告轰炸，吸引人们前去看楼，邀请看楼者登记、交诚意金、登记VIP客户等，有的还张榜公布销售情况（实际没有销售那么多），形成临时性缺货或只剩少数存量假象，造成僧多粥少的恐慌。在这种心态的支配下，购房者争先恐后签下合同，生怕晚一天房子就被人抢走了。实际上，很多貌似很抢手的楼盘，一年半载后还有楼房在销售——只不过售价在有节奏地涨。

爱马仕在全球奢侈品中的品牌地位远高于LV，爱马仕Kelly包并不是从柜台卖出的，而是订购的。订购一个包从8万元到20多万元不等，需要等待4年时间。如此稀缺、难得，加上其本身优良的品质，令 Kelly 包供不应求。美国的哈雷摩托，走的也是稀缺的路线。而英国产的劳斯莱斯豪车，不仅产量稀缺，而且某些型号的汽车还需要对购买者进行身份审核。如此种种，给人们留下了无限的想象空间，令这些商品到了皇帝女儿不愁嫁的地步。

在销售商品时，商家也常常使用"一次性大甩卖""清仓大特价"来吸引顾客，并将时间定为"最后三天"。用这种貌似机会难得的策略，促使顾客采取购买行为。而在电视购物栏目中，推销者也总是不停地强调：此次优惠只针对前 100 个打进电话者，或只有 5 分钟时间。这些小招数其实经不起推敲，但却总是能起到较好的促销作用。有不少家庭妇女经常会买一些不实用的商品回家，多半就是被这种"机会难得"的言辞所蛊惑，头脑发热抱回家。结果呢，回家之后就一直躺在储物柜里没处用。现在，你不妨也翻翻你的储物柜，看你有多少买回来之后从没使用过的商品，借此反省一下自己的消费观。

虽说买的永远没有卖的精，但是作为普通消费者，还是擦亮眼睛，对商家认为制造出的稀缺效应保持几分理智与清醒为好。

锚定效应：小心虚幻公平的陷阱

锚定效应在生意场上有很广泛的运用。锚定效应认为，对于顾客来说，他们对一个产品的购买决策，需要觉得这个价格是公平的、划算的。然而，公平与划算是相对的，关键看你如何定位基点。基点定位就像一只锚一样，它定了，评价体系也就定了，公平与划算与否也就有答案了。

有一家湘菜馆的"毛氏红烧肉"定价为38元，饭店老板想将这道菜推出去作为本店的招牌菜，但一直销售平平。

后来，老板想了一个办法。他将定价38元的"毛氏红烧肉"更名为"金牌毛氏秘制文火红烧肉"，价格定在48元。同时，他又稍微改了一下烹饪手法，并在分量上加多，推出一道"至尊毛氏秘制文火红烧肉"，定价为98元，放在菜谱的醒目处。此外，第三种命名为"家常毛氏秘制文火红烧肉"的菜也推出来，每盘售价28元。

不久，这家湘菜馆里点红烧肉的顾客就多了起来。大致测算一下，有60%的顾客点的是48元的。点98元与28元的，基本上各占20%。

红烧肉还是那盘红烧肉，因为有了一个比较，尽管涨价了但反而畅销了起来。其理由何在？还是锚定效应在作祟。顾客在看到定价98元的红烧肉时，对红烧肉的价格锚定了，多数顾客会有如下心理演绎：

98元，这么贵？难道很有特色？既然很有特色，那么试试？不，还是太贵了……哦，有便宜一点的，48元，合算。还有28元的？这个……家常菜，还是吃48元的吧。

生意场上的锚定效应比比皆是。去服装市场买衣服，售货员张口就是一千多，将价格的锚高高设定。拦腰一砍你就错了，现在流行"扫堂腿"。于是有些不善于讲价的人喜欢去品牌店，品牌店明码标价不讲价，折扣也是明明白白标出来：原价2800元，六折。看似省了不少钱，但岂不知那个"2800"多数时候也是一只锚。礼品书市场就更厉害了，几千上万一套的书，一折可以买到。可其实呢，一折也是几百上千。

那么，作为一个追求理性的经济人，在工作与生活中，除了需要尽量少被他人锚定，也不妨在恰当的时候向别人脑海里沉入一只沉重的"锚"。

曾经有个故事，说的是华盛顿的马被邻居偷了。华盛顿也知道马是被谁偷走的，于是就带着警察来到那个偷他马的邻居的农场，并且找到了自己的马。可是，邻居坚持说马是自家的。华盛顿灵机一动，就用双手将马的眼睛捂住说："如果这马是你的，你一定知道它的哪只眼睛有问题。""右眼。"邻居回答。华盛顿把手从右眼移开，马的右眼一点问题没有。"啊，我记错了，是左眼。"邻居纠正道。华盛顿又把左手也移开，马的左眼也没什么毛病。邻居还想为自己申辩，警察却说："什么也不要说了，这还不能证明这马不是你的吗？"

邻居为什么被识破？是因为华盛顿利用了锚定效应，它给邻居的脑海里扔了一只锚——"马的哪只眼睛有问题"，让其相信"马有一只眼睛有问题"，致使邻居猜完了右眼猜左眼，就是没想到马的眼睛根本没毛病。

锚定效应的应用可以说极其广泛，希望你能举一反三，在今后的工作与生活中"锚定"自己的利益。

参照依赖：没有对比就没有伤害

我们都知道：在经济学中，所有的人都被假设为"理性经济人"。然而，在现实生活中，人们又往往喜欢感性行事。

打个比方，公司年底开年会，你第一个摸奖，中了1000元现金。这本来是一件值得高兴的好事，可你的高兴劲儿并没有持续多久，因为你发现后面的同事大多数中的奖比你多，有中2000元现金的，有中苹果手机与电脑的。而比你少的屈指可数，和你同样金额的也不多。这时，你心里就不会那么高兴了，甚至会有一些沮丧，觉得自己"吃亏"了。

为什么明明得到了，却有"失去"的沮丧感？这是因为你有参照物，参照周围的同事之所得，你心里开始不平衡。多数人对得失的判断，往往由某个参照点决定——曾荣获2002年诺贝尔经济学奖的普林斯顿大学教授卡尼曼，将这个发现称为"参照依赖"。对此，美国作家门肯早就有了发现："只要比你小姨子的丈夫（连襟）一年多赚1000块，你就算是有钱人了。"只是门肯并没有因为这句话而荣获诺贝尔文学奖。

其实，我国传统的"塞翁失马"这个典故，就是一个典型的参照依赖案例。塞翁的儿子因为骑马摔折了大腿，本来是一个不幸。可是却因为腿疾而不用服兵役。结果边境起战火，靠近边境一带的青壮年男子都应征入伍，十个中死了九个。塞翁的儿子因为腿瘸的缘故而不用服兵役，父子俩得以保全性命。参照周围的死难青壮年，腿瘸实在算是一种大幸。

卡尼曼在诺贝尔奖颁奖仪式的演说中，特地谈到了一位华人学者，他就是芝加哥大学商学院终身正教授奚恺元。奚教授于1998年发表了著名的冰激凌实验。

一杯冰激凌A有7盎司，装在5盎司的杯子里面，堆得高高的，看起来满满的；另外一杯冰激凌B是8盎司，装在10盎司的杯子里，所以看起来冰激凌装得不满。

客观来讲，哪一杯冰激凌更划算呢？按照传统经济学的理论，如果说人们喜欢冰激凌，那么8盎司的冰激凌比7盎司的多，如果人们喜欢吃威化杯，那么10盎司的杯子比5盎司的杯子大。所以不管从哪个角度来说，传统经济学都认为人们愿意为冰激凌B支付更多的钱。

但是试验表明，在分别判断的情况下（也就是人们不能把这两杯冰激凌放在一起比较），人们反而愿意为冰激凌A多付钱。平均来讲，人们愿意花2.26美元买冰激凌A，却不愿意用1.66美元买冰激凌B。这就是说，如果这两杯冰激凌都标价2美元，那么人们情愿选择冰激凌A。

这是为什么呢？奚教授指出，人们在下购买决策的时候，通常不是像传统经济学那样判断一个物品的真正价值，而是根据一些比较容易评价的线索来判断。在这个实验中，人们就是根据冰激凌到底满还是不满来决定给不同的冰激凌支付多少钱。

奚教授的实验，不仅给商家在生意中指出了一个方向，也为我们为人处世指出了一条路：我们可以通过调整参照值影响人对得失的判断。比方说你想邀请你朋友出资 100 万合伙做一单生意，你大致估计这单生意周期为三个月，各自能分 8 万 ~10 万的盈利。那么，你不妨适度调低参照值，告诉他大约有 6 万元的盈利，而不是说"如果控制得当有望赚 10 万元"之类的话。等到生意完成，如果赚了 8 万，他一定会很高兴。而假设你当初说的是"有望赚 10 万元"，哪怕你最终赚了 9 万，他也感觉少赚了。

但是，如果我们深度探讨以上的例子，又会发现其中还有一些细微的问题。比方说，朋友听了你说的 6 万预期目标后，感觉太少而不愿意投资 100 万。这时，你的预期收益目标就需要适度提高了。参照依赖理论认为：低标准的目标往往使人谨慎行事，高标准的目标往往使人敢于冒险。因此，预期收益的多寡，除了你要考虑实际的收益预计之外，还要考虑到对方的投资意愿。如果估计 6 万的预期收益可以打动对方，那么就不妨说 6 万。如果对方需要 10 万甚至更高的收益才会动心，而你又很需要对方的出资来完成这单生意，那么你就只好调高预期目标。与此同时，你要做好日后丧失信誉的心理准备，或者做好自己少赚以确保对方能拿到预期利润的心理准备（这样就保全了自己的信誉）。具体如何决策，一切在于你身处的实际情况。

总之，参照依赖很美，人们缺少的是一双发现美的眼睛。在现实生活中，若学会运用参照依赖，你将会更好地把握人生的机会，从而与幸福更加接近。

赌徒谬误："平均"的迷信

假设你在和别人玩抛硬币猜正反游戏，现在已经连续出了 5 次反面。在第 6 次抛硬币之前，你猜出哪一面的概率大？

如果你猜是正面的概率大，那么你就错了（猜反面概率大也错了）。猜正面概率大的可能会很不服。理由是：抛硬币本来就是 50% 的正反面概率，也就是说，正常情况下抛 6 次硬币是正反面各 3 次。现在反面都出了 5 次了，"应该"要出正面了。甚至有人会用数学的概率来论证：连续 6 次抛出反面的概率是 6 个 1/2 相乘，也就是 1/64，因此第 6 次出正面的概率是 63/64。

然而，事实的真相是：第 6 次出现正反面的概率仍然是 1/2。理由很简单，既然每一次抛硬币出现正反面都是 1/2 的概率，为什么第 6 次不是 1/2 呢？

经济学家将人们此种不合逻辑的推理方式称为"赌徒谬误"。其定义如下：认为随机序列中一个事件发生的概率与之前发生的事件有关，即其发生的概率会随着之前没有发生该事件的次数而上升。

赌徒谬误在人们赌博以及投资中屡见不鲜。例如一个赌徒压大连续输了 5 把，第 6 把他会坚信自己赢面大而下更大的注，因为他不相信自己会连输 6 把——连输 6 把的概率的确很小，但他忘了每一把输的概率是一样的。我们假设他第6把继续输了，那么第7把或许会下更大的赌注。

在股票市场，赌徒谬误也比比皆是。股指连续涨（跌）了三天了，是不是该跌（涨）了？某股票从48元跌到了20元，不可能再跌了吧？然而，事实上，股指不但可以从2000点一路摸高到6000点，也能够从6000点"跌跌不休"到1800多点。

经济学家德·邦德研究发现，三年牛市之后的股民预测往往过于悲观，而在三年熊市之后会过度乐观。人们倾向于认为如果一件事总是连续出现一种结果，则很可能会出现不同的结果来将其"平均"一下。正是这种思维，使投资者更加相信股价反转出现的可能性。

有专家曾做了一个实验，实验对象共285人，主要是复旦大学的工商管理硕士（MBA）、成人教育学院会计系、经济管理专业的学员以及注册金融分析师CFA培训学员，均为在职人员，来自不同行业，从业经验4~20年不等。"虽然他们不能代表市场中所有的个人投资者，但随着中国证券市场的发展，完全无投资知识的个人投资者将会逐步淡出市场，其投资资金将会由委托专家进行管理，而能自主进行证券投资的个人投资者将是具有一定投资知识与水平的投资者，本研究中的样本正是代表了这部分人或这部分潜在的投资人。"文章对样本选取的范围这样解释说。

实验过程以问卷调查的形式进行。

第一步，假设每位实验者中了1万元的彩票，所得奖金打算投资股市。理财顾问推荐了基本情况几乎完全相同的两支股票，唯一的差别是，一支连涨而另一只连跌，连续上涨或下跌的时间段分为 3 个月、6 个月、9 个月和 12 个月四组。每位实验者给定一个时间段，首先表明自己的购买意愿，在"确定购买连涨股票""倾向购买连涨股票""无差别""倾向买进连跌股票""确定买进连跌股票"5 个选项间做出选择。然后，要求实验者在两支股票间具体分配 1 万元，买入股票所用的资金比例作为购买倾向的具体度量。

第二步，由考察购买行为转为考察卖出股票的决策。假设实验者手中有市值 4 万元的股票，现在需要套现 1 万元购买一台电脑，同样推荐了两只基本情况相似的股票，时间段分组也一样。实验者先选择"对连涨或连跌股票的卖出倾向"，然后决定为了筹集 1 万元，打算在两只股票上各卖出多少钱。最后，研究小组还要求实验者就连续上涨或下跌的股票在第二个月的走势以及上涨与下跌的概率做出预测。

在每一步调查中，如果实验者的表现前后不一致，研究小组会剔除问卷。举例来说，如果选择"确定买进连涨股票"，可投资了更多的钱在连跌的股票上，那么问卷将被视为无效。此外，"如果被试对股票市场一点都不了解，或没有投资经验，则问卷也将在实验中被剔除"。研究小组最终采集的样本数为 135人，其中男性 70 名，女性 65 名，平均年龄为 28.5 岁，被试对股市了解程度与投资经验跨度很大，平均值均不到 5。

研究小组发现，"在持续上涨的情况下，上涨时间越长，买进的可能性越小，而卖出的可能性越大，对预测下一期继续上升的可能性呈总体下降的趋势，认为会下跌的可能性则总体上呈上升趋势"；反之，"在连续下跌的情况下，下跌的月份越长，买进的可能性越大，而卖出的可能性越小，投资者预测下一期继续下跌的可能性呈下降趋势，而预测上涨的可能性总体上呈上升趋势"。这说明，随着时间长度增加，投资者的"赌徒谬误"效应越来越明显。

但是，"这种效应受到投资者对股票市场的了解程度、投资经验、年龄甚至性别的影响"，研究报告补充说。同样是连续上涨的情况下，"卖出的可能性与投资者对股票市场的了解程度、投资经验呈显著的负相关，意味着了解程度越高，经验越丰富的投资者卖出的可能性更小"，而"股市了解程度、经验又均与年龄呈显著正相关"。在性别差异方面，"女性投资者在股价连涨时的卖出倾向显著高于男性，而男性在股价连跌时的卖出倾向却显著高于女性"。

最有趣的发现来自对于实验者股票持有时间的观察，"无论在股价连涨还是连跌的情况下，实验者打算的持有时间均很短，平均只有 2.9 个月和 5.7 个月"；而且"无论在多长的时间段中，投资者在连跌的情况下持有股票的时间都要显著长于持有连续上涨的股票"。报告认为，前者"验证了中国投资者喜好短线操作的印象"，后者则说明"在中国投资者中存在的显著的'处置效应'"，通俗地讲就是"赚的人卖得太早，亏的人持得太久"。其中，"处置效应"在女性投资者身上体现更明显。实验也发现，投资经验与知识程度低的投资者"处置效应"高于投资经验与知识程度较高的投资者，表明后者更加理性。

在起起落落的股海惊涛中，赌徒谬误对投资股权之类的证券的损害无疑是双重的。其表现在：当股票连涨时，在赌徒谬误的支配下觉得应该跌了，结果容易错失大好行情；而在股票连跌时，在赌徒谬误的支配下觉得应该涨了，结果在半山腰被套站岗。

看来，唯有破除心头的赌徒谬误，才能在投资市场拥有更大的胜算。

蝴蝶效应：成大事者需注重细节

一只亚马孙河流域热带雨林中的蝴蝶，偶尔扇动几下翅膀，两周后，可能在美国得克萨斯州引起一场龙卷风。

英国国王理查德三世与里奇伯爵亨利准备决一死战，看谁能统治英国。决战当天早上，理查德派一个马夫去准备战马。马夫让铁匠给国王的战马钉马掌，铁匠说："我早几天给国王的军队全部钉了马掌，所有的马掌和钉子都用光了，我要重新打。"

马夫不耐烦地说："我等不及了，你有什么就用什么吧！"

于是，铁匠寻来四个旧马掌和一些旧钉子，把他们砸平打直后钉上国王的战马的马蹄。可最后一个马掌只钉了两枚钉子，连钉子也没有了。马夫等不及了，认为两颗钉子应该能挂住马掌，就牵走了马。

结果，在战场上，理查德的马掉了一只马掌，战马便失足掀翻在地，理查德被亨利的士兵活捉了。

由这个故事，形成了一个著名的"钉子"理论，即一枚钉子，可以影响一个马掌，一个马掌可以影响一匹马，一匹马可以影响一个战士，一个战士可以影响一次战斗，一次战斗可以影响一场战争，一场战争可以输掉一个帝国。

马掌上的一个钉子是否丢失，本是一种十分微小的变化，但其"长期"效应是一个帝国的存与亡。这就是"蝴蝶效应"在军事和政治领域中的反映。

20世纪60年代初，气象学家爱德华·洛伦兹（麻省理工学院教授，混沌学开创人之一）利用计算机进行"数值天气预报"的试验。他发觉，只要输入的资料存在微小的差异，计算的结果就会出现极大分别，"差之毫厘，谬以千里"正是形容这种情况。这说明，"数值天气预报"在一定程度上也具有不可预测性。

基于这个发现和广泛的研究，洛伦兹1972年12月29日在华盛顿的美国科学发展学会上发表了一篇演说，题为"可预测性：一只在巴西翩翩起舞的蝴蝶可否在得克萨斯州引起龙卷风？"。

演说的大意为：一只亚马孙河流域热带雨林中的蝴蝶，偶尔扇动几下翅膀，两周后，可能在美国得克萨斯州引起一场龙卷风。原因在于，蝴蝶翅膀的运动，导致其身边的空气系统发生变化，并引起微弱气流的产生，而微弱气流的产生，又会引起它四周空气或其他系统产生相应的变化，由此引起连锁反应，最终导致天气系统的极大变化。

洛伦兹的演讲和结论给人们留下了极其深刻的印象。从此以后，所谓"蝴蝶效应"之说就不胫而走、声名远扬了。

蝴蝶效应说明，事物发展的结果，对初始条件具有极为敏感的依赖性，初始条件的极小偏差，将会引起结果的极大差异。

经典动力学的传统观点认为：系统的长期行为对初始条件是不敏感的，即初始条件的微小变化对未来状态所造成的差别也是很微小的。但是这一项传统观点很快遭到了混沌理论的挑战。这种理论认为：在混沌系统中，初始条件的十分微小的变化经过不断放大，对其未来状态会造成极其巨大的差别。

是不是有点不可思议？但是事实就是如此，一些看似极微小的事情却有可能造成非常严重的后果。因此，不论是在政治、军事，还是商业领域中，如果能做到防微杜渐、亡羊补牢，那么就算不能完全防止"蝴蝶效应"的发生，也可以把它的影响降到最低。

对个人或组织来说，"防微杜渐"能让人们及时堵塞漏洞，防止危机的发生。但大部分时候，人们想做到"防微杜渐"并不是一件容易的事。由于变化是渐进的，一年一年地、一月一月地、一日一日地、一时一时地、一分一分地、一秒一秒地渐进，犹如从很缓的斜坡走下来，人们很难察觉其递降的痕迹。

正是由于这种不知不觉的变化，警觉性不高的人很难预防。这种过程慢得不易使自己感知，也不易使别人察觉。但越是这样越可怕，因为它往往被一些不起眼的事物所掩盖。

虽然人们总是希望在危机之前做到"防微杜渐"，但要想完全消除一切隐患却是不太现实的事情，我们可以在隐患刚开始出现的时候做到"亡羊补牢"。

一个伟大的作家，不一定描述故事的每个细节，但是却总是把关系到故事结局的细节描写得特别生动。一个真正成功的人，不一定关注每个细节，但是却绝对是特别注重可能关系胜负的细节。那些觉得自己重要到不屑去关心任何细节的人，往往也不足以成就大事业。

蝴蝶效应说明，事物发展的结果，对初始条件具有极为敏感的依赖性，初始条件的极小偏差，将会引起结果的极大差异。而"蝴蝶效应"的翅膀也给我们的头脑扇起了一场思维风暴，它给了我们很多启示。

它启示我们：

不要忽略任何微小的事物；

小细节能够影响大结局；

要防微杜渐，小毛病可能引发大悲剧；

要养成好习惯，小习惯能可能影响大生活；

……

鲶鱼效应：外来的竞争能激活内部的活力

很久以前，挪威人从深海捕捞的沙丁鱼，如果能让其活着抵港，卖价就会比死鱼高好几倍。渔民们想了无数的办法，想让沙丁鱼活着上岸，但都失败了。

只有一只渔船总能带着活沙丁鱼回到港内。

这条船的秘密何在呢？

该船长严守成功秘密，直到他死后，人们打开他的鱼槽，才发现只不过是多了一条鲶鱼。原来当鲶鱼装入鱼槽后，就会四处游动，不断地追逐沙丁鱼。大量沙丁鱼发现多了一个"异己分子"，自然也会紧张起来，在追逐下拼命游动，激发了其内部的活力。这样一来，沙丁鱼便活着回到港口。

这就是所谓的"鲶鱼效应"。

一种动物如果没有外界的刺激，就会变得死气沉沉。同样，一个人如果没有对手，那他就会甘于平庸，养成惰性，最终导致碌碌无为。

在我们国家的两千多年前，一些养马的人就深得此中三昧。他们在马厩中养猴。原理是什么呢？据有关专家分析，因为猴子天性好动，这样可以使一些神经质的马得到一定的训练，使马从易惊易怒的状态中解脱出来，对于突然出现的人、物以及声响等不再惊恐失措。马是可以站着消化和睡觉的，只有在疲惫和体力不支或生病时才卧倒休息。在马厩中养猴，可以使马经常站立而不卧倒，这样可以提高马对血吸虫病的抵抗能力。

在马厩中养猴，以"辟恶，消百病"，养在马厩中的猴子就是"弼马瘟"。这个弼马瘟所起的作用就相当于鱼槽里的鲶鱼。

我们每个人的身上都蕴藏着巨大的潜能，这些潜能一旦被释放出来，我们能做的比我们想到的要多得多。被尊为"控制论之父"的维纳认为，每一个人，即使是做出了辉煌成就的人，在他一生中所利用大脑的潜能也还不到百亿分之一。

虽然人们可以通过自我激励来开发潜能，但更可靠、更适用的方法是通过外因的激发带来能量的释放。因为自我激励需要坚强的意志力，而外因的激活则是人的一种本能反应，而且它的激发本身带有一种竞技游戏的效果。

老鹰是所有鸟类中最强壮的种族，根据动物学家所做的研究，这可能与老鹰的喂食习惯有关。

老鹰一次生下四五只小鹰，由于它们的巢穴很高，所以捕猎回来的食物一次只能喂食一只小鹰，而老鹰的喂食方式并不是依平等的原则，而是哪一只小鹰抢得凶就给谁吃，在此情况下，瘦弱的小鹰吃不到食物都死了，最凶狠的存活下来，代代相传，老鹰一族就愈来愈强壮。

在生活中，我们大多数人天生是懒惰的，都尽可能逃避竞争；大部分没有雄心壮志和负责精神，缺乏理性，不能自律，容易受他人影响，宁可期望别人来领导和指挥，就算有一部分人有着宏大的目标，也缺乏执行的勇气。

这一方面是人的懒惰也有着一种自我强化机制，由于每个人都追求安逸舒适的生活，贪图享受在所难免。另一方面是所处环境给他们带来安逸的感觉，老是局限在一个安逸环境，难免闭目塞听，思想僵化，盲目自满。而进入一个充满竞争的环境，竞争者打破安逸的生活，人们会立刻警觉起来，懒惰的天性也会随着环境的改变而受到节制。人的干劲和潜力被激发出来，就能开创新局面，做出新的成绩。

通过引入外界的竞争者，往往能激活内部的活力。对于一个组织来说，鲶鱼效应说明了人员流动的必要性和重要性。一个单位如果人员长期固定，就少了新鲜感和活力，容易产生惰性。运用这一效应，加入一些"鲶鱼"，通过新成员的"中途介入"，制造一种紧张空气，有助于激发群体成员的活力和竞争意识，从而提高工作效率。

它符合人才管理的规律，能够使组织变得生机勃勃。任何组织都需要几条这样的"鲶鱼"。"鲶鱼"本身未必有多大能量，但他可以给整个组织带来能量释放的连锁反应。

路径依赖：被马屁股决定的火箭推进器

你知道我国常见的火车铁轨轨距是多少吗？

1435mm，也就是 4.85 英尺，这是国际标准轨距。大于这个标准的称之为宽轨，小于这个标准的称之为窄轨。曾经有西方学者较真，为什么是 4.85 英尺，而不是其他的数字？

这个学者一番追根溯源，发现铁路发展的初期，轨距是五花八门的，宽可达 7 英尺（2133.6mm），窄的只有 2 英尺 6 英寸（762mm）。即使现在，全世界也有 30 来种不同的轨距。至于为什么把 1435mm 定为国际标准轨距，有其历史原因。1825 年通车的世界上第一条营业铁路，英国的斯托克顿－达灵顿的铁路就是采用的 4.85 英尺轨距。1846 年英国国会把这个轨距确定为标准轨距，非经特准，禁止在新铁路线上采用其他轨距。当时的英国是资本主义强国，因此也把这个标准推行到他们的殖民地和势力范围去。例如，主持修筑中国的第一条铁路——唐胥铁路的工程师是英国人克劳德·威廉·金达，他就力主采用 4.85 英尺的轨距。为了方便火车畅通，全世界绝大多数国家采用了 4.85 英尺轨距。

关于火车轨距问题的研究，似乎就这样告一段落了。但是，这个学者颇有打破砂锅问到底的精神。他要继续穷追：为什么英国的斯托克顿－达灵顿铁路会选择 4.85 英尺的轨距？

原来，早期的铁路是由建电车的人设计的，而 4.85 英尺正是电车所用的轮距标准。那么，电车的标准又是从哪里来的呢？

最先造电车的人以前是造马车的，所以电车的标准是沿用马车的轮距标准。马车又为什么要用这个轮距标准呢？

英国马路辙迹的宽度是 4.85 英尺，如果马车用其他轮距，其轮子很快会因为与英国老路上的辙迹不合而严重磨损。这些辙迹又是从何而来的呢？

从古罗马人那里来的。因为整个欧洲，包括英国的长途老路都是由罗马人为它的军队所铺设的，而辙迹正是古罗马战车的宽度。再追问一下：古罗马战车为什么是 4.85 英尺？

因为古罗马战车由两匹马拉动，而两匹并排拉车的马屁股的宽度就是 4.85 英尺。

事实上，古罗马的马屁股的宽度，不仅决定了今天绝大多数的火车轨距，甚至还决定了美国飞机燃料箱两旁的两个火箭推进器之间的距离。这些推进器制造完后要由火车运送到火箭发射点，运输途中要经过一些隧道，有的隧道的宽度只比铁轨略微宽一点点。所以，两个火箭推进器之间的距离也设计成了 4.85 英尺。

从古罗马的两匹马，一直到今天的火车与飞机，看似不相干的东西之间，居然存在着因果关系。一旦人们做了某种选择，就好比走上了一条不归之路，惯性的力量会使这一选择不断自我强化，并让你轻易走不出去。经济学家将这一现象命名为"路径依赖"。路径依赖的另一个经典例子是：现在我们用的电脑键盘上的字母布局其实非常不合理，但因为最初设计的打字机就是这个布局（QWERTY），所以一直惯性延续下来了。很多新开发的科学合理高效的不同布局的键盘，都在与其竞争中败北。

在《经济史中的结构与变迁》一文中，美国经济学家道格拉斯·诺斯由于用"路径依赖"理论成功地阐释了经济制度的演进，他因此获得 1993 年诺贝尔经济学奖。诺斯认为，"路径依赖"类似于物理学中的惯性，事物一旦进入某一路径，就可能对这种路径产生依赖。这是因为，经济生活与物理世界一样，存在着报酬递增和自我强化的机制。这种机制使人们一旦选择走上某一路径，就会在以后的发展中得到不断的自我强化。"路径依赖"理论被总结出来之后，人们把它广泛应用在选择和习惯的各个方面。在一定程度上，人们的一切选择都会受到路径依赖的可怕影响，人们过去做出的选择决定了他们现在可能的选择，人们关于习惯的一切理论都可以用"路径依赖"来解释。

人在职场，也有"路径依赖"。职场人士在为自己选择了某个职业后，就会对这个职业产生习惯性依赖，无论是好还是坏，都会对自己将来的职业发展产生影响。路径依赖让职场人在想要重新择业时，往往要面对诸多的困难：已经习惯了某种工作状态和职业环境，并且产生了某种依赖性；重新做出选择，会丧失许多既得利益，甚至大伤元气，从此一蹶不振。路径依赖给职场人士以下三个启示：

启示一：胸中有地图，一步一脚印。你想做什么，想在日后成为什么？有目标还不行，还需要有清晰的职业规划。从深圳去北京自驾游，沿着京珠高速一路朝北。这样的路径依赖，无疑是正向的，是我们所需要的。那么，想从一个小小的打工仔，变成一个大老板，需要做好哪些储备，经受哪些历练，克服哪些困难呢？

启示二：重视第一份职业。因为"马屁股决定了航天飞机助推器的宽度"，所以第一份职业的选择一定要谨慎。"首份工作做好选择最重要。越到后面，要想摆脱原已熟悉的职业路径就越困难，成本越高，风险越大。建议从选择自己感兴趣的、同时也是较为符合自己个性、能力的专业做起，为自己量身定制一个既具挑战性，又不失客观、实际的职业生涯规划，按照规划一步步走下去，这样有利于职业发展的良性循环。

启示三：方向错误，趁早下船。南辕北辙，越走越远，越走越依赖。如果你甘于随波逐流也就罢了，如果你不甘心，越早下船成本越小。

破窗效应：破鼓万人捶

美国斯坦福大学有一位心理学教授曾做过一项试验：将两辆外形完全相同的汽车停放在相同的环境里，其中一辆车的车窗是打开的，车牌也被摘掉；另一辆则封闭如常。结果打开车窗的那辆车在三日之内就被人破坏得面目全非，另一辆车则完好无损。这时候，他在剩下的这辆车的窗户上打了一个洞，只一天时间，车上所有的窗户都被打破，车内的东西也全部丢失。于是他据此提出了"破窗理论"：对于完美的东西，大家都会本能地维护它，不去破坏，自觉地阻止破坏现象；相反，有缺陷或者已被破坏的东西，让它更坏一些也无妨。对随之而来的破坏行为也往往视而不见，任其自生自灭。

也就是说，一件完美的东西，要去维护它，就必须防患于未然。这件事情是由于窗子被打破而引发的，所以姑且称之为"破窗效应"。在人们的意识中，只要是破的东西就可以任意地去继续破坏，似乎只有好的东西才有保留价值。如果房子的窗子不破，可能就没人会把房子变通道；如果汽车的窗子不破，可能也不会被"肢解"。

联系我们工作和生活中的实际，就会发现环境和氛围具有强烈的暗示性和诱导性。如果有人打坏了一栋建筑物上的一块玻璃又没有及时修复，别人就可能受到某些暗示性的纵容，去打碎更多的玻璃。久而久之，这些窗户就给人造成一种无序的感觉，在这种麻木不仁的氛围中，各种混乱的局面就会滋生、蔓延。因此，我们必须及时修复好"第一扇被打碎玻璃的窗户"。

推而广之，从人与环境的关系这个角度去看，我们周围生活中所发生的许多事情，不正是环境暗示和诱导作用的结果吗？

比如，在窗明几净、环境幽雅的场所，没有人会大声喧哗或吐出一口痰。相反，如果环境脏乱不堪，倒是时常可以看见吐痰、便溺、打闹、互骂等不文明的举止。

在公共场合，如果每个人都举止优雅、谈吐文明、遵守公德，往往能够营造出文明而富有教养的氛围。千万不要因为某个人的粗鲁、野蛮和低俗行为而形成"破窗效应"，进而给公共场合带来无序和失去规范的感觉。

又比如，在我们的实际工作中，每个单位，每个部门，都制定了不少的规章制度，目的就是为保证各单位各部门的工作质量、工作秩序和服务质量。各项规章制度对于一个单位的正常运作和生存发展起着重要作用。

但是在管理实践中，总会有第一个怀有侥幸心理的人去破坏制度，或是钻制度的空子。对此行为，如果是事不关己而视而不见，其他人就可能会受到某种暗示性的纵容，加入"破窗"的行为，加剧"破窗"的进程。久而久之，再完好的规章制度也将重蹈被破坏的覆辙。如果发现"破窗"而及时去纠正、制止，虽然降低了损失，但毕竟不完美。最佳办法是在"破窗"之前就加以防范，并且"严惩第一个打碎窗户的人"。

破鼓万人捶，墙倒众人推。在社会的其他领域，同样存在着

"破窗效应",关键是我们如何去把握环境的这种暗示和诱导的作用。因此,在我们的日常工作中,"破窗效应"给我们的启示是:任何制度都有可能被破坏,一旦始作俑者出现,破坏起来就会非常容易。因而必须防微杜渐,持之以恒,靠大家的共同努力来维护它的完美。

林格曼效应：三个和尚没水吃

一个和尚挑水喝，两个和尚抬水喝，三个和尚没水喝。三个和尚为什么没水喝？

因为三个和尚属同一种心态，同一种思想境界，都不想出力，都想依赖别人，在取水的问题上互相推诿，结果谁也不去取水，以致大家都没水喝。

太多人做同样的事情，会使每个人心里想，反正大家都做同样的事情，我少做点或者不做，在这样的大集体里面也觉察不出来。当然会这样想的肯定不止一个人。结果，我不做，你也不做，最后就大家都不去做。

团体进行的工作，团体成员会有偷懒的倾向，这是所谓的"社会性的偷懒"。由于这是德国的研究者林格曼最初发现的现象，因此也称为"林格曼效应"。

而拉塔尼等人于1979年所进行的实验，则实际证明了林格曼效应。实验首先分为一人、二人、三人、八人等四组，请各组拉绳子，以测定团体中的每个人到底出了多少力。

结果一个人拉绳子时，出力为100%；二人一组时，个人使出的力仅为一人时的93%，同样的，三人时为85%，八人时为49%。也就是说，当团体人数越多时，个人出的力量也就越弱，亦即有偷懒的倾向。

拉塔尼等人除了做拉绳子实验外，还使用了大声吼叫或拍手等方法来证明林格曼效应的实验。

他聚集了48名男学生，每六人分为一组，两个人间隔1米呈半圆形坐着。单独时是两次，两人时四次，四人时四次，六人全部进行六次，让他们发出声音或拍手。然后测定各自的叫声与拍手的音压。实验结果显示，团体规模越大时，喊叫声的音压与拍手的音压就会降低。

但此实验法就算个人非常努力，可如果喊叫声或拍手时机不吻合的话，音压也会降低（这是一种协调性的失败）。因此音压的减少，是否真是由于"林格曼效应"所造成的，还是由于协调性的失败而造成的？拉塔尼等人又做了一个实验来调查。

这次是聚集36名男学生，与先前一样将每六人分为一组，在一人、二人到六人的条件之下，让他们大声喊叫出声。这时学生们全都遮住眼睛，戴上连接特殊装置的耳机，无法听到别人的叫声。也就是说，实际上是个人发出声音，却让他们误以为是全部的人一起发出的声音。

假设没有遮住眼睛或戴上耳机时，个人发出的声音为100%的话，则二人时为66%，六人时则降为36%。

另一方面，以为整个团体发出声音，实际上只有一个人发出声音的例子，二人时为86%，六人时降为74%。因此可以了解到音压的降低，并不是由于协调性失败造成的，纯粹是因为"社会性的偷懒"，不努力所造成的。

但降低情况并不是非常极端。例如看到团体中其他的人，或是听到他们的声音，在这种情况下，偷懒的程度就会明显地减少。

"大家一起努力合作"是相当没有效率的做法——社会性的偷懒，也就是林格曼效应，要在工作场合实地加以调查是非常困难的。拉塔尼等人只能利用拉绳子或是大声喊叫、拍手等方式来调查，不过这只是在实验室进行的实验结果，无法与实际的状况相对应。

声音的大小或拍手方法等单纯的实验，想要实际应用在工作上，看看是不是也会出现偷懒现象，是没有办法进行的。而且这个实验只是一种模拟实验，其结果与实际状况是否相同，我们虽不得而知，但理论上应该是十分接近的。

看前面的实验即能得出这样一个结论，当人数越多时，偷懒程度就会增加，这也表示出"大家一定要努力合作"的做法并不一定是真的都能努力合作。

一大堆人共同做一件事情时，往往都认为"就算自己不努力，别人也会去做"而产生一种逃避责任的心理。我们常说的"乌合之众""一盘散沙"之所以无法成功的理由就在于此。

从某种意义上来说，所谓"大家要互助合作"，事实上就代表"大家可以适当地偷懒、轻松去做"。

因此在公司或学校里，作为领导或老师绝对不可对下属或学生说"你们大家一起努力做"这样的抽象命令，而应该采用"张三做这个，李四做那个"的具体指示，细致地安排出每个人该做的事情，这才是提升效率的方法。

也许你在大学中曾经观看过啦啦队的练习，同时让每一个人依序发出声音来。实际加油时，领导者会大声叫，而其他队员几乎是全部发出声音来。可是在练习时，虽然有时会集体练习，但大部分时间都是单独练习的。因为根据经验，一起练习时，有人会出现偷懒的现象，因此要求大家单独练习。

这种社会性的偷懒很不容易处理，就是因为大家并不是事先心怀恶意，打从一开始就打算偷懒的缘故。大声叫的实验，虽然认为自己叫的声音最大，可是还是想配合别人发出声音的音量或调子。这并不算是逃避责任，而是重视大家一起进行时的协调性的缘故。

总认为只有自己大声叫，是会破坏整体的协调性的。由于不希望自己太过于显眼的意识作祟，因此会配合他人的调子，所以说这并不是故意要偷懒或逃避责任。

在工作方面，当一个人做完所有的事情时，总害怕同事们会说："你看这家伙，真是爱表现！就显得他能耐。"所以会不断观察周围的状况，如果别人太慢的话，就会做适当的休息来降低自己的工作速度。上司看来或许会认为这是偷懒，但其本人却真的认为这是为了大家才休息的，并没有罪恶感。这也可以说是社会性偷懒的一个特点。

如果具有罪恶感意识或逃避责任的意识的话，要加以改善并不难。但若没有这种自觉性，当然也就很难加以改善了。

要破解林格曼效应并不难，只需要明确责任就好。比方，三个和尚，你负责清洁用水，我负责厨房饮食用水，他负责灌溉用水。虽然是做同样的事情，但是责任到人、目的明确。谁不挑水，今天的生活某一环节就会出问题，就找谁来承担责任。

第三章
强化自我，提升境界

你所能达到的高度与自己付出的体力、心力与智力成正比。每天收工都要在自己的山头站站，看看自己，望望他人，心有所思。是该值得骄傲还是思考，都要看你的勤奋和努力，直至生命结束，是"荡胸生层云"还是"只缘身在此山中"？是傲视群雄还是猥琐自卑，取决于心态，取决于视野，取决于细节。

约拿情结：对成功既渴望又恐惧

我们在渴望成功的过程中由于对自己期望过高会影响自己水平的发挥，那么是不是还有对成功的恐惧呢？或许你会笑了，谁会拒绝成功呢？可是研究却发现，当成功来临的时候，我们在潜意识里有一种恐惧的心理。心理学家马斯洛称这种渴望逃避、降低自己的抱负水平、渴望成长而又惧怕成长的心理倾向为"约拿情结"。

约拿是《圣经》中的一个人物。上帝要约拿到尼尼微城去替自己传话，这本是一项神圣的使命和崇高的荣誉，也是约拿平素所向往的。但等到真正的机会降临，他却不是欣然前往，而是感到一种畏惧，觉得自己不行了，想躲避即将到来的成功，想推却突然降临的荣誉。结果，约拿在几番权衡之后，最终选择了逃避，因而受到了上帝的惩罚。

人们不仅躲避自己的低谷，也躲避自己的高峰。不仅畏惧自己最低的可能性，也畏惧自己最高的可能性。"约拿情结"发展到极致，就是"自毁效应"，即面对荣誉、成功、幸福等美好的事物时，总是浮现"我不配""我承受不了"的念头，最终把到手的机会放走了。

我们大多数人内心都深藏着"约拿情结"。心理学家们分析，这是因为在我们小时候，由于本身条件的限制和不成熟，心中容易产生"我不行""我办不到"等消极的念头，如果周围环境没有提供足够的安全感和机会供自己成长的话，这些念头会一直伴随着我们。

尤其是当成功机会降临的时候，这些心理表现得尤为明显。因为要抓住成功的机会，就意味着要付出相当的努力，面对许多无法预料的变化，并承担可能导致失败的风险。

毫无疑问，"约拿情结"是我们平衡自己心理压力的一种表现。我们每个人其实都有成功的机会，但是在面临机会的时候，只有少数人敢于打破平衡，认识并克服自己的"约拿情结"，勇于承担责任和压力，最终抓住并获得了成功的机会。这也就是为什么总是少数人成功，而大多数人却平庸一世的重要原因。

木桶定律：劣势会决定优势

太多的抱怨弥漫在职场：

我每个月的业绩都比他高，为什么升职的是他而不是我？

我起早贪黑地加班、加班，到头来年终奖怎么最低？

……

也许，你说的是真的，但老板做的未必就是错。人们总喜欢拿自己的长处（优点）去与他人比较，却很少拿自己的短处（缺点）与他人比较。人在职场，往往不是一二种长处有效发挥就可以干成了，多数时候需要复合型的能力。比如你想在仕途有一番作为，恐怕不只是通过公务员考试那么简单，你还需要锻炼口才、提高修养，等等。

有一个众所周知的"木桶定律"，其核心内容为：一只木桶盛水的多少，并不取决于桶壁上最高的那块木块，而恰恰取决于桶壁上最短的那块。这个理论有点残酷，但却是事实，有点类似于我们所常见的"一票否决"。我们的职场也经常在我们察觉或未察觉中被"一票否决"了。

盛水的木桶是由许多块木板箍成的，盛水量也是由这些木板共同决定的。若其中一块木板很短，则此木桶的盛水量就被短板所限制。这块短板就成了这个木桶盛水量的"限制因素"（或称

"短板效应")。若要使此木桶盛水量增加，只有短板加长才成。

回到我们前面提及的那些抱怨，那个业绩很牛的老兄，是不是在团队合作或领导力上有欠缺？而那个起早贪黑的"黄牛兄"，如果没有猴子般灵活的大脑，年终奖最低似乎并不冤屈。

在木桶定律中，劣势会决定优势。动车要跑得快，不只是动力强劲就够。轮毂如果只能承受300公里时速的高速摩擦，这辆车无论其他方面做得多优秀，时速也不能超过300公里。没有人是全才，每个人都有很多短处。有些短处根本就不必去理会——比如一个化妆品销售员没必要花力气去搞懂飞机制造原理。而有些短处却是致命性的。例如化妆品业务员需要的是丰富的美容护理知识、良好的沟通能力、优雅的举止以及足够的勤快，等等。缺乏哪一种，本职工作都很难胜任。

因此，"短板"是影响你事业的致命弱点、短处、缺憾、纰漏和不足。这其中涵盖了能力、资源、性格、心态、习惯等很多方面。当你有了一个绝佳的商业创意，却苦于没有启动资金，这时，资金成了你的短板，你要努力下功夫来加长这块短板。有计划地储蓄，有目的地结识一些有可能在资金上给你提供帮助的人，这些行动你都必须去做，而且最好是未雨绸缪，不要临时抱佛脚。

个性上的缺点与坏习惯，也要早改。常听人这样说一个人：这个人哪，别的什么都不错，就是改不了这个臭脾气，或者说，这个人与常人格格不入不好接触，太有个性，敬而远之吧！这样日久天长你就成孤家寡人了，也许你还没有意识到自己的不足。其实，这种性格的形成，已经成为你事业上致命的短板了。

当今的许多事业与职业，虽然越来越呈现专业化的倾向，但专业化不等于所掌握的知识与技能就很狭窄。专业化是一粒沙的话，里面也是一个大世界。因此，你要找出你专业上的"短板"，把你的事业之"木桶"加高。人非圣贤，人人都可能有"短板"。有了"短板"，并不可怕，怕的是知道了，不去正视，不去改变。因而，一个真正聪明睿智的人，应当尽量补齐自己的"短板"，如果实在不能补齐，也要始终对其保持警惕，遏止其发展，千万不要让其成为导致自己人生失败的致命缺点。

罗安子是某文化公司的策划副总监，擅长宣传片、广告片文案策划。公司多数优秀作品都是出自他的手。三年前，策划总监离职，罗安子就认为自己应该被扶正，可是老板居然提升了另一个同事。一年前，公司总监又出现空缺，罗安子觉得这个位子非自己莫属，但是他又一次失望了，这次老板居然找了一个空降兵。

罗安子一度绝望了，他考虑过离职，另谋发展。但冷静下来之后，和朋友一起仔细分析了自己迟迟未被扶正的原因：他的语言表达能力有限。原来，因为常年枯坐案头闷思苦想创意、写文案的缘故，罗安子的个性显得有点闷。擅长文字表达，但拙于语言沟通。而作为策划总监，需要经常召开脑力激荡会议——这需要一定的口才与驾驭能力。

因此，在总监这一个位置的角逐上，罗安子多半是因为自己的短板而一再败北。知道自己的短板之后，罗安子刻意多读了一些演讲与口才的书，在公司会议上也尽量多发言——这样一则能够锻炼自己，二则可以展现自己。渐渐地，他语言沟通与会议控场的能力增强了很多。

不久前，总监带队去外地开设新公司，罗安子终于被老板扶正了。

现在，你不妨也像罗安子一样，自我剖析、反省一下，列出你现在所从事的职业所需要的能力清单，找出你现在的事业短板。不要隐藏，在太阳下晾一晾自己的短处，用欣赏的眼光学习别人的长处，用苛刻的眼光审视自己的不足。然后，努力加长自己的"短板"，就能取得事半功倍的效果。

如果你有未雨绸缪的意识，最好是在加长了短板之后，还能够预计将来的发展情况，早日将自己可能出现的短板加长。那样，成功的机会就多了。

墨菲定律：不可对意外心存侥幸

简单地说，墨菲定律说的是：怕什么来什么，而且一定会来。

2003 年 10 月 2 日晚间，在哈佛大学的桑德斯戏院宣布了 2003 年度搞笑诺贝尔奖。这是自 1991 年度以来的第 13 次颁奖。所有的搞笑诺贝尔奖活动均由《不可能研究的年报》（英文名首字母缩略为 AIR）评选。这次活动得到哈佛拉德克利夫科幻协会、哈佛计算机学会、哈佛拉德克利夫学生物理学会的协助。颁奖典礼中有四五位真正的诺贝尔科学奖得主到场，整个颁奖过程持续 90 多分钟，期间哄笑声不断。

这一年度的搞笑诺贝尔工程奖授予爱德华·墨菲、约翰·保罗·斯坦普和乔治·尼克斯，他们的贡献就是在 1949 年共同创立"墨菲定律"，墨菲定律将原先的基本工程法则"如果有两种或更多种方式做某事，其中一种能导致灾难，有人将会采取这种方式"，换一种方式来表述："有可能出错的事情，均会出错。"

墨菲的全名是爱德华·墨菲，生于 1917 年，职业是航空工程师。他在 1949 年参与美国空军一项火箭发射计划，测验一个人的身体对速度的增加能有多大的容忍限度。当时有两种方法可以将加速度计固定在支架上，而不可思议的是，竟然有人如此"精准"地将 16 个加速度计全部装在了错误的位置上。于是墨菲得出了这一著名的论断："任何可能出错的事都会出错。"

没有几个月，这句话就传遍了整个航天工程学界，成为科技文化领域的至理名言，后来普及成美国人的日常话语。1958年"墨菲定律"的条目被收入《韦氏大词典》。

这也成了英语国家的一句俚语，常用于诙谐地评论社会人生，比如碰到某些日常琐事，或者遭受某种无所谓的挫折，人们通常都会自我解嘲地说："有什么办法呢？这是墨菲定律嘛！"

除了"凡是可能出错的，准会出错"这句经典的名言以外，墨菲定律还体现在：

凡是钢笔落地，总是笔尖朝下；

凡是蛋糕落地，总是奶油朝下；

凡是我喜欢的女孩，总是名花有主；

如果有可能出现几个问题，那么造成最大损害的那个将是第一个出错的；

如果一切似乎进展顺利，你显然忽略了一些东西；

在更换新的之前，你永远不会找到丢失的物品。

墨菲定律不是物理学与概率学上的定律，而是一句警句，警示人们不可心存侥幸，要尽量做好充足的准备。打个比方，你看到桌子上有把剪刀，家里又有小孩子，就不要想着孩子在睡觉，可以等会再收拾。马上收起来，墨菲定律告诉你：因为最坏的一定会发生。

对待墨菲定律的态度也有两种：有人把它当作借口——差错难免，无能为力；另一种则把它当作警钟——时刻警惕，力保安全。其实，在差错与后果之间，还有一条最后的防线——检查。事故是可能避免的，关键在于预防。主要有以下两种方法：

1. 提升预测能力。预防离不开预测。在你动手做一件事情之前，不妨先在脑海里预览一遍过程，这就很容易发现平时注意不到的细节和可能出问题的环节。随着你的经历和经验越来越丰富，你会发现你能感知到的风险就会越来越多。

刻意的练习和思考是可以提升预知能力的，从前也许你只知道一二，随着时间的推移，你可能就能抓到七八分的程度了。

2. 增强抗压能力。不思考不准备是很轻松的，但你可能会面临无力解决当下局面的状况。特别是工作和生活上经常出现多线任务交织的情形，如果你没有准备，那可能就很容易被击倒了。

为了对抗墨菲定律描绘的情景，你会时刻考虑，提前策划。这样即使有很多麻烦事情一起出现，你也可以有条不紊地应对自如。

前期的思考可能会是一个艰难的过程，克服困难和麻烦也是很不容易的。但是你的人生已经在时时刻刻增加经验值了，今后再遇到什么不幸或是困苦，也有能力去应付了。

墨菲定律揭示的是导致不良结果的普遍性，以及人为无法阻止所有意外的必然性。你可以从这个定律上学会小心谨慎，而不是满心悲观，认为祸事必来，就消极度日。

个人空间效应：谨防外界干扰自己的内心

相信很多男人都曾有过这样的感觉吧，如果说在同一个厕所里，站在旁边如厕的是公司里的老板或学校里的老师，恐怕会尿不痛快吧。

此外，厕所非常拥挤，在排队时也颇不平静，这是因为双方的个人空间受到侵害的缘故。

而在最低限度之下，若能确保两边都没有人站立，则不管其他的位置有没有人使用，由于能确保自己的个人空间，就能放松心情，集中精神如厕了。

搭乘拥挤的车子或电梯，虽然天气不是非常闷热，也不至于呼吸困难，但是就是有些人会觉得很不舒服。或者是在很空的电影院中，明明还有其他的座位，但若有人坐在你旁边的话，你也会产生这种不舒服的感觉。

不论是谁，大都会想象自己的身体周围，都有一个拒绝他人进入的空间，好像是一层"看不见的泡沫"似的防护罩。如果他人侵入到这个"看不见的泡沫"内侧，心里就会感到很不舒服。

这个"看不见的泡沫"就是"自我的延长"，也就是自己展现行动时，随身携带的"势力范围"。在此姑且将其称为"个人空间效应"。

关于这个个人空间，菲利普和索马进行了以下的实验：

选择目标是在图书馆的大桌前独自认真用功的女大学生。虽然其他椅子是空着的，但实验者却故意选择坐在这个女大学生旁边的座位上。

最初，女大学生所采取的反应大都是共同的，也就是竖起手肘，或是用手臂抱着头，好像是缩在自己壳中的姿势；或是尽量不要看隔壁的人（实验者），身体朝向相反的方向；或是将书或背包等私人物品，摆在身体周围，好像竖立起的"栅栏"以划清势力范围的界线。

如果这样还是觉得有些别扭，甚至会挪动座位，尽量离旁人远一点。若是旁边的人有打扰的举动，30分钟以内，有70%的女大学生会站起来另寻其他座位；若在不受旁边人打扰的情况下，30分钟内会站起来的人则只有10%。由此可知，女大学生的确产生到了相当难受的感觉。

精神医学认为人类拥有三个空间，分别为：侧面、正面与后面。侧面是属于私人色彩强烈的空间，就像要说悄悄话时，我们会坐到对方的旁边。恋人们走在街上或坐在公园的长椅上时，基本上都是并肩而坐的。换言之，允许对方进入私人色彩强烈的空间，就表示这个人是自己的"爱人"或是值得信赖的人。

正面视野的范围是交涉空间，也是对立空间。在工作时要讨论具体的内容或条件，或进行信息交换时，则一定要坐在正面。

后面则被称为死亡空间。通常没有任何的意义，但若感觉不安或有恐惧感时，一般人则会突然在意自己的背后。虽然并非时时注意背后的情况，可是只要一感觉到不安或恐惧，就会觉得背脊发凉。例如走在黑暗的巷道中，觉得"可怕"或"不舒服"的时候，就会非常在意自己的后方。虽然后方并没有人，却总会产生一种好像有人在后面追赶着自己，甚至有脚步声传来的错觉。这都是因为后面是"死亡空间"的缘故。

除了以上三种空间外，人类还有一个空间，就是上方的空间。上方是崇高的空间，是自己受到控制的空间。因此，我们大多数人通常会无意识地避免低头俯瞰别人。至于有些人"目空一切"当然另当别论。

在有些国家，如东南亚诸国，人们很忌讳被别人摸头，即使是自己的孩子也不例外。日本也有一项古老的传统，那就是如果经过睡觉的人的身旁，则绝对不可以从他的头上通过。不论古今中外，头顶上方都被视为是一个相当神圣的空间，敬请大家留意，不要去侵犯他人的"神圣空间"。

即使我们不知道理由何在，但都会自然地按照不同情况来选择座位。只要对照这些精神医学的研究，就会发现这些做法的确非常具有说服力。

个人空间会对个人的行动或精神生活等各方面造成影响。个人空间具体的大小，则会因人的性格、年龄、性别而有所不同。

一般而言，男性的个人空间比女性大，大人比小孩大，内向者的个人空间比外向者的大。至于对特定人物的个人空间，则因与对方关系不同而变得更大或更小。与亲密的人接触时，个人空间比较小；但对需要注意的对象或讨厌的对象，个人空间就会随之扩大。

街上的行人，可能会因为"擦肩而过"相碰等小事，而动用暴力。这种粗鲁型的人，其个人空间比一般人更大。

像我国这种人口众多的国家，要确保个人空间实在不是件容易的事情，所以，我们中国人内心设定的个人空间相对比外国人要小。

每天都要搭乘拥挤的交通工具上班，走在街上或在百货公司、超级市场、书店等，到处都是人。一天当中，大半时间的个人空间都会遭到进入，反复过着不甚舒服的生活。

那么应该采用何种方法，使自己不稳的精神安定下来呢？这时不妨想象进入自己个人空间的人是没有生命的物品，如此就能缓和不适感。

心理衍射效应：强迫症的前兆

在挪威的一次军事演习中，诺德斯克不慎负伤，导致左腿永远比右腿短 2.7 厘米。

那次军事演习是从深夜的紧急集合开始的，只有 21 岁的诺德斯克因为匆忙，穿在左脚上的鞋子的鞋带没有系紧。就在他准备重新整理鞋带时，军事演习开始了。在负伤前的一个多小时里，诺德斯克一直在想那根鞋带是否已经松开，会不会在冲锋时绊倒自己，因而无法集中注意力，导致大腿严重受伤。实际上，那根鞋带一直好好地系着。

诺德斯克根据自己的经历，提出了心理学上颇负盛名的"心理衍射论"。作为该理论基础的"细小事件衍射心理"一直是古典心理学的重要组成部分，人们将之简称为心理衍射效应。

心理衍射效应通常由琐碎的事情引起，并常见于心理健康综合指标处于中等水平的人身上。引起心理衍射效应的事情往往是最初容易被人忽略的一些细小琐事，由于情绪或者心理上的波动（例如焦虑、猜疑等心理性情绪），或者在一段时间内类似的事情发生过数次（一般在 3 次或 3 次以上），甚至可能是类似于引起"衍射心理"的事情所发生环境的重复出现，最终导致扭曲的心理旋涡，从而引起心理"断层"。

在生活中，心理衍射效应也经常发生。例如因为惦记着一个电话，和朋友出去玩时频频地翻看手机，无法专心享受旅游的乐趣；或者想着课后找人玩吃鸡游戏，根本不知道讲台上的教授在说什么；甚至隔壁班那个女孩的一次浅笑，害得你把脚下的足球传给了对方队员。这些都是心理衍射效应在左右我们的行为。

心理衍射效应之所以著名，主要因为它是强迫症的前兆或者是初期阶段。诺德斯克提出该理论后，改变了以往精神病临床诊断学上"强迫症不是渐进产生"的说法。但"衍射心理"并没有确实有效的疗法，更多地需要依靠个人自主、及时地转移注意力。

为大家推荐两种减小心理衍射效应影响的方法。

一种称为"深呼吸法"。做法是一旦脑子里反复思考某件事情时，要及时停止正在忙碌的工作，完全放松地深呼吸，然后观察周围的人或物，越细致越好，最好能够观察到这个人的饰物的光泽、衣服的褶皱等。持续大约45秒至1分钟左右，心理状态就会得到平衡。

另一种是"习惯覆盖法"。所谓习惯，心理学上的定义是"带给个体心理压力较小的行为"，因此，我们可以用习惯来暂时地覆盖心理衍射效应的引导。例如，你喜欢吃瓜子，这让你感觉放松和愉悦，那么在你发生"衍射"状况时，不妨按照你所习惯的速度嗑瓜子，使注意力逐渐转移，"衍射心理"也就不攻自破了。

格乌司原理：找到自己的生态位

俄罗斯学者格乌司曾经做过一个实验，他将一种叫双小核草履虫和一种叫大草履虫的生物，分别放在两个相同坡度的细菌培养基中。几天之后，格乌司发现，这两种生物的种群数量增长都呈 S 形曲线。

然后，他把这两种生物又放入同一环境中培养，并有控制地给予一定的食物。16 天之后，培养基中只有双小核草履虫还在自由地活着，而大草履虫却消逝得无影无踪。而这里面并不存在一种虫子攻击另一种虫子的现象，也不存在两种虫子分泌出什么有害物质。只是双小核草履虫在与大草履虫竞争同一食物时增长比较快，将大草履虫赶出了培养基。

于是，格乌司又做了一次相反的试验，他把大草履虫与另一种袋状草履虫放在同一环境中进行培养，结果两者都能存活下来，并且达到一个稳定的平衡水平。这两种虫子虽然竞争同一食物，但袋状草履虫占用的是不被大草履虫所需要的那一部分食物。

其实，即使不依赖于生物实验，我们很容易就能从自然界中发现类似的现象：即使弱者与强者共处同一生存空间，但弱者仍然能够容易地生存，而且发展势头似乎不比强者差。

简单地说，与狼相比，羊似乎是弱者。然而，自有狼以来，羊从来也没有在这个地球上消失过，仍然在生生不息地繁衍着，并且物种得到了不断的进化。从这个角度来讲，羊似乎也是赢家——羊选对了自己的"生态位"：羊是食草动物，是群居生活，而且羊繁殖得非常快。

这是一种"生态位"现象，人们把格乌司的这种发现称为"格乌司原理"。

如果要进一步解释"生态位"，那就是在大自然中，亲缘关系接近的、具有同样生活习性的物种，不会在同一地方竞争同一生存空间。假如它们在同一区域内出现，大自然也会用相对的空间把它们隔开，如虎在山上行，鱼在水中游，猴在树上跳，鸟在天上飞。

假如它们在同一地方出现，它们可能也会依赖不同的食物生存，如虎吃肉、羊吃草、蛙吃虫等。如果它们需要的是同一种食物，那么，它们的觅食时间可能也要相互错开，如狮子是白天出来觅食，老虎是傍晚出来觅食，狼是深夜出来觅食……

在动物世界里，没有两种物种的生态位是完全相同的，而一旦亲缘关系相同或非常接近的物种在同一空间出现，就会出现严酷的竞争，正所谓一山不容二虎。倘若强者进入弱者的生态领域，就会出现"龙搁浅池受虾戏，虎落平阳遭犬欺"的状况。

倘若弱者进入强者的生态领域，就会出现大鱼吃小鱼、小鱼吃虾米的情况。所以，强者也只有在自己的生态位上才是强者，弱者也只能在自己的生态位上才能自由自在地存活下来。

生态位法则对所有生命现象而言，基本上具有普遍性的特点，也就是说，它不仅适用于生物界，同样适用于人类社会。在企业经营中，只有找对自己的"生态位"，才能避免同一市场空间内的残酷竞争，找到适合企业自身的生存发展之道。

在现实中，许多企业家在总结自身成功与失败的经验时，常常喜欢从资金、产品、市场来寻找原因，而极少有企业家从生态位的角度来寻找原因。

根据格乌司原理，当一个企业的市场定位与其竞争对手相同时，必然就会面对激烈的竞争，要想生存就会变得非常不容易。所以，对一个企业家来说，从战略上选择正确的生态位就会变得特别重要。

竞争是大自然的生存法则，正如一个童话故事所说的：非洲大草原的动物，太阳一出来，它们就开始奔跑。

狮子妈妈教育她的孩子："孩子，你必须跑得快一点，再快一点，你要是跑不过最慢的羚羊，你就会饿死。"

在另一场地上，羚羊妈妈也在教育自己的孩子："孩子，你必须跑得快一点，再快一点，如果你不能比跑得最快的狮子还要快，你就要被它们吃掉。"

美国商界有句名言："如果你不能战胜对手，就加入他们中间去。"现代竞争，不一定是"你死我活"，而是更高层次的竞争与合作。现代企业追求的不再是"单赢"，而是"双赢"和"多赢"。

错开生态位的主要途径是运用自身的优势形成自己的特点：某市的一条长不足1000米的大街上就有几十家饭店，这些饭店生意都不错，这是为什么呢？这是因为他们都形成了自己的特色，彼此之间错开了生态位。

有这么一个寓言故事，有两只老虎，一只被关在笼子里，三餐无忧；一只在野外，自由自在，两只老虎经常亲切交谈。笼子里的老虎总是羡慕外面老虎的自由，外面的老虎却羡慕笼子里的老虎生活安逸。

有一天，一只老虎对另一只老虎说："咱们换一换位置吧！"另一只老虎同意了。于是，笼子里的老虎返回了大自然，野外的老虎走进了笼子。从笼子里走出来的老虎高高兴兴，在旷野里拼命地奔跑；走进笼子里的老虎也十分快乐，它不再为寻找食物而发愁。

但不久之后，两只老虎都死了。原因是从笼子中走出的老虎获得了自由，却没有同时获得捕食的本领，饥饿而死；走进笼子的老虎虽然得到了安逸，却没有获得在狭小空间生活的心境，忧郁而死。

所以，每一个人或每一个企业都可能有其独特的生态位。离开了自己的生态位，优势就可能丧失殆尽。受生态位的影响，人与人之间、企业与企业之间暂时可能会存在难以逾越的巨大差异。

这种差异把人或者企业依据能力大小和实力强弱排列在生存链上，就好比自然界里的等级序列一样。作为一个企业，谁都不愿意自己和自己的企业成为弱者，成为羊，都希望自己能由羊变成狼，由狼变成狮。然而，当目前的实力决定了你的最佳的生态位是成为一只羊时，就千万不要梦想自己一夜之间就能成为狼、成为狮子。

不能成为全球 500 强，成为中国 500 强或者行业 500 强也不错，不能成为中国第一，成为全市第一或者行业第一也是好事！一个暂时没有能力与大企业抗衡的中小企业，就不要去充当老虎的角色，而要甘心做一只猴子。

猴子的优势是灵活。比如温州、宁波等地的中小企业，他们的经营思维就是："既然是小船，就不要到大海中去同大船争着捕小鱼，而要在小河里捕大鱼。"

与其在一个很大的市场占有很小的市场份额、赚取较少的利润，远不如在一个较小的市场占有很大的市场份额，赚取较高的利润。这也是被称为"隐形冠军"的很多美国公司的生存之道。所以，能力有大小，实力有强弱，不能做老虎，做一只猴子也行。

马太效应：成功更是成功之母

马太效应出自《圣经》中的一个故事：一个国王远行前，交给三个仆人每人一锭银子，吩咐他们："你们去做生意，等我回来时，再来见我。"

国王回来时，第一个仆人说："主人，你交给我们的一锭银子，我已赚了10锭。"于是国王奖励他10座城邑。第二个仆人报告说："主人，你给我的一锭银子，我已赚了5锭。"于是国王例奖励了他5座城邑。第三个仆人报告说："主人，你给我的一锭银子，我一直包在手巾里存着，我怕丢失，一直没有拿出来。"于是国王命令将第三个仆人的一锭银子也赏给第一个仆人，并且说："凡是少的，就连他所有的也要夺过来。凡是多的，还要给他，叫他多多益善。"

简而言之，马太效应说的是"赢家通吃"。

我们都知道：任何个体、群体或地区，一旦在某一个方面（如金钱、名誉、地位等）获得成功和进步，就会产生一种积累优势，就会有更多的机会取得更大的成功和进步。强者总会更强，弱者反而更弱。

"失败是成功之母"，从小开始，我都将这句名言奉为圭臬。实际上，成功更是成功之母。人们会根据你过去的业绩来评判你的能力与信誉。人生旅途"屡败屡战",意志力固然可嘉,但能力与信誉会伴随一再的失败而受到质疑。老是失败,别人很难有信心与你再合作。

日常生活中的"马太效应"的例子比比皆是:朋友多的人,会借助频繁的交往结交更多的朋友,而缺少朋友的人则往往一直孤独;名声在外的人,会有更多抛头露面的机会,因此更加出名;容貌漂亮的人,更引人注目,更有魅力,也更容易讨人喜欢,因而他们的机会比一般人多,有时一些机会的大门甚至是专门为他们敞开的,比如当演员、模特;一个人受的教育越高,就越可能在高学历的环境里工作和生活。

一次,某大学的一群同班同学聚会。有的成了博士、教授、作家,有的当了处长、局长,有的成了公司老总,也有下岗分流的,给私人小老板打工的,还有赔本欠债的。

当年一个课堂里听讲的学生如今差别这么大,有些人不服气,说当初毕业的时候,大家学问、本事都差不多,可有的人机遇好,就上天;有的人机遇差,就入地——这世道太不公平。

被邀请来参加聚会的班主任听了这些抱怨,只是微微一笑,给这群当年的弟子出了一道题:10-9=?

老师见学生一个个直眉瞪眼,便说:"你们会打保龄球吗?保龄球的规矩是,每一局十个球,每一个球得分是 0 至 10。这 10 分和 9 分的差别可不是 1 分。因为打满分的要加下两个球的得分,如果下两个球都是 10 分,加上就成了 30 分。30 与 9 的差别是多少?如果每一个球都打满分,一局就是 300 分。当然,300 太难,但高手打 270、280 却是常有的。假如你每一个球都差一点,都是 9 分,一局最多才 90 分。这 270、280 与 90 的差距是多少?"

老师继续发挥："排除别的因素不谈，你们当初毕业的时候，差别也就是 10 分与 9 分，不大。但是，这以后，有的人继续十分地努力，毫不松懈，十年下来，他得多大成绩？如果你还是九分八分地干，甚至四分五分地混，十年下来，你得拉下多大距离？可不就是天上地下吗？"

人们喜欢说：失败是成功之母。这句话有一定道理，但不是绝对的。如果一个人屡屡失败，从未品尝过成功的甜头，还会有必胜的信心吗？还相信失败是成功之母吗？

在一本名为《超越性思维》的书中，提出了"优势富集效应"的概念：起点上的微小优势经过关键过程的级数放大会产生更大级别的优势累积。从中可以看出起点对于整件事物发展的影响，往往超过了终点的意义，这就像 100 米赛跑，当发令枪响起的时候，如果你比别人的反应快几毫秒，那么，可能你就能夺得冠军。

事实上，马太效应使成功有倍增效应，你越成功，你就会越自信，越自信就会使你越容易成功。成功像无影灯一样，不会给人心灵上投下阴影，反而会满足他们自我实现的需要，产生良好的情绪体验，成为不断进取的加油站。

而与此相反，失败会使人更加灰心丧气，离成功越来越远。因为一个人遇到一次挫折和失败，马上就会受到上司的轻视、朋友的疏远和亲人的责怪，使得他的自信荡然无存，产生破罐子破摔的心态，放任自己，产生恶性循环，要想翻身必须付出比别人多几倍的努力。

当然，提倡"成功更是成功之母"并不是反对人们从失败中学习。"失败是成功之母"对于抗挫折能力强的成年人来说，可能是正确的，但对于心智尚未成熟、意志还很脆弱的中小学生来说，并不那么适用。

对孩子而言，"成功更是成功之母"的教育方法可能更适合他们的发展。成功的教育使人走向成功，失败的教育使人走向失败。即使是天才，也需要成功的机会来塑造。

成功的教育像无影灯一样，不会给孩子心灵上投下阴影，反而会满足他们自我实现的需要，产生良好的情绪体验，成为不断进取的加油站。

当一名学生取得成功后，因成功而培养出的自信心，促使他能取得更好的成绩。随着新成绩的取得，心理因素再次得到优化，从而形成了一个不断发展的良性循环，让他不断进步直至成功。

荷塘效应：坚持到临界点

"荷塘效应"说的是：假设第一天，池塘里有一片荷叶，1 天后新长出两片，2 天后新长出四片，3 天后新长出八片，可能一直到第 46 天，我们看到池塘里大部分水面还是空的，而令人瞠目结舌的是，到第 47 天荷叶就掩盖了半个池塘，又过了仅仅 1 天，荷叶就掩盖了整个池塘。

在 47 天的"临界点"之前，信息可能都处于缓慢的滋长期，难以引起人的注意，而一旦到了最后一天，瞬间爆发，其影响力将让人瞠目结舌。

例如在业务拓展中，前面的辛苦可能都是细小的铺垫或者造势，但最后的签约往往都是很短的时间就成功了，如果不能坚持下去可能就在成功前一刻放弃了。

俗话说"行百里者半九十"也是这个道理，行了九十里路了，还有十里路往往是成功的关键，但有时候往往在最后关键的一步就放弃了。

据说，世界上只有两种动物能够登上金字塔塔顶，一种是老鹰，一种是蜗牛。它们是如此不同，老鹰矫健、敏捷；蜗牛弱小、迟钝，可是蜗牛仍然与老鹰一样能够到达金字塔顶端，它凭的就是永不停息的执着精神！

"日拱一卒"的大意是：每天像个卒子一样前进一点点。"功不唐捐"是佛经里的话，"唐捐"的意思是白费了，泡汤了，而"功不唐捐"是指努力绝不白费，绝不泡汤！

朱学勤先生说过一句话：宁可十年不将军，不可一日不拱卒。四川学者冉云飞，身体力行，"日拱一卒"的习惯数载不辍，其涉猎之广鲜有人及，可谓学富五车。其博客坚持每日更新，更是网络一大亮点。要想有水滴石穿的威力，就必须有连绵不断的毅力。一个人的努力，可能在你看不见想不到的时候，会在看不见想不到的地方生根发芽，开花结果。

如果你能为了自己的梦中大厦，一块一块地捡砖头，相信你的未来将不只是梦。

斧头虽小，但经多次劈砍，终能将一棵最坚硬的橡树砍倒。

在 20 世纪 50 年代，日本生产的各种商品急需摆脱劣质的国际恶名，多次请美国的企业管理大师开药方。美国著名的质量管理大师戴明博士就多次到日本松下、索尼、本田等企业考察传经，他开出的方子非常简单——"每天进步一点点"。日本的这些企业按照这个要求去做，果然不久就取得了质量的长足进步，使当时的"东洋货"很快独步天下。现在日本先进企业评比，最高荣誉奖仍是"戴明博士奖"。如果你期冀成才，渴望成功，用心体味戴明博士的方法会受益终身。

每天进步一点点，听起来好像没有冲天的气魄，没有诱人的硕果，没有轰动的声势，可细细地琢磨一下：每天，进步，一点点，那简直又是在默默地创造一个意想不到的奇迹，在不动声色中酝酿一个真实感人的神话。

让我们回到荷塘。荷叶每天会增长一倍，假使 48 天会长满整个荷塘，请问第45天，荷塘里有多少荷叶？答案要从后往前推，即有1/8荷塘的荷叶。这时，你站在荷塘边，会发现荷叶是那样少，似乎只有那么一点点，但是，第46天就会有1/4荷塘的荷叶，第47天就会有1/2荷塘的荷叶，第48天就会长满整个荷塘。

正像荷叶长满荷塘的整个过程，荷叶每天变化的速度都是一样的，可是前面花了漫长的46天，我们能看到的荷叶都只有那一个小小的角落。在追求成功的过程中，即使我们每天都在进步，然而，前面那漫长的"46天"因无法让人"享受"到结果，常常令人难以忍受。人们常常只对"第47天"的曙光与"第48天"的结果感兴趣，却忽略了前面"46天"细微的进步、努力与坚持。

聚沙成塔，集腋成裘。大厦是由一砖一瓦堆砌而成的，比赛是由一分一分的成绩赢得的。每一个重大的成就，都是由一系列小成绩累积而成。如果我们留心那些貌似一鸣惊人者的人生，就会发现他们的"惊人"之处并非一时的神来之笔，而是缘于事先长时间的、一点一滴的努力与进步。成功是能量聚积到临界程度后自然爆发的结果，绝非一朝一夕之功。一个人眼界的拓展，学识的提高，能力的长进，良好习惯的形成，工作成绩的取得，都是一个持续努力、逐步积累的过程，是"每天进步一点点"的总和。

每天进步一点点，贵在每天，难在坚持。"逆水行舟用力撑，一篙松劲退千寻。"要想"每天进步一点点"，就要耐得住寂寞，不因收获不大而心浮气躁，不为目标尚远而意志动摇，而应具有持之以恒的韧劲；要顶得住压力，不因面临障碍而畏惧退缩，不为遇到挫折而垂头丧气，而应具有攻坚克难的勇气；还要抗得住干扰，不因灯红酒绿而分心走神，不为冷嘲热讽而犹豫停顿，而应有专心致志的定力。

洛杉矶湖人队的前教练派特·雷利在湖人队最低潮时，告诉12名队员："今年我们只要求每人比去年进步1%就好，有没有问题？"球员一听，才1%，太容易了！于是，在罚球、抢篮板、助攻、抄截、防守五方面每个人都有所进步，结果那一年湖人队居然得了冠军，而且是最容易的一年。

不积跬步，无以至千里。让自己每天进步1%，只要你每天进步1%，你就不必担心自己无法快速成长。

在每晚临睡前，不妨自我反思一下：今天我学到了什么？我有什么做错的事？有什么做对的事？假如明天要得到理想中的结果，有哪些错绝对不能再犯？

反思完这些问题，你就会比昨天进步1%。无止境的进步，就是你人生不断卓越的基础。

你在人生中的各方面也应该照这个方法去做，持续不断地每天进步1%，长期下来，你一定会有一个高品质的人生。

不用一次大幅度地进步，一点点就够了。不要小看这一点点，每天小小的改变，积累下来就会有大大的不同。而很多人在一生当中，连这一点进步都不一定做得到。人生的差别就在这一点点之间，如果你每天比别人差一点点，几年下来，就会差一大截。

如果你将这个信念用于自我成长上，百分之百会有180度的大转变，除非你不去做。

人生恰恰像走在一条长长的马拉松跑道上，只要一步一步地向前，总能达到终点。

比较优势：别妄自菲薄

　　小诺已经进公司三年了，一直默默无闻。再看看和她一起进公司的同事们，无论是销售业绩，还是在处理事务性工作上，都要比她技高一筹。不久前，一位同事还因为业绩突出而升任区域经理。感觉处处不如同事的小诺感到十分沮丧，甚至萌发了辞职的想法。

　　经济学告诉我们，每个人都有自己的"比较优势"。即使所有工作都不如对方，只要你能够找到自己的"比较优势"，认真去做力所能及的事情，就一定可以找到自己的位置。

　　比较优势是指：如果一个国家在本国生产一种产品的机会成本（用其他产品来衡量）低于在其他国家生产该产品的机会成本的话，则这个国家在生产该种产品上就拥有比较优势。比较优势是国际贸易学中的重要概念，现在广泛地用在各种竞争合作的比较当中。比如，城市的功能定位、国际的经济合作、求职者之间的能力比较、职场人士的优胜劣汰……任何可能发生比较和差异的地方都能用到比较优势原理。

　　陈嘉渊，2002 年毕业于北大历史系，同年进入广州宝洁有限公司客户生意发展部，相继担任重点客户经理和区域经理。2004年加入壳牌中国有限公司工业油品部担任重点客户经理。目前就职于嘉吉投资（中国）有限公司谷物油籽供应链，主要从事谷物市场研究和金融市场套保、投机等领域的工作。

"读史使人明智"，与陈嘉渊的谈话，让人越来越发现：四年的历史学习给了他过人的智慧。从没有什么专业优势却成功进入宝洁公司，到这几年事业的蒸蒸日上，陈嘉渊说，他的秘诀是发挥历史学的比较优势。

对于历史学的"比较优势"，陈嘉渊有着自己的深刻理解：一般来说公司可能会比较多地用一些具有经济管理背景的人，但这虽然有利于实现专业化，但却有可能导致公司内部经济学背景的人的泛滥。因为经济学更多地强调普遍性，它会尝试着归纳一些规律，比如银行利率下降、股票就会上涨，银行利率上升、股票就会下跌，学经济的人通常会这样思考问题。但我们也经常发现，银行利率的升降和股票的涨跌有时候是没有必然关系的。这是一种普遍规律之外的特殊性，而历史性的思维方式往往更强调对于特殊性的关注。历史学可能会研究在某一个时段，甚至某一天，股票的涨跌是由哪些独特的原因引起的，比如当天的天气如何，当天的报纸上会有哪些新闻，这些新闻对人的心理会有怎样的影响……他说，这是用非常微观的、非常具体细致的视角来分析问题，这种具体的分析往往具有独特的说服力。陈嘉渊还透露，在面试的时候他也是充分强调了历史专业的比较优势。

陈嘉渊现在的工作很重要的一部分，就是从历史学的角度出发分析和预测粮油市场的价格变化。做了历史学分析最后才会把经济学的供给需求理论加入他的分析框架中。这一视角独特的分析报告，往往让人眼前一亮。陈嘉渊无不自豪地认为"这也是历史性地分析问题时的独特优势"。

一个人要想在职场中脱颖而出，需要利用好比较优势。就像当年田忌赛马，自己的上中下三匹马都不如人，但他用上马对他人中马、中马对他人下马、下马对他人上马，三局两胜，赢定乾坤。许多人或许都明白这个道理，但在审视自己的比较优势时，常常会碰到一个困惑：看不到自己具有任何过人之处，认为自己平淡无奇，甚至一无是处，而看别人却觉得对方充满了闪光点。为什么会这样？因为人们最容易忽视的往往就是自身的优势，有时甚至把优势看成自己的缺陷，真是身在福中不知福。

　　一名具备职业化思维方式的职场人士，必须结合优势来挖掘自身的潜力。以微软为例，是什么造就了微软今日的辉煌？是什么造就了微软精英的成功？不是因为微软的员工每个都是全才，相反，微软雇用的员工中"专才""偏才"比较多，但是微软以及这些员工本身，都懂得放大自己的比较优势，"人尽其用"，发挥最大效益。每个人优势最大化为企业带来了最佳效益，也为个人奠定了成功的基础。

二八定律：做事抓住关键

二八定律又名帕累托定律，也叫80/20定律、最省力的法则、不平衡原则等，是19世纪末20世纪初意大利经济学家帕累托提出的。他发现：在任何一组东西中，最重要的只占其中一小部分，约20%，其余80%尽管是多数，却是次要的。习惯上，二八定律讨论的是顶端的20%，而非底部的20%。80%的社会财富，即生意中，20%的顾客带来80%的利润；社会中，20%的人群拥有80%的财富；在职场里，20%的员工创造了80%的利润……种种事例表明，二八定律时刻影响着我们的生活，然而我们对此却知之甚少。

弗兰克·贝特格是美国保险业的巨子，他讲述了自己的故事：

很多年前，我刚开始推销保险时，对工作充满了热情。后来，发生了一些事，让我觉得很气馁，开始看不起自己的职业并打算辞职——但在辞职前，我想弄明白到底是什么让我业绩不佳。

我先问自己："问题到底是什么？"我拜访过那么多人，成绩却一般。我和顾客谈得好好的，可是到最后成交时他却对我说："我再考虑一下吧！"于是，我又得花时间找他，说不定他会改变主意。这让我觉得很沮丧。

我接着问自己："有什么解决办法吗？"在回答之前，我拿出过去 12 个月的工作记录详细研究。上面的数字让我很吃惊：我所卖的保险有 70% 是在前 3 次拜访中成交的，另外有 23% 是在 4~6 次拜访成交的，只有 7% 是在 7~9 次拜访才成交的，而 10 次以上的拜访客户没有一个成交。而我，竟把一半的工作时间都用在 11 次之后的拜访。这个发现让我激动不已，又燃起了创造佳绩的激情，把辞职的事也抛到九霄云外去了。

该怎么做呢？不言自明：我应该立刻停止第 6 次仍未成功的拜访，把空出的时间用于寻找新顾客。执行结果令我大吃一惊：在很短的时间内我的业绩上升一倍。

这就是了解并运用二八定律后带来的改变。弗兰克发现自己一半的精力和时间都浪费在效益并不明显的 7% 上与 0% 上，所以业绩并不突出。二八定律提醒我们：集中精力做好最重要的事情，避免把时间和精力花费在琐事上，要学会抓主要矛盾。一个人的时间和精力都非常有限，要想真正"做好每一件事情"根本不可能，要学会合理分配我们的时间和精力。与其面面俱到，不如重点突破——把 80% 的资源花在最能出效益的 20% 方面，这20% 方面又能带动其余 80% 的发展。

二八定律指出：在原因和结果、投入和产出，以及努力和报酬之间，存在着一种不平衡关系。它为这种不平衡关系提供了一个非常好的衡量标准：80% 的产出，来自 20% 的投入；80% 的结果，归结于 20% 的起因；80% 的成绩，归功于 20% 的努力。

在工作中，你不妨活学活用二八定律，其具体步骤如下：

首先，系统分析你的工作内容，找出你的工作绩效的 80% 来自何处——也就是说找到最值得下功夫的 20%。

其次，制定计划，合理分配时间，将 80% 的精力放在最值得下功夫的 20% 上。其他 20% 的时间用来处理琐事。

最后，按照计划开始行动，注意坚持，不要被那些收益不大的琐事缠住手脚、消耗时间。

如是，你就会成为一个高效率人士！

第四章
赢得博弈，占据主动

《笑傲江湖》里说：有人的地方就有江湖，人就是江湖，你怎么退出？

是的，我们处在这个纵横交错的世界中，无时无刻不得不与别人合作。此时，要想做赢家，完全有必要学点博弈论。博弈论是一种研究"互动决策"的理论，也就是说，你在做决策时必须将他人的决策纳入考虑之中，当然也需要把别人对于自己的考虑也纳入考虑之中……在如此迭代考虑斟酌之后，选择最有利于自己的战略。

囚徒困境：你最好当规则的制定者

1950 年，数学家塔克任斯坦福大学客座教授，在给一些心理学家作讲演时，讲到两个囚犯的故事。

有两个小偷甲、乙联合犯事，私入民宅被警察抓住。警方将两人分别置于不同的两个房间内进行审讯，对每一个犯罪嫌疑人，警方给出的选择是：

A：如果一个犯罪嫌疑人坦白了罪行，交出了赃物，于是证据确凿，两人都被判有罪。如果另一个犯罪嫌疑人也坦白了，则两人各被判刑 8 年。

B：如果另一个犯罪嫌疑人没有坦白而是抵赖，则以妨碍公务罪（因已有证据表明其有罪）再加刑 2 年，而坦白者有功被减刑 8 年，立即释放。

C：如果两人都抵赖，则警方因证据不足不能判两人偷窃罪，但可以私闯民宅的罪名将两人各判入狱 1 年。

三种可能，三个选择，足以让身在其中的囚徒绞尽脑汁，寝食难安。

如同经济学中的其他例证，我们需要假设这两人都是理性的人，他们都寻求最大自身利益，而不关心另一个参与者的利益。

现在，这两个囚犯该怎么办呢？是选择相互合作还是相互背叛？从表面上看，他们应该相互合作，保持沉默，因为这样，他们俩将得到对双方来说都是最好的结果——只获刑1年。但是，由于信息被封闭，两人无法交流，而他们又不得不考虑对方可能采取的选择。由于甲、乙两人都寻求自身最大利益，所以他们都会优先考虑如何才能减少自己的刑期，至于同伙被判多少年已经顾不上了。

甲会这样推理：假如乙不招，我只要一招供，马上就可以获得自由，而不招却要坐牢1年，显然招比不招好；假如乙招了，我若不招，则要坐牢10年，他却获得了自由，而我招了也只坐8年，显然还是招了好。可见无论乙招与不招，甲的最佳选择都是招供，所以还是招了吧。

于是，甲知道该怎样做了。但是，别忘了：相同的逻辑对另一个人也是同样适用的。因此，乙也会毫不犹豫地选择背叛——也就是招供。

这样一来，甲、乙两人都选择招供，这对他们个人来说都是最佳的决定，即最符合他们个体理性的选择。而他们各自最理性的选择，给他们带来的并非最佳结果（自由），也非较佳结果（1年刑期），而是比最坏结果（10年）要略好的结果（8年刑期）。顺便提一下，这两人都选择坦白的策略以及因此被判8年的结局被称作是"纳什均衡"（也叫非合作均衡）。所谓纳什均衡，指的是参与人的一种策略组合，在该策略组合上，任何参与人单独改变策略都不会得到好处。换句话说，如果在一个策略组合上，当所有其他人都不改变策略时，没有人会改变自己的策略，则该策略组合就是一个纳什均衡。纳什均衡是博弈论的一个重要概念，以普林斯顿大学数学博士约翰·纳什命名。

并非一定要触犯刑法，才会深陷极为被动的囚徒困境中。事实上，在我们的工作与生活中，类似的囚徒困境并不少，人为地制造囚徒困境（而自己充当警察）来保证自己利益的事也屡见不鲜。哈佛大学巴罗教授曾提出的著名的"旅行者困境"，可以为我们提供一个视角。

两个旅行者从一个以出产细瓷花瓶著称的地方旅行回来，他们都买了花瓶。提取行李的时候，发现花瓶被摔坏了，于是他们向航空公司索赔。航空公司知道花瓶的价格大概在八九十元的价位浮动，但是不知道两位旅客买的时候的确切价格是多少。于是，航空公司请两位旅客在100元以内自己写下花瓶的价格。如果两人写的一样，航空公司将认为他们讲真话，就按照他们写的数额赔偿；如果两人写得不一样，航空公司就认定写得低的旅客讲的是真话，并且原则上照这个低的价格赔偿，同时，航空公司对讲真话的旅客奖励2元钱，对讲假话的旅客罚款2元。

就为了获取最大赔偿而言，本来甲乙双方最好的策略，就是都写100元，这样两人都能够获赔100元，可是不，甲很聪明，他想：如果我少写1元变成99元，而乙会写100元，这样我将得到101元。何乐而不为？所以他准备写99元。

可是乙更加聪明，他算计到甲要写99元，于是他准备写98元。想不到甲还要更聪明一个层次，估计到乙要写98元来坑他，于是他准备写97元——大家知道，下棋的时候，不是说要多"看"几步吗，"看"得越远，胜算越大。

你多看两步，我比你多看三步，你多看四步，我比你多看五步。在花瓶索赔的例子中，如果两个人都"彻底理性"，都能看透十几步甚至几十步上百步，那么上面那样"精明比赛"的结果，最后落到每个人都只写一两元的地步。事实上，在彻底理性的假设之下，这个博弈的结果是：两人都写 0 元。

是的，在博弈中，最好是让自己当规则的制定者。如果不幸沦为"囚徒"，那就努力让信息互通，同时建立信任度——唯有如此，才能让自己利益最大化。比如三四个扒手公然在大巴上连扒带抢，一车人不敢作声。本来一车人群起而攻之，可以轻松制服几个毛贼，但是因为这一车人彼此不熟悉，都担心自己一出头就挨打。最后，虽然没有挨打，但还是损失了财物。类比囚徒困境中的囚徒，等于大家都被判了"8 年"，比挨打的"10 年"略好，但本来是可以被"释放"的。

最后的结论是：一个画地为牢、只考虑自身利益的人，迟早会落入囚徒困境而左右为难。唯有加强合作与沟通，并建立充分的信用度，才能创造出真正的双赢乃至多赢的局面。

重复博弈：制约对手的硬招

一个小孩每天在固定的街角乞讨。有个路人偶然出于好玩，拿出一张 10 元纸钞和一枚 1 元的硬币，让这个小孩选择。出人意料的是，小孩只要 1 元硬币，不拿那 10 元纸钞。

这个有趣的现象传开了，并逐渐引起越来越多的人的兴趣。各式各样的人，怀着或同情，或取乐，或验证，或猎奇的心态，纷纷掏出 1 元的硬币与 10 元的纸钞让小孩选择。这个看上去并不愚笨的小孩从来没有让大家失望：不拿 10 元，只要 1 元。据说还有人拿出过 1 元和 100 元供小孩选择，但小孩显然还是对 1 元的硬币更加钟情。

一次，一个好心的老奶奶忍不住抱住这个可怜的小孩，轻声低问："你难道不知道 10 元比 1 元要多得多吗？"小孩轻声地回答："奶奶，我可不能因为一张 10 元的纸钞，而丢失掉无数枚 1 元的硬币。"

表面上看，是小孩主动选择了 1 元，但细究起来，其实是小孩"被选择"了。因为这个小孩是长期乞讨，不是做一锤子买卖。在经济学里，这叫"重复博弈"。顾名思义，是指同样结构的博弈重复许多次。

当博弈只进行一次时，每个参与人都只关心一次性的支付；

如果博弈是重复多次的，参与人可能会为了长远利益而牺牲眼前的利益，从而选择不同的均衡策略。因此，小孩为了能细水长流，只能选择小的利益。对这个结果，经济学的表达是：重复博弈的次数会影响到博弈均衡的结果。

举一个生活中常见的例子：大多火车站、汽车站附近的饭店的饭菜又难吃又贵。这不只是一个车站的问题，几乎所有的车站都存在这样的问题，原因何在呢？就因为这是一锤子买卖，对商贩来说，火车站来来往往的都是过客，这些陌生人不会因为饭菜好吃可口，而大老远地专程跑过来做个"回头客"；同样，如果过客觉得饭菜恶心，也不会花费时间精力来跟你追究。因此，对火车站的商贩们来说，卖次品要合算得多，可以赚到最多的钱。而你小区门口的饭庄就不同了，人家图你今天吃了明天还来，因此，在饭菜品质与价位上，总是会努力为食客着想。

重复博弈说明，人们的行为将直接受到对预期的影响，这种预期可分为两种：第一种是预期收益，即如果我现在这样做，将来能得到什么好处；第二种是预期风险，即我现在这样做，将来可能会遇到什么风险。正是某种预期的存在，影响了我们个人或者组织的策略选择。

要想还有下一次博弈，就不能光顾自己，得站在对方的立场上想一想。所以有"吃亏就是占便宜"的古训。当然，这个吃亏，常常是吃小亏。甚至大多数时候，并没有真正亏损，如本来可以赚10元的只赚1元，也叫"吃亏"。为什么提倡吃亏？因为这次吃了小亏，下次、下下次博弈中可以赚回来，这次赚的只是小钱，多次博弈后聚小成大。

值得注意的是，事情总是在变化中发展，一次性博弈可以演变成重复博弈，重复博弈也可以演变成一次性博弈。

有一顾客去理发店理发，理发师看着他面生，以为是过路客，就敷衍了事，三下两下给这个人理了一个很难看的发型——他以为是一次性博弈。这个顾客也没有生气，反而按照价格表上的价钱付了双份。

过了半个月时间，这个顾客又来理发。理发师觉得这个顾客一则大方，二则服务好了会是常客。因此他丝毫不敢怠慢，精心地给这人理了发。理完之后，顾客照照镜子，很满意。理发师也在盘算：这次他会支付多少钱呢？双倍还是四倍？

结果，顾客支付了半价。理发师非常惊讶，忍不住问："为什么上次我敷衍了事你支付了双倍，这次我那么精心你反而只给半价？"

顾客回答："我上次支付的是这次的理发费，这次支付的是上次的理发费。"

显然，在第一次理发的博弈中，理发师用的是一次性博弈策略，所以他在博弈中占了上风。而在第二次理发时，顾客给了理发师重复博弈的期望，等理发师运用重复博弈策略时，顾客用的却是一次性博弈。因而，在第二次博弈中顾客完胜。理发师要是知道这次顾客用的是一次性博弈，他也就不会"输"了。

可见，在任何博弈中，如果能预先获知对方的策略，我们就能适时调整策略以保证自身利益的最大化。如果你认准双方是"一次性博弈"，那么你不妨给对方一个重复博弈的预期，同时再选择适度背叛，则能够博取到自身最大的利益。如果你和对方还有很多次碰面或者长期合作的可能，那么你最好采用重复博弈的方式，也为对方想一想。

最后还要提醒各位的是：作为理性的经济人，即便面对重复博弈也不要放松警惕。因为对方没有背叛，常常只是诱惑不够。以开头的小孩为例，10元不要，100元，1000元，10000元呢？只要开足够的价码，就能摧毁他的心理防线。因此，古人既有"吃亏就是占便宜"的名训，也有"防人之心不可无"的告诫。

枪手博弈：弱者也有生存的罅隙

社会是复杂的。不论在商场还是在职场，人们在争取和保全利益的过程中，难免会发生一些矛盾和冲突。当个人的利益受到这样那样的威胁，人们的主观愿望肯定是保全所有的利益。然而，当客观情况不允许做到这一点时，特别是当你置身于一场与强敌的混战之中时，怎么办？

枪手博弈就是弱者生存的智慧。枪手博弈又称为多方博弈。其经典博弈故事如下：

甲、乙、丙三个枪手都相互怀恨在心，于是决定持枪决斗，以生死了结恩怨。其中甲的枪法最好，命中率是80%；乙的枪法稍次于甲，命中率是70%；丙的枪法则是三人中最差的，命中率只有60%。

他们每人的枪里只有一颗子弹，可任意选择射击另外两个人中的一个。每个人只有一次杀死对手的机会，他们的目标是努力使自己活下来。谁活下来的可能性最大？如果你认为枪法最准的甲胜出，那么你就错了。

在决斗中，甲无疑会瞄准对自己威胁最大的乙，而乙也会瞄准对自己威胁最大的甲，而丙为了增加活着的概率，也会瞄准甲，那么三个人存活的概率都是多少呢？

甲 =100%–70%–（100%–70%）*60%=12%（乙、丙两支枪瞄准甲）

乙 =100%–80%=20%（甲瞄准乙）

丙 =100%（没有人瞄准丙）

原来，枪法最差的丙竟然活了下来。

那么，换一种玩法呢？如果三个人轮流开枪，谁会生存下来？

如果甲先开枪的话，甲还是会先打乙。如果乙被打死了，则下一个开枪的就是丙，那么此时甲的生存概率为40%，丙依然是100%生存概率（他开过枪后因为甲没有子弹了，游戏结束）。如果甲打不死乙，则下一轮由乙开枪的时候一定会全力回击，甲的生存概率为30%。不管是否打死甲，第三轮中甲乙的命运都掌握在丙的手里了。

那么，如果游戏规则规定必须由丙先开枪，又该怎么办呢？

答案很简单，朝着天空胡乱开一枪，不要针对甲乙任何一人。当丙开枪完毕，甲乙还是会陷入互相攻击的困境。

从以上分析看，在这场决斗中，甲与乙被射杀的概率都很大，反而是枪法最差的丙可以100%活下来。

枪手博弈告诉我们一个道理：最优秀的往往最容易遭受四面八方的攻击。而弱者立于强者之中，反而有罅隙能够从容活下来。在多人博弈中，枪口往往指向那个最为优秀——也是最危险的一方。博弈参与方越多，最优良的枪手倒下的概率就最高。

枪手博弈就是弱者在与强者的博弈中智慧的显示。比如说三个人竞选某一个岗位，第一号和第二号强者各显神通，明争暗斗，而第三号不妨置身度外，让他们去打、去争。或许，在彼此的攻评与拆台中，两败俱伤。结果，被第三号坐收渔翁之利。以"不争"为"争"，是一种大智若愚的智慧。如果不懂得这个智慧，一味蛮干，最终会伤害自己。所以，遇到事情的时候，我们一定要看清楚自己的立场，自己和对手之间的差距，找到自己的生存之道。

而如果你必须上决斗场，朝天空放一枪也是一种明智的态度。谁也不伤害，一幅与世无争的态度。当你与世无争的时候，说不定你所向往的利益正在向你走来。

要成为枪手博弈中的丙，除了在强者面前要学会示弱外，在弱者面前我们也应该学会示弱。在弱者面前示弱，可以令弱者保持心理平衡，减少对方的或多或少的嫉妒心理，拉近彼此的距离。在弱者面前如何示弱呢？

例如：地位高的人在地位低的人面前不妨展示自己的奋斗过程，表明自己其实也是个平凡的人；成功者在别人面前多说自己失败的记录、现实的烦恼，给人以"成功不易""成功者并非万事大吉"的感觉；对眼下经济状况不如自己的人，可以适当诉说自己的苦衷，让对方感到"家家有本难念的经"；某些专业上有一技之长的人，最好宣布自己对其他领域一窍不通，袒露自己日常生活中如何闹过笑话、受过窘等；至于那些完全因客观条件或偶然机遇侥幸获得名利的人，完全可以直言不讳地承认自己是"瞎猫碰上死耗子"。

如果你能做到这些，恭喜你：你已经是一个很高明的枪手了。

酒吧博弈：多数人永远是错的

你留心过没有：每一年中考，两三个当地最好的重点高中的录取分数其实是有一定规律的。比方说，前年是一中录取分数最高，去年则会变成二中或三中（假设三所中学的美誉度不相上下），而今年的最高分，又往往不会是去年的。

同样的例子，在农业经济作物的种植与牲畜的养殖上也很明显。去年玉米价格很高，今年种植量马上就上去了，结果价格一落千丈，谷贱伤农。明年玉米产量锐减，价格又高起来。这样的波浪式起伏，有时是以两三年为一个周期的。

对于以上这些现象，在经济学中有一个名词来解释，叫"酒吧博弈"，或"酒吧问题"。

假设在一个小镇上总共有100个爱好泡吧的人，他们每个周末都想去酒吧。这个小镇上只有一间能容纳60个人的酒吧。超过60个人，酒吧就会显得有点挤，服务人员也不够，泡吧的乐趣会降低。

第一个周末，100人中的绝大多数去了这间酒吧，导致酒吧爆满，他们都没有享受到应有的乐趣。多数人抱怨还不如不去。而少数没去的人反而庆幸，幸亏没去。

第二个周末，不少人在去之前，根据上一次的经验认为人会很多，于是决定还是不去了。结果呢？因为多数人都这么想，所以这次去的人很少，享受了酒吧高质量的服务。没去的人知道后又后悔了：这次应该去呀！

第三个周末，人多了……

对这个博弈有一个前提条件：每一个参与者面临的信息只是以前去酒吧的人数，因此只能根据以前的历史数据归纳出此次行动的策略，没有其他的信息可以参考，他们之间也没有信息交流。

20世纪90年代，美国著名的经济学家阿瑟教授针对真实人群做了酒吧博弈的实验。

在这个博弈中，每个参与者都面临一个尴尬：多数人的预测总是错的。例如多数人都预测这个周末去的人少，结果去的人反而会多。反过来，如果多数人预测去得多，那么去的人会很少。也就是说，一个人要做出正确的预测，必须知道其他人如何做出预测。但是在这个问题中每个人的预测所根据的信息来源是一样的，即过去的历史，而并不知道别人当下如何做出预测。

要知道别人的预测，的确是个难题。不过，如果我们从实验数据来看，实验对象的预测呈有规律的波浪形态。虽然不同的博弈者采取了不同的策略，但是却有一个共同点：这些预测都是用归纳法进行的。我们完全可以把实验的结果看作是现实中大多数"理性"人做出的选择。在这个实验中，更多的博弈者是根据上一次其他人做出的选择而做出其本人"这一次"的预测。尽管这个预测已经被多次证明在多数情况下是不正确的。

通过酒吧博弈，我们要学会独辟蹊径的策略。不走寻常路，做出与大多数人相反的选择，更容易在博弈中取胜。拥有酒吧博弈智慧的人，不会盲目跟风，当大家都疯狂地涌向某个热门行业时，他们不会随大流。

2007 年，伴随新能源概念的热炒，国际市场的多晶硅价格从每公斤 66 美元上升到每公斤 400 美元，光伏产品的价格随之水涨船高。在高回报的诱惑下，大量资金涌入光伏行业。2008 年，我国光伏企业数量不到 100 家，到 2012 年已经发展到 300 多家，顶峰时一度达到 500 家。大量资金进入光伏产业的结局——中国光伏产业产能迅速占到全球的 70% 以上。

很快，这些进军光伏产业的企业就饱尝了苦果。中国光伏产业的龙头之一——无锡尚德电力 2012 年亏损额度达到 5 亿美元，折合人民币 30 亿以上。2013 年 3 月，尚德电力进入破产整顿期。一场光伏产业的寒冬，将一大批明星企业拖入冰窟之中。

除了创业，生活中有很多事情都有酒吧博弈的影子。哪怕是开车出行，选择路线也用得上酒吧博弈：大多数人喜欢走哪条路？昨天严重堵车的路今天会不会再堵？

酒吧博弈无法保证你的选择一定正确，但告诉了你一个全新的思路，能提升你选择的胜算。

哈定悲剧：公共资源的悲剧

2009 年 10 月 8 日，是国庆长假后的第一个工作日。这一天的上午 10 点，首都机场高速上堵车长达数小时的一男子终于无法忍受，他暴跳如雷地打开车门，拿出一根长长的棒球棍，所有人吃惊地看着他。只见他大骂着把地上一只蜗牛敲得粉碎，一边敲一边骂着："我忍你很久了！从高速入口你就一直跟着我，三小时后你居然还敢超了我的车！"

以上是一则黑色幽默，是哈定悲剧的一个现实注脚。哈定悲剧是经济学中的一个著名的悲剧，也是博弈论教科书中必定要讨论的经典问题。

1968 年，美国著名的生态学家格雷特·哈定在《科学》杂志上发表了题为《公共资源悲剧》的论文。

在论文中，哈定揭示了一种人类共有资产的集体困境："在共享公有物的社会中，每个人，也就是所有人都追求各自的最大利益。这就是悲剧所在。每个人都被锁定在一个迫使他在有限范围内无节制地增加牲畜的制度中。毁灭是所有人都奔向的目的地。因为在信奉公有物自由的社会当中，每个人均追求自己的最大利益。"最后"公有物自由给所有人带来了毁灭"，这就是所谓的"哈定悲剧"，也称为"公地悲剧"。为了更形象地说明问题，哈定虚构了如下故事：

有一片茂盛的公共草场，政府把这块草地向一群牧民开放，这些牧民可以在草场上自由地放牧他们的牛。随着在公共草地上放牧的牛逐渐增多，公共草地上的牛达到饱和。此时再增加一头牛就可能会使整个草场收益下降，因为这会导致每头牛得到的平均草量下降。但每个牧民还是想再多养一头牛，因为多养一头牛增加的收益归这头牛的主人所有，而增加一头牛带来的每头牛因草量不足的损失却分摊到了在这片草场放牧的所有牧民身上。于是，对于每个牧民而言，增加一头牛对他的收益是比较划算的。在情形失控后，每个牧民都会不断增加放牧的牛，最终由于牛群的持续增加，使得公共草场被过度放牧而造成退化，从而不能满足牛的食量，并导致所有的牛因饥饿而死，因此成为一个悲剧。

哈定所虚拟的悲剧，实实在在地发生了。最近几十年里，我国的草原荒漠化严重，其中一个重要原因就是过度放牧。牧民们想：反正草原是公家的，我不多养牲畜别人也会多养，我何不多养一些？原本只能承载 100 只羊的草场，就这样养了 200 只。结果，因为草料不够，羊将草根都吃了，将草地踩踏成荒漠，最终连 10 只羊也难以养活。

据 2006 年农业部遥感应用中心测算：中国牧区草原平均超载 36.1%，荒漠化地区草场牲畜超载率为 50% 至 120%，有些地区甚至高达 300%！联合国沙漠化会议规定，干旱草原每头家畜应占有 5 亩草地作为临界放牧面积。曾经，内蒙古草原每头家畜所占草场面积不足联合国沙漠化会议规定临界放牧面积的三分之一。

类似的悲剧数不胜数，宁夏"四宝"之一的发菜、甘肃的甘草、青海的虫草……大家一哄而上挖啊挖，结果不仅严重破坏水土植被，还导致这些名贵的物种愈来愈少。但是，人们还得拼命去挖，因为你不挖，别人也会去挖。

"哈定悲剧"展现的是一幅私人利用免费午餐时的狼狈景象——无休止地掠夺。"悲剧"的意义就在于此。哈定悲剧有许多解决办法，哈定认为："我们可以将之卖掉，使之成为私有财产；可以作为公共财产保留，但准许进入，这种准许可以以多种方式来进行。"哈定说："这些意见均合理，也均有可反驳的地方，但是我们必须选择，否则我们就等于认同了公共地的毁灭，我们只能在国家公园里回忆它们。"

最近几年，首都北京变成"首堵"，雾霾天气日益加剧，其根源就在于"哈定悲剧"。就汽车的暴增来说，一味诉求市民的道德显然无济于事（同时也放纵与激励了那些道德不够高尚的人）。而就污染排放来说，企业为了追求利润的最大化，宁愿以牺牲环境为代价，也绝不会主动增加环保设备投资。即使有一个企业从利他的目的出发，投资治理污染，而其他企业仍然不顾环境污染，那么这个企业的生产成本就会增加，价格就要提高，它的产品就没有竞争力，甚至企业还要破产。

因此，控制汽车牌照、关停、重罚污染企业，便成了政府"不得不做"的选择。

综上所述，要想避免哈定悲剧的出现，一是尽量将产权私有化，二是靠政策的管制。

零和博弈：单赢不是赢

零和博弈又称零和游戏或零和赛局，指参与博弈的一方的收益等于另一方的损失，即博弈各方的收益和损失相加总和永远为"零"，双方不存在合作的可能。打个最简单的比方：四个人打麻将赌博，任何时候输赢相加的和都是零——这就是所谓的"零和"。用幽默的语言来定义零和游戏的话，就是：快乐必须要建立在别人的痛苦之上。零和博弈的例子有赌博、期货等。如果忽略股票可怜的分红以及不多的交易税，股市也是一个零和博弈的场所。

如果说打牌赌博还有"小赌怡情"的精神收益，那么职场与商场之中的零和博弈应该尽量避免。因为零和博弈的结果具有非均衡性和非稳定性，往往导致"以牙还牙"、循环往复，所以从长远利益看，对双方也都是不利的。

那么，该如何做到非零和博弈呢？

非零和博弈，分为负和博弈与正和博弈。负和博弈属于两败俱伤，好比你我吵架升级，我打了你一顿，你进了医院，我进了法院，就你我两人来说都损失了。从功利主义角度讲，负和博弈对双方来说都是有害无益，更应当尽力避免。

就博弈参与各方的整体利益来说，正和博弈的结果是最为理想和可持续的。正和博弈也就是我们经常所说的双赢或多赢。例如你给老板打工，想涨工资。但你的工资涨了，老板那边的支出必然多了——这看上去是一个零和博弈，显然老板不会太乐意。假设你因为老板不乐意涨工资而和他打一架，则会变成负和博弈。但是，如果你转换一下思路，通过努力工作帮老板创造更多的效益，再要求老板涨工资，相信老板会容易接受得多。说不定，看你表现好他还会主动给你涨工资。

一个年轻人在一家贸易公司工作了1年，不仅工资最低，而且苦活累活都是他干，更要命的是：老板还是一个不好侍候的家伙，老是对他的工作横挑鼻子竖挑眼。用年轻人的话说就是："老找我的碴儿"。

不是说年轻就是本钱吗？不是说此处不留人、自有留人处吗？年轻人血气方刚，准备在下一次老板再找碴儿时和他大干一场，出了恶气之后另谋出路。这个年轻人把自己的想法告诉了一个年长的朋友，他的朋友问他："你是你们公司很重要的人吗？"年轻人回答："不是。""不是的话，你和他吵一架之后走了，也许正合他意呢。他也许高兴还来不及，你出了什么恶气？再说，给一个平庸的人找一个替补还不是很容易的事情？"

年轻人冷静下来想想也是，于是向朋友讨计。朋友建议他："你从现在开始，努力工作与学习，尽快熟悉与掌握有关该公司的大小事务。等你成了一个多面手与能人之后，再一走了之，岂不让老板头疼加心疼？他一时之间到哪里去找你这么能干的人？——这种出气的效果，要远比你简单粗暴的吵架来得透彻！"

年轻人不傻，想想朋友的建议真的是很有见地。于是他开始为将来的"复仇"而忙碌起来。

又是一年后，朋友再次见到了这位昔日不得志的年轻人。一阵寒暄过后，问年轻人："现在学得怎么样？足够让你的老板受'内伤'了吧？"年轻人兴奋中夹杂着一丝不好意思，回答道："自从听了你的建议后，我一直在努力地学习和工作，只是现在我不想离开公司了。因为最近半年来，老板给我又是升职，又是加薪，还经常表扬我。找碴的事情基本没有了，偶尔批评几句也委婉多了。"

很明显，这场博弈是正和博弈：年轻人提升了自身能力、获得了更好的职位与更高的薪水，老板得到了可用之才。如果年轻人和老板大吵一架之后辞职，无疑属于负和博弈。选择正和博弈，需要拓展思路、开动脑筋。研究博弈论的普林斯顿大学数学系教授约翰·纳什，也曾经差点陷入零和博弈的误区。

一个烈日炎炎的下午，纳什教授给一群学生上课，教室窗外的楼下有几个工人在修理房子。工人们手里的机器发出刺耳的噪音，严重影响纳什讲课，于是纳什走到窗前把窗户关上。马上有同学提出意见："教授，请别关窗子，实在太热了！"纳什一脸严肃地回答："课堂的安静比你舒不舒服重要得多！"然后转过身一边嘴里叨叨："给你们来上课，在我看来不但耽误了你们的时间，也耽误了我的宝贵时间……"一边在黑板上写着数学公式。

正当教授一边自语一边在黑板上写公式之际，一位叫阿丽莎的漂亮女同学（这位女同学后来成了纳什的妻子）走到窗边打开了窗子。纳什用责备的眼神看着阿丽莎："小姐……"而阿丽莎对窗外的工人说道："嗨！打扰一下，我们有点小小的问题，关上窗户，这里会很热；开着，却又太吵。我想能不能请你们先修别的地方，大约45分钟就好了。"正在干活儿的工人愉快地说："没问题！"又回头对自己的伙伴们说，"伙计们，让我们先休息一下吧！"阿丽莎回过头来快活地看着纳什教授，纳什教授也微笑地看着阿丽莎，既像是讲课，又像是在评论她的做法似的对同学们说："你们会发现在多变性的微积分中，一个难题往往会有多种解答。"

而阿丽莎对"开窗难题"的解答，使得原本的一个零和博弈变成了另外一种结果：同学们既不必忍受室内的高温，教授也可以在安静的环境中讲课，结果不再是"0"，而成了"+2"。而作为第三方的工人，也没有因此而产生停工的损失。

可见，很多看似无法调和的矛盾，其实并不一定是你死我活的僵局，那些看似零和博弈或者是负和博弈的问题，也会因为参与者的巧妙设计而转为正和博弈。正如纳什教授所说："多变性的微积分中，往往一个难题会有多种解答。"这一点无论是在生活中还是工作上，都给我们以有益的启示。

斗鸡博弈：绝地逢生术

记得在小学时，有一篇课文说的是两只山羊面对面过独木桥，互不相让，在桥上争斗，最终一起掉入河里。那时我会想，如果我是其中一只山羊，会怎么办呢？

显然，坚持前进打得头破血流双双掉进河里，不是最佳的选择。那么，就只好一方后退了。如果对方坚持不后退，唯有自己后退一步，让对方先通过，之后自己再过去。尽管后退浪费了一点自己的时间与精力，还有点让自己脸上无光，但总比掉到河里好很多。

以上故事里的山羊，一定不是"理性经济人"，也没有读过博弈学。在博弈学里有一个类似的模型叫"斗鸡博弈"，讲的是两只公鸡狭路相逢，谁也不服谁，在最后关头这两只鸡不会都采取进攻策略——因为两只公鸡都负担不起你死我活的冲突后果，但也不会都采取退让妥协策略。通常是一只鸡进，大胜；另一只鸡退，小败。

在《战国策》里记载了一则惊心动魄的故事，可以说是古人对博弈论的高超运用。

伍子胥的父亲伍奢和兄长伍尚是楚国的忠臣，因受费无忌谗害，伍奢和伍尚一同被楚平王杀害。伍子胥侥幸逃脱，想投奔临近的吴国。一路上，伍子胥小心地躲避楚军的追捕。

终于，伍子胥来到了楚吴边境。眼看胜利逃亡在即，但还是不慎被守关的斥候（侦察兵）抓住了。斥候对他说："你是朝廷重金悬赏的逃犯，我必须将你抓去面见楚王！"伍子胥说："不错，楚王确实正在抓我。但是你知道原因吗？是因为有人跟楚王说，我有一颗宝珠。楚王一心想得到我的宝珠，可我的宝珠已经丢失了。楚王不相信，以为我在欺骗他，我没有办法了，只好逃跑。现在如果你要把我交给楚王，那我将在楚王面前说是你夺去了我的宝珠，并吞到肚子里去了。楚王为了得到宝珠就一定会先把你杀掉，并且还会剖开你的肚子，把你的肠子一寸一寸地剪断来寻找宝珠。这样我活不成，而你会死得更惨。"

斥候信以为真，非常恐惧，只得把伍子胥放了。伍子胥终于逃出了楚国。

伍子胥和斥候在边境狭路相逢，伍子胥要过边境，斥候要抓他见楚王（楚王会杀了伍子胥）。这本来是一场实力悬殊的较量，几乎就是"人为刀俎，我为鱼肉"。但是伍子胥却虚张声势，将自己的力量提高到可以致对方于死地的地步。

站在伍子胥的角度，横竖难逃一死，不如放手一搏，做一只强硬进攻的"斗鸡"。站在斥候的角度，他面临的选择是：进攻——抓伍子胥可以得到赏金，但自己也会死；后退——偷偷放过伍子胥会拿不到赏金，但自己的命保得住。当然，斥候也未必就相信了伍子胥这个逃犯的话，但问题是：万一伍子胥说的是真的怎么办？显然，在伍子胥的话没有明显破绽的前提下，斥候没必要以命相搏。后退一下，放过伍子胥是他最佳的选择。

因此，在斗鸡博弈中，如果有一方拿出"绝不后退"的姿态并让对方相信，那么前者必定是最大的赢家。这就是为什么在纠纷中，讲理的人往往让着那些无理取闹、耍横玩命的人。

看到这里，也许有读者会这么想：看来做人还是无理取闹、蛮横霸道好，这样就能在纠纷中做最大的赢家。问题是，对这样的人个个唯恐避之不及，生怕走近你惹祸上身，结果是，你一个人玩去吧。这个社会，一个人玩能玩出什么名堂？就算你浑身是铁，又能打几斤钉？

斗鸡博弈在我们生活中有很多，比如生活中经常见到吵架——夫妻之间，朋友同事之间，陌生人之间，但绝大多数都是以一方退让而偃旗息鼓。国与国之间，也经常有斗鸡博弈：你威胁我要发动战争，我威胁你要动用高科技武器。双方调子都很高（都想做那只进攻的斗鸡），反复地试探、摸底……一旦确认对方真正的实力与策略，往往就会有一方退让，不至于酿成真正的武力对抗而两败俱伤。

最后需要强调的是：斗鸡博弈绝不会鼓励你总是去做那只进攻的"斗鸡"，很多时候退后也不失为最佳选择。不过，你一旦选择了进攻，就不要轻易退缩。唯有坚持到底，才能让对方心生恐惧，主动让路。

智猪博弈：我弱小，我有利

　　猪圈里有一大一小两头猪，它们进食时都需要触动东边的开关，每次触动都会让西边食槽里出现 10 个单位的猪食。而前去触动开关的猪因为体力损失，每次需要消耗 2 个单位的猪食营养。大猪嘴巴大，若小猪去触动开关、大猪在槽边等，大、小猪吃到食物的收益比是 9∶1；同时去触动按钮，一起回到槽边，收益比是 7∶3；大猪去触动开关、小猪守在槽边，收益比是 6∶4；如果都守在槽边，两只猪一起挨饿。那么，在两头猪都有智慧的前提下，最终结果是：大猪忙着触动开关，小猪一直悠闲地守在槽边白吃。

　　这就是"智猪博弈"的模型，是由约翰·纳什在 1950 年提出来的著名的纳什均衡的例子。其原因很好理解：当大猪选择行动的时候，小猪如果也行动，其收益是 1（3-2），而小猪等待的话，收益是 4，所以小猪选择等待；当大猪选择等待的时候，小猪如果选择行动的话，其收益是 -1（1-2），而小猪等待的话，收益是 0，所以小猪也选择等待。总之，你（大猪）去或不去，我都守在槽边，不急不躁。等待，永远是小猪的占优策略。

　　干了也白干，白干谁愿干？在智猪博弈中，制度的设计鼓励或助长了懒汉行为。试想，如果开关与食槽之间近一点，或者设计出一种"谁按开关谁吃"的食槽（大猪的槽高到小猪够不着，小猪的槽用格子网覆盖只有小猪的嘴能伸进去），那么懒汉就被逼得勤快起来了。

所以，我们经常说"制度是第一生产力"，是很有道理的。制度不公，人的积极性就难以调动。就像以前农村的公共食堂，做多做少大家得到的回报差不多，于是更多人心安理得地当起了不劳而获（少劳而获）的"小猪"。"小猪"一多，大猪小猪就都吃不饱了。作为制度设计者，一定要尽量在制度层面避免智猪博弈。

而作为博弈者，特别是自己还处于弱小的一方时，做聪明的"小猪"不失为最优选择。这个与道德无关。

立邦涂料从1992年进入中国至今，一直不遗余力地推广水性建筑涂料，从最初中国消费者不知道水性建筑涂料为何物，到现在水性建筑涂料的大面积运用，立邦公司可谓下了大功夫。

立邦一边空中广告轰炸，提高知名度；一边寻找经销商，进行销售布局。立邦之所以敢饮"头啖汤"，信心源于三方面：一是资金实力雄厚，二是销售技术成熟，三是产品比较优势明显。

立邦拥有资源颇多，充当大猪的角色，开始触动猪食开关。由于在进入时机的选择上非常恰当，再加之市场推广手法先进，产品施工简易，效果比较优势显著，立邦开始吃到食物，在2000年以前立邦至少吃到四成以上。

涂料市场被立邦慢慢加热，食物流量也越来越多，巨大的诱惑吸引了众多觊觎者。再加上乳胶漆行业进入门槛低，产品技术容易被复制，"小猪"开始形成，采取等待在食槽旁边的方法并抢食大猪触动开关后流下的食物，立邦吃到的食物骤减至不到两成。

实际上，案例中的小猪是无意识中采取了等待的态度。为什么说是无意识？因为对于众多的小厂家来说，如当时的华润，一无资金，二无技术，就是想去和大猪一起行动也是力不从心。这种无作为反而不自觉地帮了小猪，使小猪吃到食物，形成原始积累。

对于立邦来说，是尽了大猪的义务的。因为"智猪博弈"主张的是占用更多资源者承担更多的义务。立邦当初花大力气去触动开关，是想吃到更多的食物后迅速成长为超级大猪，占领30%以上的市场份额，形成市场垄断地位。不料在食物越来越多以后，代表众多厂家的小猪吃到的食物占到九成。更意外的是，出现另一头大猪多乐士，虽然和自己一起奔跑，但是抢吃的食物和自己几乎一样多。

经此一役，立邦在水性木器漆推广上开始变得聪明。水性木器漆是油性木器漆的升级产品，最大的优点在于无毒、无害、环保。由于油性木器漆是溶剂型涂料，采用苯类、脂类和酮类物质作为溶剂，挥发物对人体、环境有害。虽然国家对挥发物VOC做出了严格限制，但是治标不治本。水性木器漆采用水作为溶剂，挥发物VOC是水蒸气，真正做到环保，无毒无害。

欧美等发达国家水性木器漆的普及率高达50%以上，而在中国不到1%。立邦在技术上有优势，在资金上有实力，为什么到现在还不推广水性木器漆？

显然，立邦是在吸取水性建筑涂料上的经验教训。立邦发现，现在推广水性木器漆的环境即将会遇到的问题，同过去自己在水性建筑涂料上的情况相似度很高。主要有几点：一是消费市场没有形成，消费意识需要引导和启发，这样将花费大量的财力物力；二是市场培育起来后小猪们搭便车，坐收渔人之利；三是产品市场前景广阔，利润可观。有了前车之鉴，立邦变得格外谨慎。作为名义上的大猪，立邦不想独自去触动开关，而是让小猪去触动。

在博弈中，抢占先机并不意味着占优，因为先驱很容易成为先烈；做强做大并不意味着有利，因为强大意味着要承担更多责任。立邦在悟透这一层天机后，明智地选择了做形式上的小猪。而那些涂料厂家的小猪们好像并不甘心，他们大猪般努力地奔波于开关与食槽之间，但是吃到的食物并不多，一些厂家亏损就是例证。

立邦在水性木器漆市场开发中，不主动当辛勤的大猪是可取的。他让众多小猪去忙乎，让小猪们承担消费意识的引导与市场培育的工作，以及市场开发的试错成本。等到市场培育完成，立邦便会携技术与资金优势强势出击，没支付多大成本却吃个肚儿圆。

古今智谋

人性的弱点

启 文 编著

花山文艺出版社

河北·石家庄

图书在版编目（CIP）数据

人性的弱点 / 启文编著 . -- 石家庄：花山文艺出
版社 , 2020.5
（古今智谋 / 张采鑫 , 陈启文主编）
ISBN 978-7-5511-5141-2

Ⅰ . ①人… Ⅱ . ①启… Ⅲ . ①心理交往－通俗读物
Ⅳ . ① C912.11-49

中国版本图书馆 CIP 数据核字（2020）第 066397 号

书　　　名：**古今智谋**
　　　　　　GUJIN ZHIMOU
主　　编：张采鑫　陈启文
分 册 名：人性的弱点
　　　　　　RENXING DE RUODIAN
编　　著：启　文

责任编辑：郝卫国
责任校对：董　舸
封面设计：青蓝工作室
美术编辑：胡彤亮
出版发行：花山文艺出版社（邮政编码：050061）
　　　　　　（河北省石家庄市友谊北大街 330 号）
销售热线：0311-88643221/29/31/32/26
传　　真：0311-88643225
印　　刷：北京朝阳新艺印刷有限公司
经　　销：新华书店
开　　本：850 毫米 ×1168 毫米　1/32
印　　张：30
字　　数：660 千字
版　　次：2020 年 5 月第 1 版
　　　　　　2020 年 5 月第 1 次印刷
书　　号：ISBN 978-7-5511-5141-2
定　　价：178.80 元（全 6 册）

前　言

戴尔·卡耐基（1888—1955），被誉为 20 世纪伟大的心灵导师和成功学大师，美国现代成人教育之父。20 世纪早期，卡耐基独辟蹊径地开创了一套融演讲、推销、为人处世、智能开发于一体的教育方式。他运用社会学和心理学知识，对人性进行了深刻的探讨和分析，激励了无数陷入迷茫和困境的人，帮助他们重新找到了自我，改变了千百万人的命运。

由编者精心整理、编纂而成的《人性的弱点》是卡耐基思想的精华，自出版以来销量稳居各类励志书榜首。此书之所以畅销不衰，就在于卡耐基先生对人性的深刻认识，以及他为根除人性的弱点所开出的有效处方。正如卡耐基所言："一个人的成功，只有 15% 归结于他的专业知识，而 85% 归于他表达思想、领导他人及唤起他人热情的能力。"只要你不断反复研读此书和付诸行动，必将助你获得成功所必备的那 85% 的能力。不论你是什么职业、性别、年龄，这部充满力量、充满智慧的书，在生活中一定会给你启迪，使你勇敢地克服自己的弱点，成为人际交往的高手。

卡耐基并没有发现宇宙深奥的秘密，但他源于常理的教育理念和教育实践，却施惠于千百万人。在帮助人们学习如何处世上，在帮助人们获得自尊、自重、勇敢和自信上，在帮助人们克服人性的弱点，从而获得事业成功和人生快乐上，卡耐基应该比同时代的所有哲人做得都多。

　　卡耐基的思想具有极强的实用性、指导性以及对社会各类人群、各个时代的适应性，随着时间的流逝，卡耐基的思想和见解并没有被时代所抛弃；相反，在今天这个竞争激烈的社会，他的思想和洞见更加深刻和实用，对于人们更具有指导意义。阅读本书，将改变你的命运，让你拥有美好、快乐、成功的人生。

目　录

第一章
把握人际交往的关键

你要记住，永远要愉快地多给别人，少从别人那里拿取。

——[苏]高尔基

了解鱼的需求

世上唯一能够影响别人的方法，就是谈论人们所要的，同时告诉他，该如何才能获得。

明天你希望别人为你做些什么，你就得把这件事记住，我们可以这样比喻：如果你不让你的孩子吸烟，你无须训斥他，只要告诉孩子，吸烟不能参加棒球队，或者不能在百码竞赛中夺标。不管你要应付小孩，或是一头小牛、一只猿猴，这都是值得你注意的一件事。

每年夏天，卡耐基都会去梅恩钓鱼。他喜欢吃杨梅和奶油，然而基于某些特殊原因，他发现水里的鱼爱吃水虫。

所以在钓鱼的时候，卡耐基就不作其他想法，而专心致志地想着鱼儿们所需要的。

卡耐基认为也可以用杨梅或奶油作钓饵，和一条小虫或一只蚱蜢同时放入水里，然后征询鱼儿的意见——"嘿，你要吃哪一种呢？"

为什么我们不用同样的方法来"钓"一个人呢？

有人问到路易特·乔琪，何以那些战时的领袖，退休后都不问政事，为什么他还身居要职呢？

他告诉人们说："如果说我手掌大权有要诀的话，那得归功于我明白一个道理，当我钓鱼的时候，必须放对鱼饵。"

世上唯一能够影响别人的方法，就是谈论人们所要的，同时告诉他，该如何才能获得。

明天你希望别人为你做些什么，你就得把这件事记住，我们可以这样比喻：如果你不让你的孩子吸烟，你无须训斥他，只要告诉孩子，吸烟不能参加棒球队，或者不能在百码竞赛中夺标。不管你要应付小孩，或是一头小牛、一只猿猴，这都是值得你注意的一件事。

有一次，爱默生和他儿子想使一头小牛进入牛棚，他们就犯了一般人常有的错误，只想到自己所需要的，却没有顾虑到那头小牛的立场……爱默生推，他儿子拉。而那头小牛也跟他们一样，只坚持自己的想法，于是就挺起它的腿，强硬地拒绝离开那块草地。

这时，旁边的爱尔兰女用人看到了这种情形，她虽然不会写文章，可是她颇知道牛马牲畜的感受和习性，她马上想到这头小牛所要的是什么。

女用人把她的拇指放进小牛的嘴里，让小牛吸吮着她的拇指，然后再温和地引它进入牛棚。

从我们来到这个世界上的第一天开始，我们的每一个举动，每一个出发点，都是为了自己，都是为我们的需要而做。

哈雷·欧佛斯托教授，在他一部颇具影响力的书中谈道："行动是由人类的基本欲望中产生的……对于想要说服别人的人，最好的建议是无论是在商业上、家庭里、学校中、政治上，在别人心念中，激起某种迫切的需要，如果能把这点做成功，那么整个世界都是属于他的，再也不会碰钉子，走上穷途末路了。"

明天当你要向某人劝说，让他去做某件事时，开口前你不妨先自问："我怎样使他要做这件事？"

这样可以阻止我们，不要在匆忙之下去面对别人，最后导致多说无益，徒劳而无功。

在纽约银行工作的芭芭拉·安德森，为了儿子身体的缘故，想要迁居到亚利桑那州的凤凰城去。于是，她写信给凤凰城的 12 家银行。她的信是这么写的：

敬启者：

　　我在银行界的 10 多年经验，也许会使你们快速增长中的银行对我感兴趣。

　　本人曾在纽约的"金融业者信托公司"，担任过许多不同的业务处理工作，现在则是一家分行的经理。我对许多银行工作，诸如：与存款客户的关系、借贷问题或行政管理等，皆能愉快胜任。

　　今年 5 月，我将迁居至凤凰城，故极愿意能为你们的银行贡献一技之长。我将在 4 月 3 日的那个礼拜到凤凰城去，如能有机会做进一步深谈，看能否对你们银行的目标有所帮助，则不胜感谢。

芭芭拉·安德森谨上

你认为安德森太太会得到任何回音吗？ 11 家银行表示愿意面谈。所以，她还可以从中选择待遇较好的一家呢！为什么会这样呢？安德森太太并没有陈述自己需要什么，只是说明她可以对银行有什么帮助。她把焦点集中在银行的需要，而非自己。

卡耐基曾为一些大学毕业生开讲《有效谈话》的课程。这些毕业生刚进入"开利公司"工作，其中一名学生想利用休息时间打打篮球，于是他便这样去说服其他人："我要你们出来打篮球。我喜欢打篮球。但是，前几回我到体育馆的时候，人数总是不够。我们当中的两三人，一直把球传来传去——我还被球打得鼻青眼肿。希望你们明天晚上都过来打，我喜欢打篮球。"

这名学生谈到别人的需要了吗？假如别人都不愿去体育馆的话，你也不一定会去的。你不会在意那名学生想要什么，你也不想被打得鼻青眼肿。

这名学生有没有办法让你们觉得，假如你们到体育馆去，可以得到许多东西，像更有活力、会更有胃口、脑筋更清醒、得到许多乐趣等等。

我们再重复一遍欧佛斯托教授充满智慧的忠言："要首先引起别人的渴望，凡能这么做的人，世人必与他在一起。这种人永不寂寞。"

卡耐基的训练班有名学生，一直为自己的小儿子操心不已。他的小儿子体重过轻，而且不肯好好吃东西。这对父母用的是大家最常用的方法——责备和唠叨。"妈妈要你吃这个和那个。""爸爸要你以后长得高大强壮。"这个小男孩听得进多少这类的要求？这就好像把一撮沙子丢到海滨沙地一样，毫无作用。

只要你对动物还有一点认识，你就不会要求一名 3 岁小孩，对他 30 多岁父亲的看法会有什么反应，更不要说完全依照父亲所期待的去做，那是荒谬无理的。这名学员后来也发现错误，便告诉自己："我的儿子想要什么？我如何能把自己的需要和他的需要联结起来？"只要这位父亲一开始想，问题就变得容易多了。小男孩有一部三轮车，他最喜欢在自家门口附近骑着车到处跑。但是街的另一头住了一个喜欢欺负弱小的大男孩，常常把小男孩从车上拉下来，然后把车子骑走。自然，小男孩会哭叫着跑回家去，然后妈妈便会跑出来，先把大男孩从三轮车上赶开，再让小男孩骑着车子回家。这事几乎每天发生。所以小男孩想要什么，这并不需要侦探福尔摩斯来回答。小男孩的自尊、愤怒和渴望具有重要性——所有他性格中最强烈的情绪——都促使他要采取报复行动，最好能一拳把那大男孩的鼻子打扁。这时，这位父亲就趁机向小男孩解释，假如他能把妈妈所给的食物吃下去，终有一天能足够强壮得把大男孩痛揍一顿。此法果然奏效，小男孩从此不再有饮食方面的问题。他肯吃菠菜、泡菜、腌鲭鱼——凡是可以让他快快长大的食物都吃。因为他实在太渴望早日把那个大男孩狠揍一顿，好一解长久以来所受的怨气。

解决了这个问题之后，这对父母又得处理另一个问题：原来小男孩一直有尿床的坏习惯。小男孩与祖母同睡，每天早上，祖母醒过来发现被单是湿的，便会说："强尼，看，你昨晚又尿床了！"小男孩就会回答："不是我，是你自己尿床。"

责备、处罚、取笑或一再警告，所有能用的方法都用遍了，就是无法让他改掉这个坏习惯。那么，如何才能让孩子自己想要不尿床？

小男孩调皮地回答，他想要一套像爸爸一样的睡衣，而不是现在所穿的睡袍，那看起来像祖母穿的。老祖母早已受够小男孩尿床的坏习惯，所以很乐意买一套那样的睡衣送给他。他还想要一张自己的床，祖母也不反对。

小男孩的母亲带他到家具店去。她先对店里的女店员眨眼示意，然后说道："这位小男士想要买些东西。"

"年轻人，我可以帮什么忙吗？你想要什么东西？"

这话使小男孩深觉自己的重要。他尽量站得使自己看起来高些，然后回答："我要给自己买张床。"

女店员便带小男孩看了好几张床。等男孩的母亲示意哪一张比较合适，女店员便说服小男孩把它买下来。

第二天，床送来了。当天晚上，父亲回家的时候，小男孩就赶紧拉着爸爸到楼上看他的床。

父亲看了那张新床，然后真诚而慷慨地发出赞美之言："你不会把这张床尿湿吧，会吗？"

"哦，不会的，不会的，我不会再把床尿湿了。"小男孩果然遵守诺言，因为这里面有他的尊严，而且，这是他自己买的床。他现在穿着和父亲一样的睡衣，完全像个小大人了，所以他也要行为举止像个小大人一样。

另一个电话工程师，他无法叫3岁大的女儿吃早餐，无论怎么责备、哄骗或要求，都无济于事。这个小女孩喜欢模仿母亲，喜欢觉得自己已长大成人。所以，有天早上，这对父母就把小女孩放在椅子上，让她自己准备早餐。果然小女孩弄得十分起劲，一看见父亲进到厨房便叫道："爸爸，看，今天早上我自己调麦片！"她吃了两份麦片，完全不用哄骗，因为这不但使她兴趣盎然，更使她觉得"深具重要性"。她完全在调制麦片的过程当中，找到了自我表现的途径。

自我表现是人类天性中最主要的需求。我们也可以把这项心理需求适用在商业交易上。当我们想出一个好主意的时候，别让其他人以为那是我们的专利。不妨让他们自己去调制那些观念，他们会认为那是自己的主意，也会因特别喜爱而多摄取了不少的分量。

我们应记住：要首先引起别人的渴望。凡能这么做的人，世人必与他在一起。这种人永不寂寞。

管住自己的舌头

你如果没有好话可说，那就什么也别说。

要记住，不愉快的时刻迟早会过去，如果我们的舌头没有闯祸，就不会留下需要医治的创伤。

大卫的父母离婚后，协议规定他和母亲一起生活。由于手头拮据，母子二人只好搬到另一个城市去。大卫于是也要到一所新的学校去上课，结交新的朋友。这种种变化叫他伤透了心。他开始对那些父母没有离婚的孩子感到反感，而且经常因为小事或无缘无故跟人打架。在这种痛苦的生活中，他养成了对人苛求的习惯，几乎对谁都没有一句好话。

一天，有个对大卫的情况十分了解的同学走到他身边。"我父母也离婚啦。"他轻声地说，"我知道你心里难受。不过，你得抛弃你的怒气和痛苦。你跟别人过不去，这只能伤害你自己。要是你没法说点儿什么好话，那你最好什么也别说。"

由于痛苦，大卫最初的确很难接受这位同学的建议，但情况似乎变得越来越糟，于是他就对自己的谈吐变得比较谨慎了。他经常把马上就要冲口而出的话咽回去，若是在以前，他的这些伤害人、挖苦人的话简直是没遮没拦。他开始意识到他从前对身边同学的关心是多么不够。随着理解的扩大，他开始明白，像他一样遭受家庭变故的不只他一个人，许多孩子也经历过令人难堪的家庭解体。大卫开始想办法去鼓励他们，帮助他们处理好自己的痛苦与茫然。到学期结束时，大卫的态度产生了180度的根本转变，并获得了那些当初由于他管不住自己的脾气而与他疏远了的同学的好感。

我们无论是谁，在家里、学校里或工作中，都可能经历过精神上受到压抑的情形。当事情进展不顺利时，我们就往往忍不住责怪别人，我们或许认为，找别人的错，能使我们对自己所处的状况觉得好受点儿。但也可能是这样想的：我不好过，你也别想好过。

在我们每个人都曾经历过的"沮丧"时刻里，如果我们不能对别人说有益的好话，那我们最好还是什么也别说。破坏性的语言，往往会产生破坏性的结果。除了会给周围的人造成不必要的痛苦之外，从我们口中说出的那些消极性的话语往往只会使问题变得复杂起来。

在生活中遇到了难于应付的挑战，我们就可能认为，说些粗野和伤人的话是有道理的。上文提到的那个父母离了婚的孩子，受着许许多多他无法理解、无法解决的感情和情绪的折磨。但他终于还是发现，贬低和伤害他人并不是解决问题的办法。通过客气和富于理解的言辞，或干脆怀着同情听别人说话，他终于学会了帮助他人；反过来，他又受到了周围人们的帮助，而他终于在自己身上找回了生活的勇气。

当我们遇到灾难或烦心的事儿，倘若我们还记着应与面前的事物保持一定距离，直至能够看清与之相联系的背景为止；倘若我们学会了"管住自己的舌头"，那么，我们也许就能避免说出许多具有破坏性的话。在生活的各个方面，倘若人们背着沉重的思想包袱，这对他们自己和其他人，都会产生致命的影响，因为这些思想问题所强调的是否定的而不是积极的方面。因此，重要的是我们要懂得，创造性的思想产生于不断寻找答案的过程之中。

有句久经时间考验的名言："你如果没有好话可说，那就什么也别说。"这实在是一句座右铭。倘若你出于某种原因而感到沮丧，如有必要，可以找朋友或师长谈谈。每个人都有不顺心的时候，当你感到情绪有些不对头时，千万别发作，以免伤害别人，因为别人也同样需要听到些表示理解和支持的话。对自己要说出的话，要时刻保持警惕。要记住，不愉快的时刻迟早会过去，如果我们的舌头没有闯祸，就不会留下需要医治的创伤。

抓住每一个机会

　　只要他愿意探取，凡他结交的每一个人，都能告诉他若干的秘密，若干闻所未闻却足以辅助他的前程、加强他的生命的东西。没有人能孤独地发现他自己，别人总是他的发现者！

　　错过与一个胜过我们自己的人相交往的机会，实在是一个很大的不幸，因为我们常能从这个人身上得到许多益处。

　　一个人从别人那里所吸收的能量愈大、质量愈好、种类愈多，则其个人的力量愈大。假使他在社交上与精神上、道德上同他的同辈有多方面的接触，那么他一定是个有力量的人。反之，假使他断绝关系，那么他一定会成为弱者。

　　人类需要各种精神食粮，而这各种精神食粮，只有在同各种各样的人们相处相交中得来。这就像枝头上葡萄累累，其汁液的甜蜜，其色香的醇美，都是从葡萄藤的主藤上来的一样。树枝本身不能生存，把树枝从树干上砍掉，树枝定会萎黄枯死。个人的力量也是从"人类树干"中得来的。

　　在同一个人格坚强伟大的人相面对、相接触的时候，常常能觉得自己的力量会突然增加几倍，自己的智慧会突然提高几倍，自己的各部分机能会突然锐利了几分，仿佛自己以前所梦想不到的隐藏在生命中的力量，都被他解放了出来，以至于使自己可以说出、做出在一人独处时、在没有同他接触时，所决不能说出、不能做出的事情。

演说家的演讲词可以唤起听众的同情，因而发出伟大的力量。但是假使他在"没有人"或者和个别人的情况下讲话，则决不能生出这种巨大的力量；正像化学家决不能使分贮在各只瓶中的药品发生化学作用一样。新的力量、新的影响、新的创造，只有在"接触"和"联系"中才能得来。

常能同他人相处相交的人，仿佛永远在他的"发现航程"中能发现自己生命中的新的"力量岛屿"，而若是他不常同别人接触，这种"力量岛屿"是会永远埋没无闻的。

只要他愿意探取，凡他结交的每一个人，都能告诉他若干的秘密，若干闻所未闻却足以辅助他的前程、加强他的生命的东西。没有人能孤独地发现他自己，别人总是他的发现者！

我们大部分的成就总是蒙受他人之赐。他人常在无形之中把希望、鼓励、辅助投入我们的生命，在精神上振奋我们，使我们的各种能力趋于锐利。

我们生命的生长，都依靠我们的心灵从四处吸收营养，而这种营养，我们的感觉是不能觉察、测量的。从表面上看，我们是从耳目中吸收进"力量"的，但在事实上，这种力量的吸收绝不是取道于官能的视觉、听觉神经的。

一幅名画中最伟大的东西，不在于画布上的色彩、影子或格式上，而是在这一切背后的画家的人格中——那黏着在他的生命中，那为他所传袭、所经历的一切的总和所构成的一种伟大力量！

大学教育的大部分价值，都是从师生同学间感情的交流、人格的陶冶中所得来的。他们的心相摩擦，刺激起各人的志向，提高各人的理想，启示新的希望、新的光明，并将各人的各种机能琢磨成器。书本上的知识是有价的，然而从心灵的沟通中所得来的知识是无价的。

假使你不能同别人的生活发生密切的关系，不能培养起你的丰富的同情心，不能在别人的事上发生兴趣，不能辅助别人，不能分担别人的痛苦、共享别人的快乐，则不管你学问怎样好、成就怎样大，你的生命仍是冷酷的、无友的、孤独的、不受欢迎的。

试着常同比你优越的人交往。这并不是说，你应当和比你更有钱的人交往，而是说你应当同人格、品行、学问、道德都胜过你的人交往，因为这样你就能尽量吸收到种种对你的生命有益的东西，就可以提高你自己的理想，可以鼓励你趋向高尚的事情，可以使你对事业激起更大的努力来。

脑海之间、心灵之间，有着一种伟大的"感应"力量。这种"感应"力量，虽无法测量，然而它的刺激力、它的破坏力及建设力是十分巨大的。假使你常同比你低下的人混在一起，则他们一定会把你拖陷下去，一定会降低你的志愿和理想。

错过与一个胜过我们自己的人相交往的机会，实在是一个很大的不幸，因为我们常能从这个人身上得到许多益处。只有在"交往"中，生命中粗糙的部分才可以擦去，我们才可以琢磨成器。

同一个能够启发我们生命中的最美善的部分的人相交的机会，其价值远过于发财获利的机会，它能使我们的力量增加百倍。

扩大交际范围

　　善于交际的人，总是在不停地扩大自己的交际范围。

　　定期举办的各种活动可为其成员提供充分的交往机会，所以，不要放弃你感兴趣的任何团体。

　　善于交际的人，总是在不停地扩大自己的交际范围，认识一个新的朋友，等于进入他的社交圈，从而又认识一批人，不断地产生倍数效应。卡耐基经常鼓励他的学员这样做，并给了他们相应的一些建议：

　　广泛参加各种团体活动

　　对于参加联谊会、集训、研讨会或志趣相同者的夏令营、冬令营等活动，都是许多人在一起的集体活动，即便你兴趣不浓也还是积极参加为好。

　　因为，此类活动所创造的交际机会是非常多的。比如，有些不喝酒的人，稍微喝了一点，就把心里话全都倒了出来，从此与这些人结成了好朋友。如果你总是说"乱哄哄的有什么意思"之类的拒绝之词，那么以后就不会有人再邀请你了。

　　各类社团组织、学术团体聚集着各种人才，大家志趣、爱好相投，有共同语言，可以相互切磋技艺，研究学问。定期举办的各种活动可为其成员提供充分的交往机会，所以，不要放弃你感兴趣的任何团体。

好好利用与人合作的机遇

与人合作的过程也是交友的过程，为扩大交际范围提供了良好的机遇，因为共同的事业是寻觅知心朋友的前提条件。

不可错过与人合作的项目，而且还要积极寻找共同完成的事业，才可广交朋友。

培养自己的好奇心

爱好、兴趣广泛的人，易于同各种人交朋友。一个人如果会打桥牌、跳舞、游泳、滑冰、打球、下棋等，爱好一多，与大家"凑趣"的机会就多，结交朋友的机会也就多了。

即使自己并不擅长某一方面，但若表现出浓厚的兴趣，博得对方的欢心，肯定了他的特点，也能引发共鸣。

抱有好奇心，集体活动时，不管谁邀请都一起活动。自己感兴趣的要去，不感兴趣的也要去，不管男性和女性都要兴致勃勃地活动。只有这样才能让人感受你的魅力，并让人感受快乐的气氛。当大家聚到一起时，不要忘了这一点。

此外，要关心各种问题。常关心大家所关心的事，特别是关心你结交的人们所感兴趣的事情。

不要让性格差异成为障碍

常言说，物以类聚，人以群分。志趣相投的人容易接近，反之，则容易疏远。但要记住，社交与选择朋友知己不完全是一回事。社交圈中，更多的不是朋友，而只是普普通通的朋友。因此，在社交过程中，不要用选择朋友甚至是知心朋友的条件来做标准，大可不必将志趣不符、性格不合的人一概拒之门外。

在社交圈中认识的新朋友应是与你有较大差别的人才好。朋友在知识结构、兴趣爱好、生活经历、气质性格等方面存在差别，有助于双方广泛地了解形形色色的社会生活层面。新朋友的见解即使与你大相径庭、迥然不同，也是一大幸事，这可以补充、丰富你的思想。

积极参加集体活动

有些人不喜欢参加集体活动，这些人老埋怨自己没有朋友，实际就是缺少热情。无论大家做什么，需要多少时间，就知道做自己喜欢的事情，绝不与大家一起干。什么都是自己决定，自己能领会的才想做，像这样的个性很强的人是很难交到朋友的。

无事也登"三宝殿"

　　所谓真正可以亲密往来的对象，愈是无事相求时愈能尽情通电话。反之，遇上有事相托时，即使三言两语，彼此也能明白对方想说的话，"OK，你不用多说"，通话时间也相对缩短。遇上有事相求时，可以开门见山地提出请求。

　　尽管如此，只有遇上求助场合才会打电话的行为，未免太自私，鲜少打电话来的人一旦打电话来，心里正想着不知有何事情，不料闲聊30分钟后，对方忽然说："你能否替我要几张演奏会的入场券？"这种情形时常可见。这绝对不是令人愉快的事情。有事相托才会打电话来的人，不免令人怀疑对方只是在利用自己。至少，这种情形无法发展成健全的人际关系。

　　自己与他人联络时，如果突然就向平常疏于招呼的对象提出恳求时，由于明白对方心里感觉"遭到利用"，因此自己也会变成愈来愈不好意思打电话给对方。

　　对方万一是自己想请求帮忙的对象，即使是平常无事相托时，也有必要认真地保持联络。倘若是平时保持着联系的对象，即使是困难的请求也容易开口提出，而对方也必定不会觉得自己遭利用，并能轻快应允协助。

反过来说，所谓路子，如能保持无事相求时也能轻松相互联络的关系，才是最理想状态。为了联络，必须一一捏造出理由才能打电话的关系，在万一有事的情况下是无法发挥作用的。

即使是男女之间，夜里心血来潮拨电话给对方时，"有什么事？"再也没有比对方提出这种问题更令人伤心的了。由于不是工作上的电话，如果被问及这样的问题，大致可以确定是无希望可言。如果不能成为没事也能通电话的对象，绝对无法建立恋爱关系。

"路子"的情形亦相同，所谓真正可以亲密往来的对象，愈是无事相求时愈能尽情通电话。反之，遇上有事相托时，即使三言两语，彼此也能明白对方想说的话，"OK，你不用多说"，通话时间也相对缩短。遇上有事相求时，可以开门见山地提出请求。

为了让"路子"发挥作用，你应尽量储备许多这种对象。在万一状态下，可以当作网络加以活用，是完全取决于"无事也登三宝殿"的功夫。

第二章
不露痕迹，改变他人

不要想说什么就说什么，凡事必须三思而行，对人要和气，可是不要过分狎昵。

——［英］莎士比亚

不要把意见硬塞给别人

没有人喜欢觉得他是被强迫购买或遵照命令行事。我们宁愿觉得是出于自愿购买东西，或是按照我们自己的想法来做事。我们很高兴有人来探询我们的愿望、我们的需要以及我们的想法。

你对于自己发现的思想，是不是比别人用银盘子盛着交到你手上的那些思想，更有信心呢？如果是这样的话，那么，如果你要把自己的意见硬塞入别人的喉咙里，岂不是很差劲的做法吗？提出建议，然后让别人自己去想出结论，那样不是更聪明吗？

没有人喜欢觉得他是被强迫购买或遵照命令行事。我们宁愿觉得是出于自愿购买东西，或是按照我们自己的想法来做事。我们很高兴有人来探询我们的愿望、我们的需要以及我们的想法。

当西奥多·罗斯福当纽约州州长的时候，他完成了一项很不寻常的功绩。他一方面和政治领袖们保持良好的关系，另一方面又强迫进行一些他们十分不高兴的改革。底下是他的做法。

当某一个重要职位空缺时，他就邀请所有的政治领袖推荐接任人选。"起初，"罗斯福说，"他们也许会提议一个很差劲的党棍，就是那种需要'照顾'的人。我就告诉他们，任命这样一个人不是好政策，大家也不会赞成。

"然后他们又把另一个党棍的名字提供给我，这一次是个老公务员，他只求一切平安，少有建树。我告诉他们，这个人无法达到大众的期望，接着我又请求他们，看看他们是否能找到一个显然很适合这职位的人选。

"他们第三次建议的人选，差不多可以，但还不太行。

"接着，我谢谢他们，请求他们再试一次，而他们第四次所推举的人就可以接受了；于是他们就提名一个我自己也会挑选的最佳人选。我对他们的协助表示感激，接着就任命那个人——我还把这项任命的功劳归之于他们……我告诉他们，我这样做是为了能使他们感到高兴，现在该轮到他们来使我高兴了。

"而他们真的使我高兴。他们以支持像'文职法案'和'特别税法案'这类全面性的改革方案，来使我高兴。"

记住，罗斯福尽可能地向其他人请教，并尊重他们的忠告。当罗斯福任命一个重要人选时，他让那些政治领袖觉得，他们选出了适当的人选，完全是他们自己的主意。

让别人觉得办法是他想出来的，不只可以运用于商场和政坛上，也同样可以运用于家庭生活之中。俄克拉荷马州叶萨市的保罗·戴维斯，告诉公司同事他是如何运用这个原则：

"我的家庭和我享受了一次最有意思的观光旅行。我以前早就梦想着要去看看诸如葛底斯堡的内战战场、费城的独立厅等历史古迹，以及美国的首都。法吉谷、詹姆斯台以及威廉士堡保留下来的殖民时代的村庄，也都罗列在我想造访的名单上。

"在 3 月里，我夫人南茜提到她有一个夏天度假计划，包括游览西部各州，以及看看新墨西哥州、亚利桑那州、加州以及内华达州的观光胜地。她想去这些地方游玩已经有好几年了。但是很明显地，我们不能既照我的想法又照她的计划去旅行。

"我们的女儿安妮刚刚在初中读完了美国历史，对于那些历史事件很感兴趣。我问她喜不喜欢在我们下次度假的时候，去看看她在课本上读到的那些地方，她说她非常喜欢。

"两天以后，我们一起围坐在餐桌旁，南茜宣布，如果我们大家都同意，在夏天度假的时候将去东部各州。她还说，这趟旅行不但对安妮很有意义，对大家来说，也是一件令人兴奋的事。"

一位 X 光机器制造商，利用这同样的心理战术，把他的设备卖给了布鲁克林一家最大的医院。那家医院正在扩建，准备成立全美国最好的 X 光科。L 大夫负责 X 光科，整天受到推销员的包围，他们一味歌颂、赞美他们自己的机器设备。

然而，有一位制造商却更具技巧。他比其他人更懂得对付人性的弱点。他写了一封信，内容大致如下：

"我们的工厂最近完成了一套新型的 X 光设备。这批机器的第一部分刚刚运到我们的办公室来。我们知道它们并非十全十美，我们想改进它们。因此，如果你能抽空来看看它们并提出你的宝贵意见，使它们能改进得对你们这一行业有更多的帮助，那我们将不胜感激。我知道你十分忙碌，我会在你指定的任何时候，派我的车子去接你。"

"接到那封信时，我感觉很惊讶，"L 大夫在班上叙述这件事说，"我既觉得惊讶，又觉得受到很大的恭维。以前从没有任何一位 X 光制造商向我请教。这使我觉得自己很重要。那个星期，我每天晚上都很忙，但我还是推掉了一个晚餐约会，以便去看看那套设备。结果，我看得愈仔细，愈发觉自己十分喜欢它。

"没有人试图把它推销给我。我觉得，为医院买下那套设备，完全是我自己的主意，于是就把它订购下来。"

长岛一位汽车商人，也是利用这样的技巧，把一辆二手货汽车，成功地卖给了一位苏格兰人。

这位商人带着那位苏格兰人看过一辆又一辆的车子，但总是不对劲。这不适合，那不好用，价格又太高，他总是说价格太高。在这种情况下，这位商人就向同学求助。

他们劝告他，停止向那位"苏格兰佬"推销，而让他自动购买。他们说，不必告诉"苏格兰佬"怎么做，为什么不让他告诉你怎么做？让他觉得出主意的人是他。

这个建议听起来相当不错。因此，几天之后，当有位顾客希望把他的旧车子换一辆新的时，这位商人就开始尝试这个新的方法。他知道，这辆旧车子对"苏格兰佬"可能很有吸引力。于是，他打电话给"苏格兰佬"，请他能否过来一下，特别帮个忙，提供一点建议。

"苏格兰佬"来了之后，汽车商说："你是个很精明的买主，你懂得车子的价值。能不能请你看看这部车子，试试它的性能，然后告诉我这辆车子，应该出价多少才合算。"

"苏格兰佬"的脸上泛起"一个大笑容"。终于有人来向他请教了，他的能力已受到赏识。他把车子开上皇后大道，一直从牙买加区开到佛洛里斯特山，然后开回来。"如果你能以 300 美元买下这部车子，"他说，"那你就买对了。"

"如果我能以这个价钱把它买下，你是否愿意买它？"这位商人问道。300 美元，果然，这是他的主意、他的估价，这笔生意立刻成交了。

爱默生在他的一篇散文中说："在天才的每一项创作和发明之中，我们都看到了我们过去摒弃的想法，这些想法再呈现在我们面前的时候，就显得相当的伟大。"

爱德华·豪斯上校，在威尔逊总统执政期间，在国内及国际事务上有极大的影响力。威尔逊对豪斯上校的秘密咨询及意见依赖的程度，远超过对自己内阁的依赖。

豪斯上校利用什么方法来影响总统呢？很幸运地，我们知道这个答案。因为豪斯自己曾向亚瑟 .D. 何登·史密斯透露，而史密斯又在《星期五晚邮》的一篇文章中引述豪斯的这段话。

"'认识总统之后，'豪斯说，'我发现，要改变他一项看法的最佳办法，就是把这件新观念很自然地建立在他的脑海中，使他发生兴趣——使他自己经常想到它。第一次这种方法奏效，纯粹是一个意外。有一次我到白宫拜访他，催促他执行一项政策，而他显然对这项政策不赞成。但几天以后，在餐桌上，我惊讶地听见他把我的建议当作他自己的意见说出来。'"

豪斯是否打断他说："这不是你的主意，这是我的？"哦，没有，豪斯不会那么做。他太老练了，他不愿追求荣誉，他只要成果。所以他让威尔逊继续认为那是他自己的想法。豪斯甚至更进一步，他使威尔逊获得这些建议的公开荣誉。

且让我们记住，我们明天所要接触的人，就像威尔逊那样具有人性的弱点，因此，且让我们使用豪斯的技巧吧。

说服人最好的办法是：让别人觉得办法是他想出来的。

"高帽子"的妙用

> 给他们一个好的名声来作为努力的方向，他们就会痛
> 改前非、努力向上，而不愿看到你的希望破灭。

假如一个好工人变成粗制滥造的工人，你会怎么做？你可以解雇他，但这并不能解决任何问题。你可以责骂那个工人，但这常常只能引起怨恨。

亨利·汉克，他是印第安纳州洛威一家卡车经销商的服务经理，他公司有一个工人，工作每况愈下。但亨利·汉克没有对他吼叫或威胁他，而是把他叫到办公室里来，跟他坦诚地谈一谈。

他说："比尔，你是个很棒的技工。你在这条线上工作也有好几年了，你修的车子也都很令顾客满意，其实，有很多人都赞美你的功夫好。可是最近，你完成一件工作所需的时间却加长了，而且你的质量也比不上你以前的水准。你以前真是个杰出的技工，我想你一定知道，我对这种情况不太满意，也许我们可以一起来想个办法来改进这个问题。"

比尔回答说他并不知道他没有尽好他的职责，并且向他的上司保证，他所接的工作并未超出他的专长之外，他以后一定会改进它。

他做了没有？你可以肯定他做了。他曾经是一个快速优秀的技工，有了汉克先生给他的那个美誉去努力，他怎么会做些不及过去的事？

包汀火车厂的董事长撒慕尔·华克莱说："假如你尊重一个人，一般人是容易诱导的，尤其是当你显示你尊重他是因为他有某种能力时。"

总之，你若在某方面去改变一个人，就把他看成他已经有了这种杰出的特质。莎翁曾说："假如你没有一种德行，就假装你有吧！"更好的是，公开地假设或宣称他已有了你希望他有的那种德行，给他们一个好的名声来作为努力的方向，他们就会痛改前非、努力向上，而不愿看到你的希望破灭。

比尔·派克是佛罗里达州得透纳海滩一家食品公司的业务员，他对公司新系列的产品感到非常兴奋；但不幸的是，一家大食品市场的经理取消了产品陈列的机会，这令比尔很不高兴。他对这件事想了一整天，决定下午回家前再去试试。

他说："杰克，我今天早上走时，还没有让你真正了解我们最新系列的产品，假如你能给我些时间，我很想为你介绍我漏掉的几点。我非常敬重你有听人谈话的雅量，而且非常宽大，当事实需要你改变时你会改变你的决定。"

杰克能拒绝再听他谈话吗？在这个必须维持的美誉下，他是没办法这样做的。

有一天早晨，爱尔兰都柏林的一位牙医马丁·贵兹，当他的病人指出她用的漱口杯、托盘不干净时，他真的震惊极了。不错，他用的是纸杯，而不是托盘，但生锈的设备，显然表示他的职业水准是不够的。

当这位病人走了之后，贵兹医生关了私人诊所，写了一封信给布利基特——一位女佣，她一个礼拜来打扫两次。他是这样写的：

亲爱的布利基特：

　　最近很少看到你。我想我该抽点时间，为你做的清洁工作致意。顺便一提的是，一周两小时，时间并不算少，假如你愿意，请随时来工作半个小时，做些你认为应该经常做的事，像清理漱口杯、托盘等。当然，我也会为这额外的服务付钱的。

贵兹医生

第二天他走进办公室时，他的桌子和椅子，擦得几乎跟镜子一样亮，他几乎从上面滑了下去。当他进了诊疗室后，看到从未见过的干净，光亮的铬制杯托放在储存器里。他给了他的女佣一个美誉促使她去努力，而且就只为这一个小小的赞美，她使出了最卖力的一面，而且没有用到额外的时间。

纽约布鲁克林的一位四年级老师鲁丝·霍普斯金太太，在学期的第一天，看班上的学生名册时，她对新学期的兴奋和快乐却染上忧虑的色彩：今年，在她班上有一个全校最顽皮的"坏孩子"——汤姆。他三年级的老师，不断地向同事或是校长抱怨，只要有任何人愿意听。他不只是做恶作剧，还跟男生打架、逗女生、对老师无礼、在班上扰乱秩序，而且好像是愈来愈糟。他唯一能稍事补偿的特质是：他很快就能学会学校的功课，而且非常熟练。霍普斯金太太决定立刻面对汤姆的问题。当她见到她的新学生时，她讲了些话："罗丝，你穿的衣服很漂亮；爱丽西亚，我听说你画画很不错……"当她念到汤姆时，她直视着汤姆，对他说，"汤姆，我知道你是个天生的领导人才，今年我要靠你帮我把这班变成四年级最好的一班。"在头几天她一直强调这点，夸奖汤姆所做的一切，并评论他的行为正代表着他是一位很好的学生。有了值得奋斗的美名，即使只是一个9岁大的男孩也不会令她失望，而他真的做到了这些。

批评人勿忘多鼓励

　　一旦发现他人出现错误，我们很多人往往首先想到的
就是如何批评。

　　当他人出现错误时，在批评之后，采用鼓励的方式与
他交流。

　　一旦发现他人出现错误，我们很多人往往首先想到的就是如
何批评，使之改正。事实上，与批评相比，鼓励似乎更容易使人
改正错误，并且更易让对方去做你所期望的事情。所以，当他人
出现错误时，你首先应该考虑一下，是否非得批评不可，应该怎
样批评。如果可能的话，在批评之后，鼓励一下对方，同时也不
影响你们的关系。

　　你要是跟你的孩子、伴侣、雇员说他做某件事显得很笨，很
没有天分，那你就做错了，这等于毁了他所有求进步的心。但如
你用相反的方法，宽宏地鼓励他，使事情看起来很容易做到，让
他知道，你对他做这件事的能力有信心，他的才能还没有发挥，
这样他就会练习到黎明，以求自我超越。

　　卡耐基有一个光棍朋友，年约 40 岁，最近刚订婚。他的未婚
妻一直怂恿他去学跳舞。这位朋友说道："天知道我的确应该去学

跳舞。20 年前，我第一次跳舞，当时的技术和现在一直都没什么两样。我的第一位老师讲的或许不假，她说，我的舞步全错了，必须从头学起。此话颇伤我的心，以致学舞的兴致完全消失无踪，我的学舞生涯也至此宣告结束。

"现在这位老师不知是不是哄我，但她讲的话我听了真喜欢。第一位老师由于强调的是我不对的地方，以致让我失去学习的兴趣；第二位老师则是正好相反，她一直称赞我的长处，对我的短处则尽量不提。她曾对我说：'你具有天生的节拍感，可说是天生的舞蹈家呢！'虽然，直到现在，我仍然感觉到自己并没有什么跳舞细胞，技术也一直没什么进步。但在内心深处，我还是希望这位新老师所说的话'或许'没错，所以便继续付钱让她讲这些话。

"我知道，假如她没有告诉我我天生有韵律感，我今天还跳不到这么好。她鼓励我，给我希望，让我想要更进步。"

卡耐基训练班的一个学员讲述了他的儿子是如何在他的鼓励下改变的事实：

"我的儿子大卫 15 岁那年，到辛辛那提来跟我住。他的命运坎坷。在一次车祸中脑部受伤需要开刀，这次手术在他前额留下了一道难看的疤。直到 15 岁，他都是在达拉斯的特别班里，因为他的学习速度很慢。也许是因为疤的关系，学校判定他的脑部受伤，无法正常学习。他比同年的小孩慢了两年，所以他现在才七年级，且还不会乘法，他都用手指算数，也不太会念书。

"但是，他喜欢研究收音机和电视。他想做个电视机技师。我鼓励他这件事，并告诉他需要数学好才能参加训练。我决心要在这种事上帮他做到熟练。我们买了 4 组彩色卡片：加法、减法、乘法、除法。我们一边看卡片，大卫一边把正确的答案放在空白栏内，假如他漏掉了，我就给他正确的答案，再把它放上去，直到全部放完为止。我费了很大劲才让他把每一个卡片都弄对，尤其是先前错过一次的。每天晚上我们都放一次卡片，放完为止。每天晚上，都用一只不走的手表计时，我向他保证，假如他能在8分钟内做对全部的卡片而且没有错误，那就不用每天晚上做了。这对大卫来说似乎不太可能。第一次，他用了52分钟，第二次，48分钟，然后是45、40、41，然后是少于40分钟了。每次的进步，我们都加以庆祝，到月底时，他已经能在8分钟之内正确地放完所有的卡片了。每当他有点进步时，他会要求再做一遍。他终于神奇地发现，学习是容易和有趣的。

"这时，他的代数成绩飞跃地进步了。他自己也觉惊奇，因他拿回家的成绩单，数学是B，这在以前从没发生过。其他的变化也快得令人难以置信。他的阅读能力也快速进步，他开始会用他的天赋画图。在学期末，他的科学老师指定他筹办一个展览，他选择了用一种高难度的模型来证明杠杆原理。那不但需要画画和制造模型的技巧，而且要应用数学。这个展览，他拿了学校科学展的第一名，因此而参加了市展的比赛，也拿到了辛辛那提市的第三名。"

他曾是一个留级两年的孩子，被学校认定脑部受损，被他的同学叫"原始人"，又说他的大脑在脑部的缺口漏了出去。突然，他发觉他能够学习而且去完成一些工作，结果呢？从八年级的最后一学期起一直到高中，他都排在荣誉榜上；在高中时，他被选拔至全国荣誉协会。一旦他发现学习是容易的，他整个生命都变了。

"旁敲侧击"更使人信服

　　为了不触犯对方的自尊心，即使发现了对方的错误，也不要立刻指出，而应采取间接的方式。

　　我们在批评别人时，常常会犯这样一个错误，就是当发现对方有明显的错误时，会不客气地批评对方说："那是错的，任何人都会认为那是错的！"这样一来，对方的自尊心会受到伤害，而突然陷入沉默，或挑剔你的言词来拒绝你。

　　因此，为了不触犯对方的自尊心，即使发现了对方的错误，也不要立刻指出，而应采取间接的方式。

　　据说美国政治家富兰克林年轻时非常喜爱辩论，尤其是对于别人的错误更是不能容忍，总是穷追到底。因此，他的看法常常不能被人接受。当他发现了自己的缺点之后，便改以疑问的形式表达自己的意见，后来他的成就是众所周知的。

　　由此可知，不要用"我认为绝对是这样的！"这类口气威压对方，用"不知道是不是这样？"这种委婉的态度与对方交谈效果会更好。

　　批评是我们常用的一种手段，但我们有些人批评起来简直让他人无地自容，下不了台阶。其实，这种批评方式不但无法达到让他人改正错误的目的，而且有碍你的人际关系。既然如此，为何还要使用这种"残酷"的手段呢？

在生活和工作中，我们不可能没有批评，但要学会巧妙地批评，让他人既意识到自己的错误，并尽快改正，同时也理解你善意批评的意图，使他对你心存感激。

一天下午，查理·夏布经过他的一家钢铁厂，撞见几个雇员正在抽烟，而他们的头顶上正挂着"请勿吸烟"的牌子。那么夏布先生是如何处理此事的呢？他并没有指着牌子说："你们难道不识字吗？"而只是走过去，递给每人一支烟，然后道："老兄，如果你们到外边抽，我会很感谢你们。"员工当然知道自己破坏了规定，但是夏布先生不但没说什么，反而给了每个人一样小礼物，你能不敬重这样的老板吗？谁能不敬重这样的老板呢？

不直接说出对方的错误，而是通过间接的方式让对方自己去发现并改正自己的错误；在禁止对方不要做某件事时，不使用直接禁止的语言，而是劝说对方做与之完全相反的事情。如果直接禁止对方只会招致反感，而采取不禁止，只是劝说对方做与之相反的事情的方法，却能收到良好的效果。

后备军人和正规军人，最大不同的地方就是理发，后备军人认为他们是老百姓，因此非常痛恨把他们的头发剪短。

美国陆军第五百四十二分校的士官长哈雷·凯塞，当他带了一群后备军官时，他要求自己要解决这个问题。跟以前正规军的士官长一样，他可以向他的部队吼几声或威胁他们，但他不想直接说他要说的话。

他开始说了："先生们，你们都是领导者。当你以身教来领导时，那就再有效不过了。你必须为遵循你的人做个榜样。你们该了解军队对理发的规定，我今天也要去理发，而它却比某些人的头发要短得多。你们可以对着镜子看看，你要做个榜样的话，是不是需要理发了，我们会帮你安排时间到营区理发部理发。"

成果是可以预料的。有几个人自愿到镜子前看了看，然后下午到理发部去按规定理发。次晨，凯塞士官长讲评时说，他已经可以看到，在队伍中有些人已具备了领导者的气质。

在 1887 年 3 月 8 日，美国最伟大的牧师及演说家亨利·华德·毕奇尔逝世。就在那个礼拜天，莱曼·阿伯特应邀向那些因毕奇尔的去世而哀伤不已的牧师们演说。他急于作最佳表现，因此把他的讲演词写了又改，改了又写，并像大作家福楼拜那样谨慎地加以润饰。然后他读给他的妻子听，写得很不好——就像大部分写好的演说一样。如果她的判断力不够，她也许就会说："莱曼，写的真是糟糕，行不通，你会使所有的听众都睡着的，念起来就像一部百科全书似的。你已经传道这么多年了，应该有更好的认识才是。看在老天爷的分上，你为什么不像普通人那般说话？你为什么不表现得自然一点？如果你念出像这样的一篇东西，只会自取其辱。"

而她称赞了这篇讲稿，但同时很巧妙地暗示出，如果用这篇讲稿来演说，将不会有好效果。莱曼·阿伯特知道她的意思，于是把他细心准备的原稿撕破，后来布道时甚至不用笔记。

第三章
如何使交谈变得更愉快

如果希望成为一个善于谈话的人，那就先做一个致意倾听的人。

——[美]戴尔·卡耐基

假如我是他

告诉自己：假如我是他，我会怎么想？我会怎么做？
这么一来，不但可以节省时间，还会减少许多不快。

明天，在你开口要求别人熄火、购物或认捐任何款项
之前，请先闭上眼睛，试着由别人的角度来思考事情。

记住，许多人做错事的时候，自己并不这么认为。所以，别
去责怪这些人，只有傻子才会这么去做。要想办法去了解这些人。
当然，这也只有聪明、有耐心而且具有超俗思想的人才会这么
去做。

人会有独特的想法或做法，总有其特别的理由。把这个理由
找出来，便可以了解他为什么要这么做，甚至还可以帮你了解此
人的性格。

要真诚地站在此人的立场上看事情。

告诉自己：假如我是他，我会怎么想？我会怎么做？这么一
来，不但可以节省时间，还会减少许多不快。因为，"假如你对事
情的原因感兴趣，通常对其所具有的影响也一样感兴趣"，更何况
这还可以大大增进你对人际关系的了解。

肯尼斯·谷迪在其著作《点石成金》一书中说道："且预留几

分钟，先度量一下自己对本身事务感兴趣的情形，还有对一般事务关注的程度——两者相比较之后，你或许会了解，举世众人也大概都是如此。"

我们再由林肯和罗斯福等人的处世方法中学习处理人际关系的基本原则。那就是：用别人的观点去看事情。

住在纽约的山姆·道格拉斯夫妇，4 年前刚迁入新居的时候，道格拉斯太太花了太多时间整理草地——拔草、施肥、每星期割两次草。但是，整片草地看起来也只不过和他们搬进去的时候差不多。于是，道格拉斯先生便常劝太太不用那么费力气，道格拉斯太太为此颇感沮丧。而每次道格拉斯先生这么说的时候，当晚家中的宁静气氛便被破坏了。

道格拉斯先生参加了训练班课程之后，深觉多年来的做法不对。他从没想过，或许他的太太本就喜欢园艺工作，她需要的是赞赏而不是指责。

一天傍晚，用过晚餐之后，道格拉斯太太又准备到庭院除草，并且问道格拉斯先生愿不愿意陪她一道去。道格拉斯先生本不太感兴趣，但一想到那是太太的嗜好，最好是不要拒绝，便急忙答应愿意帮忙。道格拉斯太太十分高兴，那天傍晚，他们除了用心除草之外，还谈得十分愉快。

自此以后，道格拉斯先生便常常帮太太整理庭院，也常常称赞太太把庭院整理得多么好。结果，他们的家庭生活大为改进。由于道格拉斯先生能站在太太的立场看事情——虽然只是除草这一类的小事，而事情却能获得圆满解决。

吉拉德·奈伦保在其著作《与人交往》一书中评论道："在你同别人谈话的时候，假如能表现出十分重视对方的想法和感受，便可赢得对方的合作。所以，你应该先表明自己的目的或方向，然后倾听对方发言，再由对方的意见决定该如何应答。总之，要敞开心灵接受对方的观点，如此，对方也相对地会比较愿意接受你的看法。"

在澳大利亚的伊丽莎白·诺瓦克，她的汽车分期付款已迟了6个星期。她在报告中说道："某个礼拜五，我接到一通十分不客气的电话，就是处理我分期付款账号的人打来的。他告诉我，假如我不能在星期一早上付清122美元的欠款，公司就要进一步采取行动。我实在没有办法在周末筹到那笔钱，所以，星期一早上电话铃响的时候，我的心理早有准备。我不准备向他抱怨或诉苦，相反，我试着站在他的角度看事情。首先，我真诚地向他道歉，因为我时常不能如期付款，想必给他增添了许多麻烦。听我这么一说，他的语气马上改变了。他表示，我还不是最麻烦的顾客，有好几位顾客才真使他头痛，他举了好几个例子，说明有些顾客如何无礼，又如何会撒谎、耍赖，等等。我一直没有开口，只静听他把所有不愉快的事情倾泻出来。最后，不等我提出意见，他就先表示我可以不用马上付清欠款，只要在月底以前先缴20美元，然后等方便的时候再慢慢付清全额。"

所以，明天，在你开口要求别人熄火、购物或认捐任何款项之前，请先闭上眼睛，试着由别人的角度来思考事情。问问自己："他们为什么要这么做？"不错，这可能要花点时间，但却可因此避免制造敌人，减少摩擦，并可达到最好的效果。

在哈佛商业学校的狄恩·唐璜说道："我宁可在面谈之前，在办公室前踱上两个钟头，而不愿意毫无准备地走进办公室。我一定要清楚自己想要讲什么，更重要的，是根据我对他们的了解——他们大概会说些什么。"

假如，读完本书之后，你只得了一样东西——能够从旁人的角度去思考、去看事情，那么，虽然这只是你由本书所得到的唯一东西，却很可能是你一生事业的踏脚石。

鼓励对方多说

多数人使别人同意他们的观点时，总是费尽口舌，其实，这种人得不偿失，因为话说多了，既费精力，又可能稍有不慎，伤害到别人。

须知世界上多半是欢迎专门听人说话的人，很少欢迎爱说自己话的人。

多数人使别人同意他们的观点时，总是费尽口舌，其实，这种人得不偿失，因为话说多了，既费精力，又可能稍有不慎，伤害到别人；另外，他们无法从他人身上吸取更多的东西，当然问题不在于别人吝啬，而是他不给别人机会。让对方尽情地说话！他对自己的事业和自己的问题了解得比你多，所以向他提出问题吧，让他把一切都告诉你。

如果你不同意他的话，你也许很想打断他。不要那样做，那样做很危险。当他有许多话急着要说的时候，他不会理你的。因此，你要耐心地听着，抱着一种开阔的心胸，诚恳地鼓励他充分地说出自己的看法。

这种方式在商界会有所收获吗？我们来看看某个人被迫去尝试的例子：

几年前，美国的一家汽车制造公司正在洽购一年所需要的布匹。三家厂商已做好了样品，并都经那家汽车公司的高级职员检验过，而且发出通知说，在一个特定的日子，三家厂商的代表都有机会对合同提出最终的申请。

其中一家厂商的代表抵达的时候正患着严重的咽炎。"轮到我去会见那些高级职员的时候，"这位先生在训练班上叙述事情的经过时说，"我嗓子已经哑了，几乎一点声音也发不出来，我站起来，努力要说话，但只能发出吱吱声。

"汽车公司的几位高级职员都围坐在一张桌边，这时，我只好在一张纸上写着：'诸位，我的嗓子哑了，说不出话来。'

"'我来替你说吧！'汽车公司的董事长说。于是，他展示我的样品，代替我称赞它们的优点。一场热烈的讨论展开了。讨论的是我那些样本的优点。而那位董事长，因为是代表我说话，在讨论的时候就站在我的一边。我听着他们的讨论，只是微笑、点头、做几个手势而已。

"这次特殊会议的结果，使我得到了合同，50万码的坐垫布匹，总值160万美元——我所得到的一笔最大的订单。

"事后我想，如果自己不是哑了嗓子，就不一定能这么顺利地得到这笔订单。这事使我很偶然地发现，有时候让对方来讲话，可能得到预料不到的收获。"

法国哲学家罗西法考说："如果你要树敌，就表现得胜过你的朋友；但如果你要得到朋友，那就让你的朋友胜过你。"事实上，即使是朋友，也宁愿对我们谈论他们自己的成就而不愿听我们吹嘘自己的成就。

如果有几个朋友聚在一起谈话，当中只有一个人口若悬河地滔滔长谈，其他的人只是呆呆地听着，这就不称其为谈话。每一个人都有发表欲。小学生见到先生提出一个问题，大家争先恐后地举起手来，希望教师叫他回答。即使他对于这个问题还不曾彻底地了解，只是一知半解，他还是要举起手来。成人们听着人家在讲述某一事件，虽然他们并不像小学生争先恐后地举起手来，然而他的喉头老是痒痒的，他恨不得对方赶紧讲完了好让他来发表一下自己的观点。

如果阻遏他人的发表欲，就容易引起他人的反感，从而不会得到人家的同情。所以不但应该让人家有着发表意见的机会，还得设法引起人家的话机，使人家感觉到你是一位使人欢喜的朋友，这对你是只有好处而没有害处的。如果你愿意和人家疏远，暗地里遭受着人家的白眼，你只需在和人家说话的时候，专门讲述你自己的话，不要听人家所讲的，而且，也不要给人家说话的机会。现实中这种人多得很，这样你将不会受人欢迎，大家以后见到你就会避开了。

著名的记者麦克逊说："不善于倾听，是不受欢迎的原因。一般人只注意自己应该怎样说，绝不管人家。须知世界上多半是欢迎专门听人说话的人，很少欢迎爱说自己话的人。"这几句话是确确实实的。

假如一个商店的售货员，拼命地称赞他的货物怎样好，而不给顾客说一句话的机会，未必就能做成这位顾客的生意。因为顾客认为你天花乱坠地说话，不过是一种生意经，决不会轻易相信而就购买的。反过来，如果给顾客说话的机会，使他对货物有了批评的机会，你成为和他对此货物互相讨论的人员，你的生意就容易做了。因为上门的顾客，他早有选择和求疵的心理，他尽管把货物批评得不好，他选定了自然会掏出钱来购买的。你一味只是夸耀自己的货物，或是对顾客的批评加以争辩，这无异于说顾客没有眼光，不识好货，不是对顾客一个极大的侮辱吗？他受了极大的侮辱，还会来买你的货物吗？所以，与其自己唠唠叨叨地多说废话，还不如爽爽快快，让人家去说话，反而会得到意想不到的效果。

你如果能够给人家有说话的机会，你就给人留下了一个好印象，以后，人家和你谈话决不会见你讨厌而避开。

查尔斯·古比里就在他的面试中运用了此法。在去面谈以前，他花了许多时间去华尔街，尽可能地打听有关那个公司老板的情况。在与公司老板面谈时，他说："如果能替一家你们这样的公司做事，我将感到十分骄傲。我知道你们在 28 年前刚成立的时候，除了一个小办公室、一位速记员以外，什么也没有，对不对？"

几乎每一个功成名就的人，都喜欢回忆自己多年奋斗的情形，当然，这位老板也不例外。他花了很长时间，谈论自己如何以450 美元和一个新颖的念头开始创业。他讲述自己如何在别人泼冷水和冷嘲热讽之下奋斗着，连假日都不休息，一天工作 16 个小时。他克服了无数的不利条件，而目前华尔街生意做得最好的那几个人都向他索取资料和请教。他为自己的过去而自豪。他有权自豪，因此，在讲述过去时十分得意。最后，他只简短地询问了一下古比里的经历，就请一位副董事长进来，说："我想这是我们所要找的人。"

古比里先生花了很大工夫去了解他未来老板的成就，表示出对对方感兴趣，并鼓励对方多说话，从而给人留下了一个很好的印象。

想要赢得朋友，这也是一个很好的方法。

纽约的亨丽耶塔便是例子。她是一家经纪公司的雇员。上班前几个月，她在公司里交不到一个朋友。原因何在？因为每天她总要向同事吹嘘自己得到多少生意，开了多少户头，还有其他的成就，等等。

"我深以自己的工作绩效为傲。"亨丽耶塔说道，"但我的同事并没有兴趣分享我的成就，反而显得极不高兴。我也希望在公司里受到欢迎，与大家成为好朋友。来训练班上过几堂课之后，我发现了自己的问题，便改变了待人的方式，尽量少谈自己，而多听别人讲话。别人也有许多事情想吹嘘一番。这比只听我个人吹嘘有意思多了。现在，只要一有聊天的机会，我都要求他们把自己的欢乐拿出来分享，而我只在他们提出要求的时候，才谈一点自己的成就。这样一来，大家便开始与我接近，很快我就交了许多朋友。"

从双方都同意的事说起

双方交谈时，在语句上，强调的是"我们"，而不是"你""我"的对立。不但没有任何贬抑的用语，反而只有诚意的邀请，邀请对方一起来解决问题。

不论对方持有什么样的先入之见或偏见，也不论他的主观认识与你的观点有多大的差异，大多数情况下两者总会有一些相同之处。

跟别人交谈的时候，不要以讨论不同意见作为开始，要以强调而且不断强调双方都同意的事情作为开始。不断强调你们都是为相同的目标而努力，唯一的差异只在于方法而非目的。

在建立良好关系的过程中，实现双方兴趣上的一致是很重要的。只要双方喜欢同样的事情，彼此的感情就容易融洽，这是合乎逻辑的，推而广之，对其他事情彼此也就愿意合作了，说服也不例外。

每一个人都有某个方面的兴趣。兴趣可分为两种：一种是对有关系的事物的兴趣；一种是对无关系的事物的兴趣。所谓有关系的事物，是指与你和别人共同发生兴趣的事物。利用这种兴趣，常常可以建立良好的关系。

一般人都有许多不同的兴趣，有的会特别喜欢，有的会比较淡泊。如果可能的话，你应尽量找出他们最感兴趣的事，然后再从这方面去接近他。倘若没有机会，或者这种机会不容易得到，那么也该尽可能地去选择他最大的兴趣供你利用，主要的目的是要使他对你发生兴趣，从而接受你的说服。

欲与别人的特殊兴趣建立一种特殊关系，单单说一句很感兴趣的话是不够的，在对方的询问下，你不能掩饰你真正的兴趣，免得弄巧成拙，必须把你的真实的兴趣表现出来。

问题在于你怎么能使他人了解你对某件事情的确和他有同样的兴趣。因此，你必须对这题目具有相当的知识，足以证明你是有过相当研究的。越是值得接近的人，你就越应该努力对他所感兴趣的事情，做进一步的了解，使你能够应付他，使他乐意提供你所想知道的事情。

就像幼儿园的教师，有许多办法去哄小朋友，把一群哭哭闹闹的小孩训练得高高兴兴。这当然有她们成功的门道，其原因是她们能放弃自己的个性去迎合小朋友的兴趣和思想。

罗伯特的女儿几年前就已经结婚了，但是当年订婚时，却是利用了"仅有的一点共同之处"说服，才成就了这桩美满的姻缘。罗伯特是以非常开明的态度来对待女儿的终身大事的，但是其妻子却一直坚持很严格的条件，她心目中的女婿在学历、家庭条件、年龄等方面都是相当好的青年。

但是，姑娘却不在乎这些，这与女主人的愿望完全相反，女主人当然反对，作为姑娘的父亲罗伯特当时也面带难色。不久，提亲者前来做夫妇俩的说服工作。但是夫妇二人表示感谢后，还是婉言拒绝了。他们说："这件事太麻烦您了，不过考虑到小女将来的幸福，我们还是不同意这桩亲事。"

于是，介绍人说："在考虑姑娘的幸福这一点上我们是相同的。"并且利用这一共同点进行了劝说。他说："如果你们站在姑娘的立场上，考虑她的幸福的话，就请你们重新考虑这桩亲事吧。"夫妇俩经过认真考虑之后，认为很有道理。他们认为，如果一定坚持自己的标准，追求"理想中的女婿"，那么女儿恐怕要终身独守空闺了。因此，改变了态度，收回了自己的意见，终于答应了。后来罗伯特苦笑着说："那位介绍人真是一语惊醒了梦中人。"

当然，这两个年轻人能终成眷属，还有很多因素，但是，如果不是介绍人那句"姑娘的幸福"这一"相同之处"，这桩亲事恐怕就不可能成功。

像这样，找到自己与持先入之见者的共同处并加以扩大、利用，是说服对方时很有效的办法。相反，表示出和对方的"不同之处"，在说服对方时也具有良好的效果。因为这两种方法都能使对方有机会客观地认识自己的先入之见。

当我们意见、感受、观点遇到不同时，可以用诚恳的语气说："在这里我们有不同，让我们一起来想出我们两人都满意的方法。"或"让我们一起想出最有利的解决策略。"

语句上，强调的是"我们"，而不是"你""我"的对立。不但没有任何贬抑的用语，反而只有诚意的邀请，邀请对方一起来解决问题。

重点是要找出"我们两人都愿意"的可能性与可行性，把协调视为"寻找交集点""扩展思维"的过程，而不是"制造敌人"的时候；甚至，要认清双方的不同不是敌对，只是不同而已。因此，切勿心存"打倒"对方的偏激想法，只求赢得个人主观的世界。

不只如此，协调时应积极地视分歧为拓展人际影响范围的关键时刻，也就是培育个人恢宏气度、建立人际关系的时候。

在有分歧的时候，说服的过程便成为协调的过程。对于一个成熟的说服者而言，分歧就是人际关系需要"重组"的信号，甚至是调整关系、培养关系的契机，也是说服的最好契机。

在分歧中，必须先明确对方真正诉求的主题。到底是单纯寻求解决问题的可能性；或只是抒发个人的不满、牢骚、愤怒；或是纯为鸡毛蒜皮的小事，无理取闹；又或是一味玩其个人游戏，借此以引起注意；或是对方的自我困惑与矛盾。

分歧，就是了解的时候；是探索对方需求的时候，而不是自我表达的时候；是帮助对方——理清作为困扰及方向的时候。

要想成为一位成功的说服者就切勿落入对方情绪的旋涡里，跟着团团转。

"执拗的人自以为拥有看法，其实是看法拥有了他！"这句话很值得深思！

遇有观点差异或人事困扰时，便要强调人性化的互动，而不是权威的屈服或强悍的抗拒。因为，赢得一时的争论，却换得每日上班见面时的痛苦，又有何益！任何协商，并非为所欲为，一吐为快，必须依规则来进行。

人性化的互动，至少包括 5 个内容：

第一，表达诚意。千万不玩游戏或耍手段。有的人只要不合乎其意，就颠倒是非一味抹黑。或赌气冷战，或制造小圈圈，丧失应有的诚恳，使得办公室成为战场。

要拿出诚意来与人沟通，这绝不是流于一种口号说说而已。两个都赢是强调先把个人解决问题的诚意让对方了解，要确实使对方感受到你的诚意。

第二，保持礼貌。说服时，仍需保持应有的礼貌风范或体制中应遵循的规则，而不是自以为是地兴师问罪，咄咄逼人，藐视或刻意挖苦他人。

"进退得宜"不只解除他人的防卫，而且给予对方有思考的空间，如此反而强化其说服力！

第三，维护尊严。有尊严，才能真正地沟通。没有尊严的维护，就谈不上沟通，而尊严必须包括双方的尊严。

每次在协调时，上司总是口无遮拦、冷嘲热讽，或以高傲的语气贬损他人，借以突显其观点，结果只能酝酿更大的纷争或愤恨。

在协调过程中，每个人的尊严都必须被维护，不得有人身攻击。不论是冷嘲热讽的字眼，轻蔑鄙视的挑衅式肢体语言，咆哮怒吼的争吵方式，都必须受到禁止。

第四，平等尊重。当别人尚未说完，上司不仅频频打断话题，抢先发言，更以其不屑的语气，用食指数落别人，这种"威权"的作风，令下属们深感不是滋味。

在说服过程中双方要轮流发言，并且不可有强势与弱势之分，或威迫、恫吓等不平等待遇。若有违反此规则，便可运用暂停法中止协调。

第五，营造气氛。有分歧，就是需要"放松"的时候。观点不同时绝不能带有肃杀之气，应该努力营造愉快的气氛，这不只是一种人格成熟的表现，也是一种高度领导能力的象征。

说服不是在于解决问题而已，在协调过程中，还需懂得运用幽默来营造气氛。

　　一个过分严肃的说服，只会造成下次分歧时更大的敌意表现。气氛的营造，非常重视以柔性化的自我，表达出诚挚、礼貌的态度。在语气及肢体上，充分地传送善意给对方，如此，使得双方减少不必要的防卫，能在轻松愉快的气氛下，创造出协调的高度艺术。

　　在说服艺术中，你和对方辩论时，开头应讲一些你和对方都同意的事，然后再提出对方所乐于得到解答的一些合适的问题，那不是比较有益得多吗？你提出了问题之后，再去和对方共同地探讨着答案，就在这探讨之中，你把你观察得十分清楚的事实提示出来，那对方便会不自觉地被引导去接受你的结论。他会对你十分坚信，因为他觉得这些重要的见解是他自己所发现的。

　　和对方气势汹汹地辩论，这是一种近乎不正当的行为，这只能增加人家的倔强，不易使你获取胜利。威尔逊总统说："凡是交涉的问题，如果你紧握了两个拳头而来，我会把拳头握得比你更紧一些；如果你很和善地走来说：'让我们坐下来商议一下吧，要是我们的意见不同，我们可以研究一下不同的原因是什么，主要的矛盾在哪里。'这样，我们商谈下来，大家的意见是不会相差得很远的，只要我们彼此有耐心，肯诚意地去接近，就是相差一点，也不难完全解决。""最佳的辩论好像是解说。"真的，我们与其涨红了脸去和人家辩论，为什么不用解说的态度、商讨的方法去解决呢？所以，我们即使和人家辩论了，请你还得要平心静气，去找出共同点来商讨，切不可紧握了拳头，这是要注意的。

　　任何冲突的意见，不论双方的意见分歧多大，我们总可以找出一些共同点来讨论，甚至银行家的领袖摩根，他在国内银行学会开会之中去演讲或是辩论，也可以寻出一些双方相同的信条以及听众共有的相同的希望来。这句话你不相信吗？你不妨看看下面的例子：

"贫穷向来是社会上最残酷的问题之一。我们的人民常常感觉到我们的责任是不论在什么地方，什么时候，只要可能的话，便要去解救穷人们的痛苦。我们是一个慷慨的国家，在历史上，我们并不能找出别的民族也和我们一样慷慨而不自私地捐钱去扶助那些不幸的人。现在，让我们保持和过去一样的精神上的慷慨和不自私来一同研究一下我们工业界的生活情况，并看看我们是否可以找出一些公平正当且为各方都接受的办法，去防止并减轻那些穷困的罪恶。"

上面这一大段话，有谁能够加以反对呢？就是银行家领袖的摩根，他也是点头同意的。我们在人家点头同意之后，然后再慢慢地把人家引向我们的主张，我们自己并不脸红势盛，然而我们获得了胜利。这一个辩论的机智，我们是应该采取的。

其实，人与人由于观点、信仰、性格等存在差异，应该是完全正常的事情。遇到这种情况，必须透过一方或双方的让步，取得大的原则、方向上基本一致（即求同），在枝节问题上不纠缠（即存异），达到互谅互惠的目的。

究竟该如何做到求同存异呢？一是要设法找出双方的共同点。即使是很小的共同点，也可以使双方的距离越拉越近，共同点越多，双方的感情就会越来越亲密，也会很容易说服对方。即使双方固执己见，似乎毫无共同点可言，你还是可以强调同学、同事、同乡及都有解决问题的热忱等来寻求共同的途径。由于你一再强调共同点，对方自然而然就会慢慢地开启他的心扉。二是要设法使双方的心理"共同"。人与人或多或少存有"共同"的心理，当双方利害关系发生冲突时，这种"共同"心理就被掩盖了；当双方利害关系趋于一致时，这种"共同"心理就会明显地呈现出来。要使双方的心理"共同"显现出来，便要设法营造这样的氛围。例如，有两家厂商为了生意上的竞争，互相杀价，此时突然听到消费者在一旁幸灾乐祸地戏谑，于是这两家厂商顿时停止了杀价竞争，而共同谋求新的解决办法。三是要提出对方容易接受的大前提，而不要纠缠一些细节问题。因为商场交易，双方所关注的问题不尽相同，有的是从大前提着想，有的则是在细节上推敲。我们首先要提出大前提，这是双方能否达成一致的焦点，非常重要。例如，你可以说："我们的这笔生意可不可能做？"对方如说"可能做"，"可能做"就是大前提。至于怎么做的一些细节问题，你可以说："细节问题我们稍后再谈。"如果大前提双方都接纳了，此生意就成功一大半了。如果首先就在细节问题上纠缠，则很容易引起争论，更别提大前提了。

当然，有的人十分注意细节问题，一定要坚持先谈细节，这也是对方发出的一种"共同"信号，你则要灵活一点，将重点转移到细节上，然后再逐步回到大前提上来，问题就更容易解决了。

争取让对方说"是"

> 跟别人交谈的时候，不要以讨论不同意见作为开始，要以强调而且不断强调双方都同意的事情作为开始。
>
> 如果可能的话，必须不断强调：你们都是为相同的目标而努力，唯一的差异只在于方法而非目的。

奥弗斯基教授在他的《影响人类的行为》一书中说："一个否定的反应，是最不容易突破的障碍。当一个人说'不'时，他所有人格尊严，都要求他坚持到底。事后他也许觉得自己的'不'说错了，然而，他必须考虑到宝贵的自尊！既然说出了口，他就得坚持下去。因此，一开始就使对方采取肯定的态度而非否定的态度，是最为重要的！"

善于交际的人，都在一开始就力求得到对方的一些"是的"反应，这样就把对方心理导入肯定的方向。就好像一粒撞击的小球运动，从一个方向打击，它就偏向一方，要使它从反方向回来的话，则要花更大的力。

从生理反应上说，当一个人说"不"，而本意也确实否定的时候，他的整个组织——内分泌、神经、肌肉，全部凝聚成一种抗拒的状态，通常可以看出身体产生了一种收缩，或准备收缩的状态。反过来，当一个人说"是"时，身体组织就呈现出前进、接受和开放的状态。因此，开始时我们越多地造成"是，是"的环境，就越容易使对方接受我们的想法。

这是一种非常简单的技巧——但是它却被许多人忽略了！在某些人看来，似乎人们只有在一开始就采取反对的态度，才能显示出他们的自尊感。因此，激进派的人一旦跟保守派的人碰到一块儿，就必然要愤怒起来！事实上，这又有什么好处呢？如果他只是希望得到一种快感，也许还可以原谅。但假如他要达成什么协议的话，那他就太愚蠢了。

正是这种使用"趋同"的方法，使得纽约市格林尼治储蓄银行的职员詹姆斯·艾伯森，挽回了一名青年主顾。

艾伯森先生说："那个人进来要开一个户头，我照例给他一些表格让他填。有些问题他心甘情愿地回答了，但有些他根本拒绝回答。

"在我研究为人处世的技巧之前，我一定会对那个人说：如果拒绝对银行透露那些材料的话，我们就不让他开户。我很惭愧过去我就采取那种方式。当然，像那种断然的方法会使我觉得很痛快。我表现出谁才是老板，也表现出银行的规矩不容破坏。但那种态度，当然不能让一个进来开户头的人，有一种受欢迎、受重视的感觉。

"我决定那天早上采用一下学到的技巧。我决定不谈论银行所要的，而谈论对方所要的。最重要的，我决意在一开始就使他说'是，是'。因此，我不反对他。我对他说，他拒绝透露的那些资料，并不是绝对必要的。

"'但是，'我接着说，'假如你把钱存在银行一直等到你去世，

难道你不希望银行把这笔钱转移到你那依法有权继承的亲友那里吗？'

"'哦，当然。'他回答道。

"我继续说：'你难道不认为，把你最亲近亲属的名字告诉我们是一种很好的方法吗？万一你去世了，我们就能准确而不耽搁地实现你的愿望。'

"他又说：'是的。'

"当他发现我们需要的那些资料不是为了我们，而是为了他的时候，那位年轻人的态度软化下来——改变了！

"在离开银行之前，那位年轻人不但告诉我所有关于他自己的资料，而且在我的建议下，开了一个信托户头，指定他的母亲为受益人，同时还很乐意地回答所有关于他母亲的资料。"

西屋公司的推销员约瑟夫·阿立森也有类似的经验。"在我的区域内有一个人，我们卖给了他几个发动机。如果这些发动机不出毛病的话，我深信他会填下一张几百个发动机的订单。这是我的期望。"阿立森向大家介绍道，"我对我们公司的产品很有信心。3个星期之后，我再去见他的时候，我兴致勃勃。但是，我的兴致并没有维持多久，因为那位总工程师对我说：'阿立森，我不能向你买其余的发动机了。'

"'为什么？'我惊讶地问，'为什么？'

"'因为你的发动机太热了，我的手不能放上去。'

"我知道跟他争辩不会有什么好处。因此，我说：'嗯，听我说，史密斯先生，我百分之百地同意你。如果那些发动机太热了，你就不应该买。你的发动机热度不应该超过全国电器制造商公会所立下的标准，是吗？'

"他说:'是的。'我已经得到我的第一个'是'。'电器制造公会的规定是:设计的发动机可以比室内温度高出72华氏度。对不对呢?''是的,'他同意,'但你的发动机热多了。'

"我还是没有跟他争辩。我只是问:'厂房有多热呢?'

"'啊,大约75华氏度。'他说。

"我回答道:'那么,如果厂房是75华氏度,加上72华氏度,总共就等于147华氏度。如果你把手放在147华氏度的热水塞门下面,是不是很烫手呢?'

"他又必须说'是的'。

"'那么,不把手放在发动机上面,不是一个好办法吗?'我说。

"'嗯,我想你说得不错。'他说。我们继续聊了一会儿,接着他叫他的秘书过来,为下月开了一张价值35万美元的订单。

"我花了很多钱,失去了好多生意,才知道跟人家争辩是划不来的,懂得了从别人的观点来看事情,使他说'是的,是的'才更有收获和更有意思。"

被誉为世界上最卓越的口才家之一的苏格拉底,做了一件历史上只有少数人才能做到的事:他彻底地改变了人类的整个思潮。而现在,在他去世25个世纪后,这个方法依然如此行之有效。

他的整套方法,现在称之为"苏格拉底妙法",以得到"是,是"为根据。他所问的问题,都是对方所必须同意的。他不断地得到一个同意又一个同意,直到他拥有许多的"是,是"。他不断地发问,到最后,几乎在没有意识之下,使他的对手发现自己所得到的结论,恰恰是他在几分钟之前所坚决反对的。

以后当我们要自作聪明地对别人说他错了的时候,可不要忘

了"苏格拉底妙法"，应提出一个温和的问题——一个会得到对方
"是，是"反应的问题。

使用建议的方式

　　即使别人确实有错误，而你声色俱厉地指责别人，那
产生抵触甚至愤怒的情绪是非常正常的事，他甚至能够生
很长时间的气。而如果这样的粗鲁行为和言语来自一个有
一定权威的人，那后果也很不好。

　　美国最有名的传记作家塔贝尔小姐说她当初为了写欧文的传
记，专门拜访了与欧文共事了三年的朋友。他们说，欧文在三年
内从来没有说过要做什么、不要做什么的话，他都是以尊重的口
吻问别人，比如"你可以考虑一下这件事吗？"或者是"你觉得
这样做合适吗？"他在让别人替他做速记后都要问："你觉得怎么
样？"如果哪里写得不是很好，他会说："假如我们把这一句改成
这个样子，你觉得会不会好一点？"他总是让别人尝试着自己去
动手。他不会命令别人该怎么样，他希望大家都自己动手，有错
误了就从错误中学习。这样的方法反而能让别人积极地处理问题，
因为这是一种尊重的体现，当人们的自尊心得到认可的时候，他
希望与你合作，而不是反抗你。

　　反之，即使别人确实有错误，而你声色俱厉地指责别人，那
产生抵触甚至愤怒的情绪是非常正常的事，他甚至能够生很长时

间的气。而如果这样的粗鲁行为和言语来自一个有一定权威的人，那后果也很不好。桑塔尔是威名市的一位职校老师，他班上的一个学生因为没有按照规章制度停车，给学校的一个入口带来麻烦。学校的一位老师为此怒气冲冲地来到班上狂吼："是谁把车停在过道上？"车主举手应答。那位老师又转向他大吼，"你赶快把它开走，否则我就用铁链把它捆起来拖走。"

那位学生是犯错了，他把车放在那里，妨碍了交通。但是结果呢？不但那位车主没有理会他，其他人也把车停在那里，以增加他的不便。事情原本不用这样。假如他换一种方式来说话，假如他平和友善地和班里的人说："请问堵住门口的那位车主是谁，你好，如果你能把它移开，别的车就方便通过了，麻烦您帮个忙，谢谢啦！"

那位同学听到这样的话肯定乐意把车开走，心里还会有歉疚，其他人下次也会小心。

一个疑问句就能有这样的作用，因为这包含了尊重的前提。在企业里少一些命令，多一些提问，往往会激发员工的积极性和创造力。麦克是约翰内斯堡一家小工厂的老板，一次他有机会获得一张大订单。但如果签了，货期不一定能跟上，除非工人们加班加点地工作。他没有发出强制性的命令，而是把大家召集到一起，先谈了这个大订单对整个公司的意义，然后用诚恳的语气问大家："我们是不是能想出办法来完成这张订单，有没有好的办法来处理时间和工作量的分配问题，大家想想办法，如果实在不行我们就不接这个订单了。"

工人们听到这样的话马上要求接下订单，然后一起讨论办法。他们的态度只有一个，就是"我一定能办得到"。

最后在所有人共同的努力下，他们接下了单子，保证了货期的兑现。而这一切，是强制所不能带来的。

第四章
把别人吸引到身边来

　　现实生活中有些人之所以会出现交际的障碍，就是因为他们不懂得或者忘记了一个重要原则：让他人感到自己重要。

——［美］戴尔·卡耐基

仪表是你的门面

有意识地尽量拿出最好的仪表，注意干净整洁，竭力保持自尊和真诚，这样才能帮助你渡过重重难关，带给你尊严、力量和魅力，使你赢得别人的尊敬和钦佩。

人的确不是由衣装造就的，但衣装给我们的生活带来的影响远远出乎我们的意料。

我们的身体是最重要的自我表现方式。身体的外表被认为是内在的反映。如果一个人的外表丑陋、可憎，我们完全有理由认为他的思想也是这样的。通常，这种结论也是成立的。高尚的理想、活泼健康的生活和工作本身与个人卫生的不整洁都是势不两立的。一个忽视洗澡的年轻人也会忽视他的心灵，他会很快全面堕落。一个不注意仪表的年轻女人很快就无法取悦于人，她会一步步堕落成一个不思上进的邋遢女人。难怪《塔木德经》把清洁置于仅次于神性的位置上。而我会把清洁的位置摆放得更高些，因为我相信绝对的清洁就是神性。灵与肉的清洁或纯洁能把人升华到最高境界，一个不洁净的人很难让细节完美。要保持良好的仪表，最重要的一点就是要经常洗澡。每天洗一个澡能保证皮肤的清洁与健康，否则身体是不可能健康的。

对头发、手和牙齿的护理也相当重要，一定要细致周到，不能马虎草率。修剪指甲的用具很便宜，人人都买得到，如果你买不起一整套用具，你可以只买一把指甲刀，把指甲修剪得光滑干净。

　　护理牙齿是件简单的事，然而，人们在牙齿卫生上犯的错误可能要比其他方面犯的错误更多。我认识一些年轻人，他们衣着考究，对自己的仪表非常得意，但他们却忽视了自己的牙齿。他们没有意识到，人的仪表中没有比脏牙、蛀牙，或是缺了一两颗门牙更糟糕的缺陷了。呼吸当中的恶臭更令人无法忍受。如果知道有这种后果，就没有人会忽视他的牙齿了。没有哪个老板会要一个缺了一两颗门牙的职员或速记员，许多应聘者就因为牙齿不好而被拒绝。

　　对于那些在社会上谋生的人来说，关于衣着的最佳建议可以概括为一句话："让你的衣着得体，但不需要昂贵。"衣着朴素具有最大的魅力，现在市面上有大量物美价廉的衣物可供选择，大部分人能买到好衣服穿。但是如果条件所限，不能买到更好的衣物，也不必为一套寒酸的衣服害羞。穿一件花钱买的旧外套比穿一件不花钱的新外套更能赢得别人的尊敬。不可避免的寒酸不会让人产生反感，但是邋遢却使人一见之下顿生厌恶。只要你量入为出地打扮自己，不管多穷，你都可以穿得很得体。应该有意识地尽量拿出最好的仪表，注意干净整洁，竭力保持自尊和真诚，这样才能帮助你渡过重重难关，带给你尊严、力量和魅力，使你赢得别人的尊敬和钦佩。

　　赫伯特·乌里兰很快就从长岛铁路一个普通路段工人提升为纽约市铁路局的董事。在一次关于如何获取成功的演说中，他说：

"衣服不能造就一个人，但好衣服能使人找到一份好工作。如果你有 25 美元，又需要一份工作的话，最好花 20 美元买一套衣服，花 4 美元买双鞋，剩下的钱买一个刮胡刀、一个发剪、一个干净的领圈，然后去找工作。千万不要带着钱，穿着一身破旧西装去应聘。"

多数大公司都规定不雇用衣衫褴褛、邋里邋遢，或是应聘时衣冠不整的人。芝加哥最大一家零售商店的招聘主管说："招聘的原则必须严格遵守，对于一个应聘者来说，经受住考验的最重要条件就是他的仪表。"一个应聘者具备多少优点和能力没有关系，但他必须重视自己的仪表。璞玉浑金的价值不知要比抛光的玻璃高出多少倍，但是有时候就是明珠投暗。有些应聘者凭借良好的仪表获得了一份工作，虽然很多被拒之门外的人要比他们深刻得多。他们的能力可能还不及那些被拒之门外的人的一半，但是既然有了工作，他们就会设法保住这个饭碗。

这条通行全美的招聘原则在英国同样适用，《伦敦布商》杂志就可以作证，它这样说道："越是注意个人清洁卫生和衣着整洁的人，就越能仔细地完成工作。"个人生活邋遢的工人工作也会马马虎虎，而关注仪表的人也同样地注意工作的效果。柜台后面是什么样，车间里很可能也就是什么样。时髦的女售货员一定很讲究穿着，她会厌恶肮脏的衣领、磨破的袖口和皱巴巴的领带，难道不是这样吗？事实上，关注个人习惯和整体仪表，就会对邋遢散漫的习惯产生警觉。

1. 三点一线：一个衣冠楚楚的男人，他的衬衫领口、皮带袢和裤子前开口外侧应该在一条线上。

2. 说到皮带袢，如果你系领带的话，领带尖可千万不要触到皮带袢上哟!

3. 除非你是在解领带，否则无论何时何地松开领带结都是很不礼貌的。

4. 一身漂亮的西服和领带会使一个男人看上去非常时髦，而身穿一套好西装却不系领带，会使他看着更时髦。

5. 如果你穿西装，但不系领带，就可以穿那种便鞋，如果你系了领带，就绝对不可以。

6. 新买的衬衫，如果你能在脖子和领子之间插进两个手指，就说明这件衬衫洗过之后仍然会很适合。

7. 透过男人的衬衫能隐隐约约看到穿在里面的 T 恤，就有如女人穿着能透出里面内裤的裤子一样尴尬。

8. 如果不是专业的手洗，一件 300 多美元的衬衫很快就会只值 25 美元。

9. 精神的发型、一双好鞋，胜过一套昂贵的西装。

10. 一双 90 美元的鞋的寿命应该是 180 美元一双的鞋的一半，而 1000 美元一双的鞋将伴你一生。

11. 如果你穿的是三粒扣西装，可以只系第一颗纽扣，也可以系上面两颗纽扣，就是不能只系最下面一颗，而将上面两颗扣子敞开着。

12. 穿双排扣西装所有的扣子一个也不能不扣，特别是领口的扣子。

13. 如果你去某个场合拿不准穿什么服装，那么隆重点儿远比随便点儿强得多，人们会认为你随后还要去一个更重要的场合呢!

14. 一件便宜的羊绒衫实际上远远没有一件好一点儿的羊毛衫

更柔软、舒服。

15. 除非你是橄榄球运动员，否则就不要把任何与名字有关的字母或号码穿在身上。

16. 45 岁以下的你请不要过早地叼上烟斗，也不要戴那种浅圆的小帽。

17. 比穿没盖过踝骨的袜子更糟糕的是穿没盖过踝骨的格子袜子。

18. 配正装一定不要穿白色的袜子。

19. 无论如何，你不必有太多卡其布休闲装、白色的纯棉 T 恤或厚棉布网球鞋，毕竟一周只有一个星期六。

20. 穿衣服的第一常规就是打破一切常规——包括我们上面所说的一切。我强调衣着的重要性，但并不是要你像英国花花公子博·布鲁梅尔那样，一年仅做衣服就花 4000 美元，扎一个领结也要花上几个小时。过分注重穿着甚至比完全忽视还要糟糕。那些像博·布鲁梅尔那样的人太讲究穿着了，他们一门心思地扑在对衣着的研究上，而忽略了修养和神圣的责任。在我看来，穿衣应该量入为出，与身份相称，这既是一种责任，也是最实际的节俭。

许多年轻人误以为"穿着得体"就一定是指要穿贵重的衣服，这种观点与完全忽视穿着同样是错误的。他们把本该花在头脑和修养上的时间用在了梳妆打扮上。他们老是在盘算该怎样用微薄的收入来买昂贵的帽子、领带或是大衣。如果他们买不起渴望得到的东西，就会买便宜的赝品来代替，结果他们的穿着会显得很可笑。这类年轻人戴廉价戒指、打猩红色领带、穿大格纹衣服。他们肯定是职位低下者。

卡莱尔这样形容这类花花公子："一个花里胡哨的人——他的

职业和生活就是穿衣——他的精神、灵魂和钱包都无畏地献给了这一目的。"他们就为了穿衣而活着，他们没有时间学习文化，没有时间努力工作。

莎士比亚说："衣装是人的门面。"这一说法得到了全世界的认同。许多人经常因为他们不得体的穿着而备受指责。初看起来，仅凭衣着去判断一个人似乎肤浅轻率了些，但经验一再证明：衣着的确是衡量穿衣人的品位和自尊感的一个标准。

渴望成功的有志者应该像选择伴侣一样谨慎地选择衣装。古谚云："我根据你的伴侣就能判断你是什么样的人。"某个哲学家也说过一句精妙的话："让我看看一个妇女一生所穿的所有衣服，我就能写出一部关于她的传记。"

西德尼·史密斯说："教育一个女孩说漂亮无关紧要，衣装一无是处，这真是荒谬透顶！漂亮非常重要。她一生中所有的希望和幸福或许就依赖一件新裙子或是一顶合适的女帽。如果她稍有常识，她就会明白这点；应该教她知道衣装的价值。"人的确不是由衣装造就的，但衣装给我们的生活带来的影响远远出乎我们的意料。普林提斯·穆尔福德说，衣装能影响人类的精神面貌。这并非言过其实，只要想想衣装对你自己的影响程度有多大就够了。

假设让一个女人穿着一件破旧肮脏的晨衣，那么它就会影响到她，使她对自己的头发是肮脏还是扭结都漠不关心，她的脸和手干净与否，穿的鞋子多么破烂，都无关紧要，因为在她看来，"穿着这件旧晨衣没有什么不好"。她的步态、风度、情感倾向，都将受到这件旧晨衣的影响。如果她能改变一下——换上一件漂亮的棉裙，那么她的模样和举止将会多么不同啊！她的头发一定会梳理得宜，会与她的穿着相得益彰；她的脸庞、手和指甲一定会干干净净；破旧肮脏的鞋也会换成了合脚的便鞋。她的思想也会焕然一新。她会更加尊敬衣冠整洁的人士，会远离穿着邋遢的人。"你想改变你的意识吗？那么就改变你的穿着吧。你马上就会感觉到效果。"

让对方有备受重视的感觉

人类行为有个极重要的法则，如果我们遵从这个法则，大概不会惹来什么麻烦。事实上，如果我们遵守这个法则，便可以得到许多友谊和永恒的快乐；但是，如果我们破坏了这个法则，就难免后患无穷。这个法则就是：时时让别人感到重要。

约翰·杜威说过："人类本质里最深远的驱动力是：希望具有重要性。"

现实生活中有些人之所以会出现交际的障碍，就是因为他们不懂得或者忘记了一个重要的原则——让他人感到自己重要。他们喜欢自我表现，夸大吹嘘自己。一旦事情成功，他们首先表现出的就是自己有多大的功劳，做出了多大贡献。这样其实就相当于向他人表明：你们确实不太重要。无形之中，他们伤害了别人。

人类行为有个极重要的法则，如果我们遵从这个法则，大概不会惹来什么麻烦。事实上，如果我们遵守这个法则，便可以得到许多友谊和永恒的快乐；但是，如果我们破坏了这个法则，就难免后患无穷。这个法则就是：时时让别人感到重要。约翰·杜威说过："人类本质里最深远的驱动力是：希望具有重要性。"还有威廉·詹姆士说的："人类本质中最殷切的需求是：渴望被肯定。"就是这种需求，使人类有别于其他动物；也就是这种需求，使人类产生了文化。

几千年来，许多哲学家都曾就这个问题深刻思量过。而他们产生的结论只有一个，这法则并不新颖，可以说和历史一样陈旧了。2500 年前，琐罗亚斯德在波斯用这个原则教导门徒；2500 年前，中国的孔子也这么谆谆劝导过，道教的始祖老子在函谷关也这么说过；基督降生的前 500 年，佛陀已在神圣的恒河边教诲众生；甚至印度教的经典也这么记载着；1900 多年前，耶稣基督在犹太山上，以此训诲门徒，并且用一句话做总结——这大概是世上最重要的法则："你要别人怎么待你，就得先怎么待别人。"

你需要朋友的认同，需要别人知道你的价值；你希望在自己的小世界里，有种深具重要性的感觉。你不喜欢廉价、言不由衷的恭维，而希望出自真诚的赞美。你喜欢友人像查理·夏布所说的"真诚、慷慨地赞美"。我们都喜欢那样。

所以，让我们衷心服膺这永恒的金律：我们希望别人怎么待我们，我们就怎么待别人。

怎么做？什么时候？什么地方？答案是：随时，随地。

住在威斯康星州的大卫·史密斯，讲述了他如何处理一个尴尬场面。故事发生在一个慈善音乐会的点心摊上。

"音乐会那天晚上，我到达公园的时候，发现有两位上了年纪的女士，站在点心摊旁边，都显得不怎么高兴的样子。很显然，她们两人都认为自己才是那个点心摊的负责人。我站在那里，正思索着该如何是好，有名赞助委员会的成员走过来，交给我一个募款箱，并感谢我的帮忙。她也介绍那两位上了年纪的女士——

萝丝和珍，与我认识后便匆匆离开了。

"接踵而来的，是段令人尴尬的静默。我知道那个募款箱可算是一种'权威的标记'，便把它交给萝丝，向她说明自己恐怕不能管理好，希望她能帮忙料理。我又建议珍负责照顾另两名少年助手，并教他们如何操纵汽水贩卖机。

"于是，整个晚上，萝丝都很高兴地清点募款，珍也很尽责地照料两名助手。我则很轻松地坐在椅子上，欣赏整个音乐晚会。"

你不用等到当上了驻法大使，或是宿舍里的"聚餐委员会"主席以后，才来运用这个法则，你几乎每天都可以使用这奇妙无比的魔力法则。

举例来说，如果你在餐馆里点了一份炸薯条，而女侍者却在端给你马铃薯的时候，让我们说："对不起，麻烦你了，但我比较喜欢炸薯条。"女侍者可能会这么回答："不，一点也不麻烦。"而且她还会高高兴兴地把马铃薯换走，因为我们已经对她示以了敬意。

另外，我们还可以使用许多日常用语来解除每天生活的单调与忙碌，如"对不起、麻烦你……""可否请你……""请问你愿不愿意……""你介不介意……""谢谢"等。

下面让我们再看一个例子。

罗纳尔德·罗兰曾提起初级手工艺班里的学生克里斯的故事。

"克里斯是个安静、害羞、缺乏自信心的男孩，平常在课堂上很少引人注意。一天，我见他正在伏案用功，便走过去与他搭话。他的内心深处似乎有一股看不到的火焰，当我问他喜不喜欢所上的课时，这个年仅 14 岁的害羞男孩的表情起了极大变化。我可以看出他的情绪波动很大，想极力忍住泪水。

"'你是说，我表现得不够好吗，罗兰先生？'

"'啊，不！克里斯，你表现得很好。'

"那天，上完课走出教室的时候，克里斯用那对明亮的蓝眼睛看着我，并且肯定、有力地说：'谢谢你，罗兰先生！'

"克里斯教了我永远难忘的一课——我们内心深处的自尊。为了使自己不致忘记，我在教室前方挂了一个标语：'你是重要的。'这样不但每个学生可以看到，也随时提醒我：每一个我所面对的学生，都同等重要。"

这是一个未加任何渲染的事实：差不多你所遇见的每一个人都自以为在某些地方比你优秀。所以，要打动他们内心的最好方法，就是巧妙地表现出你衷心地认为他们很重要。

唐纳德·麦克马亨是纽约一家园艺设计与保养公司的管理人。他讲述了这样一件事情：

"有一次，我替一位著名的鉴赏家做庭园设计，这位屋主走出来做了一些交代，告诉我他想在哪里种一片石南和杜鹃花。

"我说道：'先生，我知道你有个癖好，就是养了许多漂亮的好狗。听说每年在麦迪逊广场花园的展览里，你都能拿到好几个蓝带奖。'

"这一小小的称赞所引起的效果却不小。

"鉴赏家回答我：'是的，我从养狗中得到了很多乐趣。你想不想看看它们？'

"他花了差不多一个钟头的时间，带我参观各类的狗和所得的奖品，甚至向我说明血统如何影响狗的外貌和智慧。

"后来，他转身问我：'你有没有小孩？'

"'有的。'我回答，'我有个儿子。'

"'啊，他想不想要只小狗呢？'他问道。

"'当然，他一定会很高兴的。'

"'那么，我要送一只给他。'鉴赏家宣称。

"他告诉我怎么养小狗，讲了一半却又停下来。'你大概不容易记下来，我写一份说明给你。'于是他走进屋里，打了一份血统谱系和饲养说明给我。他不但送我一只价值好几百美元的小狗，还在百忙中拨给我 1 小时 15 分钟。这完全是因为我衷心赞美他的嗜好和成就的缘故。"

柯达公司的乔治·伊斯曼，因发明了透明胶片而大发其财，成为举世闻名的富豪。像他这么有成就的人，渴望被肯定的心理却是和你我没有两样。

事情是这样的：伊斯曼在兴建"伊斯曼音乐学校"和"基尔本厅"的时候，纽约一家专做椅子的公司经理詹姆斯·亚当森，很想包下剧院座椅的生意，便打电话给建筑设计师，希望能通过他安排时间，到罗切斯特去会见伊斯曼先生。

到了见面那天，建筑设计师对亚当森说道："我知道你很想做成这笔生意。但我先告诉你，伊斯曼是个纪律严格的人，十分忙碌，所以你最好长话短说，把来意在 5 分钟内解说完毕。"

亚当森也正准备那么做。

进了办公室，亚当森见到伊斯曼先生正埋头在一堆文件之中。伊斯曼先生抬起头，取下眼镜，然后走过来向亚当森和建筑设计师招呼道："早安，两位先生，请问有何指教？"

建筑设计师为两人介绍过后，亚当森便说道："这是间很好的办公室。虽然我是从事室内木工艺品的生意，却从没见过这么漂亮的办公室。"

乔治·伊斯曼回答道："你使我回想起某些往事。是的，这是间很漂亮的办公室。刚建好的时候，我真喜欢极了。可是后来事情一忙，也就不再有那份感觉，有时甚至好几个星期也不曾来一趟。"

亚当森移动脚步，用手指抚过窗格的镶板。"这是英国橡木，是吗？这跟意大利橡木稍有不同。"

"不错。"伊斯曼答道，"这是从英国进口的橡木，是我一位木料专家的朋友特别为我选来的。"

伊斯曼便逐一介绍室内的一些建材，不时对结构的比例、材料的色泽和制作的手工等提出评论，并说明当初他如何参与计划和施工。

后来他们停在一扇窗户前面，伊斯曼以他特有的缓和声调，指出他未来的好几项计划：罗切斯特大学、综合医院、友谊之家、儿童医院等。亚当森对他的人道精神又大大赞赏一番。接着，伊斯曼打开一个玻璃箱，取出一个照相机来——那是他的第一部照相机，从一个英国人手中买来的。

亚当森又询问他从事生意以来的种种奋斗情形。伊斯曼提到自己童年的贫困和寡母的辛劳，由于对贫穷的恐惧，他因此特别努力工作。亚当森凝神细听，并不时发出一些问题，如干性感光盘的实验等，伊斯曼也都很详细地回答。

亚当森被引进办公室的时候，是 10 点 15 分。建筑设计师曾警告他，面谈最好不超过 5 分钟。但现在一个小时过去了。接着两个小时，他们还是谈个不停。

最后，伊斯曼对亚当森说道："上次我在日本买回几张椅子，放在阳台上，结果油漆都被阳光晒剥落了。前几天，我到市区买来一些颜料，自己动手油漆一遍。你想过来看我漆得如何吗？要不你等一下可以到我家来用点午餐，我可以让你看看那些椅子。"

用完午餐之后，伊斯曼带亚当森去看那张椅子。那不过是普通的日本座椅，只因经由大富豪亲手油漆过，便备受珍惜。

剧院座椅的订单高达 9 万美元，你猜谁会做成这笔生意呢？

练就一流口才

> 如果你想使自己成为一个令人愉悦的人,你就必须想
> 方设法了解与你对话者的生活,并且用他们最感兴趣的内
> 容来打动他们。
>
> 要想成为一个优秀的谈话者,你必须自然而不造作,
> 活泼而不轻浮,富于同情心而不惺惺作态,你必须从你的
> 心底流露出一种善良的意愿。

如果你想使自己成为一个令人愉悦的人,你就必须想方设法
了解与你对话者的生活,并且用他们最感兴趣的内容来打动他们。
不管你对一个话题是多么了解,如果它不能令你的谈话对象产生
兴趣,那么你的努力大半都是徒劳的。高明的谈话者总是机智得
体——他在逗趣的同时不会冒犯和得罪他人。如果你想令他人感
到诙谐有趣,你就不能戳伤他们的痛处,或者是对他们的家庭琐
事喋喋不休。一些人有那种特殊的品质,他们能够准确地挖掘我
们身上最美的闪光点。

林肯就是这样一位非凡的艺术大师,他使得自己在任何人面
前都能做到诙谐风趣。他用生动有趣的故事和玩笑使人们彻底放
松紧张的心情,所以,很多人在林肯面前都感到非常轻松自如,

以至于愿意毫无保留地向林肯倾诉心底的秘密。陌生人总是乐于和他谈话，因为他是如此热诚和风趣，和他谈话时简直感到如沐春风，并且受益良多。

像林肯所具备的这种幽默感当然是增强谈话感染力的重要因素，但是，并不是每个人都能如此幽默风趣；如果你缺少幽默的天赋，而又企图牵强地制造幽默时，结果往往是适得其反，令你自己显得滑稽可笑。然而，一个高明的谈话者必须不能过于严肃或不苟言笑。他不过多地列举一些枯燥的事实，不管这些事实是多么重要。因为枯燥的事实和单调乏味的统计数据只能令人感到沉闷和厌烦。生动活泼是高明的谈话所不可缺少的。沉重的谈话惹人厌烦，而过于轻浮的谈话同样令人反感。

因此，要想成为一个优秀的谈话者，你必须是自然而不造作，活泼而不轻浮，富于同情心而不惺惺作态，你必须从你的心底流露出一种善良的意愿；你必须真正感觉到那种乐于帮助他人的热诚，并且全身心地投入那些令他人感兴趣的事物；你必须吸引人们的注意力，并且通过打动他们的内心来牢牢地抓住他们的注意力，而这只有借助一种令人感到温暖的同情和共鸣，一种真正友善的同情和共鸣才能做到。如果你是冷漠的、缺乏同情心的、拒人于千里之外的，你根本不能抓住他们的注意力。你必须胸怀开阔，宽容他人。一个胸襟狭小、吝啬小气的人永远都不能成为高明的谈话者。如果某人总是对你的个人爱好、你的判断力、你的鉴赏力横加干涉，那么你永远都不会对他感兴趣。如果你紧紧地封锁了任何一条可以靠近你心灵的途径，所有沟通和交流的渠道都对别人关闭了，那么，你的魅力和热诚就由此被切断了，你们的谈话只能是漫不经心的、马马虎虎的和机械单调的，不会带有任何活力或感情。

　　你必须使你的听众靠近你，必须开放你的心灵，并以一种最自然的状态去拥抱对方。你必须先做出响应，然后他人才会毫无保留地向你展示自己，使得你自由地进入他的内心最深处。如果一个人在任何地方都是成功者，那么其奥秘只能在于他的个性，在于他拥有一种能够以强有力的、生动有趣的语言有效地表达自己思想的能力。他没有必要通过罗列财富清单的形式向人展示自己有多成功，事实上，只要他一开口说话，财富就会源源而来，他的表达能力就是他最大的财富。

练就关照他人而不造作的功夫

在你的记忆中是否有过因他人对你细致照料而欣喜异常的体验？要记住，这种行为，能使人类特有的虚荣心获得相当程度的满足。

谁都希望别人认为自己比实际来得聪明、美丽。这种想法并不会伤害任何人。

人们更喜好被取悦，而不是被激怒；喜欢听到褒奖，而不是被对方恶言相向；更乐意被喜爱，而不是被憎恨。因此，仔细地加以观察，就能投其所好，避其所恶。举个浅显的例子来说，告诉对方你特意为他准备了他所喜爱的酒，或者是说，知道你不喜欢那个人，所以今天没叫他来。如此若无其事的呵护，必能打动对方的心，他一定深为你能注意其生活细节，而感激不尽。反之，若是明知是让对方讨厌的事物，却又在不经意间触犯了禁忌，结果，对方必然会认为你当他是傻瓜，故意藐视他，以至于永远耿耿于怀。尽管是件小事，但却有可能从此中断你与他的关系。因此，如果连细枝末节都能特别地加以留意，必能让对方愈发对你感激不尽。

在你的记忆中是否有过因他人对你细致照料而欣喜异常的体

验？要记住，这种行为，能使人类特有的虚荣心获得相当程度的满足。由于有人如此取悦于你，从此，你有可能会倒向此人，无论此人对自己做了些什么，都认为对方乃是出于好意。人类便是如此。为此，卡耐基给出以下几点提示：

称赞对方希望被称赞的事物

如果特别喜欢某人，或者特别想成为某人的知交，可以探查此人的优缺点，称赞此人希望被称赞的地方。每个人都有优点，以及希望被他人认定为优秀的特长。一个人的优点被赞赏，着实会高兴，但是，若称赞他希望被称赞的特长，必然更能令他高兴。这才是真正地搔到痒处。任何人都有渴望他人褒奖的欲望。要想发现此点，观察乃是最好的方法。仔细注意，观察此人喜爱的话题。通常，自己想要被称赞，希望被认定为优秀的部分，往往会出现在最常见的话题里。这里便是要害。只要突破其防线，就能一举制胜。

偶尔的佯装，实属必要

你当然不必连人们的缺点、坏事都加以称赞，而且也不应该称赞。不过，请想想，如果我们不能对人类的缺点及肤浅幼稚的虚荣心佯装不知的话，又如何能在这个世界上立足呢？谁都希望别人认为自己比实际来得聪明、美丽。这种想法并不会伤害任何人。如果你告诉这些人这种想法太幼稚、太不正确了，对方必然与你疏离，视你为仇敌。若是我，宁愿采取取悦对方的手段，尽量恭维对方，使其成为朋友。若是对方有优点，你就该迅速地给予赞词。然而，有时也不得不面对自己并不十分赞同，但却为社会所认同的事。此时只好睁一眼闭一眼了。如果你还不太善于赞扬别人，这是因为你还不甚了解人们是多么希望自己的想法及喜好能获得支持，特别是期望明明是错误的想法，及自己的小缺点，却得到他人的谅解与认同。

背地里称赞，最令人高兴

为了使对方高兴，你可以在褒奖办法上略施技巧，那就是在背地里夸赞对方。当然，若你只是在暗地里称赞对方而他却一无所知，那就一点意义也没有了，你要想办法将你的夸赞通过巧妙的方式确实地传达到对方的耳里。这里，慎选传达信息的人选最重要。你所挑选的人最好是通过因为传递此信息也能获益的人。如果你选有此企图的人做信使，他不仅会确实地传达你的信息，还有可能添油加醋，更增效果。对他人的称赞，以此种方法最具功效。

第五章
做好一生的规划

所有成功人士都有目标。如果一个人不知道他想去哪里，不知道他想成为什么样的人、想做什么样的事，他就不会成功。

——［美］诺曼·文森特·皮尔

目标是人生的灯塔

心中拥有目标，便会使自己不会太留意与之不相关的烦恼，不会与不相关的小麻烦斤斤计较，这会使你变得豁达、开朗。

一个人之所以伟大，首先在于他有一个伟大的目标。

每一个奋斗成才的人，无疑都会有一个选择、确定目标的问题。正如空气、阳光之于生命那样，人生须臾不能离开目标的引导。

有了目标，人们才会下定决心攻占事业高地；有了目标，深藏在内心的力量才会找到"用武之地"。若没有目标，绝不会采取真正的实际行动，自然与成功无缘。

首先，心中拥有目标，给人生存的勇气，在困苦艰难之际赋予我们坚忍不拔的毅力。有了具体目标的人少有挫折感。因为比起伟大的目标来说，人生途中的波折就是微不足道的了。因此，拥有科学的目标可以优化人生进程。

其次，由于目标事物存在脑海某处，所以即使我们从事别的工作，潜意识里依然暗自思量图谋对策，遂在不觉之间接近目标，终于梦想成真。拥有目标的人成大功立大业的概率，无疑要比缺乏志向的人高。目标激励人心，产生活动能源。

再者，实现目标好像攀登阶梯一般，循序渐进为宜，尽管前途险阻重重，也要自我勉励，不断迎接更大的挑战。当时认为不可能做到的事情，往往几年之后，出乎意料地简单达成了。

卡耐基说不甘做平庸之辈的人，必须有一个明确的追求目标，才能调动起自己的智慧和精力。

心中拥有目标，便会使自己不会太留意与之不相关的烦恼，不会与不相关的小麻烦斤斤计较，这会使你变得豁达、开朗。因为人的注意力是很有限的，一旦他全身心地为自己的目标而努力，去冥思苦想时，其他的事情是很难在其脑子里停留的，这个道理极其明显。

心中有了目标，人就会专门去找一些相关的麻烦来解决，以便自己为实现目标而进行一些必要的锻炼，这样，使人在不知不觉中培养起了积极的人生态度和勇于迎接困难的优良品质。

在现实生活中，确有许多"平庸之辈"有不甘平庸之心，这是一个积极入世的人不容回避的问题。作为一个平凡的人，尽管不可能都轰轰烈烈，但是能使平凡的人生较常人稍许不平凡一些，尽可能比别人强一些，是肯定能办到的。

我们需要提升生存的智慧，思考成功，追求卓越，对人生的意义、人生的价值、人生的幸福等问题交出较完美的答卷。不甘平庸，崇尚奋斗，正是人生之歌的主旋律。

没有明确的目标，没有目标的努力，显然如竹篮打水，终将一无所有。

目标是获得成功的基石，是成功路上的里程碑。目标能给你一个看得见的靶子，你一步一个脚印去实现这些目标，你就会有成就感，就会更加信心百倍，向高峰挺进。

成功，是每一个追求者的热烈企盼和向往，是每一个奋斗者为之倾心的夙愿。在目标的推动下，人就能够被激励、鞭策，处于一种昂扬、激奋的状态下，去积极进取、创造，向着美好的未来挺进。

目标是一种持久的热望，是一种深藏于心底的潜意识。它能长时间调动你的创造激情，调动你的心力。你一旦想到这种强烈的愿望，就会产生一种原子能般的动力，就会有一种钢铸般的精神支柱。一想到它，你就会为之奋力拼搏，就会尽力完善自我，在艰难险阻面前，决然不会轻易说"不"字。为了目标的实现，去勇敢地超越自我，跨越障碍，踏出一条坦途。

目标是信念、志向的具体化，奋斗者一定要有梦想，并敢于做"大梦"，梦想正是步入成功殿堂的动力源。许多精英俊杰都是出色的梦想者，他们无一不是笃信大梦能成真的。他们梦想的目标一旦确立，就会万难不屈、坚毅果敢，充分发掘自己的潜能，将自己的才华优势发挥到极致，以百倍的努力冲刺、攀登。

正如美国成功学家拿破仑·希尔所言："你过去或现在的情况并不重要，你将来想获得什么成就才最重要。除非你对未来有理想，否则做不出什么大事来。一有了目标，内心的力量才会找到方向。"

可以说，一个人之所以伟大，首先在于他有一个伟大的目标。

在人的成长过程中，必经历幼稚期、继承期、创造期和发展期几个阶段，在第二、三阶段中，有一个目标选择期。即从学校毕业到就业前后，是确定奋斗目标的阶段。

一个人能否成功，确定目标是首要的战略问题。目标能够指引人生，规范人生，是人成功的第一要义。目标之于事业，具有举足轻重的作用。忽视目标定位的人，或是始终确定不了目标的人，他的努力就会事倍功半，很难达到理想的彼岸。确立目标，是人生设计的第一乐章。

描绘生命的蓝图

> 成功人士与平庸之辈的差别，就在于前者为生命计划
> 决定一生的方向。
>
> 只有知道自己需要什么，你才能直达目标。

生命比盖房更需要蓝图，然而很多人从来没有计划过生命，每天只是醉生梦死地度过。

成功人士与平庸之辈的差别，就在于前者为生命计划决定一生的方向。我们可以为生命做出计划，如拟订十年、五年、三年的计划；或拟订最接近此刻的长达一年的计划；最后是短期的计划，如一月、一周、一天。

1.订出一生大纲：你这一辈子要做什么？当然，有很多事只能订出个大概，但你可以好好选择自己所喜欢做的事。

你退休后要做什么？你的第二阶段要怎么过？也许你要终日徜徉于山水之间。如果现在你还不到 30 岁，以后也不想退休，那就不必为这些烦恼。

2.二十年大计：有了大概的人生方向，就可以拟订细节。第一步是 20 年。订下这 20 年内你要成为什么样子，有哪些目标完成。然后想想从现在起，10 年后你要成为什么样的人。

3. 十年目标: 20 年大计一定要 20 年才能完成吗? 不一定。你越富裕,就越快达到目标。

4. 五年计划: 只需要一台计算机和几秒钟,你就知道 5 年内要赚多少钱。

5. 三年计划: 3 年是重要的一环,一生大计通常只是简单的方向,而 3 年计划是最重要的决定点。

6. 下年计划: 这是你每周至少要检视一次的预算表和工作计划。每年都要有计划,尽量简单扼要,以数字为主。像赚得的金额、认识的人数等。12 个月的计划不是论文,而是行动大纲。

7. 下月计划: 认真地执行下个月的计划。以每月 15 日开始算起,是最适合的日子。

8. 下周计划: 对大多数人而言,这是时间计划的关键。

9. 明日计划: 这是最具体的生命计划。

别被 20 年大计吓倒了,好好写下来,修改是难免的。订计划是件愉快的事,而非一项任务,如果你的计划是一串上升的数字,你很快会对它发生兴趣。

如果短期计划超过了 90 天,你会对它丧失兴趣,把它分散成单项,然后逐一在 90 天内完成。

只有知道自己需要什么,你才能直达目标。

用自己的计划来导航

> 谁没有用以检查其行为标准的计划，那他的行为就会
> 被眼前的影响所支配；他认为今天所寻求到的自信说不定
> 明天就又会失去。
>
> 有了计划，就意味着有了保障。

一位著名的外交官曾说过："日常事情一件一件地向我们涌
来。如果我们没有一个可以将之加以检查的计划，那么我们就会
遇到许多困难。"

他所陈述的这种道理在外交、政治以及我们每个人的工作和
生活中统统适用。应该按照自己的标准，去检查每天发生在我们
身边的事情，谁若不懂得这一点，谁就将陷入不稳定的旋涡之中。
他自己的个人意愿将难以实现，所定目标也将停滞不前。

所以，影响我们生活的有两件事情。其一就是日常之事，这
是社会不断强加给我们的责任；其二就是拥有一份计划，我们按
照这份计划来评判日常之事对我们自己是否有利，我们是否有能
力处理好这些事情。

谁没有用以检查其行为标准的计划，那他的行为就会被眼前
的影响所支配；他认为今天所寻求到的自信说不定明天就又会

失去。

谁拥有一份长期计划，谁就会凭借它创造有利的前提，正确看待眼前的一切诱惑。

在此，还应进一步说明一下，拥有一份检视我们行为的计划到底有哪些好处：

拥有一份计划并贯彻它，意味着可以事先知道应该怎样度过这繁忙的一天。

拥有一份长期计划，就如同建立了一个安全网，当我们在日常生活中遇到困难时，它会及时地给予我们保障，就如空中飞人表演遇险而由安全网接住一样。

也意味着，可以及时界定我们的能力和可能性的范围，以期更接近我们所期望的目标。这样，我们就不会受外界影响和诱惑。

谁没计划，谁就会陷入危险之中。

卡耐基有一个朋友，他是在乡下一个贫苦的家庭中长大的，他父亲早逝。之后他上了大学，毕业后当了一名法官，再之后又当了外交官和部长。

当卡耐基拜访他时，问他："您曾经说过，您是个心满意足的人。您是怎样做到这一点的呢？"

他思考了一会儿，然后回答道：

"严格地说，我几乎可以称得上是个心满意足、十分幸福的人。这当然有多方面的原因。

"但其中有两点是肯定的：人必须自信。同时也必须能够独立做事，而且不要过分依赖外部事物。"

对某些人来说，读了这几句话后，会感觉它们只是空洞的说教或者只是抽象的愿望、幻想。但这是他获得几乎可以称得上是心满意足、十分幸福的生活的关键因素。从这个伟大的生活计划中，他推导出解决日常问题的许许多多小计划。

有了计划，就意味着有了保障。由此而得出的最重要的结论是：

当自己碰到问题时，不再认为总能想出解决问题的办法或者总会有贵人相助；或者认为"还没这么糟糕！"或者"到目前为止，一切都挺好！"而是为解决问题做好充分准备。不靠碰运气，不只顾眼前，不依赖别人，而是自己为此担负起责任。

拥有一份计划就意味着：

今天就考虑好明天和后天会出现什么样的情况及应对策略。就像一个优秀的战略家，在真正采取行动之前，先练习沙盘作业，直至他认为已能圆满完成任务为止。或者像一名消防队员，平时坚持不懈地练习，以使自己在紧急情况下能应付自如。

一旦真的发生紧急情况，我们就能做好充分准备。很清楚自己应做什么，并投入全部精力尽量做好，而不是惊慌失措，急于为自己的失败找替罪羊或为自己寻找托词。

这就是有计划的优点。另一个优点是，知道自己想做什么。在这种情况下，我们可能这样做，而另一种情况下也许会采取完全相反的做法。不管怎样，每次只做有利于更接近目标的事情。

读到这儿，如果您只说一句："是的，是的，这样活着，就不错了！"这是远远不够的。之后，您会很快就翻过这一页，而不是尝试着去实际做点什么。

您也许会说：

"听起来都很美，但是……"还会成百上千次地说"如果"和"但是"，您应该知道，说这些没用，不如起来行动。

如果您已确定了一个目标，制定了一份最适合您的计划并下定决心：从今天开始，没有任何事情可以阻止我去执行我的计划，那么您就已经向成功又迈进了一大步。

如果您制定了这项计划，您就将它写在一张纸上，放在书桌上。这样您就可以每天早上和晚上都能看到它了。早上您会说："我要这样去做。"晚上，您会问："我是这样做的吗？"

当然，您可在下周利用一周的时间，每天晚上都回顾一下自己的生活。之后，确定新的目标，并制定出实现目标的方案。

或者您现在就开始，寻找每次失败的原因。从自己的认识出发，制定出具体的方案，以使自己在以后的日子里不会重蹈覆辙。

不断调整人生目标

　　执着的追求是应该嘉许和称道的。但如明知道不行，却仍一条巷子走到黑，或明知客观条件造成的障碍无法逾越，还要硬钻牛角尖，就不可取了。

　　为目标下定义，不断修正，相信它会实现——成果就这样出现了。

　　执着的追求是应该嘉许和称道的。但如明知道不行，却仍一条巷子走到黑，或明知客观条件造成的障碍无法逾越，还要硬钻牛角尖，就不可取了。

　　目标、志向的调整，实际上是一种动态调整，是随机转移的。若发现你原来确定的目标与自己的条件及外在因素不适合，那就得改弦易辙，另择他径。

　　这种动态调整有以下的基本形式：

　　一是主攻方向的调整。若原定目标与自己的性格、才能、兴趣明显相悖，这样，目标实现的概率趋向为零。这就需要适时对目标做横向调整，并及时捕捉新的信息，确定新的、更易成功的主攻目标。

　　扬长避短是确定目标、选择职业的重要方法。在科学、艺术史上，大量人才成败的经历证明，有的人在某一方面具有良好的天赋和能力，但他不可能有多方面的强项；有的人在研究、治学上是一把好手，而一到管理、经营的岗位，他就一筹莫展，能力平平，甚至很差。

二是在原定目标基础上的调整。这是主攻方向不变，只是变革层次的调整。若是原目标定得过高了，只有很小的实现可能，必须调低，再继续积累，增强攻关的后劲。若原目标已实现，则要马不停蹄地制定新的更高层次的目标。若原目标定得太低，轻易就已跃过，则要权衡自己的能力、水平，将目标向上升级。

实现目标自然需要长期的努力。在为人生目标奋斗时，不能幻想一劳永逸，而要务实笃行、稳扎稳打、奋力前行。同时，也要看到，每取得一点成功，都是向总目标靠近一步。取得了全局性的成功，也不是目标的终止，而恰恰是向更高一级目标攀登的开始。

三是在获得信息反馈之中调整。即在原定目标中受挫而幡然醒悟，调整通道，重新把目标定在自己拿手的领域。美国科学家迈克尔逊，青年时曾入海军学校，但他学习成绩很差，特别是军事课，长期不及格。学校多次批评教育，仍然不起作用，最后学校不得不把他开除。但是，他对物理实验却非常感兴趣，被开除后，他投入对物理的学习和研究，很快显示出才华。他长期孜孜不倦，苦苦钻研，不断攀登了一个又一个高峰，终于做出被荣称为"迈克尔逊光学实验"的伟大创举，为相对论奠定了实验基础，成为美国第一个获得诺贝尔奖的人。

四是从预测未来中调整。社会的需要和个人的兴趣、才能、性格等都经常会发生变化。要善于打一个"提前量"，进行预测。

如才能的发展与年龄大小关系极大。任何才能都有其萌发期、发展期和衰退期，这样顺势而为，做出设想、规划，显然对目标定向是大有益处的。

五是对具体阶段目标视情况进行调整。大的目标要终生矢志追求，而小的阶段目标则可以进行适当的调整。科研人员在研究方向的选择上，有时为了能快出成果，改变思路而取得成功的结果，在科学史上不乏先例。

那么目标在什么情况下需要适时调整呢？一般来说如下几种情况必须调整人生目标：

第一，环境发生重大变化的时候。任何人的人生目标都是特定时代特定环境的产物，而各种环境中主要是社会环境对人生目标具有决定作用。社会环境、自然环境的变化，会影响人生目标的变化，特别是重大的环境变化，常造成人生目标的重大改变。

所谓环境的重大变化时刻，是指两个方面发生的重大变化：一是国内外经济、政治、思想文化领域的大动荡；二是家庭的经济、政治、亲属关系等发生重大变化。这两个方面发生的重大变化，对人生目标都将发生影响。我们的原则是，无论环境发生什么变化，具体的目标(某个阶段的目标或某个方面的目标)可以变通，随时做好调整，但总目标应该矢志不移。

第二，在人才竞争的胜败转折的时刻。奋斗中的成与败，常常形成人生道路的转折点，这已为无数事实所证明。

第三，人生总流程中，前后两个阶段相更替的时刻。这种时刻，称为人生转折时刻。这种转折，或发生在人的生理发生转折时(发育和疾病造成的)，或发生在人的社会地位发生突变的时候，或发生在人的社会智能结构发生质变前后，总之，是人自身某种或某些条件发生重要变化的时刻。这个时刻，也是容易引起人生目标发生改变的时刻。我们应努力防止在人生转折时刻发生人生目标的不良转变，防止因社会地位升高或降低而腐化或丧志，因疾病而颓丧，或因智能提高而骄傲，应使人生目标始终保持正确的大方向，具体目标始终切实可行。

为目标下定义，不断修正，相信它会实现——成果就这样出现了。任何人都能完成他们所想的，你也一样。但第一步，你必须知道这伟大的成就是什么；下一步就是设计许多能令你保持高昂情绪的小目标，让它们逐步引导你迈向成功。

每天对工作选择实行，对优先顺序做了解，对你大有助益。确信自己的努力没有白费，而且要求事半功倍。谨慎而自觉地决定事情先后，一般人从不这样做。他们只是任性而为，随波逐流。他们是基于恐惧、气愤和报复，而非为了活得更好而努力。他们不求提高效率，而周旋于私人利益纠葛，最终目标幻化为泡影。

了解自己的需要和如何得到自己所想的，明了这些事情的轻重缓急，你可以按部就班地计划并执行自己每一天的小目标。

第六章
与金钱和睦相处

　　既会花钱，又会赚钱的人，是最幸福的人，因为他享受两种快乐。

　　　　　　　　　　　　　　　　　——［英］塞·约翰生

聪明地运用金钱才能使人感到快乐

很少人能聪明地运用金钱，人们对金钱有许多自以为是的错误看法，其中有些甚至荒谬极了。

钱能够对提高我们的生活品质起到多少作用，要看我们能多聪明地运用手上的钱，而不是看我们到底有多少钱。

虽然很少有人真正知道自己想从生活中获取什么，但大部分的人却坚定地宣称，有了很多钱就可以使他们得到想要的一切。他们不仅错失了生活的本质，也曲解了金钱本来的意义。钱常被误用、滥用，很少人能聪明地运用金钱，人们对金钱有许多自以为是的错误看法，其中有些甚至荒谬极了。

长久以来，人们一直受物质主义的主宰和操纵，不断地以追求财富、积累金钱作为奋斗的目标，认为拥有了巨大的财富就拥有了快乐。诚然，金钱对人们的生活的确有作用，但是并不像大多数人想的那么重要。

人们对金钱最为普遍的一种错误认识是，钱可以使他们快乐。实际上，金钱积聚过多，不仅不会带来快乐，反而成为仇恨、相争等烦恼的根源。

张三幸运地中了 500 万美元的彩票，当他发横财的时候其他人正在失业。在一般人的眼里，张三真是走了大运，有了这么多钱，他一定快乐得不得了。然而事实是，张三不仅没有得到快乐，反而陷入了不幸。自从张三中了彩票后，他就再也没见过自己的女儿，而且好多亲朋好友也都离他而去，原因是他没有把这一大笔天降横财分给他们。张三说："我现在要什么东西就可以买什么东西，但除此以外，我比任何人都痛苦……我买不到感情和人心。有了这一大笔钱，我反而成了忌妒和仇恨的对象，人们不愿和我接近，我也时刻在担心有人接近我只是为了钱，我累极了……有朋友就是有朋友，没有就是没有，爱是买不到的，爱一定要建立。"

现实生活中，许多人通过努力工作、继承遗产、运气或是不合法的手段得到了大笔钱，然而，或者是因为不满足，或者是因钱而导致朋友的纷争、感情的背离，或是因为钱已够多而失去了目标，总之，他们都没有得到快乐。许多有钱人拥有一切物质上的享受，却过着自暴自弃的生活。

不管人们处于何种地位，钱都是生存的必需品，钱也是增进休闲方式、提高生活品质的一种途径。然而，不幸的是，人们都被贪婪蒙住了眼睛，把钱视为生活的目的，而不是改善生活的手段。把金钱本身当成了目的，人们就会陷入失望和不满，并且永远无法达到提升生活品质的目标。

对钱的另外一种误解是，人们把钱看作生活的保障和建立安全感的基础，就会制约我们去相信应该一心一意地积蓄物质财富，作为我们退休或遭到意外时的保障。如果你开始把钱看成完全的保障，你对钱就会有问题，就像不能买爱、朋友和家人，你也买不到真正的保障。

　　人所能拥有的真正的保障应该是内在的保障。这种内在的保障来源于天赋、创造力、才能、健康的体魄等内在因素，使你相信你能够运用自身的条件，去应付或克服作为一个独立的人所要面对的一切问题和情况。你如果拥有了这种内在的实际保障，就不会有那么多的惶恐和害怕，也不会将时间和精力专注于给自己建立外在的财务上的保障。最好的财务保障就是内在的创造能力，这种保障任何人都夺不去，你永远都能想办法谋生。你的本质建立于你本身是什么人，拥有怎样的精神状态，而不是你所拥有的外在的物质。你即使失去了所拥有的，你也还是自己生活的中心，这使你能保持健康明朗的生活过程。

　　将个人的安全感建立在金钱上，不外乎修建空中楼阁。那些努力为自己建立保障的人是最没有保障的人。情感上缺乏保障的人积累大量的金钱来抵御人格上所受的打击，填补空洞脆弱的内心，宣泄不愉快的感觉。追求保障的人本质上极为缺乏安全感，因此试图通过外部的事物，比如金钱、配偶、房屋、车子和名声，来求得心理上的安稳和平衡，他们一旦失去了自己所拥有的金钱财富，就失去了自己，因为他们的安全感、对自己的认同感，完全是以金钱为根本。

　　以物质和金钱追求为基础保障有很多褊狭之处，就算你是超级富翁，也可能遇车祸身亡，有钱人的健康状况和没钱的人一样会逐渐下降，战争爆发影响穷人，也影响富人。以钱为保障的人还时刻担心金融崩溃时他们会失去所有的钱财。他们不仅没得到什么确实的保障，反而还增加了许多让他们恐慌的事。

　　那么，钱和快乐到底有什么关系？我们承认钱是生存的一项重要因素，但这并不能告诉我们，要多少钱才能够快乐。为这个社会主流所认同的那些成功人士，总是时时刻刻在宣扬，百万富翁才是生活的胜利者。也就是说，其他人都是失败者。很多事实证明，大部分财力平平的人比我们在报纸上读到的百万富翁更有资格当胜利者。

钱是生活中的权宜办法，钱能够对提高我们的生活品质起到多少作用，要看我们能多聪明地运用手上的钱，而不是看我们到底有多少钱。

在我们的社会中，很多人都认为钱代表权力、地位和安全，但其实钱在本质上没有一点能使我们快乐。要看清钱的本质，请做如下练习：现在把你身上或放在附近的钱拿出来，摸一摸，感觉它的温度。注意，它是冷冰冰的，晚上不能使你温暖。你和你的钱说话，它不会有任何反应，它的面目永远是那么僵硬，一成不变。不管你有多么爱它，它也不会给你一点回报。

麦克·菲力普曾是一位银行副总裁，他认为太多人把自己的身份牢牢地和钱结合在一起，在他的书《金钱七定律》中，他讨论了几种有趣的金钱观：

1. 如果你做了事情，钱自然会到你的手中。

2. 金钱是个梦——像传说中的花衣吹笛手一样吸引人。

3. 你永远都不能把钱当作礼物送走。

4. 有的世界里没有钱这个东西。

当然钱的确有很多用途，没有人会否认钱在社会上和商场上所扮演的重要角色，但是人人都可以推翻错误的观点——认为钱越多就会越快乐。每个人所要做的就是留心。

我通过对以下问题的观察，提出了几点重要的意见：如果钱使人快乐，那么……

1. 为什么年薪 7 万美元以上的人当中，对自己薪水不满意的比率，比那些年薪 7 万美元以下的人高？

2. 有个人非法聚敛了 1000 万美元，为什么他累积到 200 万美元或者是 500 万美元的时候还不愿停止这种非法行为，却继续累积，直到被捕？

3. 为什么我所认识的一家人（他们的财产总值列居北美家庭的前一百名）告诉我，他们如果中了彩票赢了大奖会有多么快乐？

4. 为什么纽约的一群中了彩票的人要组成一个自助团体来处理中奖后的各种痛苦和忧郁的症状，他们在赢得大笔奖金之前从来没有经历过这种严重的痛苦和忧郁？

5. 为什么这么多高薪的棒球、足球、曲棍球球员有毒品和酒精的问题？

6. 医生是最有钱的职业之一，为什么他们的离婚、自杀和酗酒比例高于其他职业？

7. 为什么穷人捐给慈善事业的钱比富人捐得多？

8. 为什么有这么多有钱人犯法？

9. 为什么这么多有钱人去看精神科医生和心理治疗师？

以上只是一些警讯，提醒我们钱并不能保证快乐。

当我们满足了基本的生活需要后，钱不会使我们快乐，也不会使我们不快乐。如果我们每年挣到 25 000 美元就能够快乐，并且能够妥善地处理各种问题，当我们比现在更有钱时，还是会快乐，还是能妥善地处理问题。如果我们一年只挣 25 000 美元就使自己不快乐、神经过敏，而且不能很好地处理问题，那么即使年薪 100 万美元也是如此，还是神经过敏，不快，也不能好好地处理问题，差别只在于，我们是在豪华的住宅、丰富的物质享受里神经过敏，不快乐。

提 升 财 商

　　财商可以通过后天的专门训练和学习得以提高，提高
你的财商，可以改变你的财务状况。财商是一个人最需要
的能力，也是最被人们忽略的能力。

　　许多终日为钱辛苦、为钱忙碌的上班族，都曾有过一些共同
的体验，眼看着成功人士穿着名牌服装，住在豪华别墅，开着名
贵轿车，羡慕不已。然而在羡慕之余，他们可能也曾经想过："是
什么使得他们能够拥有财富，而我却没有？"

　　一次调查结果表明，有47%以上的受访者认为"炒股票或房
地产"是贫富差距拉大的主因；其次是"个人工作能力与努力"
（34%）；第三是"家庭原因"（19%）。根据调查结果可以发现，
大部分的受访者认为，造成贫富差距越来越大的主因并非个人努
力的成果，而是运气、机会等不公平游戏的结果。

　　的确，造成贫富差距扩大的直接原因是"股票与房地产""个
人工作能力与努力""家庭原因"，但这些都是表面现象。人们习
惯将贫穷归咎于外在的因素，如制度、运气、机会等，或者用负
面的说辞，为自己无所作为开脱。他们认为有钱人大多是因为投
资房地产或股票而致富，而造成财富增加主要是因为"拥有适当

的投资"。

那么我们更深入一步提问，为什么他们拥有资金来投资房地产和股票，他们又是如何操作使他们能够不断赚钱的呢？到底那些富人拥有什么特殊技能，是那些天天省吃俭用、日日勤奋工作的上班族所欠缺的呢？他们何以能在一生中累积如此巨大的财富呢？

这些问题都不是用家世、创业、职业、学历、智商与努力程度等因素能解释得了的。

专家们经过观察、归纳与研究，终于发现了一个被众人所忽略但却极为重要的原因，那就是是否具有较高的财商。

每个人都有一个成功的梦想，一个创富的梦想。在市场经济社会里，金钱从某种意义上讲是成功的一种体现，财富也自然成为衡量成功的一个标尺。

不同的人有不同的追逐财富的方式，那么如何衡量一个人的理财能力呢？以往人们更多的是根据财富来评价一个人的能力，但往往只能看到结果，而不能预先做出相对准确的评估。

财商则提供了一个新的维度，来衡量一个人的理财能力和创造财富的智慧。那么，什么是财商呢？

财商是指一个人在财务方面的智力，是理财的智慧。财商可以通过后天的专门训练和学习得以改变，改变你的财商，可以改变你的财务状况。财商是一个人最需要的能力，也是最被人们忽略的能力。可以想象，一个漠视财商的人，一定是现实感很差的人。

财商包括两方面的能力：一是正确认识金钱及金钱规律的能力；二是正确使用金钱及金钱规律的能力。财商并不仅是人们现实的唯一能健康发展的智能，而且是人为观念和智能中的一种，当然也是非常重要的一种。财商常常被人们急需，也被忽略。财商不是孤立的，而是与人的其他智慧和能力密切相关的。事实上，财商与智商、情商一样，都是一种指导人们行为的无形力量。而财商也是可以通过学习来获得的。

财商不仅是一个理财的概念，更是一种全新的金钱思想。富人之所以成为富人、穷人之所以成为穷人的根本原因就在于这种不同的金钱观。穷人是遵循"工作为挣钱"的思路，而富人则是主张"钱要为我工作"。富人是因为学习和掌握了财务知识，了解金钱的运作规律并为己所用，大大提高了自己的财商；而穷人则是缺少财务知识，不懂得金钱的运作规律，没有开发自己的财商。尽管有的人很聪明能干，接受了良好的学校教育，具有很高的专业知识和工作能力，但由于缺少财商，还是成不了富人。

金钱是一种思想，有关金钱的教育和智慧是开启财富大门的金钥匙。财富是一个观念，但观念可以变成财富。

思维和观念对现实有支配作用，金钱是一种思想，如果你想要更多的钱，只需改变你的思想。善于利用金钱的力量，是聪明人的重要财富。

在卡耐基看来，有关金钱的教育和智慧是非常重要的。他认为我们可以早点动手，买一本好书，参加一些有用的研讨班，然后付诸实践、从小笔金额做起，逐渐做大。

我们每个人都有两样伟大的东西：思想和时间。当钞票流入你的手中，只有你才有权决定你自己的前途。愚蠢地用掉它，你就选择了贫困；把钱用在负债项目上，你就会进入中产阶层；投资于你的头脑，学习如何获取资产，财富将成为你的目标和你的未来。选择是你做出的，每一天面对每一元钱，你都在做出自己是成为一名富人、穷人还是中产阶级的抉择。

高薪不等于富裕，改变固有的思维方式才能让你真正获得财务自由。人类最大的资产其实就是自己的脑子。但你最大的负债也是你的脑子。事实上，不是你做什么，而是你想的是什么。一个房子可能是一个资产，也可能是负债。如果一个人住在价值500万美金的房子里，但是这房子仍旧是一项负债。每个月要花费两万美金来维护、支持这套房子。你可以看到，每个月钱都从他的兜里跑掉了。其实，资产可以是任何东西，只要它能给你带来现金收入。

人有好多种，一种是穷人的心态，一种是中产阶级的心态，一种是富人的心态。一个人应该尽早决定他到底是处于穷人的心态，还是处于中产阶级的心态，还是变成一种富人的心态。这是迈向成功的第一步。

节俭的别名不叫吝啬

> 仅有少数人懂得节俭的真正意义。真正的节俭并非吝啬，而是经济地、有效率地节省用度，并非一毛不拔，而是用度适当。
>
> 所谓节俭，从宽泛的角度讲，包含了深谋远虑和权衡利弊的因素。

我们崇尚节俭，同样我们也反对不恰当的节俭。

所罗门说过："普种广收""没有投资就没有回报""小处节省，大处浪费""省一分油钱，毁一艘轮船"。还有许多家喻户晓的谚语都反映了错误的节约不仅无益反而有害的常识。

美国作家约瑟·比林斯说："有几种节俭是不合适的，比如忍着痛苦求节俭就是一个例子。"

仅有少数人懂得节俭的真正意义。真正的节俭并非吝啬，而是经济地、有效率地节省用度，并非一毛不拔，而是用度适当。

善于节俭的人与不善节俭的人，其实有很大的不同。那不善节俭的人常常为了节省一分钱的东西，却费去价值一角钱的光阴。我从来没有见过斤斤计较的人成就了大事业。吝啬的节俭确实是最不合算的。而企图做大事业的人，一定要有度，切不可斤斤计较于一分一厘。只有靠理智的头脑、合理的处事，才能成功。

　　所谓节俭，从宽泛的角度讲，包含了深谋远虑和权衡利弊的因素。最聪明的节省，有时却常需要过分的消费，比如做大生意使用交际费并不是一种浪费，乃是一种大度的用法，是一种恰当的投资。

　　慷慨大度经常有助于人的雄心的实现，能够使人们获得多方面的收获，帮助我们在社会的阶梯中上升，这远比把金钱存入银行更有价值。因此，欲成大业者，应该做到深谋远虑，切勿因吝啬而妨碍自己希望的实现，使很好的机会丧失。

　　节省的习惯，假如行之过度，反而得不到良好结果，非但不能成为进身之阶，反而常常成为绊脚的石头。商人吝啬得不肯多花资金来经营，农夫吝啬得不肯在地里多播种，是同样不正确的节省。俗话说："种得少，收成也少。"

　　有一个人为了建造新房子，就把旧房子拆掉了，但他把旧地基留下来，因为他认为这样可以节省几百块钱。新房子要比旧房子高好几层，仅仅几个星期就完工了，但是房子由于地基不牢，看上去摇摇欲坠，人还没住进去，房子就已经倒塌了。这样的人不止他一个，到处都有为了节省地基费用而铸成大错的人。

　　过去有些年轻人吝啬个人的教育投资，认为花那么多钱就是为了找个好职业真是不值得，因为他认为即使读了许多书，自己也不会成为什么了不起的人。有些年轻人在校期间就只选容易的题目做，跳过难题，只要求自己达到一个基本的底线就行了，而且还经常因为自己逃学、考试作弊等洋洋得意。还有的年轻人买东西不想给钱，不愿意为了提高自己的素养而牺牲暂时的娱乐。他们对工作敷衍了事，由于无知和缺乏必要的能力准备，他们在职业竞争中总是处于劣势，事业上难有发展。许多失败的人就是由于基础打得不牢，致使后来的努力都化为了泡影，整个人形销骨立。

在我们的社会中，居然还有那么多的父母为了增加家庭收入，剥夺了孩子上大学的权利，竟然让他们半路出去工作，妄图让他们抓住只有接受高等教育才有可能抓住的机会！

在我们的社会中，居然还有那么多人为了在交友上省钱而忽略了朋友，为了在社交上省钱而借口没时间拜访别人，也没时间接待客人！我们省去了假期，直到工作太累而被迫休长假，而当我们那组织严密却脆弱无比的身体筋疲力尽时，任何关键部位出毛病都是很危险的。

许多人总是恐惧"可怕的未来"而不敢享受现在，他们克制自己的种种欲望，声称掏不起那个钱。他们放弃了真正的生活，他们在今天活着，却渴望在明天来真正地生活和享受。如果他们出去休几天假，或者旅行一次，就好像有莫大的损失一样。他们连花一分钱都感到害怕，但实际上那是他们必须支出的费用和最起码的生活底线。

有一个商人，他曾出国游览过很多名胜古迹，但是他太吝啬了，连去历史建筑物里面看一看的门票钱都舍不得花。例如，他去过很多有名人故居的国家。在那些国家，那些名人故居被认为是但凡去过该国的人都要游览的胜地。但是他却从来没有进去过，因为他舍不得买门票。他说在建筑物外面看看就足够了。所以，此人虽然去过相当多的地方，但他却不能颇有见地地谈论它们。

慷慨大方对于年龄不大的人来说可能是奢侈，但它有时却是一种最佳的节约。友好的帮助和激励，以及与有教养的人交际都是用钱买不来的。

一个人是否能拿得出 10 ～ 15 美元钱参加一次宴会，本身并不是什么问题。他可能为此花掉了 15 美元钱，但他也许通过与成就卓著的客人结交，获得了相当于 100 美元钱的鼓舞和灵感。那样的场合常常对一个人的雄心壮志有巨大的刺激作用，因为他可以结交到各种博学多闻、经验丰富的人。在自己力所能及的情况下，对任何有助增进知识、开阔视野的事情进行投资都是明智的消费。

当然，我们不鼓励任何人都将其知识商业化，或者以见不得人的方式出售其脑力，但奋发向上的年轻人确实应该结交那些能鼓励和帮助他的人。与厉行节俭、精力充沛、事业有成的人建立亲密关系，对一个人的高远志向有着巨大的激励作用，我们由此可能做得更好，充分挖掘出自己的潜力。因此，与这样的人相识相知是年轻人最有利的投资。如果一个人要追求最大的成功、最完美的气质和最圆满的人生，那么他就会把这种消费当作一种最恰当的投资，他就不会为错误的节约观所困惑，也不会为错误的"奢侈观念"所束缚。

有一个年轻的商人，他总是在小的方面过度吝啬，结果竟然使他的生意失败。他的一套衣服和一条领带，非到破旧不堪才肯抛弃。他从没想到过，邀请一个有密切业务往来的客户吃一顿饭，在旅行时即便与熟悉客户偶然相遇，也从不替客户付一次旅费。于是，他落得个吝啬的名声，结果大家都不愿与他做交易。而他竟然还不知道，使他蒙受极大的损失的就是他那过度节省的习惯。

很多人为要节省些小钱，竟损坏了他们自己的健康。要想在职业上获得成功，必须防止不正确的节省。不论怎样贫穷，你可以在别的地方讲节省但却不可在食物上节省，由于食物是健康的基础，也是成功的基础。

过度的、不当的节省，常常会消耗人的体力和精力。许多人身体患着疾病，但为了节省金钱竟不去求医，不但受着痛苦，并且由于身体的病弱，在自己的职业上也做不出出色的业绩来。

凡是足以阻碍我们生命前进的，不论是疾病还是其他障碍物，我们应当不惜一切代价来设法诊治和补救，这是我们生命中最重要的事情。

应当将增进我们的体力和智力作为目标，因此，凡可增加体力和智力的事情，不管要耗费多少代价，都要去做。那些可以促进我们成功、有利于我们事业的，我们在金钱方面一定不可吝啬。

英国著名文学家罗斯金说："通常人们认为，节俭这两个字的含义应该是'省钱的方法'；其实不对，节俭应该解释为'用钱的方法'。也就是说，我们应该怎样去购置必要的家具；怎样把钱花在最恰当的用途上；怎样安排在衣、食、住、行，以及生育和娱乐等方面的花费。总而言之，我们应该把钱用得最为恰当、最为有效，这才是真正的节俭。"

减少消费，你也做得到

> 要想达到经济独立，首先你就得明确经济独立的
> 定义。
>
> 只要稍微谨慎一点用钱，大多数人都能减少可观的
> 花费。

杰里·吉果斯在他所著的《钱爱》一书中提出的一种观点就是，你可以把借来的钱当作自己的收入。如果你一时还无法接受这种观点，是因为你觉得用自己的钱才能心安理得，才能真正轻松自在，那么你必须达到经济独立。要达到真正的经济独立以享受自在的生活，其实并不像人们通常想象的那么难，这并不是以庞大的财力为基础。

要想过悠闲轻松的快乐生活，并不一定要住大厦、开名车、穿金戴银。重要的是，你拥有什么样的生活态度。如果有了健康正确的心态，你即使靠着借来的钱，也能舒舒服服、痛痛快快地享受人生。

要想达到经济独立，首先你就得明确经济独立的定义。你可以不用增加收入或财产就能达到经济独立，你所要做的只是改变自己的想法，重新想想什么是经济独立，什么不是经济独立。为

了明确你对经济独立的认识，你可以看看下面的几项选择中哪一项是达到经济独立的重要因素。

1. 中了百万美元的奖券。

2. 有一大笔公司退休金再加上政府的养老金。

3. 继承有钱亲戚的巨额遗产。

4. 和有钱人结婚。

5. 找财务顾问来协助做正确的投资。

我曾做过一项调查，发现将要退休的人最关心的事，以重要性依次排列是：财务保障、身体健康和可以共同分享退休生活的配偶或朋友。然而，有趣的是，这些人退休之后不久通常就改变了想法。健康成为他们最关注的头等大事，而经济状况则下降到了第三位：很明显，虽然他们所预期的收入还是不变，但他们对经济的看法却已经改变了。

调查结果显示，人们退休之后实际生活所需比他们原先想象的少得多，钱对高品质的生活没有那么大的影响和作用，同时，这个结果也证明了上述的几项因素没有一个是真正经济独立的必要条件。

多明奎兹，1940 年生于美国科罗拉多州一个富豪之家，从小过着优裕的生活。然而随着年龄的渐渐增长，他不愿再依赖家里。18 岁的时候，多明奎兹靠着一份极其微薄的薪水实现了经济独立。在其他人尤其他家里人的眼中，这样的收入比贫民还不如。但多明奎兹觉得，只要自己愿意，不管收入多少，都可以达到经济独立。不要以为百万富翁才具有经济独立的能力，一个月 500美元或者低于 500 美元就可以达到经济独立。如何能够？他说："真正的经济独立无非是量入为出，如果你每个月只挣 500 美元，但能够把开支控制到499美元，你就是经济独立了。"多明奎兹多年来每个月就靠500美元生活，并拒绝家里人的援助。到1969年他29岁的时候，就经济独立地退休了。退休之前，他是华尔街的股票经纪人，看到许多人虽然社会地位颇高，收入丰厚，但却活得艰辛劳苦，一点也不快乐，这使他感到这种生活一点也没有意思。多明奎兹决定脱离这种工作环境，于是他设计了个人的财务计划，过一种简化的生活方式。他的生活舒适轻松，而且从来没有什么负担和压力，但一年却只需要6000美元，这是他把积蓄投资在国库债券的利息。由于多明奎兹的生活中没有过多的物质需求，他把从1980年以来主持公开研讨会"扭转你和钱的关系并达到真正经济独立"的额外收入，以及在《新生活杂志》上发表指导人们正确运用金钱的文章时获取的稿费，全数捐给了慈善机构。

我们其实不需要那么多物质和财富，对于金钱，只要使我们能吃饱肚子、有水喝、有衣服取暖再加一个可以遮风避雨的地方足矣。现代人大都过着奢侈的生活却不自觉。两套以上的替换衣服可以算是奢侈，拥有一幢房子也是奢侈，一台电视机是奢侈品，一辆车也是奢侈品。很多人会大声疾呼这些都是必需品，但它们并不是必需品，如果它们是，在还没有这些东西出现的古代，人们是不是无法生活了，至少也是无法快乐。显而易见，事实并不是这样。

当然，我并不是要每个人的思想都必须有180度的大转弯，只维持最起码的需求，更不是要人们都去当清教徒、苦行僧。我自己在过去几年来也时常收入低微，生活里还是保持着某些奢侈享受，而且不愿放弃。重点是在于，一般人至少可以减少一些花费。许多奢侈品其实没有任何意义，只能带给人们虚伪的自我膨胀。招摇阔绰地展示奢华和富有是一种浅薄的手段,想要借着炫人的财富——大过所需的房子、移动电话、豪华轿车以及最先进的音响——在别人面前,尤其是比较没有钱的人面前,证明自己高人一等。这种行为显示出缺乏自尊和内在本质。

人们那种追求金钱、炫耀金钱的虚荣心态实在该改一改了,疯狂地攫取金钱,买一些只能说是垃圾的东西,目的就是展现给别人看,以此来显示自己的价值,而实际上却失去了生命中更为宝贵的东西:本质、自尊以及真实的生活。

莫瑞德夫妇有两个小女儿,他们是一个真正经济独立但并不富裕的家庭。他们靠着一份差不多只有一半的收入,就过着很好的生活。莫瑞德夫妇都是受过专业训练的学校老师,如果他们想,一年加起来可以挣 10 多万美元,可是只有丈夫布兰特在工作,而且是一份半职的工作,他们一家四口,一年只用不到 3 万美元就过得很舒服,因为他们学会了聪明地花钱,所以能够达到经济独立。莫瑞德一家过去 10 年来都过着简单的生活,他们说这种生活一点都不难过,他们觉得自己很好,因为他们对环保尽了一份力量。事实上,他们的生活哲学已经变成了“少就是多”。他们的收入虽然比一般人低,但却买到了一个珍贵的东西,很多收入比他们高上 10 倍的人却还买不起这个东西。这个珍贵的东西就是大量的休闲时间,他们可以用来做自己想做的事情。

只要稍微谨慎一点用钱,大多数人都能减少可观的花费,人们如果能充分运用创造力和机智,不花什么钱,都可以过上逍遥快活的生活。

为你的明天而储蓄

> 我们必须学习以所存的钱，而非所花的钱，来衡量成功。
>
> 由于没有多少现款，我们失去了生活中的许多好机会，而这仅仅是因为我们在一帆风顺的时候总是把钱花得精光。

你孩提时是否拥有过储蓄罐呢？它是在金属盖上开一个小缝，有杯子做装饰的铁罐，还是油彩斑斓的猪型石膏储蓄罐？那时候我们是储蓄的一代，每个家庭起码都会存一点钱。而在每个领薪水的日子，父亲都会到银行存款，就是在最艰难的时候，每个家庭也总要在每个月存上一点。

现在时代改变了，美国比其他国家的储蓄率低，只不过隔了一代，我们的平均存款便较以往下跌了6%。相对于日本人平均每月储蓄薪水的19.2%，瑞士每月储蓄薪水的22.5%，美国人只存2.9%。

你每月储蓄多少薪金呢？你的银行存款有多少足以用来度过危机？记住基本的储蓄原则：你起码需要有一个月的薪金存款，以保障你在危难时可以应用。根据这个标准，你超过了或仍然未及？

《我们在哪儿》（*Where We Stand*）的编辑总结道："长期来说，不断下降的存款数额，非但危害家庭安全，也严重削弱了国家未来的投资资金。"

存钱对某些人来说是困难的，特别是在负债时和日常必须有充裕资金来周转的情况下。但是长远来看，假如你每天存下一小部分钱，你就会惊讶地发现，就是在最恶劣时期，你仍有可观的金钱可供使用。

记得伽纳——那位做冰箱维修生意的人吗？ 1929 年股市崩溃时，他还是一个年轻小伙子，他把宝贵的经验传授给女儿。

"家父教我对金钱要有责任感，"她告诉我们，"他这样说道：'假如你还有钱可花，就该为明天而把这些钱存起来！'"

在个人和国家财政赤字日益升高之际，大家不妨记住这句法国的古老格言："远离债务就是远离危险！"前美式足球员布莱恩·布络辛曾如此说："我这一生中，一直带着破口的钱袋，直到有一天，我才警觉到自己要赶紧把它缝起来。"

我们花费了一生的时间用来追逐金钱，时常想象着金钱是用之不尽的，如今钱没了，这岂不是一个大好时机，可以问一下自己：我真需要它吗？还是我可以等？我们是否每次都有必要从皮夹掏出信用卡，或拿着存款簿提钱呢？我今年今月今日，存了多少钱？我们必须学习以所存的钱，而非所花的钱，来衡量成功。有一个非常有才气的年轻人，他挣了很多钱，对未来很有信心，所以他总是把钱花得精光。突然有一天，他年轻的妻子得了重病，为了保住妻子的生命，他不得已请了一位著名的外科医生为妻子做一个性命攸关的手术，但是，医生要等他交足费用以后才能动手术。年轻人只好去借钱，这可是一笔巨款啊！妻子的命终于保住了，但是妻子随之而来的疗养和孩子们接二连三的生病，加上饱受焦虑的折磨，终于使他积劳成疾，赚的钱一年比一年少。最后，这个人职业受挫，全家穷困潦倒，没有钱渡过难关。在妻子害病之前，他本可以在一年之中就轻而易举地存上千把美元钱，但他当时认为没这个必要，相信以后挣钱也这么容易。

美国节俭协会主席向全国教育协会所做的名为"伟大的节俭"的演讲中说："法庭的记录显示，在去世的男人中，只有3%的人留下了10 000美元以上的遗产，另有15%的人留下了2000美元到10 000美元的遗产，而82%的男人根本就没有任何遗产。因此，这就造成了只有18%的寡妇具备良好舒适的生活条件，而有47%的寡妇被迫出去工作，35%的寡妇则一无所有。"

罗斯福上校说："我鄙视那些不养家糊口的男人，每个男人都有责任拿出一定的收入来养家糊口。这不是一个生意上的投资问题，这是每个男人的责任！要他的亲人跟着他自己去冒险是很不公平的。就他个人的能力来说，让他自己独自去冒这个险还差不多。而且，想到自己去世，或发生变故，或由于经营不善造成生意失败以后，亲人可以得到安顿，这种感觉对任何男人来说，都是一种极大的满足。"

存下每个月赚来的辛苦钱，先撇开暂时的物质诱惑，为你的长远目标努力。开始时你可能毫无收获，一段时间后必能满载而归。

有许多年轻人经常向别人夸耀他们每月可以赚很多的钱，但拿到之后总是花个精光，他们从来不愿存一分钱。这种年轻人将来到了晚年，一定不会剩下几个钱，他们晚年的景象可能会很凄凉。

许多年轻人往往把他们本来应该用于发展他们事业的必备资本，用到雪茄烟、香槟酒、舞厅、戏院等无聊的地方。如果他们能把这些不必要的花费节省下来，时间一久一定大为可观，可以为将来发展事业奠定一个经济基础。

不少青年一踏入社会就花钱如流水一般，胡乱挥霍，这些人似乎从不知道金钱对于他们将来事业的价值。他们胡乱花钱的目的好像是想让别人夸他一声"阔气"，或是让别人感到他们很有钱。

关于这个问题，有位作家的一段话说得特别好。他说，在我们的社会中，"浪费"两个字不知使人们失去了多少快乐和幸福。浪费的原因不外乎三种：一、对于任何物品都讲究时髦，比如服饰、日用品、饮食都要最好的、最流行的。总之，生活的一切方面都愈阔气愈好。二、不善于自我克制，不管有用没用，想到什么就去买什么。三、有了各种各样的嗜好，又缺乏戒除这些嗜好的意志。总结起来就是一个问题，他们从来没有考虑过要改变自己的性格，克制自己的欲望。造成这种追求浮华虚荣的最大原因就是人们习惯随心所欲、任性为之的做法。

当然，节俭不等同于吝啬。然而，即便是一个生性吝啬的人，他的前途也仍然大有希望；但如果是一个挥金如土、毫不珍惜金钱的人，他的一生可能将因此而断送。不少人尽管以前也曾经刻苦努力地做过许多事情，但至今仍然是一穷二白，主要原因就在于他们没有储蓄的好习惯。

有的年轻人从来不存钱，到中年以后仍然是不名一文。一旦失去了职业，又没有朋友去帮助他，那么他就只好徘徊街头，没有着落。他要是偶然遇到一个朋友，就不断地诉苦，说自己的命运如何不济，希望那个朋友能借钱给他。这样的人一旦失业稍久，就容易落到饥肠辘辘、衣不遮体的地步，甚至到了寒冬沦落到可能挨冻而死。他之所以落到这种地步，要吃这样的苦头，就是因为不肯在年轻力壮时储蓄一点钱。他似乎从来没有想到过，储蓄对他会有怎样的帮助，也从来不懂得许多人的幸福都是建立在"储蓄"这两个字之上的。

为什么有那么多人如今都过着勉强糊口的生活呢？因为这些人不懂得，以前少享些安乐、多过些清苦的日子。他们从来不知道去向那些白手起家的伟大人物学一学；他们从来不懂得什么叫自我克制，无论口袋里有多少钱都要把它花得分文不剩；他们有时为了面子，即便债台高筑也在所不惜。

挥霍无度的恶习恰恰显示出一个人没有大的抱负、没有希望，甚至就是在自投失败的罗网。这样的人平时对于收支从来漫不经心，从来不曾想到要积蓄金钱。如果要成功，任何青年人都要牢记一点：对于收支要养成一种有节制、有计划的良好习惯。

如果你不节约金钱、爱惜时间，那么你就不会成功地主宰自己。当然，也有许多在某个方面具有才能的人完全没有金钱价值的概念，他们一有钱就挥霍无度。但是，只要他们不为未来储蓄，他们就会章法大乱，无异于野蛮的原始人。

那些因为自己不够富有而烦躁的人，那些不能克制自我的人，那些被自己的冲动所支配，不愿为未来积蓄而放弃及时行乐的人，都将处于不利的境遇。

由于没有多少现款，我们失去了生活中的许多好机会，而这仅仅是因为我们在一帆风顺的时候总是把钱花得精光。预留一些现钱，在银行存些钱，花点钱买保险，或者做一些固定投资，这样可以预防不测。

每个年轻人都应当有储蓄的远见和机智。这能使他在患病、面对死亡或紧急情况下镇定自若，而且万一遭受重大损失，也可以东山再起。没有储蓄，他可能许多年都不得翻身，尤其是在还有一大家子指望他供养的情况下。

在恐慌或危急情况下，少量的现金就可能带来许多的幸运。多数人通常都会碰到几次急需现金的情况，或许 1000 块钱就决定着人们是成功还是失败。但要是没有这 1000 块钱，他们也许就失败了，从此陷入绝望之中。

几年前，报纸上曾报道过这样一位富人，他和别人一样，通过自己的努力挣了很多钱，但是很愚蠢地花掉了。一篇报告登出了如下电报：

"在英格兰大酒店里，匹兹堡的弗兰克·福克斯先生用一张 50 美元的钞票擦完脸后，就把钞票扔到地板上。然后他从兜里的一摞 5 美元和 10 美元的钞票中抽出一叠扔到吧台上，说道：'伙计，给我一杯酒，快点！要不我就买下整个酒店，然后炒你的鱿鱼！'"

我们很容易就能猜出这个人最后的命运。除了知道他是靠自己敛聚财富外，我们对他的过去一无所知。他如果要拥有巨额财富，也必须和别人一样相当节俭。但是，他从来不知道节俭为何物，而节俭能教会人们如何花钱和储蓄。有许多人积累了很多钱，却不知如何明智地花钱。

有些消费行为看起来似乎是浪费，但其实往往是最节约的。有许多家庭，特别是小城镇和农村的家庭拥有私人汽车，但是家里却没有浴缸，而他们又在考虑支付其他的昂贵开支。

消费最重要的就是做到物有所值。有些人表面上穿的是绫罗绸缎，戴的是金银珠宝，坐的是豪华轿车，肚子里却是一包稻草，骨子里更是龌龊不堪，这是很为人所不齿的。要穿舒适的衣服，但同时也要给自己以自尊的品格、好学而健康的头脑和美好的性情。把金钱和时间花在更具有持久影响力的事情上，进行自我投资来提升自己，把钱花在追求更高的目标方面，不仅个人会获得极大的满足，而且更高的素质也有利于进一步的创富。

选择在最有价值的事情上进行投资，这是一种有益的消费和积极的生活方式，它将会使你活得诚实、简朴而有价值，最终得到你梦想的财富。

有些人收入不高，但花起钱来可真是愚蠢之极。他们会为了买只有富人才买得起的小古玩和衣服，把所有的钱都花光，但等到想做点事情时却身无分文。

有一个原本相当出色但如今却穷困潦倒的女人，她从小到大就不知道怎样衡量物品的价值。她要去市场上买许多食物，但她心里很清楚，自己没有可以穿得出去的衣服来遮蔽难堪。

但她只知道哀叹餐桌上没有丰富多样、美味可口的食物。和许多奢侈浪费、不计后果的人一样，这位家庭主妇如今从家庭的开支分配中得到了教训。

很多人没有考虑过这个问题：我们无时无刻不在花钱。许多不切实际的需要都让我们把钱往外掏，如果我们没有坚定的自制力，粗心大意，没有良好的判断能力，那么我们就会浪费金钱。

今天，在原本事业受挫的人中，在贫穷的家庭中，在接受慈善组织救济的群体中，有许多人已经相当独立了，他们懂得了明智消费的艺术。我们说"不恰当地花一分钱，就是浪费了一分钱"，那么，为什么不记住这句格言，从中获益呢？

第七章
学会"享受"工作

工作就是人生的价值，人生的欢乐，也是幸福之所在。

——[法]罗丹

工作是生活的第一要义

　　无论世事如何变化，也要坚持这一信念。它就是，在充分考虑到自己的能力和外部条件的前提下，进行各种尝试，找到最适合自己做的工作，然后集中精力、全力以赴地做下去。

　　生活的准则可以用一个词表达：工作。工作是生活的第一要义；不工作，生命就会变得空虚，就会变得毫无意义，也不会有乐趣。

　　在古希腊，有一个人看到蜜蜂从一朵花飞到另一朵花，四处采集花粉，辛苦异常，顿生怜悯之心。他把各种花堆积在家中，把蜜蜂的翅膀剪掉，放在花上。结果，蜜蜂酿不出一点蜂蜜。飞上很远的距离，从远处收集花粉，然后酿出甘甜的蜜，这是自然的法则。

　　生活是什么？菲利浦斯·布鲁克斯这样回答："当一个人知道他要做什么，他就可以大声地说：'这就是生活！'"这并不是说，一个人必须工作到筋疲力尽，在工作中尝尽了酸甜苦辣，才叹息道："这只是为了生活。"

　　即使是最卑微的职业，人们也能从自己的工作中体验到快乐与满足。在每个人的心灵里，都会不时受到悲伤、悔恨、迷惑、自卑、绝望等不良情绪的侵扰，如果此时能集中精力于工作上，这些让自己无法正常生活的负面影响就会被抛在一边。它们就像弹簧一样，当你用力挤压时，它们自然会弱下去。此时，人也真正成了坚强、自尊的人。在劳动中，幸福的荣光会从心底迸发，像火一样温暖着自己和周围的人。

"生活中有一条颠扑不破的真理，"英国哲学家约翰·密尔说，"不管是最伟大的道德家，还是最普通的老百姓，都要遵循这一准则，无论世事如何变化，也要坚持这一信念。它就是，在充分考虑到自己的能力和外部条件的前提下，进行各种尝试，找到最适合自己做的工作，然后集中精力、全力以赴地做下去。"

"重要的是参与，而不是赢得赛后的奖励。"

古希腊取得奥林匹克比赛胜利的运动员，会得到一个象征着荣耀的花环。其价值不在于花环本身，而是一种象征，让人的精神得到极大的满足。工作对于我们的价值也是如此。不管工作多么体面，或从中得到多少报酬，与从工作中得到的快乐相比，简直是微不足道的。积极参与到比赛中能够与戴上胜利的桂冠一样伟大。

爱默生说："只要你勤奋工作，就必有回报。"

"人们认为日常生活中应尽的职责是枯燥乏味的，"诗人朗费罗则说，"但是它们非常重要，就像时钟的发条一样，可以让钟摆匀速地摆动，让指针指示正确的时间。当发条失去动力时，钟摆就会停止，指针也不再前进，时钟静静地躺在那里，也不会有任何价值的。"

英国政治家布鲁厄姆勋爵说过，当他在晚上反思一天的工作时，如果一事无成，就觉得非常难受，是在虚度时光。他认为，认真履行职责、努力工作是一个人的护身法宝，不但可以保持健康的心灵，而且可以强身健体。

许多医师常常散播这样的观念——认为过度工作会伤害人的身体，而休息则有益人体的健康。但是，也有不少医师持不同的看法。英国伯明翰大学医学院的阿诺德教授便认为过多的休息其实对人体有害。他指出："至今尚没有什么证据可以证明工作会影响人体组织……辛劳的工作，只要不具有危险性，不影响睡眠或健康等，都不会伤害人体健康。相反地，却是对人大有帮助。"

是的，辛苦的工作不会是致命的，但是忧虑和高血压却会。跟传统看法相反，那些猝然倒地而亡、罹患各种溃疡症、行色匆匆、肩负重任的工商业主管，并不是因过度工作所致。他们每天的工作对精力的消耗算不了什么。但是伴随着工作一起到来的紧张的气氛和压力、痛苦的失眠、畏惧竞争的失败、无休止的焦虑，却形成恶性循环，疯狂地吞噬着他的生命力。

这样，他只好借助酒精、安眠药、苯丙胺和去高尔夫球场或手球场上疯狂地运动来逃避，但是身体和神经系统最后只能以死亡或精神崩溃来结束这种折磨。

现在，医院的病床有一半以上都被精神方面的病人所占据——远高于小儿麻痹症、癌症、心脏病和其他疾病病人的总和——这个可怕的事实表明，一定是哪儿出了问题，而出问题的原因绝不在于工作的辛苦与否。

科学上的进步使我们摆脱了我们的祖辈视为生活中必要的一部分的辛苦工作，即使技术含量很低的职业，其工作环境也有了改善，工薪阶层的工作时间缩短，机器取代了过去由人力或畜力完成的工作。我们的休闲时间比以前更多了。

所以，我们不能说是工作的辛苦导致我们身处痛苦的境地。

日常工作对一个人影响最大。可以使他肌肉发达，身体强壮，血液循环加快，思维敏捷，判断准确；也可以在工作中唤醒他那沉睡已久的创造力，激发他的雄心，把更多的聪明才智发挥到工作中去。正是工作，使他觉得自己是一个人，必须从事工作，承担责任，这才能显示出人的尊严与伟大。

你可以让儿子继承万贯家财，但是你真正给了他什么呢？你不能把自己的意志、阅历、力量传给他；你不能把取得成就时的兴奋、成长的快乐和获取知识的骄傲感传给他；也不可能把经过苦心训练才得来的严谨作风、思维方法、诚实守信、决断能力、优雅风度等传给他。那些隐含在财富之中的技巧、洞察力和深思熟虑，他是感受不到的。那些优良品质对于你十分重要，但是对于你的继承人来说，没有一点用处。为了挣得巨额财富，保住自己高高在上的地位，你培养出了坚强的毅力和苦干的精神，这都是从实际生活中逐步锻炼和塑造出来的。对于你来说，财富就是阅历、快乐、成长、纪律和意志。而对于你的继承人来说，财富则意味着诱惑，可能会让他更焦虑、更卑微。财富可以帮助你取得更大的成功，但对于他来说，则是个大包袱；财富可以使你得到更大的力量，更积极进取，但却会使他松懈怠惰，好逸恶劳，萎靡不振，变得更加软弱、无知。总之，你把最宝贵的也是他最需要的上进心，从他那儿拿走了。而正是这种力量激励着人类取得了巨大的成绩，将来也还是如此。

迪恩·法拉说："工作是人类与生俱来的权利，至今仍保存完好，它是最有效的心灵滋补剂，是医治精神疾病的良药。这从自然界就可以得到体现。一潭死水会逐渐变臭，奔流的小溪会更加清澈。如果没有狂风暴雨，没有飓风海啸，地球上全部是陆地，空气静止不动，这样的世界就毫无生趣。在气候宜人、四季温暖如春的地方，人们十分惬意地享受着生活，自然容易无精打采，甚至对生活产生厌倦。但是，如果他每天要为自己的生计奔波，与大自然作殊死的搏斗，他就会精神抖擞，经受各种锻炼，发展出最强的力量。"

"每天早晨起床后，"金斯利说，"不管你喜不喜欢，你都得有事做，强迫自己工作并尽最大努力做好，可以培养自控能力、勤奋、意志力等美德。懒惰的人是没有这些优点可言的。"

千百年来，除了勤奋工作，还有什么能够给我们带来繁荣充实呢？它为贫穷的人开创了新的生活，它使千百万人免于夭折，特别是拯救了那些精神上有问题，甚至企图自杀的人。

古希腊著名的医生加龙说："劳动是天然的保健医生。"

美国小说家马修斯说："勤奋工作是我们心灵的修复剂，可以让生理和心理得到补偿。可惜的是，人们常常只对受人关注的行业和要职感兴趣，而不再愿意经受艰辛劳作的磨炼。但是，它却是对付愤懑、忧郁症、情绪低落、懒散的最好武器。有谁见过一个精力旺盛、生活充实的人会苦恼不堪、可怜巴巴呢？英勇无敌、对胜利充满渴望的士兵是不会在乎一个小伤的。出色的演说家不会因为身有小恙就口齿木讷、词不达意的。这是为什么呢？当你的精神专注于一点，心中只有自己的事业时，其他不良情绪就不会侵入进来。而空虚的人，其心灵是空荡荡的，四门大开，不满、忧伤、厌倦等负面情绪，就会乘虚而入，侵占整个心灵，挥之不去。"

俾斯麦把勤奋工作看成是一个人拥有真正生活的保护神。在他去世的前几年，当被问及用一句简单的话概括生活的准则时，他说："这条准则可以用一个词表达：工作。工作是生活的第一要义；不工作，生命就会变得空虚，就会变得毫无意义，也不会有乐趣。没有人游手好闲却能感受到真正的快乐。对于刚刚跨入生活门槛的年轻人来说，我的建议只是三个词：工作，工作，工作！"

"劳动永远是光荣与神圣的。"卡莱尔说，"劳动是一切完美的源泉。没有艰辛的劳动，没有谁能有所成就，或者能成为一个伟人。懒散、无聊、无事可做，就像传染病一样，会迅速蔓延，使人类的灵魂失去依托。"

有的人声称现代工业文明的突飞猛进已扼杀了工作本身的创造性，无非就是机械化的动作，不断地重复一个动作而不必了解整个过程的工作有什么好得意的呢？他们说，当一个人痛苦不堪地在生产装配线上忙碌时，他足以自傲的成就感又从何而来呢？

契斯特顿有句十分动人的隽语："要想不再当秘书的最好办法，便是尽量把秘书的职务做好。"

有许多家庭主妇把每天的家务事当成是不可忍受的苦差事，如洗碗碟等。但是，有一名妇女却将此看作是有趣的经历。她的名字叫波西德·达尔。达尔女士是个职业作家，曾写过一本自传和许多著作，并且为杂志撰写文章。她曾失明多年，等到视力稍微恢复之后，根据她的说法，她把每日的家务杂事当成是有趣的奇迹来看，并为此衷心感谢上苍。她说："从我厨房的小窗户，我可以看见一小片蓝天，而透过洗碗槽上飞舞的肥皂泡沫，那五颜六色彩虹般的美丽景观，更使我百看不厌。经过多年不见天日的黑暗生活，能在做家务的时候再重新体会这世界美丽的色彩，真使我衷心感激不尽。"

不幸的是，我们大部分人虽然都拥有健康的眼睛，却对周遭的环境视而不见。我们不但没有达尔女士所具有的成熟想象力，也不能从日常工作中捕捉到对我们最有意义的价值。

住在得州的丽达·强森女士，以她亲身的经历向我们说明：如何因勤奋工作而解除了精神上的危机。

1941年，强森先生和太太带着两个小孩，搬到新墨西哥一处大农庄里。根据强森太太记载："没想到，那个农庄其实是个大蛇坑，住了许多可怕的响尾蛇，我们实在吓坏了。

"那时，我们的农舍还没有水电和瓦斯，但这些不便倒不令我担心，我日夜所忧虑的，是那些可怕的响尾蛇。万一有一天家人被蛇咬了，该怎么办呢？我夜里经常梦见孩子遭到不幸，白天也一直担心在田里工作的丈夫。只要有片刻不见家人的踪影，我就紧张不已。

"这种持续的恐惧，使我的精神近乎崩溃。若不是我开始勤奋工作，相信早就支撑不住了。我把玉米粒刮下来播种，直到双手起茧为止；我为小孩缝制衣服，把多出来的食物装罐收藏好——我不停地工作，直到疲累地倒在床上为止。如此我便没有精力担忧其他的事了。

"一年之后，我们搬离那个农庄，全家大小都安然无恙，没有人被蛇咬过。虽然自此以后我不再那么辛劳工作，但我一直感谢那段时间。那一年，辛劳的工作确实拯救了我的精神。"

正如强森太太的亲身经历一样，我们若能从困境中体会到辛勤工作所能产生的力量，往后若再遭遇危机，便有坚利的武器可以自我防卫了。工作通常可以支持我们渡过难关、危机、个人不幸，或失去所爱的人等。

爱德蒙·伯克说过："永远不要陷入绝望。但是如果你产生绝望情绪时，就去工作。"爱德蒙·伯克的话可不是空谈——他是有过亲身经历的。他痛失爱子，经过悉心研究之后，开始痛苦地深信文明快要堕落了。工作对他而言，就像对很多人一样，成为这个疯狂的世界上唯一清醒的标志。因此他不断地工作，即使在绝望之时。

是的，工作是生活的第一要义。不管我们出于什么原因离开工作，都会痛苦。

树立正确的工作态度

一个人的态度直接决定了他的行为，决定了他对待工作是尽心尽力还是敷衍了事，是安于现状还是积极进取。

态度就是你区别于其他人，使自己变得重要的一种能力。

每个人都有不同的职业轨迹，有的人成为公司里的核心员工，受到老板的器重；有的人一直碌碌无为，不被人所知晓；有些人牢骚满腹，总认为自己与众不同，而到头来仍一无是处……众所周知，除了少数天才，大多数人的禀赋相差无几。那么，是什么在造就我们、改变我们？是"态度"！态度是内心的一种潜在意志，是个人的能力、意愿、想法、价值观等在工作中所体现出来的外在表现。

要看一个人做事的好坏，只要看他工作时的精神和态度。某人做事的时候，感到受了束缚，感到所做的工作劳碌辛苦没有任何趣味可言，那么他决不会做出伟大的成就。

在企业之中，我们可以看到形形色色的人。每个人都持有自己的工作态度。有的勤勉进取，有的悠闲自在，有的得过且过。工作态度决定工作成绩。我们不能保证你具有了某种态度就一定能成功，但是成功的人们都有着一些相同的态度。

企业中普遍存在着三种人。

第一种人：得过且过。

玛丽的口头禅是："那么拼命干什么？大家不是都拿着同样的薪水吗？"

玛丽从来都是按时上下班，按部就班，职责之外的事情一概不理，分外之事更不会主动去做。不求有功，但求无过。

一遇挫折，她最擅长的就是自我安慰："反正晋升是少数人的事，大多数人还不是像我一样原地踏步，这样有什么不好？"

第二种人：牢骚满腹。

史密斯永远悲观失望，他似乎总是在抱怨他人与环境，认为自己所有的不如意，都是由环境造成的。

他常常自我设限，使自己的无限潜能无法发挥。他其实也是一个有着优秀潜质的人，然而，却整天生活在负面情绪当中，完全享受不到工作的乐趣。

他总是牢骚满腹，这种消极情绪会不知不觉地传染给其他人。

第三种人：积极进取。

在企业里，人们经常可以看到桑迪忙碌的身影，他热情地和同事们打着招呼，精神抖擞，积极乐观，永争第一。

桑迪总是积极地寻求解决问题的办法，即使是在项目受到挫折的情况下也是如此。因此，他总能让希望之火重新点燃。

同事们都喜欢和他接触，他虽然整天忙忙碌碌，但却始终保持乐观的态度，时刻享受工作的乐趣。

一年后，玛丽仍然做着她的秘书工作，上司对她的评价始终不好不坏。一年一度的大学生应聘热潮又开始了，上司开始关注起相关的简历来，也许新鲜的血液很快就会补充进来，玛丽的处境似乎有些不妙。

人们已经很久没有见到史密斯，去年经济不景气，公司裁员，部门经理首先就想到了他。经济环境不好，公司更需要增加业绩、团结一致，史密斯却除了发牢骚，还是发牢骚。第一轮裁员刚刚开始，史密斯就接到了解聘信……

而桑迪还是那么积极进取，忙碌的身影依然随处可见，他已经从销售员的办公区搬走，这一年，他被提升为销售经理，新的挑战才刚刚开始。

在公司里，员工之间在竞争智慧与能力的同时，也在竞争态度。一个人的态度直接决定了他的行为，决定了他对待工作是尽心尽力还是敷衍了事，是安于现状还是积极进取。态度越积极，决心越大，对工作投入的心血也越多，从工作中所获得的回报也就更为理想。

玛丽、史密斯、桑迪三人，一个面临失业的危险，一个已经被解聘，一个得到晋升。这并不是说得到晋升的桑迪比史密斯、玛丽在智力上更突出，而是不同的工作态度导致的。尤其是在一些技术含量不高的职位上，大多数人都可以胜任，能为自己的工作表现增加砝码的也就只有态度了。这时，态度就是你区别于其他人，使自己变得重要的一种能力。

如果一个人轻视他自己的工作，而且做得很粗糙，那么他绝不会尊敬自己。如果一个人认为他的工作辛苦、烦闷，那么他的工作绝不会做好，这一工作也无法发挥他内在的特长。在社会上，有许多人不尊重自己的工作，不把自己的工作看成创造事业的要素，发展人格的工具，而视为衣食住行的供给者，认为工作是生活的代价、是不可避免的劳碌，这是多么错误的观念啊！

人往往就是在克服困难过程中，产生了勇气、坚毅和高尚的品格。常常抱怨工作的人，终其一生，绝不会有真正的成功。抱怨和推诿，其实是懦弱的自白。

在任何情形之下，都不要允许你对自己的工作表示厌恶，厌恶自己的工作，这是最坏的事情。如果你为环境所迫，而做着一些乏味的工作，你也应当设法从这乏味的工作中找出乐趣来。要懂得，凡是应当做而又必须做的事情，总要找出事情的乐趣来，这是我们对于工作应抱的态度。有了这种态度，无论做什么工作，都能有很好的成效。

各行各业都有发展才能、提升地位的机会。在整个社会中，实在没有哪一个工作是可以藐视的。一个人的终身职业，就是他亲手制成的雕像，是美丽还是丑恶，可爱还是可憎，都是由他一手造成的。而人的一举一动，无论是写一封信，出售一件货物，或是一句谈话，一个思想，都在说明雕像的或美或丑，可爱或可憎。

不论做何事，务须竭尽全力，这种精神的有无可以决定一个人日后事业上的成功或失败。如果一个人领悟了通过全力工作来免除工作中的辛劳的秘诀，那么他也就掌握了达到成功的原理。倘若能处处以主动、努力的精神来工作，那么即便在最平庸的职业中，也能增加他的权威和财富。

当一个人喜爱他的工作时，你可以一眼看出来。他非常投入，他表现出来的自发性、创造性、专注和谨慎，十分明显。而这在那些视工作为应付差事、乏味无聊的人那里，是根本看不见的。

即使是补鞋这么个低微的工作，也有人把它当作艺术来做，全身心地投入进去。不管是一个补丁还是换一个鞋底，他们都会一针一线地精心缝补。这样的补鞋匠你会觉得他就像一个真正的艺术家。但是，另外一些人则截然相反。随便打一个补丁，根本不管它的外观，好像自己只是在谋生，根本没有热情来关心自己活儿的质量。前一种人好像热爱这项工作，不总想着会从修鞋中赚多少钱，而是希望自己手艺更精，成为当地最好的补鞋匠。

有一位家住罗德岛的人，他殚精竭虑，砌了一堵石墙，就像一位大师要创作一幅杰作一样，其专注程度甚至有过之而无不及。他翻来覆去地审视着每一块石头，研究这块石头的特点，思考如何把它放在最佳的位置。砌好以后，站在附近，从不同的角度，细细打量，像一位伟大的雕刻家，欣赏着粗糙的大理石变成的精美塑像，其满足程度可想而知。他把自己的品格和热情都倾注到了每一块石头上。每年，到他的农庄参观的人络绎不绝，他也很乐意解说每一块石头的特点，以及自己是如何把它们的个性充分展现出来的。

你会问砌一堵石墙有什么意义吗？这堵围墙已经存在了一个多世纪，这就是最好的回答。

别让激情之火熄灭

如果你只把工作当作一件差事，或者只把目光停留在工作本身，那么即使是从事你最喜欢的工作，你依然无法持久地保持对工作的激情；但如果你把工作当作一项事业来看待，情况就会完全不同。

保持长久激情的秘诀，就是给自己不断树立新的目标，挖掘新鲜感。

让我们先来看看美国教育部前部长、著名教育家威廉·贝内特的一段叙述：

一个明朗的下午，我走在第五大街上，忽然想起要买双短袜。于是，我走进了一家袜店，一个年纪不到 17 岁的少年店员向我迎来。

"您要什么，先生？"

"我想买双短袜。"

"您是否知道您来到的是世上最好的袜店？"他的眼睛闪着光芒，话语里含着激情，并迅速地从一个个货架上取出一只只盒子，把里面的袜子逐一展现在我的面前，让我赏鉴。

"等等，小伙子，我只买一双！"

"这我知道，"他说，"不过，我想让您看看这些袜子有多美，多漂亮，真是好看极了！"他脸上洋溢着庄严和神圣的喜悦，像是在向我启示他所信奉的宗教。

我对他的兴趣远远超过了对袜子的兴趣。我诧异地望着他。"我的朋友，"我说，"如果你能一直保持这种热情，如果这热情不只是因为你感到新奇，或因为得到了一个新的工作。如果你能天天如此，把这种激情保持下去，我敢保证不到 10 年，你会成为全美国的短袜大王。"

只是，很多时候我们会遇到这样的情形：在商店，顾客需要静候店员的招呼。当某位店员终于屈尊注意到你，他那种模样会使你感到在打扰他。他不是沉浸在沉思中，恼恨别人打断他的思考，就是在同一个女店员嬉笑聊天，叫你感到不该打断如此亲昵的谈话，反而需要你向他道歉似的。无论对你，或是对他领了工资专门来出售的货物，他都毫无兴趣。

然而就是这个冷漠无情的店员，可能当初也是怀着希望和热情开始他的职业的。刚刚进入公司的员工，自觉工作经验缺乏，为了弥补不足，常常早来晚走，斗志昂扬，就算是忙得没时间吃午饭，也依然开心，因为工作有挑战性，感受当然是全新的。

这种在工作时激情四射的状态，几乎每个人在初入职场时都经历过。可是，这份激情来自对工作的新鲜感，以及对工作中不可预见问题的征服感，一旦新鲜感消失，工作驾轻就熟，激情也往往随之湮灭。一切开始平平淡淡，昔日充满创意的想法消失了，每天的工作只是应付完了即可。既厌倦又无奈，不知道自己的方向在哪里，也不清楚究竟怎样才能找回曾经让自己心跳的激情。他们在老板眼中也由前途无量的员工变成了比较称职的员工。

有时，压力也是人们失去工作激情的原因。职场人士承担着巨大的有形或者无形的压力，同事的竞争、工作方面的要求，以及一些日常生活的琐事，无时无刻不在禁锢着我们的心灵。于是在种种压力的禁锢之下，无精打采、垂头丧气和漠不关心扼杀了我们对事业的激情。从热爱工作到应付工作再到逃避工作，我们的职业生涯遭到了毁灭性的打击。

但是，如果你在周一早上和周五早上一样精神振奋；如果你和同事、朋友相处融洽；如果你对个人收入比较满意；如果你敬佩上司和理解公司的企业文化；如果你对公司的产品和服务引以为豪；如果你觉得工作比较稳定。只要对以上任何一个问题，你的回答中有一个"是"字，我就要告诉你："你'可以'恢复工作激情。"

美国著名激励大师博恩·崔西针对如何恢复工作激情，提过5点建议：

1. 对自己所做的事感兴趣。"告诉自己：对自己所从事的事喜欢的是什么，尽快越过你不喜欢的部分，转到你喜欢的部分。然后做得很兴奋，告诉旁人这件事，让他们了解为什么你会如此感兴趣。只要你做出对工作感兴趣的样子，你就会真的开始对它感兴趣。这样做的另一项好处是可以减少疲劳、压力与忧虑。"

千万不能失去热忱。我们每个人都应当有一些引以为荣的东西，对那些真正高贵的事物要保持一种景仰之情，对那些可以使我们的生活变得充实美丽的东西，永远不要失去热忱。

2. 把工作当作一项事业。如果你只把工作当作一件差事，或者只把目光停留在工作本身，那么即使是从事你最喜欢的工作，你依然无法持久地保持对工作的激情；但如果你把工作当作一项事业来看待，情况就会完全不同。

3. 树立新的目标。任何工作在本质上都是同样的，都存在着周而复始的重复。如果是因为这永无休止的重复，而对眼前的工作失去信心的话，那么我要告诉你的是，如果你的态度不转变，不主动给自己树立新目标，即使那是一份让你称心的工作，即使那是一个令所有人艳羡的工作环境，它一样会因为一成不变而变得枯燥乏味，你也不会从中获得快乐。

保持长久激情的秘诀，就是给自己不断树立新的目标，挖掘新鲜感。把曾经的梦想捡起来，找机会实现它，审视自己的工作，看看有哪些事情一直拖着没有处理，然后把它做完……在你解决了一个又一个的问题之后，自然就产生了一些小小的成就感，这种新鲜的感觉就是让激情每天都陪伴自己的最佳良药。

4. 学会释放压力。工作不是野餐会，一个人无论多么喜欢自己的工作，工作多多少少都会给他带来压力。面对压力，有些人一味忍受，有些人只顾宣泄，忍受会导致死气沉沉，宣泄则会带来无尽的唠叨。应该学会管理压力并科学地释放压力，减轻对工作的恐惧感，心情轻松才容易重燃激情。

5. 切勿自满。在工作中，最需要注意的是自满情绪。自满的人不会想方设法前进，对工作就会丧失激情。如果你满足于已经取得的工作成绩，忽略了开创未来的重要性，那么现在这个阶段的工作自然会丧失其吸引力。当你把过去的成绩当作激励自己更上一层楼的动力，试图超越以往的表现，激情就会重新燃烧起来。

从工作中获得快乐

> 只有在工作时专心投入，而且能够从工作中获得快乐
> 的人，才能在游乐时感到喜悦。
> 最理想的状况当然是从工作及休闲中获取快乐，也只
> 有二者兼得，我们才能达到快乐的最高潮。

许多著名的科学家、小说家、电影明星及其他有名的人物都
曾描述工作时所得到的极大快乐与满足，只因为这项工作是他们
真心想做的。这可能是促成他们成功的原因。

有一些终生不得志的人则把大部分时间用于玩乐之上，致使
二者的成就差异巨大，可见调整和分配工作与休闲时间的重要性。

马斯洛曾经定义"自我实现"的人就是喜欢并去做必须做的
事。也就是想办法将工作变成游戏般轻松与自由，但是对一般人
而言这是一件非常不容易做到的事。

许多人都有一些限制他时间、行动与想法的工作，这工作也
就是不快乐的根源。事实上，最近密歇根及哈佛两所大学的研究
者发现大部分的美国人都有换工作的念头，而美国政府则在近些
年花费 4000 万美元去发展不使工作厌烦的技巧。

对许多人来说，快乐绝大部分出现于不在工作的时候，例如

晚间、周末及假期当中。

你该如何去除因工作而产生的不快乐呢？你又如何找到更多的快乐时光呢？

有一个很好的方式就是培养自己足够的知识、勇气及内力去做适合你的工作。当最著名的压力研究专家亚莉耶博士在一次接受"美利坚新闻及寰宇报道"的访问时被问道："人们如何应付压力呢？"他回答："诀窍不在于如何避免压力，而在于'做你自己的事'，这就是我一直所强调的：做你喜欢做的事，但也别忘了做那些你该做的事。"

另外他还提道："药物治疗也能发挥效用，例如现在已有一些能有效治疗高血压的药。但是我想对大多数人而言，最重要的莫过于学习如何生活，在各种不同的场合中如何表现适当举止以及如何作最明智的决定。'我到底是想要接管父亲的事业还是成为音乐家？'如果你真的向往音乐家，那就朝这方面去做。"

许多人选择职业时只怀着赚钱、争取高职位或升迁的目的，结果往往无法从事真正有兴趣的工作。例如有位社会工作人员，过去经常到各地区与民众会谈，教他们学习面对及解决问题的技巧，如今却因为其他原因而停止这项工作。现在虽然跃升为一个著名社会辅导站的主管，但同时他放弃了他喜爱的兴趣——终日待在办公室里。又如一位艺术大师被聘为世界上最著名、最有权威的一家博物馆的馆长之后，他必须将绝大部分时间用于烦琐的行政工作上，而不得不放弃钻研艺术的雅趣。

如果你问一些人在不考虑金钱因素及其他顾虑的情况下，他们真正想从事的工作是什么？往往你都会得到非常意想不到的答案。有一家广告公司的企划部主任曾说到他愿成为一家自然博物馆的制标本的技术人员。有一家出版社的董事长说他想成为餐厅的领班。另有位公共关系部门的主管回忆起她一生中从事的最愉快职位就是接待员，因为她每天必须与许多不同的人接触，这使她获得很多乐趣，而且这种工作也不会耗用她太多的私人时间及精力，毕竟拥有自己的时间是很重要的。此外，一位银行的副总裁将公余的时间大部分花费于研究制造各种锁，他还打趣说，如果他不介意失去银行那份高高在上的职位，从事锁匠应该也可以维持温饱。

娱乐是一件非常重要的事。如何寻找到适合自己的娱乐，则是一件非常快乐的事。但是，切莫去随便模仿别人。你最好能够先自问，什么是真正能使自己感到快乐的事情。在我们周围经常会发现，许多人什么事都要掺和掺和，还整天忙忙碌碌，这样的人是享受不到任何快乐的。只有在工作时专心投入，而且能够从工作中获得快乐的人，才能在游乐时感到喜悦。

如果以此作为衡量的标准的话，古代雅典的将军阿尔基比亚地斯应该可以算是最合格的了。尽管他在言行举止上都可以称得上是一个放荡的人，但是在思想上和工作上，他却极其投入，并取得了令世人羡慕的成就。

恺撒大帝也是一位能够将心思均等地分配在工作和游戏上的人。在罗马人的心目中，恺撒原本是一位行为不轨的人，但是他事实上是一位非常优秀的学者，他具有一流的辩才，而且拥有统驭他人的实力。

只懂得如何游乐的人生不仅毫不令人感动，而且一点儿也不有趣。一个每天认真工作的人，他在娱乐时才会由衷地感到快乐。整天好吃懒做的人、喝酒喝得醉醺醺的人、沉迷于声色之中的人，一定无法从工作中获得真正的快乐，这样的人每天只是在过着行尸走肉的日子。

精神生活层次低的人，大多只追求低级的享乐，他们也只能热衷于那些毫无品位的娱乐；与这类人相对的是，那些精神生活层次高的人，则善于结交一些品性和道德良好的朋友，他们所追求的娱乐也是适当的，它们既没有危险性，又不失品位。具有良知的人都十分明了，娱乐是不可以被当作目的的，它只不过是一种让人放松心情、给人安慰的方法而已。

为了使你步入高尚人的行列，你不妨实践一下我称之为"早上比夜晚聪明"的体验。

在工作和游戏的时间安排上，最好能够有一个明确的划分。读书、工作，或者是要同有知识的人及名流促膝交谈，这些事情最好排在早上比较恰当。吃过晚饭之后，就应该尽量让自己放松心情，除非是发生了什么紧急的情况，否则不要占用它，最好利用这段时间轻松地做自己所喜欢的事情，例如，和几个志同道合的朋友打打牌，或者和几个有节制的朋友玩玩愉快的游戏，即使有失误，也不会因此而吵架。也可以去看演出，或去看一场比赛，或者找几位好朋友一起吃饭、聊聊天，尽你所能地度过一个能够令你满足的夜晚。

如果你的工作让你做起来没意思或不快乐，当然按照常理，最好是换个工作。但事实上，并不是每个人都能随心所欲地换工作，有些人甚至换工作后变得更不快乐。就像有一位想换工作却一直碰壁的人——因为已 50 岁，别家公司不雇用他；或是一位离了婚的妇女无法搬离本地另找新工作，因为她必须住得离母亲家近些，以便每天下班后到母亲家去看孩子，或是一位在居住地拥有本区唯一的建筑公司的人必须留在当地，因为那儿是他发迹的地方，同时他也不愿离开朋友和亲戚搬到陌生的地方。

就算你非常不喜欢目前从事的工作，但也不要轻言放弃。有些技巧可以使工作愉快些，你不妨想想由于从事此项工作所赚得的钱使你能享受购物的乐趣，你可以开始培养新的嗜好，这个嗜好使你除了工作外另有新的目标，你应该尝试在工作中建立起具体的目标，目标是使工作愉快的万灵丹。

有许多拿高薪的权威人士有时会感觉沮丧，就是因为他们没有目标，甚至有些人还不知道是为何而沮丧。

哈佛大学科技、工作及心理计划部的主任马柯毕谈到某些公司里的高级主管时，称他们为"游戏型人物"。他解释所谓"游戏型人物"就是以在工作或娱乐冒险活动上击败对手为最大享受，但是这类人没有长程目标。他描述此"游戏型的人物"：漫无方向地跑完了人生旅程，到头仍是茫然。他叹息道："我倒宁愿做些真正能使我感到高兴的事。"

所谓最有意义的目标就是能带给我们最大快乐的目标。如果工作的目的只是赚钱或击败对手，则成功所带来的快感将不会持续很长时间。就如同马柯毕提到的"游戏型人物"，他说："一位又老又疲倦的'游戏型人物'，在输去几场比赛，失去信心之后，他们所剩下的只是一张痛苦扭曲的脸孔而已。一旦他失去了青春、精力，甚至荣耀，他变得绝望、茫然，不禁自问活着的意义为何？"马柯毕主张"游戏型人物"如要避免被老化与颓废打败就必须：除了一心一意获取胜利之外，该想想生命中是否有其他值得追求的目标。

最理想的状况当然是能从工作及休闲中获取快乐，也只有二者兼得，我们才能达到快乐的最高潮。

人们经常梦想将工作放在一边，好好地放纵一下，但一旦他们这样做了，反而得到失望的结果。

例如，有许多人退休后都感到不习惯并很不快乐，他们仍急于找到一份工作来打发寂寞。有些佛罗里达酒店每年出售超过200万美元的酒给退休后因无聊而以酒解愁的老人。

有一个人退休之后搬到佛罗里达，但他觉得在那儿很无聊、不快乐。最后他搬回纽约，每天中午吃饭时间他就回到过去工作的工厂找老同事聊天。他也经常在上下班时间到工厂看看老朋友。

有一位狂热的业余水手辞掉了工作，成为职业的水手，但他却失望了：他所梦想的日子是夏日的周末，但他很快发觉每天航海并无乐趣可言，不像以前只能利用周末上船那般有意思。当他只能在周末航海时，航海的新奇感从未停止，一旦它成了连续性的动作就不再那么刺激、有趣了。所以每个人都必须学习从工作进入娱乐，再从娱乐返回工作，因为工作和娱乐两种不同感受的对照，能使你清新并协调享受二者。

古今智谋

鬼 谷 子

彭 咸 编著

花山文艺出版社

河北·石家庄

图书在版编目（CIP）数据

鬼谷子 / 彭咸编著 . -- 石家庄：花山文艺出版社，
2020.5
（古今智谋 / 张采鑫，陈启文主编）
ISBN 978-7-5511-5141-2

Ⅰ.①鬼… Ⅱ.①彭… Ⅲ.①纵横家②《鬼谷子》—
通俗读物 Ⅳ.① B228-49

中国版本图书馆 CIP 数据核字（2020）第 066407 号

书　　名：**古今智谋**
　　　　　GUJIN ZHIMOU
主　　编：张采鑫　陈启文
分 册 名：鬼谷子
　　　　　GUIGUZI
编　　著：彭　咸

责任编辑：郝卫国
责任校对：董　舸
封面设计：青蓝工作室
美术编辑：胡彤亮
出版发行：花山文艺出版社（邮政编码：050061）
　　　　　（河北省石家庄市友谊北大街 330 号）
销售热线：0311-88643221/29/31/32/26
传　　真：0311-88643225
印　　刷：北京朝阳新艺印刷有限公司
经　　销：新华书店
开　　本：850 毫米 ×1168 毫米　1/32
印　　张：30
字　　数：660 千字
版　　次：2020 年 5 月第 1 版
　　　　　2020 年 5 月第 1 次印刷
书　　号：ISBN 978-7-5511-5141-2
定　　价：178.80 元（全 6 册）

前　言

　　在中国历史上，有许多这样的人：他们不会写诗，也不会作赋，更不善驰骋疆场，但可以获得无上的荣誉和权力。这些人知大局，善揣摩，通辩词，权智勇，能谋略，善决断，他们无所不通，无所不知，无所不能。我们不禁要问，他们缘何如此神通广大？如果要深究背后的原因，有一点最有说服力，那就是他们的背后有一位高人，此人正是鬼谷子。

　　在漫漫的岁月长河中，古圣先贤，仁人志士，多如牛毛。为什么鬼谷子能够对中华文化产生如此深远的影响呢？这里，我们有必要来认识一下鬼谷子。

　　鬼谷子，姓王名诩，因为隐居于清溪的鬼谷之中，故世人称其为鬼谷先生（鬼谷子）。他在中国历史上是一位显赫的人物，是"诸子百家"之一——纵横家的鼻祖，既有政治家的韬略，又擅长外交家的纵横捭阖之术，并且精通兵法、武术、奇门八卦，是一位旷世奇才。

　　作为纵横家的鼻祖，鬼谷子弟子众多，据说孙膑、庞涓、毛遂、徐福、甘茂、司马错、乐毅、范雎、蔡泽、邹忌、丽食其、蒯通、黄石、李牧、李斯等皆为他的弟子，但真实性存疑。不过，他的学问高深莫测，非一般人能够掌握。

鬼谷子的主要作品有《鬼谷子》及《本经阴符七术》。《鬼谷子》又称作《捭阖策》，该书着重讲述了权谋策略及言谈辩论技巧，从内容来看，主要涉及谈判、游说等内容，但是由于其中涉及大量的谋略问题，与军事问题触类旁通，也有人称它为"兵书"。

后人对《鬼谷子》的评价褒贬不一，但不可否认的是，作为一部谋略学的巨著，《鬼谷子》一直为中国古代军事家、政治家和外交家所研读，即使在今天，它也是许多人的必读书之一。本书本着"取其精华，弃其糟粕"的原则，深入浅出地解析了鬼谷子的智慧精髓和谋略精华。

目 录

第一章
捭阖：通达人心，纵横天下

捭阖是什么？捭，开的意思，敞开心怀积极行动，采取攻势，或接受外部事物及他人的主张和建议。阖，闭的意思，关闭心扉，把进来的事物化为自己的事物，或不让外来事物进入，取封闭形态。

捭阖之道是一种处事智慧，一门推敲技巧，一件揣摩人心理活动的工具。古人云，上知天文，下晓地理，中应人事。一切都是为了中应人事，为人所用，而鬼谷子更是从人性入手，把做人这门艺术发挥到极致，其处事之道有很多值得借鉴的地方。可以说，"捭阖"是鬼谷子思想的基础。

韬光养晦，以"闭"为守得天下

【原文】

粤若稽古，圣人之在天地间也，为众生之先。观阴阳之开阖以名命物，知存亡之门户，筹策万类之终始，达人心之理，见变化之朕焉，而守司其门户。

【译文】

考察古代历史，可知圣人生活在天地之间，就是大众中的先知。圣人通过观察事物矛盾的变化，认识事物，给它们立一个确定的名号，了解决定事物存亡的关键因素；测算万物发展的进程，通晓人类思维的规律，预见变化的征兆，从而把握住事物存亡的关键。

【延伸阅读】

在鬼谷子的眼中，圣人之所以为圣人，最根本的就是要"守司其门户"。在历史上，合宜的"捭阖"之术常于应"闭"时必自守，以韬晦之术渡难关而称名于天下。

中国历史上，东汉时期的刘秀、三国时期的刘备都曾一时以

"闭"为自守之策而得天下，北齐时期的高洋也以此法登上了皇帝的宝座。北齐开国皇帝高洋，是东魏大丞相高欢的次子。高欢死后，长子高澄继任大丞相，都督中外诸军，坐镇晋阳；高洋则被封为京畿大都督，在邺都辅佐朝政。

高澄凶横暴烈，狂傲不羁，处处锋芒毕露，总揽朝政，不可一世。高洋的表现与其兄正好相反，温文尔雅，愚钝憨直，讷言少语，对国家大事总是睁一只眼闭一只眼，得过且过，文武群臣素来看不起他。高洋在兄长高澄面前也是从来百依百顺。他为夫人购置的一点儿好的服饰，高澄看上了据为己有，他却劝夫人不要气恼；自己的美妾多次被高澄调戏，也佯装不知。高澄对这个弟弟更是瞧不上眼，曾经说："我的这个弟弟如能富贵，那么预言吉凶贵贱的相面书就无法解释了。"高洋退朝回家，常常是闭门静坐，对妻妾也说不了几句话。有时则脱了鞋，光着脊梁在院子里奔跑不停。想不到这个高洋，在局势突变时却成了另外一个人，令人刮目相看。

高澄对皇帝元善见不满，赶到邺都与几个心腹密谋废立之事，被家奴兰京聚众刺杀身亡。高洋得报后，神色不变，率兵赶至，将兰京等凶手一一捕杀。对外则宣布大丞相只是在家奴造反时受了点儿伤。又向皇帝元善见请求护送高澄回晋阳养伤。元善见立即准行，心里暗喜，认为高澄既伤，而高洋难成大器，威权当复归帝室了。

高洋回到晋阳后，当即召集群臣布置政事，推行新法，革除弊政。不到一年，晋阳被治理得井井有条，欣欣向荣，百官惊叹不已，高洋见内外安定，这才宣布高澄去世，为其兄发丧。元善见认为他毫无野心，便晋封他为大丞相，都督中外诸军，袭封齐王。

数月后，高洋率兵抵达邺都，逼元善见帝禅位。元善见闻知，惊得目瞪口呆，只好交出玉玺。高洋登台面南，改国号齐。

韬光养晦，是一种隐藏才知，不露真心，蛰收锋芒，待时而动的谋略。高洋正是采取这种谋略，最后成就了帝王的大业。

北魏节闵帝元恭，也是深谙"捭阖"之道的高手，为了登上皇位宝座，他竟然做了八年的哑巴。

北魏节闵帝元恭，是献文帝拓跋弘的侄子。孝明帝时，朝廷专权，肆行杀戮，元恭虽然担任常侍、给事黄门侍郎，但总担心有一天大祸临头，于是装病不起。过了一段时间，元恭又对外说得了喉疾，连话也说不出来了。就这样装哑巴装了将近八年。孝庄帝永安末年，有人告发他不能说话是假，心怀叵测是真，而且老百姓中间流传着他住的那个地方有天子之气。元恭听了这个消息，急忙逃到上洛躲起来，没过几天就被抓获，拘禁多日后，因无罪而得以赦免。

永安三年十二月，孝庄帝元子攸被废弑。新帝元晔不是人们愿望所推举，因元恭沉潜藏匿，有超过常人的器量，宗室打算再行废立。面对宗室的考量，元恭才再次开口说话。之后元恭顺利即位。

由此可见，"韬光养晦"古今皆同。在鬼谷子的整个思想体系中，它是以"兴亡之道"作为出发点和终结点的。然而，身为"谋略之祖"，他在其中加入了大量"制胜之术"的内容。

摸清规律，历史潮流不可逆

【原文】

故圣人之在天下也，自古及今，其道一也。变化无穷，各有所归，或阴或阳，或柔或刚，或开或闭，或弛或张。是故圣人一守司其门户，审察其所先后，度权量能，校其伎巧短长。

【译文】

所以，从古到今，凡生于世间的圣人，其道是恒一不变的。万事万物的变化虽然是无穷无尽的，但是都以避亡趋存作为它们的归宿：或阴或阳；或柔或刚；或开或闭；或弛或张。所以，圣人始终把握万物存亡的关键，审慎地考察事物的变化顺序，认清事情的轻重、缓急，度量万物的能力大小，再比较处事方法的优劣，做出正确的决策。

【延伸阅读】

在中国，"南辕北辙"的典故可说是人人皆知，其道理十分浅显：无论做什么事，首先都要认清形势、看准方向。如果大方向是错的，再努力也是白费功夫，只会离最初的目标越来越远。然而，大多数人读到这个故事，都只是一笑了之。在人们看来，世界上根本不存在这样的傻瓜。的确，"南辕北辙"反映的是一种极端的情况，那就是目标与方法完全背道而驰。而在现实生活中，我们遇到更多的情形是做事方法不对，在达到目标之后，才发现走了很多弯路。

如何才能不走或者少走弯路呢？这就要求我们在做任何一件事情之前，都要对目标和方法加以考察和分析，既不能人云亦云，也不能拘泥于前人的经验。我们要学会创造，用真正属于自己的方法去实现目标。当然，有时针对同一目标的正确方法有很多种，都能达到"殊途同归"的效果。但我们要善于找到一个最佳的方法，只有这样才能更省时、更省力地实现目标。

人们都期盼自己能获得成功，然而自身却缺乏必要的才能谋略。这样，即使空有一身本事，但看不清大势，辨不清方向，与趋势对抗，最终也只能一败涂地。

在四分五裂的五代末期，宋太祖赵匡胤稳定内部之后，立即出兵统一全国。最后，只剩下南唐和吴越两个国家。南唐后主李煜平时纵情诗酒，沉溺声色，疏于政务，对战争及国家大事一窍不通，轻易中了赵匡胤的反间计，杀害了自己能征善战的大将林仁肇和忠臣潘佑，以致在宋军压境之时，束手无策，最后只好光着身子自缚请降。

李煜是一位精于诗词、音乐和书画的聪明皇帝，但由于不懂得"兴亡"的规律，酿成了国破家亡的惨剧。纵观整个中国历史，凡不懂得"兴亡之道"，做出违背历史潮流之事的人，不管他们有多大的权势和地位，最终都不会有善终。

做人做事，一定要学会顺应趋势，要掌握做事的规律，这样才能事半功倍，取得预期的效果。

孔子周游列国，路过一个瀑布，见一老者顺着瀑布走了下去，不一会儿，在百米开外，老者又从旋涡里冒了出来。孔子甚感惊奇，问老者："你是用什么力量驾驭旋涡的？"老者回答说："我哪有那么大的力量去驾驭旋涡，我只是让旋涡驾驭着我，顺势而为，让自己顺着旋涡进去，再顺着旋涡出来。"

这个故事，让人想到冲浪运动员，他们之所以能在波峰与浪谷之间起伏翻飞，不是因为他们勇敢地驾驭了浪潮，而是聪明地顺应了浪潮。

鬼谷子告诉我们，不要做什么事情，都想着去驾驭它、征服它，有时候，顺势而为，机智地去顺应它，会让事情做得更顺利、更成功。

趋利避害，捭阖之道要活用

【原文】

故捭者，或捭而出之，或捭而内之；阖者，或阖而取之，或阖而去之。

【译文】

所以用捭或能使对方开而真实情况暴露出来，或能让对方开而使己方的观点被接纳；用阖或能使己方有所获取，或能使己方顺利地躲过祸患。

【延伸阅读】

鬼谷子的捭阖之术，说到底，是以趋利避害为目标的。就像一户人家，门一天到晚开开关关，不但有供人进出的作用，还能把粮食、家具等有用的东西关在屋里，把风雨、噪音等有害的东西关在屋外。同样，人们心中也应该有一扇这样的门，知道应该把什么关在门内，把什么关在门外。

张良本是韩国人，在秦统一天下后，为报亡国之恨，曾雇力士在博浪沙刺杀秦始皇，事败后逃亡下邳。后归附沛公刘邦，为刘邦打败项羽登上皇位、平定叛乱治理天下立下了汗马功劳。

随着西汉的建立，皇权也慢慢稳固，张良逐步从"帝者师"退居到"帝者宾"的地位，遵循着可有可无、时进时止的处世原则。他深知"飞鸟尽，良弓藏；狡兔死，走狗烹"的道理，在群臣争功的情况下，他上书说自己没有战功，只愿做留侯，不敢当三万户；对刘邦给他的封赏，他都表现得极为知足；他以体弱多病为由，专心道引之术，闭门不出；还扬言"愿弃人间事，欲从赤松子游耳"，处处表现得急流勇退。

在汉初刘邦剪灭异姓王的残酷斗争中，很少有张良的身影。在西汉皇室的明争暗斗中，张良也恪守"疏不间亲"的遗训。因此，在韩信被杀、萧何被囚的情况下，只有张良始终未伤毫毛。

刘邦称帝后，宠爱戚夫人，冷落吕后。他怎么看怎么都觉得太子刘盈软弱胆小，一点儿都不像当年的自己；又觉得吕后生性要强，有代刘而王的迹象。于是想换掉太子刘盈，改立戚夫人的儿子赵王如意为太子。

更换太子并非易事，这关系到政权的稳定及各个利益集团的命运。一时之间，满朝大臣都议论起来，更有几个大臣不惜犯颜谏争，但刘邦对之丝毫不予理会。吕后比谁都害怕和恐慌，她想尽了一切办法都没有见效，眼看太子之位将要被剥夺，难以甘心的她找到张良，逼着张良给她出主意。

起初，张良以这是皇室家事自己不方便出面而推辞，后来禁不住要挟，同时考虑到天下初定，汉朝统治根基还未稳固，各项制度还待健全，只有顺其现状，无为而治，才能安定天下、稳保江山。于是出了一个主意："口舌之争毫无意义，徒费口水而已。皇上不能招来的只有四个人——'商山四皓'（四皓，即四个白头发的老人），他们觉得皇上傲慢无礼而不肯来。如果就您肯下大力气，花些银两，让太子写一封言辞谦恭的信，预备车马，再请口才很好的人恳切地去聘请他们，他们应当会来。如果太子能够亲自请'四皓'出山，出入宫廷时让'四皓'相伴左右，皇上见到后一定会问起这件事，一旦知道四个人的贤德，太子的地位就可以稳固了。"

于是吕后赶紧让吕泽派人携带太子的书信，用谦恭的言辞和丰厚的礼品，邀请这四个人。结果，事情果真如张良所说，刘邦知道伴随太子左右的"四皓"就是自己数次去请都请不来的隐士后，大吃一惊："我多次请你们都请不来，为什么愿意跟着我儿子呢？"

这四个人说："您不喜欢读书人，又喜欢骂人，我们讲求义理，接受不了这种轻侮，所以就四处逃躲不愿入仕。但是我们听说太子为人仁义孝顺、谦恭有礼、喜爱士人，天下人没有谁不想为太子拼死效力的。因此我们就来了。"刘邦叹了一口气，说："那以后就多多麻烦诸位，始终如一地好好调教和保护太子吧！"

回宫后，刘邦对戚夫人说，人心所向，大势所趋，奈何不得，更换太子之事没戏了。

此事后，张良多数时间称病不出，但吕后却因此事对他感激颇多。

不可否认，张良是个聪明人，他深知趋利避害的道理。所以，即使身处是非之地，也可以让自己远离灾祸。这也是捭阖之术之中所说的"捭而去之"。

表达有方，好事坏事悠着说

【原文】

阴阳其和，终始其义。故言长生、安乐、富贵、尊荣、显名、爱好、财利、得意、喜欲，为"阳"，曰始。故言死亡、忧患、贫贱、苦辱、弃损、亡利、失意、有害、刑戮、诛罚，为"阴"，曰终。

【译文】

阴阳双方相互协调，从始到终都要符合捭阖之理。所以，把凡是有关长生、安乐、富贵、尊荣、显名、爱好、财利、得意、喜欲的，都视作"阳"，称为"始"。把凡是有关死亡、忧患、贫贱、苦辱、弃损、亡利、失意、有害、刑戮、诛罚的，都视作"阴"，称为"终"。

【延伸阅读】

鬼谷子在此论述了说话的基本原则，说白了无非两点：好事要先说、公开说；坏事要后说、私下说。这样做的理由很简单，就是"人性"两字。

比如，批评人的话，就不宜公开来说，即使是轻微的批评，当着别人的面说，也会让人感觉不舒服，如果批评者态度不诚恳，或者居高临下，冷峻生硬，反而会引发矛盾，产生对立情绪，使批评陷入僵局。

王斌是某大型私企的产品检验主管，他不仅人长得英俊，才能也是数一数二的，因此难免有些得意。

在工作中，他和助手因为对一个产品的质量标准问题发生了争执。助手说产品已经达到行业标准，而且现在离交付给客户的时间已经不多了，没有必要再做检验了。

而王斌对助手的这种态度很不满意，说："我们自己苦点累点都没有关系，但要对客户负责，要对自己的职业道德负责。这次实验的意义非常重大，所以有必要再精确地做一次，以防万一。"

助手本来性格就有点急，再加上连日来加班身体疲惫，一听到这些话就有些火了。他反抗说："我哪一次没有对客户负责？还用不着你提醒我。难道全厂只有你一个人对客户负责吗？"说完，气呼呼地转身就走。

王斌以为自己是部门负责人，而且工作又有经验，这样就能使助手听从他的意见，其实他错了。

有的人批评人时总喜欢说"你应该这样做……""你不应该这样做……"，仿佛只有他的看法才是正确的，这种自以为是的口吻只会引起别人的反感。

"人只有敬服的，没有打服和骂服的。"当你说出"你错了"或"你为什么这么笨？出这样的错误……"这种直露的指责，容易把人一棍子打死，从而挫伤对方的自尊。毕竟，人人都有自尊。

罗宾森教授在《下决心的过程》一书中说过一段富有启示性的话："人，有时会很自然地改变自己的想法，但是如果有人说他错了，他就会恼火，更加固执己见。如果有人不同意他的想法，那反而会使他全心全意地去维护自己的想法。不是那些想法本身多么珍贵，而是他的自尊心受到了威胁……"当自尊心被刺伤之后，留给心灵的只有伤痕。

如果一个人希望依仗强势来压服对方，说出"你必须听我的，改变那种做法……"这种命令式威吓，即使对方出于下级服从上级的可能，表面服从了你，也只是暂时的。他的心里一定怨恨你。至于当面揭短，让对方出丑，说不定会使对方恼羞成怒，或者干脆耍赖，出现很难堪的局面。那样的话，不管你用什么方法证明对方错了，都无疑是一种挑战。特别是当对方对你早就积怨很深时，更不能用激烈的批评来刺激对方。所以说，在批评、纠正他人的错误之前，先要停一下，想一想如何更客观、更准确、更婉转，更能达到目的。

同样的道理，在说一些"好话"时，比如赞美他人，最好要当着别人的面来说。因为你私下赞美对方时，对方极有可能以为那是应酬话，恭维话，目的只在于安慰自己罢了。如果是通过第三者来传达，或是当着许多人的面来夸奖对方，那效果就大不一样了。此时，当事者必然认为那是认真的赞美，毫不做作，于是真诚接受，对你感激不尽。如果这个人是你的下属，在深受感动之下，他会更加努力工作，以报答你的"知遇"之恩。

现实生活中，人人都想拥有良好的人际关系，那就不能不研究说话的艺术。这并不是说要人们违背坦诚真实的原则，去花言巧语，伪装和善，而是说应像古人触龙那样讲究说话的方式——

先说什么，后说什么，都要巧妙安排。这便是鬼谷子所说的"阴阳其和，终始其义"。

第二章
反应：圣人之道，不可不察

本章"反应"其实阐释了一种回环反复的思考方法。在对客体的观察中，只有回环往复的思考才能接近事件的真相，获得真知。

鬼谷子认为，在辩论和游说时要"重之""习之""反之""复之"，运用"象比之辞"或用象征性的事物加以说明，或引用相关事件启发他人。此即"圣人之道"。它的实质是，对游说对象进行回环往复的考察和观察，由此接近事实真相，达到目的。另外，本章还提出了把握对方谈话之道的一些方法。如，如何让人说出真话、辨清对方是真情还是诡诈等，这都说明了发挥主观能动性的作用。

以史为鉴，反观以往明得失

【原文】

古之大化者，乃与无形俱生。反以观往，覆以验来；反以知古，覆以知今；反以知彼，覆以知己。动静虚实之理，不合于今，反古而求之。事有反而得覆者，圣人之意也，不可不察。

【译文】

古代以大道教化天下的圣人，是与无形的道共生的。回顾观察过去，再来预测未来；回顾了解历史，再来认识现在；回顾了解对方，再来弄清自己。若对事物动静与虚实的判断，如果与今天不相符合，不应怀疑鉴古知今的方法，而应更深入地研究历史，求得符合规律的认识。事情一定要通过反反复复的认识过程，这是圣人的主张，我们每个人不能不认真考察。

【延伸阅读】

唐太宗李世民曾言："以铜为镜，可以正衣冠；以史为镜，可以知兴替；以人为镜，可以明得失。"作为一个纵横家，鬼谷子在这里阐明了"反以观往，覆以验来；反以知古，覆以知今；反以知彼，覆以知己"的方法论。

"以史为镜，可以知兴替。"一般情况下，借用历史人物和事件去劝说别人，更能令对方肃然警醒，收到良好的说服效果。中外历史上不乏这样巧妙说服的例子，如美国最早决定研制原子弹，就是罗斯福总统"以史为镜"的结果。

1937年，爱因斯坦等科学家委托美国总统罗斯福的私人顾问萨克斯约见罗斯福，要求美国抢在纳粹德国之前造出原子弹。不料，罗斯福听了萨克斯的建议，冷淡地说："我听不懂什么核裂变的理论，现在政府无力投巨资研制这种新炸弹，你最好不要管这件事情了！"事后，罗斯福觉得自己的态度有点儿过火，为表歉意，他邀请萨克斯共进一次早餐。萨克斯冥思苦想，准备利用这个机会说服总统。第二天清晨，萨克斯与罗斯福一起来到餐厅。刚一落座，罗斯福便说："那天我的态度不好，抱歉！科学家们老爱异想天开。今天可不许你再提原子弹的事了！"

"那我就谈一点儿历史，好吗？"萨克斯平心静气地讲了起来，"当年拿破仑横扫欧洲，不可一世。但是他虽然在陆地作战时总是旗开得胜，在海战中却不尽如人意。有一次，一个叫富尔顿的美国人来见他，建议他砍断法国战舰的桅杆，安装上蒸汽机，把船板换上钢板，并说这样就会所向无敌，很快占领英伦三岛。拿破仑心想：船没了帆就无法行驶，船板换上钢板肯定会沉没。他认为富尔顿是个疯子，竟然把他赶走了。今天的历史学家们说：如果拿破仑当时采用了富尔顿的建议，那么整个欧洲的历史就会被改写。"罗斯福听罢，脸色变得严肃起来，他沉思片刻，然后对萨克斯说："你赢了，我们马上着手研制原子弹！"

聪明的萨克斯不直接对罗斯福总统谈原子弹的问题，而是以拿破仑拒绝技术革新的重大失误为例，使自称听不懂核裂变理论的罗斯福总统很快接受了科学家们的建议，做出了研制原子弹的重大决定，在反法西斯的战争中占据了先机，也改变了整个世界现代史的进程。

"以人为镜，可以明得失。"借用自己或别人过往的经验，方能以更稳健的步子走过今天，迈向未来。

在现实生活中，我们除了要学习书本上的知识，还要学习他人的经验、教训，通过学习别人的经验与教训，可以让自己少走弯路。聪明的人在经历一段波折坎坷后，会"吃一堑，长一智"，总能得到一些经验和启示，不会第二次犯同样的错误。比如，好多人都被狗咬过，当他们再次看到狗的时候，第一种人采取大呼小叫、拔腿就跑的办法，结果适得其反，助长了狗的嚣张气焰，再次被狗咬就在所难免；第二种人看见狗来了，只是弯了弯腰，装出从地上拾块砖头的样子，狗马上夹着尾巴溜之大吉了。第一种人曾经付出过代价，但他没有从已付出的代价中得到什么启示和有益的东西。而第二种人则从第一次被狗咬的经历中吸取了教训，避免了再次被狗咬到。这即是我们所说的"以史为镜"。

引起共鸣，隔着肚皮来攻心

【原文】

欲开情者，象而比之，以牧其辞，同声相呼，实理同归。或因此，或因彼，或以事上，或以牧下。此听真伪，知同异，得其情诈也。

【译文】

如果想了解对方的内情，可用象形和比喻的方法，以便把握对方的言辞。同类的声音可引起共鸣，切实的道理会有共同的结果。或者用在此处，或者用在彼处，或者用来侍奉上司，或者用来管理下属。这也是分辨真伪、了解异同，以分辨对手是真情还是诡诈的有效方法。

【延伸阅读】

这里，鬼谷子阐述了快速俘获人心的基本原则，即多观察一个人的语言、动作、表情，并善于借助象形、比喻的方法，来引起对方内心的共鸣。这样，才更容易了解对方的真心，以决定下一步的行动。

战国时，有一年，楚国进犯齐国。齐威王知道自己不是楚国的对手，只好拿出黄金100两、车马10辆作为礼物，派使者前往赵国求救。使者看着这些礼物，忽然大笑起来。齐威王很奇怪，就问他为什么笑。使者回答说："今天一早，我看到一个农夫在路旁祷告。他面前摆着一小盅酒，祈求说：'老天爷啊，请您保佑我好运，让我五谷满仓，金银满箱，长命百岁，儿孙满堂。'我见他的祭品微薄，却对老天爷提出这么多要求，不由得越想越好笑。"齐威王听了恍然大悟，他立即把送给赵王的礼物增加了十倍。赵王接到齐国使者送来的礼物后很高兴，马上派出精兵增援齐国。楚国得知赵国出兵的消息后，就撤兵回国了。

齐威王企图用微薄的礼物去换取赵国的救兵，这是非常不明智的。但使者没有直接指出齐威王的错误，而是巧妙借一个农夫的吝啬行为加以暗示，首先引起了齐威王的共鸣，使他也直观地感觉到农夫的愚蠢，继而对比思索自己的行为，切实意识到自己的错误。

言辞能引起对方内心的共鸣，这是游说的一种极高境界。而只有达到这种境界的人，才有可能完成不可能完成的任务，达到不战而屈人之兵的游说效果。

东汉顺帝时，外戚专权，百姓生活艰难。广陵人张婴不堪忍受暴政，聚众起义，纵横扬州、徐州一带几十年，劫富济贫。朝廷屡剿无功，深感头疼。当时朝中有一名叫张纲的御史，此人廉洁刚正，得罪了不少权贵。于是，掌权的外戚梁冀便上奏顺帝，任张纲为广陵太守，让他平息暴动，企图借刀杀人。张纲到了广陵，单车独行直入张婴大营。张婴十分惊讶，便出来相见。张婴冷冷地问道："太守大人屈尊来到贼营，不知有何见教？"张纲站起身来，施礼说："将军何出此言？下官办事不周，不恤民情，以至陷民于水火之中。俗话说，'官逼民反'，将军清廉自律，行侠仗义之举，实令下官敬佩不已。"张纲这番话出乎张婴的意料，他急忙站起来赔礼，激动地说："太守早来十年，我张婴何至于此？我是个草莽之人，不知礼仪，更无法结交朝廷，我也知道自己是釜底游鱼，苟延残喘而已，哪里活得长久？今天大人到此，就给我指点迷津吧！"就这样，张纲用安抚的办法，不动一兵一卒，经过与张婴反复协商，妥善处置，终于平息了广陵的暴乱。

张纲说服张婴，不是靠威压，也不是靠利诱，而是采取了攻心之法。他首先承认自己的失职，将责任揽到自己身上，然后称赞张婴为民赴险，成功地打动了张婴，也攻破了张婴的心理防线。这正符合古人所说的"攻心为上"的原则，因而才能不费一兵一卒就平息暴乱。

俗话说："将心比心，凭凭良心。"心灵感化的力量，比严酷的刑罚更为强大。如果多一个人懂得这个道理并付诸行动，人世的纷争就会少一点儿，世界会变得更美好一点儿。

见微知著，窥一斑而知全豹

【原文】

虽非其事，见微知类。若探人而居其内，量其能射其意，符应不失，如螣蛇之所指，若羿之引矢。

【译文】

了解他人，虽然未获得全部信息，但可以根据细微的迹象，预见其发展的趋势，这就是"见微知类"的方法。好比钻到人的心中来探测人一样，近距离度量其能力，摸清其意图，其结果必与实际相符而不失真，如同螣蛇所指祸福不差、后羿之射箭一样准确无误。

【延伸阅读】

"窥一斑而知全豹"就是指要"见微知类"，另有一句俗语叫作"见一叶落而知天下秋"。一个具有远见卓识的人，能从细微的迹象中预见到发展趋势，具有先知先觉的特殊本领。

商朝时期，箕子是家喻户晓的人物，他拥有高尚的品德和很强的观察力。有一次，他到纣王那里汇报工作，偶然看到了纣王的生活出现了一点儿小变化，虽然这个细节在表面上看起来没有什么大不了的，可是箕子看到后却大惊失色。

究竟是一个怎样的细节让箕子这么慌张呢？其实箕子看到的就是纣王用了一双象牙做的筷子。

箕子联想了很多，他认为，一个人用象牙筷子吃饭，就一定不肯用陶土做的碗和盘子了，而是会用犀牛角或者玉做的杯子和盘子；随着餐具的变化，那么食物也会跟着变化，装的食物便不可能是青菜豆腐，肯定会是山珍海味、大鱼大肉。

食物改变了，人穿的衣服也会变化，用麻布做成的衣服不会再流行了，大臣们会用更好的布料做成衣服，下一步将会制作豪华的马车，建造更高更好的房子，追求享受。

有一天，纣王整夜喝酒享受，不理会国家大事，竟然忘了日期，他询问了周围的人，大臣们都说不知道，纣王就找人问箕子。

箕子和他的徒弟说："大王不记得日期就是天下所有的人都不记得日期，不是好的现象，商朝已经到危险的时候了。一个国家的人都不知道日期，就我一个人知道，那我现在也是特别危险。"箕子让徒弟告诉别人："箕子喝醉了，也不知道日期。"

后来箕子多次劝纣王好好治理国家，可是纣王却不理会，让箕子非常失望。最后，不到五年的时间，纣王就被周武王所灭。

从一双象牙筷子的奢侈开始，商纣王毁掉了商朝数百年的基业。而箕子能从一双象牙筷子就预见纣王的堕落，确实是很有见地的。

明朝有个叫万二的商人，和箕子一样，也有通过一件小事就能预见将来的智慧。当时是洪武初年，朱元璋江山刚刚坐定。有一回，一个同行去京城办事，回来后说皇帝最近写了首诗："百官未起我先起，百官已睡我未睡。不如江南富足翁，日高五丈犹披被。"这首诗的前两句是形容自己勤政为民，后两句是羡慕江南富豪的生活状态。一般人听了，不会产生任何联想，但万二听了却大吃一惊，因为他从这首诗中听出了弦外之音，感觉灾祸要来了。他把家产托付给管家，自己买了条大船，载着妻子儿女走了。一年以后，朱元璋下令将江南大族的家产全部没收入官，很多富豪被流放充军，万二却因为早就预见到了灾祸而得以善终。

窥一斑而知全豹，这是一种高层次的判断能力。在现实生活中，善于观察的人，总是能通过一些细节，或是微小的事物，发现某种趋势，并预料到可能的结果。

有一位女生在大学一年级时爱上了一位大学四年级的优秀男生。后来她和那位男生绝交了，因为有几件事使她不快。一天晚上她和他去看电影，排队买票，有一个卖口香糖的小孩走过去说，先生买包口香糖吧，他居然呵斥他；有一次晚上黄昏他们去散步，坐到路边的椅子上面，晚风徐徐地吹来，夕阳在天边映照，天上有繁星点点，没想到他跳起来猛踩地上的蚂蚁……经过分析，她觉得他没有爱心，并且生性残暴，他们就为此而分了手。这个男生毕业后就结婚了，但九个月以后就离婚了，原因是：他与妻子因一点儿小事发生了些口角，他暴打了妻子一顿。这个消息传到这位女生的耳朵里，心想，当初如果没有和他分手的话，那个被打的人必然就是她了。这就叫作"见微知著，观其眸者察其言"，所以一个人的真实情况如何，如果我们平常注意去观察，是藏不住的。

从细节就能够看出事情未来的趋势变化，所以说"细节决定成败"这句话很有道理，而且细节不光可以反映事物，更能够看出一个人的品质。

　　细节，看起来不起眼，但是很多时候，这些微不足道的细节可以折射出事物的发展和变化。识人、识事，固然应该从大处着眼，但切不可忽视细节。正所谓"细枝末节，时见闪光之点；点滴毫末，总有端倪可现"。可以说，这与鬼谷子所说的"虽非其事，见微知类"是同一个道理。

知之始己，自知而后方知人

【原文】

故知之始己，自知而后知人也。其相知也，若比目之鱼；其见形也，若光之与影。其察言也不失，若磁石之取针，如舌之取燔骨。

【译文】

所以，要想掌握情况，要先从自己开始。只有先了解自己，才有可能了解别人。了解自己与了解别人，应如同比目鱼那样是两两并列而行的。对方一现形，就像光一样显露出来，己方就像影子一样，立即捕捉到对方的实情。己方做到了自知，再观察对方的言辞，从而得到己方想要的东西时，就像磁铁取针、舌头从炙肉中褪出骨头一样容易。

【延伸阅读】

自知之明是一个自我认知的结果。做人没有自知之明，就像自己从来不照镜子，你只知道别人口中的你，确从来没有看过真实的自己。别人口中的自己不一定是真实的自己，那只是别人想法中的你。

山上的寺院里有一头驴，每天都在磨坊里辛苦拉磨，天长日久，驴渐渐厌倦了这种平淡的生活。它每天都在寻思，要是能出去见见外面的世界，不用拉磨，那该有多好啊！

不久，机会终于来了，有个僧人带着驴下山去驮东西，他兴奋不已。

来到山下，僧人把东西放在驴背上，然后返回寺院。没想到，路上的行人看到驴时，都虔诚地跪在两旁，对它顶礼膜拜。

一开始，驴大惑不解，不知道人们为何要对自己叩头跪拜，慌忙躲闪。可一路上都是如此，驴不禁飘飘然起来，原来人们如此崇拜我。当它再看见有人路过时，就会趾高气扬地停在马路中间，心安理得地接受人们的跪拜。

回到寺院里，驴认为自己身份高贵，死活也不肯拉磨了。

僧人无奈，只好放它下山。

驴刚下山，就远远看见一伙人敲锣打鼓迎面而来，心想，一定是人们前来欢迎我，于是大摇大摆地站在马路中间。那是一队迎亲的队伍，却被一头驴拦住了去路，人们愤怒不已，棍棒交加……驴仓皇逃回寺里，已经奄奄一息，临死前，它愤愤地告诉僧人："原来人心险恶啊，第一次下山时，人们对我顶礼膜拜，可是今天他们竟对我狠下毒手。"

僧人叹息一声："果真是一头蠢驴！那天，人们跪拜的，是你背上驮的佛像啊。"

人生最大的不幸，就是一辈子不"自知"。

有时我是"我"，有时我不是"我"，有时认识自己比认识世界还难。每天我们都照镜子，但是我们在照的时候，是否问过自己一句话:"你认识自己吗?"

我们总是误以为别人崇拜我们。其实,很多时候人家崇拜的是你的财富、权利等这些你身上附加的种种,当财富、权利等身外附加之物失去,你也许就会面临被抛弃的结局……

所以,我们要清楚:别人崇拜的只是他们自己心中的需求,而不是你。因此"自知"非常重要。

认不清自己的人,也很难看清别人。我们常常听到这样一句话,"知人善任",说的是作为领导的只有"知人"才能很好地任用人才,发挥人才的作用。那么作为我们普通人,如果能够做到"知人",那么就能够很好地和人们友好相处。

《吕氏春秋》里有一段,讲孔子周游列国,曾因兵荒马乱,旅途困顿,三餐以野菜果腹,大家已七日没吃下一粒米饭。

一天,颜回好不容易要到了一些白米煮饭,饭快煮熟时,孔子看到颜回掀起锅盖,抓了些白饭往嘴里塞,孔子当时装作没看见,也没去责问。

饭煮好后,颜回请孔子进食,孔子假装若有所思地说:"我刚才梦到祖先来找我,我想把还没人吃过的米饭,先拿来祭祖先吧。"

颜回顿时慌张起来:"不可以的,这锅饭我已先吃一口了,不可以祭祖先了。"

孔子问:"为什么?"

颜回涨红脸,嗫嚅说:"我刚才在煮饭时,不小心掉了些灰在锅里,染灰的白饭丢了太可惜,只好抓起来先吃了,我不是故意把饭吃了。"

孔子听了,恍然大悟,对自己的观察错误深感愧疚,于是教导弟子们说:"我平常对颜回最信任,但仍然还会怀疑他,可见我们内心是最难确定稳定的。内心的自我判断，有时还会错误，弟子们大家记下这件事，要了解一个人，还真是不容易啊！"

所谓"知人"难，相知相惜更难。逢事必从上下、左右、前后、里外各个角度来认识辨知，我们主观的了解观察，只是真相的千分之一，单一角度判断，是不能达到全方位的了解的！

第三章
内揵：与人相处，谨言慎行

这里，"内"是指内心；"揵"是锁，是闭塞之开关。"内揵"即从内心深处锁住。在该章中，"内揵"指的是，通过游说的方式探知君主的内心，从而在内心与君主结交。鬼谷子通过"内揵"主要阐述了游说君主的方法、策略等。当然，我们可以将其中的游说的对象换成对自己有重要影响或是重大意义的人。

委婉献策，进忠言也要顺耳

【原文】

用其意，欲入则入，欲出则出；欲亲则亲，欲疏则疏；欲就则就，欲去则去；欲求则求，欲思则思。若蚨母之从子也，出无间，入无朕，独往独来，莫之能止。内者，进说辞也；揵者，揵所谋也。欲说者，务隐度；计事者，务循顺。

【译文】

臣下若揣准君主的心思，就能取得主动：想进来就进来，想出去就出去；想亲近就亲近，想疏远就疏远；想接近就接近，想离去就离去；想求取的就能得到，想让君主思念就能如愿。好比母青蚨依恋其子那样，来去相随而不留痕迹，独往独来，谁也没法阻止。所谓"内"就是进献说辞；所谓"揵"就是进献计谋。在向君主进献说辞之前，务必暗自揣度君主的心思。在向君主谋划事情之前，也务必要循顺君主的意志。

【延伸阅读】

在古代，大臣向君主提意见是需要智慧的，稍不注意惹怒了君主，最后会落得身首异处的下场。所以给他人提意见也是需要大智慧的，"内揵"是鬼谷子进谏的一种智慧。

许多时候，我们在向领导阐述某种观点时，喜欢顺着自己的思路讲，而不会顾及别人的想法，并且想当然认为：对方在听，说明自己说得在理。其实，这是个很大的误解。鬼谷子认为，向居上位者进忠言之前，要先摸清楚他的想法，然后顺着他的心思去说，这样就能在避免犯上的同时，还能使他愉快地接受你的观点。

诸葛瑾是大名鼎鼎的诸葛亮的哥哥。诸葛瑾为人小心谨慎、思虑有度，当时人们佩服他的宽宏雅量，孙权也很器重他，重大事情都向他咨询。他和孙权交谈说话，未曾有过激烈直露的言辞，只是大体讲明意见，如果有不合孙权心意的，就放弃而去谈其他事情，慢慢地再借其他事情来引起先前的话题，用类似的事情来说理，以求得孙权理解，因此孙权的意见往往就不再坚持。吴郡太守朱治，是孙权提拔的将领，孙权对他一向十分尊敬。孙权曾因事对他有怨恨，却很难亲自诘难斥责，怀恨在心不能释怀。诸葛瑾揣摩明白了其中的缘故，但不敢公开说出来，于是在孙权面前写信，广泛地论说事物道理，借此用自己的想法来迂回揣测孙权的心意。写完后，把信交给孙权，孙权很高兴，笑着说："我的心结解开了。"孙权又曾怪罪校尉殷模，给他定的罪名令人感到意外。众大臣很多人替殷模说情，孙权的愤怒更盛，和众人反复争辩，只有诸葛瑾默不作声，孙权说："子瑜为什么独自不说话？"诸葛瑾离开座席说："我和殷模等人遭遇家乡动乱，背井离乡，扶老携幼，不辞辛劳来归依圣明的教化。在流亡中能过上安顿幸福的生活，却不能相互督促激励报答您，以至于使殷模辜负圣上的恩德，自己陷于罪恶之中。我认罪还来不及，实在不敢说什么。"孙权听了这些话很伤感，就说："我特地为你赦免他。"

无独有偶，春秋时期的荀息也是一位说话高手，他知道如何在上司面前说"丑话"。

春秋时，晋灵公贪图享乐，让人给他造一座九层的琼台。这一工程耗资巨大，劳民伤财，朝野上下一片反对之声，晋灵公一概不听，还下令说："谁敢再进谏，格杀勿论！"晋国有个能臣叫荀息，他知道此事后，便来求见晋灵公。晋灵公竟命令武士在暗处弯弓搭箭，只要荀息一开口劝谏，便立刻把他射死。谁知荀息见到晋灵公后，并没有提到琼台的事，而是要求给晋灵公表演杂技以博一笑。晋灵公高兴地答应了。荀息先把十二颗棋子垒起来，再把一个个鸡蛋加上去。晋灵公看得提心吊胆，不禁在一旁大叫道："危险！"荀息慢条斯理地说："这算什么，还有比这更危险的呢！"晋灵公忙问："还有什么比这更危险？"荀息说："大王，您要造九层高台，造了三年，尚未完工，弄得民不聊生，男人们都被征调到工地去了，留下女人种庄稼，如果以后没有收成，国库就会空虚。一旦外敌入侵，国家危在旦夕，难道这不更危险吗？"晋灵公听后，觉得确实很危险，弄不好要亡国，立刻下令停止了高台的建造。

荀息用巧妙的方式，先以杂耍吸引晋灵公的注意力，再通过垒鸡蛋的演示向晋灵公形象地说明了国家面临的局面，使晋灵公停止了高台的兴建。在向别人提意见时，即使是出自好意，也要讲求方式方法，巧妙委婉的暗示和生动形象的比方，往往比直截了当的批评更容易为人所接受。

在我国古代，敢于直言犯上的直臣、谏臣也不少，但大多没有好结果。所以，大臣们在向上司进言时，都非常在意自己的说话技巧。在现实生活中，我们在给领导提意见或是建议的时候，也要掌握一些技巧，使自己说出来的"丑话"更易被对方接受，同时又可以收到良好的效果。否则，一味地坦诚，不懂鬼谷子的"内揵"之术，说出的话不但难以让人接受，而且容易被人误解。

随机应变，脑子里装着别人

【原文】

方来应时，以合其谋。详思来捷，往应时当也。夫内有不合者，不可施行也。乃揣切时宜，从便所为，以求其变。以变求内者，若管取捷。言往者，先顺辞也；说来者，以变言也。

【译文】

在进献计谋时要随机应变，合乎君主的想法。若君主向我询问，必须做出适当的回答。在交谈过程中，若发现原来的言辞有不合君意者，应立即停止执行原方案。此时，应揣摩君主之心，顺势而为，以灵活变通的方式来结交君主。内捷中的随机应变，如同用钥匙开锁，至为重要。与君主交谈时，凡谈及以往的事，应顺着君主的言辞说；凡谈及未来的事，可以与君主有不同意见。

【延伸阅读】

鬼谷子认为，在与居上位者接触时，一言一行都势必要小心谨慎，以免出错。但是这样还不够，还必须要头脑灵活。在应付突然事件时，要有随机应变的能力。

春秋时期，晋文公的管家给他上了一盘烤肉。晋文公正要吃，却发现有毛发缠绕在上面，便把管家叫来训斥道："烤肉上怎么绕着毛发，你想让寡人噎着吗？"管家见状一惊，立即磕头请罪道："我有三条死罪：用磨刀石磨刀，磨得非常锋利，切肉切得断毛却切不断，这是我的第一条罪；用木棍穿肉块却看不见毛发，这是我的第二条罪；用炽热的炉子、通红的炭火烤熟了肉，但是毛发却没有烧掉，这是我的第三条罪。"听到这里，晋文公明白了，是有人在暗中陷害管家。于是召集堂下的所有人来盘问，真的找到了这个人，于是重重责罚了他。

管家遭人陷害，被晋文公责骂，但他很快就冷静下来，以自列罪状的方式，向晋文公申诉了自己的冤情，合情合理。这种方式，显然要比直接喊冤效果好得多。

事实上，凡居上位者都带有一定的傲气和霸气，有人将其形容为"老虎的屁股——摸不得"。但话说回来"智者千虑，必有一失"。若不慎触怒了居上位者，真摸了老虎的屁股，就该设法予以补救。这需要智慧，而且是"急智"。

在现实生活中或工作中，如果遇到有人给你出难题，一定要学会随机应变，机敏应答。

在一次酒店服务生的招聘中，为了检验应聘者随机应变的能力，酒店经理特意设置了一道针对男服务生的情景模拟题。如果应聘者在这一道题的回答中表现出色，就能首先获得被录用的机会。题目是这样的：如果你无意推开房门，看见女房客正在淋浴，而她也看见你了，这时，你该怎么办？

第一位应聘者回答："说声'对不起'，然后关门退出。"这个对答无称呼，虽简洁，但不符合侍者的职业要求，而且也没能使双方摆脱窘境。

第二位应聘者回答："说声'对不起，小姐'，然后关门退出。"这个称呼准确，但不合适，反而加强了客人的窘迫感。

而第三个应聘者却这样回答："说声'对不起，先生'，然后关门退出。"

结果，第三个人被录用了。为什么呢？因为经理出这个题目的意图只有一个，就是看应聘者能否随机应变，帮客人解除尴尬。前两个人的回答都没有做到这一点，而第三个人巧变称呼，"先生"一词，仿佛完全遮盖了女房客的尴尬之处，维护了客人的体面，显得非常得体、机智，表现出了一个侍者应该具有的职业素质和应变能力。

随机应变是一个人灵活处世的好方法。无论是谁，只要充分运用自己的睿智，随机应变，用巧妙的语言缓和窘境，就都是一种成功。

无论是过去，还是现在，主人公都依靠随机应变，躲过了灾祸，或是避免了尴尬。特别是在与上司的交往中，更不能缺少这种随机应变的本事！

有的放矢，先做调查再游说

【原文】

不见其类而为之者见逆，不得其情而说之者见非。得其情，乃制其术。此用可出可入，可揵可开。

【译文】

没有搞清对方是哪类人就去盲目游说，必然事与愿违；在未掌握实情的时候盲目游说，也定然遭到否定。只有充分掌握情况，才能制定出有针对性的措施，运用这种方法，我们就可以入政、出世自由，就可以事君或离去随意了。

【延伸阅读】

我们平时说话、办事，怎样才能达到预期的效果呢？鬼谷子认为，要"得其情，乃制其术"，就是说，必须通过调查研究，掌握实情，然后根据实情锁定目标，采取行动。这就是俗语所说的"有的放矢"。如果在掌握实情之前就盲目行动，必然遭遇失败。

从前，弥子瑕被卫国君主宠爱。按照卫国的法律，偷驾君车的人要判断足的刑罚。有一次，弥子瑕的母亲病了，有人知道这件事，就连夜通知他，弥子瑕就诈称君主的命令，驾着君主的车子出去了。君主听到这件事反而赞美他说："多孝顺啊，为了母亲的病竟愿犯下要断足的罪！"弥子瑕和卫君到果园去玩儿，弥子瑕吃到一个甜桃子，没吃完就献给卫君。卫君说："真爱我啊，自己不吃却想着我！"等到弥子瑕容色衰退，卫君对他的宠爱也疏淡了。

后来，弥子瑕得罪了卫君，卫君说："这个人曾经诈称我的命令驾我的车，还曾经把咬剩下的桃子给我吃。"

其实，自始至终，弥子瑕的德行都没有改变。有些行为，以前所以被认为是一种孝顺，而后来被当作治罪的缘由，完全是因为卫君对他的态度有了转变。所以说，君主宠爱他时，会认为他聪明能干，对他愈加亲近；当君主讨厌他时，会觉得他罪有应得，所以会疏远他。所以，劝谏游说的人，在游说君主之前，一定要先了解他对自己的态度。

在现实生活中，我们在表达自己的意见时，经常会有这样的顾虑：生怕在上级、长辈、老师、恩人、贵人面前说错话，冒犯了对方，特别是对方的脾气比较大、性情比较古怪时，更需要小心谨慎。

所以，在给上级提意见或是建议前，不但要了解对方的秉性，还要了解他对自己的态度——他过去欣赏你，现在未必；他看中你的能力，未必喜欢你的人品。对此，你心里一定要有一杆秤。如果不了解这些，贸然提意见或是建议，即使自己说得在理，也很难达到预期的效果。

内捷术的运用中，最关键最核心的就是要把握清楚君上的心理，这是一切游说技巧发挥的出发点。没有精准的意图，便没有精准的施策。"得其情，乃制其术"，只有了解对方的真实意向和情感，才能根据实际情况确定方法，进而推行自己的主张，引导对方，进退自如。如果你不知道对方的意图想法，就会无的放矢，开不出治病的药方，也会使自己游说的成功率降低。

当然，这里的"得其情"并不是单向的，对于下属来说，需要得知上司的"情"，而对于上司来说，却又要知道下属的"情"。要了解自己下属的个性特征，从感情上亲近他们，知人善任，只有在感情上无嫌隙，才能充分发挥其主观能动性。

所以内揵篇讲述的游说技巧，不但适用于下属进献说辞，固守谋略；而且也适用于上司择贤纳才，统御群属。内揵术中最核心最关键的是要把握清楚被游说对象的内心，如果上级不能明白下属的内心，下属又如何能被任用呢？

慧眼识君，明珠暗投不可取

【原文】

策而无失计，立功建德，治名入产业，曰"捷而内合"。上暗不治，下乱不寤，捷而反之。内自得而外不留，说而飞之。

【译文】

如果你在运用策略时没有失算，因而受到重用，则可立功建德，治理百姓使之安居乐业，这叫作"捷而内合"。如果该国君主昏庸不理政务，吏治腐败不堪，则可考虑返回，不再为其谋划。对于那些内心自以为是而不能采纳别人之说的君主，己方只能假意去称颂他，以钓取其欢心。

【延伸阅读】

在我国古代，忠有两种，一种是忠烈，一种是愚忠。鬼谷子是反对愚忠的。他认为，遇到"上暗不治，下乱不寤"的情形，就要"反"；自己不被重视，就要"飞"。这一"反"一"飞"，充分表明鬼谷子并不认同"明珠暗投"。

晋朝时的奇人王猛年轻时，曾经路过后赵的都城，徐统见了他以后，认为他是一个了不起的人物，于是便召他为功曹，可王猛不仅不答应徐统的征召，反而逃到西岳华山隐居起来。因为他认为凭自己的才能不应该仅仅做个功曹。所以他暂时隐居，看看社会风云的变化，等候时机的到来。

354年，东晋的大将军桓温带兵北伐，击败了苻健的军队，把部队驻扎在灞上，王猛身穿麻短衣，径直到桓温的大营求见。桓温请他谈谈对当时社会局势的看法。王猛在大庭广众之下，一边把手伸到衣襟里去捉虱子，一边纵谈天下大事，滔滔不绝，旁若无人。

桓温见此情景，心中暗暗称奇。他问王猛："我遵照皇帝的命令，率领十万精兵来讨伐逆贼，为百姓除害，可是，关中豪杰却没有人到我这里来效劳，这是什么缘故呢？"王猛回答："您不远千里来讨伐敌寇，长安城近在眼前，而您却不渡过灞水把它拿下来，大家摸不透您的心思所以不来。"王猛的话说中了桓温的心思。

桓温更觉得面前这位穷书生非同凡响，就想请王猛辅佐他。王猛却拒绝了桓温的邀请，继续隐居华山。

王猛这次拜见桓温，本来是想出山显露才华，干一番事业的，但最后还是打消了这个念头。因为他在考察桓温和分析东晋的形势之后，认为桓温不忠于朝廷，怀有篡权野心，未必能够成功，自己在桓温那里很难有所作为。

桓温退走的第二年，前秦苻健去世。继位的是暴君苻生。他昏庸残暴，杀人无数。苻健的侄儿苻坚想除掉这个暴君，于是广招贤才，以壮大自己的实力。他听说王猛后，就请王猛出山。苻坚与王猛一见面就像知心老朋友一样，他们谈论天下大事，意见不谋而合。符坚觉得自己遇到王猛好像三国时刘备遇到了诸葛亮；王猛觉得眼前的符坚才是值得自己一生效力的对象，于是他留在符坚的身边出谋划策。

诸葛亮在刘备"三顾茅庐"后才出山，这不仅仅是因为他才高望众，更是出于对时机的把握。他是看准了时机，认清了形势才踏出门的。良臣在选择投靠对象的时候，不仅仅是一项简单的选择题，更是一种智慧和机敏。只有把握了恰当的时机，找对了君主，才能发挥自己的聪明才智，大展宏图。

鬼谷子说：欲说者，务隐度；计事者，务循顺。想去游说君主时就必须暗中揣度君主心意，事之可否，心之合否，时之便否；谋划策略时也必须顺应君主意愿。也就是要顺从事物发展的趋势，铺设台阶，顺着事物的发展方向加以引导。在遇到困难时，要善于隐藏自己，等待时机，宜退则退，到机会来临时，再伺机而出，必定会有一番作为。

第四章
飞箝：一招制敌，为我所用

本章是制人术中非常重要的篇章。《鬼谷子》中，策士在政治中与人打交道讲究的便是控制与反控制，而控制对方，让对方为自己驱使乃是策士纵横捭阖的目的。"飞"是飞语，赞扬对方，抬高对方的声誉，以便获得对方的好感；"箝"是钳制，连起来的意思就是，通过夸赞别人的方式来钳制住对方。

除此之外，本篇也是古代心理学中的重要篇章，强调利用人心理上的弱点来操控他人。这一点在古代是被人诟病的。但是，它作为一种方法，我们不应站在道德的角度去审视它，而要学会客观看待。

善于揣度，鉴真才为我所用

【原文】

凡度权量能，所以征远来近。立势而制事，必先察同异，别是非之语，见内外之辞，知有无之数，决安危之计，定亲疏之事。然后乃权量之，其有隐括，乃可征，乃可求，乃可用。

【译文】

凡是揣度人的智谋和测量人的才干，就是为了吸引远处的人才和招徕近处的人才。造成一种声势，进一步掌握事物发展变化的规律，一定要首先考察派别的相同和不同之处，区别各种对的和不对的议论，了解对内、对外的各种进言，掌握有余和不足的程度；决定事关安危的计谋，确定与谁亲近和与谁疏远的问题。然后权衡这些关系。如果还有不清楚的地方，就要进行研究，进行探索，使之为我所用。

【延伸阅读】

作为统帅，要想成就一番事业，必须要有人才的辅佐。但是，要把人才聚到自己的麾下，首先要懂得识别人才，就像鬼谷子说的那样，"凡度权量能，所以征远来近"。如果统帅不善于鉴人、识人，即使身边有大把的人才，也无可用之人。

在《战国策》中记载了这样一个小故事：

有一天，魏文侯正与他的老师田子方一起饮酒作乐，编钟突然响了，魏文侯就说："钟声的音律是不是不太协调？左边的偏高。"

田子方听了这句话就笑了。

文侯就问："你为什么笑？"

田子方回答说："我听说，君主应该对乐官比较清楚，而不能对乐音清楚。现在君王对乐音这么清楚，我恐怕您对于乐官就不那么清楚了。"

文侯就说："说得好。"

田子方的话道出了一个用人方面的道理，那就是什么位置的人应该干什么位置的事。职位越往上，职权就越大，占有的资源就越多，担负的责任就越大，影响也就越大。因此领导人必须干与其职权相匹配的事情，否则浪费的，不是一个人的精力，而是一群人的精力。

对上层来讲，犯魏文侯一类错误的人数不胜数。比较典型的就是大企业的负责人直接参与具体技术的讨论。当然也有很多这样的企业做得很好，甚至比同行企业都好，但这并不意味这就是对的，因为如果最高领导人改变思路，会做得更好，单打独斗到底比不上群策群力。比同行做得好，是因为在其他方面有胜过同行的地方，并不是因为最高领导人直接讨论技术问题。项羽是一个关心具体技术问题的最高领导人，如果没有遇到刘邦的话，他也能开启一代皇朝。所以最高领导人越俎代庖还能成功的，不是因为他们做得好，而是他们运气好，因为他们没有遇到刘邦。

最高领导人的责任，很重要的一项就是识人用人。让自己的组织人才济济，各司其职，各个方向都有胜出自己的人，这才是他们的真正职责。否则就会导致人不胜其职，并且人才匮乏，手边无可用之人等问题。其实夸张一点儿说，领导人除了这个本事之外，最好不要有其他的本事。因为有了其他的本事，就难免对下面有这方面本事的人指手画脚，给下属造成障碍，同时失去了最高领导职位的意义。

不过田子方的话虽然有道理，但是怎样识人用人，却是一个千古难题。而对于这个千古难题，外延太大，范围太广，田子方并没有展开论述。

晚清的曾国藩统帅湘军，战功卓越。他之所以能够被朝廷委以重任，取得不俗的成绩，就是因为他善于识人、用人。曾国藩认为"国家之强，以得人为强"。并说：善于审视国运的人，"观贤者在位，则卜其将兴；见冗员浮杂，则知其将替"。他将人才问题提到了关系国家兴衰的高度，把选拔、培养人才作为挽救晚清王朝统治危机的重要措施。像李鸿章、左宗棠、李善兰、华蘅芳、徐寿等许多影响近代中国历史的人物都是得到过曾国藩的提拔和赏识而得以发挥才能的。

这个世界从来不缺千里马，而唯独缺伯乐。我们看中国历史上比较著名的以少胜多的大战，井陉之战、昆阳之战、官渡之战等，战败方的最高领导者都曾得到过正确的建议，有机会战胜对手，但却没有采纳，以至于在绝对的优势下，反而被对手所败，遗恨千古。

屈己求贤，把人才视为朋友

【原文】

引钩箝之辞，飞而箝之。钩箝之语，其说辞也，乍同乍异。

【译文】

先用话诱使人才说出实情，然后通过褒扬赢得其心，以此来钳住对方。钩钳之语是一种游说辞令，如何使用，应根据谈话情况而定，一会儿表示赞同对方，一会儿又表示与对方相异。

【延伸阅读】

不论是一个国家，还是一个企业，想要取得进步和发展，都要善于发掘和运用各种人才。作为领导者、管理者，要想取得成功，都必须善于发现人才，网罗人才，礼待人才，并且大胆使用，因才授职，尽其所长。如果不善纳才、用才，即使人才多如过江之鲫，也于事无补。

当然，人才，特别是高级人才，并不是那么容易得到的。

秦昭王雄心勃勃，欲一统天下，在引才纳贤方面显示了非凡的气度。范雎原为一隐士，熟知兵法，颇有远略。

秦昭王驱车前往拜访范雎，见到他便屏退左右，跪而请教："请先生教我。"但范雎支支吾吾，欲言又止。于是，秦昭王第二次跪地请教，且态度更加恭敬，可范雎仍不语。秦昭王又跪，说："先生真的就不愿意教寡人吗？"这第三跪打动了范雎，道出自己不愿进言的重重顾虑。秦昭王听后，第四次下跪，说道："先生不要有什么顾虑，更不要对我怀有疑虑，我是真心向您请教的。"范雎还是不放心，就试探道："大王的用计也有失败的时候。"秦昭王对此指责并没有发怒，并领悟到范雎可能要进言了，于是，第五次跪下说："我愿意听先生说其详。"言辞更加恳切，态度更加恭敬。

　　这一次范雎也觉得时机成熟，便答应辅佐秦昭王，帮他统一六国。后来，范雎鞠躬尽瘁，辅佐秦昭王成就了霸业，而秦昭王千百年来也被人们所称誉，成为引才纳贤的楷模。

　　与秦昭王一样，刘备也是一位求才的高手。只要是自己看中的人才，他都会想办法收入麾下，甚至不惜委屈自己。

　　刘备被曹操赶得到处奔波，好不容易安居新野小县，又得军师徐庶。有一天，曹操派人送来徐母的书信，信中要徐庶速归曹操。徐庶知是曹操用计，但他是孝子，执意要走。刘备顿时大哭，说道："百善孝为先，何况是至亲分离，你放心去吧，等救出你母亲后，以后有机会我再向先生请教。"徐庶非常感激，想立即上路，刘备劝说徐庶小住一日，明日为先生饯行。第二天，刘备为徐庶摆酒饯行，等到徐庶上马时，刘备又要为他牵马，将徐庶送了一程又一程，不忍分别，感动得徐庶热泪盈眶。

　　为报答刘备的知遇之恩，他不仅举荐了更高的贤士诸葛亮，并发誓终生不为曹操献一计谋。徐庶的人虽然离开了，但心却在刘备这边，故有"身在曹营心在汉"之说。徐庶进曹营果然不为曹设一计，并且在长坂坡还救了刘备的大将赵云一命。古往今来，凡是留才的案例，没有超出刘备的。留才留心，只要能留住人才之心，即使人才在天涯海角，依然会为你效命。

作为一个心有大志之人，刘备能够做到屈己求贤，自然会有许多贤能之人来投奔他，为他的事业出谋划策。

在历史上，屈己求贤的例子还有很多。春秋时，齐桓公不计前嫌，任用管仲为相，成就春秋霸业；三国时，曹操听说许攸来访，喜出望外，连鞋子都没穿就出去迎接，从而在许攸的帮助下赢得了著名的官渡之战；而唐太宗李世民的礼贤下士更胜人一筹，他居然四次下诏，请出身贫寒的马周出来做官。只有热情、诚恳地对待人才，才能赢得有识之士的诚心相助，成就大业。

把人才当作朋友，当兄弟一样对待，使其怀有知遇之恩，自然不难赢得人才之心，从而为自己的事业加上一枚重重的砝码，这也是对人才"飞而箝之"的关键所在。

笼络人心，不拘一格降人才

【原文】

其不可善者，或先征之而后重累，或先重以累而后毁之。或以重累为毁，或以毁为重累。其用或称财货、琦玮、珠玉、璧帛、采色以事之，或量能立势以钩之，或伺候见而箝之，其事用抵巇。

【译文】

对于那些暂时没法笼络的人才，可先把此人征召来，而后用忧患、危难之事胁迫他；或先胁迫他而后再造舆论诋毁他。或主要用胁迫术，或主要用诋毁术。总之，飞箝术的运用方式因人而异，有的可赏赐财物、琦玮、珠玉、白璧、璧帛、美女笼络他，有的可为展露其才能而营造气氛吸引他，有的可通过观察矛盾的迹象来控制对方，在此过程中要运用抵巇之术。

【延伸阅读】

在这里，鬼谷子对如何结交、笼络人才给出了自己的建议，除了利用财物、珠宝、封地等物质进行引诱外，他特别强调的是与人才联络感情、激发人才发挥能量等非物质的方法，这些在今天看来仍然颇具借鉴意义。

欲成大业，人才的重要性是不言而喻的。能收揽人才，并且能驾驭驱使他，那么，就有可能成就大业。若无人才相助，或有人才而不能用者，最后必然成不了大事。汉高祖刘邦在未起事之前不过是一地方小吏，在后人看来甚至还有些好吃懒做、不务正业之嫌。但最后能成为大汉帝国的开国皇帝，非他有不世之才，是因为他有张良、萧何、韩信等一群栋梁之材的辅助。当然，有栋梁之材相助，还要知人善任并驾驭之，如此才能成就大业。韩信、陈平、黥布等人都曾是项羽的部下，归附刘邦之后，都被重用。

以张良、萧何、韩信等人之才，又为何甘愿受刘邦驱使？刘邦必然有其过人之处，照韩信的说法是他"善将将"。从刘邦封韩信、彭越的举动中，我们就能领略刘邦"善将将"的本领。

秦亡后，刘邦和项羽争夺天下。刘邦逐渐由劣势转为优势，于是领兵追击楚军，在阳夏南安营扎寨，派人与大将韩信、彭越约定日期会师。可是到了约定日期，韩信、彭越的军队并没有开来。刘邦孤军深入，被楚军击败，只好退却下来，坚守壁垒。刘邦又急又怒，于是请来张良求教对策。张良分析了当时的形势，说："现在楚军眼看就要完了，可韩信和彭越还没有得到封地。两人功勋卓著，本应封王，现在您若允诺灭楚后给韩信、彭越封王，他们必定前来助战。这样，几路大军联合，消灭楚军就易如反掌了。"刘邦依计而行。韩信、彭越很快出兵，几路大军会师在垓下，韩信用十面埋伏消灭了项羽的残部，逼得项羽自杀。刘邦终于登上了皇帝的宝座。

刘邦善于审时度势，从谏如流，这是明君必备的素质，也是人才甘愿为其效力的原因。

网罗天下之士，还必须须使其尽展所长。曾国藩对人才的广泛搜罗和耐心铸造，是他能够成功的一个重要原因。由于曾国藩在人才的选拔、培养、使用上有一套行之有效的办法，因此他的幕僚人才"盛极一时"。据说，每有赴军营投效者，曾国藩先发给少量薪资以安其心，然后亲自接见，一一观察：有胆气血性者令其领兵打仗，胆小谨慎者令其筹办粮饷，文学优长者办理文案，讲习性理者采访忠义，学问渊博者校勘书籍。在幕中经过较长时间的观察使用，感到了解较深、确有把握时，再根据具体情况，保以官职，委以重任。多年来，幕僚们为曾国藩出谋划策、筹办粮饷、办理文案、处理军务、办理善后、兴办军工科技，真是出尽了力，效尽了劳。可以说，曾国藩每走一步，每做一事，都离不开幕僚的支持和帮助。

人们讲究"滴水之恩，涌泉相报"，于是就有了"生当陨首，死当结草""士为知己者死""风萧萧兮易水寒，壮士一去兮不复返""壮士死知己，提剑出燕京"等说法，这无一不是"感情效应"的结果。君主善用恩情来维系与臣下的关系，这也是历史上的常见现象。

刘备与诸葛亮，可以说是君恩臣忠的典型例子。诸葛亮感激刘备三顾茅庐的知遇之恩，出山后尽心竭力辅佐刘备，深得刘备的信任。刘备临终前，将自己的儿子刘禅托付给他，请他帮助刘禅治理天下，并且诚恳地表示："你能辅佐他就辅佐他，如果他不好好听你的话，干出危害国家的事来，你就取而代之。"刘备死后，诸葛亮殚精竭虑，帮助后主刘禅治理国家。曾经有人劝他晋爵称王，被他严词拒绝，他说："我受先帝委托，已经担任了这么高的官职；如今讨伐曹魏没见什么成效，却要加官晋爵，这样做不是不仁不义吗？"诸葛亮六出祁山，北伐中原，最终积劳成疾，病死在五丈原。诸葛亮的一生，可以说是为蜀汉"鞠躬尽瘁，死而后已"，固然是他具有匡扶乱世之志，而刘备的善施恩德，在其中也发挥了很重要的作用。

所以说，感情投资是做大事的人必须掌握的一种手段。在古代，这当中虽然不乏统治者收买人心的把戏，但它也包含着管理上的一些基本原则。因为只有让人们切实感受到获益，人们才会真心拥护你，并发自内心地跟随你创业图强。总之，要想留住人才，就一定要好好经营你的感情投资。

春秋时期，楚庄王曾在官中设宴招待大臣们，他让王妃许姬轮流替大臣们斟酒助兴。忽然，一阵大风吹灭了蜡烛，官中立刻漆黑一片。黑暗中，有人扯住许姬的衣袖，想要亲近她。许姬拔下那人的帽缨，挣脱开来，然后把帽缨交给庄王，请求他重惩那个无礼的人。庄王说："酒后失礼，这是常有的事，我不能为这事辱没我的将士。"说完，庄王请大家都把帽缨拔掉，然后命人点亮蜡烛，继续畅饮。后来，楚王领兵和晋国打仗，楚王战败，有一位将官冒死相救。庄王回朝后召见那位将官，那位将官跪在楚王面前，含着泪说："大王，我就是当年被王妃拔掉帽缨的罪人啊！"楚王亲自把他扶起，重赏了他。

假使当初，楚王不肯宽宏大量，将军早已被杀，那么危难时，他自己也无路可走了。这就是"能容物者，物乃能容"的道理，是每一个领导者都应该效仿的。

在现代社会中，这种做法还是很有市场的。以现代企业管理为例：聪明的管理者在工作生活之中，会主动给下属以恩惠，让下属有"大树底下好乘凉"的感觉，让他们既感觉到温馨，又感受到安全。这样富有人情味的上司必能获得下属的衷心拥戴。有人说，"世界上没有无缘无故的爱"，只有和下属搞好关系，赢得下属的拥戴，才能调动起下属的积极性，促使他们努力地工作，为事业的发展尽心尽力。

度权量能，较长短而知轻重

【原文】

将欲用之于天下，必度权量能，见天时之盛衰，制地形之广狭，阻险之难易，人民货财之多少，诸侯之交孰亲孰疏、孰爱孰憎，心意之虑怀。

【译文】

如果想把自己的才华用之于天下，必须通过比较分析，了解各诸侯的权力和能量；要考察自然和社会以了解天时的盛衰；掌握地形的宽窄和山川的险阻；了解人民财富的多少；要考察各诸侯的交往中谁与谁亲密，谁与谁疏远，谁与谁友好，谁与谁相恶，国君耿耿于怀的心意是什么。

【延伸阅读】

鬼谷子认为，作为一国之主或是统率，只有善于度权量能，才能看清天下大势，知道该联合谁，该讨好谁，从而把握住时局，获得别人的信任与重用。

特别是古代的一些仁人志士，无不希望自己遇到英明之主，好充分发挥自己的才干。所以就有了"良禽择木而栖""良臣择主而侍"的俗语。用今天的话来说，就是要找到一个好的平台，得以发挥自己的才能，实现自己平生的抱负。但是，如果不善于度权量能，光有平台是不够的。

秦朝灭亡之后，项羽焚烧咸阳宫城，并自称为西楚霸王。当时，项羽手下的一位有识之士劝他说："咸阳地处关中要地，土地肥沃，物产富饶，地势险要，您不如就在这里建都，这样有利于奠定霸业。"项羽一看眼前的咸阳已残破不堪，哪有都城的样子？而且他十分怀念故乡，想回到故乡去。所以他对那个人说："要是富贵了还不回故乡，就如同穿着漂亮的衣服在黑夜里行走，你的衣服再好也没有人看得见，有什么用呢？所以我还是要回江东去。"那人听了这话，觉得项羽沽名钓誉，不算英雄，就私下对别人说："人家都说楚国人都是'沐猴而冠'，我以前还不相信，原来果真如此！"不料，这句话传到了项羽的耳朵里，他立即把那人抓来，投入鼎里活活烹死了。项羽刚愎自用，独断专行，他身边的许多谋士因此而归附了刘邦。这就注定了最后项羽四面楚歌、自刎乌江的结局。

在历史上，像项羽一样，因不善于"度权""量能"而遭遇惨败的人有很多。赵括夸夸其谈，盲目自大，在长平一战中，全军覆没；袁绍权高位重，刚愎自用，官渡一战使其元气大伤，最终抑郁而死；马谡纸上谈兵，死板教条，结果痛失街亭……

韩信能够忍受"胯下之辱"，能够忍受项羽对他的奚落，这种忍常人所不能忍的人，其实也是"度权""量能"的表现。屠夫侮辱他，他能够忍，那是因为他们之间没有可比性；项羽侮辱他是"胯下小儿"，他能够忍，那是因为项羽逞匹夫之勇，他瞧不起项羽。这种没有可比性的"度权""量能"，如果韩信不忍，就没有"韩信点兵，多多益善"的精彩了。

诸葛亮一生"谨慎"，其结果就是：周瑜打仗，诸葛亮占地；曹操发兵，诸葛亮得蜀；司马懿受辱，诸葛亮立功。这里的"谨慎"不是胆小怕事，而是充分的"度权""量能"，换言之就是"知己知彼，百战不殆"。

司马懿老谋深算，可以忍受诸葛亮"巾帼素衣"的奇耻大辱，结果活活累死了鞠躬尽瘁的诸葛亮，司马懿的忍可不是懦弱的表现，而是"度权""量能"的大智慧。

在历史上，杰出的政治家在使用人才时，都善于"度权""量能"，用其所长，避其所短。唐太宗李世民就深谙此道。唐太宗认为"治安之本，唯在得人"，所以他很重视选官用人。他求贤若渴，为了改善吏治，争取各地方集团的支持，他选拔任用了许多有才能的人担任中央要职。这些人出身不同，代表了各种地方势力，有原秦王府的臣僚，有追随李建成反对他的政敌，有关中军事贵族和南北士族，也有出身低微的寒门人士。由于唐太宗在一定程度上能够"拔人物则不私于党"，以才取人，甚至破格用人，所以贞观时期各类人才济济，出现了一批对国家治理有杰出贡献的著名将相，如房玄龄、杜如晦、魏徵、李靖、李勣等。这些谋臣猛将为李唐王朝发挥了自己的聪明才智，保证了唐朝的政治稳定和各种政策的施行。开创了"贞观之治"的局面。

第五章
忤合：以忤求合，因事为制

"忤"是相背，"合"是相向。以忤求合，先忤后合，事物变化和转移，就像铁环一样连接而无中断，形成各种各样的发展态势，或是相向归一，或是悖逆相反。

在本章，鬼谷子谈到了纵横家的谋略和品格，即作为一个纵横家，一定要有胸怀天下的格局，明辨时势，恰到好处地选择能成就事业的君主作为自己的发展基础。一旦确立为谁服务，就再也不能为相对的他人服务。这是鬼谷子给后人带来的启发。

因事为制，狭路相逢谋者胜

【原文】

凡趋合倍反，计有适合。化转环属，各有形势。反覆相求，因事为制。

【译文】

无论是联合还是对抗的行动，均要有合宜的计谋。所向与所背的双方，就像圆环一样旋转而无中断，各有自己的形势。对于各方的具体情况，应反复进行研究。根据事态的发展，决定自己的态度。

【延伸阅读】

在纷繁复杂的社会生活中，当彼此对立的各方都邀请自己加入的时候，应该接近谁，远离谁，弄清这一点是很重要的。鬼谷子给出的答案是"因事为制"，也就是根据事态的发展来决定。

三国争霸时期，笑到最后的是曹操。原因何在？关键就在于曹操是个善用计谋之人。他深谙"凡趋合倍反，计有适合"的道理，所以他虽数次遇险，却都能捡回一条命，并且最终将整个局势翻盘。

刘备到东吴联姻，偕夫人平安回到荆州，孙权以"招亲"为名谋取荆州的计划失败，十分恼怒，想兴兵进攻刘备，以报仇雪耻。

谋士张昭劝阻道："北面曹操日夜在想报赤壁之仇，只是怕我们同刘备同心合力，所以不敢轻率兴兵。今天主公如忍不住一时之愤，与刘备相互残杀，曹操一旦乘虚进攻，东吴就危险了。"

谋士顾雍献计道："我看还是派人到许都去，推荐刘备为荆州牧。曹操知道后认为我们两家十分团结，就不敢向我们东吴发动战争，而且刘备也不会怨恨主公。之后再用反间计唆使曹操、刘备相互吞并，我们就可以乘虚谋利，荆州就有可能为我所得。"

孙权即派华歆带着奏表前往许都。曹操接见华歆后，手足无措，心情慌乱。对谋士程昱说："刘备是人中之龙，平生未曾得水。今天占领荆州，是困龙跃入大海，无人是他的对手，令我心惊胆战。"

程昱说："孙权一直是忌恨刘备的，常常想发兵进攻他，只怕丞相乘虚袭击东吴，所以派华歆为大使，推荐刘备为荆州牧，我有一个计策，让孙、刘之间自相火并，丞相可以乘虚谋利将他们两家各个击破。"

曹操大喜，急问："什么计谋？"

程昱说："东吴最倚重的将领是周瑜，丞相向皇帝推荐周瑜为南郡太守，程普为江夏太守，并留华歆于朝廷重用。这样，孙权、周瑜为得到南郡、江夏，一定会兴兵讨伐刘备。我们乘虚进攻，不是很好吗？"

曹操立即采纳程昱的建议，将孙权踢来的球踢了回去。事情的发展果然不出程昱所料，周瑜既然接受了南郡太守的任命，一上任便向孙权提出兴兵夺回荆州的要求。

结果周瑜不但没能收回荆州，反被诸葛亮给活活气死了。自此，孙、刘两家又陷入了战争的旋涡。

孙权举荐刘备为"荆州牧"，意在引起曹刘大战，自己坐山观虎斗。但聪明的曹操却并不上当，他将计就计，向皇帝推荐周瑜为南郡太守，程普为江夏太守，又把矛盾交还给了孙权。

这便是鬼谷子所说的"凡趋合倍反，计有适合"。

不管是对抗，还是合作，都要因事而制。在历史上，许多有远见的政治家都因做到了这一点，而改变了敌我力量的对比，使自己走出了困境。

春秋时期，鲁国是一个小国，因为实力不济，所以经常被一些强国威胁。为了安全，鲁国国君便想到了和晋、楚这两个强国结交，并准备将自己的几个儿子派到晋、楚两国去，名义上去做官，其实是当作人质。鲁国大夫犁鉏反对这种做法，他对国君说："大王，如果您的儿子落水了，您到越国去求人救他，越国的人虽然善于游泳，但也救不活您的儿子；如果鲁国失火了，您到海里去取水，海水虽多，也不能及时扑灭大火，这是因为远水难救近火啊！现在晋国和楚国虽然强大，但距离鲁国很远。离我们最近的大国是齐国，如果让公子去齐国，我们和齐国结交，当鲁国有难时，齐国能不来相救吗？"鲁国国君认为他说得很有道理。

鲁国国君舍近而求远，准备结交一些根本帮不上忙的盟友，这种做法违背了常理，显然是错误的。但是他联合其他强国，寻求安全保障的做法是正确的。有时候，当我们面临共同的威胁时，靠一个人的能力是不足以应对的，这个时候，可以考虑和其他人的合作，大家求同存异，优势互补，共同应对面前的困难。

　　不管在历史上，还是现实中，大凡那些小有成就的人，都非等闲之辈。他们在为人处世时，总要比常人更善于观察形势、思考问题、制定策略。所以，他们常常能将胜利握在手中，且笑到最后。

伺机而动，该出手时就出手

【原文】

是以圣人居天地之间，立身、御世、施教、扬声、明名也，必因事物之会，观天时之宜，因知所多所少，以此先知之，与之转化。

【译文】

圣人生于天地之间，自立于社会，处理世事，教化人民，传播学说，宣扬名声。他们必定把握事物的发展机遇，看准社会发展的状况与趋势的适当时机，据此知道并决定所做的哪些方面有余，哪些方面不足，由此做到先知其情，然后运用计谋，促进事物向有利的方面转化。

【延伸阅读】

谋圣鬼谷子之所以说"必因事物之会，观天时之宜，因知所多所少，以此先知之，与之转化"，是因为他深知机会的重要性，即使在他那个年代，成功的一半也是要靠机会的。当然，有了机会不是立刻就能转化为结果，还是要继续努力，以更优异的成绩争取得到认可。

《战国策》里有一则寓言：两只老虎因为争吃人肉而发生了争执。管庄子准备去刺杀这两只虎，有人制止他说："老虎是凶狠的动物，人肉是它认为最香甜的食物。现在两只老虎为争吃人肉而打斗，一定是一死一伤，你就等着去刺杀那只受伤的虎吧！这样，你不用花费杀死一只虎的辛苦，实际上却能得到刺杀两只虎的英名。"故事虽短，但很有哲理性。

做事要想达到事半功倍的效果，一定要懂得抓机遇，机遇抓得好，会促进事物向好的方向转变。如果机遇抓得不好，可能会事倍功半。做任何事情，都不能操之过急，要学会伺机而动，在正式行动之前，可以有一些小的作为，以积聚力量。

在现实生活中，机会犹如电光石火，稍纵即逝。我们要及时发现，果断"出手"才能把握住制胜的良机。

房玄龄作为李世民的心腹参谋，比别的文臣武将更具政治眼光，想得更全面。在唐王朝建立后，围绕皇位归谁的政治斗争中，他着力促成李世民下手，发动"玄武门之变"，取得主位。

当时的情况是：李建成是唐高祖李渊的大儿子，李世民是次子，按照嫡长子继承皇位的规定，李渊立了李建成为太子，而李世民在长期的作战中，不仅战功显赫，而且手下文武人才济济。所以，唐高祖也给他特殊待遇，加号"天策将军"，位在一切王公之上。李世民的"天策府"可以自署官吏，实际上形成了一个独立王国。这必然会引发斗争。一方面是李建成对李世民"功高势大"产生了极大疑虑，一方面是李世民在暗中组织私党，蓄力待发。事情终于发展到剑拔弩张的地步。有一天，李世民从太子李建成处赴宴回来，食物中毒，"心中阵痛，吐血数升"，这引起李世民及其手下的极大恐慌。

怎么办？房玄龄知道，应当先下手，如果晚了，必然大祸临头。于是他想了一个办法，立即找到李世民的妻兄长孙无忌，对他说："现在嫌隙已成，危机即发，大乱一起，必将危及整个国家的安宁。我们应当按照周公的做法，'外宁华夏，内安宗社'。"其意很清楚，是要李世民像周公除掉管叔、蔡叔那样，除掉李建成和他的同党李元吉（李渊的第四子），这样才能保住秦王李世民的地位，保住唐王朝的统治。并让长孙无忌把这个意见转告李世民。李世民听了长孙无忌的话后，立即召见了房玄龄，谋划进行宫廷政变的具体事宜。随后，杜如晦、高大廉和大将侯君集、尉迟敬德也参加密谋，形成李世民的核心集团，太子建成对李世民的密谋有所察觉，于是上奏李渊，说了李世民、房玄龄、杜如晦许多坏话。

形势到了万分危急的关头，房玄龄赶紧同长孙无忌劝说李世民立即下手。他对李世民说："事情已经十分紧迫了，为了保住江山，应决心大义灭亲。如果再当断不断，便会坐受屠戮。"犹豫不决的李世民终于被说服了。

在政变前夕，李世民命令尉迟敬德将房玄龄、杜如晦化装成道士秘密送进秦王府，细致谋划，然后发动了"玄武门之变"。这次武装政变中，李建成、李元吉同时被杀。不久，唐高祖李渊主动退位，让位给李世民，改元贞观。

时机来到，有的人能及时发现；有的人却视而不见；有的人虽然有所发现，但认识不清，把握不准。对机会的认识决定了对机会的选择。不能识机，也就无所谓择机；识机不深不明，便会在机会选择上犹豫徘徊，左顾右盼，不能当机立断，最终遗失良机。

　　所以说，机会并不是赐给每个人的。在社会生活和社会竞争中，机会只偏爱那些有准备的头脑，只垂青那些深谙如何寻找它的人，只赐给那些自信必能成功的人。它犹如明察善断者不断进击的鼓点，是长夜中士兵即刻开拔的号角。在它面前，任何犹豫都与它无缘，都不能开启胜利之门。机不可失，时不再来，在进退之间，不能把握时机，必将一事无成，抱恨终生。

知己知彼，有所为有所不为

【原文】

世无常贵，事无常师。圣人无常与，无不与；无所听，无不听。成于事而合于计谋，与之为主。合于彼而离于此，计谋不两忠，必有反忤。反于此，忤于彼；忤于此，反于彼。其术也。

【译文】

世上没有永远显贵的事物，事物没有永恒的师长和榜样。圣人做事，没有恒久不变的赞同或不赞同，也没有恒久不变的听从或不听从。办成要办的事，重要的是不违背预定的计谋。如果为了自己的君主，合乎这一方的利益，就要背叛那一方的利益。凡是计谋不可能同时忠于两个对立的君主，必然违背某一方的意愿。合乎这一方的意愿，就要违背另一方的意愿；违背另一方的意愿，才可能合乎这一方的意愿。这就是"忤合"之术。

【延伸阅读】

鬼谷子所说的"忤合之道"，绝不是风吹两边倒式的"骑墙"，而是有原则、有立场的行为。他认为，为了达到某一目的，实现某一意愿，通常要曲折地、灵活地应变，这就是"忤合"之术。

世界的万事万物总是处于变化之中，正如鬼谷子所言"世无常贵，事无常师"，所以"成于事而合于计谋，与之为主"或"合于彼，而离于此，计谋不两忠，必有反忤"。由此可知，"忤合"是事物发展变化中的应变常规。

任何事物都有正反逆顺的发展形式，施用"忤合"之术的前提是必须对具体事物多方研究，从而采取具体的应变方法。缺乏针对性的以反求合，不仅不能实现原先意图，而且可能适得其反。如北宋初年，渭州知州曹玮就曾利用此法战胜敌人。

北宋初年，西夏人经常侵犯边境，一次他们又来骚扰，曹玮领兵出战，打了胜仗。敌人丢下物资逃跑了，曹玮派人打探到他们已经走远了，命令士兵赶着敌人丢下的牛羊，抬着他们丢下的物资，慢慢地往回走。敌人逃了几十里后，听说曹玮贪图财物行动迟缓，队伍零散，就又返回想袭击他们。曹玮得到情报后，仍然不慌不忙地带着队伍慢慢走，部下很担心，对曹玮说："把牛羊丢下吧，带着这些东西，跑也跑不动，打也打不了，敌人追上来怎么办？"

曹玮对这些话全不理会，还要队伍往前走，又走了半天，到了一个比较有利于战斗的地形，曹玮才命令停下来等待敌人的到来。敌人快要逼近的时候，曹玮派人迎上去对他们的首领说："你们从远道而来，一定很疲劳，我们不想乘你们疲劳的时候和你们作战，请你们的人马先休息一会儿，然后咱们再决战。"敌人正跑得筋疲力尽，听他如此说非常高兴，坐下来休息。过了好长时间，曹玮派人对敌人说："休息好了，咱们可以交战了。"于是双方击鼓进军，曹玮的部队毫不费力就把敌人打得大败。

曹玮的部下对这一仗取胜如此容易都感到奇怪。曹玮说："我知道敌人已经很疲乏，让大家赶着牛羊抬着财物，表现出贪图财物的样子，是为了诱骗敌人，把他们引出来。等到他们走了很远之后再回过头来袭击我们，几乎走了一百里地。这时如果马上和他们交战，他们虽然疲劳，但是士气正旺，谁胜谁负很难定夺。我让他们先休息，是因为走远路的人，停下来休息一会儿，就会腿脚肿痛麻木，站立不稳，根本无法作战。我就是根据这一经验打败他们的。"

这个故事中，曹玮将普通的生活经验，运用到实际作战中，为了诱惑敌人，他采用了非常规的"忤合"之术，结果产生了意想不到的效果。

当然，不管是在战争中，还是在现实生活中，要成功使用"忤合"之术，必须要满足两个基本条件：首先，必须要认识到，万物皆在变化之中，只有变化才会带来转机；其次，要做到知己知彼，也就是要清楚对方的谋略，以及对方对自己的做法可能产生的反应。只有这样，才能在博弈中赢得主动，把握住先机。

谋事在先，莫要一路走到黑

【原文】

用之于天下，必量天下而与之；用之于国，必量国而与之；用之于家，必量家而与之；用之于身，必量身材能气势而与之。大小进退，其用一也。必先谋虑计定，而后行之以飞箝之术。

【译文】

如果将忤合之术用之于天下，一定要把整个天下都放在"忤合"中进行权衡，然后为之计谋；如果将忤合之术用之于国家，一定要把整个国家都放在"忤合"中进行权衡，然后为之计谋；如果将忤合之术用之于家族，一定要把整个家族都放在"忤合"中进行权衡，然后为之计谋；如果将忤合之术用之于个人，一定要把此人的才能气势都放在"忤合"中进行权衡，然后为之计谋。总之，运用忤合之术的范围或大或小，方式或进或退，其使用的基本规律是相同的。做事之前，一定要预先谋划、分析、定好计谋，然后再运用飞箝之术。

要想成为一个出色的拳击手，光懂得直拳、勾拳是远远不够的，必须掌握一整套可攻可守的组合拳，才能令对手眼花缭乱，难以招架，俯首称臣。

在现实生活中，我们谋事或决策之时，也要多准备几手以防意外和不测，不能孤注一掷，甚至坚持一条道走到黑。这就考验一个人的谋事能力，谋事能力越强，越能有效地运用忤合之术。

《智囊》有一段关于慎子事迹的记载，非常精彩。

楚襄王做太子时，被送到齐国作人质。楚怀王死，太子要辞别齐王回到楚国，齐王不许。齐王说："你给我东地五百里，我就放你回去，否则，不放你走。"太子征求太傅慎子的意见，慎子说，应该答应献地。这样，太子以献地五百里为代价归还楚国，即位为王。

不久，齐国派五十乘来楚国索取土地。楚王问慎子："齐国派人索要土地，我们该怎么办？"慎子说："大王明天朝见群臣，令他们各献计策。"

上柱国子良入见楚王。楚王说："寡人得以返国为王，是因为把东地五百里许给了齐国。如今齐国派人索取土地，如何是好？"子良道："大王不能不把地献给齐国。大王身为一国之君，金口玉言，已经答应献给具有万乘之强的齐国五百里土地，如果食言，便是不守信义；言而无信，以后便无法同诸侯结盟缔约。大王可以先把土地献给齐国，而后再进攻齐国。献地于齐，这是讲求信义，然后再以武力夺回，这也无可非议。因此，臣以为应该献出东地。"

子良退出，昭常入见楚王。楚王说："齐国派使者来索取东地五百里，该怎么办？"昭常说："这地不能给齐国。所谓万乘之国，是因为有广大的地盘，如今割去东地五百里，这便使我国的领土少了一半，为此，虽有万乘之国的称号，连千乘的实力都没有。绝不能给！臣请求镇守这东地五百里。"

昭常退出，景鲤入见楚王。楚王说："齐国派人索取东地五百里，这可怎么办？"景鲤说："不能把地给齐国。不过，我们楚国也难以凭自己的力量保住这块地盘。大王身为一国之尊，金口玉言，答应把东地五百里给齐国不兑现，天下的人都会说您不守信义。可是楚国又难以独守此地，因此，臣请向西求救于秦。"

景鲤退出，慎子入见楚王。楚王便把三位大夫的计策讲给慎子说："子良见寡人说：'不能不献东地，可以先献地后施武力夺回。'昭常见寡人说：'不能献出东地，昭常愿意守住东地。'景鲤见寡人说：'不能割地于齐。不过楚国无力独守，臣请求救于秦国。'寡人用他们三人中谁的计谋更好呢？"慎子答道："大王可以将三人的计谋同时采用。"楚王顿时变色道："你这是什么意思？"慎子说："请允许我效法他们的说法，说完了大王就知道三计并用的可行性。大王发上柱国子良车五十乘，即日起程，到北面齐国去献地；然后，派昭常为大司马，令他前往东地镇守，明天让他动身。派遣景鲤率五十乘车，向西去秦国求救兵。"

楚王依从慎子的计谋。子良到了齐国，齐国派使者来接收东地。而昭常却对齐国的使者说："我奉命镇守东地，并且与东地共存亡。我这五尺之躯、六十之龄，以及三十余万楚国将士，甘愿为守东地而献身。"齐王对子良说："大夫你来献地，却又让昭常守住东地，这是为什么？"子良说："臣是传达楚国之君的意志，而昭常是假借王命。请大王进攻东地，征讨昭常。"于是，齐国大军还未到达齐楚边界，秦国就派了五十万大军到了齐国的右部边界，说："齐国阻止楚太子归国，又要攻夺楚国的东地五百里，这是不仁不义之举。如果停止用兵，也就罢了，否则，我们就与你们决一死战。"齐王惊恐异常，赶紧请子良帮忙，又向西出使秦国，以解举国之难。就这样，楚王未动一兵一卒，而使东地依然属于楚国。

慎子为保住楚国地五百里的做法，可称一绝，这不是两手准备，而是多手准备，真是老谋深算，周到细密。

客观形势的发展或必然性很大，但并不是绝对确定、不可改变的，出人意料、瞬息万变也是常有的事。为此，我们办事情、想主意，绝不能"一条道走到黑"，活动方案应该有足够的弹性，有多个可供选择项，这样，一旦形势发生变化，便不会因为某一个方案失败而一筹莫展，而是进退有路，应付自如。俗话说的"狡兔三窟，兔去一死"，就是这个意思。

第六章
揣篇：揣摩心意，明察秋毫

本章讲的是关于"揣度"的谋略，即要在敌人最高兴的时候去刺激他们的欲望，利用其欲望来刺探实情；对方有了欲念，就无法隐藏其性情。另外，还要利用对手最害怕的时机，去加剧其恐惧，从而探到实情。也可以趁对方不高兴时前往，那么就能完全了解其仇恶。对方有了仇恶，也无法隐藏其性情。鬼谷子认为，我们可以通过他人的外在表现，而揣测其内心世界，也可以运用巧妙的语言，来诱使对方表露真情。

度权量能，精心权衡天下势

【原文】

何谓量权？曰："度于大小，谋于众寡。称货财有无之数，料人民多少，饶乏有余不足几何；辨地形之险易，孰利孰害；谋虑孰长孰短；揆君臣之亲疏，孰贤孰不肖；与宾客之知慧，孰少孰多；观天时之祸福，孰吉孰凶；诸侯之交，孰用孰不用；百姓之心，去就变化，孰安孰危，孰好孰憎。反侧孰辩，能如此者，是谓量权。

【译文】

所谓的量权就是测量国家地域大小，谋士的多少，估量一个国家的物产资源和国家财富的多少，估量人口多少，贫富，什么有余什么不足，以及达到了什么样的程度；分辨地形险易，哪里有利，哪里有害；判断各方谋虑谁长谁短；分析君臣亲疏关系，谁贤能谁奸诈；考核谋士的智慧，谁多谁少；观察天时的吉凶；比较诸侯之间谁可以利用谁不能；检测民心向背，预测反叛的事情哪里容易发生，哪些人能知道内情……能够做到这些就是量权。

【延伸阅读】

《鬼谷子》有言："量权不审，不知强弱轻重之称；揣情不审，不知隐匿变化之动静。"慎重细致地掌握天下政治形势的变化，真正地了解外交形势的举足轻重，时局的把控才能更加精准。

刘邦一生精明过人，"白登山之围"却暴露出其性格的缺陷和人性的弱点，他骄傲自大，不纳贤言。

公元前202年，刘邦战胜了项羽，统一了全国，随即称帝。与此同时，活跃在北方蒙古高原一带的匈奴，在经受了秦王朝的打击后，利用中原的战乱，实力得以恢复，成为这个新兴王朝的最大威胁。

刘邦为了抵御北方匈奴的入侵，特别指派韩王信驻守晋阳（今太原南）。韩王信与匈奴交战，败多胜少，有一次，王都马邑也被围困，只得多次派使者与匈奴求和。对异姓诸侯王本就猜疑的刘邦得知后，认为韩王信有"二心"，随即"使人责让信"。韩王信非常惊恐，他担心刘邦会治罪于他，索性就投降了匈奴。

韩王信的背弃是基于自保的深层动机，他知道刘邦多疑，担心长此以往可能要掉脑袋。与其战战兢兢地冒着生命危险给刘邦卖命，还不如反戈一击，攻打自己潜在的对手，如果一旦胜利，自己就可以除掉心腹大患，高枕无忧了，况且，当时的情形下，新的雇主匈奴那边的军事实力明显地强于汉朝这边，所以韩王信的打算也是一种很现实、很精明的考虑。

在这种情形下，公元前200年，刘邦御驾亲征前去平叛韩王信的叛乱，大军从长安出发，不久大败韩王信主力，斩杀了其大将王喜，韩王信远逃到匈奴，与匈奴兵联合，准备会战。冒顿单于一万多骑兵逼近晋阳与汉兵交战，被汉军击败，逃至离石，又被击败。匈奴且败且走，收拢败军在楼烦（今宁武），而汉兵又鼓余威败之。

当时，刘邦正驻扎在晋阳，汉军连连得胜，他不免对匈奴起了轻敌之心，又听说冒顿单于正驻扎在代谷（今桑干河谷），就要亲自带人去追击，想就算不能"毕其功于一役"，彻底消弭边患，至少也可以像秦将蒙恬击败匈奴一样，使胡人"不敢南下牧马"。

为了万无一失，刘邦派了十数人前去打探，使者回来报告说，一路上见到的匈奴人，都是老弱病残，连马牛等畜生，也瘦弱得像好多天没吃过草或者刚刚经历了一场瘟疫。据此看来，这仗打得。虽然这样，刘邦还是不敢轻进，又派了娄敬去打探。娄敬回来说，自己看到的情况与之前看到的一样，担心其中有诈，因为双方交战，都要把最强的一面展示给敌人看，以使敌人有畏惧之心，现在我们所见到的匈奴的情况，好像不堪一击，这很有可能是敌人意欲诱敌深入，然后埋伏奇兵、以逸待劳，打我们个措手不及，这仗打不得。

但是，汉军大部人马已经开拔，越过了句注山，箭在弦上不得不发。况且骄傲的刘邦已经听不进去这番话，骂娄敬不过是个以口舌之利得官的"齐虏"，在大军即将战斗时说这样灭自家威风、长别人志气的话，分明是要扰乱军心。他立即将娄敬捆了押到广武，等打败了匈奴回来再收拾他。刘邦一路追击，匈奴不断撤退，为了加快追击速度，刘邦亲自率领的两三万骑兵突进，而约三十万的大部队步兵，渐渐被甩在身后。一路上倒也顺利，但等过了平城（今大同），抢占了高地白登山后，却发现匈奴的精骑四十万已经将白登山团团包围，让他大惊失色，想赶紧退却，却为时已晚。时值冬季，天降大雪，久在中原作战的刘邦部队根本没有在这种气候条件下作战的经验，加之军需补给供应不上，非战斗减员也十分严重，军卒"堕指者十之二三"。无奈之下，刘邦只得在白登山上，据险而守，等待援兵。

最初的接连胜利，使刘邦滋生了轻敌之心，这种心理使他很难听取别人的规劝，这就为他后来的中计预设了心理陷阱。在刘邦骄傲自大的心态下，他又亲眼看到了匈奴的老弱病残之兵，所以宁可相信自己的眼睛，也不想听娄敬之忠言，结果真的是兵不厌诈，被围困于白登山。

就我们当今的社会而言，鬼谷子所说的"量权"，就是指考察社会环境。选择和创造一个良好的社会环境，将有利于人的成长和事业的开展。人是社会性的动物，社会环境对于个人的发展具有重要的影响。人们一般用"天时、地利、人和"来对社会环境加以概括。对于渴望成功的人而言，这三者都是需要加以考虑的因素。

测深揣情，事先寻找突破口

【原文】

揣情者，必以其甚喜之时，往而极其欲也，其有欲也，不能隐其情；必以其甚惧之时，往而极其恶也，其有恶也，不能隐其情。情欲必知其变。感动而不知其变者，乃且错其人，勿与语而更问其所亲，知其所安。夫情变于内者，形见于外。故常必以其见者而知其隐者，此所谓测深揣情。

【译文】

擅长揣情的人，会抓住人"甚喜""甚惧"这两个时机。在对方甚为喜悦之时前去游说，并设法使其欲望极度膨胀，只要对方表现出欲望，一般无法隐匿内心所想，定会显露真情。在对方甚为戒惧之时前去游说，并设法使其对某人某事的厌恶达到极点，只要对方表现出厌恶，便也不会隐瞒真情。对方不能控制情绪的时候，一定可以了解其思想动态。如果对方内心有所触动，却不显露于外，说明此人非常深沉。此时，不妨暂且抛开他本人，不要与他当面交谈，而向他所亲近的人调查，从中了解此人的内心。一般而言，当人的情绪发生波动时，自然会表现于外。因此，不时地察言观色，可判断其内心所想。这就是所谓的"测深揣情"。

【延伸阅读】

鬼谷子这里所说的"揣"，是揣情的意思。他认为，即使有先王之道，有圣人之谋，没有揣情术也无法知道隐匿的东西。所以说，揣情是谋略的根本，是游说的主要方法。能动用此术的人，便能从事情中认识人，同时在事情还没有发生以前，便事先知道事情的发生、发展和结果，这是最难的，所以对揣情来说，最难的地方在于掌握对方情感的变化。

鲁国大夫郈成子出使晋国，路过卫国，卫国的右宰谷臣留下并宴请他。右宰谷臣陈列乐器奏乐，乐曲却不欢乐；喝酒喝到畅快之际，把璧玉送给了郈成子。

郈成子从晋国回来，又经过卫国，却不向右宰谷臣告别。他的车夫说："先前右宰谷臣宴请您，感情很欢洽，如今重新经过这里，您为什么不向他告别呢？"郈成子说："他留下我，并宴请我，是要跟我欢乐一番，可是陈列乐器奏乐，乐曲却不欢快，这是在向我表示他的忧愁啊！喝酒喝到畅快之际，他把璧玉送给了我，这是把璧玉托付给我，如果从这两点来看，卫国大概有祸乱吧！"

郈成子离开卫国30里，卫国境内果然有人作乱杀死卫君，右宰谷臣为卫君殉难，郈成子回到鲁国后，派人去卫国接右宰谷臣的妻子和孩子，右宰谷臣孩子长大后，郈成子把璧玉交给了他。

孔子听说这件事后说："论智慧可以通过隐微的方式跟他进行谋划，论仁慈可以托付给他财物的，大概就是郈成子吧！"

晋襄公派人去周朝说："我国君主卧病不起，府龟甲占卜，卜兆说：'是三涂山山神降下大灾祸。'我国君主派我来，希望借条路去向三涂山山神求福。"周天子答应了他。于是升朝，按着礼节接待完使者，宾客出去了。

大夫苌弘对刘康公说："向三涂山山神求福，在天子这里受礼遇，这是温和美善的事情，可是宾客却表现出勇武之色，恐怕有别的事情，希望您多加防备。"刘康公就让战车兵士做好戒备等待着。

结果，正如所料，晋国果然先做祭祀的事情，然后趁机派杨子率领12万士兵跟随，渡过棘津，袭击了聊、阮、梁等蛮人居住的城邑，灭掉了这三国。可见，苌弘是一个揣情高手，他头脑清醒，不只靠简单的观察或是话语做判断。

当然，如果不懂"揣情术"，就不可能知道隐匿的东西，所以说"揣情"是谋策的根本。再来看一个例子。

齐桓公与管仲谋划攻打莒国，谋划的事尚未公布就被国人知道了，桓公感到很奇怪，问这是什么原因呢？管仲说："国内一定有聪明的人。"桓公说："那天说话时有一个向上张望的服役的人，我料想大概就是这个人吧！"于是就命令那天服役的人再来服役，不许别人替代。

很快，那个名叫东郭牙的人就来了。管仲说："这个人一定是那个把消息传出去的人了。"于是就派礼宾官员领他上来，管仲和他分宾主在台阶上站定。管仲说："是不是你散布了攻打莒国的消息？"东郭牙说："是的。"管仲说："我没有说过攻打莒国的话，你为什么要传播攻打莒国的消息呢？"东郭牙回答说："我听说君子善于谋划，小人善于揣测，我是私下里揣测出来的。"管仲说："你根据什么揣测出来的？"东郭牙回答说："我听说君子有三种神色：面露喜悦之色，这是欣赏钟鼓等乐器时的神色；面带清冷安静之色，这是居丧时的神色；怒气冲冲，手足挥动，这是用兵打仗时的神色。那天我望见您在台上怒气冲冲，手足挥动，这是用兵打仗的神色，您的嘴张开了，没有闭上，舌尖上抬而放下，这表明您说的是'莒'，您举起胳膊指点，被指的正是莒国。我私下考虑，诸侯当中不肯归顺齐国的，大概只有莒国吧，因此我就传播攻打莒国的消息。"

　　这个故事，说明东郭牙不靠耳朵就能听别人的话，能在无声之中分辨他人所说的话。管仲的智谋在于能在无形之中有所察觉。不可否认，他们都是深谙鬼谷子"揣情术"的高手。

审时度势，善权衡利弊得失

【原文】

故计国事者，则当审权量；说人主，则当审揣情。谋虑情欲必出于此。乃可贵，乃可贱；乃可重，乃可轻；乃可利，乃可害；乃可成，乃可败。其数一也。故虽有先王之道、圣智之谋，非揣情，隐匿无所索之。此谋之本也，而说之法也。

【译文】

决策国家大事的人，必须精心权衡利弊得失；游说君主的谋士，必须精心揣度实情。一切策划、谋略和欲求，均须从量权和揣情出发。精通揣情之术，可使人富贵，也可使人贫贱；可使人手握重权，也可使人微不足道；可使人受益，也可使人受害；可使人成功，也可使人失败。产生这些差异的法则是一样的。因此，即使你有古代贤君的大德，有大智之人的计谋，若离开揣情之术，就无法识破隐藏的真相。由此可知，揣情之术是策划计谋的根本条件，是游说君主的基本法则。

【延伸阅读】

鬼谷子认为，要想成功游说，或是实施自己的谋略，必须抓好两个环节，一是"审量权"，二是"审揣情"。这里的"审"，就是细致、精心的意思。在把握基本事实的基础之上，进行缜密的分析、判断，进而决定最佳的行动方案。

汉武帝即位后，在全国网络了许多人才，东方朔便是其中之一。开始，汉武帝只给安排了个公车署待诏的位置，而且俸禄微薄。但是，他很想与汉武帝接近，于是想出了一计。

有一天，东方朔哄骗宫中看马的侏儒们，对他们说："你们一种不好田地，二不能驰骋疆场，三不能为国家出谋献策，只是坐在那里白白吃饭，留着你们有什么用！所以皇帝决定要杀掉你们。"侏儒们一听，都吓得面如土色，哇哇大哭起来。东方朔又说："都不要哭了，当务之急是想一些应对的办法。"能有什么办法呢？这些侏儒都直勾勾地盯着东方朔："大人一定要想办法救救我们！"

东方朔说："皇上就要从这里经过，你们何不叩头请罪，以求赦免呢？"不多时，皇帝果然前呼后拥地经过这里。侏儒们都跪在地上朝着皇上痛哭起来，皇上令手下人问这是何故，侏儒们回答："东方朔告诉我们，说皇上认为我们活在世上是无用之人，要将我们全部杀掉。"皇上一听，勃然大怒，心里想：这东方朔竟如此胆大包天，敢造我的谣。于是命人把东方朔找来。

一见到东方朔，皇帝便责问道："你为什么造朕的谣言，该当何罪？"东方朔终于见到了皇帝，他面无惧色地说："我活也要说，死也要说。侏儒身高三尺，俸禄是一袋粟，钱是二百四十；

臣东方朔身长九尺多，俸禄也是一袋粟，钱也是二百四十。侏儒吃得饱饱的，而我却饿得要命。如果臣东方朔说的都是实理的话，请用厚礼待我；如不可采纳，请皇上准许我回家，以免白吃长安的米。"汉武帝听后哈哈大笑，弄明白了原来是这么回事，于是赦免了东方朔的死罪。不久，东方朔被任命为金马门待诏，得到了皇帝的重用。

由此可见，东方朔还真不是吃白饭的，他之所以能得到皇帝的重用，与他"揣情"能力不无关系。无独有偶，郦食其也是一位揣情达人，他"审量权""审揣情"，只用一句简单的"人都叫他'狂生'"就拉近了他与刘邦之间的距离。

郦食其是秦末高阳人，好读书，家中贫苦，但胸中蕴含天下的韬略。陈胜、项梁等起义之后，经过高阳的起义军有几十支，郦食其观察这些起义军的领袖都是龌龊之辈，喜欢烦琐的礼节，不能听从宏大的谋略，因此隐居不出。后来听说沛公刘邦的一支起义军到了附近的陈留郡，并且刘邦每到一处都探访当地的英雄豪杰；郦食其还了解到刘邦为人豁达大量，不拘小节，比较随便，有宏大志向，于是决心求见刘邦。

郦食其一位同乡在刘邦身边做骑士，正好回家来，郦食其便请他向刘邦转达自己的意思。郦食其知道刘邦不喜欢儒生，客人中有人戴儒冠，刘邦便拿来做便壶，在里边撒尿；刘邦的性情比较粗野，开口就骂人。所以郦食其对这位骑士说："你见到沛公，就说我们乡里有一个叫郦生的人，年纪六十多岁，身长八尺，人都叫他'狂生'。这样沛公一定会接见我。"

刘邦年轻时狂放不羁，是个酒徒，常在酒店里赊钱喝酒，喝醉了就躺在酒店的地上。郦食其自称"狂生"，就会被刘邦引为同类的人，行为上的相似会导致心理上的相互接近。

这位骑士将郦食其所说的话转告了刘邦，刘邦果然立即召见了他。两人一见如故，郦食其便为他献出攻占陈留郡的策略，为刘邦后来争天下奠定了基础。

不管是在历史上，还是现实中，大凡与帝王将相或是成功者走得很近的人，都深谙"揣情"之道，他们能够审时度势，能够把握别人的心理与情势的发展，能够权衡利弊得失，所以，他们能够得到领导的赏识与重用。

先事而至，拨云见日辨是非

常有事于人，人莫能先，先事而生，此最难为。故曰揣情最难守司，言必时有谋虑。

【译文】

善于揣情的人，总是让人无法超越。他总是在事情发生之前，就已经预料到了，这种料事如神的境界是常人最难达到的。所以说，揣情最难掌控，游说时一定要时时谋虑，小心应对。

【延伸阅读】

"横看成岭侧成峰，远近高低各不同。不识庐山真面目，只缘身在此山中。"苏轼这首咏庐山的诗揭示了一个深刻的道理：处身其间的人，往往看不清事物的本质。

不善"揣情"的人，经常会被情感、欲望以及种种错综复杂的事件蒙蔽了双眼，以致不能明白一些最简单的道理。要想用语言打动别人，就常常需要帮助对方拨开眼前的迷雾，拓宽狭隘的视野。这就不仅需要一个如簧之舌，还要有透过现象抓住本质的锐利眼光。

揣情，就要抓住问题的要害，条分缕析、一针见血，这样说出来的话就能掷地有声、振聋发聩。

据《战国策》记载：周赧王十七年，秦国攻打魏国，当时在魏国做官的陈轸联合韩、赵、魏三国共同抗击秦国。但是韩、赵、魏三国的联军还不足以与秦军抗衡。于是陈轸又跑到东边的齐国，请求齐国的帮助。可是齐国却对秦国友好，经常与韩、赵、魏、燕三国为敌。为了达到联合抗秦的目的，陈轸面见齐王，劝说齐王改变原来的策略，帮助三晋抗击秦国。

陈轸说道："古时圣王兴兵讨伐，都是为了匡扶天下，建立功业，流芳后世。现在齐、楚、韩、赵、魏、燕六国互相激战，不但不能够建立功业，反而正好增强秦国，削弱自己，这不是六国的上策。

"能够灭亡六国的是强大的秦国。现在我们不忧虑强秦的威胁，却一味相互残杀，而使自己衰弱下去，最终只会被秦国吞并。如今六国替秦国宰割自己，秦国竟然不用出力；六国替秦国烹煮自己，秦国实际不用拿出柴火。为什么秦国这样聪明，而六国这样愚蠢啊！请大王明断。"

陈轸一开始就一针见血地指出，六国的共同敌人是强秦。而六国彼此之间互相交战是自相残杀，给秦国造成可乘之机，如此下去，最后都免不了被秦国灭亡的厄运。

接着，陈轸又说："古时五帝、三王、五霸的征伐是伐无道的人，如今秦国讨伐天下却不是这样，那将是亡国之君要死在侮辱之下，亡国之民要死在俘虏群中。现在韩、魏两国人民的眼泪还没擦干，齐国人民虽然没有这种遭遇，并不是因为秦国亲善齐国，疏远韩、魏，而是齐国离秦国太远，而韩、魏离秦国太近。现在齐国也快临近灾难了。"

最后，陈轸着重指出韩、魏失陷对齐国的危害。同时指出齐国不与由原来的晋国分裂出来的韩、赵、魏三个国家联合的后果。他说："三晋联合，秦国一定不敢攻打魏国，必然向南攻楚。这时三晋恨齐国不曾帮助自己，就可腾出手来，必定向东攻齐，这样齐国就大难临头了。"

听完陈轸的游说，齐王顿觉芒刺在背，不得不下令出兵会合三晋。

陈轸的攻心有理有据，精辟深刻，令人折服，终于使齐王明辨了是非，做出了正确的抉择。

明朝人林都宪经朝廷考试中选，巡抚广东。当地有一座寺庙，每年都宣称有一个僧人得道，定期择日举行火化仪式，叫荼毗大会。会场堆叠干柴，将得道僧人置于柴上，点火焚烧。方圆数百里的善男善女都来围观礼拜，富商大户则施舍财物不计其数。

林道宪知道这事之后，心生疑团，怀疑其中有诈，就告诉僧人们说："下次火化时要先通报，我希望亲自去拈香。"到荼毗大会那天，他前往会场，看到干柴顶上有个僧人，下面有人正准备点火。他突然制止说："这些柴火不好，应当更换。"

于是叫人放下柴顶上的僧人，加以盘问，但僧人只瞪着双眼，说不出话。林都宪知道他中了迷药，下令带回衙门，用水浇醒他。那人过了一天一夜，才能开口说话："我不是和尚，只是乞丐。我来到那个寺庙，和尚们把我留下。供我饮食，让我剃度出家，到今年某月某日，他们就灌我喝浓酒，使我说不出话来，神情也恍恍惚惚，好像做梦一样，如今幸好死里逃生，否则早就烧成灰烬了。"

林都宪早就秘密派人包围寺庙，捉拿众僧，谁也没逃掉。这些僧人听了乞丐的话，都俯首认罪。人们这才知道往年火化的都是乞丐，于是将众僧处斩，将寺庙烧掉。

林都宪因提防而生疑，进而设下巧计，破除了"僧人得道"的诡计。西方有所谓"怀疑论"，怀疑是"澄明"的前提，只有从怀疑出发，才能进入推断，并最终明辨是非。

第七章
摩篇：见于未萌，规律行事

这里的"摩"，是反复思考、推敲的意思。在本章中，鬼谷子阐述了"摩"的方法，即如何通过观察对方的外部表现，从而准确地判断，把握其内心的思想、感情、动机。他同时指出，要正确地揣摩，必须讲究一些方法和技巧，同时要做到隐秘、不露声色。如果自己的揣摩比较准确，在沟通交流时出的主意符合对方的动机和意志，那么在实际运用中，就没有什么事办不成。

深藏不露，成其事而隐其道

【原文】

摩者，揣之术也。内符者，揣之主也。用之有道，其道必隐。微摩之，以其所欲，测而探之，内符必应。其所应也，必有为之。故微而去之，是谓塞窌、匿端、隐貌、逃情，而人不知，故能成其事而无患。摩之在此，符应在彼，从而用之，事无不可。

【译文】

所谓"摩"，是"揣情"的一种方法。"内符"是"揣"的对象。进行"揣情"时需要掌握"揣"的规律，而进行测探，其内情就会通过外符反映出来。内心的感情要表现于外，就必然要做出一些行动。这就是"摩意"的作用。在达到了这个目的之后，要在适当的时候离开对方，把动机隐藏起来，消除痕迹，伪装外表，回避实情，使人无法知道是谁办成的这件事。因此，达到了目的，办成了事，却不留祸患。"摩"对方是在这个时候，而对方表现自己是在那个时候。只要我们有办法让对方顺应我们的安排行事，就没有什么事情不可办成的。

【延伸阅读】

这里所说的"摩",即指通过言语刺激等方式,让对方显露出他的真情,或是说出他想说的话。当然,在这个过程中,本人要深藏不露,不能暴露说话的意图。

冯梦龙在《智囊》中记载了这样的故事:

堂溪公向韩昭侯说:"假设这里有一个值千金的玉制酒杯,这酒杯是无底的,能不能把水放进去?"

"当然不行。"

"如果是不漏水的瓦器,能不能把酒倒进去?"

"当然可以。"

堂溪公正色说道:"瓦器是很不值钱的东西,只要不漏,便可倒酒进去。值千金的玉制酒杯,贵则贵矣,如果无底,怎能注入饮料呢?位高如君主,若泄露了和臣子有关的话,就像无底的玉制酒杯,在这种情况下,纵然是个圣明、有才智的人,也无法大展才华。因为君主把一切都泄漏了、搞砸了。"

"说得对!"昭侯说。

从此之后,昭侯每当决定了什么重要事情,总是独自就寝,以防万一说梦话,把某些计谋泄露出去。

堂溪公的比喻,说明了韩非子的一个基本观点,即君主所执的"术"必须是秘密的,只能由自己独自了解和执掌,不能让臣下窥知。韩非子的这一思想出自老子学派。

老子学说崇尚"道"。"道"是什么呢?老子说,"道"是一种浑然一体不可分割的东西,它形成于天地之前,寂静而空虚,独立自存永不改变。它是万物之根本、宇宙之本体。

韩非子把老子这一学说运用于他的政治学说中，发展成为一种"君王驾驭之术"。韩非子认为，既然"道"是万物的本源及发展的规律，那么，作为君主，就必须遵循道的准则，他指出："道，是万物的本源，是是非的准则。因此，英明的君主把握住这个本源，就可以知道成败的根源了。"

　　如此，既然"道"是独一无二的，君主自然应当独掌大权，使权力集中在自己手中；既然"道"是虚静寂寥的，所以君主也自然应当深藏不露，保守"术"的秘密，不能让别人轻易窥知。

　　作为领导者，最忌讳的就是被别人一眼看出自己的心事。所以，有城府的人都善于伪装自己，掩饰自己的情感，而没有城府的人，会将自己的喜怒哀乐直接写在脸上。所以，鬼谷子认为，深藏不露对一个领导者来说非常重要。身为领导者，如果不能保守秘密，不善于掩饰自己的情感，心中有什么想法，是很容易被人看出来的。

　　公孙衍曾在梁王手下做官，是战国时期很有名气的人物。秦王看他是个人才，便想把它挖过来。但公孙衍却推辞说："我为梁国做事，从来没有想过要离开梁国。"

　　过了一年，有一次公孙衍得罪了梁王，只好逃到秦国。秦王趁机礼遇他。秦将樗里疾生怕公孙衍夺去自己的官位，于是在秦王的密室墙壁上凿了几个小孔，以便偷听有关的情报。果然，不久秦王就在密室跟公孙衍交谈说：

　　"我想讨伐韩国，你觉得如何呢？"

　　"到秋季再动手吧！"

　　"我打算把国家大事交托给你，可别走漏了这消息啊！"

　　公孙衍徐徐退后，恭敬行礼："臣遵旨。"

樗里疾偷听到这些话，认为机会难得，逢人便说。近臣们一碰头就谈论这回事："国王说，秋天举兵伐韩，到时要派公孙衍做将军……"

当天，全部近臣都知道了这个消息；当月之间，全国的人民都知道了这个消息。秦王就传唤樗里疾，问道：

"到处都在谈那件秘密，这是怎么一回事？秘密是怎么泄露出去的？"

"好像是从公孙衍嘴里说出来的。"

"我和公孙衍从没谈过这事。你为什么一下子就猜测是他？"

"公孙衍是外地人，刚在梁国获罪，心里难免不安，这才造出那种谣言，借此推销自己啊！"

"这倒有可能。"

秦王派人传见公孙衍，公孙衍感觉有些不妙，便起身逃到他国。

秦王由于一时不小心，泄露了秘密，结果让怀着私欲的臣下钻了空子，自己失去了一位贤臣良将。

从中可以看出，即使对一个帝王来说，隐藏自己都不是一件简单的事情。作为普通人，在心理博弈中，要做到深藏不露——关键时刻，让自己在暗处，让别人在明处，以化不利为有利，实属不易。如果想达到鬼谷子所说的"用之有道，其道必隐"那种境界，而需要更大的智慧与定力。

不战而胜，利用好对手弱点

【原文】

古之善摩者，如操钩而临深渊，饵而投之，必得鱼焉。故曰主事日成而人不知，主兵日胜而人不畏也。

【译文】

古代善于"摩"的人，就好像拿着钓鱼竿在深渊旁钓鱼一样，把饵料投放下去，就一定能钓到鱼。所以说，这种人掌管政事时，事情一天天办成功，却无人知晓；指挥军事时，战无不胜，麾下士兵相信统帅的谋略，无所畏惧。

【延伸阅读】

世上没有十全十美的人，每个人都有自己的弱点，每面城墙都有裂缝。一个人只要有弱点，就容易被别人利用，甚至很多时候，一个人的爱好，也能变成弱点。一旦一个人的爱好被别人掌控，那么他随时都会被别人牵制。就像是鬼谷子说的那样，善于垂钓的人，只要把"饵料"投下去，就一定能钓到鱼；因为他早已摸清了鱼的习性。

在现实生活中，人都不情愿改变自己的观点和见解，除非万不得已。要想使人改变观点见解，虽然可以采取说服的办法、事实证明等方法，但是，不管使用哪一种方法，都一定要利用好人的弱点，或是某种天性。

据史料记载，明代大学者王阳明十二岁的时候，继母经常虐待他，父亲在京做官，无法关照他。王阳明明知躲不过继母的虐待，就想了个办法。

王阳明的继母是个虔诚的佛教徒。为此，他夜间偷偷起来，在继母寝室门口摆上五个托盘。继母清晨起来，发现门口五个托盘，心中十分害怕，以后多日如此，继母更加疑惧，但恶性依然不改。

王阳明又在外面野地里结识一个打鸟的专家，得到一只异形怪状的鸟，偷偷地放到继母的被子里。继母整理被子，突然发现一只怪鸟从被子里飞出来，十分恐惧，便唤巫婆来问。

王阳明早就用金子贿赂了巫婆，让她假称天意，恐吓继母。巫婆对继母说："王状元的前妻正在责怪你虐待她的儿子。这事已经告到天帝那里了，天帝正派遣阴司的兵收拢你的魂魄。被子里的那只鸟就是啊！"巫婆还装着神灵附体，瞑目如醉，口中念念有词。

继母听到这些，大声痛哭，连称不敢虐待儿子了，王阳明也哭泣着拜求巫婆。巫婆故意连作愤恨之声，然后突然苏醒。从此，继母的恶性大改，再也不虐待王阳明了。

在这个故事中，继母的弱点就是胆小、迷信，王阳明正是抓住了她的这一弱点，上演了一出闹剧，从而治服了她。

再来看一个故事。

据说，古代京城有一个官人的妻子性好嫉妒，对丈夫很不放心。丈夫在家时，她用一根长绳系在丈夫脚上，另一头掌握在自己手里，一要呼唤丈夫，就牵一下绳。为制服忌妒的妻子，这个官人和一个巫婆想出一个计谋。

夜里，趁妻子睡熟，官人将绳子解开，系到一只羊的腿上，然后，他沿着墙偷偷地溜走了。妻子一觉醒来，立刻拉绳，结果一只羊跑到她面前，她十分惊讶，请来巫婆询问。巫婆说："先人怪你作恶太多，对丈夫不好，所以，让你丈夫变成了羊。你若能悔改，我可以为你向神灵祈祷。"妻子抱着羊痛哭失声，痛悔自己过去的错误，发誓一定改过。巫婆便令妻子吃斋七天，全家大小都到佛像前祈祷。

七天之后，这个官人慢慢地回到家里。一进门，妻子就哭泣着问："你做了这么多天的羊，不辛苦吗？"官人说："我还记得吃的青草不那么鲜美，至今肚子还有些疼。"妻子更加悲哀。后来，妻子又旧病复发，丈夫立即伏地学羊叫，妻子大惊，挽起丈夫，表示再也不敢了。

同样一件事情，有多种多样的解决方法。有的方法能够成功，有的方法却注定失败。很多时候，即使多种方法都能够获得成功，其中也总有最便捷的一个。比如，同力量强大、气势旺盛的敌人进行战斗，用小股力量硬碰，决不会取胜。只有避其锋芒，找到影响战争全局的关键，抓住敌人的弱点，从根本上灭杀敌人的锐气，才能战而胜之。

周到缜密，诸葛一生唯谨慎

【原文】

故谋莫难于周密，说莫难于悉听，事莫难于必成。此三者，唯圣人然后能任之。故谋必欲周密，必择其所与通者说也，故曰或结而无隙也。夫事成必合于数，故曰道数与时相偶者也。说者听必合于情，故曰情合者听。

【译文】

所以说，设计谋略，最难的就是周到缜密；游说君主，最难的就是使其言听计从；主持事务，最难的就是确保成功。这三个问题只有圣人才能解决。所以设计谋略要想周到缜密，一定要选择与自己情意相通的人共谋，所以说相互结合，无懈可击。凡办事要想取得成功，必须有适当的方法，所以说方略、方法与天时互相依附。游说的人要想人家对自己言听计从，必须使说辞合乎情理，所以说合情合理才有人听。

【延伸阅读】

俗话说"智者千虑，必有一失"，如何使自己在谋划事情的时候，尽力做到无懈可击，是需要好好考虑的问题。无懈可击其实是极难的，所以鬼谷子认为，"唯圣人然后能任"。

宋太宗在位的时候，李继迁来骚扰西部边疆。保安军向皇上报告说，捉到了李继迁的母亲。宋太宗要杀掉李继迁的母亲，因此，单独召见担任枢密官的寇准，商量处置办法。商量完寇准退出，走到宰相府门口时，吕端问寇准："能向我透点消息吗？"寇准道："可以。"吕端说："准备怎么处理呢？"寇准说："打算在保安军北门外斩首，以此警告那些反叛之辈。"吕端说："这可不是一个好办法。"

说完，他马上启奏宋太宗说："过去项羽打算油烹刘邦的父亲，刘邦告诉项羽：'如果油炸了我的父亲，希望把他的肉汤分一杯给我喝。'一般说来，成就大事业的人是不会顾恋亲人的。更何况李继迁这个不讲仁义的反叛之徒呢！陛下您今天把他母亲杀了，明天就能捉到李继迁吗？如果捉不到，白白结下怨仇，只能越来越坚定他反叛的决心。"太宗问："既然这样，那怎么办好呢？"吕端说："以我的愚见，应该把他的母亲流放到西部边疆的延州，好好地对待她，这样可以诱降李继迁。即使他不能马上投降，也可以拴住他的心啊！而他母亲的生死大权却时时握在我们的手里！"太宗听后，拍着腿叫好，说道："若不是你，几乎误了我的大事！"

后来，李继迁的母亲在延州逝世，不久李继迁也死了，他的儿子投降了朝廷。

有个叫王云凤的人，出任陕西提学。台长汪公对他说："你初到任上，整顿风纪，一定要干分内的事，千万不要毁坏寺庙，禁绝僧道。"王云凤说："这正是我分内的事，您怎么这样说？"汪公说："凡事应该看得真确再去做。还没有看清楚，一时为了赢得一个虚名就去做，等日后老婆孩子得了病，不得不到寺庙烧香拜神，那时，就要被四面八方的人耻笑了！"王云凤拜服。

冯益是皇帝的医生，也是一名有权势的官吏，大臣们都很恨他。一天，山东泗州的知州启奏皇上说："外面传闻冯益派人收买飞鸽，还做了许多非法的事。"大臣张浚奏请皇上杀了冯益。赵鼎却表示反对，他说："冯益的事暧昧不清，但似乎有关国家威望，不是一件小事。如果朝廷不惩罚他，那么，人们会以为他干的那些坏事都是皇上派遣的，这有损皇上的威望，但事情不太清楚，处以死刑，又太重了。不如暂时解除他的职务，流放外地，解除他人的迷惑。"

皇上表示同意，把冯益流放到了浙东。张浚很生气，以为赵鼎和自己过不去。赵鼎解释道："自古以来，要排除小人，小人们急了会抱团聚堆，一致对外，祸害反而更大；慢了，他们就自相排挤，彼此争斗。冯益的罪过，就是把他杀了也不足以告慰天下。但这样做，那些宦官们必然害怕皇上杀顺了手，挨到自己头上。肯定争相为之辩驳，减轻罪过。不如使之遭贬，流放外地。这样，他们见罪过不重，就不会全力营救，这就是说，冯益再也休想返还！反过来，如果我们处死冯益，这些人视吾辈为寇仇，其勾结越加密切，很难打破啊！"

听了这些，张浚叹服不已。

思考问题周到缜密，并非犹豫之举，也不是畏前怕后。它是智者在做决策时的一种习惯，是处以进退之间而欲进取不败的重要手段。即使是绝世聪明、料事如神的诸葛亮，在做决策时也非常小心谨慎，故有"诸葛一生唯谨慎"之说。看问题不全面，思考不周到，就容易鲁莽行事，这样的人容易遭遇挫折、失败。

体察人性，摩之以欲是关键

【原文】

故物归类：抱薪趋火，燥者先燃；平地注水，湿者先濡。此物类相应，于势譬犹是也。此言内符之应外摩也如是。故曰摩之以其类焉，有不相应者，乃摩之以其欲，焉有不听者？故曰独行之道。夫几者不晚，成而不拘，久而化成。

【译文】

世上万事万物都有各自的规律，例如：抱着柴薪向烈火走去，总是干燥部分先燃烧起来；往平地倒水，总是潮湿的地方先湿透。这些都是与物性相适应的，以此类推，其他事物也是如此。这就是"内符"与"外摩"相呼应的道理。所以说："按着事物的特性来施行'摩'术，岂有不响应之理？"依据其人的欲望来施行"摩"术，岂有不听之理？圣人深谙其中奥妙，所以说："这是圣贤独行之道，只有他们才能施用'摩'术并确保成功。"凡做事有法度者，都会把握好时机，有成绩也不居功，并且持之以恒，最后一定会成功。

【延伸阅读】

如何才能让你说的话、做的事更深入人心呢？在向他人施展

"摩"术时，如何确保成功呢？方法多种多样，但归根结底一句话，就是鬼谷子所说的"摩之以其欲"。何为"摩之以其欲"？简单来说，就是要利用好人性。古代的一些军事将领、政治家、战略家都深谙此道。

三国时期，有一次，曹操带兵攻打张绣，正好赶上了一个大热天，烈日炎炎，士兵们口渴难耐，所以，军队前进的速度非常缓慢。曹操怕贻误战机，急得坐立不安。于是，他找来向导，悄悄问他："这个地方哪里有水源？"向导摇了摇头，说："泉水在山谷的那一边，要绕道过去还有很远的路程。"曹操想了一下说："不行，时间来不及。"他看了看前边的树林，脑筋一转，办法来了，他一夹马肚子，快速赶到队伍前面，用马鞭指着前方说："士兵们，我知道前面有一大片梅林，那里的梅子又大又好吃，我们快点赶路，绕过这个山丘就到梅林了！"士兵们一听，仿佛已经将梅子吃到嘴里，精神大振，行军速度一下子快了许多。

在遇到困难时，人类意志力和信念的强弱往往能起到决定性的作用。在旁人陷入困境时，帮助他树立信心，重建希望，往往比提供实质性的帮助更为重要。曹操用"酸梅林"鼓舞士兵的士气，成功走出绝境，正是缘于他对人性有着深刻的体察。

在古代的战争中，一个优秀的将帅除了要熟悉天文、地理、阵法外，还必须洞察人的心理，善打心理战。李牧是赵国北部边境上的良将，他曾在雁门任太守，防范匈奴。他因地制宜地设置官吏，从集市上收得的税收都交给将军府署，作为部队的经费。每天杀牛来犒劳士兵，让部队练习骑马射箭，对报警的烽火台也管理得十分有序，还派了许多密探去探听匈奴的情况，对待士兵很优厚。李牧做出规定说："匈奴要是进犯，我们马上收兵进入城堡，有谁敢不听军令去抓敌人的，就处斩。"

像这样过了几年，匈奴认为李牧胆小怯懦，连赵国守边疆的部队也认为自己的将军胆小怯懦。赵王责备李牧，李牧依然如故，赵王生气了，把李牧召回，派别人来代替他带兵，一年多之后，匈奴两次来侵犯边境，新来的将领领兵出战，但屡次失利，损失了很多士兵、百姓和牛羊，边境上的百姓不能种田和放牧。

赵王又请李牧出来守边。李牧在家里关起门来不外出，坚决推辞说自己有病，不能担任这一职务。赵王强迫他出来带兵。李牧说："您要是一定要起用我的话，我得采取同先前一样的办法，这样我才敢奉命。"赵王答应了他的要求。

李牧又按照过去的规定办事，整整一年匈奴一无所获，然而终究还是认为李牧胆子小。边境上的将士由于每天得到李牧的赏赐，却一直没有机会为他出力，心里都感到着急，都愿意与匈奴决一死战。于是李牧就选出了战车一千三百辆，选出了战马一万三千匹，能破敌擒将的战士五万人，善射箭的士兵十万人，指挥他们全部投入作战演习。李牧让百姓把牲口都放到城堡之外去放牧，满野都是百姓和牛羊。匈奴有小股敌人入侵，李牧的军队假装被打败，让匈奴士兵抢掠了不少百姓和牛羊。匈奴单于听说此消息，带领大队人马来侵犯边境。李牧多次布下了奇特的战阵，张开左右两翼的军队来攻打敌人，大败匈奴人，杀死杀伤了十几万匈奴骑兵，单于逃跑了。在这以后，有十几年光景，匈奴不敢靠近赵国的边境。

李牧采用麻痹敌人的手法，与近代游击战中的"敌进我退、敌疲我打"有着异曲同工之妙，在他的指挥之下，赵国不仅一战而胜，并且将威风保持了十几年。因为，他战败的是敌人的心。

第八章
权篇：巧言设谋，以长制短

　　"权"者，有度量权衡之意，这是游说活动的根本方法之一。号称"纵横之祖"的鬼谷子，对于"权"术有着独到的见解。在本篇中，他全面阐释了"权"术的原则和方法。鬼谷子认为，对游说对象的度量乃是游说之本。通过对方的言谈，可权衡出对方的智能、品性和欲望，找出其弱点作为游说的突破口，以实现自己的游说意图。要做到这一点并不容易，游说者不但要耳聪目明、智慧超人，还要拥有杰出的语言表达力。

留心忌讳，伤人之言不可有

【原文】

故无目者不可示以五色，无耳者不可告以五音。故不可以往者，无所开之也，不可以来者，无所受之也。物有不通者，圣人故不事也。古人有言曰："口可以食，不可以言。"言者，有讳忌也。"众口铄金"，言有曲故也。

【译文】

对于盲人，不应该向他展示五彩的颜色；对于聋人，不应该跟他讲音乐上的感受；因此，对于冥顽不灵的人，就不要试图开导；对于不可交往的人，也没有必要接受。双方信息不同，圣人是不会乱做的。古人说："嘴可以吃饭，但不可以随便说话。"因为有些话说出来是犯忌讳的。舆论的力量很大，连金属都能熔化，谣言也是可以歪曲事实的。

【延伸阅读】

鬼谷子认为，即便是有雄辩之才，也应该谨言慎行。有些话说出来没有效果，根本没必要说。有些话说出来犯忌讳，容易伤害别人，一定不要说。

在人际关系中，往往难免会发生矛盾和冲突，若要使对方接受你的意见，改变自己原有的看法，就要运用"强化"和"感化"两种方法，"强化"只能逼其就范，"感化"却使人易于接受，乐于改正。

苏东坡是北宋时期的一位大才子。有一天，他去拜访宰相王安石。苏东坡进门一看，发现王安石不在，但他看到书桌上压着一张尚未写完的诗，诗只写了两句："西风昨晚过园林，吹落黄花满地金。"年轻气盛而又自负的苏东坡心想："这西风只有秋天才会刮，而菊花具有傲霜的气骨，只有到了深秋季节才渐渐枯萎，岂会花落满地，更何谈'吹落黄花满地金'呢？王公呵王公，好不自负，好不糊涂，竟然闹出如此笑话！"于是，他拿起桌上的笔，接着王安石未写完的诗，信笔写下："秋花不似春花落，说与诗人细细吟。"然后带着几分得意神情回去了。

王安石回家后，见桌上的诗，知道苏东坡来过，而且见笔迹也知道是他所写，心里暗想："这苏东坡，可真是年轻自负，我得想法子用事实教训教训他，让他明白到底是谁闹笑话！"

王安石心生一计，即刻向宋神宗建议，将苏东坡调到湖北黄州府做团练副使。苏东坡接旨后，心里很不痛快，心想这王安石就因为我揭了他的短，便上奏皇上叫我去湖北当苦差。可皇上已降旨，又不敢违抗。

话说苏东坡到任后，心里耿耿于怀，无心做事。有一天，他邀请好友陈季常一道在后花园饮酒赏菊，殊不知二人来到后花园一看，居然见不到一朵盛开的菊花。只见黄色的花瓣掉了一地，恰似"满地铺金"，原来前几天正好刮了大风，就将菊花纷纷吹落了。此时，苏东坡才恍然大悟。陈季常见苏东坡有些惊诧，便问道："坡兄为何如此表情？"苏东坡才将前不久在王安石家错改菊花诗一事告诉了陈季常。接着，苏东坡感叹道："我真是错怪了王公，我是只知其一，不知其二。今日之事给了我很深刻的教训，凡事都要谦虚谨慎，知之为知之，不知为不知，切不可自作聪明，骄傲自负。"后来，苏东坡主动向王安石赔礼道歉。

王安石以"教而不语"的心术，即用客观事实来教育苏东坡，真是无言胜有言，得到了良好的效果。这件事使骄傲自负的苏东坡从自己所犯的错误后果中得到了深刻教训，从此以后，他谦虚谨慎，成为声名超过王安石的一代大文豪。

所以说，要改变他人，而又不触犯他，或引起他的反感，最恰当的做法就是不说废话，不犯忌讳，这些全在于自己的收敛。然而，你管好了自己的嘴，却也管不了别人的嘴。所以，我们还是应该特别留意，以免受到别人谣言的中伤。

魏国有一个大臣叫庞恭，有一次，魏国王子要到赵国去作人质，魏王派他作随从。临行之前，庞恭对魏王说："如果有一个人说大街上有老虎，您相信吗？"魏王回答说："当然不信啦！"庞恭又问："如果有两个人说大街上有老虎，大王您信吗？"魏王犹豫了一下，回答说："还是不信。"庞恭又问："如果有三个人说大街上有老虎呢？"魏王想了想，说："这下我相信了。"

庞恭说："其实，大街上根本就没有老虎。因为有三个人说有，大王在没有亲眼见到的情况下，也就相信了。现在，我大老远出使赵国，说我坏话的人肯定不止三个，希望大王明察。"魏王说："你放心吧，我心里有数。"于是庞恭陪太子去了赵国。后来，庞恭从赵国返回以后，魏王还是听信谗言，没有再重用他。庞恭在临行前专门为魏王讲了"三人成虎"的故事，可他回来之后，还是失去了魏王的信任。

"众口铄金，积毁销骨"，流言蜚语多了，"是"可以被说成"非"，"白"可以被说成"黑"。总之，在为人处世的过程中，要坚持一个最基本的原则：伤人之言不可有，防人之心不可无。这样才会为自己树起一道避免伤害他人，或是避免被他人伤害的防火墙。

目明耳聪，巧舌如簧不妄言

【原文】

故口者，机关也，所以关闭情意也；耳目者，心之佐助也，所以窥奸邪。

【译文】

嘴好像是开关一样，是用来打开和关闭感情和心意的。耳朵和眼睛是心灵的辅佐和助手，是用来侦察奸邪的器官。

【延伸阅读】

鬼谷子认为，一个出色的雄辩家，不能单逞"口舌之辩"，而是将其与目视、耳听、心思三者结合起来，力争做到有理有据，从而在处事和论辩中无往而不胜。

口不但是用来表达自己的情感和思想的，也可以用来探知他人的情感与思想。耳朵、眼睛是用来听和看的，大脑再将所见所闻加以分析就能立刻判断出奸邪。如果三者协调呼应，就能自由驰骋地议论而不会迷失方向。所以，在为人处世方面，我们要多多学习鬼谷子，善于做一个目聪耳明的人。

春秋战国时期，郑国的子产以贤明著称。有一次，他出门巡视，来到一户人家，听到屋里有妇人的哭声，便问是怎么回事。随从告诉他，这户人家刚死了男人。子产略加思索，就派人去捉拿那妇人审问，原来是她杀死了自己的丈夫。后来，他的随从问他说："您是如何知道她是杀人犯的呢？"子产说："她的哭声中隐含着恐惧。所有人对于自己的亲人，开始病的时候是爱护的，临要死的时候会感到恐惧，已经死了的话就会哀伤的。现在她是哭已经死了的人，不是哀伤却是恐惧，那么就知道她心怀鬼胎啊。"

鬼谷子说："耳目者，心之佐助也。"这句话很好理解，即提醒人们要注意观察，注意经验积累，这样做出的分析与判断才更准确。

有一天，更羸跟魏王到郊外打猎。一只大雁从远处慢慢地飞来，边飞边鸣。更羸仔细看了看，便对魏王说："我只要拉一下弓，这只大雁就能掉下来。"魏王不相信，便让他一试。随后，更羸左手拿弓，右手拉弦，只听得嘣的一声响，那只大雁直往上飞，拍了两下翅膀，忽然从半空里直掉下来。魏王看了，百思不得其解。更羸解释说："只用弓便让这只雁掉下来，不是因为我本事大，而是因为我知道，这是一只受过箭伤的鸟。"魏王更加奇怪了，问："你怎么知道的？"更羸说："它飞得慢，叫的声音很悲惨。飞得慢，因为它受过箭伤，伤口没有愈合，还在作痛；叫得悲惨，因为它离开同伴，孤单失群，得不到帮助。它一听到弦响，心里很害怕，就拼命往高处飞。它一使劲伤口又裂开了，就掉下来了。"

在现实生活中，细致的观察、透彻的分析加上如簧的巧舌，是一个人成功的三大要素，也是我们努力追求的境界。

扬长避短，言其利而从其长

【原文】

人之情，出言则欲听，举事则欲成。是故智者不用其所短，而用愚人之所长，不用其所拙，而用愚人之所工，故不困也。言其有利者，从其所长也；言其有害者，避其所短也。故介虫之捍也，必以坚厚；螫虫之动也，必以毒螫。故禽兽知用其长，而谈者亦知其用而用也。

【译文】

只要自己说的话，就希望人家听进去；只要自己办的事，就希望它能成功。这是人之常情。因此，一个聪明人不用自己的短处，而用愚人的长处；不用自己的弱项，而用愚人的长项。这样，就避免使自己陷于窘迫。说到有利的一面，就要发挥其长处，说到有害的一面，就要躲避其短处。甲虫自卫，一定是用它那坚厚的甲壳。螫虫自卫，一定是用它那致命的毒螫。禽兽尚且懂得发挥自己的长处，游说者就应该懂得利用自己的长处。

【延伸阅读】

鬼谷子在谈"捭阖"时，已经提到过趋利避害，这里的"扬长避短"，其实是趋利避害的一种手段。一个人只有善于扬长避短，才能趋利避害。扬长避短是一种智慧，在生活中，人人都需要这种智慧。

在人类社会中，强者与弱者，总是相对而言的，你有你的优势，我有我的专长。因此，扬长避短，历来为有识之士所推崇。达尔文年轻时对诗歌产生兴趣，每天上午背诵几十行诗。不过，他很快发现自己的"诗才"平庸，便转向生物学，并取得了伟大成就。

这样的事例，可以举出许多。扬长避短，充分发挥自身的特长和优势是十分重要的。所以，一个人要在这个世界上立足，关键还是在于能否正确认识自己，发现自己，从而合理确定自己的人生坐标。

生活中，常有这样的现象，面对强劲有力的对手，一些人不是在自身条件基础上确定扬长避短的对策，而是不切实际地强求要比别人的长处更长，其结果往往只是东施效颦，不仅短时间内难以赶上别人，而且还会丧失自己原有的优势。

每个人都有自己的优点与缺点。有人长于交际，有人长于思考。有人善于猛打猛冲，快速出击，立竿见影；有人善于稳扎稳打，步步为营，循序渐进……如何发挥自己的长处，避免自己的短处和不足，这是安身立命的重要课题。

要想发挥自己的长处，首先需要发现并保住自己的长处。虽然每个人都有自己的优势和劣势，有长处和短处，但并不是每个人都对自己的长短优劣有清楚的认识和了解。生活中我们总能发现舍长就短，终生遗憾的悲剧。而那些自知程度较高、对自身长短利弊了如指掌的人，往往能够自觉地保住自己的优势，发挥自己的长处，取得生活的主动权。

汉武帝有一位贵妃李夫人，得了重病，卧床不起。武帝亲自到她床前探病，李夫人用被子把头蒙住说："妾久病在床，样子难看，不能见皇上，看我现在的病情，恐怕不久于人世了。我想把我的儿子和兄弟托付给您，请您关照。"武帝说："夫人病重，卧病在床，你的嘱托朕一定照办，请放心吧！但你病到这个地步，还是让朕看一看吧！"李夫人说："女人不把容貌修饰好，不能见君王、父亲，妾不敢破这个先例。"武帝说："只要见一面，朕会赐给你千金，而且封你的兄弟做高官。"李夫人说："封不封官在皇上，并不在于见不见臣妾。"武帝坚持要见。李夫人索性转过身去，抽泣着不再说话。武帝这才知道，不能强求了，只得怏怏离去。

武帝走后，姐妹们都责怪李夫人，她们说："既然你托付兄弟给皇上，为什么不见皇上一面呢？难道你怨恨皇上吗？"李夫人说："我们是用容貌去侍奉人的，我们的长处是长得漂亮。一旦容貌减退，就不招人喜欢了。皇上不喜欢你，自然恩断义绝。皇上之所以还恋念着我，是因为我过去容貌好看。如今，我久病貌衰，一旦被皇上看见，必然遭到皇上的厌恶和唾弃，他怎么还能思念我而厚待我的兄弟呢？考虑到这些，我以为还是不见皇上的好。"

就这样，直到李夫人去世，汉武帝也未能见上她一面。然而，因为他心里保存着李夫人昔日的美好印象，对李夫人一往情深，并写下了《李夫人歌》《悼李夫人赋》《落叶哀蝉曲》等歌赋，来寄托哀思。不久，他还提升李夫人的哥哥李延年为协律都尉。

李夫人对自己的优势和长处，认识得特别到位，这就是自己的美貌。尽管久病之后，它已不复存在，但在汉武帝心中，她的形象却还是一样，为保住这优势，她便采取了蒙被子说话，不让皇上看见容貌的方法，最终达到了预期的目的。

战国时期，有一位齐国人对此阐发过深刻见解。

齐国宰相田婴，想在自己的封地薛地筑城，发展私家势力，以备不测。人们纷纷劝阻。田婴下令任何人也不得进谏。这时，有一个人请求只说三个字，多一个字，宁肯杀头。田婴觉得很有意思，请他进来。这个人快步向前施礼说："海大鱼。"然后，回头就跑。田婴说："你这话外有话。"那人说："我不敢以死为儿戏，不敢再说话了。"田婴说："没关系，说吧！"那人说："您不知道海里的大鱼吗？渔网捞不住它，鱼钩也钩不住它，可一旦被冲出水面，便成了蚂蚁的口中之食。齐国对于您来说，就像水对鱼一样。您在齐国，如同鱼在水中。有整个齐国庇护着您，为什么还要到薛地去筑城呢？如果失去了齐国，就是把薛地的城筑到天上去，也没有用。"田婴听罢，深以为是，说："说得太好了。"于是，他停止了在薛地筑城的做法。

田婴本来是齐威王的相，宣王继位后，不太喜欢田婴。田婴筑薛城，是想建设一个退身之地。表面上看，这也不失为一个较好的计谋。但是，齐国谋士认为，田婴此行的最大弊病，是丢弃了自己的优势。田婴的长处是经营整个齐国，将齐国掌握在自己手中。以齐国为依托，就是齐宣王也不能将他怎么样。反之，到了薛地，地小人少，无法施展拳脚，那便处在任人宰割的地步，不但不能保护自己，反而适得其反。俗语说："龙逢浅水遭虾戏，掉尾凤凰不如鸡。"就是这个道理。

"人人是庸才，人人又是天才。"能做到扬长避短，才有资本趋利避害。长处可以带来利，短处只会有害。所以鬼谷子说："智者不用其所短，而用愚人之所长；不用其所拙，而用愚人之所工。"辩论、交谈和做事，我们都需要扬长避短。如何来做，就是扬自己之长，借别人之长，避自己之短，打击别人之短。深刻体悟这段话，我们就能明白今后为人处事的要点。

看人说话，未可全抛一片心

故与智者言依于博，与博者言依于辨，与辨者言依于要，与贵者言依于势，与富者言依于高，与贫者言依于利，与贱者言依于谦，与勇者言依于敢，与愚者言依于锐。

【译文】

所以与聪明的人谈话，要显露你的博学，使对方看重你；与博学的人谈话，要发挥你的善于辨析事理；与善于辨析事理的人谈话，要抓住要害，简单扼要；与高贵的人谈话，要论说时势，以势制服对方；与富人谈话，要显得你很清高，使其难以夸耀财富；与穷人谈话，要谈及利益，以驱使对方动心；与卑贱的人谈话，要显得谦恭，以维护其自尊心；与勇敢的人谈话，要表现得果敢，使对方信任你；与愚笨的人谈话，要以锐意革新为原则，使其前进。

【延伸阅读】

鬼谷子认为，与不同的人交流，应采用不同的策略。说话时，不仅要看对方的才华、出身、能力，也要考虑他的勇气、性格，以及生活环境等。只有学会看人说话，才能达到说话的效果。

有一天，孔子带着子贡和几位弟子，骑马郊游。孔子下了马，一行人坐在草上欣赏着优美的景色。

突然，从远处传来吼叫声，孔子对子贡说："可能是咱们的马惹出麻烦了，你跟人家赔个不是，把它牵回来。"

子贡走到农民跟前，又作揖，又致歉，措辞有礼，态度诚恳，子贡满以为这样一来人家就会破怒为笑，把马还给他。没想到农民根本不吃他这一套，依然满脸怒气地说："我不知道你在说什么，你这马践踏了我的庄稼，你得赔我！"

子贡面子丢尽，也没能要回马，只好哭丧着脸回来向孔子复命。孔子突有所悟地拍了一掌，说："这是我的错，我不应该让你去跟人家说，应该让马车夫去。"

马车夫没等走到农民身边，就大声赞叹道："多好的庄稼地啊，这真是一片少见的田地。这位大爷，您家的土地太广了，像这么好的土地我还从未见过呢！嗨，我那头可怜的马，一路跑来，大概快饿扁了，我一不留神，竟跑到您老人家的地里来了，真是不懂事的畜生，这么好的庄稼，怎么忍心踩。我回去非得狠狠揍它一顿不可！"

马车夫的这一番话，就使农民脸上露出了笑容，态度大变："其实这地也不算大，庄稼长得还行。这是您的马啊，快拉走吧，以后看紧点。"

马车夫不辱使命，笑嘻嘻把马给牵回来了。孔子感慨地教训弟子们说："对什么人说什么话，这是很重要的处世经验啊！"

这个例子中，孔子最初不会"料敌"，所以派了子贡去，结果子贡不懂得"见什么人说什么话"的道理，一副书呆子气，结果有辱使命。后来孔子想到了这一点。派马夫去要马，结果笑嘻嘻地牵回了马。由此可见，"料敌制胜"在交际中的应用之效。

不同生活背景和文化背景的人会有不同的思维定式，对于圈内的人来说，相互理解起来更容易，但对于圈外的人来说，几乎无法沟通。交谈之前要先了解对方，才能达到有效的沟通。

有时谈话是在非常不协调的情况下开始的，一方要宣传某种观点，另一方则坚决反对，双方的态度都比较明朗。这种情况下，只能机动灵活，因势利导，借助对方的力量以作为自己一方的力量，借其形势施展自己的才华。

惠盎请见宋康王，康王一边跺脚，一边咳嗽，急速地说："寡人所喜欢的，是勇敢有财力的人，不喜欢道仁说义的人。客人将以什么教诲寡人呢？"

宋康王一见面就给了惠盎一个"下马威"，不许他以仁义来游说，而惠盎正是宣传仁义的人。谈话随时可能卡壳。

惠盎顺着康王的话说："我所要说的，正是有财力的，我能够使得这种人虽然勇敢，却不能刺入；虽有力气，却不能击中。像这样的事，大王难道对此无意吗？"

康王说："好啊！这正是寡人所愿意听的。"

惠盎说："刺而不能刺入，击而不能击中，仍然是羞辱。臣有办法使这种人虽然勇敢，却不敢刺杀；虽然有气力，却不敢攻击，大王难道对此无意吗？"

康王说："好啊！这正是寡人所愿意知道的。"

惠盎说："不敢刺杀，不敢攻击，并非是没有那样的想法。我有办法使这种人本来就没有那样的想法，大王难道对此无意吗？"

康王说:"好啊!这正是寡人所希望的。"

惠盎说:"没有那样的想法,但仍然还有爱利的心,臣有办法对付这种情况,使天下男女莫不欢欣鼓舞,都能把这儿作为爱,把这儿作为利,这要比有勇有力强得多,比以上四种情况都好得多,大王难道无意吗?"

康王说:"这是寡人所想得到的。"

惠盎这时才说明自己的政治主张:"孔丘、墨翟的德行应当作为法则啊!孔丘、墨翟没有国土却如同君主,没有官职却被敬为尊长,天下男女莫不伸长脖子仰望他们,衷心祝愿他们。现在大王是万乘大国的君主,如果有了孔、墨的志向,那么四境之内都能得到好处,比孔、墨的贤名要大得多了。"

宋康王虽然心里不同意仁义的主张,但也反驳不上来。惠盎退下后,康王感叹地对左右的人说:"客人多么善于辞辩啊!他是在怎样地说服寡人呢!"

惠盎在宋康王宣布自己坚决不听仁义的说教后,并没有放弃自己的观点,而是顺应康王的需要,从他所能接受的地方开始,步步推进,处处设伏,终于到了非说仁义不可的地步,使康王不得不叹服。不难看出,惠盎是个善辩之人,他善于看人说话。他不但对宋康王非常了解,而且也深知鬼谷子"与富者言,依于高""与贵者言,依于势"的道理。

第九章
谋篇：奇谋既出，所向披靡

　　本章讲的是鬼谷子的谋略，鬼谷子谋略可分为谋政、谋兵、谋交、谋人四个方面。也可分为上谋、中谋、下谋。上谋是无形的谋略，中谋是有形的谋略，下谋是迫不得已所使用的下下之策。以上三种计谋，相辅相成，可以制订出最佳的方案，也就是奇谋。奇谋既出，所向披靡，自古而然。同时，鬼谷子认为，天地的演化，在于高深莫测；圣人的谋略，在于隐蔽不露。

出奇制胜，不寻常才能超常

【原文】

凡谋有道，必得其所因，以求其情。审得其情，乃立三仪。三仪者：曰上，曰中，曰下，参以立焉，以生奇。奇不知其所雍，始于古之所从。故郑人之取玉也，载司南之车，为其不惑也。夫度材量能揣情者，亦事之司南也。

【译文】

凡谋事有一定规律，首先必须查明事情的原委，以探得实情。审慎考核实情，然后确立"三仪"，即上、中、下三种策略。此三者互相参验，通过分析论证，就能定出奇谋。通过这种方式产生的奇谋所向无阻，自古以来便是如此。据说，郑国人入山采玉，会乘载带有司南针的车，为的是不迷失方向。为人谋事，一定要考虑其才干、能力，揣测其实情，这是为人谋事不可或缺的指南。

【延伸阅读】

在这里，鬼谷子指出了出奇制胜的奥妙，"奇不知其所雍，始于古之所从"。正如孙子所说："凡战者，以正合，以奇胜。故善出奇者，无穷如天地，不竭如江海。"出奇制胜，正是优秀将帅的追求。

一般来说，出奇制胜可分为两类：一类是本身就是神秘的；另一类则是表面平淡无奇，无"神"的迹象，然而其深处则是包藏了极深的玄机，不易让人识破，只是在关键时刻才显露山水，让人恍然大悟，叹服不已。这两类谋术不能说哪一种更高明，只是在不同的情况下用不同的心术罢了。

唐代大臣郭子仪平定了安史之乱以后，又经过肃宗、代宗、德宗三朝，屡建功勋，被封为汾阳王。他身为国家元老，功劳大得几乎可以盖过皇帝。

但是，在汾阳王府第里，却与别家府第大不相同，毫无森严壁垒之势，而总是门户大开，出入宽松。

有一天，郭子仪部下的一位将军求见。当时郭子仪正在侍候夫人和爱女梳妆，他毫不在乎被人看见，仍不慌不忙，照旧侍候完毕才去接见。他的儿子们见了，面子上很觉得过不去，便一起约好向父亲劝谏。他们说："父亲功业赫赫，世所罕有，但却不注意尊重身份，凭谁都可以进入您的卧室，这样没有规矩怎么行呢？"

郭子仪听了这话以后，只好向儿子们讲明他这样做的用意。他说："你们的心意我又何尝不知道呢？可是你们却一点儿也不懂我的良苦用心，我们的家现在有五百匹吃公家草料的马，有上千个吃公家粮食的仆人，人口杂多而繁乱。而我自己呢，权势地位，声名财产，什么都已经到了头。往前，我没有什么可以再去追求的东西；往后，也没有什么可仗恃的东西。就我现在这样的情况，如果像别人家那样大门紧闭，不与外人往来，搞得森严似海，只要有一个人诬陷我什么，就会有人跟着胡乱猜测，如果传到圣上的耳朵里，弄不好全家九族都将遭遇杀身之祸，那时便有口难辩，悔之莫及了。而像现在这样，我们家的四门洞开，出入自由，一切都明白地摆在众人眼里，谁要想加罪于我不是就找不到借口了吗？这正是我的用意所在啊。"

郭子仪一席话，道破了玄机。他的儿子们听了全都恍然大悟，认为实在有道理，纷纷拜倒在地，深深佩服老人的深谋远虑。

其实，由于世间的万物无不处于对立统一、矛盾变化之中，"神奇"与"不神"往往也都是统一的和可以转化的，而不是完全对立的。有些人往往容易用习惯的旧有眼光对事物进行衡量，因而看不到这类特殊事物本身蕴含的神奇内质，只是把它视为平凡的变体而予以忽视，甚至加以嘲弄，直到该事物的神奇内质被揭露开来，露出奇光异彩时，才恍然叹服。

楚汉争霸之际，韩信背水一战大破赵军。在庆祝胜利的时候，将领们问韩信："兵法上说，列阵时应该背靠山，阵前可以临水泽，现在您让我们背靠水排阵，现在竟然取胜了，这是一种什么策略呢？"韩信笑着说："这也是兵法上有的，只是你们没有注意到罢了。兵法上不是说'陷之死地而后生，置之亡地而后存'吗？如果是有退路的地方，士兵早都逃散了，怎么能指望他们拼命呢？"

兵家权变之术中，很强调"兵无常势，水无常形"，"能因敌变化而取胜者，谓之神"。韩信精通兵法，但不囿于兵法，而是充分领会兵法之精华，将其融会贯通，最终达到出奇制胜的效果。

世上的确有许多事，许多现象，从理论上来看是行得通的，但是时机未到，就不能图之，若要强求，硬攻、硬拼，反而会弄巧成拙，甚至功亏一篑。有时，时机虽未到，但是，经过巧妙的运作，促使其量变，促使其成熟，然后再图之，便会产生一种出奇制胜的效果。也就是说，出奇制胜的关键就在于"奇"，特别是在博弈中，在别人想不到的地方动脑子，对自己的惯性思维多进行一些变革。

联合谋事，求同存异化分歧

故同情而相亲者，其俱成者也；同欲而相疏者，其偏害者也。同恶而相亲者，其俱害者也；同恶而相疏者，其偏害者也。故相益则亲，相损则疏。其数行也，此所以察异同之分也。故墙坏于其隙，木毁于其节，斯盖其分也。

【译文】

凡志趣相投的人联合谋事，事成后若双方都能得利，感情定会亲密；若仅一方得利，感情定会疏远；凡有共同憎恶的人联合谋事，若是同受其害，感情定会亲密；若仅一方受害，感情定会疏远。所以说，凡相互都能受益，感情定会亲密；凡相互受到损害，感情定会疏远。这是矛盾运行的必然规律。所以在为人处事时，一定要考察彼此在各方面的异同。所以，墙壁都是由于有裂隙才倒塌，树木都是由于有节疤才毁断。人与人之间若有分别，就可能导致分裂。

【延伸阅读】

人是社会性的动物。人生在世，免不了要与人合作。鬼谷子认为，如果合作是让双方都得益，那就是成功的合作；如果只有一方受益，另一方受损，甚至两方都受损，那就是失败的合作。与人合作，我们一定要谨慎行事，以免误人害己。

《世说新语·德行篇》记载了这样一个小故事：

管宁和华歆是三国时代的两个名士，他们年轻时曾是非常要好的朋友。有一次，两人一同在菜园里锄土，从土地里刨出一块金子，管宁照旧挥动锄头，继续劳动，跟锄掉瓦石一样。而华歆却把金子拿在手里，把玩了一会儿才扔出去。还有一次，两人同坐一张席子读书，当有人乘着华丽的车辆从门前经过时，管宁照旧读书，而华歆却放下书本出去观望。于是管宁割开席子，分开座位，说："你不是我的朋友！"这就是"割席断交"的典故。

管宁、华歆曾一起在陈球门下学习，所以两个人是同学关系。管宁之所以割席，表面上只是因为两件小事：华歆拾金及观看高官车马。但管宁从这两件事中看出了华歆追求功名利禄的心思，这与管宁自己淡泊名利的价值观相冲突，所以管宁才毅然割席。

实际上，无论是管宁的淡泊名利，还是华歆的追求名利，本身并没有优劣之分。任何一个社会，既要有恬淡的君子来树立道德典范，也要有上进的士人来建功立业。

管、华的断交，归根结底，还是因为彼此的道不同，所以他们没能建立起有效的合作。孔子说："道不同，不相为谋。"意即志向不同，不能一起谋划共事。真正默契的合作者，应该建立在共同的思想基础和奋斗目标上，一起追求、一起进步。如果没有内在精神的默契，只有表面上的亲热，这样的朋友是无法真正沟通和理解的，也就失去了做朋友的意义了。

当然，虽有"道不同，不相为谋"一说，但是，如果双方有合作的必要，而且彼此的利益大于分歧时，那合作对双方都是有益的事。所以，不能因为存在分歧而放弃合作，而要尽可能寻找双方的共同点。三国时期，"孙刘联盟"就是一个典型的例子。

当时，曹操占据北方，进逼江东，向孙权下战书。曹操大兵压境，孙权知道自己无力抵抗，而且内部有一些人主张降曹，这让孙权不知如何是好。就在这个时候，他刚好遇到了被曹操战败，处境同样孤危的刘备。面对共同的敌人与境遇，他们一拍即合，精诚合作，最终双方在赤壁之战中大败曹军，保全了自己。

当然，孙刘联盟最终的破灭，与蜀将关羽不无关系。三国形成时期，刘备争夺西川进入白热化的阶段，由于庞统战死，刘备召诸葛亮入蜀辅佐，留下性情稳重的关羽守卫荆州。诸葛亮临走前，对关羽反复强调八个字：东联孙吴，北拒曹操。但是自负的关羽却没有听从军师的意见，不断和东吴发生龃龉。吴主孙权想和关羽结亲，便派诸葛亮的哥哥诸葛谨做媒人，原本以为关羽多少会给点面子，结果遭到关羽的臭骂。这件事完全改变了孙权的立场。就在关羽"北拒曹操"，攻拔襄阳、水淹七军的时候，吴将吕蒙却在背后偷袭荆州，生擒了关羽。因为关羽不肯投降，结果被斩首。

按照常理，孙权提出与关羽结亲，是巩固孙刘联盟的一大契机，符合刘备的根本利益。即便关羽不同意，婉言谢绝即可，何必出言不逊，大伤和气。可以说，关羽这种"拒吴抗曹"的做法，完全打破了诸葛亮的"联吴抗曹"的计划，不但自己丢了性命，也直接导致蜀国的败落。

关羽是一员武艺过人，并有一定谋事能力的宿将，但是，他"刚而自矜"，不善与人合作，这是他最致命的弱点。襄樊战役使蜀汉彻底退出了荆州争夺，绝非"大意"二字可概括，关羽一生中最大的胜利与一生中最大的失败，前后只有一百多天，其威震华夏之时，在其自身因素和外因的作用下，过早结束了他波澜壮阔的英雄人生。

在现实生活中，要想与人联合谋事，首先，自己得是一个懂得合作的人，不能刚愎自用，独来独往。其次，要善于解决合作中的矛盾，即不要先找不同，而要先寻求共同点，只有寻求到共同点，才能找到解决问题的办法。尊重多元化、异中求同，这才是社会进步和人类发展的正确办法。

因人制宜，做事不可太单纯

夫仁人轻货，不可诱以利，可使出费；勇士轻难，不可惧以患，可使据危；智者达于数，明于理，不可欺以不诚，可示以道理，可使立功，是三才也。故愚者易蔽也，不肖者易惧也，贪者易诱也，是因事而裁之。

【译文】

通常，仁德的人不看重财物，不可用财物相诱惑，只可让其提供财物；勇敢的人不惧怕危难，不可用祸患相恐吓，只可使他据守险地。智慧的人知权变、明事理，不可假装诚信相欺骗，只可晓以大义，使其建功立业。这是三种人才啊，必须好好使用！由此观之，愚昧的人容易受蒙蔽，品行不好的人容易被吓住，贪婪的人容易被引诱。对于这些人，要抓住其特点来控制他们。

【延伸阅读】

鬼谷子将人分为如下六种：仁人、勇士、智者、愚者、不肖者、贪者。他认为，要笼络或利用一个人，首先要了解他的性格特点，进而采取有效的应对办法。如果采取的方法不当，就可能事与愿违，引起别人的反感。

下面的这个故事发生在春秋时期。

齐国国君的大公子纠在鲁国，二公子小白在莒国。后来，听说国君死了，齐国无君，公子纠和公子小白一同归返齐国，碰巧半路求遇。辅佐公子纠的管仲开弓放箭杀公子小白，没射中公子小白，射中了钩。这时，辅佐公子小白的大臣鲍叔灵机一动，马上让小白倒下装死，躺在车中。管仲以为公子小白已被射死，便告诉公子纠说："你可以安稳地坐上国君的宝座了，公子小白已经死了。"这时，鲍叔抓紧时间，立刻驱车赶入齐国。于是，公子小白当了国君。

冯梦龙先生在评价这段故事时说："鲍叔的应变能力真厉害，其心术的运用像疾飞的箭头一样快！"这哪里是反应快，分明就是人生经验的显现。由此可以看出，鲍叔可不是一个单纯之人，虽不能说老奸巨猾，至少是一个懂得"因人制宜"的人。

三国时期的曹操和刘备，堪称一代豪杰，都是"因人制宜"的高手。曹操一向忌恨刘备。有一天，曹操到刘备的住处饮酒闲谈。当谈到当今天下谁称得上英雄时，曹操说道："如今天下的英雄，只有你我二人，袁本初不值一提！"这时，刘备正巧不慎失落勺筷，同时，天上打了个响雷，于是，刘备对曹操说："圣人说迅雷风烈，必有大变，是说得真对呀！这一声雷的威力，竟把我吓成这个样子了！看来，我真不配当英雄啊！"当时，刘备正客居在曹操手下，每时每刻都在寻找时机，逃出曹营，自立门户，担当起复兴汉室的大业。为实现这一目的，他采取了韬光养晦的心术。当曹操说他是英雄时，他误以为曹操摸到了一点儿蛛丝马迹，故意以言语试探，为此有些惊慌，随之失落了勺筷。这是个意想不到的突发事件，曹操很可能由此发现他内心的秘密。这时，老谋深算的刘备，直觉和灵感上来了，不慌不忙地解释了一番。刘备的解释可谓一箭双雕，既解除了曹操对失落勺筷的猜疑，又为他想制造的胸无大志、平庸无能的假象增添了一层修饰。

懂得因人制宜，做事不单纯，可以逢凶化吉，让事情变得更顺利，反之，如果不善于谋事，做事死心眼、直心肠，就非常容易碰壁。

东汉有个官员叫杨震。有一次，他路过昌邑县。昌邑县的县官王密，是杨震向朝廷推荐的。这次杨震来了，王密自然很热情地招待他。两人一起吃晚饭，谈得很投机。晚饭过后，杨震就回到旅馆休息。半夜的时候，王密悄悄来到杨震的住处，带了一份厚礼给他。王密说："我能当上县官，全靠大人您的提拔，这份薄礼请您收下。"杨震坚决不肯收礼物，他说："我推荐你，是因为你有才华，而不是要你报答。"王密又说："您收下吧，现在是半夜，这件事不会有人知道！"杨震生气地答道："天知，地知，你知，我知，怎么说没有人知道？"王密听了很惭愧，连忙把礼物收回去，低着头走了。

王密给杨震送礼，或许真的是出于一片感激之情，但是他不懂得"仁人轻货，不可诱以利"的道理，碰了一鼻子灰不说，还为两人原本融洽的关系蒙上了阴影，影响了自己今后的发展。

不管是在什么领域，做什么事情，因人制宜地谋事、做事都非常重要。很多事情都有它的底线，你不能去跨越它，当你跨越的时候，你会把好事变成坏事。而因人制宜，就是说对待不同的人要采取不同的态度，不能一概而论。

结而无隙，合作也要讲谋略

【原文】

计谋之用，公不如私，私不如结，结而无隙者也。正不如奇，奇流而不止者也。故说人主者，必与之言奇；说人臣者，必与之言私。其身内其言外者疏，其身外其言深者危。

【译文】

使用谋略，公开谋划不如私下密谋；私下密谋不如结为同盟；结为同盟就应避免矛盾。使用谋略，常规策略不如奇谋，施以奇谋则无往不胜。因此说，在游说君主时，一定要先献奇谋；向人臣游说时，必须先谈私交。如果你是同盟内的人，却将机要泄露给同盟外的人，就会被同盟者疏远。如果你是同盟外的人，却触及同盟内的秘密，同样会有危险。

【延伸阅读】

何为"结而无隙"？鬼谷子认为，结而无隙就是团结一致，防止出现不必要的隔阂。不管是朋友相处，还是君臣相处，如果双方之间缺少密切无间的合作，事业就很难顺利往前推进，而且也可能给双方带来危机。

战国时期，有一次，蔺相如奉命出使秦国，完成了"完璧归赵"的壮举，又在渑池会上为赵国争了光。为了犒赏他，赵王任命他为上卿，职位比大将廉颇还要高。廉颇当然有些不服气，他私下对门客们说："蔺相如爬到我头上来了。我一定要给他点颜色看看。"一天，蔺相如坐车出门，瞧见廉颇的车马迎面过来，就叫车夫退到小巷里，让廉颇的车马先过去。蔺相如手下的门客气坏了，纷纷要求离开。蔺相如挽留他们，说："你们说，秦王和廉将军谁更威风？"门客表示当然是秦王威风。蔺相如接着说："秦王那么威风，可我就敢当面指责他，我又怎么会怕廉将军呢？我是怕我们两人不和，秦国就会来攻打我们。"廉颇听到这话后，感到十分惭愧。他光着上身，背上绑着荆条，到蔺相如家请罪。蔺相如连忙扶起廉颇，两人从此成为生死之交。

这则"将相和"的故事传颂千古。蔺相如面对不可一世的秦王，仗义执言，毫无惧色；而面对盛气凌人的廉颇，则为了顾全大局，理智地选择了忍让。因为他清楚地知道，盟友间的不和，就会给敌人带来可乘之机，给自己招来灭亡的命运。当然，老将廉颇先矜后悔，"负荆请罪"，其胸怀之坦荡也同样令人敬仰。

如果天下的同盟者都有蔺、廉二人这样的胸怀，又何愁不能同舟共济，共创一片天地？但是，并不是所有的同盟都是"结而无隙"的，许多时候，他们空有同盟之名，而发挥不出同盟的力量，就是因为他们之间缺少团结。

春秋时期，诸侯割据。随着秦国的日渐强大，联合抗秦成为各国唯一的选择。有一年，晋将荀偃为统帅，率领鲁、齐、卫、郑等国联军向秦进发，在械林与秦军僵持了很长时间。荀偃见联军以众击寡却难取胜，一时情急，没有和各国将领商议，就下达了一道命令："明天早晨鸡一叫，全军就要驾马套车，拆掉炉灶，许进不许退，唯我马首是瞻！"魏国将领栾黡听到荀偃的命令，非常反感，气愤地对手下军士说："荀偃的命令太过专权独断，根本不把魏国放在眼里！好，他的马头向西，我偏要向东，看他能怎样？"于是，他率领魏军回国去了。其他各国将领看到这种情况，谁也不跟荀偃进攻秦国了，全军顿时混乱起来。荀偃此时虽后悔不已，但军心已经涣散，只得沮丧地下令撤兵回国。

诸国军队合在一起，浩浩荡荡，貌似强大，但人心不齐。人心齐，泰山移，但如果各怀私心，失败就成为必然。荀偃破釜沉舟的勇气值得肯定，但他忽视了收拢人心，忽视了联盟团结合作的重要性，导致了最终的失败。

不论是朋友相处，国家结盟，首先要选择正确的合作对象，其次，要亲密无间，形成真正的合力。这样才能无往而不胜。如果大家都为了一己之利，打自己的小算盘，或是压根就选错了合作对象，都难以实现"结而无隙"。

第十章
决篇：小用其法，大用其理

　　本章主要讲述了决断，与上一章"谋篇"相呼应，开头和内容都非常精彩。在讲决断时，鬼谷子主要着眼于两点：一点是难，一点是利。这是因为决断之后带来的后果，成功的话，会带来很大的利益，失败的话会带来很大的损失，决断的事情越大，这种利益得失也便越大。本章中决断的对象，是君王和权倾于野的大臣，故而决断变得尤为重要，成可立业，败可亡国。

能谋善断，诱利避祸是要义

【原文】

凡决物，必托于疑者，善其用福，恶其有患。善至于诱也，终无惑偏。

【译文】

凡决断事情，一定是有了疑难问题。决疑的目标是获得福报，免除祸患。高明的决断者，善于诱出实情，从无疑惑与偏差。

【延伸阅读】

做事情多方权衡利弊，是"谋"；做出最终的决定，是"断"。谋与断相辅相成，缺一不可，都是人生的大功课。鬼谷子认为，需要人们进行决断的事情，多数是因为事情的结果并不明朗，得失难以分明，所以需要决断。做出的决断，是正确还是错误，只有一个判断的标准：是因此得到了好处，还是祸患。

夏天天气炎热，池塘里干得一滴水也没有了。有两只住在池塘里的青蛙不得不离开那里，寻找新的住处。它们走啊走，终于来到一口井边。它们小心地趴在井口，探着头，往井下看。井水清澈见底，清凉的气息一股股地涌上来。其中一只青蛙没有细想，就高兴地跳了下去，对他的伙伴说："喂，朋友，快下来吧，这口井水多好啊。我们就住这里吧。"另一只青蛙回答说："这井这么深，如果它里面的水也干了，我们怎么能爬上来呢？"

在做出决定之前，必须权衡利弊，否则就会像第一只青蛙那样，只图一时的痛快，而换来终身的痛苦。

有一次，孟尝君请门下食客冯谖代他去薛城收债。冯谖应声而行，并问孟尝君，要不要回来的时候给你顺便捎点什么，孟尝君随口说了一句："就买些家里所没有的东西吧！"

冯谖到了薛地，召集所有向孟尝君借钱的人，一一核对借据。

核对完后，冯谖当场把所有的借据烧掉，并说孟尝君因为爱护薛地的百姓，希望他们过上更好的生活，所以，愿意将大家所欠的债一笔勾销。薛地百姓听了，感激涕零，跪拜再三，谢谢这位好债主。

随后，冯谖便返回了齐国。第二天，他去求见孟尝君。孟尝君见到他后非常奇怪："你怎么回来得这么快？"并问他债收得如何，买了什么东西回来。冯谖说："债都收完了，但我看您家中什么都不缺，唯独缺少恩义，所以便为您买了恩义回来。"

孟尝君非常纳闷，便问他："如何才能买到恩义呢？"冯谖回答说："薛城地小民贫，百姓根本无力偿还向您借的金钱。等到利息越滚越多，百姓无可奈何，唯有逃亡一途。如此一来，您最后不但收不到钱，恐怕还要落一个'贪得无厌，不怜恤百姓'的恶名。我觉得与其强收那根本就讨不回来的金钱，还不如就送给他们，让他们对您感佩万千，彰扬您的名声。于是我干脆当着众人的面，把所有的借据都烧了，说这是您的意思，我就是用这笔钱为您买回恩义。"

听他这么一说，孟尝君脸都绿了，他认为冯谖这是在玩弄自己，在极力狡辩，所以，就不再搭理他了。

第二年，孟尝君被贬至薛城。赴任时，没想到离薛城尚在百里之外，老百姓就已扶老携幼，远来夹道欢迎。这时孟尝君回头向冯谖说："先生当年为我买的恩义，我今天总算见到了。"

恩义，乍看好似没什么用，看不着，摸不到，哪比得上实实在在的好处？但是，在冯谖的眼中，它比金钱更重要。正是他一年前的决断，使被贬的孟尝君在薛城赢得了民心。在当时来看，冯谖的决断是错误的，但是，从长远来看，这个决断无疑是英明的。

在生活中，当我们面前只有一条路的时候，可以毫不犹豫地走下去。然而，人生难免要走到三岔路口或十字路口，从而面临一系列新的选择，我们该何去何从？这个时候，一定要学会正确地决断。

绝情定疑，要顾及他人利益

【原文】

有利焉，去其利则不受也，奇之所托。若有利于善者，隐托于恶，则不受矣，致疏远。故其有使失利者，有使离害者，此事之失。

【译文】

如果对方原本能获得利益，而你的决断反使其失利，则他不会接受，除非他的委托另有隐情。如果你的决断对他有利，但其形式却令其反感，则他不会接受，而且可能疏远你。所以你的决断使其失去利益，或遭到损失，都是决断的失败。

【延伸阅读】

在这里，鬼谷子阐述了目标与手段之间的关系，并强调使用合理手段的重要性。因为，当一个人为了自己的利益，而不择手段时，必然会损害他人的利益，这时，别人就不会接受他使用的手段。所以说，即使目标再好，手段不得人心，也必然被人唾弃。

周武王建立周朝时，要面对一个重要的问题：如何对待商朝的遗民。姜太公给他出了一计："我听说喜欢一个人，就连他房上的乌鸦都喜欢；讨厌一个人，就连他家的篱笆也感到讨厌。我看，不如把他们全部杀掉。"武王觉得不妥，说："不行！太残忍了，怎么能这样做呢？"太公走了，召公进来了。武王想听听他的想法，召公说："要是有罪的，就杀掉；无罪的，就放掉。"武王说："可是有罪的人很多，这样我们就会杀掉太多的人。"一会儿，周公来了。他知道了武王的难题后，对武王说："这个问题其实不难解决。让他们各自回到自己的住宅，各自耕种自己的土地，不论是旧的臣民，还是新的臣民，我们都要平等地看待他们。只要他们讲究仁义，我们就和他们亲近。"武王听了很高兴，赞叹说："有这样宽阔的胸怀，天下从此就安定了！"

可见，姜太公、召公、周公虽然都是灭商兴周的大功臣，但是，在见识方面的差距还是非常大的。当然，不能说姜太公、召公所提的方案不好，毕竟，他们也是为了天下安定，但是，手段确实太过残忍。相对来说，周公的方案既能达到维护安定的目标，又可以表现出仁义，所以受到了武王的称赞。

春秋时代的齐相管仲，无人不知，无人不晓，他对齐桓公的霸业起到重要的作用，故被尊称为"仲父"。有一次，管仲为了扩大齐国的影响，建议齐桓公兴兵伐鲁，结果大获全胜，占领了鲁国的遂邑。鲁将曹沫趁鲁君和齐桓公签约时，抓住齐桓公，威胁他退还占领的土地。齐桓公没法，只得签约归还战争中夺取的土地。过后，齐桓公觉得受了侮辱，就要再次率兵攻鲁，杀了曹沫。管仲立刻劝阻说："不能这样，几座鲁城，只不过是一点小利；在诸侯中树立威望，才是大利。如果诸侯知道您连被胁迫订立的盟约都不肯背弃，那就一定会失大信于天下！"果然，经过这件事情之后，各诸侯都认为齐桓公是一个信守诺言的人，都愿意尊他为霸主。不久，齐桓公就当了霸主，成为"春秋五霸"之一。

战略决疑，深谋才能够远虑

【原文】

圣人所以能成其事者，有五：有以阳德之者，有以阴贼之者，有以信诚之者，有以蔽匿之者，有以平素之者。阳励于一言，阴励于二言，平素、枢机以用。四者，微而施之。

【译文】

圣人能够取得成功，有五种途径：有的依靠公开的仁德，有的依靠暗中的计谋，有的依靠诚实信义，有的依靠谦卑隐匿，有的依靠平素积累。为人决断，要分清是阳谋还是阴谋。为阳谋决断贵在说一不二，为阴谋决断贵在留有余地。为人决断，还要善于抓住平素和关键两种时刻。将阳谋、阴谋、平素、关键四者有机结合，而后可以细致地进行决断。

【延伸阅读】

大到一个国家，小到一个团体，都会有一些战略性的规划。在这里，鬼谷子列举的"阳德、阴贼、信诚、蔽匿、平素"，其实就代表了五种战略。在制定决策的时候，必须要用长远的眼光看问题，不要拘泥于过去与眼前，放眼未来，这样才能做出正确的决策。

战国末期，群雄争霸。秦国经过一系列变法后，实力得到了快速的提升。这时，秦昭襄王的胃口也大了起来，他想吞并其他六国，一统天下。公元前270年，秦昭襄王打算征讨齐国。这个时候，谋士范雎为了阻止秦国攻打齐国，便向昭襄王献了一计：远交近攻。他是这么说的："齐国势力非常强大，而且距离秦国又非常远，发兵攻打齐国，军队要经过韩、魏两国。如果派出的军队太少，难以取胜；如果派出的军队太多，即使打了胜仗，也无法占有齐国土地。不如先攻打邻国韩、魏，然后再逐步蚕食。"秦昭襄王觉得范雎说得很在理，便采纳了他的意见，推行"远交近攻"之策。也正是这一决策，为秦国日后统一中原奠定了坚实的基础。

其后四十余年，秦始皇定下灭六国的大计。远交齐、楚，先攻下韩、魏，然后又从两翼进兵，攻破赵、燕，统一北方；随即攻破楚国，平定南方；最后把齐国也打败了。秦始皇征战十年，终于实现了统一中国的愿望。"远交近攻"之策起到了无可替代的作用。

汉高祖刘邦夺取了天下后，曾为一个问题犹豫不决：该在哪里建都。因为他手下的大臣多是洛阳周边的人，所以，这些人倾向于在洛阳建都。有一次，齐人娄敬路过洛阳，请求觐见汉高祖，得到召见。娄敬问高祖："陛下建都洛阳，难道是为了与周朝比兴盛吗？"刘邦说："是的。"娄敬回答说："周朝建都洛阳，是靠德政感召人民，而放弃了险要的地形。周朝在鼎盛的时候，四方归附，万民臣服，但是在衰败以后，就无法控制天下，不是因为恩德少，而是形势太弱。"刘邦听过之后，轻轻点了点头，娄敬接着又说："陛下自沛县起事以来，大战七十次，小战四十次，横尸遍野，与西周兴盛时的恩德不能相提并论。而秦地有高山被覆，黄河环绕，四面边塞可作坚固的防线，即使危机出现，尚有百万雄兵可备一战。借着秦国原来经营的底子，再加上肥沃的土地，可说是形势险要、物产丰饶的'天府'之地。如果陛下进入函谷关内建都，控制秦国原有的地区，就是掐住了天下的咽喉啊。"娄敬这么一说，刘邦连连称是。后来，张良也阐述了入关建都的好处，从而打消了刘邦最后一点疑虑。建都关中后，刘邦感慨地说："最早主张建都在秦地的是娄敬啊。"于是赐娄敬改姓刘，给他加官晋爵。

可以说，那些主张建都洛阳的大臣们，都是为了一己的私利，将国家的安危和兴衰放在一边。而娄敬从战略的高度看问题，提出定都关中的建议，不仅表现出他直言敢谏，也显示了他的远见卓识，是鬼谷子所称的"有以阳德之者""有以信诚之者"。

不管是制定国家战略，还是决策个人的事情，只有站得高，才能看得远。要想持续地获得成功，必须更上一层楼，以战略性的眼光来俯瞰社会与人生。

镇定自如，关键时刻要冷静

【原文】

故夫绝情定疑，万事之基。以正乱治，决成败，难为者。故先王乃用蓍龟者，以自决也。

【译文】

所以决疑断难，是万事成功的关键，目的是以正治乱，决定成败，这是很难做到的事情。因此古代贤明的君主遇到疑难时，不得己而用蓍草和龟甲进行占卜，以此帮助自己决断。

【延伸阅读】

鬼谷子认为，决策是事情成败的关键，不可盲目行事，尤其是要做出正确的决策，是非常困难的。的确，做任何事情都需要决策，在做一些重大的决策时，必须要冷静、清醒，控制好自己的情绪，以免因受到不必要的干扰，而做出错误的决策。尤其是面临两难的选择时，任何人都不可避免会出现焦虑或紧张情绪，这就要看是否能够自我调节、自我克制了。

东晋时有个著名书画家王羲之，七岁时就开始练写字，被人誉为"小神笔"。朝廷中有位叫王敦的大将军，把王羲之带到军帐中表演书法，天色晚了，还让他在自己的床上睡觉。

有一次，王羲之一觉醒来，听见房间有人说话，仔细一听，原来是王敦和他的心腹谋士钱风在悄悄商量造反的事，他们一时忘记了睡在帐中的王羲之。听到谈话内容时，王羲之非常吃惊，心想，如果他们想起自己睡在这里，说不定会杀人灭口呢！怎样才能渡过这一关呢？恰好昨夜他喝了点酒，于是，他假装酩酊大醉，把床上吐得到处都是，接着，蒙头盖脸，发出轻轻的鼾声，好像是睡着了似的。

王敦和钱风密谈了多时，突然想起了王羲之，不由得心惊肉跳，脸色骤变。钱风恶狠狠地说："这小子必须除掉，不然，我们都要遭受灭门之祸了。"

两人手提尖刀，掀开被子，正要下手，突然王羲之说起了梦话，再一看，床上吐满了饭菜，散发出一股酒味。王敦和钱风被眼前的一切迷惑了，在床前站了片刻，当确认王羲之仍处于酒后酣睡中时，便放弃了原来的计划。王羲之以他的聪明才智，假装酒醉，改变了王敦和钱风杀人灭口的想法，躲过了一场意外杀身之祸。

历史上有名的女皇帝武则天也曾经运用她的才智，巧妙转移了唐太宗的目标话题，得以死里逃生。

唐太宗晚年时，为求长生不老，误服金石丹药，一病不起，他明白自己将不久于人世，但又舍不得才貌过人的武媚娘，于是便有让武媚娘殉葬的意思。

一天，武媚娘和太宗的儿子李治侍候太宗吃药。太宗突然哭了，他对武媚娘说："爱妃！你知道朕为什么哭吗？爱妃侍候朕多年，朕也最宠爱你。朕哭的原因是舍不得你呀！朕想效法古代帝王的葬礼……"话没说完，太宗又咳嗽起来，聪明绝顶的武媚娘稍加思索，立即说："万岁，安心养病吧！臣妾明白万岁的心情。只是万岁您思考太多，万岁是英明君主，恩德好比太阳的光芒普照人间大地。古人云：大德之人，必得长寿。万岁的龙体虽有小恙，很快就会康复的，我根本没想到万岁会舍下臣妾。我生与万岁共享人间富贵，死与万岁同墓同穴。臣妾现已下决心，立即去感应寺削发为尼，念经拜佛，为万岁祈祷长生不老。"在旁边的李治也说："儿臣启奏父皇，武媚娘自愿削发为尼，愿父皇成全她的心意。"太宗只好应允。

在性命攸关的时刻，武媚娘凭自己的聪明才智，阻止了太宗说出"殉葬"二字，从而机敏地躲过了一劫。

在做重要的决定时，除了要保持冷静，恪守原则外，还需准确把握对方的心理。这样，说话办事才能有的放矢，尤其在遇到难题时，会让自己有更多融通、回旋的余地，从而争得更多的主动与机会。